Holzfrei

Nr. 46 1954
S. 10399—10630 17. November

Chemisches Zentralblatt

Vollständiges Repertorium für alle Zweige der reinen und angewandten Chemie

1830 gegründet. 1897—1945 von der Deutschen Chemischen Gesellschaft fortgeführt.
Im Auftrage der Deutschen Akademie der Wissenschaften zu Berlin, der Chemischen Gesellschaft in der Deutschen Demokratischen Republik, der Akademie der Wissenschaften zu Göttingen und der Gesellschaft Deutscher Chemiker

herausgegeben von Prof. Dr. **Maximilian Pflücke**

125. Jahrgang

1954

Chefredakteure: Dr. Eugen Klever und Prof. Dr. Maximilian Pflücke

Akademie-Verlag GmbH., Berlin — Verlag Chemie, GmbH., Weinheim/Bergstr.

Inhalt

Namenregister

Chemisches Zentralblatt

1954 **Nr. 46** **17. November**

A. Allgemeine und physikalische Chemie.

A_1. Kernphysik und Kernchemie.

L. S. Kothari, *Riesz-Potential und die Beseitigung von Widersprüchen der Quantenelektrodynamik.* Durch Einführung einer modifizierten Form des RIESZ-Potentials an Stelle des üblichen elektromagnet. Potentials in die Quantenelektrodynamik werden die Widersprüche ohne Einführung zusätzlicher Felder oder konvergenzerzwingender Faktoren beseitigt. Vf. behandelt die punktförmige Ladungsanordnung des Elektrons, seine Eigenenergie u. das Scheitelgebiet der FEYNMANschen Graphe. (Proc. physic. Soc., Sect. A **67.** 17—24. 1/1. 1954. Cambridge, Cavendish Labor.) NELKOWSKI. 80

B. L. Ioffe, *Über die Divergenz der Reihe der Störungstheorie in der Quantenelektrodynamik.* Da die Störungstheorie trotz der Existenz eines exakten Ausdruckes für die LAGRANGE-Funktion bei der Vakuumpolarisation im konstanten Magnetfeld eine asymptot. Reihe liefert, ist hier ihre Anwendung unzweckmäßig. (Доклады Академии Наук СССР [Ber. Akad. Wiss. UdSSR] [N. S.] **94.** 437—38. 21/1. 1954.) AMBERGER. 80

Wilhelm Macke, *Zum relativistischen Zweikörperproblem der Quantenmechanik.* 1. Mitt. Vf. wählt die BETHE-SALPETER-Gleichung als Ausgangspunkt der einzeitigen Beschreibung des Zweiteilchenproblems. Die BETHE-SALPETER-Gleichung wird in einer Form abgeleitet, die der weiteren Rechnung angepaßt ist, u. in die gesuchte einzeitige Gleichung übergeführt. Dieses Verf. ermöglicht entsprechend seiner Ableitung die Durchführung der Renormalisierung u. damit eine Darst. des Wechselwirkungsoperators V, die dann eindeutig u. frei von divergierenden Bestandteilen ist. Für eine gegebene Mesonentheorie folgt das Zweiteilchenpotential bis zu beliebiger Ordnung der Kopplungskonstanten aus einem Syst. von Graphen. (Z. Naturforsch. **8a.** 599—615. Okt. 1953. São Paulo, Inst. de Fis. Téor.) GERHARD SCHMIDT. 80

Wilhelm Macke, *Zum relativistischen Zweikörperproblem der Quantenmechanik.* 2. Mitt. (1. vgl. vorst. Ref.) Die vierkomponentige Wellengleichung zur Beschreibung gebundener Zustände zweier Teilchen wird untersucht u. durch willkürliche Transformation in neue Darstellungen übergeführt. Zwei bekannte Darstellungen dieser Gleichung lassen sich dabei ineinander transformieren, deren eine von TAMM-DANCOFF-LÉVY aus der einzeitigen Darst. der Feldtheorie abgeleitet wurde u. deren andere auf die BETHE-SALPETER-Gleichung zurückführt. (Z. Naturforsch. **8a.** 615—20. Okt. 1953.) GERHARD SCHMIDT. 80

Hermann L. Jordan und **Wilhelm E. Frahn,** *Nichtlokale Feldtheorie auf der Grundlage der Salpeter-Bethe-Gleichung.* 1. Mitt. *„Freie" Teilchen.* Im Rahmen des durch die SALPETER-BETHE-Gleichung beschriebenen relativist. Zweiteilchenproblems wird der Begriff des freien Teilchens als geeigneter Grenzfall aufgefaßt u. am Beispiel der einfachsten irreduziblen Graphen vierter Ordnung (Kreuzgraphen) diskutiert. Daraus ergeben sich Rückschlüsse auf das allg. Einteilchenproblem mit vollständiger Wechselwirkung. Für das so definierte „freie" Teilchen wird eine verallgemeinerte DIRAC-Gleichung mit Strukturfunktion erhalten, die eine Formulierung des Massenproblems der Elementarteilchen ermöglicht. Die Gleichung stimmt ihrer Form nach mit den aus den nichtlokalen Feldtheorien folgenden Einteilchengleichungen überein. (Z. Naturforsch. **8a.** 620—28. Okt. 1953. Aachen, TH, Inst. für theoret. Phys. u. Physik. Inst.) GERHARD SCHMIDT. 80

Jerzy Rayski, *Über Feldtheorien mit nichtlokalisierter Wechselwirkung.* Inhaltlich ident. mit der C. **1952.** 4085 referierten Arbeit. (Acta physica polon. **11.** 25—35. 1951. Toruń, Nicholas Copernicus Univ., Dep. of Phys.) GERHARD SCHMIDT. 80

Arthur Beiser, *Woher kommt die Höhenstrahlung?* (Vgl. C. **1953.** 7460.) Überblick über Zus. u. Ursprung der Höhenstrahlung. (Sci. Monthly **77.** 76—79. Aug. 1953.) WIEDEMANN. 85

W. L. Ginsburg, *Ursprung der Höhenstrahlen und die Radioastronomie.* Vf. nimmt an, daß Elektronen, Protonen u. Kerne hoher Energie beim Ausbruch von Supernovae u. wahrscheinlich auch von Novae entstehen. In der sich ausdehnenden, turbulenten

Hülle dieser Sterne erfolgt eine statist. Beschleunigung, bei der bis zu 10^{18} eV Energie erreicht werden können. Das Entweichen der relativist. Teilchen in den interstellaren Raum dauert ca. 1000—3000 Jahre. Im interstellaren Raum haben die Teilchen ungefähr eine freie Weglänge von 10^{19} cm. Vf. zeigt eine Reihe von Problemen auf, die experimentell oder theoret. behandelt werden. (Успехи Физических Наук [Fortschr. physik. Wiss.] **51.** 343—92. Nov. 1953.) Wiedemann. 85

I. Ss. Schklowski, *Das Problem des Ursprunges von Höhenstrahlen und die Radioastronomie.* Als Quelle der prim. Höhenstrahlung werden die Supernovae u. in geringerem Maße die Novae angesehen. Nach der Abschätzung des Vf. ereignet sich in $\sim$ 300 Jahren ein Ausbruch einer Supernovae, wobei ca. 10^{50}—10^{52} relativist. Teilchen entstehen. Die Radiostrahlung der Milchstraße rührt von der Bremsstrahlung der relativist. Elektronen in den interstellaren Magnetfeldern her, ebenso kann die der erloschenen Supernovae erklärt werden, die Stärke der Magnetfelder beträgt $\sim 10^{-4}$ Gauß. Ein großer Teil der Energie eines Supernovaeausbruchs wird auf die Primärstrahlung übertragen, bei dem Mechanismus spielt die turbulente Bewegung eine Rolle. (Астрономический Журнал [Astronom. J.] **30.** 577—92. Nov./Dez. 1953. Astronom. Inst. P. K. Sternberg.) Wiedemann. 85

S. R. Haddara und **D. Jakeman,** *Die seitliche Struktur der ausgedehnten Luftschauer der Höhenstrahlen auf Seehöhe.* Mit einem Nebelkammerselektor wird eine obere Grenze von 5 m für die Ausbreitung von Elektronen oder Photonen mit Energien $> 5 \cdot 10^{9}$ eV in den aufgezeichneten Luftschauern beobachtet. Die seitliche Strukturfunktion wird durch Anbringen von Geiger-Zählern in verschied. Entfernungen vom Selektor erhalten, sie scheint von der Form $f(r) = \text{const.}\ r^{-n}$ zu sein, wo $n = 1{,}2 \pm 0{,}2$ für den Bereich $r = 5$—50 m ist. Ein Vgl. der Ergebnisse mit den theoret. Kurven verschied. Autoren zeigt qualitative Übereinstimmung. (Proc. physic. Soc., Sect. A **66.** 549—58. 1/6. 1953. Manchester, Univ., Phys. Labors.) Gerhard Schmidt. 85

R. Safford, C. Peyrou, H. Bridge und **B. Rossi,** *Nebelkammerbeobachtungen der instabilen schweren geladenen Teilchen in der Höhenstrahlung.* (Sitzungsbericht.) Vff. beobachteten in einer unterteilten Nebelkammer in Echo Lake 8 Teilchen schwerer als π-Mesonen, die nach ihrer Abbremsung zerfielen (S-Teilchen) u. 6 Teilchen, die im Flug zerfielen (geladene V-Teilchen). Faßt man den Zerfall als einen Zweikörperprozeß auf, dann ergibt sich eine mittlere Lebensdauer von 10^{-9} bis 10^{-8} Sekunden. Das Zerfallsprod. scheint ein π-Meson zu sein. Die M. der Primärteilchen liegt zwischen 1000 m_e u. der M. des Protons. (Physic. Rev. [2] **90.** 369. 15/4. 1953. MIT.) Pollermann. 85

H. S. Bridge, C. Peyrou, B. Rossi und **R. Safford,** *Nebelkammerbeobachtungen der schweren geladenen instabilen Teilchen der Höhenstrahlung.* (Vgl. Rossi u. Mitarbeiter, C. **1953.** 802.) In 3260 m Höhe wurden mit einer Mehrplattennebelkammer, die von durchdringenden Schauern ausgelöst wurde, 22000 Aufnahmen gemacht. Dabei fanden sich ca. 1200 durchdringende Teilchen, darunter ca. 260 π-Mesonen. Ferner wurden beobachtet ca. 33 geladene, instabile Teilchen schwerer als π-Mesonen, die entweder im Ruhezustand (S-Teilchen) oder im Flug ($V^{\pm}$-Teilchen) zerfielen. In jedem Falle erhielt man ein geladenes Zerfallsprod. mit Mesonenmasse. Es scheint, daß die meisten Erscheinungen als Zweikörperzerfall einer einzigen Teilchenart gedeutet werden können. Die Methoden zur Abschätzung der M. u. der Lebensdauer u. zur Feststellung des neutralen Zerfallprod. werden diskutiert. (Physic. Rev. [2] **90.** 921—33. 1/6. 1953. Cambridge, Mass., MIT, Dep. of Phys. and Labor. for Nucl. Sci.) Pollermann. 85

Tsai-Chü und **Max Morand,** *Vergleichende Untersuchung der Eigenschaften der nuclearen Komponente der Höhenstrahlung in der Nähe des Äquators mittels empfindlicher Emulsionen.* In Costermansville (Belg. Kongo) 4° S wurden Ilford G 5-Emulsionen von 400 μ Dicke 89 Tage exponiert u. 2757 Bahnspuren von mindestens dem 1,5fachen der Minimalionisation erhalten. Die Zenitverteilung kann durch $I = I_0 \cos^{\lambda}\Theta$ wiedergegeben werden mit $\lambda = 1{,}41 \pm 0{,}03$, dieser Wert ist prakt. unabhängig von der geomagnet. Breite. Für einen Winkel $\alpha = 30$—45° zwischen der Projektion auf die Ebene der Emulsion u. der Vertikalen wurden 309 aus dem Westen u. 226 aus dem Osten kommende Teilchen registriert. Die Asymmetrie ergibt sich zu $0{,}31 \pm 0{,}09$. Dieser Wert wird mit anderen Bestimmungen auf anderen Breiten u. dem theoret. Wert von 0,73 verglichen. (C. R. hebd. Séances Acad. Sci. **237.** 1080—82. 2/11. 1953.) Wiedemann. 85

M. Ceccarelli, N. Dallaporta, M. Merlin, G. Quareni und **G. T. Zorn,** *Ein von einem Stern ausgehendes τ-Meson.* (Vgl. C. **1954.** 4538.) Auf einer in 30000 m Höhe der Höhenstrahlung ausgesetzten Ilford G 5-Platte wird in einem mindestens 10zackigen Stern ein τ-Meson in einem Winkel von 58° zur Primärzacke gefunden, für das als Zerfallsenergie Q = 78 ± 5 MeV bei einer M. von 975 ± 12 m_e berechnet werden; aus der Energie von 3 Zacken, die aus ihm entstehen, errechnet sich als Mittelwert Q = 81,4 MeV. (Nuovo Cimento [9] **10.** 681—82. 1 Tafel. 1/5. 1953. Padova, Univ., Ist. di Fis. u. Ist. Naz. di Fis. Nucl.) R. K. MÜLLER. 85

Israel Reff, *Erzeugung von Kern-Photosternen.* Unter der Annahme, daß die Erzeugung von Sternen in der photograph. Emulsion durch Bremsstrahlung auf der Auslösung eines Photomesons beruht, das seinerseits durch zwei Nucleonen absorbiert wird, die dann emittiert werden, wobei der Kern angeregt zurückbleibt u. schließlich zerfällt, wird der Wirkungsquerschnitt dieses Prozesses phänomenolog. berechnet. Er steigt mit zunehmender Kernladung u. Photonenenergie an, ferner ist er abhängig von der freien Absorptionsweglänge der Mesonen in der Kernmaterie, für die 4 u. $8 \cdot 10^{-13}$ cm gesetzt wird. Die Ergebnisse stimmen mit den auf der Grundlage des opt. Modells erhaltenen überein. Ein Vgl. mit experimentellen Daten zeigt, daß die Theorie den größten Teil der Photosterne bei schweren Elementen $A \gtrsim 80$ erklären kann, bei leichten Elementen $A \lesssim 15$ gibt sie jedoch viel zu niedrige Werte. Der theoret. Schwellenwert liegt bei 148 MeV Photonenenergie. (Physic. Rev. [2] **91.** 150—55. 1/7. 1953. Bloomington, Ind., Univ.) WIEDEMANN. 90

A. H. de Borde, *Der Auger-Effekt und der Einfang negativer Mesonen.* Der Meseneinfang bei Ellipsenbahnen sowie der Übergang vom stark angeregten zum Grundzustand durch Strahlung (15—70 keV) u. AUGER-Elektronenemission wird untersucht. Die Zahl der AUGER-Elektronen aus der L-Schale, wenn diese verschieden aufgefüllt ist, wird berechnet. Die Wahrscheinlichkeit vollständiger Ionisation der M- u. L-Schale u. die Auswirkungen auf die AUGER-Emission werden diskutiert. Die Emissionswahrscheinlichkeit bei schweren Elementen (u. a. *Br* u. *Ag*) beim Einfang in photograph. Schichten wird berechnet u. mit experimentellen Werten verglichen. Die dabei u. bes. bei der AUGER-Emission leichter Elemente auftretenden Abweichungen werden diskutiert. (Proc. physic. Soc., Sect. A **67.** 57—67. 1/1. 1954. London, Univ. Coll., Dep. of Phys.) NELKOWSKI. 90

W. F. Fry, *Mit negativen μ-Mesonen verbundene Elektronen.* Vf. untersucht mit photograph. Emulsionen die bei der Bremsung von negativen μ-Mesonen auftretenden Elektronen niedriger Energie. Von 1000 in der Emulsion endenden Mesonen zerfallen 385 in ein Elektron hoher Energie, 32 rufen einen Stern hervor. Die restlichen 610 in der Emulsion abgebremsten Mesonen rufen entweder keine Elektronenbahnen oder Bahnen energiearmer Elektronen ($10 < E_e < 100$ keV) hervor. Bei 17 Ereignissen wird ein μ^--e-Zerfall (5%) mit einem Elektron niedriger Energie beobachtet. Die Energieverteilung der energiearmen Elektronen aus dem μ^--e-Zerfall stimmt mit der Annahme überein, daß die energiearmen Elektronen monoenerget. sind (~ 17 keV). Die energiearmen Elektronen rühren wahrscheinlich von AUGER-Übergängen des μ^--Mesons aus dem Hülleinfang in den leichten Elementen der Emulsion her. Eine oder mehrere Bahnen energiearmer Elektronen werden bei 255 abgebremsten μ-Mesonen beobachtet, die weder zerfallen noch einen Stern hervorrufen. Von diesen Elektronen wird angenommen, daß sie von meson. AUGER-Übergängen aus den schweren Elementen in der Emulsion herrühren. (Nuovo Cimento [9] **10.** 490—95. 1/4. 1953. Madison, Wis., Univ. of Wisconsin, Dep. of Phys.) GERHARD SCHMIDT. 90

L. N. Cooper und **E. M. Henley,** *μ-Mesonen-Atom.* (Sitzungsbericht.) Zur Erklärung der Verss. über das γ-Spektr. bei Strahlungsübergängen von $2P_{1/2}$ oder $2P_{3/2}$ nach $1S_{1/2}$ von μ^--Mesonen, die in Materie abgebremst werden, muß eine anomale Meson–Nucleon-Wechselwrkg. angenommen werden. Für *Bi*, *Pb*, *Cu* u. *Al* kann Übereinstimmung mit dem Experiment erreicht werden, wenn eine gleichmäßig geladene Kugel vom Radius $1,2 \cdot 10^{-13} A^{1/3}$ cm den Berechnungen zugrunde gelegt wird. (Physic. Rev. [2] **91.** 480. 15/7. 1953. Columbia Univ.) WIEDEMANN. 90

W. E. Bell und **E. P. Hincks,** *Lebensdauern von in leichten Elementen gebremsten μ-Mesonen. Apparatur.* (Vgl. C. **1952.** 6164.) (Sitzungsbericht.) Mit der l. c. beschriebenen Anordnung mit 3 Zählrohrschichten A, B u. C unter 5,5 in. Blei u. 2 ft Beton werden die zeitlichen Verzögerungen zwischen 1 u. 11 μSek. bei der Emission von Zerfallselektronen von μ-Mesonen aus der Höhenstrahlung mit einem 10-Kanal-Intervallanalysator gemessen. Der Mesonenabsorber liegt in dem 2 in. tiefen Raum zwischen B u. C. Entladungen von B oder C nach einer Koinzidenz von A u. B werden gezählt. Die Eichung erfolgt mit einem Doppelimpulsgenerator. (Physic. Rev. [2] **88.** 168. 1/10. 1952. Chalk River Labors.) H. HAUSWALD. 90

Fernando Prieto, *Über die Eigenenergie der Mesonen.* (Sitzungsbericht.) Unter Verwendung der Meth. von SCHWINGER wird die Eigenenergie eines Mesons in Wechselwrkg. mit einem Nucleonenfeld untersucht, wobei die Rechnungen von MATTHEWS

(C. **1950.** II. 1087) auf andere Kopplungsarten ausgedehnt werden. Massenrenormalisierungsfaktoren werden in jedem Fall bestimmt u. nach der DYSON-Meth. die Eigenenergieterme eliminiert. (Bull. Amer. physic. Soc. **25.** Nr. 4. 23. 21/6.; Physic. Rev. [2] **80.** 138. 1/10. 1950. Univ. Nac. de México.) WEIGEL. 90

Bolesław Makiej, *Berechnung der Masse des π-Mesons auf der Grundlage eines elektrodynamischen Modells des Teilchens.* Vf. führt den theoret. Aufbau des elektrodynam. Modells eines spinfreien Teilchens an, das den korrekten Wert der M. des π-Mesons in verhältnismäßig einfacher Weise liefert. (Acta physica polon. **11.** 87—89. 1951. Kraków, Jagiellonian Univ., Physic. Inst.) GERHARD SCHMIDT. 90

Harry H. Heckman und **L. Evan Bailey,** *Streuung negativer Pionen in Aluminium, Kupfer und Blei über große Winkel.* (Vgl. C. **1953.** 1434.) Die Rückwärtsstreuung von negativen Pionen mit 32 ± 10 MeV in Al, Cu u. Pb wurde untersucht. 250 μ-Emulsionsstreifen waren in die Streumaterie eingebettet. Die Winkelverteilung hat ein Maximum bei 180°, danach sind an der Rückwärtsstreuung S- u. P-Wellen beteiligt. Die Gesamtwirkungsquerschnitte für Rückwärtsstreuung (elast. + unelast.) betragen bei Al $59{,}6 \pm 11$, bei Cu 192 ± 27 u. bei Pb 577 ± 80 mbarn. (Physic. Rev. [2] **91.** 1237—42. 1/9. 1953. Berkeley, Calif., Univ. of California, Dep. of Phys., Radiat. Labor.) WIEDEMANN. 90

D. C. Peaslee, *Elastische π-Kohlenstoff-Streuung.* Ergänzend zu der C. **1953.** 8508 referierten Arbeit werden aus der Winkelverteilung der Streuung mit dem Minimum bei 80° u. dem Interferenzminimum der π^+-Mesonenstreuung bei 20° qualitative Schlüsse auf den Elementarprozeß gezogen. Die Streuung wird als Summe der Streuungen durch die einzelnen Nucleonen angesehen. Es ergibt sich, daß die Streuung der p-Welle überwiegt. Aus der COULOMB-Interferenz kann geschlossen werden, daß die Resonanzenergie der p-Welle über 60 MeV liegt u. daß die Halbwertsbreite von gleicher Größenordnung ist. Die s-Wellenstreuung hat nur geringe Absorption. (Physic. Rev. [2] **87.** 862—65. 1/9. 1952. New York, N. Y., Columbia Univ.) WIEDEMANN. 90

S. A. Wouthuysen, *Gebundene Hyperonen.* Übersicht über Begriff u. Eigg. der Hyperonen, d. h. der Teilchen, die schwerer sind als die Neutronen, z. B. der neutralen V^0-Teilchen. (Nederl. Tijdschr. Natuurkunde **20.** 61—63. März 1954.) WESLY. 90

Shimon Yiftah, *Über das Massenverhältnis von Proton zu Elektron.* Vf. unterstreicht, daß bei Behandlung des H-Atoms die übliche Darst., wonach sich das Elektron im COULOMB-Feld des Protons befindet, nicht exakt ist. Eigentlich muß für Elektron u. Proton je eine DIRAC-Gleichung angesetzt werden. Das gekoppelte Syst. aus Proton u. Elektron bekommt dann 256 Freiheitsgrade, wohingegen Proton u. Elektron einzeln je 16 Freiheitsgrade besitzen. Durch gewisse Betrachtungen kann man das Proton–Elektron-Syst. auf 136 Freiheitsgrade red., nach EDDINGTON kann man dasselbe Syst. mit der M. m_0 in zwei Systeme mit den Massen m_1, m_2 mit je 10 Freiheitsgraden aufspalten, dabei ergibt sich m_1/m_2 zu 1836. (C. R. hebd. Séances Acad. Sci. **238.** 563—65. 1/2. 1954.) VOITLÄNDER. 90

M. L. G. Redhead, *Strahlungskorrekturen an der Streuung von Elektronen und Positronen durch Elektronen.* Formulierung der e^6-Korrekturen an der MØLLER-Formel für die Streuung von Elektronen durch Elektronen u. an der BHABHA-Formel für die Streuung von Positronen durch Elektronen, die aus der Wechselwrkg. von Teilchen mit virtuellen Photonen entstehen, unter Verwendung des FEYNMAN-DYSON-Verfahrens. In Verbindung mit den Ergebnissen exakter Berechnungen für eine Laboratoriumsenergie von 20 mc^2 werden nichtrelativist. u. extrem relativist. Approximationen angebracht. (Proc. Roy. Soc. [London], Ser. A **220.** 219—39. 10/11. 1953. London, Univ. Coll., Phys. Dep.) GERHARD SCHMIDT. 90

G. Z. Shah, N. J. Patel und **K. M. Gatha,** *Streuung von Nucleonen und Elektronen hoher Energie an Kohlenstoff.* Die Gültigkeit der JASTROW-ROBERTSschen Gleichung der Dichteverteilung im Atomkern bei der Streuung von 345 MeV-Nucleonen u. 15,7 MeV-Elektronen wird geprüft. Die Parameter R_0 u. a. werden wegen der kleineren Wellenlänge aus der Nucleonenstreuung so bestimmt, daß die berechnete Kurve (BORNsche Näherung) mit den experimentellen Werten des differentiellen Streuquerschnitts übereinstimmt, $0 < R_0 < 0{,}6 \cdot 10^{-13}$ cm, $a \simeq 1 \cdot 10^{-13}$ cm. Der totale elast. Querschnitt beträgt 101 mbarn. Auch für die Elektronenstreuung gibt das JASTROWsche Kernmodell bei den gewählten Parametern gute Übereinstimmung. (Proc. physic. Soc., Sect. A **67.** 92—94. 1/1. 1954. Navrangpura, Ahmedabad, M. G. Sci. Inst.) NELKOWSKI. 90

Lennart Simons, *Die Existenz von Positroniumchlorid.* Wenn Positronen durch Cl_2-Gas hindurchtreten, sind die beiden Verbb. $(Cle^-)e^+$ u. $Cl(e^-e^+)$ möglich. Der

1. Fall wird für die Quantenzahl $l = 0$ durchgerechnet. Die Rechnungen werden auf das gesamte Spektr. ausgedehnt. Die Wahrscheinlichkeit des Übergangs $(Cle^-)e^+ \rightarrow Cl(e^-e^+)$ wird diskutiert. Die Lebensdauer des Syst. $(Cle^-)e^+$ wird auf $5 \cdot 10^{-9}$ Sek. abgeschätzt. (Physic. Rev. [2] **90.** 165—66. 1/4. 1953. Helsinki, Univ.) WEIGEL. 90

J. M. Cassels und **J. D. Lawson,** *Absorptionsquerschnitte für 134 MeV-Protonen.* Vff. bestimmen den Absorptionsquerschnitt von *C, Al, Cu, Cd, Pb* für 134 MeV-Protonen. Die Meßergebnisse sind in Übereinstimmung mit den auf Grund opt. Analogie aufgestellten Formeln. Die Proben werden vom Protonenstrahl durchsetzt. Vor der Probe sind in den Weg des Strahls zwei Gaszählrohre, hinter die Absorbersubstanz ein Flüssigkeitsscintillationszähler gebracht. Die beiden Gaszähler sind auf verzögerte Koinzidenz u. mit dem Flüssigkeitszähler auf verzögerte Antikoinzidenz geschaltet. Gefundene Absorptionsquerschnitte in mbarn: C 220 ± 24, Al 373 ± 37, Cu 752 ± 68, Cd 1286 ± 103 u. Pb 1782 ± 143. (Proc. physic. Soc., Sect. A **67.** 125—33. 1/2. 1954. Harwell, Didcot, Berks., A. E. R. E.) VOITLÄNDER. 90

E. E. Salpeter, *Abstoßender Kern und Ladungsunabhängigkeit.* Die Nullenergiestreulängen der Singulett-S-Zustände der Neutron–Proton- u. Proton–Proton-Systeme sind ein Maß für die Summe der effektiven Stärke des reinen Kernpotentials u. der magnet. Wechselwirkungsenergie. Vf. untersucht die Kernpotentiale für den Fall eines abstoßenden Kerns u. zeigt, daß für Radien dieses Kerns über $0{,}3 \cdot 10^{-13}$ cm der Einfl. der magnet. Wechselwrkg. ab u. die Differenz zwischen (p–p)- u. (n–p)-Wechselwrkg. zunimmt. (Physic. Rev. [2] **91.** 994—96. 15/8. 1953. Ithaca, N. Y., Cornell Univ., Labor. of Nucl. Stud.) WIEDEMANN. 90

Léon Van Hove, *Temperaturänderung der magnetischen unelastischen Streuung von langsamen Neutronen.* Die Hauptzüge der Temperaturänderung der magnet. unelast. Streuung von langsamen Neutronen können erklärt werden, wenn eine theoret. Darst. der Streuung unter Verwendung der Korrelation zwischen Paaren von Spins in verschied. Lagen u. bei verschied. Zeiten benutzt wird. (Physic. Rev. [2] **93.** 268—69. 15/1. 1954. Princeton, N. J., Inst. for Adv. Stud.) v. HARLEM. 90

C. L. Storrs und **D. H. Frisch,** *Gesamtstreuquerschnitte von Polyäthylen und Kohlenstoff für Neutronen bei 1,32 MeV.* (Sitzungsbericht.) Die Gesamtstreuquerschnitte von Polyäthylen u. Graphit werden für $E_n \sim 1{,}32$ MeV gemessen. Zur Messung u. Einstellung von E_n dient die breite Totalstreuresonanz in O bei $1{,}320 \pm 0{,}003$ MeV; die Erzeugung der Neutronen erfolgt mittels $^7Li(p,n)$. Gefunden wird $\sigma_{CH_2} = 9{,}56 \pm 0{,}04$ u. $\sigma_C = 2{,}21 \pm 0{,}02$ barn. Als Detektor dient ein Protonenrückstoßproportionalzähler. (Physic. Rev. [2] **90.** 339. 15/4. 1953. MIT.) WEIGEL. 90

D. I. Cooper, D. H. Frisch und **R. L. Zimmerman,** *Proton–Proton-Streuung im Gebiet des Interferenzminimums.* (Sitzungsbericht.) (Vgl. vorst. Ref.). Die p–p-Streuung unter 90° (Schwerpunktssyst.) wird im Energiebereich von 350—450 keV untersucht u. das Interferenzminimum zwischen COULOMB-Abstoßung u. Kern–Singulett–S-Wellen-Anziehung bei 385 ± 3 keV lokalisiert. Die Primärprotonen werden mit einem kleinen Druck-VAN-DE-GRAAFF-Generator erzeugt, an über Aktivkohle gereinigtem H_2 gestreut u. mittels eines Proportionalzählers erfaßt, der im Streugas u. unter dessen Druck (1,5 cm Hg) betrieben wird. Zur Strommessung dient ein FARADAY-Käfig. Um das gesuchte Minimum festzulegen, ist es nicht erforderlich, Absolutstrom, Druck u. Geometrie zu bestimmen. Der erhaltene E_p-Wert führt auf eine Phasenverschiebung $\delta = 14^0\,35' \pm 4'$. (Physic. Rev. [2] **90.** 339. 15/4. 1953.) WEIGEL. 90

R. L. Zimmerman, D. I. Cooper, und **D. H. Frisch,** *Neutron–Deuteron und Proton–Deuteron-Streuung im S-Wellenbereich.* (Sitzungsbericht.) (Vgl. vorst. Ref.) Mit der l. c. angegebenen App. werden der n–d-Gesamtstreuquerschnitt für E_n von 100 bis 550 keV u. der differentielle d–p-Streuquerschnitt für E_d von 200—900 keV gemessen. Die S-Wellenstreudaten für n–d- u. p–d-Streuung werden in der Weise miteinander verglichen, daß die effektiven n–d-Dublett- u. Quartettreichweiten bestimmt werden, wobei experimentelle Werte für die therm. Streulänge u. epitherm. Querschnitte sowie die gemessenen n–d-Daten Verwendung finden. Die so erhaltene effektive Dublettreichweite läßt sich nur dann durch ein stat. Potential erklären, wenn dieses ein abstoßendes Zentrum besitzt. Der berechnete p–d-Querschnitt wird unter Annahme verschied. stat. p–d-Wechselwirkungen mit dem beobachteten verglichen. (Physic. Rev. [2] **90.** 339—40. 15/4. 1953.) WEIGEL. 90

A. H. Armstrong, J. C. Allred und **L. Rosen,** *Die Wechselwirkung von 14 MeV-Neutronen mit Protonen und Deuteronen.* (Sitzungsbericht.) Der differentielle Querschnitt für die elast. Streuung monochromat. 14 MeV-Neutronen an Protonen u. Deuteronen wird als Funktion des Winkels mit Hilfe eines Neutronenkollimators u.

von Kernemulsionen untersucht. Erfaßt werden die Winkelbereiche zwischen 48 u. 154,5° (n–p-Streuung) u. zwischen 46 u. 176° (n–d-Streuung). Die n–p-Streudaten entsprechen einer isotropen Streuung im Schwerpunktssystem. Dagegen zeigen die n–d-Daten starke Anisotropie; gemessen werden folgende σ-Werte in mbarn (in Klammern Laboratoriumswinkel): 435 ± 28 (2°), 342 ± 27 (10°), 78 ± 9,3 (20°), 38 ± 4,2 (30°), 59 ± 5,2 (40°), 104 ± 9,0 (50°), 136 ± 12 (60°) u. 142 ± 14 (65°). (Physic. Rev. [2] **90.** 340. 15/4. 1953. Los Alamos Scient. Labor.) Weigel. 90

Bernard T. Feld, *Rolle einer Nucleonenisobare bei energiereichen Wechselwirkungen.* (Sitzungsbericht.) Die Anwendung der Annahme einer Nucleonenisobare (oder gewöhnlicher u. isotop. Spin 3/2) zur Beschreibung der elementaren Nucleon–Meson-Wechselwirkungen läßt die Möglichkeit der Verwendung dieser Annahme für andere u. kompliziertere Kernwechselwirkungen vermuten. Die elast. Photoerzeugung neutraler Mesonen durch komplexe Kerne sowie die Photozertrümmerung des Deuterons wird von einem völlig phänomenolog. Gesichtspunkt betrachtet, wobei nur Messungen über die elementaren Wechselwirkungen zur Feststellung der Wechselwirkungsparameter verwendet werden. Im Falle der Nucleon–Nucleon-Streuung kann die Anregung einer Nucleonenisobare zu einem merklichen Wirkungsquerschnitt führen, die Winkelverteilung jedoch hat gemäß dieser einfachen Näherung starke Vorwärts- u. Rückwärtsmaxima. (Physic. Rev. [2] **91.** 454—55. 15/7. 1953. MIT.) Gerhard Schmidt. 90

P. Moldauer und **K. M. Case,** *Äquivalenztheoreme.* (Sitzungsbericht.) Bemerkungen über die linearen Wechselwirkungen zwischen Mesonen u. Nucleonen. (Physic. Rev. [2] **91.** 459. 15/7. 1953. Univ. of Michigan.) Kirschstein. 95

J. A. Bearden, M. D. Earle, J. M. Minkowski und **J. S. Thomsen,** *Gegenwärtiger Stand der Atomkonstanten.* (Vgl. C. **1954.** 3619.) Unterss. zur Ermittlung der besten Werte für die Atomkonstanten h, e u. α^{-1} nach der Meth. der kleinsten Quadrate haben ergeben, daß die erhaltenen Werte stark davon abhängen, welches Gewicht der Feinstrukturtrennung aus den Lamb-Verschiebungsverss. u. den Hyperfeinstrukturmessungen in H beigelegt wird. Vff. geben eine graph. Zusammenstellung der Werte für die Konstanten. (Physic. Rev. [2] **93.** 629—30. 1/2. 1954. Baltimore, Md., Johns Hopkins Univ.) Conrad. 95

T. Batuecas, *Bestimmung von Atomgewichten mit der Pykno–Röntgen-Methode.* Vf. benutzt zur Best. von At.-Geww. Dichtewerte u. Röntgendaten von Kristallen, die bei derselben Temp. gemessen werden. Als Standardsubstanz zur Best. der Loschmidtschen Zahl wird Diamant herangezogen. Es ergeben sich folgende Werte für *Na* (22,996 ± 0,0088), *As* (74,905 ± 0,015), *Si* (α-Quarz) (28,076), *Si* (oktaedr.) (28,081 ± 0,0073) u. *Ca* (40,094 ± 0,017). (Nature [London] **173.** 345—46. 20/2. 1954. Santiago de Compostela, Univ., Labor. of Phys. Chem.) Voitländer. 95

W. M. Kletschkowski, *Über Gesetzmäßigkeiten, welche die Länge der Perioden des Systems von D. I. Mendelejew bestimmen.* Maßgebend für die Auffüllung der Schalen bei den Elementen des Period. Syst. ist die Summe der Hauptquantenzahl n u. der Nebenquantenzahl l, u. zwar werden jeweils zuerst die Niveaus mit großem l u. kleinem n u. dann die mit kleinem l u. großem n aufgefüllt. Die Zahl der Elemente in den einzelnen Perioden beträgt für ungerade $n + l$ $N_{n+l} = 0{,}5\,(n + l + 1)^2$ u. für gerade $l + n$ $N_{n+} = 0{,}5\,(n + l)^2$. Bedeuten die röm. Ziffern die Nummern der Perioden, so erfolgt die Auffüllung der Schalen gemäß I 1s, II 2s 2p, III 3s 3p, IV 4s 3d 4p, V 5s 4d 5p, VI 6s 4f 5d 6p, VII 7s 5f 6d . . . (Известия Тимирязевской Сельскохозяйственной Академии [Nachr. Landwirtsch. Timirjasew-Akad.] **1953.** Nr. 1. 159—70.) Wiedemann. 95

Charles D. Coryell, *Das Periodische System: Die Übergangsgruppe mit 6d-5f-Mischungen.* Vf. gibt eine Darst. des Period. Syst., in dem die chem. Analogien durch Striche gek. sind; *Ac* ist mit *La* u. *Lu, Th* mit *Hf, Pa* mit *Ta, U* mit *W, Cm* mit *Gd, Bk* mit *Tb* u. *Cf* mit *Dy* verbunden. *Np, Pu* u. *Am* haben als uranähnliche Elemente keine Analoga in der vorhergehenden Periode. (J. chem. Educat. **29.** 62—64. Febr. 1952. Cambridge, Mass., MIT.) Kirschstein. 95

George Glockler und **A. I. Popov,** *Die lange Form des Periodischen Systems.* Vgl. der ähnlichen Tabellen der Vff. (vgl. C. **1951.** II. 2551) u. von Coryell (vgl. vorst. Ref.) hinsichtlich der durch Verbindungslinien markierten Beziehungen von Elementen (Neutron; *Th, Pa, U/Hf, Ta, W* u. *U/Nd*; *Eu/Am*; *Sn, Sb/Hf, Ta* usw.). (J. chem. Educat. **29.** 358. Juli 1952. Iowa City, Io., State Univ.) Blumrich. 95

Tor Ragnar Gerholm, *Elektrische und magnetische Eigenschaften radioaktiver Atomkerne.* Zusammenstellung der neueren Vorstellungen über das Schalenmodell, den Spin u. die Parität des magnet. Dipol- u. elektr. Quadrupolmoments. Im Zusammenhang mit einem modifizierten Schalenmodell werden Unterss. über den Grundzustand, über ausgerichtete Kerne sowie über die Einw. auf γ-γ-Winkelkorrelationen angestellt. (Kosmos [Stockholm] **31.** 137—76. 1953.) GERHARD SCHMIDT. 95

G. E. Tauber und **Ta-You Wu,** *Einige p- und d-Schalen-Kerne bei mittelstarker Kopplung.* Im Schalenmodell des Atomkerns bildet ^{6}Li eine Anomalie. Vff. zeigen, daß bei spezieller Wahl der Nucleon–Nucleon-Wechselwrkg. u. der Spin–Bahn-Kopplung die richtigen angeregten Zustände u. das richtige magnet. Moment des Grundzustandes erhalten werden. Dabei ergibt sich, daß nur LS-Kopplung mit den experimentellen Befunden verträglich ist. Als Nucleon–Nucleon-Wechselwrkg. setzen Vff. eine Linearkombination aus BARTLETT- u. MAJORANA-Operatoren an, außerdem werden GAUSS- u. YUKAWA-Potentiale benutzt. Ähnliche Betrachtungen u. Berechnungen werden auch für 2 d-Nucleonen angestellt. Das magnet. Moment von ^{14}N wird zu 0,36, das von ^{6}Li zu 0,87 Kernmagnetonen bestimmt. (Physic. Rev. [2] **93.** 295—301. 15/1. 1954. Ottawa, Nat. Res. Counc.) VOITLÄNDER. 95

S. A. Moszkowski und **C. H. Townes,** *Die Tendenz nach positiven Kernquadrupolmomenten.* Vff. zeigen, daß bei ungerade-A-Kernen Zustände mit positivem Quadrupolmoment im allg. tiefere Energiewerte besitzen. Tensorkräfte spielen hierbei erst in 2. Ordnung eine Rolle. Spinanomalien gegenüber den erwarteten Spinwerten der Grundzustände können wahrscheinlich auf positives Quadrupolmoment zurückgeführt werden. Auch in ungerade–ungerade-N=Z-Kernen überwiegt das positive Quadrupolmoment. (Physic. Rev. [2] **93.** 306—12. 15/1. 1954. New York, Columbia Univ.) VOITLÄNDER. 95

E. L. Hahn und **B. Herzog,** *Anisotrope Relaxation der Quadrupolspinechos.* Vff. berichten über die Messung der freien LARMOR-Präzession der magnet. Kernmomente von ^{35}Cl u. ^{37}Cl, hervorgerufen durch den Gradienten des reinen elektr. Feldes in Einkristallen u. gepulverten Kristallen von $NaClO_3$. Kurze theoret. Behandlung der Beobachtungen. (Physic. Rev. [2] **93.** 639—40. 1/2. 1954. New York, N. Y., Columbia Univ., Internat. Business Machines Corp., Watson, Scient. Labor.) v. HARLEM. 95

B. H. Flowers, *Der anomale Spin von ^{47}Ti.* Vf. zeigt, daß sich der anomale Spin von ^{47}Ti auf der Grundlage des Einnucleonenmodells durch Neutron–Proton-Wechselwrkg. deuten lassen kann. Dabei wird vorausgesetzt, daß die Kernkräfte ladungsunabhängig sind. Die sonst zur Erklärung von anomalen Spins angeführte Konfigurationswechselwrkg. soll in diesem Fall nicht zutreffend sein. (Philos. Mag. [7] **45.** 329—32. März 1954. Harwell, A. E. R. E.) VOITLÄNDER. 95

E. Brun, J. Oeser, H. H. Staub und **C. G. Telschow,** *Die kernmagnetischen Momente von ^{41}K, ^{89}Y, ^{107}Ag und ^{109}Ag.* Mittels der Meth. der Kerninduktion wurden die gyromagnet. Verhältniszahlen von ^{41}K, ^{89}Y, $^{107,\,109}$Ag bestimmt. Mittels der bekannten Spinwerte ergeben sich daraus folgende magnet. Kernmomente (ohne diamagnet. Korrektur) $\mu_{41} = -0{,}21453 \pm 0{,}00003$, $\mu_{89} = -0{,}136825 \pm 0{,}000004$, $\mu_{107} = -0{,}113014 \pm 0{,}000004$, $\mu_{109} = -0{,}129924 \pm 0{,}000004$ Kernmagnetonen. Die untersuchten Isotope sind Kerne mit ungerader Protonenzahl mit $I = L - 1/2$, mit Spins von 1/2 u. 3/2, für die die Grenzwerte nach SCHMIDT —0,26 für $I = 1/2$ u. $+0{,}12$ Kernmagnetonen für $I = 3/2$ sind. Die gemessenen Werte sind für $I = 1/2$ nur etwa die Hälfte des Grenzwertes, der von ^{41}K ist 70% größer als der Grenzwert. (Physic. Rev. [2] **93.** 172—73. 1/1. 1954. Zürich, Univ., Physik. Inst.) v. HARLEM. 95

A. Javan, G. Silvey, C. H. Townes und **A. V. Grosse,** *Über die Quadrupolmomente von ^{55}Mn, ^{185}Re und ^{187}Re.* (Vgl. C. **1953.** 2552.) (Sitzungsbericht.) Aus der von JAVAN u. v. GROSSE (l. c.) aus Messungen an MnO_3F erhaltenen Quadrupolkopplungskonstante von ^{55}Mn kann man nur schwierig das Quadrupolmoment erhalten. Es wurden daher in dem strukturell ähnlichen Mol. ReO_3Cl die Quadrupolkopplungskonstanten von ^{185}Re u. ^{187}Re gemessen. Da die Quadrupolmomente der Re-Isotope aus Atomspektren gemessen worden waren, kann man ihre Werte benutzen, um einen angenäherten Wert für das Quadrupolmoment des ^{55}Mn zu erhalten, allerdings unter der Voraussetzung, daß die Bindungsstrukturen in MnO_3F u. ReO_3Cl ähnlich sind. Gefunden wurde $Q(^{55}Mn) = 0{,}5 \cdot 10^{-24}$ cm^2. Die Messungen bestätigen auch Spins von 5/2 für ^{185}Re u. ^{187}Re u. liefern das Verhältnis der Quadrupolmomente $Q(^{185}Re)/Q(^{187}Re) = 1{,}06 \pm 0{,}05$. Die Quadrupolkopplungskonstante für ^{185}Re in ReO_3Cl ist 272 ± 6 MHz u. für ^{35}Cl -40 ± 8 MHz. (Physic. Rev. [2] **91.** 222—23. 1/7. 1953. Columbia Univ. u. Temple Univ.) GOTTFRIED. 95

H. G. Dehmelt, H. G. Robinson und **Walter Gordy,** *Kernquadrupolresonanz von ^{201}Hg.* (Vgl. C. **1952.** 4564.) Im polykristallinem $HgCl_2$ wurden 5 Kernquadrupolresonanzlinien beobachtet. Aus ihren Frequenzen wurden die Quadrupolkopplungskonstanten eQq_{zz} (^{201}Hg) zu 720 u. eQq_{zz} (^{35}Cl) zu 44,3 MHz bestimmt. Vgl. der Kopplungskonstanten von ^{35}Cl in HgCl mit der bekannten für freie Cl-Atome aus Atomstrahlverss. ermöglicht eine Diskussion der mol. Struktur. Es wird eine Quadrupolkopplungskonstante von 1000 MHz pro p-Elektron in der 6s 6p-Konfiguration des freien Hg aus der ^{201}Hg-Kopplung in HgCl abgeleitet. Dieser Wert kann unmittelbar verglichen werden mit der Kopplung des 6s 6p, $^2P_2$HgI-Terms, eQq_{zz} (^{201}Hg·p_z) = 780 MHz, welcher äquivalent ist mit dem Wert für den Quadrupolparameter B = 0,27·10^{-3} cm^{-1}, bekannt aus opt. Hyperfeinstrukturuntersuchungen. Während eine Analyse der Hyperfeinstruktur des $^2P_2$-Terms für Q(^{201}Hg) 0,5·10^{-24} cm^2, eine des $^1P_1$-Terms für Q(^{201}Hg) 0,2·10^{-24} cm^2 ergab, ergeben die neuen Verss. der Vff. Q(^{201}Hg) = 0,6·10^{-24} cm^2. (Physic. Rev. [2] **93.** 480—82. 1/2.; 920. 15/2. 1954. Bull. Amer. physic. Soc. **28.** Nr. 6. 16. 27/11. 1953. Durham, N. C., Duke Univ., Dep. of Phys.) v. HARLEM. 95

E. Gerjuoy, *Theorie der (d, p)- und (d, n)-Reaktionen.* (Vgl. C. **1954.** 6162.) Im Nachgang zu der l. c. referierten Arbeit wird zur Vereinfachung der Berechnungen angenommen, daß die Teilchen spinlos sind, u. daß der Kern durch ein Kraftzentrum ersetzt wird. Die BUTLERsche Theorie schließt eine Approximation ein, die der BORNschen äquivalent ist. (Physic. Rev. [2] **91.** 645—49. 1/8. 1953. Pittsburgh, Pa., Univ. of Pittsburgh, Phys. Dep.) GERHARD SCHMIDT. 103

Jean Yoccoz, *Einfluß des Coulomb-Feldes auf die Winkelverteilung der (d, n)-Reaktionen.* Es werden die allg. Formeln für den Einfl. des COULOMB-Feldes auf die Winkelverteilung bei (d,p)- u. (d,n)-Rkk. abgeleitet. (C. R. hebd. Séances Acad. Sci. **236.** 587—89. 9/2. 1953.) WIEDEMANN. 103

E. W. Titterton und **T. A. Brinkley,** *Wirkungsquerschnitte für die Reaktion $^7Li(\gamma, T)$ ^4He bei 6,13, 14,8 und 17,6 MeV.* Vff. exponieren Li-beladene ILFORD E 1-Platten (200 μ) der γ-Strahlung aus dicken Li-Metalltargets, die mit einem Protonenbündel von 250 μA bei 490 keV beschossen worden sind. Die Platten werden nach ^{7}Li(γ,T)^{4}He u. ^{12}C(γ,3α) untersucht. Das Verhältnis des Wirkungsquerschnittes der (γ,T)-Rk. bei 17,6 MeV zum ^{12}C(γ,3α)-Wirkungsquerschnitt bei der gleichen Energie ist 1,94 ± 0,25. Das Verhältnis der (γ,T)-Wirkungsquerschnitte von 14,8 u. 17,6 MeV kann unter der Annahme berechnet werden, daß die Intensität dieser Linien sich wie 1 : 2,5 verhält. Das σ-Verhältnis ergibt sich zu 1,04 ± 0,25. Für $\sigma_{17,6}$ ^{7}Li(γ,T) wird ein Wert von (4,7 ± 0,8)·10^{-28} cm^2 u. für $\sigma_{14,8}$ ^{7}Li(γ,T) ein solcher von (4,9 ± 0,8)·10^{-28} cm^2 gefunden. Für die γ-Gruppen 6,13, 6,9 u. 7,15 MeV ergibt sich für σ ^{7}Li(γ,T)^{4}He ein Wert von (1,5 ± 0,5)·10^{-29} cm^2. (Proc. physic. Soc., Sect. A **66.** 579—80. 1/6. 1953. Canberra, Austral. Nat. Univ., Res. School of Phys. Sci.) GERHARD SCHMIDT. 103

R. J. Mackin jr., *γ-Strahlen aus $^{12}C + {}^2D$.* (Sitzungsbericht.) Mit Hilfe eines Magnetlinsenspektrometers (1,9% Auflsg.) werden Sekundärelektronen beobachtet, die von der γ-Strahlung aus dem Beschuß von ^{12}C mit 2,4 MeV-Deuteronen herrühren. Untersucht werden COMPTON-Spektren aus 17 mg/cm^2 Graphit, die γ-Strahlen von 3,67 ± 0,04 u. 3,83 ± 0,04 MeV entsprechen. Das Intensitätsverhältnis beträgt 5 : 4, die Summe der Intensitäten beträgt 20% der Intensität der 3,1 MeV-γ-Strahlung. Es wird angenommen, daß die beobachteten γ-Strahlen mit den 3,68 u. 3,88 MeV-Niveaus im ^{13}C zusammenhängen. Photoelektronen aus einem Th-Konverter liefern eine γ-Linie bei 168 ± 1 keV, die von einem Übergang zwischen den ^{13}C-Niveaus herrührt. (Physic. Rev. [2] **92.** 529. 15/10. 1953. California Inst. of Technol., Kellogg Radiat. Labor.) WEIGEL. 103

H. Hugh Woodbury, *Winkelanisotropie der γ-Strahlen aus $^{12}C(p, \gamma p')^{12}C$.* (Sitzungsbericht.) Die γ-Strahlung aus ^{12}C(p,γp')^{12}C wird mittels eines 10-Kanal-Differentialdiskriminators untersucht. Die Beobachtungen von TOLLESTRUP u. Mitarbeitern (vgl. C. **1953.** 3189.) werden bestätigt, zusätzlich wird gefunden, daß die Strahlung bei 0° erheblich schwächer ist. (Physic. Rev. [2] **92.** 529. 15/10. 1953. California Inst. of Technol., Kellogg Radiat. Labor.) WEIGEL. 103

Calvin Wong, *Der β-Zerfall von ^{17}F und ^{20}F.* (Sitzungsbericht.) Die Rkk. ^{17}F(β^+)^{17}*O* u. ^{20}F(β^-)^{20}*Ne* werden mit einem Magnetlinsenspektrometer untersucht. Das β^+-Spektr. von ^{17}F besteht lediglich aus einer Komponente von 1,749 ± 0,006 MeV. Das FERMI-KURIE-Diagramm ist von der Endpunktenergie bis hinunter zu 500 keV linear. Der Anteil einer β^+-Verzweigung zum 874 keV-Zustand von ^{17}O wird zu < 1% abgeschätzt. Diese Annahme wird durch die Abwesenheit einer verzögerten γ-Strahlung gestützt. Der *ft*-Wert für den Übergang zum Grundzustand beträgt 2420 Sek., das *ft*-Minimum für den Übergang zum Anregungszustand beträgt ~ 2·10^4 Sekunden. Das β^--Spektr. von ^{20}F besteht aus einer Komponente mit $E_{\beta max}$ = 5,419 ± 0,010 MeV. Das FERMI-KURIE-Diagramm verläuft vom Endpunkt bis zu 400 keV linear. Das verzögerte γ-Spektr. besteht ebenfalls aus einer Komponente mit E_γ = 1,627 ± 0,005 MeV. Die Intensität dieser Strahlung deutet darauf hin, daß der β-Zerfall zu einem 1,627 MeV-Zustand von ^{20}Ne führt, *ft* wird zu 9,73·10^4 Sek. gefunden. (Physic. Rev. [2] **92.** 529. 15/10. 1953. California Inst. of Technol., Kellogg Radiat. Labor.) WEIGEL. 103

Curt Mileikowsky und **Ward Whaling,** *Q-Werte der Reaktionen $^{21}Ne(d,\alpha)^{19}F$ und $^{21}Ne(d,p)^{22}Ne$.* (Sitzungsbericht.) Ausführliche Darst. vgl. C. **1953.** 7462. (Physic. Rev. [2] **92.** 528—29. 15/10. 1953. Stockholm, Nobel Inst. of Phys.; California Inst. of Technol., Kellogg Radiat. Labor.) CONRAD. 103

R. van Lieshout, R. H. Nussbaum, G. J. Nijgh und **A. H. Wapstra,** *Zerfall von ^{60}Cu und Kernniveaus in ^{60}Ni.* Vff. untersuchen das γ-Spektr. von ^{60}Cu u. ^{60}Co. Die App. bestand im wesentlichen aus einem NaJ-Kristall, dem ein DUMOND K–1186 Photomultiplier angeschlossen war. Das Zerfallsschema ist komplexer als das von XLEITH u. Mitarbeitern (C. **1948.** II. 688) für denselben Kernzerfall angegebene. Die totale Zerfallsenergie beträgt $6{,}17 \pm 0{,}05$ MeV gegenüber dem l. c. angegebenen Schwellenwert für die Rk. ^{60}Ni(p,n)^{60}Cu von $5{,}1 \pm 0{,}02$ MeV. (Physic. Rev. [2] **93.** 255—56. 1/1. 1954. Amsterdam, Inst. for Nucl. Res.) VOITLÄNDER. 103

E. D. Klema und **F. K. McGowan,** *γ-γ-Winkelkorrelation von ^{60}Ni.* (Vgl. AEPPLI u. Mitarbeiter, C. **1954.** 6.) Die beobachtete Winkelbeziehung läßt sich durch $W(\Theta) = 1 + (0{,}131 \pm 0{,}017) \cos^2\Theta + (0{,}024 \pm 0{,}017) \cos^4\Theta$ wiedergeben, woraus sich der Anisotropiefaktor zu $0{,}1557 \pm 0{,}0010$ ergibt; der theoret. Wert ist 0,1517. Er scheint davon abzuhängen ob die emittierenden Atome sich in verd. Lsg. oder in Kristallen (Chlorid) befinden. (Physic. Rev. [2] **91.** 616—18. 1/8. 1953. Oak Ridge, Tenn., Nat. Labor.) KIRSCHSTEIN. 103

John Keene Major, *Bestimmung der relativen Zerfallswahrscheinlichkeiten durch K-Einfang und Positronenemission von ^{65}Zn in der Wilson-Kammer.* (Vgl. C. **1953.** 1285.) (C. R. hebd. Séances Acad. Sci. **233.** 947—49. 22/10. 1951.) POLLERMANN. 103

M. E. Bunker, R. J. Prestwood und **J. W. Starner,** *Scintillationsuntersuchung an ^{77}As und ^{77}Br.* Im Gegensatz zu anderen Beobachtern finden Vff. beim Zerfall von ^{77}As u. ^{77}Br 8 γ-Strahlungen verschied. Energie zwischen 23 u. 524 keV. Sehr ähnliche Ergebnisse werden am ^{77}Br gefunden. Gemessen wurde mittels eines NaJ(Tl)-Scintillationszählers. (Physic. Rev. [2] **91.** 1021—22. 15/8.; **92.** Erratum: 1587. 15/12. 1953.) RUFFLER. 103

C. E. Mandeville und **E. Shapiro,** *Charakteristische Strahlungen von Rhodium 105.* (Sitzungsbericht.) Bzgl. der Ergebnisse vgl. C. **1953.** 1597. (Bull. Amer. physic. Soc. **25.** 10. 21/6. 1950. Bartol Res. Found.) GERHARD SCHMIDT. 103

R. V. Pound und **A. Abragam,** *Winkelkorrelationen bei flüssigen Quellen.* Bei fl. Quellen entspricht die Winkelkorrelation zwischen den ausgesandten Strahlungen mehr der Erwartung als bei festen. Diskrepanzen werden auf das elektr. Quadrupolmoment des Zwischenzustands des Kerns zurückgeführt. Aus der auf die β-Emission von ^{106}Rh folgenden γ-γ-Kaskade von ^{106}Pd ergibt sich ein Quadrupolmoment von wahrscheinlich mindestens $0{,}2 \cdot 10^{-24}$ cm^2. (Physic. Rev. [2] **90.** 993. 1/6. 1953. Cambridge, Mass., Harvard Univ., Lyman Labor. of Phys.) WIEDEMANN. 103

Michel Langevin, *Obere Grenze der mittleren Lebensdauer des angeregten Zustandes (11,7 keV) des ^{133}Ba.* ^{133}Ba wurde durch Beschuß von CsCl mit 7 MeV-Deuteronen u. chem. Abtrennung als $BaCO_3$ erhalten. Die 275 keV-Strahlung (innere Konversion) wurde mittels eines Polystyrol + Tetraphenylbutadien-Scintillators nachgewiesen, die 11,7 keV-Strahlung mittels eines Anthraceneinkristalls. Durch Messung der verzögerten Koinzidenzen wurde die mittlere Lebensdauer des angeregten (11,7 keV)-Zustands zu $< 2 \cdot 10^{-8}$ Sek. bestimmt. (C. R. hebd. Séances Acad. Sci. **236.** 689—90. 16/2. 1953.) WIEDEMANN. 103

H. Talman Dybvig und **M. L. Pool,** *^{182}Re und ^{183}Re durch relative Wirkungsquerschnitte.* (Sitzungsbericht.) Aus Messungen der relativen Wirkungsquerschnitte wird gefolgert, daß eine 14 Std.-Aktivität, die durch K-Einfang mit einem 0,92 MeV-γ-Strahl zerfällt, in ^{182}Re auftritt u. daß eine 2,8 Tage-Aktivität, die durch K-Einfang mit einem 1,75 MeV-γ-Strahl zerfällt, in ^{183}Re vorhanden ist. Zusätzlich wird eine 3,79 Tage-Aktivität in ^{186}Re bestätigt. Diese Aktivitäten werden durch Deuteronenbeschuß auf W mit angereicherten Isotopen (^{182}W u. ^{183}W) erzeugt. (Bull. Amer. physic. Soc. **25.** Nr. 4. 11. 21/6. Physic. Rev. [2] **80.** 126. 1/10. 1950. Ohio State Univ.) GERHARD SCHMIDT. 103

Merle E. Bunker, Robert Canada und **Allan C. G. Mitchell,** *Strahlungen von ^{185}Os, ^{191}Os und ^{193}Os.* (Sitzungsbericht.) Vgl. C. **1951.** II. 1847. (Bull. Amer. physic. Soc. **25.** Nr. 4. 11. 21/6. Physic. Rev. [2] **80.** 126. 1/10. 1950. Indiana Univ.) GERHARD SCHMIDT. 103

Garman Harbottle, *Die Halbwertszeit von Thallium 204.* Vf. bestimmt die Halbwertszeit von ^{204}Tl mittels eines Methandurchlaufproportionalzählers zu $4{,}0 \pm 0{,}1$ Jahren. Die Extraktion der Tl-Probe erfolgte aus einer ClO_4^-–Cl^--Lsg. in Äther. (Physic. Rev. [2] **91.** 1234. 1/9. 1953. Upton, N. Y., Brookhaven Nat. Labor., Chem. Dep.) GERHARD SCHMIDT. 103

F. Demichelis und **R. Malvano,** *Kaskaden im γ-Spektrum von $^{214}_{84}Po$.* (Vgl. C. **1954.** 3623.) Die aus 2 NaJ(Tl)-Scintillationsdetektoren bestehende App. wird zur Best. der Absorptionskurven der beiden koinzidierenden γ-Strahlen, die zu einer Kaskade von ^{214}Po führen, verwendet. Die Existenz einer starken γ-Kaskade von 1,120 u. 1,761 MeV konnte nachgewiesen werden. Auf der Grundlage der Ergebnisse werden die beiden Niveauschemata von RUTHERFORD u. SURUGUE verglichen. (Nuovo Cimento [9] **10.** 405—18. 1/4. 1953. Torino, Politecnico, Ist. di Fis. Speriment.)
GERHARD SCHMIDT. 103

J. W. Kunstadter, J. J. Floyd und **L. B. Borst,** *Verzögerte Neutronen langer Halbwertszeit aus der Spaltung.* Rh- u. In-Folien wurden unter sorgfältig kontrollierten Bedingungen im U-Meiler bestrahlt u. nach Entfernung mit einem dünnwandigen Zähler gemessen. Verzögerte Neutronen aus *U* zeigen Halbwertszeiten von 3, 12 u. 125 Min. u. Ausbeuten pro Spaltung von $5{,}8\cdot10^{-8}$, $5{,}6\cdot10^{-10}$ bzw. $2{,}9\cdot10^{-10}$. (Physic. Rev. [2] **91.** 594—96. 1/8. 1953. Upton, N. Y., Brookhaven Nat. Labor.)
GERHARD SCHMIDT. 103

Arnold Lundén, *Isotopenanreicherung durch elektrolytische Ionenwanderung.* Zusammenfassender Bericht über die verschied. Methoden zur Isotopenanreicherung auf elektrolyt. Wege. Behandelt werden die Isotopenanreicherung in wss. Lsg., in fester Phase u. in der Schmelze. Die Massenwirkungstheorie wird skizziert. (Kosmos [Stockholm] **31.** 105—20. 1953.) GERHARD SCHMIDT. 104

William O. Passarelli jr., *Ventilationserfordernisse für Meilerräume.* Vf. errechnet die erforderliche Ventilationsgeschwindigkeit als Funktion der Zeit u. der Größe einer eingetretenen Undichtigkeit in dem Kühlwasserkreislauf eines Meilers. (Nucleonics **10.** Nr. 6. 46—49. Juni 1952. Pittsburgh, Pa., Westinghouse Atomic Power Div., Engng. Dep.) H. HAUSWALD. 110

P. E. Ohmart, *Eine Methode zur Erzeugung eines elektrischen Stromes durch Radioaktivität.* Eine Zelle aus zwei elektrochem. verschied. Metallen, die durch ein Gas getrennt sind, liefert ohne eine äußere Stromquelle einen galvanometr. meßbaren Strom zwischen den Metallen, wenn das trennende Gas durch Kernstrahlung stark ionisiert wird. Für eine Reihe von Elektrodenmetallen wurde die EMK. relativ zu Al_2O_3 bei Luftfüllung gemessen: *PbO_2* auf Au 1,34, *oxydiertes Cu* 0,975, *Au* auf Cu 0,95, *Ag* 0,67, *Cu* 0,64, *Messing* 0,64, *Pb* 0,2, *Cr* 0,18 u. *Zn* —0,01 V. Eine koaxiale Zelle aus Pb mit aufgedampftem Mg u. Au (mit PbO_2 belegt) mit Ar-Füllung lieferte bei Bestrahlung mit 11 μC ^{110}Ag eine Energieausbeute von 0,02%. Die Elektrometerschaltung zur EMK.-Messung u. eine Eichkurve μA gegen μg an ^{60}Co wird angegeben. (J. appl. Physics **22.** 1504—05. Dez. 1951. Cincinnati, O., Ohmart Corp.) H. HAUSWALD. 110

William Kerr und **H. J. Gomberg,** *Ein β-Strahl-Mikroskop.* Um den Verbleib von β-akt. Traceratomen (^{60}Co, ^{204}Tl, ^{14}C, ^{63}Ni) mit großer Präzision (100 μ) verfolgen zu können, wird ein dünner (50 μ) Scintillator oder Phosphor über das zu untersuchende Objekt gelegt. In diesem wird die vom Objekt ausgehende β-Strahlung teilweise in sichtbares Licht umgewandelt, welches durch ein Lichtmikroskop einem Photomultiplier zugeführt wird. Durch Aufspaltung des Lichtes im opt. Strahlengang u. Koinzidenzmessung in zwei Photomultipliern wird der störende Untergrund weitgehend ausgeschaltet. (Science [Washington] **119.** 51—55. 8/1. 1954. Ann Arbor, Mich., Univ. of Michigan, Dep. of Electric. Engng.) LENZ. 112

Karl-Erik Larsson, *Neutronenflußmessung — ein kernphysikalisches Meßproblem.* Zusammenstellung der verschied. Methoden zur Messung des Neutronenflusses, wie z. B. Rückstoßteilchenmeth. u. Absorptionsmethode. Das Eichproblem für Neutronenquellen wird bes. behandelt. (Kosmos [Stockholm] **31.** 121—36. 1953.)
GERHARD SCHMIDT. 112

John P. Butler und **John N. Mandas,** *Eine stabile radioaktive Eichsubstanz.* Glasur von Laborgeräten, die Uranoxyd enthält, ist eine geeignete Vergleichssubstanz; ihre Aktivität beträgt größenordnungsmäßig $2\cdot10^{-3}$ μC/cm². (J. chem. Educat. **29.** 61. Febr. 1952. Ames, Io., Iowa State Coll.) KIRSCHSTEIN. 112

W. J. Oosterkamp, *Allgemeine Betrachtungen über die Dosimetrie der Röntgen- und γ-Strahlung.* Ein Vgl. der Meßmethoden für die Einstrahlung, gemessen durch die Erzeugung von Ionen in Luft in der r-Einheit, u. für die Dosis, gemessen durch die an die bestrahlte Materie abgegebene Energie in der Einheit erg/g. Bei nicht der Luft gleichwertigen Stoffen muß bei der Umrechnung der Einstrahlung in die Dosis der Unterschied der Massenabsorptionskoeffizienten zwischen dem betreffenden Stoff u. Luft berücksichtigt werden. Besteht dieser teilweise aus schweren Atomen, so muß wegen der erzeugten Sekundärelektronen auch in den leichteren Teilen mit verstärkter Ionisation gerechnet werden. Bei Photonenenergien oberhalb 1 MeV besteht ein wach-

sender Unterschied zwischen Einstrahlung u. Dosis am selben Ort. (Appl. sci. Res. B 3. 100–18. 1953. Eindhoven, N. V. Philips' Gloeilampenfabrieken, Res. Labor.)
H. HAUSWALD. 112

G. M. Corney, *Beziehung von Filmeigenschaften zur Röntgen- und γ-Strahlenprüfung.* Unters. der Eigg. von KODAK-Röntgenfilmen zum Zwecke der Strahlenkontrolle. Vf. untersucht die zur Erzeugung einer bestimmten Schwärzung notwendige Dosis als Funktion der Spannung der Röntgenröhre, die Schwärzung als Funktion der Entwicklungszeit u. die durch Entwicklungszeit u. -temp. sowie durch Erschöpfung des Entwicklers verursachten Fehler in der Dosismessung. (Nucleonics **10.** Nr. 11. 84–86. Nov. 1952. Rochester, N. Y., Eastman Kodak Co., Res. Labors.) H. HAUSWALD. 112

Michel Ter-Pogossian, William B. Ittner III. und **Samira M. Aly,** *Vergleich von Luft- und Gewebedosen für Radium-γ-Strahlen.* Vff. messen die Aktivität eines durch 0,5 mm Pt gefilterten Ra-Präp. als Funktion der Entfernung mit einem Scintillationszähler erst mit Luft als Durchgangsmedium u. dann beim Eintauchen des Präp. in mit W. gefüllte Holzwürfel von 10, 20, 30, 40 u. 60 cm³ Inhalt, die Nachbildungen eines tier. Gewebes darstellen. Das Dosisverhältnis Luft zu Gewebe wird unabhängig von der Phantomgröße >1 gefunden. (Nucleonics **10.** Nr. 6. 50–52. Juni 1952. St. Louis, Mo., Washington Univ., Med. School, Edward Mallinckrodt Inst. of Radiol.)
H. HAUSWALD. 112

A. Lovati und **C. Succi,** *Diffusionsnebelkammer mit Magnetfeld zum Gebrauch in der Kernphysik.* Vff. beschreiben eine Diffusionsnebelkammer, deren Boden auf -45^0 gehalten wird. Eine große Anzahl von Verdampfungsgefäßen mit verschied. Füllungen erlaubt es, den dem jeweiligen Problem am besten angepaßten Dampf zu gebrauchen. Die Höhe der empfindlichen Zone ist abhängig vom Verhältnis Mol.-Gew. des Trägergases zum Mol.-Gew. des Dampfes. In Höhe der empfindlichen Zone kann ein Magnetfeld von ca. 1000 Gauß erzeugt werden. (Nuovo Cimento [9] **11.** 163–71. 1/2. 1954. Milano, Univ., Ist. di Sci. Fis., Ist. Naz. di Fis. Nucl.) VOITLÄNDER. 112

J. Ballam, D. R. Harris, A. L. Hodson, R. Ronald Rau, G. T. Reynolds und **Marcello Vidale,** *Eine Nebelkammer mit Magnetfeld zur Untersuchung von Kernwechselwirkungen in der Höhenstrahlung.* 1. Mitt. *Anordnung.* (Sitzungsbericht.) Eine große Nebelkammer 40 × 40 cm² ist in einem Luftspalt von 23,4 cm zwischen den Polen eines 10 Tonnen-Magneten angeordnet. Einer der Pole ist zum Zwecke des Photographierens hohl. Bei 30 kW Leistung ergibt sich eine Feldstärke von 4500 Gauß. Eine 3,8 cm dicke Cu-Platte geht quer durch die Kammer. Zur Aussonderung durchdringender Schauer dient ein Zählrohrteleskop. (Physic. Rev. [2] **90.** 369. 15/4. 1953.)
POLLERMANN. 112

R. Ronald Rau, Marcello Vidale, G. T. Reynolds, D. R. Harris, A. L. Hodson und **J. Ballam,** *Eine Nebelkammer mit Magnetfeld zur Untersuchung von Kernwechselwirkungen in der Höhenstrahlung.* 2. Mitt. *Vorläufige Ergebnisse.* (Sitzungsbericht.) (Vgl. vorst. Ref.) Die Nebelkammer war 4 Monate in Echo Lake (10600 ft) in Betrieb. Sie ergab ca. 10 Aufnahmen pro Std. mit 2–3 durchdringenden Schauern pro Std. u. 1–1,5 V^0-Teilchen pro Tag. (Physic. Rev. [2] **90.** 369. 15/4. 1953.) POLLERMANN. 112

A. V. Buskirk, H. O. Cohn, L. R. Etter, C. J. Karzmark, R. H. Rediker und **R. W. Thompson,** *Eine neue Magnet-Nebelkammer zur Untersuchung von V-Teilchen.* (Sitzungsbericht.) Eine Nebelkammer vom Gummimembrantyp (Breite 11, Höhe 22 u. Tiefe 5 in.) ist zwischen den Polen eines Elektromagneten angeordnet, der bei 40 kW eine Feld von 7000 Gauß erzeugt. Die Expansion erfolgt durch ein 6 in.-Loch im hinteren Polschuh, die Aufnahmen mit 3 Kameras unter $-10,6$, 0 u. $+10,6^0$ durch keilförmige Öffnungen im vorderen Polschuh. Zur Auslösung der Zählrohranordnung müssen ein durchdringendes Teilchen oberhalb u. zwei unterhalb der Kammer auftreten. (Physic. Rev. [2] **90.** 369. 15/4. 1953. Indiana Univ.) POLLERMANN. 112

Paul H. Pitkanen, *Die Wirkung der Nebelkammergeometrie auf β-Strahluntersuchungen.* (Sitzungsbericht.) An Unterss. des β-Zerfalls in einer kontinuierlich arbeitenden Nebelkammer wird gezeigt, daß es notwendig ist, den Einfl. der Kammergeometrie auf die Bahnspurenverteilung zu bestimmen. Verwendet wird eine Nebelkammer von zylindr. Gestalt mit vertikal montierter Kamera, deren Fokalbereich ebenfalls zylindr. ist. Korrekturformeln für die beobachtete Verteilung der Bahnen werden unter einer Reihe vereinfachender Voraussetzungen abgeleitet. (Physic. Rev. [2] **92.** 530. 15/10. 1953. Inyokern, U. S. Naval Ordnance Test Stat., Michelson Labor.) WEIGEL. 112

Dida M. Clausen und **K. J. Rasch,** *Zum Verfahren der Radiographie unter Verwendung von Kollodiumemulsionen.* (Vgl. RASCH, C. **1954.** 8280.) Beschreibung einer Modifikation der Automikroradiographietechnik (l. c.) mit Kollodiumemulsionen u.

einer für diese Technik geeigneten Färbemethode. (Experientia [Basel] **9.** 389. 15/10. 1953. Mainz, Max-Planck-Inst. für Chem., Univ., Chem. Inst., Abt. für Tierphysiol.) EICHHOFF. 112

G. Someda und **M. Merlin,** *Ein Elektromagnet hoher Leistung für Kernplatten.* Um die Ablenkung der Teilchen in Kernemulsionen direkt messen zu können, haben Vff. einen Elektromagneten entwickelt, mit dem bei einer Leistung von 800 kW ein Magnetfeld von über 50000 Gauß erhalten wird. (Nuovo Cimento [9] **11.** 73—81. 1 Tafel. 1/1. 1954. Padua, Univ., Ist. di Elettrotecn., Ist. di Fis. u. Ist. Naz. di Fis. Nucl.) R. K. MÜLLER. 112

Takashi Mikumo und **Monique Maitrot,** *Untersuchung von Bahnspuren minimaler Ionisation mit schwacher Mehrfachstreuung in Kernemulsionen.* Unters. der Energiespektren der Bahnspuren von Höhenstrahlen in Seehöhe in 200 μ dicken ILFORD G5-Platten, welche nach 10—20 Tagen entwickelt wurden. Das Energiespektr. unterscheidet sich für Platten mit großer u. kleiner Bahnspurdichte u. wird im ersten Fall Schauerelektronen, im zweiten Fall Mesonen zugeschrieben. (J. Physique Radium **13.** 609—18. Dez. 1952. Lyon, Inst. de Phys. atom.) EICHHOFF. 112

Ewald Fünfer u. **Hugo Neuert,** Zählrohre und Szintillationszähler. Meßmethoden f. d. Strahlung d. künstl. u. natürlichen radioaktiven Substanzen. Karlsruhe: Braun. 1954. (XI + 273 S. m. 173 Abb.) = Bibliotheca biophysica = Wissenschaftliche Bücherei. DM 29,60.

Leprince-L. Ringuet, I raggi cosmici. I mesoni. Torino: Einaudi. 1954. (448 S. m. 130 Abb.) L 3500,—.

Frederick Soddy, Atomic transmutation, the greatest discovery ever made; from memoirs of Frederick Soddy; ed. by **Muriel Howorth.** (V. 1, jubilee ed.) New York: W. S. Heinman. 1954. (134 S. m. Abb.) $ 5 —.

A$_2$. Optisches Verhalten der Materie.

A. Van Pelt, *Über das Spektrum der Planetennebel mit Wolf-Rayet-Kernen.* Vf. gibt die theoret. zu erwartende Schalenfolge u. die Rekombinationsspektren für einen Planetennebel an, wenn dieser einen WOLF-RAYET-Stern als Kern besitzt. Für die Rekombinationsspektren u. ebenso auch die Elektronenerregungs- u. Fluorescenzspektren des NGC 6543 wird gezeigt, daß das Spektr. des WOLF-RAYET-Kerns u. Planetennebels für *He II* u. *He I* übereinstimmen. An anderen Nebeln mit WOLF-RAYET-Kern zeigten sich dieselben Übereinstimmungen. (Proc., Kon. nederl. Akad. Wetensch., Ser. B **56.** 245—47. Mai/Juni 1953. Amsterdam, Univ., Astronom. Inst.) D. HAHN. 113

D. Premaswarup, *Intensitätsformeln für Banden mit Termen hoher Multiplizität.* 1. Mitt. $^5\Sigma - {}^5\Sigma$- *und* $^6\Sigma - {}^6\Sigma$-*Übergänge.* Es werden die Intensitätsausdrücke für die Rotationslinien der $^5\Sigma - {}^5\Sigma$- u. $^6\Sigma - {}^6\Sigma$-Übergänge hergeleitet u. ihre Intensitätsfaktoren angegeben. An Hand von Kurven für die erwarteten Zweige wird die Variation der Bandenintensitäten beider Übergänge mit J gezeigt. (Indian J. Physics Proc. Indian Assoc. Cultivat. Sci. **27/36.** 415—20. Aug. 1953. Waltair, Andhra Univ., Dep. of Phys.) D. HAHN. 114

D. Premaswarup, *Intensitätsformeln für Banden mit Termen hoher Multiplizität.* 2. Mitt. $^5\Pi - {}^5\Sigma$-, $^5\Pi - {}^5\Pi$- *und* $^4\Pi - {}^4\Pi$-*Übergänge.* (1. vgl. vorst. Ref.) Die Intensitätsformeln der Rotationslinien der Banden, die zu den Übergängen $^5\Pi$ (a) — $^5\Sigma$, $^5\Pi$ (b) — $^5\Sigma$; $^5\Pi$ (a) — $^5\Pi$ (a), $^5\Pi$ (a) — $^5\Pi$ (b) u. $^5\Pi$ (b) — $^5\Pi$ (b), sowie $^4\Pi$ (a) — $^4\Pi$ (a), $^4\Pi$ (a) — $^4\Pi$ (b), u. $^4\Pi$ (b) — $^4\Pi$ (b) gehören, werden hergeleitet. Ferner werden die Intensitätsfaktoren für die $^5\Pi - {}^5\Sigma$, $^5\Pi - {}^5\Pi$- u. $^4\Pi - {}^4\Pi$-Banden angegeben. (Indian J. Physics Proc. Indian Assoc. Cultivat. Sci. **27/36.** 578—84. Nov. 1953. Waltair, Andhra Univ., Dep. of Phys.) D. HAHN. 114

P. A. Fraser und **W. R. Jarmain,** *Schwingungsübergangswahrscheinlichkeiten von zweiatomigen Molekülen.* 1. Mitt. Vf. beschreibt eine Näherungsmeth., die die analyt. Integration von bei der Unters. von Elektronenspektren zweiatomiger Moll. auftretenden Überlappungsintegralen gestattet. Die nach dieser Meth. berechneten p-Werte für die N_2-Übergänge $B^3\Pi_g \rightarrow A^3\Sigma_u^+$ u. $C^3\Pi_u \rightarrow B^3\Pi_g$ werden angegeben u. mit den nach numer. Methoden ermittelten Werten verglichen. Die Übereinstimmung ist gut. (Proc. physic. Soc., Sect. A **66.** 1145—52. 1/12. 1953. London, Can., Univ. of Western Ontario, Dep. of Phys.) HEINSOHN. 114

W. R. Jarmain und **P. A. Fraser,** *Schwingungsübergangswahrscheinlichkeiten von zweiatomigen Molekülen.* 2. Mitt. (1. vgl. vorst. Ref.) Theoret. Betrachtungen zur Behebung der bei der Berechnung eines Überlappungsintegrals auftretenden Schwierigkeiten. (Proc. physic. Soc., Sect. A **66.** 1153—57. 1/12. 1953.) HEINSOHN. 114

W. R. Jarmain und **R. W. Nicholls,** *Schwingungsübergangswahrscheinlichkeiten zu hohen Quantenzahlen für das erste und zweite positive Bandensystem des Stickstoffs.* Mit Hilfe der Meth. der numer. Integration von berechneten MORSE-Wellenfunktionen über eine größere Reihe von Schwingungswellenzahlen (bis 12) werden die Schwingungsübergangswahrscheinlichkeiten für das 1. ($B^3\Pi_g \rightarrow A^3\Sigma_u^+$) u. das 2. positive ($C^3\Pi_u \rightarrow B^3\Pi_g$) Syst. des N_2 ermittelt. Die benutzten Molekularkonstanten für die $C^3\Pi$-, $B^3\Pi$- u. $A^3\Sigma$-Niveaus werden mitgeteilt. (Canad. J. Physics **32.** 201—04. Febr. 1954. London, Can., Univ. of Western Ontario, Dep. of Phys.) RUDOLPH. 118

E. E. Muschlitz jr. und **L. Goodman,** *Lebensdauer des $^3\Sigma_u^+$-Zustandes von Stickstoff.* Durch Anwendung einer neuen Meth., die eine Modifikation der DUNOYER-Meth. darstellt u. zur Anzeige der angeregten Moll. die Elektronenemission von Metalloberflächen verwendet, wurden die mittlere Lebensdauer von N_2-Moll. des $A^3\Sigma_u^+$-Zustandes zu $2,3 \cdot 10^{-4}$ Sek. u. der Stoßdurchmesser für Stöße zwischen metastabilen u. n. N_2-Moll. zu 3,8 Å bestimmt. Messungen des Einsatzpotentials für den $A^3\Sigma_u^+$-Zustand des N_2 werden gegeben. Die bisherigen Theorien des N_2-Nachleuchtens werden im Hinblick auf die vorliegenden Messungen krit. betrachtet. (J. chem. Physics **21.** 2213—17. Dez. 1953. Ithaca, N. Y., Cornell Univ., Dep. of Chem.) HEINSOHN. 118

P. Brix und **G. Herzberg,** *Die Dissoziationsenergie von Sauerstoff.* Aus der Analyse der Feinstruktur der SCHUMANN-RUNGE-Banden unter hoher Auflösung von 0,65 Å/mm wird die Dissoziationsenergie von O_2 zu 41261 ± 15 cm^{-1} bestimmt. (J. chem. Physics **21.** 2240. Dez. 1953. Ottawa, Can., Nat. Res. Counc., Div. of Phys.)

HEINSOHN. 118

Peter Brix und **Hans Dietrich Engler,** *Über die Isotopieverschiebung im Gd I-Spektrum.* Vff. untersuchen die Hyperfeinstruktur des Gd I-Spektr. zwischen 3900 u. 7800 Å u. finden, daß die beobachteten Isotopieverschiebungen sich durch den Kernvolumeneffekt beschreiben lassen, während die Isotopentermlage n. ist. Das Verhältnis der experimentellen zur theoret. Isotopieverschiebungskonstante beträgt 0,6. Dieses Verhältnis ist beim *Eu* extrem hoch. Die Messungen beweisen, daß nicht die f^7-Elektronen, sondern die Atomkerne für diesen großen Wert beim Eu (sowie bei Ce u. Sm) verantwortlich sind (vgl. nachst. Ref.). (Naturwissenschaften **38.** 214. Mai 1951. Göttingen, Univ., II. Physikal. Inst.) D. HAHN. 118

Peter Brix und **Hans Dietrich Engler,** *Die Isotopieverschiebung im Gd I-Spektrum.* (Ausführliche Darst. der vorst. referierten Arbeit.) Die Isotopieverschiebungen (Is.-V.) von 65 Gd I-Linien werden mit Quarz- u. Glasspektrograph u. FABRY-PÉROT im Bereich von λ 3934—7749 Å gemessen u. daraus die Is.-V. der Terme der Elektronenkonfigurationen $4f^75d^26s$, $4f^75d6s6p$, $4f^75d6s^2$ u. $4f^76s^26p$, bezogen auf $4f^75d^26p$, unter Annahme von ungestörten Niveaus bestimmt. Uneinheitliche Is.-V. innerhalb einer Konfiguration werden auf Störungen zurückgeführt. Die Is.-V. zwischen ^{156}Gd, ^{158}Gd u. ^{160}Gd liegen äquadistant u. haben Werte zwischen $+3$ u. $+8 \cdot 10^{-2}$ cm^{-1}. Die Is.-V. aller untersuchten Terme des Gd I sind kleiner als die des Grundterms $4f^75d6s^2 \cdot a^9D^0$, wodurch Abschirmeffekte der 4f-Elektronen an der $5s^2$-Schale bestätigt werden. (Z. Physik **133.** 362—69. 1952. Göttingen, Univ., II. Physikal. Inst.)

HEINSOHN. 118

R. F. Barrow, G. Drummond und **W. R. S. Garton,** *Ultraviolette Banden, die mit Germanium zusammenhängen.* Bei Ggw. von H_2 (1 at) finden Vff. beim Erhitzen von Ge auf 1800° Absorptionsbanden im Bereich von 2400—2600 Å, die sie mit Vorbehalt dem GeH zuschreiben. Die intensivsten Köpfe der nach langen Wellen abgeschatteten Banden liegen bei 2454,18, 2463,96, 2510,49, 2519,03, 2565,89 u. 2580,15 Å. Als wahrscheinlichste Übergänge werden $^2\Delta$ (b) — $^2\Pi$ (a) oder $^2\Sigma$ — $^2\Pi$ (a) angegeben. (Proc. physic. Soc., Sect. A **66.** 191—92. 1/2. 1953. Oxford, Univ., Phys. Chem. Labor., u. London, Imperial Coll., Phys. Dep.) D. HAHN. 118

M. Halmann, *Die Ultraviolettabsorption von Triäthylphosphit.* DE HAUSS schlägt zur Unterscheidung von Trialkylphosphiten u. den isomeren Dialkylalkylphosphonaten die Verwendung der UV-Spektren vor. Vf. kommt bei der Unters. der UV-Spektren von *Triäthylphosphit* in Methanol, A., n-Hexan u. n-Heptan zum Ergebnis, daß der mol. Extinktionskoeff. nicht, wie DE HAUSS angibt, 14, sondern 1,45 für 2600 Å ist. Somit ist die Meth. nicht zur Unterscheidung zwischen Trialkylphosphiten u. Dialkylalkylphosphonaten geeignet. Vf. schlägt statt dessen die Verwendung der Infrarotspektren vor. *Triäthylphosphit,* $Kp._{19}$ 59°, nach FORD-MOORE u. PERRY (C. **1953.** 6658) unter Verwendung von Triäthylamin statt Diäthylanilin; *Cu-Jodid-Anlagerungsverb.*, F. 112° (A.). (J. chem. Soc. [London] **1954.** 2158—59. Juni. Rehovoth, Israel, Weizman Inst. of Sci.) PAULIG. 118

Dieter M. Gruen, *Absorptionsspektren und elektrische Leitfähigkeiten fester Lösungen von UO_2–ThO_2.* Feste Lsgg. von UO_2–ThO_2 zeigen zwischen 4500 u. 7000 Å vier diskrete Absorptionsbanden mit Maxima bei 5100, 5400, 6000, 6500 Å, die Elektronenübergängen des U^{4+}-Ions zugeschrieben werden. Außerdem wird eine starke kontinuierliche Absorptionsbande gefunden, deren langwellige Grenze sich mit abnehmender

U-Konz. nach kürzeren Wellen verschiebt. Sie wird der Resonanz der U-Ionen zwischen verschied. Oxydationszuständen zugeschrieben. Bei Tempp. von 300—450° K nimmt die elektr. Leitfähigkeit um das 10^6fache ab, wenn die U-Konz. von 100—10% variiert. Die Aktivierungsenergie für die Leitfähigkeit beträgt für reines UO_2 0,20 eV, für die feste Lsg. 10% UO_2 + 90% ThO_2 0,37 eV. (J. Amer. chem. Soc. **76.** 2117—20. 20/4. 1954. Lemont, Ill., Argonne Nat. Labor., Chem. Div.) D. HAHN. 118

George W. Arnold jr., *Farbzentren in synthetischem Quarz.* Kurze Mitt. über das Auftreten eines Absorptionsmaximums bei 470 mμ (2,64 eV) in synthet. Quarz verschied. Herkunft nach 24—44 Std. langer Einw. der Röntgenstrahlen einer W-Röhre bei 45 kV u. 15 mA. Vf. vermutet Elektroneneinfang durch O-Leerstellen als Ursache der Farbzentrenbildung. — Das in natürlichem Quarz beobachtete Absorptionsmaximum bei 2,92 μ, das einer harmon. Oberschwingung der Oscillation der O-Atome zugeschrieben wird, ist bei synthet. Quarz wesentlich schwächer ausgeprägt. Vf. führt dieses Verh. auf die Ggw. von O-Leerstellen in synthet. Quarz zurück, die bei Röntgenbestrahlung unter Farbzentrenbldg. Elektronen einfangen können. (J. chem. Physics **22.** 1259—60. Juli 1954. Washington, D. C., Naval Res. Labor.) R. STEIN. 119

Inga Fischer-Hjalmars und **Barbro Grabe**, *Eine theoretische Untersuchung der gefärbten Alkalioxyde.* Kurze Mitt. über eine Berechnung der Elektronenverteilung in den gefärbten Alkalisesquioxyden des Typus $Me_4(O_2)_3$ am Beispiel der Rb-Verbindung. Aus zwei verschied. Näherungen ergeben sich Energiedifferenzen für den Übergang zwischen zwei möglichen Elektronenzuständen, die einer Lichtabsorption im sichtbaren Spektralgebiet bei 6500 bzw. 7500 Å entsprechen. (J. chem. Physics **22.** 1259. Juli 1954. Stockholm, Univ., Inst. of Theoret. Phys.) R. STEIN. 119

P. Camagni, G. Chiarotti, F. G. Fumi und **L. Giulotto**, *Quantenausbeute der $F \rightarrow Z_1$-Umwandlung in mit Sr verunreinigtem KCl.* Vff. erzeugen in mit Sr verunreinigtem KCl F-Zentren a) durch Na-Dampf, b) durch Röntgenbestrahlung bei Zimmertemperatur. Anschließend werden die Kristalle mit der 5461 Å Linie des Hg bestrahlt. Hierbei zerfallen die F-Zentren, u. Z_1-Zentren werden gebildet. Die Quantenausbeute beträgt zu Beginn der Rk. 0,15 u. fällt auf Null ab, sobald der Sättigungswert der Z_1-Zentren erreicht ist. Der Gang der Abnahme von F- u. die Zunahme von Z_1-Zentren ist für die verschieden vorbehandelten KCl-Kristalle ungefähr derselbe. (Philos. Mag. [7] **45.** 225—28. Febr. 1954. Pavia, Univ., Inst. di Fis.) VOITLÄNDER. 119

Florin Abelès, *Eine neue Methode zur schnellen, angenäherten Bestimmung der optischen Konstanten und der Dicke einer dünnen, absorbierenden Schicht.* Verallgemeinerung der von Vf. C. **1952.** 6009 angegebenen Meth. auf die Best. der opt. Konstanten u. der Dicke von Schichten beliebiger Dicke mit einem Fehler von ~ ± 10%. Vgl. der aus Messungen von GOOS an durch Kathodenzerstäubung aufgebrachten Au-Schichten nach der beschriebenen u. der graph. Meth. von MALÉ (C. **1951.** II. 1786) gewonnenen Werte. (C. R. hebd. Séances Acad. Sci. **238.** 881—83. 22/2. 1954.) EICHHOFF. 119

V. Chandrasekharan, *Thermische Lichtstreuung in doppelbrechenden Kristallen. Intensitäten der Brillouin-Komponenten.* (Vgl. C. **1954.** 1174.) Mit Hilfe der vom Vf. entwickelten Theorie über die therm. Lichtstreuung in Kristallen werden die Intensitäten der verschied. DOPPLER-Komponenten für beliebige Einfalls- u. Streuwinkel in Termen der elast. u. photoelast. Konstanten sowie der Brechungsindices des Kristalls ausgedrückt. Für *Calcit* u. *Quarz* in speziellen Orientierungen wird die Rechnung numer. durchgeführt. (Proc. nat. Inst. Sci. India **19.** 547—61. Juli/Aug. 1953. Bangalore, Indian Inst. of Sci., Dep. of Phys., N. I. S. I.) LINDBERG. 119

S. Chandrasekhar, *Die optische Rotationsdispersion von Zinnober.* An Zinnober wurde die Änderung des Drehungsvermögens mit der Wellenlänge sowie mit der Temp. gemessen. Das Drehungsvermögen (in Grad pro mm) ϱ in Abhängigkeit von der Wellenlänge λ läßt sich für den Wellenlängenbereich 5983—7621 Å auf Grund der Messungen durch die folgende Formel wiedergeben: $\varrho = 19{,}13\ \lambda^2/(\lambda^2 - 0{,}243)^2$. Der Brechungsindex in Abhängigkeit von der Wellenlänge gehorcht der Gleichung $n^2 - 1 = 5{,}7 + 0{,}5594\ \lambda^2/(\lambda^2 - 0{,}243)$. Hierauf wurde die Änderung des Drehungsvermögens $d\varrho/dt$ mit der Temp. zwischen + 12,3 u. — 180° gemessen. Die erhaltenen Werte sind tabellar. zusammengestellt. Es wurde hierauf noch eine Formel für die Änderung des Brechungsindex mit der Temp. dn/dt aufgestellt u. die mit ihr berechneten Werte für den Bereich von —50 bis + 12° mit den experimentell erhaltenen Werten verglichen; die Übereinstimmung war sehr gut. (Proc. Indian Acad. Sci., Sect. A **37.** 697—703. Mai 1953. Bangalore, Raman Res. Inst.) GOTTFRIED. 119

Friedrich Oswald, *Bestimmung der Intensität von Ultrarotabsorptionsbanden.* Als Maß für die Bandenintensität ist die Maximalextinktion weniger geeignet als die integrale (Gesamt-) Extinktion $A = S\,(\log I_0/I) \cdot d\nu$. Zur Best. von A ist meist Umzeichnung der Durchlässigkeitskurven in Extinktionskurven erforderlich, Vf. diskutiert die dazu bekannten Verff. u. Geräte, er gibt ein einfaches, logarithm. Umzeichnungsnetz an. Die Best. von A aus Absorptionskurven mit linearer Wellenlängenskala erfordert eine Korrektur, A ist dann gleich $k/\lambda_0^2 \int (\log I_0/I) d\lambda$ (λ_0 = Wellenlänge der Bandenspitze), der Korekturfaktor k hängt von λ_0 u. der Halbwertsbreite $\Delta \lambda_{1/2}$ der Bande ab, Vf. stellt k als Funktion von $\Delta \lambda_{1/2}/\lambda_0$ graph. dar. (Z. Elektrochem., Ber. Bunsenges. physik. Chem. **58.** 345—47. 1954. Freiburg i. Br., Univ., Inst. für Physikal. Chem.) KRESZE. 120

L. Couture und **J.-P. Mathieu,** *Schwingungsspektren der Kristalle von Hydraziniumdichlorid.* Die RAMAN-Spektren von Hydraziniumdichloridkristallen werden aufgenommen, u. durch Ausmessen des Depolarisationsgrades lassen sich die 23 gefundenen Linien alle bis auf zwei den zugehörigen Grundschwingungen zuordnen. Im Gebiet von 1000—3000 cm^{-1} liegen die inneren Schwingungen des Komplexions $N_2H_6^{2+}$. Es besitzt 6 RAMAN-akt. Fundamentalschwingungen, davon 3 einfache totalsymm. u. 3 zweifach entartete. Durch Kopplung dieser Schwingungen innerhalb der 4 Ionen des Elementarbausteins ergibt jede Einfachschwingung 4 RAMAN-akt. Gitterschwingungen, u. zwar eine einfache vom Typ A_g u. drei unter sich entartete, die eine Dreifachschwingung vom Typ F_g ergeben. Jede Zweifachschwingung des Ions gibt im Gitter eine Zweifachschwingung vom Typ E_g u. zwei Dreifachschwingungen vom Typ F_g. Oberhalb von 2500 cm^{-1} sollten die N—H-Valenzschwingungsbanden zu finden sein. Es existiert aber in diesem Bereich eine größere Zahl von Linien, als es akt. Fundamentalschwingungen gibt. Diese Komplikation rührt von Störungen durch die Wechselwrkg. der H-Atome mit den Cl-Ionen her. Aus der vollständigen Analyse des Spektr. unterhalb von 250 cm^{-1}, das durch die äußeren Schwingungen der Ionen bedingt ist, lassen sich die Kraftkonstanten der Translations- u. der Rotationsschwingungen der Ionen berechnen. (Ann. Physique [12] **9.** 255—60. März/April **1954.** Sorbonne, Labor. de Rech. phys.) KORTÜM. 120

B. Bleaney, *Spektroskopie mit Zentimeter-Wellenlängen.* Vf. gibt einen Überblick der verschied. Meßmethoden, des gegenwärtigen Standes u. der Leistungsfähigkeit der Mikrowellenspektroskopie. Unter Bezugnahme auf zahlreiche Literaturangaben werden verschied. Anwendungsmöglichkeiten (Mikrowellenspektren u. ihre Feinstruktur von O_2 u. NH_3; Isotopieeffekte bei Best. von Bindungsabständen u. Bindungswinkeln kovalenter Bindungen aus der Unters. der Rotationsspektren; Hyperfeinaufspaltung durch Wechselwrkg. zwischen Kernquadrupolmomenten u. der Elektronenhülle) besprochen. Auf die Nützlichkeit der Mikrowellenspektroskopie bei speziellen analyt. Problemen wird bes. hingewiesen. (Research **3.** **490—97.** Nov. 1950. Oxford, Clarendon Labor.) WISSEROTH. 121

Richard H. Hughes, *Mikrowellenspektrum und Struktur des Ozons.* Inhaltlich ident. mit der C. **1953.** 8514 referierten Arbeit. (J. chem. Physics **21.** 959—60. Mai 1953. East Pittsburgh, Pa., Westinghouse Res. Labor.) RUMPF. 121

Keith W. Olson, *Änderungen des Abklingens der Phosphorescenz mit der Frequenz des angelegten elektrischen Feldes.* Wird während des Abklingens eines *ZnS·CdS·Cu*-Phosphors nach Erregung mit UV ein konstantes elektr. Wechselfeld verschied. Frequenz f (80—5000 Hz) eingeschaltet, so erfolgt zunächst kurzzeitiger Intensitätsanstieg, der um so größer ist, je kleiner f ist; dann setzt eine um so stärkere Intensitätslöschung ein, je größer f ist. Nach Abschalten des elektr. Feldes erreicht der Abklingverlauf die ursprüngliche UV-Abklingkurve um so früher, je größer f war. All diese Erscheinungen zeigen eine starke Abhängigkeit von Feldstärke, Temp., Emissionswellenlänge u. vom Verhältnis ZnS : CdS. (Physic. Rev. [2] **92.** **1323.** **1/12.** **1953.** Ames, Io., State Coll., Inst. for Atom. Res. u. Dep. of Phys.) RUDOLPH. 125

Robert Webster, *Edelsteinluminescenz.* 6. Mitt. (5. vgl. C. **1954.** 6424.) An Hand der vorliegenden Literatur werden die Luminescenzeigg. der folgenden Mineralien aufgeführt: *Labradorit, Amazonit, Mondstein, Sonnenstein* (*Oligoklas*), *Peristerit, gelber Orthoklas, Fluorit,* verschiedene *Granat*-Varietäten, *Gips, Hämatit, Hambergit, Hauyn, Hypersthen, Idokras, Iolith* (*Cordierit*), *Elfenbein, Jadeit, Kornerupin, Cyanit, Lapis lazuli, Lazulith, Malachit, Markasit, Moldavit, Nephrit, Obsidian, Odontolith* u. *Opal.* (Gemmologist **22.** 188—91. Okt. 1953.) GOTTFRIED. 125

Charles W. Jerome, *Die Messung der Quantenausbeute von Phosphoren in Leuchtstofflampen.* Es wird eine Meth. angegeben, die Quantenausbeute von Leuchtstoffen zu bestimmen, nachdem sie in der Lampe angebracht sind. Sie beruht auf dem Vgl. einer an der Lampe gemessenen Energieausbeute (Lumen pro Watt) mit der theoretischen. Dazu müssen allerdings (außer allg. Konstanten u. Abhängigkeiten, wie z. B. der spektralen Augenempfindlichkeit) spezielle Lampenkonstanten bekannt sein (z. B. Beitrag des Hg-Lichtes zur Ausbeute; der Faktor, der die Verluste der erregenden u. emittierten Strahlung an den Lampenenden korrigiert; Absorptionsverlust in der

Leuchtstoffschicht u. dem Lampenglas usw.). (J. electrochem. Soc. **100.** 586—87. Dez 1953. Salem, Mass., Sylvania Electr. Prod. Inc.) BRAUER. 125

Bellamy, L. J., Infra red spectra of complex molecules. London Methuen. 1954. (342 S.) 35 s

A_3. Elektrizität. Magnetismus. Elektrochemie.

Alfred Kumm und **Franz Wolf,** *Ladungen aus Reifschichten und ihr Anteil an der Gewitterelektrizität.* Aus Laborverss., bei denen der Reifansatz an einer unterkühlten Metallhalbkugel stattfand u. die abgesplitterten Teilchen quantitativ ausgemessen wurden, ergaben sich keinerlei Einfll. der Versuchsbedingungen auf die Polarität der Splitterladungen. Die Anzahl der positiv geladenen Splitter verhält sich zu der der negativ geladenen immer wie 7 : 1. Große Ladungen von ca. $2{,}5\cdot10^{-14}$ Coulomb sind selten; die Häufigkeit wächst mit abnehmender Ladung u. bleibt unterhalb $3{,}3\cdot10^{-16}$ Coulomb konstant. Der Ladungsmittelwert beiderlei Vorzeichens liegt bei ca. $7\cdot10^{-16}$ Coulomb. (Naturwissenschaften **38.** 301. Juli 1951. Karlsruhe, TH, Inst. für theoret. Phys.) PIEPLOW. 130

A. A. Ssokolow und **I. M. Ternow,** *Über die Bewegung schneller Elektronen im Magnetfeld.* (Vgl. C. **1954.** 3386.) Ableitung einer Formel für die quantenmechan. bedingte Bahnverbreiterung schneller Elektronen im Magnetfeld. (Доклады Академии Наук СССР [Ber. Akad. Wiss. UdSSR] [N. S.] **92.** 537—40. 21/9. 1953. Moskau, Lomonossow-Univ.) AMBERGER. 131

E. H. S. Burhop, *Die Zerstörung von metastabilen Heliumatomen in Helium.* Aus früheren experimentellen Unterss. wird in theoret. Betrachtungen geschlossen, daß für die Zerstörung von metastabilen He-Atomen in He die folgenden 2 Prozesse wichtig sind: 1. $He^* + He^* \rightarrow He^+ + He + e^-$ mit einem Wirkungsquerschnitt von 10^{-14} cm² u. 2. $He^*\binom{^3S}{^1S} + He + He \rightarrow He_2\binom{^3\Sigma_u}{^1\Sigma_u} + He \rightarrow He_2(^1\Sigma_g) + He + h\nu \rightarrow He + He + He + h\nu$ mit einem Wirkungsquerschnitt von $3\cdot10^{-33}\cdot p$ cm² (p in Torr). (Proc. physic. Soc., Sect. A **67.** 276—80. 1/3. 1954. London, Univ. Coll., Dep. of Phys.) HEINSOHN. 131

John A. Hornbeck, *Die Driftgeschwindigkeiten molekularer und atomarer Ionen in Helium, Neon und Argon.* (Vgl. C. **1951.** II. 10.) Durch direkte oscillograph. Messung der Übergangszeit zwischen den parallelen Plattenelektroden eines gleichförmigen Feldes nach Einleitung einer Entladung durch einen kurzen Photoelektronenimpuls werden die Driftgeschwindigkeiten atomarer Ionen in He, Ne u. Ar als Funktion von E/p_0 zwischen ca. 10 u. 600 V/cm je mm Hg bestimmt, wobei p_0 entsprechend 273 p/T normiert ist. Die Driftgeschwindigkeiten wachsen bei kleinen E/p_0 linear, bei großen E/p_0 mit der Wurzel aus E/p_0. An Hand der Gaskinetik, der Polarisationseffekte u. der Symmetriekräfte einerseits u. der Ionengeschwindigkeitsverteilung andererseits lassen sich die Messungen qualitativ gut erklären. Für kleine E/p_0 stimmen die gemessenen Beweglichkeiten atomarer Ionen mit der Theorie sehr gut überein, ebenso wie die Beweglickeiten mol. Ionen mit den Messungen von TYNDALL, POWELL u. MUNSON übereinstimmen, die diese allerdings irrtümlicherweise den Atomionen zugeschrieben hatten. (Physic. Rev. [2] **84.** 615—20. 15/11. 1951. Murray Hill, N. J., Bell Telephone Labors.) PIEPLOW. 131

W. M. Hickam, *Ionisationswahrscheinlichkeitskurven für Hg, Cd und Zn in der Nähe der Schwelle.* (Vgl. FOX u. Mitarbeiter, C. **1953.** 7471.) (Sitzungsbericht.) Mit der l. c. beschriebenen Anordnung wurden Ionisationswahrscheinlichkeitskurven für Hg, Cd u. Zn im Energiebereich von der Schwelle bis zu ca. 4 eV darüber aufgenommen. Die Hg-Kurve zeigt einen Höcker bei 0,4 eV oberhalb der Schwelle, die Cd-Kurve steigt linear an bis zu 3,0 eV, fällt dann wieder u. hat bei 3,5 eV ebenfalls einen Höcker. Die Zn-Kurve steigt bis 1,3 eV an, um dann bis 2 eV flach zu verlaufen. Eine Deutung der Ergebnisse durch die Annahme von Autoionisation bestimmter Atomzustände gelingt nicht (vgl. hierzu C. **1954.** 2330). (Physic. Rev. [2] **93.** 652. 1/2. 1954. Westinghouse Res. Labors.) CONRAD. 131

Claude Abgrall, *Genaue Messung der komplexen Dielektrizitätskonstanten von Flüssigkeiten durch Spannungsresonanz.* Es wird eine einfache Meth. für genaue Messungen der komplexen DK. über einen großen Frequenzbereich beschrieben. (C. R. hebd. Séances Acad. Sci. **237.** 1650—52. 21/12. 1953.) K. L. WOLF. 132

Adriano Gozzini und **Eliseo Pollaco,** *Methode zur Messung der Dielektrizitätskonstante von Gasen in der Bande der Hyperfrequenzen.* Es wird eine App. beschrieben, die es ermöglicht, die DK. von Gasen im Gebiet der cm-Wellen zu messen. (C. R. hebd. Séances Acad. Sci. **237.** 1497—99. 9/12. 1953.) K. L. WOLF. 132

Adriano Gozzini und **Eliseo Pollaco**, *Ergänzung zur Methode zur Messung der Dielektrizitätskonstante von Gasen in der Bande der Hyperfrequenzen.* (Vgl. vorst. Ref.) Die l. c. beschriebene Meth. ist in Anbetracht der Instabilität der Frequenz nicht genau genug. Es wird angegeben, wie durch Verminderung der Geschwindigkeit der Frequenzmodulation größere Genauigkeit erzielt werden kann. (C. R. hebd. Séances Acad. Sci. **237.** 1652—54. 21/12. 1953.) K. L. WOLF. 132

K. A. Wodopjanow, *Über die dielektrischen Relaxationsverluste in Kristallen mit polaren Molekülen bei hohen Frequenzen.* Vf. mißt die Frequenzabhängigkeit von tg δ u. der DK. ε von ungeglühtem (I) u. geglühtem *Gips* (II) bei 193° K, 243° K u. 293° K, *Talkum* (III) (Zimmertemp. u. 350° K) u. *Phlogopitschiefer* (IV) (Zimmertemp.). tg δ von I zeigt ein scharfes Maximum bei lg f = 6,95 (193° K); 7,16 (243° K) u. 7,30 (293° K) mit tg $\delta \cdot 10^4 \approx 32$; 27; 34; II bei lg f = 6,08 u. 6,83 (243° K); 7,16 (293° K) mit tg $\delta \cdot 10^4 =$ 54 u. 44; 58; III 2 Maxima bei lg f = 6,3 u. 7,05 (tg $\delta \sim 7$; 22, die Werte stimmen für die beiden III-Proben nur qualitativ überein). IV besitzt ein scharf ausgeprägtes Maximum bei lg f = 3,8; tg δ = 0,26. III u. IV weisen eine Verschiebung der Maxima in Richtung höherer Frequenzen bei Temperaturzunahme auf. Die ε-Werte von I—III sind nur geringfügig frequenzabhängig. ε von IV ist für lg f < 3,3 nahezu konstant $\varepsilon \approx 7$, durchläuft ein Minimum u. geht für lg f > 5,3 wieder in einen nahezu konstanten Wert $\varepsilon \approx 4{,}8$ über. Die Lage der Maxima von tg δ ist nach Vf. von der Aktivierungsenergie der polaren Kristallwassermoll. abhängig; ihre Zahl wird durch die Zahl der für die verschied. Werte der Aktivierungsenergie charakterist. Kristallwassermolekülgruppen bestimmt. (Журнал Технической Физики [J. techn. Physik] **24.** 25—33. Jan. 1954.) AMBERGER. 132

S. C. Miller jr. und **R. H. Good jr.**, *Periodische Abweichungen beim Schottky-Effekt.* Die period. Abweichungen beim SCHOTTKY-Effekt werden auf der Grundlage der von JUENKER u. Mitarbeitern (C. **1953.** 9071; **1954.** 5458) modifizierten GUTH-MULLINschen Theorie unter Anwendung der WKB-Näherung neu berechnet. Die Rechnung führt im Grunde zu dem gleichen Ergebnis wie bei den genannten Autoren, jedoch sind die Amplituden der period. Abweichungen etwa zweimal größer u. in besserer Übereinstimmung mit dem Experiment, u. sie hängen überdies etwas von der herrschenden Feldstärke ab. Dagegen bleibt die Phase der Schwankungen ebenfalls um ca. 90° von den experimentellen Abweichungen verschieden. In der Diskussion wird die Größe der nichtperiod. SCHOTTKY-Abweichungen abgeschätzt. (Physic. Rev. [2] **92.** 1367—72. 15/12. 1953. Berkeley, Calif., Univ., Dep. of Phys.) RUDOLPH. 134

Ss. M. Rywkin und **L. G. Paritzki**, *Über einige Besonderheiten des Photostroms in Cadmiumsulfideinkristallen.* Lichtbestrahlung des mittleren Teils von ca. 1 mm langen, im Vakuum aufgedampften CdS-Proben führt zu einer Elektronenverschiebung in den unbestrahlten Anodenbereich. Allgemein hängt die Leitfähigkeit eines mit Licht oder α-Teilchen bestrahlten CdS-Einkristalls stark von dem bestrahlten Bereich ab, wobei sich bei Kathodenbestrahlung der größte Strom ergibt, der sich um so stärker gleichgerichtet erweist, je stärker die Bestrahlung ist. Für die Strom-Spannungscharakteristik bei Kathodenbestrahlung leiten Vff. ein dem 3/2-Gesetz für das Vakuum entsprechendes Gesetz $j = 9u\varepsilon V^2/32\pi l^3$ ab (l Abstand des Dunkelbereiches zwischen Sonde u. Anode, u Beweglichkeit, ε DK.). Die bei kleinen Spannungen experimentell gefundenen Werte des Exponenten von V > 2 deuten Vff. mit Oberflächenladungen. Bei gleichzeitiger Bestrahlung der Proben mit zwei verschied. monochromat. Lichtbündeln ergibt sich meist ein größerer Photostrom, als der Summe der beiden Bündel entspricht. Vff. untersuchen ferner den Einfl. von Inhomogenitäten im Kristallaufbau u. der Beleuchtungsintensität, den Einfl. einer zusätzlichen, auslöschenden Infrarotbestrahlung u. bes. ausführlich die Empfindlichkeitssteigerung der als α-Teilchenzähler verwendeten CdS-Proben durch zusätzliche Lichtbestrahlung. (Журнал Технической Физики [J. techn. Physik] **24.** 3—17. Jan. 1954.) AMBERGER. 134

Donald E. Bode und **Henry Levinstein**, *Photoleitfähigkeit von Indiumselenid.* Zur Herst. photoleitender Indiumselenid-Schichten erwies sich als bestes Verf. Erhitzen aufeinander gedampfter Schichten von In u. Se (10^{-5} Torr) auf ca. 200° u. weiteres Zudampfen von Se, bis eine Widerstandsmessung an der Schicht einen Maximalwiderstand zeigte. Die Filmwiderstände ändern sich zwischen 10^5 u. 10^8 Ω bei einer Fläche von $2 \cdot 10$ mm². Die spektrale Photoleitfähigkeit hat zwei Maxima bei 600 u. 1400 mμ u. eine Empfindlichkeitsgrenze bei ca. 2000 mμ. Temperaturerniedrigung u. Se-Überschuß erniedrigen die Empfindlichkeit im Infrarot. Die Zeitkonstante für das Ansprechen der Photoleitung ist im Sichtbaren größer (>1 msec) als im Infrarot (<100 μsec). (J. opt. Soc. America **43.** 1209—10. Dez. 1953. Syracuse, N. Y., Univ.) RUDOLPH. 134

D. E. Soule und **R. J. Cashman**, *Photoleitfähigkeit von kompaktem Bleisulfid.* An drei synthet., gespaltenen, defektleitenden PbS-Kristallen zwischen Rh-Elektroden wird zunächst die Dunkelleitfähigkeit durch Abtasten des Potentials des Kristalls längs eines bestimmten Weges mit Hilfe einer Sonde gemessen. Es zeigen sich an bestimmten Stellen des Weges Potentialsprünge, die auf innere Diskontinuitäten der Trägerdichten schließen lassen. Abtasten der Kristalle mit einem engen Wechsellichtstrahl (90 Hz) längs des gleichen Weges bei 77°K ergibt Empfindlichkeitsmaxima der Photoleitung an den gleichen ausgezeichneten Stellen. Der Photostrom als Funktion der angelegten Spannung besitzt bei Belichtung des ganzen Kristalls Maxima bei 0,9 V bzw. nach Umpolung bei 0,7 V. Dieser Sättigungseffekt kann nicht gedeutet werden. (Physic. Rev. [2] **93.** 635—36. 1/2. 1954. Evanstone, Ill., Northwest. Univ., Dep. of Phys.) RUDOLPH. 134

R. N. Bhatia, *Die Transistorwirkung.* Allg. Übersicht über die Eigg. u. Wirksamkeit der Transistoren. (Sci. and Cult. **19.** 237—40. Nov. 1953.) V. HARLEM. 135

P. E. Fielding, *Die elektrischen Eigenschaften einiger Komplexverbindungen.* 1. Mitt. Vf. berichtet über elektr. Messungen an dem als VORTMANN-Salz bekannten Komplex $[(NH_3)_5Co—O—O—Co(NH_3)_5]^{5+}$ (I) in Form des krist. sauren Sulfats $I\cdot(SO_4)_2\cdot HSO_4\cdot 3\,H_2O$, das nach der WERNERschen Formulierung Co^{3+} u. Co^{4+} in kristallograph. gleichwertigen Punktlagen enthalten sollte u. demnach ein Eigenhalbleiter sein könnte. Es ergab sich ein spezif. Widerstand von $3\cdot 10^7\ \Omega\cdot$cm bei 20° u. 2 Inversionspunkte des Temperaturkoeff. der Leitfähigkeit zwischen 8 u. 11° sowie zwischen 60 u. 70°. Eine scheinbare DK. von 10^6 wird auf chem. Polarisation infolge Ggw. von Spuren freier Säure zurückgeführt. Vf. schließt aus seinen Ergebnissen, daß I kein Eigenhalbleiter ist. (Vgl. nachst. Ref.) (J. chem. Physics **22.** 1153—55. Juli 1954. Sydney, New South Wales Univ. of Technol., Dep. of Applied Chem.) R. STEIN. 135

P. E. Fielding und **D. P. Mellor**, *Die elektrischen Eigenschaften einiger Komplexverbindungen.* 2. Mitt. Vff. diskutieren die Möglichkeit einer Eigenhalbleitung in krist. Komplexverbb., die Metallatome verschied. Oxydationsstufen in kristallograph. gleichwertigen Punktlagen enthalten. Experimentell ergibt sich jedoch, daß nur das (alkalifreie) $Fe_4^{III}[Fe^{II}(CN)_6]_3$ als Eigenhalbleiter mit einem negativen Temperaturkoeff. von 7%/Grad angesprochen werden kann, während bei den Verbb. $Pd(NH_3)_2Cl_3$, $(NH_4)_2SbBr_6$ u. $[(NH_3)_5Co—O—O—Co(NH_3)_5]^{5+}$ (I; vgl. vorst. Ref.) keine Eigenhalbleitung festgestellt werden konnte. Vff. vermuten daher, daß die Co-Atome in I gleichwertig sind, was in Übereinstimmung mit vorläufigen Ergebnissen einer Röntgenstrukturanalyse, jedoch im Widerspruch zu magnet. Messungen von MALATESTA (Gazz. chim. ital. **72.** [1938.] 287) wie von MATHIEU (C. R. hebd. Séances Acad. Sci. **218.** [1944.] 907) steht. (J. chem. Physics **22.** 1155—56. Juli 1954.) R. STEIN. 135

Louis Bochirol, *Spezifischer Widerstand der Ferrite von Zink, Nickel, Kobalt, Magnesium und Kupfer in Abhängigkeit von der Temperatur.* Der spezif. elektr. Widerstand ϱ von $Fe_2O_3\cdot ZnO$ (I), $Fe_2O_3\cdot NiO$ (II), $Fe_2O_3\cdot CoO$ (III), $Fe_2O_3\cdot MgO$ (IV) u. $Fe_2O_3\cdot CuO$ (V) wurde zwischen 100 u. 700° gemessen. ϱ bei 100 bzw. 700° beträgt $4{,}5\cdot 10^5$ u. 20 für I, $8\cdot 10^5$ u. 30 für II, $1\cdot 10^6$ u. 20 für III, $1\cdot 10^6$ u. 15 für IV, $5\cdot 10^5$ u. 10 für V, wenn die Proben langsam (60—80°/h) abgekühlt wurden. Wurden sie aber bei 700° gehärtet, so betrug ϱ bei 100° 8000 für I, 2000 für II, 700 für IV, 4000 für V. Beim Wiedererhitzen der letzteren Proben u. langsamen Abkühlen stieg ϱ wieder auf die erstgenannten Werte an. (C. R. hebd. Séances Acad. Sci. **233.** 736—38. 1/10. 1951.) FUCHS. 135

K. B. Wlassow, *Zur Theorie der elektrischen Leitfähigkeit von binären geordneten metallischen Legierungen.* Aus theoret. Gründen wird der elektr. Widerstand in drei Beiträge aufgeteilt: Streuung der Elektronen an Baufehlern, Streuung der Elektronen in Wärmeschwingungen u. Einfl. der Fernordnung. Die Erfahrung im Syst. *Cu–Au* wird unter diesen Gesichtspunkten diskutiert. (Журнал Экспериментальной и Теоретической Физики [J. exp. theoret. Physik] **22.** 251—53. Febr. 1952. Swerdlowsk, Uraler Zweigstelle der Akad. der Wiss. der UdSSR, Inst. für Metallphys.) K. SCHUBERT. 136

I. Ja. Dechtjar, *Änderung des elektrischen Widerstandes von Ni–Mn-Legierungen im Magnetfeld in Abhängigkeit von der Zusammensetzung.* Messung des longitudinalen galvanomagnet. Effektes von Mn–Ni-Legierungen als Funktion des At.-%-Geh. Mn ergibt ein Minimum von $\Delta R/R$ etwas unterhalb Ni_3Mn. Vf. bestimmt ferner $\delta(\Delta R/R)$ als Funktion der Elektronenkonz. von zum Syst. Ni–Mn zugesetzten *Cu*- u. *Sn*-Atomen. Das Auftreten von Schwankungen in dieser Kurve läßt auf Änderungen der zwischenatomaren Bindungen u. die Abhängigkeit des GOLDHAMMER-Effektes von der Sättigungsmagnetisierung a f einen Zusammenhang des Auffüllkoeff. q der d-Vakanzen von $\Delta R/R \sim D_0^2(1-q)^2$ schließen. $q = (D_0 - m)/D_0$, m mittleres magnet Moment/Atom der Legierung; D_0 Zahl der d-Vakanzen/Atom der Legierung im freien Zustand. (Доклады Академии Наук СССР [Ber. Akad. Wiss. UdSSR] [N. S.] **93.** 637—39. 1/12. 1953.) AMBERGER. 137

J.-P. Jan, *Bemerkungen über die Phänomenologie der elektrischen und thermischen Leitfähigkeit und ihre Anwendung auf die transversalen magnetogalvanischen und magnetothermischen Erscheinungen.* Vf. gruppiert die magnetogalvan. u. magnetotherm. Erscheinungen in eine einfache u. einheitliche Form. Die aufgestellten Gleichungen lassen sich systemat. verwenden, wodurch Irrtümer u. falsche Schlußfolgerungen vermieden werden. (Helv. physica Acta **26.** 281—90. 15/6. 1953. Urbana, Ill., Univ. of Illinois, Dep. of Phys.) v. HARLEM. 137

M. F. M. Osborne und **M. C. Steele,** *Die magnetischen Eigenschaften eines elektronischen festen Körpers nach dem Einstein-Modell.* Dem EINSTEINschen Vorschlag der thermodynam. Beschreibung der Ionen in einem festen Körper folgend, schlagen Vff. ein Modell für die Elektronen in einem festen Körper vor, nach dem die Elektronen in parabol. Wällen eingeschlossen sind und in jedem Wall der FERMI-Statistik gehorchen. Die Parameter für dieses Modell sind: die klass. Frequenz, die M., die Anzahl der Partikel pro Wall u. die Anzahl der Wälle pro Volumeneinheit. Mittels dieser Parameter können die magnet. u. calor. Eigg. des Modells eindeutig berechnet werden. Es wird eine hinreichend genaue u. richtige Beschreibung der thermodynam. Eigg. von Supraleitern u. von paramagnet. Salzen gegeben, wenn geeignete Werte der erwähnten Parameter bestimmt werden. (Physic. Rev. [2] **92.** 1403—19. 15/12. 1953. Washington, D. C., Naval Res. Labor.) v. HARLEM. 137

J. H. Van Vleck, *Modelle der Austauschkopplung in ferromagnetischen Medien.* Die Eignung der ursprünglichen Theorie von HEISENBERG (a), des kollektiven Elektronenmodells von STONER u. WOHLFARTH (b), des verallgemeinerten HEISENBERG-Modells (c) u. der Theorie von ZENER (d) mit Annahme von Austauscheffekten zwischen 3d- u. 4s-Elektronen für die Deutung des Ferromagnetismus wird untersucht. Danach liegen die wirklichen ferromagnet. Erscheinungen zwischen den Ergebnissen der Theorien (b) u. (c). Die Theorie (b) ist einfacher u. klarer u. für numer. Rechnungen leichter zu handhaben als die Theorie (c), welche einen besonderen Aufwand zur Umgehung der durch Nichtorthogonalität bedingten Konvergenzschwierigkeiten erfordert. (Rev. mod. Physics **25.** 220—28. Jan. 1953. Cambridge, Mass., Harvard Univ.) WERNER SCHULZ. 137

Jean Creusot und **André Langevin,** *Über die Definition eines ferromagnetischen Zustandes mit maximaler Stabilität.* Für magnet. weiche Stoffe (*Weicheisen, Fe–Co, Fe–Ni*) fanden Vff., daß die Magnetisierungskurve $B = f(H)$ in bekannter Weise hysteresefrei wird, wenn man dem Gleichfeld H für jede Induktion B ein hinreichend großes Wechselfeld überlagert u. dieses stetig gegen Null gehen läßt. Diese stabilisierte Magnetisierungskurve $\overline{B} = f(\overline{H})$ verläuft steiler als die Neukurve u. läßt sich durch die alte LANGEVIN-WEISSsche Theorie mathemat. in der Gleichung $B = B_m (\coth a[H + nJ] - J/a[H + nJ])$ beschreiben, wobei B_m die Sättigungsinduktion, J die Magnetisierung u. a. sowie n Werkstoffkonstanten sind. (C. R. hebd. Séances Acad. Sci. **237.** 1499—1500. 9/12. 1953.) FAHLENBRACH. 137

F. Lihl, *Die Koerzitivkraft von Feinstpulver-Preßmagneten auf der Basis Eisen–Kobalt.* Durch Tieftemperatur-Reduktionsbehandlungen von Eisen–Kobaltformiaten mit verschied. Co-Gehh. werden Pulver mit Dauermagneteigg. hergestellt. An Preßlingen aus diesem Pulver wurden Remanenz, Koerzitivkraft u. $(B \cdot H)_{max}$-Werte bestimmt. Die magnet. Werte steigen mit dem Co-Geh. stark an, wobei bei 36,4% Co noch keine Höchstwerte erreicht sind. Die Abhängigkeit der magnet. Eigg. von der Reduktionszeit u. der Reduktionstemp. ist bei den verschied. Co-Gehh. sehr verschieden. Eine Extrapolation auf unendliche Verdünnung führte zu weitaus niedrigeren Koerzitivkraftwerten, als nach der NÉELschen Theorie zu erwarten war. (Acta physica austriaca **7.** 239—47. Juli 1953. Wien, TH, Inst. für anorgan. chem. Technologie.) FAHLENBRACH. 137

Conyers Herring und **Charles Kittel,** *Die Theorie der Spinwellen in ferromagnetischen Stoffen.* (Vgl. C. **1952.** 7291.) Fehlerberichtigung. (Physic. Rev. [2] **88.** 1435. 15/12. 1952.) KIRSCHSTEIN. 137

H. P. J. Wijn, *Ferromagnetische Resonanz- und Relaxationserscheinungen.* Die Anfangspermeabilität aller ferromagnet. Stoffe ist eine Funktion der Frequenz, bei der die Messung erfolgt. Da die Anfangspermeabilität eines Stoffes hauptsächlich von den gesamten Drehungen der magnet. Momente in jedem WEISS-Gebiet, die eines anderen Stoffes von der Verlagerung der BLOCH-Wände zwischen den WEISS-Gebieten abhängt, zeigen beide Prozesse ein oder mehrere Dispersionsgebiete. Die verschied. Resonanz- u. Relaxationserscheinungen werden beschrieben. (Nederl. Tijdschr. Natuurkunde **20.** 45—53. März 1954. Eindhoven, N. V. Philips' Gloeilampenfabrieken, Natuurkundig Labor.) WESLY. 137

Roald K. Wangsness, *Magnetische Resonanz in ferrimagnetischen Stoffen.* Es wird gezeigt, daß der allg. Ausdruck für die magnet. Resonanzfrequenz des aus zwei Untergittern bestehenden Modells eines ferrimagnet. Kristalls im wesentlichen die gleiche Form hat, wie ursprünglich für den ferromagnet. Fall abgeleitet, falls das Prod. aus Molekularfeldkoeff. u. der wahren Magnetisierung groß ist gegenüber dem angelegten u. den durch Anisotropie bedingten Feldern. Die Spezialfälle, verschwindende Magnetisierung u. Drehmoment, werden separat behandelt. Der Zusammenhang der Ergebnisse mit der Theorie der antiferromagnet. Resonanz wird diskutiert. (Physic. Rev. [2] **93.** 68—71. 1/1. 1954. White Oak, Md., U. S. Naval Ordnance Labor.) v. HARLEM. 137

H. Jones und **B. Schiff,** *Kernmagnetische Resonanz in metallischem Lithium und Natrium.* Die Größe der Änderung der kernmagnet. Resonanzfrequenzen in Metallen gegenüber den Resonanzfrequenzen der gleichen Kerne in chem. Verbb. ist abhängig von der Natur der elektron. Zustände an der Oberfläche der FERMI-Verteilung. Es wird speziell gezeigt, daß die beobachtete „KNIGHT-Verschiebung" in guter Übereinstimmung ist mit den Ergebnissen von Berechnungen der elektron. Zustände in metall. Li u. Na. (Proc. physic. Soc., Sect. A **67.** 217—20. 1/3. 1954. London, Imperial Coll., Dep. of Math.) v. HARLEM. 137

N. Bloembergen und **S. Wang,** *Relaxationseffekte bei der para- und ferromagnetischen Resonanz.* (Vgl. C. **1953.** 177.) Vff. berichten über magnet. Resonanzverss. bei einer Wellenlänge von 3 cm an para- u. ferromagnet. Stoffen unter Verwendung sehr starker Mikrowellenenergien im Temperaturgebiet 77—700° K. Es wurden Änderungen der Mikrowellensusceptibilität u. der Gleichstrommagnetisierung beobachtet für Mikrowellenamplituden zwischen 1 u. 50 Oe. Für das paramagnet. $MnSO_4 \cdot 4H_2O$ lassen sich die Änderungen leicht durch einen Spin–Gitter-Relaxationsmechanismus erklären. Der Wert für die Spin–Gitter-Relaxationszeit wird auf drei verschied. Wegen abgeleitet, in guter Übereinstimmung mit dem nach der Meth. von GORTER erhaltenen. Wenn zwischen den Spins eine große Austauschwechselwrkg. auftritt, so kann das Verh. oberhalb des CURIE-Punktes durch eine Umwandlung von magnet. in Austauschenergie beschrieben werden. Die magnet. u. die Spin-Austauch-Systeme sind nicht immer im therm. Gleichgewicht. Die für die Energieüberführung zwischen diesen Systemen notwendige charakterist. Zeit ist gleich dem Reziproken der Linienbreite, die für die Austauschnäherung durch die Formel von VAN VLECK-ANDERSON gegeben ist. Verss. an dem organ. freien Radikal *α.α-Diphenyl-β-picrylhydrazyl* u. den Ferriten 1) 11,4% *NiO*, 38,6% *ZnO*, 50% Fe_2O_3 u. 2) 14,9% *MnO*, 1,5% *FeO*, 15,6% *ZnO*, 67,9% Fe_2O_3 sind hiermit in Einklang. Unterhalb des CURIE-Punktes ist das Verh. komplizierter. Die experimentellen Daten für verschied. Ferrite u. Supermalloy zeigen qualitativ das gleiche Verhalten. Die absorbierte magnet. Energie wird wiederum in Austauschenergie verwandelt mit einer charakterist. Zeit, die stets kleiner ist als $3 \cdot 10^{-8}$ Sekunden. Bei hohen Tempp. ist diese Zeit gleich der inversen Linienbreite, u. die Umwandlung in das paramagnet. Gebiet geht kontinuierlich vor sich. Bei tiefen Tempp. wächst die Relaxationszeit roh umgekehrt proportional mit der Temp., obwohl die Breite konstant bleibt. Die Mikrowellensusceptibilität zeigt eine anomale Abnahme bei hohen Feldern. Eine Erklärung hierfür kann nicht gegeben werden. (Physic. Rev. [2] **93.** 72—83. 1/1. 1954. Cambridge, Mass.,Harvard Univ., Div. of Appl. Sci.) v. HARLEM. 137

J. S. van Wieringen, *Paramagnetische Resonanz.* Übersicht über Wesen u. Messung der paramagnet. Resonanz. — 8 Literaturangaben. (Nederl. Tijdschr. Natuurkunde **20.** 55—61. März 1954. Eindhoven, N. V. Philips' Gloeilampenfabrieken, Natuurkundig Labor.) WESLY. 137

Hidetaro Abe, *Anomale paramagnetische Resonanz in Kupferpropionat.* Vf. berichtet über anomale paramagnet. Resonanz bei λ 10,7 mm in $Cu(CH_3CH_2COO)_2 \cdot H_2O$, einem monoklinen Kristall mit a:b:c = 0,874:1:0,886, $\beta = 94°22'$. Liegt das stat. Magnetfeld H_s in der ac-Ebene, so werden 6 Resonanzspitzen beobachtet. Dreht sich H_s in der ac-Ebene, so können 3 Linienpaare aus diesen Spitzen erhalten werden. Jede in der ac-Ebene beobachtete Linie spaltet in zwei Linien auf in jeder Ebene senkrecht zu der ac-Ebene. Zusätzlich hierzu wird eine fast richtungsunabhängige Linie beobachtet bei etwa dem halben Magnetfeld wie für die anderen Spitzen. Es wird eine theoret. Erklärung hierfür gegeben, u. die Parameter der HAMILTON-Funktion werden zusammengestellt. Es ergibt sich aus diesen Beobachtungen, daß bei diesem Kristall die Einheitszelle 6 ungleichwertige Cu^{2+}-Ionenpaare enthält (Kupferacetat nur 2). Jedes Ionenpaar in der Einheitszelle besitzt eine sehr ähnliche Umgebung, nur die Orientierung der Achsen des Kristallfeldes ist verschieden. Der Ursprung der Anomalie ist in einem sehr kurzen Abstand zwischen den Cu^{2+}-Ionen in jedem Paar zu suchen. Bei $Cu(HCOO)_2 \cdot 2H_2O$ bzw. $\cdot 4H_2O$ wurde eine anomale Aufspaltung nicht gefunden, es wurde nur eine Resonanzspitze beobachtet, g liegt zwischen 2,06 u. 2,32, wie auch bei den gewöhnlichen Cu-Salzen. (Physic. Rev. [2] **92.** 1572. 15/12. 1953. Tokyo, Japan, Univ. of Tokyo, Inst. of Sci. and Technol.) v. HARLEM. 137

G. D. Adam und **K. J. Standley,** *Mikrowellenresonanzabsorption in einigen ferromagnetischen Manganverbindungen.* Die Mikrowellenresonanz bei 1,26 cm Wellenlänge wurde an gepulverten Proben von *MnAs, MnSb* u. *MnBi* untersucht. Die Messungen wurden im Temperaturgebiet -180^0 bis $+300^0$ durchgeführt. MnAs besitzt bei Zimmertemp. einen g-Wert von 3,2, dieser bleibt im Bereich -180^0 bis $+45^0$ konstant, oberhalb 45^0 wird nur eine sehr kleine Resonanzabsorption gefunden. Beim MnSb ändert sich der g-Wert von 2,2 bei -180^0 auf 2,6 bei $+20^0$ u. nimmt dann auf ca. 2,1 in der Nähe der CURIE-Temp. (315^0) ab. Bei MnSb tritt ferner eine merkliche Abnahme der Linienbreite auf, wenn die Temp. über 100^0 ansteigt. Bei MnBi wird nur in der Nähe von -180^0 u. oberhalb $+240^0$ eine Resonanzabsorption beobachtet. Der g-Wert bei -180^0 wird auf 2,4 geschätzt. Die Verss. wurden an verschieden behandelten Proben durchgeführt. Die Ergebnisse werden auf Grund der vorliegenden Theorien diskutiert. (Proc. physic. Soc., Sect. A **66.** 823—35. 1/9. 1953. Nottingham, Univ., Dep. of Phys.) v. HARLEM. 137

G. Je. Lurje, Ss. I. Skljarenko und **G. Je. Kaplan,** *Elektrische Leitfähigkeit von wässerigen Lösungen von Natriumthioantimonit* ($Na_3SbS_3 \cdot 9H_2O$). Auf Grund von Messungen der elektr. Leitfähigkeit von wss. $Na_3SbS_3 \cdot 9H_2O$-Lsgg. bei 20, 25 u. 60^0 zeigen Vff., daß die Beziehung zwischen der spezif. u. mol. Leitfähigkeit dieser Lsgg. den allg., für Lsgg. starker Elektrolyte gültigen Gesetzmäßigkeiten unterliegt. Weiter werden empir. Formeln zur Berechnung der mol. elektr. Leitfähigkeit wss. Sulfosalzlsgg. verschied. Konzz. bei 20, 25 u. 60^0 gegeben. Leitfähigkeitsmessungen bei 20^0 an Na_3SbS_3-Lsgg. unterschiedlicher Konz. in Ggw. von NaOH u. Na_2S (100 bzw. 50 g/Liter) ergaben, daß die Leitfähigkeit solcher Lsgg. Abweichungen vom Gesetz der Additivität zeigt. Ferner wird bei diesen Lsgg. eine lineare Abhängigkeit der spezif. Leitfähigkeit von der Konz. des Sulfosalzes festgestellt. (Журнал Общей Химии [J. allg. Chem.] **20** (**82**). 1554—59. Sept. 1950.) H. v. PEZOLD. 138

Malcolm Dole, Principios de Electroquímica experimental y teórica. Madrid: Alhambra. (XV + 571 S. m. Abb.) ptas. 190,—.

A$_4$. Thermodynamik. Thermochemie.

Herrick L. Johnston, William E. Keller und **Abraham Solomon Friedman,** *Die Kompressibilität von flüssigem normalem Wasserstoff vom Siedepunkt bis zum kritischen Punkt bei Drucken bis zu 100 Atmosphären.* Ausführliche Beschreibung einer App. zur Best. von Zustandsdaten von Fll. bei tiefen Temperaturen. Die Meßpunkte der P/V-Isothermen von n. fl. H_2 sind für sieben Tempp. zwischen 20,38 u. 32,58° K tabelliert. Eine Auftragung der Isochoren ergab gerade Linien, die durch $P = A_v + B_vT$ mit $B_v = -7{,}11 + 437(1/V)$ dargestellt werden können. A_v u. B_v werden für ganzzahlige V-Werte von 26—39 cm^3/Mol angegeben. Die experimentellen Daten werden mit nach dem Modell von LENNARD-JONES u. DEVONSHIRE berechneten Werten verglichen. Es konnte keine befriedigende Übereinstimmung festgestellt werden. (J. Amer. chem. Soc. **76.** 1482—86. 20/3. 1954. Columbus, O., Ohio State Univ., Cryogenic Labor. u. Dep. of Chem.) KARUTZ. 148

Abraham S. Friedman, Max Trzeciak und **Herrick L. Johnston,** *Druck—Volumen—Temperatur-Beziehungen von flüssigem normalem Deuterium.* Vff. bestimmten die Kompressibilität von flüssigem n. D_2 zwischen Tripelpunkt u. krit. Punkt bei Drucken bis zu 100 at. Die verwendete App. wurde beschrieben. Die aus den experimentellen Isothermen erhaltenen Isochoren sind linear, u. ihre Neigung ist innerhalb des untersuchten Bereiches eine lineare Funktion der Dichte. Es ist $\partial P/\partial T)_v = -14{,}1 + (665/V)$ mit P = [at], T = [°K] u. V = [cm^3/Mol]. (J. Amer. chem. Soc. **76.** 1552—53. 20/3. 1954. Columbus, O., Ohio State Univ., Cryogenic Labor. u. Dep. of Chem.) KARUTZ. 148

J. J. McHenry und **S. Twomey,** *Durch ultraviolettes Licht gebildete Kondensationskerne.* Ausführliche Darst. der C. **1952.** 7777 referierten Arbeit. (Proc. Roy. Irish Acad., Sect. A **55.** 51—59. Mai 1952.) KLEVER. 150

H. J. de Nordwall und **L. A. K. Staveley,** *Weitere Untersuchungen der Unterkühlung von Tropfen einiger molekularer Flüssigkeiten.* In Fortsetzung der Unterss. von THOMAS u. STAVELEY (vgl. C. **1953.** 7731) führten Vff. weitere Unterkühlungsverss. an fl. Tropfen von 21 Fll. durch. Jede Fl. wurde als eine Wolke kleiner Tröpfchen untersucht, die bei einer Temp. unterhalb des F. erzeugt wurde. In einem Lichtstrahl scintillierten gefrorene Tropfen, während ein diffuses Aussehen der Wolke darauf hindeutete, daß die Tropfen noch fl. waren. Bestimmt wurde T_c, die mittlere Temp. des verhältnismäßig engen Bereichs, in dem das Gefrieren begann. Von den 21 untersuchten Fll. konnte von 7 der Wert von T_c bestimmt werden; es sind dies *Methylbromid* (F. 179,4° K), (T_c) = 155,0 ± 2°K, *BF_3* (F. 144,5° K), 126,7 ± 1,5° K; *Cyclopropan* (F. 145,8° K), 128,0 ± 1,5° K; *Thiophen* (F. 234,95° K), 184,2 ± 2,5° K; *Chloroform* (F. 209,7° K), 157,2 ± 2° K; *SO_2* (F. 197,64° K), 164,5 ± 3° K) u. *Methylamin* (F. 179,7° K), 144 ± 5° K. Für diese 7 Fll. wurden σ_g u. $\sigma_g/\Delta H_f$ berechnet, wo ΔH_f die Schmelzwärme in cal/Mol. u. σ_g die freie Oberflächenenergie eines Mols der Substanz an der Grenzfläche Kristall–Fl. bedeutet. Wie bei den früher untersuchten Fll. (vgl. l. c.) liegt der Wert von $\sigma_g/\Delta H_f$ in der Nähe von $^1/_3$. Es wird die Vermutung ausgesprochen, daß eine rohe Beziehung zwischen $\sigma_g/\Delta H_f$ u. dem F. besteht, u. zwar derart, daß $\sigma_g/\Delta H_f$ um so kleiner ist, je niedriger der F. ist. Ergebnislos verliefen die Verss. mit *Krypton* (F. 115,95°K); *CO_2* (216,6°); *Cyclopentan* (179,4°); *n-Heptan* (182,5°); *Toluol* (117,7°); *Pyridin* (231,1°); *Tetramethylsilicium* (174,1°); *Tetramethylzinn* (218,4°); *$SiCl_4$* (205,5°); *Methylendichlorid* (176,4°); *Methylalkohol* (176,3°); *CS_2* (161,1°) u. *Äthylenoxyd* (160,6°). Es werden mögliche Gründe für die Nichtbeobachtung einer Kristallisation bei Verss. der vorliegenden Art diskutiert. (J. chem. Soc. [London] **1954.** 224—27. Jan. Oxford, Inorganic Chem. Labor.) GOTTFRIED. 150

Hermann Senftleben, *Eine einfache Methode zur gleichzeitigen Bestimmung der spezifischen Wärme, der inneren Reibung und des Wärmeleitvermögens von Gasen.* (Vgl. C. **1954.** 7357.) Die Meth. beruht auf der Messung der Wärmemenge, die von einem erwärmten horizontalen Zylinder (Heizdraht) an ein umgebendes Gas abgegeben wird. Die Messung ist einmal mit einem Standardgas, von dem c_p, η u. λ bekannt sind, u. einmal mit dem zu untersuchenden Gas auszuführen. Mittels gewisser Beziehungen zwischen den Kenngrößen von PRANDTL, NUSSELT u. GRASHOF gelingt es, aus den bekannten Eigg. des Standardgases die gesuchten Größen zu berechnen. Die Meßmeth. u. die Ergebnisse, die an einigen Gasen erzielt wurden, werden beschrieben. Die Genauigkeit beträgt einige Prozent. (Z. angew. Physik **5.** 33—39. Jan. 1953. Recklinghausen.) KIRSCHSTEIN. 151

A. Lee Smith, Nathan C. Hallett und **Herrick L. Johnston,** *Calorimetrie kondensierter Gase.* 6. Mitt. *Die spezifische Wärme von flüssigem Parawasserstoff vom Siedepunkt bis zum kritischen Punkt.* (5. vgl. C. **1954.** 8983.) Frühere Messungen von JOHNSTON u. Mitarbeitern (vgl. C. **1954.** 4552) der Wärmekapazität von fl. Parawasserstoff unterhalb des Kp. wurden in einem Hochdruck-Calorimeter (vgl. 4. Mitt. C. **1954.** 8983) bis zum krit. Punkt ausgedehnt. Für die Entropie am krit. Punkt (33,24° K) ergaben sich 17,23 ± 0,4 Entropieeinheiten, was gut mit dem statist. Entropiewert von 17,208 Entropieeinheiten übereinstimmt. (J. Amer. chem. Soc. **76.** 1486—88. 20/3. 1954. Columbus, O., Ohio State Univ., Cyrogenic Labor. u. Dep. of Chem.) KARUTZ. 151

K. R. Bonnickson, *Wärmeinhalt von Calcium- und Magnesiumferriten bei hohen Temperaturen.* Der Wärmeinhalt der Calciumferrite *$CaFe_2O_4$* (I) u. *$Ca_2Fe_2O_5$* (II) u. von Magnesiumferrit, *$MgFe_2O_4$* (III) wurde im Temperaturgebiet 298—1850° K bestimmt. Die verwendete App. wurde von KELLEY, NAYLOR u. SHOMATE (U. S. Bur. Mines Tech. Paper **686.** [1948.]) beschrieben. Die Meßergebnisse können in folgender Weise dargestellt werden: I (krist.): $H_T—H_{298,16}$ = 39,42 T + 2,38·$10^{-3}T^2$ + 3,66·$10^{-5}T^{-1}$ —13194 (3%; 298—1510° K), I (fl.): 54,90 T—5030 (0,1%; 1510—1800° K), II (krist.): 59,24T + 11,68·10^5T^{-1}—21580 (0,5%; 298—1750° K), II (fl.): 74,20 T—10980 (0,1%; 1750—1850° K), III(α): 21,06T + 22,29·$10^{-3}T^2$—8261 (1,2%; 298—665° K), III(β): 45,40 T—14590 (0,1%; 665—1230° K), III(γ): 25,67T + 6,79·$10^{-3}T^2$—247 (0,1%; 1230—1800° K). III zeigt zwei Umwandlungspunkte im kristallinen Gebiet — ein Maximum der Wärmekapazität bei 665° K u. eine isotherme Umwandlung bei 1230° K mit einer Wärmeabsorption von 350 cal/Mol. Die Schmelzwärmen von I u. II wurden zu 25870 cal/Mol bei 1510° K u. 36110 cal/Mol bei 1750° K bestimmt. (J. Amer. chem. Soc. **76.** 1480—82. 20/3. 1954. Berkeley, Calif., U. S. Dep. of Interior, Bur. of Mines, Minerals Thermodynamics Branch.) KARUTZ. 151

G. B. Guthrie jr., D. W. Scott und **Guy Waddington,** *Thermodynamische Funktionen und Bildungswärme von S_8 (Gas).* Vff. berechneten die thermodynam. Funktionen von S_8 (Gas) für Tempp. bis 1000° K aus spektroskop. u. Molekularstrukturdaten. Für 298,16° K ergaben sich die Werte $-(F^0-H^0_0)/T$ = 77,44 cal/Grad, $(H^0-H^0_0)/T$ = 25,31 cal/Grad, $H^0-H^0_0$ = 7547 cal, S^0 = 102,76 cal/Grad u. C^0_p = 37,17 cal/Grad. Aus experimentellen Literaturdaten wurde die Bildungswärme von S_8 (g) aus rhomb. S berechnet u. der Wert ΔH^0_{Bild} = 25,23 ± 0,05 kcal/Mol als der wahrscheinlichste ausgewählt. Wärmetönung, Freie Energie u. Gleichgewichtskonstanten der Rk. 4 S_2 (g)

$= S_8$ (g) wurden für Tempp. bis 1000° K berechnet (298,16° K: $\Delta H^0_{Bild} = -98,99$ kcal/Mol, $\Delta F^0_{Bild} = -64,61$ kcal/Mol, log K = +47,36). Ein kürzlich von BERNSTEIN u. POWLING (J. chem. Physics **18.** [1950.] 1018) vorgeschlagenes Schwingungsschema stimmte nicht mit den therm. u. Dampfdruckdaten von rhomb. S überein u. wurde von Vff. revidiert. Eine Betrachtung anderer Tautomerer des cycl. S_8-Mol. als desjenigen mit D_{4d}-Symmetrie ließ einen merklichen Beitrag dieser Tautomeren zu den thermodynam. Eigg. unterhalb 1000° K als unwahrscheinlich erscheinen. (J. Amer. chem. Soc. **76.** 1488—93. 20/3. 1954. Bartlesville, Okla., Bur. of Mines, Petroleum-Experiment-Station, Thermodynamics Labor.) KARUTZ. 155

Je. W. Kusnetzow und **L. I. Kusnetzow-Fetissow,** *Bildungswärmen der Gemische im System Schwefelsäure–Salpetersäure–Schwefelsäureanhydrid.* Das Maximum der Wärmetönung im Syst. H_2SO_4-HNO_3-SO_3 entspricht der Zus. $3HNO_3 \cdot 4SO_3$ mit 137 cal. In einer Tabelle werden die Mischungswärmen für 64,8%ig. Oleum mit HNO_3 mitgeteilt. (Журнал Прикладной Химии [J. angew. Chem.] **25.** 1311—13. Dez. 1952. Kasan, Kirow-Inst. für chem. Technologie.) R. K. MÜLLER. 156

Charles W. Sherman, Hans I. Elvander und **John Chipman,** *Thermodynamische Eigenschaften von Schwefel in geschmolzenen Eisen–Schwefel-Legierungen.* Für den Temperaturbereich von 1530—1730° u. S-Konzz. bis 4,8% wurden die thermodynam. Eigg. des in fl. Stahl gelösten S untersucht. Es zeigte sich, daß die bei der Rk. H_2 (Gas) + S (im Metall) = H_2S (Gas) auftretende freie Energie eine Funktion der Temp. ist. Die Wrkg. des Si auf den Aktivitätskoeff. des S wurde berechnet u. gefunden, daß die erhaltenen Werte mit Angaben der neueren Literatur gut übereinstimmen. (J. Metals **188.** 334—40. Febr. 1950. Cambridge, Mass., Massachusetts Inst. of Technol., Dep. of Metallurgy; Degerfors, Schweden, Degerfors Jernverks A. B.) H. SCHÖBERL. 156

K. S. Singwi und **M. K. Sundaresan,** *Die Wärmeleitfähigkeit dichter Materie.* Die Kenntnis der Wärmeleitfähigkeit der Sternmaterie ist zur astrophysikal. Berechnung der Temp., der D. u. der Energieentw. im Innern eines Sternkörpers erforderlich. Die Energieübertragung in weißen Zwergsternen beruht im wesentlichen auf der Wärmeübertragung durch Elektronen. In Zwergsternen mit einer D. unter 10^6 g/cm³ bilden die freien Elektronen ein nichtrelativist. degeneriertes Gas. Die Wärmeleitfähigkeit für diesen Fall wurde bereits von MARSHAK u. MESTEL berechnet. Bei einer D. von 10^6 g/cm³ u. darüber setzt relativist. Degeneration ein. Es wird die Wärmeleitfähigkeit degenerierter Materie unter Einbeziehung der relativist. Mechanik für den allg. Fall theoret. berechnet. Die Grenzfälle der rein nichtrelativist. u. der rein relativist. Degeneration werden diskutiert. (Proc. physic. Soc., Sect. A **64.** 441—46. 1/5. 1951. Birmingham, Univ., Dep. for Math. Phys., u. Delhi, Univ., Dep. of Phys.) TRAUSTEL. 158

A. I. Resanow und **W. I. Tscherepanow,** *Wärmeleitfähigkeit von ferromagnetischen Metallen bei tiefen Temperaturen.* (Vgl. C. **1954.** 6173.) In Analogie zur Berechnung des zusätzlichen elektr. Widerstandes berechnen Vff. den zusätzlichen Widerstand, den ein Ferromagnetikum infolge der s–d-Elektronenwechselwrkg. dem Wärmeaustausch entgegensetzt, u. vergleicht ihn mit dem Reziprokwert der Wärmeleitfähigkeit $1/\varkappa_g$ bei Elektronenwechselwrkg. lediglich mit dem Ionengitter. Mit den Zahlenwerten für *Fe* ergibt sich $1/\varkappa_f \simeq (15{,}4/T) \cdot (1/\varkappa_g)$. (Доклады Академии Наук СССР [Ber. Akad. Wiss. UdSSR] [N. S.] **93.** 641—44. 1/12. 1953. Uraler Gorki-Univ.) AMBERGER. 158

M. R. Schafroth, *Eine Schallwellenbeschreibung von Fermionen-Anhäufungen.* Mathemat. Beschreibung von Anhäufungen nichtwechselwirkender Fermionen in Schallwellentermen u. Berechnung thermodynam. Funktionen. (Nuovo Cimento [9] **11.** 53—72. 1/1. 1954. Liverpool, Univ., Dep. of theoret. Phys.) GERHARD SCHMIDT. 159

Ludwig Bergmann, Der Ultraschall und seine Anwendung in Wissenschaft und Technik. 6. völl. überarb. und erw Aufl. Zürich S. Hirzel. 1954. (XVI + 1114 S. m. Abb.) fr 72,—.

A₅. Kolloidchemie. Grenzschichtforschung.

W. D. Chesterman, *Die Dynamik von kleinen vergänglichen Hohlräumen.* Mittels einer näher beschriebenen Stoßmeth. wurden in reinem *W.*, wss. *Aceton*-Lsgg. u. CCl_4 Blasen erzeugt, deren Verh. mittels Schnellkinematographie untersucht wurde. Da die Lebensdauer der Blasen zwischen ca. 50 u. 100 mSek. lag, wurden ca. 1000—2000 Aufnahmen pro Sek. benötigt. Die Beleuchtung erfolgte mittels einer intermittierenden Blitzlichtquelle mit sehr kurzer Blitzzeit. Die Verss. wurden teils bei Atmosphärendruck, teils bei Drucken von 0,75 u. 1,67 at durchgeführt. In einer Reihe von Verss. wurden gleichzeitig die Druckänderungen in der Fl. nahe der Blase gemessen. Es wurde gefunden, daß sich die Blasen während ihrer Lebensdauer mehrmals ausdehnen u. zusammenziehen u. daß bei jedem Volumenminimum der Druck in der Fl. zu einem scharfen Maximum ansteigt. Die Lebensdauer u. Zerfallszeit der Blasen stehen in einem direkten Zusammenhang mit dem Durchmesser, bis zu dem die Blase wächst. Trägt man die Zerfallszeit graph. gegen den Durchmesser auf, dann zeigen die experimentellen Punkte zwar eine beträchtliche Streuung; doch geht aus der erhaltenen Kurve hervor, daß die Blasen mit der halben Geschwindigkeit zerfallen, wie sie durch die RAYLEIGHsche Formel verlangt wird. Aus den Verss. muß geschlossen werden, daß Gaskerne in den Fll. als Zentren für die Blasenbldg. wirken. Die Unters. von Flüssigkeitsgemischen, die verschied. Oberflächenspannungen haben, führten zu keinen genauen Ergebnissen. Es ist teils auf Viscositätsänderungen, teils auf den überlagernden Einfl. der Veränderungen in der Größe u. Stabilität der Gaskerne zurückzuführen. (Proc. physic. Soc., Sect. B **65.** 846—58. 1/11. 1952. Teddington, Admiralty Res. Labor.)

GOTTFRIED. 166

J. H. Schulman und **J. Leja,** *Kontrolle der Benetzungswinkel an den Grenzflächen Öl–Wasser–Festkörper. Emulsionen, stabilisiert mit festen Teilchen* (*$BaSO_4$*). Im Rahmen ihrer Unterss. über mol. Wechselwirkungen an der Grenzfläche fl.–fest, die prakt. Verwertung z. B. in der Aufklärung des Flotationsmechanismus gefunden haben, diskutieren Vff. jetzt die Anwendung auf Probleme der Stabilität u. der Phasenkontinuität von Öl–W.-Emulsionen, die durch pulverförmige, feste Stoffe stabilisiert sind. Experimentell wurde der Einfl. von oberflächenakt. Stoffen (*Na-Oleat,Na-Dodecylsulfat, Na-Laurat* u. *Seifen* von Fettsäuren) auf die Benetzungswinkel, die sich an der festen Oberfläche von $BaSO_4$-Kristallen u. -Pulver u. an *Lithopone* ausbilden, eingehend untersucht. Bei den Unterss. wurde der Einfl. der Kettenlänge, des p_H u. der Konz. der oberflächenakt. Stoffe studiert. Die Ergebnisse unterstützen die Theorie von FINKLE, DRAPER u. HILDEBRAND (J. Amer. chem. Soc. **45.** [1923.] 2780), nach der die Ursache für die Wrkg. von festen Pulvern als Emulgatoren darin besteht, daß die festen Teilchen sowohl durch Öl als auch durch W. benetzbar sind. Ist der Benetzungswinkel quer durch die Wasserphase an den Grenzflächen Feststoff–Öl–W. etwas kleiner als 90°, so werden die festen Teilchen an der Öl–W.-Grenzfläche festgehalten u. stabilisieren eine kontinuierliche Wasseremulsion. Ist der Benetzungswinkel etwas größer als 90°, so werden die Teilchen zwar ebenfalls an der Grenzfläche festgehalten, aber jetzt stabilisieren sie eine kontinuierliche Ölemulsion. Sind die festen Teilchen vollkommen durch Öl u. W. benetzbar, so werden sie in beiden Phasen dispergiert, u. in diesem Falle können sich keine stabilen Emulsionen bilden. (Trans. Faraday Soc. **50.** 598—605. Juni 1954. Cambridge, Univ., Ernest Oppenheimer Labor., Dep. of Coll. Sci.)

G. HEINRICH. 166

Andrew Gemant, *Kataphoreseuntersuchungen in Kohlenwasserstoffölen mit Hilfe radioaktiver und mikroskopischer Methoden.* Vf. untersucht die Kataphorese verschied. organ. u. anorgan. Suspensionen in KW-stoffölen, um quantitative Ergebnisse über die Ionenvorgänge in nichtleitenden Fll. zu erhalten. 2 voneinander verschied. experimentelle Methoden werden angewendet: 1. die bekannte mkr. Standardmeth. u. 2. eine neue radioakt. Spurenmeth. (^{14}C). Beide Techniken ergeben Resultate, die grundsätzlich übereinstimmen u. sich teilweise gegenseitig ergänzen. Folgende Suspensionen werden untersucht: *Ag-Myristat, K-Myristat, saures K-Myristat, MgO* u. *Graphit.* Die Ladung der Teilchen ist meist negativ, was in wss. Suspensionen u. Kolloiden bevorzugt der Fall ist. Säuren neigen dazu, das Vorzeichen umzukehren. Die kataphoret. Beweglichkeit steigt etwas mit der Feldstärke. Das ζ-Potential liegt häufig zwischen 150 u. 200 mV. Im allg. bildet sich auf den Elektroden ein bestimmter Niederschlag. In Ölen mit zunehmender Leitfähigkeit wird das ζ-Potential merklich herabgesetzt, wahrscheinlich als Folge der Kompression der Doppelschicht. (J. physic. Chem. **56.** 238—43. Febr. 1952. Detroit, Mich., Detroit Edison Comp., Res. Dep.) JÄGER. 168

Jen Tsi Yang und **Joseph F. Foster,** *Bestimmung der kritischen Micellenkonzentration durch die Gleichgewichtsdialyse.* Bei der Unters. der Bindungsverhältnisse von Netzmitteln u. Proteinen fanden die Vff., daß sich die Netzmittelionen oberhalb der krit. Micellenkonz. (KMK) nicht mehr gleichmäßig zu beiden Seiten einer Celluloidmembrane verteilen. Die genauere Unters. der Konzentrationsverhältnisse einiger Netzmittel [*Santomerse No. 3* (im wesentlichen *Na-Dodecylbenzolsulfonat*) u. *DDBAC* (*n-Dodecyldimethylbenzylammoniumchlorid*)] auf spektrophotometr. Wege ergab das Ausbleiben der Micellenbldg. im Dialysat oberhalb der KMK. Eine Erklärung für diese Erscheinung glauben Vff. in dem Umstand gefunden zu haben, daß die zur Micellenbldg. notwendige Konz. der freien Ionen im Dialysat nicht erreicht werden kann. Die Konz. der im Gleichgewicht mit den Micellen stehenden, freien Ionen ist gemäß der Gleichgewichtsbeziehung $K = D_m/n \cdot (D_s)^n$ nahezu konstant, da sich die Konz. der freien Ionen D_s im Verhältnis zur Micellenkonz. D_m nur mit der n-ten Wurzel ändert, wobei n die Zahl der zur Bldg. einer Micelle notwendigen Einzelionen bedeutet u. in der Größenordnung von 20 liegt. Auf Grund von Konzentrationsmessungen u. Extrapolation der erhaltenen Gleichgewichtskurven kann die KMK bestimmt werden. Unter der Annahme gleichgearteter Netzmittelionen kann mittels der angegebenen Meth. eine angenäherte Berechnung der Zahl n erfolgen. Für den Fall einer Mischung von Homologen ist eine quantitative Abschätzung der niedereren Homologe, die bei den gegebenen Bedingungen keine Micellen bilden, möglich; ebenso ist eine teilweise Abtrennung derselben durchführbar. Die anschließende Diskussion bringt verschied. Einwendungen anderer Autoren gegen die angeführten Argumente. (J. physic. Chem. **57**. 628—33. Okt. 1953. Ames, Io., Iowa State Coll., Dep. of Chem.) FORST. 170

Joachim Ernst Quincke, *Zur Kenntnis des Viscositäts–Temperatur-Verhaltens von Glasschmelzen.* An einer größeren Zahl nach den gebräuchlichen Fertigungsverff. erhaltener Glasfaserprodd. hat Vf. das Viscositäts–Temperatur-Verh. untersucht. Für alle Gläser wurde rein NEWTONsches Fließen beobachtet. Die Viscositäten der einzelnen Gläser zeigen zum Teil stärkere Unterschiede, bei gleichen Tempp. bis zu 2 Zehnerpotenzen. Für einzelne Gläser läßt sich die Viscosität in Abhängigkeit von der Temp. durch $\log \eta = A + B/T$ (B schwankt zwischen 9,13 u. 11,82) wiedergeben. Andere zeigen Unstetigkeiten im Verlauf von η mit T. Diese Anomalien hat Vf. unter verschied. Abkühlungsbedingungen untersucht u. den Entglasungsgrad der Schmelze mit ihrem Viscositätsverh. in Zusammenhang gebracht. Demnach spielt die Viscosität der Schmelze nur eine untergeordnete Rolle für die Fadenbildung. Selbst Schmelzen, die zu starker Entglasung neigen, lassen sich noch zu brauchbaren Fäden verarbeiten. (Z. Elektrochem., Ber. Bunsenges. physik. Chem. **57**. 715—20. 1953. Hannover, TH, Inst. für Techn. Chem.) WOELK. 172

G. Raumann, I. S. Nixon und **K. G. Denbigh,** *Der Übergang zwischen laminarem und turbulentem Fließen bei verschiedenen Flüssigkeiten.* An folgenden Fll. wurde der Übergang vom laminaren zum turbulenten Fließen in horizontalen Rohren unter Überdruck untersucht: *W., Aceton, Butanol, Ae.*, eine 6%ig. *Polymethylacrylat*-Lsg. in Aceton, 0,05 u. 0,25%ig. wss. Lsg. von *Benzopurpurin* u. eine 0,005%ig. Benzopurpurinlsg. in W. mit 0,8% Na_2SO_4. Abgesehen von Ae., mit dem auch Verss. bei 0° u. —80° durchgeführt wurden, betrug die Temp. stets 20°. Die Verss. bestätigen die Richtigkeit der Festlegung der REYNOLDSschen Zahl als Grenzwert, wobei Viscosität u. D. der Fl. für die volle Ausbildung turbulenten Fließens entscheidend sind. Die REYNOLDSsche Zahl bestimmt nur den niedrigsten Wert, bei dem turbulentes Fließen auftreten kann ($R \sim 2200$). So konnte noch bei W. u. Aceton laminare Strömung bei REYNOLDS-Zahlen bis 3400 u. bei Butanol bis 3900 beobachtet werden. Die Ggw. koll. Teilchen scheint den Übergang zu begünstigen. Es wird ferner gezeigt, daß der Druckabfall in einem geraden Rohr weiterhin mit der Flüssigkeitsgeschwindigkeit im quasiturbulenten Bereich zwischen $R = 2200$ u. 5000 proportional verläuft. Oberhalb $R = 5000$ sind die Ergebnisse dieser Unters. mit der Gleichung von BLASIUS im Einklang. (Research **3**. 520—25. Nov. 1950. Welwyn, Herts., J. C. J., u. Cambridge, Univ.) HENTSCHEL. 173

Rolfe H. Herber und **John W. Irvine jr.,** *Anion-Austausch-Untersuchungen.* 1. Mitt. *Bromidkomplexe von Co(II), Cu(II), Zn(II) und Ga(III).* Die Unterss. der Ionenaustauschgleichgewichte zwecks Trennung radiochem. aktivierter ^{60}Co(II)-, ^{65}Ni(II)-, ^{63}Zn(II)- bzw. ^{65}Zn(II)-, ^{64}Cu(II)- u. ^{66}Ga(III)-Ionen voneinander werden in wss. HBr-Lsgg. durchgeführt. Als Ionenaustauscher dient das stark bas. Anionenaustauscherharz *Dowex-1.* Bei einem Vgl. der Elutions- u. Stabilitätskonstanten der Anionenaustauschgleichgewichte für die untersuchten Ionen in wss. HBr-Lsg. mit denen in wss. HCl-Lsg. zeigt sich mit Ausnahme der Ga(III)-Ionen eine sehr weitgehende Parallelität, solange eine obere Grenze der Anionenkonz. von ~ 7 mol. bei der Trennung der betrachteten Elemente voneinander eingehalten wird. (J. Amer. chem. Soc. **76**. 987 bis 991. 20/2. 1954. Cambridge, Mass., MIT., Dep. of Chem. and Labor. for Nuclear Science.) PITTACK. 177

A. C. Merrington und **E. G. Richardson,** *Verdunkelung und Rauchdichte.* Aus den vorgenommenen Verss. über die Beziehungen zwischen opt. Dichte u. visuell bestimmter Sichtweite in $TiCl_4$-Nebeln wird die Kontrasthelligkeit solcher Nebel zu 0,03 u. unter Annahme der Gültigkeit des TRABERTschen Gesetzes der mittlere Teilchenradius in Übereinstimmung mit ultramkr. Ausmessungen zu 0,3 μ ermittelt. (Research **3**. 526—27. Nov. 1950. Royal Aircraft Establ., Newcastle-upon-Tyne, King's Coll.) HENTSCHEL. 180

A_6. Strukturforschung.

Maurice Gauzit, *Ionen-Durchstrahlungsmikroskop.* Bericht über die Weiterentw. des Ionen-Durchstrahlungsmikroskops (vgl. C. **1954.** 8756). Neue Einzelheiten: Die Lebensdauer der Ionenquelle beträgt günstigstenfalls 2—3 Stunden. Leuchtschirme u. Photoplatten sind wie bei der Emissions-Ionenmikroskopie. Das beste bisher erreichte Auflösungsvermögen wird mit ca. 100 Å angegeben. Das Mikroskop kann mit demselben Strahlerzeuger durch einfaches Umpolen der angelegten Hochspannung als Elektronenmikroskop betrieben werden. Die starke Wechselwrkg. der Strahlionen mit den Objektatomen läßt es aussichtslos erscheinen, jemals dicke Objekte, wie Bakterien oder Oberflächenabdrücke, ionenopt. zu untersuchen, so daß das Elektronenmikroskop aus diesen Anwendungsbereichen sicher nicht durch das Ionenmikroskop verdrängt werden wird. Die Aussichten auf die erfolgreiche Beobachtung der Struktur einzelner Moll. oder gar Atome sind aus demselben Grund sehr gering, weil die Wahrscheinlichkeit dafür, daß ein Objektatom während der Expositionszeit der photograph. Platte von seinem Ort fortgeschossen wird, relativ groß ist. (Bull. Microscopie appl. [2] **3.** 57—69. Mai/Juni 1953.) LENZ. 181

W. Glaser, *Bildentstehung im Elektronenmikroskop.* Eröffnungsvortrag auf der 5. Jahrestagung der Deutschen Gesellschaft für Elektronenmikroskopie vom 15. bis 20. Sept. 1953 in Innsbruck. Vers. einer gemeinverständlichen Darst. der Entstehung der elektronenopt. Abb. vom Standpunkt der Wellenmechanik. (Optik **11.** 101—17. 1954. Wien.) LENZ. 181

R. M. Sternheimer, *Doppelfokussierung durch ein System aus zwei Magneten mit inhomogenen Feldern.* (Sitzungsbericht.) Für die Fokussierung geladener Teilchen durch ein Syst. aus zwei Magneten mit inhomogenen Feldern werden Gleichungen aufgestellt. Wenn das Feld im Magneten proportional r^n ist, wobei r der Abstand vom Krümmungsmittelpunkt der Normalbahn ist, ist im einen Magneten $n > 0$, im anderen $n < 0$. Für sehr große Werte von $|n|$ gibt es im allg. einen Objektabstand, für welchen sich Doppelfokussierung erreichen läßt. Eine Variation der Objekt- u. Bildweiten läßt sich durch geeignete Wahl der Feldlängen oder der Feldgradienten in den beiden Magneten erreichen. Die Doppelfokussierung von Teilchen mit Energien der Größenordnung von 10^9 eV ist mit diesem Syst. unter Verwendung relativ kleiner Magnete möglich. Beispielsweise können $2{,}5 \cdot 10^9$ eV-π-Mesonen bei einer Objektweite von 8 m in zwei gleichen Magneten von je 60 cm Länge u. einem Feldgradienten von 1000 Gauß/cm u. 33 cm Abstand fokussiert werden. (Physic. Rev. [2] **90.** 352. 15/4. 1953. Brookhaven Nat. Labor.) LENZ. 181

S. Leisegang, *Ein einfacher Stigmator für magnetische Elektronenlinsen.* Beschreibung einer Anordnung zur Kompensation des axialen Astigmatismus von magnet. Elektronenlinsen. Die Kompensation geschieht durch Einbringen zweier kleiner Eisenmassen auf einer dreh- u. verschiebbaren Hülse in die Polschuhbohrung unterhalb des Polschuhspaltes. Der Stigmator kann während der Beobachtung des elektronenmkr. Bildes von außen derart mechan. verstellt werden, daß das kompensierende magnet. Zusatzfeld nach Stärke u. Richtung geregelt werden kann. Mittels derartiger Kompensation kann im SIEMENS-Elektronenmikroskop ein Auflösungsvermögen von 10 Å erreicht u. sogar unterschritten werden. (Optik **11.** 49—60. 1954. Berlin, Siemens & Halske A.G., Wernerwerk für Meßtechnik.) LENZ. 181

L. Habraken, *Einige Anwendungen der Elektronenmikroskopie auf die Chemie.* Zusammenfassender Bericht über eigene elektronenmkr. Unterss. an *ZnS*, *ZnO* u. *AgBr*, organ.-chem. u. physikal.-chem. Unterss. über Seifen, Coronen usw. Schließlich wird über Unterss. des organ. Bestandteils des Perlmutters berichtet. (Ind. chim. belge **17.** 441—54. 1952. Lüttich, Univ.) LENZ. 181

Gösta Brogren, *Ein neuer Typ von Kristallhaltern zur Fokussierung von Röntgenspektrometern.* Bei den bisher zur Fokussierung von Röntgenspektrometern benutzten Kristallhaltern wurde eine planparallele Kristallplatte gegen ein Stahlstück gepreßt, die zylindr. derart ausgeschliffen war, daß sie den gewünschten Krümmungsradius hatte. Bei dem von dem Vf. konstruierten Kristallhalter wird eine planparallele Kristallplatte zwischen je 2 Paare von Stahlachsen, die alle untereinander parallel liegen, angebracht. Diese Achsen werden nun gegeneinander u. gegen die Kristallplatte gepreßt u. erzeugen damit die gewünschte Biegung des Kristalls. Die Einzelheiten der Konstruktion sind genau beschrieben. (Ark. Fysik **3.** Nr. 30. 515—18. 1952. Uppsala, Univ., Phys. Inst.) GOTTFRIED. 181

Joseph Singer, John A. Richards und **William C. Moxley,** *Ein Einkristall-Mikrostrahlröntgengoniometer.* Es wird ein neu konstruiertes Röntgengoniometer beschrieben, mit dem Schwenk- u. LAUE-Aufnahmen gemacht werden können, wobei die bestrahlte Fläche nur einen Durchmesser von $\sim 35\,\mu$ hat. (Canad. J. Technol. **31.** 155—59. Juli/Aug. 1953. Los Alamos, N. Mex., Univ. of California, Los Alamos Sci. Labor.) GOTTFRIED. 181

Honoré Lambot und **Lawrence Vassamillet,** *Die Feinstruktur der Bragg-Reflexionen und die Unvollkommenheiten der Metallkristalle.* Vff. beschreiben eine neue Versuchsanordnung zur röntgenograph. Unters. der Feinstruktur der Interferenzen, deren Prinzip darauf beruht, daß ein von einem gekrümmten Quarzkristall ausgehender konvergenter monochromat. Röntgenstrahl auf den zu untersuchenden Einkristall fällt, der genau im Brennpunkt der Strahlung angebracht ist. An Beispielen wird gezeigt, daß man mit dieser Meth. nicht nur die winkelmäßige Verteilung der Normalen in einer Ebene senkrecht zu der reflektierenden Ebene bestimmen kann, sondern darüber hinaus auch noch die Unvollkommenheit des Kristalls in der vertikalen Richtung charakterisieren kann. Die Meth. eignet sich außerdem auch zur Unters. polykristalliner Stoffe. (Rev. Métallurgie **49.** 408—10. Juni 1952.) GOTTFRIED. 181

Takeo Matsubara, *Theorie der diffusen Streuung von Röntgenstrahlen durch örtliche Gitterstörungen.* Vf. leitet eine allg. Formel für die diffuse Röntgenstrahlenstreuung eines Kristalls ab, welcher wegen irgendeiner Art von Gitterfehler eine örtliche Störung besitzt. Die Intensität der Streuung läßt sich durch eine FOURIER-Transformation der Potentialenergieparameter u. der die Störung verursachenden äußeren Kräfte ausdrücken, welche der ähnlich ist, die BEGBIE u. BORN (vgl. Proc. Roc. Soc. [London] Ser. A **188.** [1947.] 179) in ihrer Theorie von der diffusen Streuung durch Gitterschwingungen eingeführt hatten. Es wird gezeigt, daß diese diffuse Streuung in einigen Kristallen zu beobachten ist, in denen die Dichte der Gitterfehler einen gewissen Wert übersteigt. (J. physic. Soc. Japan **7.** 270—74. Mai/Juni 1952. Osaka, Univ., Dep. of Phys. [Orig.: engl.]) GOTTFRIED. 181

Friedrich Lenz, *Die inkohärente Streuung der Röntgenstrahlen.* Vf. leitet unter Benutzung der MOLIÈREschen Näherung eine neue Formel für die Streufunktion ab, die nur für kleine Streuwinkel merklich von den Werten abweicht, die man erhält, wenn man die strenge THOMAS-FERMI-Funktion zugrunde legt u. die Streufunktion von HEISENBERG-BEWILOGNA numer. integriert. (Z. Physik **135.** 248—50. 1953. Düsseldorf, Rhein.-Westfäl. Inst. für Übermikroskopie.) GOTTFRIED. 181

H. Krebs und **R. Thees,** *Die röntgenographische Bestimmung der Atomverteilung in amorphen Substanzen mit Hilfe neuer photomechanischer Auswertmethoden.* Für die Berechnung der Atomverteilung einer amorphen Substanz aus der Abhängigkeit der gestreuten Intensität des Röntgenlichtes vom beugenden Winkel gilt die Beziehung

$$\varrho_{(r)} - \varrho_{(0)} = \tfrac{1}{2}\pi\, 2r \int_0^{4\pi/\lambda} F(s)\cdot\sin(sr)\cdot ds, \quad \text{mit} \quad F(s) = \{[I(s)/f(s)] - 1\}s.$$

Es bedeuten: $s = 4\pi \sin\vartheta/\lambda$, 2ϑ = Beugungswinkel, λ = Wellenlänge der Röntgenstrahlung, $\varrho_{(r)}$ = Atomdichte im Abstand r vom Bezugsatom, $\varrho_{(0)}$ = die mittlere Atomdichte, $I(s)$ = gestreute, korr. u. normierte Röntgenintensität, $f(s)$ = Atomfaktor. Auf der Grundlage der von MEYER-EPPLER angegebenen photomechan. Methoden zur Schwingungsanalyse haben Vff. ein Gerät zur schnellen Ermittlung dieses Integrals konstruiert. Die positiven u. negativen Werte von $F(s)$ stellen, auf lichtundurchlässigem Papier gezeichnet, Schablonen dar, die vor eine homogene Lichtquelle gestellt werden. An jeder Stelle s tritt dann eine dem Funktionswert entsprechende Lichtintensität durch, fällt auf ein in der s-Richtung sinusförmig schwankendes Raster u. schließlich auf eine Photozelle. Diese integriert über die ausgeleuchtete Fläche, jeder Wert ist jedoch mit einem Sinusglied multipliziert. An Stelle eines Rasters mit sinusförmiger Durchlässigkeit verwenden Vff. eine Schattenquelle, deren Lichtdurchlässigkeit proportional $T = \tfrac{1}{2}(1 + \sin rs)$ ist. Die Genauigkeit dieser Meth. wird von den Vff. als ausreichend bezeichnet, die erforderlichen Formeln werden abgeleitet u. experimentelle Hinweise für die prakt. Anwendung gegeben. (Z. Elektrochem., Ber. Bunsenges. physik. Chem. **57.** 741—44. 1953. Bonn, Univ., Chem. Inst.) WOELK. 181

Ta-You Wu, *Bemerkung zur Theorie der gerichteten Valenz.* ZIMMERMANN u. RYSSELBERGHE (C. **1950.** I. 959) sowie LINNETT u. PÖE (C. **1952.** 5697) hatten darauf hingewiesen, daß die Quadrate der Elektronenwellenfunktionen der freien Atome, in Determinantenform geschrieben, bei maximaler Überlappung die korrekten gerichteten Valenzen bei der Bldg. von Moll. wiedergeben. Vf. prüft dieses Ergebnis krit.; wie er darlegt, wird dabei nicht berücksichtigt: 1. daß maximale Überlappung nur bei Einbeziehung der Elektronen auch der an das Zentralatom gebundenen Atome definiert ist; daß 2. eine Berechnung von Valenzeigg. nicht unter Zugrundelegen von nur e i n e m Atomzustand durchgeführt werden darf, u. daß 3. A. O.'s keine genügenden Berechnungsgrundlagen für Elektronenpaarbedingungen darstellen. Das zitierte Ergebnis hat daher nach Ansicht des Vf. für die Theorie der gerichteten Valenz keine Bedeutung. (J. chem. Physics **22.** 1125—26. Juni 1954. Ottawa, Can., Nat. Res. Counc., Div. of Phys.) KRESZE. 182

Yosio Sakamoto, *Berechnung des Madelungschen Koeffizienten von NaCl und Bezugnahme auf eine Arbeit von Emersleben.* Ausgehend von einer von EWALD angegebenen Meth. leitete Vf. eine Reihe von Gleichungen zur prakt. numer. Berechnung des MADELUNGschen Koeff. M_δ her u. wandte sie auf NaCl an. Auf diese Weise wurde für M_δ der Wert **3,495 129 189 266 3643$_3$** $Mol^{-1} \cdot Zelle^{-1/3}$ errechnet. Der erhaltene Wert wurde mit den von EMERSLEBEN (vgl. C. **1953.** 1136 u. früher) verglichen. (J. Sci. Hiroshima Univ., Ser. A **16.** 569—72. Mai 1953. Hiroshima, Univ., Dep. of Chem. [Orig.: engl.]) GOTTFRIED. 182

Yosio Sakamoto, *Berechnung des Madelungschen Koeffizienten des rhombischen $CaCO_3$ (Aragonit).* (Vgl. vorst. Ref.). Mit der gleichen Meth., die l. c. angegeben worden ist, wurde der MADELUNGsche Koeff. M_δ des Aragonits zu $12{,}_{85\pm12}$ $Mol^{-1} \cdot Zelle^{-1/3}$ berechnet. Die Übereinstimmung mit dem Wert von OKE (vgl. Proc. Indian Acad. Sci., Sect. A **4.** [1936.] 1 u. **5.** [1937.] 326) ist nicht befriedigend. (J. Sci. Hiroshima Univ., Ser. A **16.** 573—75. Mai 1953. [Orig.: engl.]) GOTTFRIED. 182

Yosio Sakamoto, *Eine Bemerkung über die Arbeit von Oke über den Madelungschen Koeffizienten von Aragonit.* (Vgl. vorst. Ref.). Um die Diskrepanz zwischen dem Wert des MADELUNGschen Koeff. für Aragonit von OKE (vgl. l. c.) u. dem selbst erhaltenen Wert festzustellen, untersuchte Vf. die Berechnungen von OKE u. fand, daß bei seinen Berechnungen einige beträchtliche Ungenauigkeiten u. selbst einige Fehler nachzuweisen sind. (J. Sci. Hiroshima Univ., Ser. A **16.** 577—79. Mai 1953. [Orig.: engl.]) GOTTFRIED. 182

Yosio Sakamoto, *Berechnung des Madelungschen Koeffizienten von $PbSO_4$, $BaSO_4$, $SrSO_4$ und $CaSO_4$.* (Vgl. vorst. Reff.). Nach der l. c. angegebenen Meth. wurden die MADELUNGschen Koeffizienten von *$PbSO_4$* (I), *$BaSO_4$* (II), *$SrSO_4$* (III) u. *$CaSO_4$* (IV) berechnet. Die erhaltenen Werte sind für **I**: 13,16377$_3$; für **II** 13,18779$_4$; für **III** 13,15651$_2$ u. für **IV** 13,50363$_5$. (J. Sci. Hiroshima Univ., Ser. A **16.** 581—85. Mai 1953. [Orig.: engl.]) GOTTFRIED. 182

A. R. Ubbelohde, *Schmelzen und Kristallstruktur.* Zusammenfassende Darst. an Hand der vorliegenden Literatur. (Quart. Rev. [chem. Soc., London] **4.** 356—81. 1950. Belfast, Queen's Univ.) GOTTFRIED. 190

L. K. Frevel und **H. W. Rinn,** *Tabellarisch zusammengestellte Beugungsdaten für hexagonale isomorphe Verbindungen.* Zuerst werden in Strichmanier die Pulverdiagramme von 53 hexagonalen Struktur, geordnet nach Strukturtypen, wiedergegeben, aus denen gleichzeitig die relativen Intensitäten u. die d-Werte zu entnehmen sind. Tabellar. sind 117 hexagonale Strukturen, ebenfalls wieder geordnet nach Strukturtypen, zusammengestellt zugleich mit den Elementarkörperdimensionen u. der in Betracht kommenden Substanz. Innerhalb jedes Strukturtyps sind die Substanzen nach steigendem c/a-Verhältnis angeordnet. In einer weiteren Tabelle schließlich sind 1278 hexagonale Strukturen nach steigendem c/a-Verhältnis zusammengestellt. Angegeben sind in den Tabellen die Dimensionen der Elementarzelle, der Strukturtyp, soweit bekannt, sowie die mit diesen Dimensionen kristallisierende Substanz. An einigen Beispielen wird gezeigt, wie man an Hand der Tabellen aus dem Pulverdiagramm eine unbekannte Verb. identifizieren kann, soweit sie sich hexagonal indizieren läßt. (Analytic. Chem. **25.** 1697—1717. Nov. 1953. Midland, Mich., Dow Chem. Co.) GOTTFRIED. 195

Christer E. Nordman und **William N. Lipscomb,** *Die Kristall- und Molekularstruktur von Tetraboran.* (Vgl. C. **1954.** 6182.) Aufnahmen an einem B_4H_{10}-Einkristall bei ca. —150° führten auf eine monokline Zelle mit den Dimensionen $a = 8{,}68 \pm 0{,}02$ Å; $b = 10{,}14 \pm 0{,}03$ Å; $c = 5{,}78 \pm 0{,}02$ Å; $\beta = 105{,}9 \pm 0{,}3°$. Raumgruppe ist C_{2h}^5 — $P\,2_1/n$; $Z = 4$. Die Struktur wurde mit Hilfe von PATTERSON-Projektionen u. dreidimensionaler FOURIER-Synthesen vollständig aufgeklärt. Die bestimmten Parameter sind: B_1 (x =) 0,277; (y =) 0,415, (z =) 0,172; B_2: 0,117; 0,296; 0,179; B_3: 0,267; 0,268; 0,010; B_4: 0,243; 0,425; 0,844; H_1: 0,396; 0,444; 0,307; H_2: 0,160; 0,431; 0,246; H_3: 0,141; 0,239; 0,350; H_4: 0,000; 0,311; 0,066; H_5: 0,144; 0,200; 0,998; H_6: 0,367; 0,198; 0,080; H_7: 0,232; 0,299; 0,805; H_8: 0,366; 0,456; 0,815; H_9: 0,131; 0,452; 0,744; H_{10}: 0,240; 0,494; 0,022. In diesem Gitter treten isolierte Moll. mit der Symmetrie C_{2v} auf. Die 4 B-Atome bilden 2 Dreiecke, die eine gemeinsame Seite haben, wobei der Winkel zwischen den Ebenen der beiden Dreiecke 118,1° beträgt. Jedes den beiden Dreiecken gemeinsame B-Atom ist an 1 H, die beiden anderen B-Atome sind an je 2 H-Atome gebunden. Die restlichen 4 H-Atome bilden Brücken zwischen den 4 B-Paaren. Der Abstand der beiden gemeinsamen B-Atome von den beiden anderen B-Atomen beträgt im Mittel 1,845 ± 0,002 Å, der Abstand zwischen den beiden Dreiecken gemeinsamen B-Atomen 1,750 Å. Die regulären B—H-Bindungen haben eine mittlere Länge von 1,11 ± 0,04 Å, die der Brücken-B—H-Bindungen 1,21 ± 0,03 Å u. 1,37 ± 0,10 Å. — Das fl. B_4H_{10} zeigt eine starke Tendenz zur Unterkühlung. Bei plötzlich einsetzender Erstarrung bildet sich eine stark regellose, hexagonale Modifikation des Borans mit den Achsenlängen a = 5,79 ± 0,03 Å u. c = 9,36 ± 0,05 Å mit Z = 2. Die Raumgruppe ist D_{6h}^4 — C 6_3/m m c. Das gefundene Achsenverhältnis von c/a = 1,62 deutet auf eine hexagonal dichtest gepackte Anordnung von Moll., welche regellos in 3 Dimensionen verteilt sind. (J. chem. Physics **21.** 1856—64. Okt. 1953. Minneapolis, Minn., Univ., School of Chem.) GOTTFRIED. 195

F. Lachman, *Die Struktur des Selentetrafluorids.* BOWEN (C. **1954.** 6674) bestimmte im Verlauf der Strukturunters. des SeF_4 2 in Oppositionsstellung liegende Winkel von F—Se—F zu 120° u. die restlichen 4 Winkel zu 104,5° mit einem Fehler von jeweils ± 10°. Vf. zeigt, daß für die vorliegende Struktur eines verzerrten Tetraeders, dessen Ecken (F) gleiche Entfernung vom Mittelpunkt (Se) aufweisen, bei α = 120 ± 10° für die restlichen 4 Winkel nur ein Fehler von ca. ± 4,5° anzusetzen ist. (Nature [London] **172.** 499. 12/9. 1953. Princes Risborough, Bucks., Commonwealth Forestry Bur., Forest Products Res. Labor.) KRÖNERT. 195

Helmut G. F. Winkler, *Die Struktur des Tief-$K_2Li[AlF_6]$ und ihre Beziehung zu Elpasolith, $K_2Na[AlF_6]$ und anderen Strukturen.* Klare Kristalle in Form hexagonaler Tafeln wurden von $K_2Li[AlF_6]$ aus Schmelzen erhalten, bei denen das Verhältnis der Komponenten AlF_3, KF u. LiF in weiten Grenzen variiert werden konnte. Aus verd. Lsgg. von KF, Li_2SO_4 u. $Al_2(SO_4)_3$ wurden Kristalle derselben Zus. hergestellt; sie waren jedoch so klein, daß keine Einkristallaufnahmen davon hergestellt werden konnten. Die aus der Schmelze hergestellten Kristalle entsprachen der Hochmodifikation, die aus der Lsg. der Tiefmodifikation. Durch tagelanges Tempern lassen sich beide Modifikationen wahlweise umwandeln. Der Umwandlungspunkt der enantiotropen Modifikationsänderung liegt bei 470 ± 5°. Die Tiefmodifikation des $K_2Li[AlF_6]$ ist trigonal. Die Pulveraufnahme hat eine sehr große Ähnlichkeit mit dem kub. kristallisierenden Elpasolith. Die hexagonale Zelle hat die Dimensionen a = 5,574 ± 0,002 Å; c = 13,648 ± 0,02 Å; Z = 3; das Elementarrhomboeder hat die Abmessungen a = 5,573 Å; α = 60° 01′; Raumgruppe ist D_{3d} — R $\bar{3}$ m. Unter der Annahme, daß AlF_6-Oktaeder die Struktur derart aufbauen, daß eine der Trigyren des Oktaeders parallel der c-Achse verläuft, läßt sich zeigen, daß zwischen den AlF_6-Oktaedern Hohlräume sind, die so groß sind, daß gerade 1 K-Ion hineinpaßt. Es liegt dann eine Art Doppelkugellage von der Zus. $[K_2AlF_6]^{1-}$ vor, welche aus 2 nahezu dichtesten Kugellagenebenen besteht: In hexagonaler Aufstellung liegen 3 Al in 0 0 0; $^1/_3$ $^2/_3$ $^1/_3$; $^2/_3$ $^1/_3$ $^2/_3$; 3 Li in 0 0 $^1/_2$; $^1/_3$ $^2/_3$ $^5/_6$; $^2/_3$ $^1/_3$ $^1/_6$; 6 K in der Lage (c) mit z = 0,080 ± 0,001 u. 18 F in (h) mit x = 0,158 ± 0,002 u. z = 0,080 ± 0,001. Ein Vgl. mit der bekannten Struktur des Elpasoliths zeigt, daß zwischen den beiden Strukturen Homöotypie besteht. Die Unterschiede in den opt. Daten u. der Spaltbarkeit der beiden Verbb. lassen sich qualitativ auf Grund der Kristallstrukturen erklären. Es werden weitere Homöotypiebeziehungen angeführt. (Heidelberger Beitr. Mineralog. Petrogr. **3.** 297—306. 1952. Marburg, Univ., Mineralog. Inst.) GOTTFRIED. 195

Seymour Geller und **Ernest Corenzwit,** *Hafniumoxyd, HfO_2 (monoklin).* HfO_2 wurde durch Erhitzen von reinsten Hf mit O_2 im geschlossenen elektr. Ofen auf 1000° u. langsames Abkühlen dargestellt. Beim Wiedererhitzen auf 1400° im Induktionsofen u. Abschrecken konnte keine Phasenumwandlung festgestellt werden. Die Pulveraufnahmen ergaben Isomorphie mit dem monoklinen ZrO_2. Die Elementarzelle hat die Dimensionen a = 5,12 Å; b = 5,18 Å; c = 5,25 Å (alle ± 0,02) u. β = 98 ± 0,5°; Z = 4; Raumgruppe P 2_1/c; D. 10,3. — Die Daten des Pulverdiagramms sind tabellar. wiedergegeben. (Analytic. Chem. **25.** 1774. Nov. 1953. Murray Hill, N. J., Bell Telephone Labor., Inc.) GOTTFRIED. 195

Eward N. Adams II., *Ein schwaches Potentialmodell für Elektronen in einem Metall.* (Sitzungsbericht.) Da viele Eigg. von Metallen qualitativ dieselben sind wie die eines hypothet. entarteten Elektronengases, kann man bei der Diskussion metall. Eigg. annehmen, daß sich Elektronen in einem Metall wie nicht in Wechselwrkg. stehende Teilchen verhalten, welche sich in irgendeiner Art von mittlerem Potential bewegen, das die Periodizität der Raumgitter besitzt. Dieses Potential denkt man sich als schwach in dem Sinne, daß die Verteilung der Energieniveaus mehr durch die kinet. als durch die potentielle Energie bestimmt wird. Um die Eigg. eines solchen Modells mit denen eines wirklichen Metalls vergleichen zu können, muß man an Hand des Modells das Energiespektr. u. die nichtdiagonalen Matrixelemente des Moments berechnen. Bei einem anderen Verf., welches vorgeschlagen wird, muß man das Energiespektr. als phänomenolog. Tatsache annehmen. (Physic. Rev. [2] **87.** 211. 1/7. 1952. Chicago, Univ.) GOTTFRIED. 197

Takeo Fujiwara und **Shoso Tohi,** *Rekristallisation von Aluminium-Einkristallplatten.* 1. Mitt. Handelsübliche Al-Platten wurden zunächst auf eine Dicke von 1 mm ausgewalzt. Es wurden nun in der Walzrichtung Streifen geschnitten u. diese durch mehrmaliges Walzen auf eine Dicke von 0,5 mm gebracht. Diese Platten wurden nun nach der Meth. der Vff. in Einkristallplatten mit den Orientierungen (1 1 0) — [1 1 0] oder (1 1 0) — [1 1 1] oder (1 1 0) — [1 0 0] umgewandelt, hierauf in der Längsrichtung um 1%, 2%, 3% . . . gezogen u. im elektr. Ofen oder einem Salzbad 3 Std. auf 600° erhitzt. Von jeder Probe wurden vor u. nach dem Ziehen sowie nach dem Erhitzen LAUE-Aufnahmen hergestellt. Aus einem Vgl. der nach den verschied. Behandlungen auftretenden LAUE-Interferenzen ergab sich, daß die Einkristallplatten, wenn sie um einen gewissen Grad σ_D oder mehr gezogen worden waren, in 2 oder mehrere Kristallkörner zerfielen, die verschieden orientiert waren. Das Maß von σ_D, welches zu diesem Zerfall nötig war, hing von der kristallograph. Orientierung der betreffenden Platte ab, u. zwar war σ_D (1 1 0)/[1 1 0] $<$ σ_D (1 1 0)/[1 1 1] $<$ σ_D (1 1 0)/[1 0 0]. (J. Sci. Hiroshima Univ., Ser. A **16.** 545—46. Mai 1953. Hiroshima, Univ., Phys. Labor. [Orig.: engl.]) GOTTFRIED. 197

A. J. Goss und **E. V. Vernon,** *Das Wachstum und die Orientierung von Indium-Einkristallen.* Einkristallwachstumsverss. an In führten nur zu brauchbaren Ergebnissen, nachdem das 99,9% reine In nochmals elektrolyt. gereinigt worden war. Das so gereinigte In wurde im Vakuum in eine Pyrexglasröhre gegossen, welche innen mit einer Graphitsuspension überzogen worden war. Der erkaltete In-Stab wurde nun in eine neue Pyrexglasröhre eingelegt, welche ebenfalls einen Graphitüberzug besaß u. hierauf in die horizontale Röhre des Kristallisationsapp. übergeführt u. in ihr ein Vakuum von 10 mm Hg erzeugt. Der elektr. Ofen wurde nun langsam über die Röhre gezogen, wobei die Maximaltemp. ca. 175° betrug. Nach der Kristallisation wurde der Stab elektropoliert mit einer Lsg. von 1 Teil konz. HNO_3 + 2 Teilen Methylalkohol u. zur goniometr. Vermessung mit konz. HCl + $KClO_3$ angeätzt. Die Vermessung ergab, daß die Stabachse u. die c-Achse der verschied. Einkristalle Winkel von 50—90° bildeten. (Proc. physic. Soc., Sect. B **65.** 905—06. 1/11. 1952. Southampton, Univ., Phys. Labor.) GOTTFRIED. 197

N. A. Schischakow, *Über anomale Gitterkonstanten von sehr kleinen Kristallen einiger Metalle.* Es wird eine Arbeit von FINCH u. QUARREL kritisiert (Proc. Roy. Soc. [London], Ser. A **141.** [1933.] 398) u. nachgewiesen, daß ein Elektronogramm falsch gedeutet wurde. Auch kleine Kristalle haben n. Gitterkonstanten. Es wird ferner gezeigt, daß dünne *Pt*-Filme ein ausgedehntes Gitter aufweisen, während *Al* in dünnen Schichten ein n. Gitter besitzt. (Журнал Экспериментальной и Теоретической Физики [J. exp. theoret. Physik] **22.** 241—45. Febr. 1952. Inst. für physik. Chem. der Akad. der Wiss. der UdSSR.) K. SCHUBERT. 197

Roger Guihaumé, Micheline Sternberg und **Paul Lacombe,** *Texturen sekundärer Rekristallisation in weichem Eisen.* Zur Unters. der sek. Rekristallisation, die sich durch das Wachstum großer Kristalle auf Kosten der prim. entstandenen kleinen Kristalle zu erkenen gibt, untersuchten die Vff. 2 Fe der Zus. C 0,04% (0,08%); P 0,01 (0,01); S 0,011 (0,012); Mn 0,04 (0,038); Cu 0,087 (0,087); Ni 0,07 (—). Das Metall wurde zunächst um 85% kalt ausgewalzt u. hierauf in trocknem H_2 innerhalb von 3 Std. von 20° auf 890° erhitzt u. bei dieser Temp. zwischen 3 u. 100 Std. belassen. Die Orientierung der bei dieser Behandlung entstandenen sek. Kristalle wurde mittels Röntgenrückstrahlaufnahmen untersucht. 61% der Kristalle zeigten die Textur (1 1 0) [0 0 1], das heißt, die (1 1 0)-Ebene verläuft parallel zu der Walzebene, während die Richtung [0 0 1] angenähert parallel zur Walzrichtung liegt. 28% der Kristalle hatten die Orientierung (1 1 0) [$1\bar{1}4$] oder (1 1 0) [$\bar{1}14$] u. 11% (1 1 0) [$1\bar{1}2$] oder (1 1 0) [$\bar{1}12$]; dies entspricht einer Rotation der einfachen Textur (1 1 0) [0 0 1] um die Normale zur Walzebene von 19° 28′ bzw. 35° 16′. (C. R. hebd. Séances Acad. Sci. **237.** 904—06. 19/10. 1953.) GOTTFRIED. 197

K. A. Ossipow, *Untersuchung der plastischen und anderen Eigenschaften von Legierungen des Systems Eisen–Nickel–Tantal.* Der plast. Verformungswiderstand der tern. festen γ-Lsg. im Syst. Fe–Ni–Ta steigt in Richtung zur Löslichkeitsgrenze an. Im bin. Gebiet, das aus fester γ-Lsg. u. der intermetall. Verb. Fe_2Ta besteht, wächst der Verformungswiderstand der Legierungen bei steigendem Fe_2Ta-Geh., während im bin. Gebiet feste γ-Lsg. u. intermetall. Verb. Ni_3Ta der Verformungswiderstand mit der Entfernung von der Grenze der festen Lsg. abnimmt. Somit bestehen in ein u. demselben Syst. gegensätzliche Einflüsse der zweiten Phase auf den plast. Verformungswiderstand. (Известия Академии Наук СССР, Отделение Технических Наук [Nachr. Akad. Wiss. UdSSR, Abt. techn. Wiss.] **1951.** 848—51. Juni.) VOLLENBRUCK. 200

T. H. Blewitt, J. K. Redman und **F. A. Sherrill,** *Die Deformation von Kupferkristallen bei 78 und 300° K.* (Sitzungsbericht.) Cu-Einkristalle wurden bei 78 bzw. 300° K deformiert. Die krit. Scherkraft erwies sich als unabhängig von der Temperatur. Auch die Härtungsarbeit H ist unabhängig von der Temp. für Scherspannungen $S < 0{,}2$; für $S > 0{,}2$ ist $H_{78}/H_{300} = 2$. Für $S < 0{,}2$ blieb der elektr. Widerstand R der deformierten Proben nach 16std. Tempern bei 300° K unverändert, für $S > 0{,}2$ änderte sich R um so schneller, je größer S war. Mit der Änderung von R ist keine Änderung von H verknüpft. (Physic. Rev. [2] **91.** 236—37. 1/7. 1953. Oak Ridge Nat. Labor.) FUCHS. 200

Warren F. Witzig, *Kriechen von Kupfer unter Deuteronenbeschießung.* (Sitzungsbericht.) In einem Cyclotron wurde die Kriechgeschwindigkeit von Cu unter einem Beschuß von 16 MeV-Deuteronen untersucht. Nach theoret. Überlegungen sollte der zur Verfügung stehende Deuteronenfluß von 10^{12} Teilchen pro cm^2 u. Sek. keine merkliche Änderung in der Kriechgeschwindigkeit hervorrufen. Was Versetzungen anbetrifft, kann der Deuteronenfluß nicht genügend Atome aus ihren n. Gitterlagen verschieben, um eine Versetzung zu erzeugen; andererseits ist die D. der verschobenen Atome nicht genügend groß, um die Bewegung jener Versetzungen zu verhindern. Gemessen wurde die zweite Stufe der Kriechgeschwindigkeit eines Cu-Drahtes unter Deuteronenbeschuß bei 260° u. einer Belastung von 10000 pro Quadratzoll. Innerhalb der zu ± 20% geschätzten Genauigkeit der Messungen war die Kriechgeschwindigkeit während u. nach einer 10—20std. Beschießung dieselbe wie vorher. (Physic. Rev. [2] **87.** 211. 1/7. 1952. Westinghouse Electric Co.) GOTTFRIED. 200

Benjamin Welber, *Messung der durch Kaltbearbeitung in Kupfer eingeführten inneren Energie.* (Sitzungsbericht.) Es wurde das Verhältnis der aufgespeicherten Energie E zu der mechan. Energie W, welche bei der Kaltbearbeitung von Cu-Stäben durch Verdrehen aufgewandt wurde, gemessen. E wurde mittels einer verfeinerten, von QUINNEY u. TAYLOR (vgl. Proc. Roy. Soc. [London], Ser. A **163.** [1937.] 157) entwickelten colorimetr. Meth. gemessen. Beobachtet wurde, daß das Anlassen bei 250° vollständig war. Für 3 Werte von W ergaben sich für das Verhältnis E/W die Werte 0,028; 0,030 u. 0,034. (Physic. Rev. [2] **87.** 211. 1/7. 1952. Lewis Labor., NACA.) GOTTFRIED. 200

Edward W. Hart, John C. Fisher und **Robert H. Pry,** *Spannungshärtung von Metallkristallen.* (Sitzungsbericht.) Vff. schlagen einen Mechanismus zur Erklärung der Bearbeitungshärtung von Metallkristallen vor. Danach spannen sich Versetzungsschleifen, welche von einem akt. FRANK-READ-Ursprung ausstrahlen, um undurchdringliche Verunreinigungsstrukturen, die in der Gleitebene verteilt sind, u. lassen eingefangene Schlingen um diese Verunreinigungsstrukturen zurück. Durch die Konzz. der verteilten eingefangenen Schlingen wird eine Rückspannung durch die Ebene erzeugt unter gleichzeitiger Erhöhung der krit. Spannung aller Ursprünge in der Ebene um den Betrag für fortgesetztes plast. Fließen in der gleichen Richtung. Umgekehrt wird die krit. Spannung für Fließen in dem umgekehrten Sinne unter Übereinstimmung mit dem BAUSCHINGER-Effekt reduziert. Die Anzahl der um jede Verunreinigungsstruktur zurückbehaltenen Schleifen hängt von dem Netzebenenabstand der Strukturen u. der angewandten Beanspruchung ab. Wenn der äußere Druck entfernt wird, dehnen sich die Schleifenkonzz. aus, überdecken die äußersten Schleifen u. bedingen dadurch eine elast. Erholung. Nach den Beobachtungen ist die Ebene jetzt anfänglich für weiteres Gleiten etwas weicher, da weniger eingefangene Schlingen vorhanden sind als vor Entfernung der Beanspruchung. Die Kontraktion u. Expansion der Schleifenkonzz. unter Änderung der angewandten Beanspruchungen erscheint weiter als Herabsetzung des Elastizitätsmoduls. (Physic. Rev. [2] **87.** 211. 1/7. 1952.) GOTTFRIED. 200

O. Föppl, *Analyse und Synthese des Biegespannungszustands* $\sigma_0 \sigma_s = f(x, y, z)$. Theoret. Untersuchungen. (Mitt. Wöhler-Inst. Braunschweig **1951.** 1—53.) GOTTFRIED. 200

W. I. Kudrjawzew, *Beziehung zwischen dem Abreißwiderstand nach Ushik, der Fließgrenze und dem wahren Zerreißwiderstand.* Der nach USHIK (C. **1950.** II. 1328 u. früher) unter der Benennung „Abreißwiderstand" bestimmte Wert ist in Wirklichkeit die Schubfestigkeit, das ist der plast. Verformungswiderstand, aus dem sich der Wert für die Bruchdehnung ergibt. An gekerbten u. ungekerbten Rundstahlproben von verschied. chem. Zus. u. verschied. Plastizität konnte durch mechan. Prüfungen festgestellt werden, daß der Abreißwiderstand nach USHIK um so größer ist, je größer die Bruchdehnung u. die Fließgrenze sind. (Известия Академии Наук СССР, Отделение Технических Наук [Nachr. Akad. Wiss. UdSSR, Abt. techn. Wiss.] **1951.** 941—44. Juni.) VOLLENBRUCK. 200

A_7. Gleichgewichte. Kinetik.

W. Strohmeier und **G. Briegleb,** *Über den Assoziationszustand des HF im Gaszustand.* 1. Mitt. *Neue experimentelle Messungen.* Zur Unters. des Assoziationszustandes des HF im Gaszustand haben Vff. eine aus Silber bestehende Hochvakuumapp. entwickelt, die eine Meßgenauigkeit von $\pm$ 0,1 % ermöglicht. Besondere Berücksichtigung fand das Druckgebiet unterhalb 300 mm bei Tempp. zwischen 26 u. 56°. Die erhaltenen Meßergebnisse werden mit denen anderer Autoren verglichen. Für die Abhängigkeit des Assoziationsgrades der Gleichgewichtskonstanten u. der Wärmetönung der Übermolekülbldg. von der Kettenlänge erhalten Vff. einen einheitlichen u. gesetzmäßigen Gang. (Z. Elektrochem., Ber. Bunsenges. physik. Chem. **57.** 662—67. 1953. Würzburg, Univ., Chem. Inst., Phys.-chem. Abtlg.) WOELK. 223

G. Briegleb und **W. Strohmeier,** *Über den Assoziationszustand des Fluorwasserstoffs im Gaszustand.* 2. Mitt. (1. vgl. vorst. Ref.) Ausgehend von den Reaktionsgleichungen $n(HF)_1 \rightarrow (HF)_n$ u. $(HF)_n + HF \rightarrow (HF)_{n+1}$ werten Vff. die von ihnen gemachten genauen Messungen der HF-Dampfdichten (vgl. l. c.) aus. Es werden die mittlere Zähligkeit f, der Assoziationsgrad γ_n u. ein relativer Zähligkeitsanteil α_n, der die prozentuale Verteilung auf die verschied. Zähligkeiten angibt, definiert. Die Gleichgewichtskonstanten K_{1n} u. $K_{n,n+1}$ werden nach einem numer. Verf. unter schrittweiser Einbeziehung aller Zähigkeiten berechnet u. die Beziehungen für K_{12}—K_{19} als Funktion von T gegeben. Die bei der Assoziation auftretenden Änderungen der freien Enthalpie ΔG, der Enthalpie ΔH u. der Entropie ΔS wurden für 32° als Funktion von n ermittelt. Zwischen 26 u. 56° wurde keine Temperaturabhängigkeit von ΔH u. ΔS gefunden. Auf Grund eines Maximums von $K_{n,n+1}$ im Gebiet der Zähligkeit 6 schließen Vff. auf die Möglichkeit zur Bldg. von 6er Ringen oder besonderen Ketten neben der n. Kettenassoziation. Eine besondere Stabilität wird dem 6er Ring jedoch nicht zugesprochen, sie nimmt mit steigender Zähligkeit ab. Die Verteilung der Zähligkeiten (α) hängt stark vom Druck ab u. wird durch die Abnahme von K_n u. die Zunahme von p_1^n mit n bestimmt ($p_1, p_2 \ldots p_n$ = Gleichgewichtsdrucke der Einer-, Zweier- . . . Moll.). Vff. diskutieren die Gründe für eine bevorzugte Kettenassoziation der HF-Moll. u. weisen darauf hin, daß eine quantitative Best. der Anteile an Ketten- u. Ringassoziation auf Grund des bisher vorliegenden Materials nicht möglich ist. (Z. Elektrochem., Ber. Bunsenges. physik. Chem. **57.** 668—73. 1953.) WOELK. 223

A. W. Gardner und **H. A. C. McKay,** *Die Verteilung von Uranylnitrat zwischen Wasser und organischen Lösungsmitteln.* 4. Mitt. *Der Dampfdruck von in wässerigen Uranylnitratlösungen gelöstem Diäthyläther.* (3. vgl. C. **1954.** 2779.) Um den Einfl. eines in einer wss. $UO_2(NO_3)_2$-Lsg. gelösten organ. Lösungsm. festzustellen, wurden Dampfdruckmessungen u. Löslichkeitsbestimmungen in Gemischen mit Ae. durchgeführt. Vff. finden eine Senkung der Aktivität des $UO_2(NO_3)_2$ von 1 % bei $UO_2(NO_3)_2$-Konzz. bis zu 1,5 molar. Bei höheren Konzz. fällt die Aktivität weit stärker. Die H_2O-Aktivität wird durch Ae. um 1,2 % bei $UO_2(NO_3)_2$-Konzz. bis zu 1,5 mol. herabgesetzt, bei höheren Konzz. wird hier die Senkung der Aktivität geringer. Das in der 2. Mitt. (C. **1952.** 653) aufgestellte Verteilungsgesetz ist auch nach diesen Ergebnissen bis zu 1,5 mol. gültig. (Trans. Faraday Soc. **48.** 1099—1103. Dez. 1952. Harwell, Didcot, Berks., Atomic Energy Res. Establ.) SIEWERT. 224

H. A. C. McKay, *Die Verteilung von Uranylnitrat zwischen Wasser und organischen Lösungsmitteln.* 5. Mitt. *Berechnung der Aktivität des organischen Lösungsmittels.* (4. vgl. vorst. Ref.) Vf. leitet Formeln ab, nach denen die Aktivitäten der organ. Lösungsmittel, die in den Systemen vorkommen, berechnet werden können. Ferner werden mit diesen Aktivitäten die Solvatationszahlen des $UO_2(NO_3)_2$ in *Ae., Diisopropyläther, Dibutylcellosolve, Dibutylcarbitol, Pentaäther, Isoamylacetat, Methylisobutylketon* u. *sek.-Octylalkohol* bei verschied. $UO_2(NO_3)_2$-Konzz. berechnet. Die Korrekturfaktoren, die bei Anwesenheit von organ. Lösungsmitteln in der wss. Phase in das Verteilungsgesetz eingeführt werden müssen, wurden berechnet. (Trans. Faraday Soc. **48.** 1103—08. Dez. 1952.) SIEWERT. 224

A. G. Repa und **L. M. Gushawina,** *Die Auflösung von Kupfer in Salpetersäure.* Für die Lsg. von Cu in HNO_3 wird ein Kettenmechanismus angenommen, bei dem die „heiße" Metalloberfläche die Lsg. beschleunigt, andererseits aber Beimengungen die Rk. autokatalyt. hemmen können, z. B. Stoffe, die NO_2 binden können, wie Alkohole, Fette, Säuren usw. Die einleitende Rk. ist $Cu + NO_2 = CuO + NO + Q'$ (23,68 cal). Die Oxydationswärme des Cu (Q) aktiviert die HNO_3-Moll.: $HNO_3 + Q' = HNO_3^*$, dann reagiert HNO_3^* mit HNO_2 u. bewirkt damit die Bldg. neuer akt. Zentren: $HNO_3^* + HNO_2 = H_2O + 2NO_2 - Q''$ (14,00 cal); Q'' entspricht bei 25—35° der Aktivierungsenergie E = 13,80—14,20 cal; das entstandene NO_2 oxydiert wieder Cu. Kettenabbruch erfolgt durch Verflüchtigung oder Zerstreuung von Energie durch die Reaktionsprodukte. Mit dieser Auffassung läßt sich der Einfl. von Temp. (untersucht bei 20—50°) u. der HNO_3-Konz. (bes. im Hinblick auf die Abnahme des HNO_2-Geh. mit steigender HNO_3-Konz.) erklären. Zusatz von 5% Methylalkohol zu 35%ig. HNO_3 bringt den Auflösungsvorgang nach einiger Zeit völlig zum Stillstand, jedoch kommt sie nach der Oxydation des gesamten Alkohols wieder in Gang. (Журнал Прикладной Химии [J. angew. Chem.] **25.** 1277—82. Dez. 1952.) R. K. Müller. 224

Joan Pedley Crowther und **A. E. R. Westman,** *Die Hydrolyse der kondensierten Phosphate.* 1. Mitt. *Natriumpyrophosphat und Natriumtriphosphat.* Vff. bestimmten die Hydrolysegeschwindigkeit des Pyro- u. Triphosphations bei 65,5° über einen größeren p_H-Bereich. Die Best. der Hydrolysenprodd. erfolgte nach Westman u. Mitarbeitern (C. **1953.** 5388). Bei konstantem p_H verläuft die Hydrolyse nach einer Rk. 1. Ordnung. Die Geschwindigkeitskonstanten wurden für das Pyrophosphation bei p_H 2 zu $k = 5{,}53 \cdot 10^{-4}$, bei p_H 10,9 zu $k = 4{,}8 \cdot 10^{-6}$ gefunden. Für das Triphosphat ergab sich bei p_H 2 $k = 2{,}19 \cdot 10^{-3}$, bei p_H 12 $k = 1{,}41 \cdot 10^{-4}$. Die Hydrolyse wird von H^+ katalysiert. Das Triphosphation, das bes. im p_H-Bereich von 9—10 stabil ist, wird auch durch Basen katalyt. hydrolysiert. Beide Ionen hydrolysieren voneinander unabhängig. (Canad. J. Chem. **32.** 42—48. Jan. 1954. Toronto, Ontario, Can., Ontario Res. Found., Dep. of Chem.) Nöth. 225

M. J. Joncich und **Norman Hackerman,** *Die Reaktion von Wasserstoff mit Sauerstoff an eingetauchten Platinelektroden als Katalysatoren.* 1. Mitt. *Einfluß von Rührung, Temperatur und elektrischer Polarisation.* Vff. untersuchten die katalyt. Wirksamkeit einer in verd. H_2SO_4 eintauchenden Pt-Elektrode bei der Vereinigung von H_2 u. O_2 zu W. in Abhängigkeit von der Flüssigkeitsbewegung, der Temp. u. der elektr. Polarisation der Katalysatorelektrode. Während die kathod. Polarisation von geringem Einfl. auf die Aktivierung der Rk. war, brachte die anod. Polarisation eine period. Änderung des Reaktionsverlaufes in Abhängigkeit von der Zeit. Das Anlegen einer Wechselspannung von ca. 0,01 Hz bewirkte eine optimale Steigerung der Ausbeute um ca. 100%. Auf Grund der erhaltenen Ergebnisse fordern Vff. einen Reaktionsmechanismus, bei dem die period. Änderung der anod. Polarisation einem period. Auf- u. Abbau von Oxyden an der Katalysatoroberfläche zuzuschreiben ist. (J. physic. Chem. **57.** 674—78. Okt. 1953. Austin, Tex., Univ., Defense Res. Labor., u. Dep. of Chem.) Forst. 227

C. Bokhoven und **W. van Raayen,** *Diffusion und Reaktionsgeschwindigkeit in porösen synthetischen Ammoniakkatalysatoren.* (Vgl. C. **1953.** 7743.) Bei Raumtemp. u. Atmosphärendruck wurde die Diffusion von O_2 in N_2 durch Tabletten eines synthet. Ammoniakkatalysators untersucht u. die effektive Diffusionskonstante bestimmt. Aus der Diffusionsgeschwindigkeit von O_2 berechneten Vff. die effektive Diffusionskonstante von Ammoniak unter Reaktionsbedingungen. Nach einer eingehend beschriebenen Meth. wurde weiterhin die Aktivität von Katalysatorteilchen unterschiedlicher Größe bei 1 u. 30 at u. verschied. Tempp. untersucht. Es zeigte sich ein klarer Unterschied in der Aktivität bei Verwendung kleinerer u. größerer Teilchen. Eine Auftragung des log der Geschwindigkeitskonstante gegen 1/T ergab eine Abnahme der Steigung bei steigender Temp., außer für die kleineren Partikel bei 30 at. Vff. sehen eine quantitative Erklärung ihrer Ergebnisse in der Verminderung der Reaktionsgeschwindigkeit bei der Ammoniaksynth., die auf eine verringerte Diffusionsgeschwindigkeit von NH_3 durch die Poren der Katalysatorteilchen zurückzuführen ist. (J. physic. Chem. **58.** 471—76. Juni 1954. Geleen, Holland, Staatsmijnen in Limburg, Centraal Labor.) Karutz. 227

B. Anorganische Chemie.

P. Harteck und **S. Dondes,** *Die Zersetzung von Ozon an der Oberfläche von Glaswolle.* In ein mit Pyrexglaswolle gefülltes Pyrexglasgefäß wurde bei 100° ein O_3–O_2-Gemisch eingelassen u. die O_3-Konz. zeitlich gemessen. Für die Zers. des O_3 ergibt sich eine Rk. 1. Ordnung. Das Verhältnis der Anzahl der im Vol. enthaltenen O_3-Moll. zur Anzahl der in der Sek. auf die Oberfläche des Glases treffenden O-Atome wird zu 260 Sek. berechnet u. gibt die Zeit an, in der die Anzahl der stoßenden O-Atome gleich der Gesamtzahl der O_3-Moll. ist. (J. chem. Physics **21.** 2240—41. Dez. 1953. Troy, N. Y., Rensselear Polytechn. Inst.) HEINSOHN. 239

P. Harteck und **S. Dondes,** *Erklärungen zur thermischen Zersetzung von Ozon.* (Vgl. vorst. Ref.) Vff. verweisen auf die Diskrepanzen zwischen Theorie u. eigenen Messungen einerseits u. Messungen von GLISSMANN u. SCHUMACHER (Z. physik. Chem., Abt. B **21.** [1933.] 323) andererseits bzgl. der Zers. von O_3 u. führen sie auf unzulängliche Auswertung u. ungünstige experimentelle Bedingungen in der Arbeit von SCHUMACHER zurück. (J. chem. Physics **21.** 2241. Dez. 1953. Troy, N. Y., Rensselear Polytechn. Inst.) HEINSOHN. 239

W. A. Ussolzewa, O. M. Klimowa und **I. I. Sasslawski,** *Ausgezeichnete Punkte auf der Kurve der spezifischen Gewichte im System Salpetersäure–Oleum.* In Gemischen von *HNO_3* (**I**) u. *Oleum* (**II**) erfolgt Bldg. von *Nitroniumhydrogenpyrosulfat* nach $H_2SO_4 \cdot (SO_3)_{2x} + xHNO_3 = x(NO_2)HS_2O_7 + H_2SO_4$. Die Höchstmenge an **I**, die in dieser Weise reagieren kann, beträgt bei 17,1% **II** 6,3%, bei 28,2% **II** 10,0%, bei 44,9% **II** 15,1%. Diesen Punkten entsprechen Minima der Kurve der D., denen bei etwas höherer **I**-Konz. ein Maximum folgt. (Журнал Прикладной Химии [J. angew. Chem.] **25.** 1309 bis 1311. Dez. 1952. Iwanowo, Chem.-technol. Inst.) R. K. MÜLLER. 243

E. E. Aynsley, G. Hetherington und **P. L. Robinson,** *Die Darstellung und einige Umsetzungen von Nitrylfluorid.* Warmes, trockenes $NaNO_2$ setzt sich mit elementarem Fluor nahezu quantitativ zu Nitrylfluorid, NO_2F, um. Da die Rk. in einem Glasrohr ausgeführt werden kann, ist sie das bequemste Darstellungsverf. für diese Verbindung. Über 50 g bei 140° getrocknetes $NaNO_2$ leitet man 4 g/Std. F_2, welches mit dem gleichen Vol. N_2 verd. ist, kondensiert die gasförmigen Prodd. in einer mit fl. Luft gekühlten Falle u. fraktioniert im Vakuum. Kp. —72 bis —73°, E. ca. —160°. — Der Angriff von NO_2F auf Glas ist bei Raumtemp. sehr gering. Bei leichtem Erwärmen findet merkliche Rk. zu NO_2, $(NO_2)_2SiF_6$ u. $(NO_2)BF_4$ statt. — Die Umsetzungen von NO_2F mit zahlreichen Elementen sind in einer Tabelle zusammengestellt. Die meisten Metalle setzen sich mit NO_2F zu einem Oxyd u. einem Fluorid um; Cr, Mo, W u. U bilden Oxyfluoride; Be, Mg, Ca u. Au reagieren unterhalb 300° nicht. Die meisten Nichtmetalle, mit Ausnahme von Br_2 u. Te, bilden mit NO_2F Nitroniumsalze. Durch Umsetzung von BF_3, SiF_4, GeF_4, PF_5, AsF_5, SbF_5, SeF_4 u. JF_5 mit NO_2F lassen sich *Nitroniumtetrafluoborat,* $(NO_2)BF_4$, *Dinitroniumhexafluosilicat,* $(NO_2)_2SiF_6$, *Dinitroniumhexafluogermanat,* $(NO_2)_2GeF_6$, *Nitroniumhexafluophosphat,* $(NO_2)PF_6$, *Nitroniumhexafluoarsenat,* $(NO_2)AsF_6$, *Nitroniumhexafluoantimonat,* $(NO_2)SbF_6$, *Nitroniumpentafluoselenit,* $(NO_2)SeF_5$, u. *Nitroniumhexafluojodat,* $(NO_2)JF_6$, darstellen. Wenn man NO_2F durch BrF_3 leitet, wird die Fl. gelb; durch Abkühlen läßt sich aber kein festes $(NO_2)BrF_4$ isolieren. V_2O_5 setzt sich mit NO_2F zunächst zu VOF_3 u. VF_5 um, die ihrerseits mit NO_2F weiter zu einem Gemisch von *Nitroniumtetrafluooxyvanadat,* $(NO_2)VOF_4$, u. *Nitroniumhexafluovanadat,* $(NO_2)VF_6$, reagieren. Aus wasserfreiem SO_3 bildet sich *Nitroniumfluosulfonat,* $(NO_2)SO_3F$, aus SeO_2 $(NO_2)SeF_5$. TeO_2 reagiert im Gegensatz zu elementarem Te leicht mit NO_2F zu *Nitroniumpentafluotellurit,* $(NO_2)TeF_5$. (J. chem. Soc. [London] **1954.** 1119—24. März. Newcastle-on-Tyne, King's Coll.) FORCHE. 243

J. H. De Boer, J. M. H. Fortuin und **J. J. Steggerda,** *Die Dehydratation von Aluminiumoxydhydraten.* Vff. verfolgten die Dehydratation von *Gibbsit, Bayerit* u. *Böhmit* durch Röntgendiagramme, Entwässerungskurven, therm. Analysen u. durch Unters. der Oberfläche während der Entwässerung u. Dehydratation unter hydrothermalen Bedingungen im Autoklaven. Ihre Verss. führten zu folgenden Annahmen: 1. Unter n. Bedingungen: Gibbsit → χ-Al_2O_3; Bayerit → γ-Al_2O_3; Böhmit → γ-Al_2O_3. 2. Bei gesätt. Wasserdampfdruck: Gibbsit → Böhmit; Bayerit → Böhmit. In besonderen Fällen, immer dann, wenn große Kristalle vorlagen, verlief die Entwässerung auch anders.

$$\text{Gibbsit} \begin{cases} \xrightarrow{200^\circ} \text{Böhmit} \xrightarrow{450^\circ} \gamma\text{-}Al_2O_3 \\ \xrightarrow[225^\circ]{} \chi\text{-}Al_2O_3 \end{cases}; \quad \text{Bayerit} \begin{cases} \xrightarrow{180^\circ} \text{Böhmit} \rightarrow \gamma\text{-}Al_2O_3 \\ \xrightarrow[200^\circ]{} \gamma\text{-}Al_2O_3 \end{cases}.$$

Das Entstehen des Böhmits als teilweises Zwischenprod. bei der Entwässerung von Gibbsit u. Bayerit kann, wie folgt, erklärt werden: Bei der Entwässerung kann im Innern des Kristalls ein ziemlich hoher Wasserdampfdruck angenommen werden, da das frei werdende W. nicht sofort durch die engen Poren entweichen kann. Deshalb findet erst eine Teilentwässerung zu Böhmit statt. Erst später erfolgt weitere Wasserabgabe. Bei 450° gibt auch der entstandene Böhmit sein Kristallwasser wieder ab. Nach dieser Auffassung ist also der bei der Entwässerung von gut krist. Gibbsit entstandene Böhmit, der als nichtstöchiometr. Böhmit bezeichnet wird, nichts anderes als ein

Gemisch aus Böhmit u. χ-Al_2O_3. (Proc., Kon. nederl. Akad. Wetensch., Ser. B **57.** 170—80. März/April 1954. Geleen, Central Labor. of Neth. State Mines, u. Delft, Techn. Univ., Labor. for Chem. Engng.) PLUSKAL. 294

W. Berdesinski, *Über die Synthese aluminiumreicher Koenenite.* Die synthet. Bildungsmöglichkeiten aluminiumreicher Koenenite werden ausführlich behandelt. Es ist möglich, bei Siedetemp. u. Reaktionszeiten, die zwischen 14 u. 600 Std. liegen, in 14 verschied. Systemen Koenenit u. *Prokoenenit* herzustellen. Das in die Koenenitgitter im Austausch gegen OH eintretende Cl kann dabei aus $MgCl_2$-Lsgg. unterschiedlichster Konz. stammen. Ebenso kann das notwendige Mg u. Al aus sehr verschied. Verbb. geliefert werden. Die Synth. gelingt auch bei Zimmertemp., wobei allerdings die Bildungshäufigkeit der Prokoenenite größer ist. Letztere sind keine gequollenen Koenenite, sondern unterscheiden sich von den Koeneniten durch eine relative Verschiebung u. Verdrehung aufeinanderfolgender Schichten. Die Gitter der Prokoenenite u. Koenenite sind bei kurzfristigem Erhitzen bis ca. 270° beständig. Als Formel läßt sich angeben: $Mg_xAl_yO_yCl_z(OH)_{2x+y-z}$. Dabei ist $1 \leqq y \leqq 2$ u. $0 \leqq z \lessapprox 4$. Bei den natürlichen Koeneniten von Justus I ist $3,46 \leqq x \leqq 3,65$, $1,35 \leqq y \leqq 1,54$ u. $2,92 \leqq z \leqq 3,08$. (Neues Jb. Mineralog., Abh. **84.** 147—88. Juli 1952. Kiel.) HILLER. 294

Isao Kushima, Tsuyoshi Amanuma und **Akira Fujiwara,** *Untersuchungen am Zinkferrit. Über die Beziehung zwischen der Herstellungstemperatur des Fe_2O_3 und seiner Aktivität bei der Zinkferritbildung.* Die Bildungsgeschwindigkeit von Zinkferrit ist empfindlich abhängig von der Erhitzungstemp. u. wird stark beeinflußt von dem Ursprung u. der Herstellungstemp. des benutzten Fe_2O_3. Fe_2O_3, erhalten aus Eisen(II)-oxalat, ist am meisten aktiv. Fe_2O_3 aus $Fe(NO_3)_3$ ist aktiver als Fe_2O_3 aus $Fe(OH)_3$. Je höher die Zersetzungstemp. von $Fe(OH)_3$ ist, um so geringer ist bei sonst gleichen Bedingungen die Ausbeute an Zinkferrit. Letzteres ist nicht ferromagnet., falls das benutzte Fe_2O_3 keinen Ferromagnetismus zeigt. (Bull. Inst. chem. Res., Kyoto Univ. [Kagaku Kenkyusho Hokoku] **31.** 215—16. Mai 1953. [Orig.: engl.]) v. HARLEM. 354

Jonathan T. Carriel und **Wilbur J. Singley jr.,** *Zusammensetzung basischer Nickelcarbonate.* Vff. berichten über die Herst. bas. Ni-Carbonate bei Zimmertemp. u. konstantem p_H durch Zugabe von $NiCl_2$- u. KOH-Lsgg. bekannten Geh. zu einer wss. Lsg. mit 10fachem K_2CO_3-Überschuß. Im p_H-Gebiet zwischen 8 u. 10,5 beträgt die Zus. der Ndd. $Ni(OH)_2 \cdot 3$—$4\ NiCO_3$; bei p_H-Werten oberhalb 10,5 nimmt das Verhältnis Carbonat/Hydroxyd im Nd. rasch ab. Die Ndd. absorbieren prakt. kein Chlorid. Mit Hilfe einer kürzlich entwickelten volumetr. Meth. zur Fällung bas. Metallsalze (vgl. C **1954.** 965) läßt sich die Zus. der Ndd. direkt aus den jeweils angewandten Mengen berechnen. — DEBYE-SCHERRER-Diagramme der bei $p_H < 10$ gefällten Ndd. zeigen lediglich diffuse Schwärzungen; im Diagramm von bei höheren p_H-Werten gefällten bas. Ni-Carbonaten treten schwach die Linien des $Ni(OH)_2$ auf. (J. Amer. chem. Soc. **76.** 3839—43. 20/7. 1954. Mellon Inst., International Nickel Co. Multiple Fellowship.) R. STEIN. 356

A. A. Grinberg und **S. A. Rasumowa,** *Über die Konstitution des Dichlorodi(triphenylphosphin)-platins.* Durch die Umsetzung mit Äthylendiamin zu $[Pt\{(C_6H_5)_3P\}_2 \cdot en][PtCl_4]$ wird nachgewiesen, daß das nach JENSEN (C. **1937. I.** 1393) erhaltene $[Pt\{(C_6H_5)_3P\}_2Cl_2]$ die cis-Verb. ist, wie schon JENSEN vermutete. (Журнал Прикладной Химии [J. angew. Chem.] **27.** 105—06. Jan. 1954.) R. K. MÜLLER. 368

Gmelins Handbuch der anorganischen Chemie. Hrsg. vom Gmelin-Inst. f. anorganische Chemie u. Grenzgebiete in d. Max-Planck-Ges. zur Förderung d. Wiss. Begonnen von **R. J. Meyer.** Fortgef. von **Erich Pietsch.** 8. völlig neu bearb. Aufl. System-Nr. 13, Erg.-Bd., System-Nr. 62, Lfg. 3. Weinheim/Bergstr.: Verl. Chemie. 1954. 13. Bor Erg. Bd. (VII + 253 S. m. 28 Fig.) DM 145,—. 62. Gold. Lfg. 3. Physikalische Eigenschaften. Elektrochemisches Verhalten. Chemisches Verhalten. Nachweis u. Bestimmung. Verbindungen. Legierungen. (XXI S., S. 407—964 m. 221 Fig.) DM 312,—.

C. Mineralogische und geologische Chemie.

René Coppens, *Über die Radioaktivität der Ampelite.* Mittels Kernemulsionen wurde die Radioaktivität von Ampeliten untersucht. Sie ist höher als die der Sediment- u. vieler Eruptivgesteine, zwischen 1,4 u. $5,2 \cdot 10^{-3}$ α-Teilchen/cm^2/Sekunde. Die Aktivität ist gleichmäßig verteilt, Einschlüsse sind sehr selten. Sie beruht auf dem Geh. an *U* u. *Th,* doch scheint der Th-Geh. gering zu sein. (C. R. hebd. Séances Acad. Sci. **236.** 600—01. 9/2. 1953.) WIEDEMANN. 378

M. A. Karassik, A. Ss. Schur und **N. T. Jelkina,** *Abhängigkeit der Porenstruktur des Pyrits von den Bedingungen seiner Bildung.* Aus der Best. der Ultra- u. Mikroporosität von 4 *Pyriten* (I) aus den Skarnzonen des Magnitnaja-Berges, die nach

Lagerung, Verbreitung u. morpholog. Besonderheiten deutlich verschieden sind, geht hervor, daß in allen I-Proben die Poren vom Radius $50 \cdot 10^{-7}$ cm stark überwiegen (85—90%). Die zentrale Zone des Kristalls besitzt eine geringere Porosität (2,86 Vol.-%) als die Randzonen (3,3 u. 3,4 Vol.-%). Die zonale Dichteverteilung ist fast symmetrisch. Fast ebenso symm. ist die Verteilung der Ultra- u. Mikroporen nach ihrer Größe. Die durch die Ultra- u. Mikroporen charakterisierte Dichteverteilung in I ist demnach unabhängig von dessen Struktur. Die D. von I nimmt mit der Ablagerung der körnigen Aggregate u. während des Wachstums der einzelnen Kristalle gleichmäßig ab. (Доклады Академии Наук СССР [Ber. Akad. Wiss. UdSSR] [N. S.] **93.** 1095—98. 21/12. 1953. Ural-Zweigstelle der Akad. der Wiss. der UdSSR, Berg- u. Geol. Inst.) LEBTAG. 380

D. G. Ssaposhnikow und **I. P. Slatogurskaja,** *Kupferhaltige Sandsteine im Bassin des Flusses Ischim in Kasachstan.* Die Erzmineralien des Ischim-Beckens sind vorwiegend durch Cu-Sulfide vertreten, daneben durch *Galenit* (**I**), *Pyrit* (**II**), seltener durch *Fahlerz* (**III**), *Markasit* u. gediegenes *Cu.* Unter den Sulfiden kommt am häufigsten *Chalkosin* (**IV**) vor; es folgen *Chalkopyrit* (**V**), verwachsen mit *Bornit* (**VI**), viel seltener **VI** u. *Covellin* (**VII**). Die Cu-haltigen Gesteine in der Oxydationszone sind hauptsächlich durch *Malachit* (**VIII**), seltener durch *Azurit* (**IX**) verteten. Die Ausscheidung der Erzmineralien erfolgt in der Reihenfolge: **II–VI–I–V–III–IV–VII**–*Cuprit–Jarosit*–**VIII–IX**–*Chrysokoll–Kupferpecherz–Atakamit–Goethit–Limonit.* Außer Cu enthalten die Sandsteine Pb, S, Fe, Cr, Ni, Ag, Ti u. Mn. Charakterist. für die untersuchten Cu-haltigen Sandsteine ist das Fehlen einer hydrothermalen Metamorphie der Einschlußgesteine, das Fehlen hydrothermaler Adermineralien, ein Zusammenhang zwischen Vererzung u. bestimmten Gesteinstypen. (Бюллетень Московского Общества Испытателей Природы, Отдел Геологический [Bull. Moskauer Ges. Naturforscher, geol. Abt.] **28.** [N. S.] **58.** Nr. 6. 15—26. 1953.) LEBTAG. 380

W. P. Florenski und **T. A. Lapinskaja,** *Einige Probleme der Petrographie des Vorkambriums der russischen Platte am Beispiel der Untersuchung des westlichen Teiles der Baschkirischen ASSR.* Als älteste Gesteine von Tschekan in Westbaschkirien sind die *Plagioklas–Granit-Gneise* (**I**) anzusehen, die in ihrer Zus. sich den Quarzdioriten nähern. Charakterist. für **I** ist das Verhältnis $R_2O:RO = 1:1,10$. Für die *Mikroklingranite* (**II**) beträgt dies Verhältnis 1:0,28, für die Gesteine vom gemischten Typ (**III**) dagegen 1:0,66, für die *Biotit–Granat-Gneise* (**IV**) 1:3,51 u. 1:2,74. In **IV** sind die Erdalkalimetalle am stärksten durch Ga vertreten. Das Verhältnis Na_2O/K_2O beträgt bei **I** 1:0,38 u. 1:0,42, bei **II** 1:1,97, bei **III** 1:1,35, bei **IV** 1:1,07 u. 1:0,49. Damit ist die genet. Sonderstellung von **IV** erwiesen. (Бюллетень Московского Общества Испытателей Природы, Отдел Геологический [Bull. Moskauer Ges. Naturforscher, geol. Abt.] **28.** [N. S.] **58.** Nr. 6. 27—56. 1953.) LEBTAG. 385

N. W. Logwinenko und **G. W. Karpowa,** *Zur mineralogisch-petrographischen Charakteristik der kohleführenden Schicht des Donezbeckens.* Die Unters. ergab, daß die zu der gleichen Facies gehörenden lythogenet. Gesteinstypen keine Unterschiede aufweisen. Die einzelnen Faciengruppen weisen eine ganz bestimmte mineralog.-petrograph. Zus. auf. Als prim. (syngenet.) u. teilweise sek. diagenet. Mineralien, als Facienindicatoren, sind anzusehen: *Kaolinit* (**I**), SiO_2, *Fe-Sulfide* („Kohlengrund"); **I**, *Siderit* („Kohlenuntergrund"); pelitomorpher *Calcit* (**II**) u. *Hydroglimmer* (eigentliche maritime Fazien); **II**, *Dolomit, Baryt,* Hydroglimmer, u. tonhaltige Mineralien der *Montmorillonit–Nontronit*-Gruppe (Küsten- u. Lagunenfacien); **I**, *SiO_2* u. Fe-Hydroxyde (Kontinentalfacien). Körniger *Ankerit* u. Fe-haltiger Dolomit sind in allen Facien zugegen u. sind als diagenet. Mineralien anzusehen. (Доклады Академии Нар СССР [Ber. Akad. Wiss. UdSSR] [N. S.] **94.** 133—36. 1/1. 1954.) LEBTAG

Rolf Eigenfeld, *Über Paragneise granulitischer Prägung im Raume Kandel-Glottertal des Schwarzwaldes nordöstlich Freiburg/Breisgau.* Im Raume Kandel-Glottertal (Schwarzwald) wurde eine Gesteinsserie mit granulit. Zügen nachgewiesen. Mit den granulit. Gesteinen zusammen vorkommende konglomerat. Metaarkosen gestatten einen Großteil der Lagengneise von ehemals granit.-porphyr. Aufarbeitungsmaterial herzuleiten. Bei den Paragneisen granulit. Prägung läßt sich für die Fe- u. Mg-reichen, SiO_2-ärmeren Glieder folgende Entwicklungsreihe ableiten: *Tonschiefer — Schiefergneis — Cordieritgneis — Glimmergranulit* mit (*Cordierit*) u. *Granat* u. *Disthen.* (Neues Jb. Mineralog., Abh. **84.** 241—80. Juli 1952. Würzburg.) HILLER. 385

Arne Eld Sandström, *Über die Konzentration von Schwerem Wasser in Gletschereis.* Es wurden die Dichten von Wässern verschied. kleiner schwed. Gletscher gemessen. Einwandfrei wurde festgestellt, daß sie höher waren als die von gewöhnlichem Untergrundwasser. Ausgehend von der Tatsache, daß die höhere D. auf einen Überschuß an Schwerem W. zurückzuführen ist, ergab sich, daß die Häufigkeit an Schwerem W. in dem Gletscherwasser mehr als dreimal so groß war wie die n. Häufigkeit. (Ark. Fysik **3**. Nr. 35. 549—56. 1952. Uppsala, Univ., Phys. Inst.) GOTTFRIED. 393

Lewis Don Leet and Sheldon Judson, Physical geology. New York: Prentice-Hall. 1954. (475 S. m. Abb., Mappen u. Diagr.) $ 9,—.

D. Organische Chemie.

D_1. Allgemeine und theoretische organische Chemie.

Sadhan Basu, *Freie-Elektronen-Netzwerk-Modell für Cyanine und Diphenylpolyene.* Nach der Elektronengasnäherung berechnet Vf. die Lage der Absorptionsmaxima für *3.3'-Diäthylthiacarbocyanin* u. seine ersten 3 Vinylogen sowie für *Diphenylhexatrien, -octatetraen* u. *-decapentaen.* Ähnlich wie bei NAKAJIMA (Sci. Rep. Res. Inst. Tôhoku Univ. **5**. [1953.] 98) wird dabei der Beitrag der Phenylgruppen ohne zusätzliche Annahmen berücksichtigt durch Aufteilung des Mol. in Segmente, deren Elektronenwellenfunktionen an den Verbindungspunkten kontinuierlich sind. — Die Übereinstimmung der errechneten u. experimentellen Werte ist befriedigend. (J. chem. Physics **22**. 1270. Juli 1954. Calcutta, Ind. Ass. for Cultiv. of Sci.) KRESZE. D 114

R. Foster und **D. Ll. Hammick,** *Emission von Molekülkomplexen von Nitroverbindungen.* Nach Schütteln mit einigen *KCN*-Kristallen zeigen Lsgg. von *symm.-Trinitrobenzol* (I) in Aceton oder Methanol–A.-Gemischen (1:5) (II) bei Raumtemp. eine UV-erregbare rote bis orangefarbene Fluorescenz u. bei Temp. der fl. Luft eine kurz andauernde Phosphorescenz. Ebenso fluorescieren $NaNO_2$, *NaCN*, $NaOOCCH_3$ u. *Methylamin* in Lsgg. von I u. in Lsgg. der 3 *Dinitrobenzole* u. des *Chloranils* in II in den Farben Grün bis Rot, zum größten Teil auch bei Raumtemperatur. Vff. nehmen an, daß für die in den Systemen gebildeten Komplexe mit Donor–Acceptor-Mechanismus ursprünglich verbotene Übergänge zwischen Molekülniveaus erlaubt sind. (Nature [London] **171**. 40. 3/1. 1953. Oxford, Dyson Perrins Labor.) RUDOLPH. D 118

Robert C. Hirt und **Frank T. King,** *Suche nach schwachen Absorptionsbanden des Benzonitrils im nahen Ultraviolett.* Absorptionsmessungen an fl., durch mehrfache Dest. u. Rekristallisation gereinigtem *Benzonitril* (Reinheit 99,75 Mol.-%, Rest W.) sowie an dessen Cyclohexan- u. A.-Lsgg. geben die bekannten Banden von Fl. u. Lsg. um 36500 cm^{-1} ohne eine Andeutung der von MCCONNELL (C. **1953**. 4812) gemessenen schwachen 33000 cm^{-1}-Bande, die offenbar auf Verunreinigungen zurückzuführen ist. (J. chem. Physics **20**. 1821—22. Nov. 1952. Stamford, Conn., Amer. Cyanamid Co., Res. Labor.) RUDOLPH. D 118

A. R. Deb, *Ultraviolettabsorptionsspektren von Diphenyl im flüssigen und festen Zustand.* Photograph. Absorptionsmessungen an verschieden dünnen Filmen von *Diphenyl* (I) bei 80° (fl.) u. bei 30° u. —180° (fest) ergeben für das fl. I eine breite strukturlose Bande zwischen 2300 u. 2900 Å, die sich nach Verfestigung in zwei deutliche Banden (36306 u. 37386 cm^{-1}) u. eine schwach angedeutete, vorgelagerte Bande (zwischen 2750 u. 2900 Å) auflöst. Nach Abkühlung auf —180° werden die beiden kurzwelligen Banden in je 4, die neue langwellige Bande in 9 Komponenten aufgespalten. In der Diskussion der Meßergebnisse werden die schwachen neuen Banden Übergängen in einem der Phenylringe des I bei angeregtem zweiten Ring zugeordnet. (Indian J. Physics Proc. Indian Assoc. Cultivat. Sci. **27/36**. 305—10. Juni 1953. Calcutta, Ind. Assoc. for Cultiv. of Sci.) RUDOLPH. D 118

N. Ramanathan und **N. R. Tawde,** *Konzentrationseffekt der Fluorescenz von Farbstofflösungen.* Vff. untersuchen den Einfl. der Konz. auf den Polarisationsgrad (P) des Fluorescenzlichtes der Farbstoffe *Acridinorange R* (I), *Safranin 6 B* (II), *Aurophenin O* (III) u. *Thioflavin T* (IV) in Glycerin (Viscosität η = 7,64 Poise)-Lsg.; erregt wird mit linear polarisiertem Hg-Licht λ = 5461 Å (für II, III, IV) u. 4358 Å (für I). Die Messungen werden bei 27,5° im Konzentrationsbereich $0{,}04 \cdot 10^{-5}$ bis $16 \cdot 10^{-5}$ g/cm^3 durchgeführt. Die experimentelle Anordnung ist dieselbe wie bei einer früheren Arbeit der Vff. auf dem gleichen Gebiet (C. **1954**. 970). Aus den Meßergebnissen wird nach der PERRINschen Formel $P = P_0/[1 + (1 - {}^1/_3\,P_0)RT\,\tau/V\eta]$ der P-Wert u. die mittlere Lebensdauer τ für die angeregten Zustände der Moll. errechnet. Es zeigt sich, daß P mit zunehmender Farbstoffkonz. abnimmt u. in jedem Falle bei niedrigen Konzz. ein Maximum erreicht; τ steigt in allen Fällen mit der Konz. an. Die Ergebnisse werden im Lichte der neueren Theorien u. Formeln von VAVILOV (J. Physics [Moskau] **7**. **4**. [1943.] 142) u. FÖRSTER (C. **1948**. II. 274) diskutiert. Aus den errechneten $\tau \cdot F$-Werten (F = Zahl der Energieübertragungen von einem Mol. zum Nachbarmol. pro Zeiteinheit) ziehen Vff. die Folgerung, daß die Unterss. in einem Konzentrationsbereich ausgeführt wurden, in dem prakt. keine Übertragungen der Anregungsenergie vom Primärmol. auf Nachbarmoll. stattfindet. VAVILOVs Theorie, beruhend im wesentlichen auf der Energiewanderung, ist anscheinend hier nicht anwendbar. Nach Vff. passen die gefundenen Werte in die Beziehung $P = P_0/[1 + (1 - {}^1/_3\, P_0)RTkc/V\eta]$, die eine abgeänderte Form von PERRINs Gleichung darstellt u. den Konzentrationsfaktor c enthält; k ist wahrscheinlich eine charakterist. Farbstoffkonstante, die mit dem Mol.-Gew. ansteigt. Im Vgl. zur vermuteten Beziehung von FEOFILOV u. SVESHNIKOV (C. **1941.** I. 3207) $1/P = 1/P_0 + (1/P_0 - {}^1/_3)RT\,\tau/V\eta + Ac$ hat die von Vff. angegebene Beziehung den Vorteil, daß sie τ nicht enthält u. bei Kenntnis von η, T, c u. der anderen Konstanten den P-Wert auswerten läßt. — Das Nichtauftreten von Fluorescenz sehr hochkonz. Farbstofflsgg. wird durch Stöße u. Energieübertragungen erklärt. (Proc. nat. Inst. Sci. India **19.** 405—10. Mai/Juni 1953. Bombay, Inst. of Sci., Spectr. Labor.) ZANKER. D 118

Robert Havemann und **Werner Rausch**, *Das Absorptionsspektrum des Methämoglobincyanats.* Mit Hilfe der von HAVEMANN u. WOLFF (C. **1954.** 3036) beschriebenen Meth. wurde das Absorptionsspektr. des Methämoglobincyanats im Gebiet zwischen 2350 u. 11 585 Å gemessen. Die Ergebnisse sind in einer Tabelle u. einer Abb. angegeben. (Z. physik. Chem. **202.** 400—02. Jan. 1954. Berlin, Humboldt-Univ., Physikal. Chem. Inst., u. Berlin-Dahlem, KWI für physikal. Chem. u. Elektrochemie.) D. HAHN. D 118

E. H. Aitken und **J. R. K. Preedy**, *Die Fluorescenz- und Absorptionsspektren von Östron, Östradiol-(17β) und Östriol.* Es wird eine App. zur Fluorescenzanalyse beschrieben. Die Kurven der Fluorescenzspektren bei mehreren Erregerwellenlängen (365,0, 404,7, 435,8, 467,8 u. 480,0 mμ) u. der UV-Absorptionsspektren von *Östron*, *17β-Östradiol* u. *Östriol* werden angegeben. (J. Endocrinology **9.** 251—60. Juli 1953. London, Hosp., Med. Res. Council, Spectrograph. Unit.; Endocrine Unit.) H.-J. KOCH. D 118

Simone Régnier, *Emissionsspektrum des Acetaldehyds im dynamischen Gebiet.* Es wurde das Emissionsspektr. von gasförmigem *Acetaldehyd* (I) untersucht, der einer Hochfrequenzentladung der Frequenz 25 MHz ausgesetzt war, u. zwar mit besonderer Berücksichtigung des Spektralgebietes zwischen 3700 u. 4400 Å. Um das Bandengebiet genauer untersuchen zu können, wurde sowohl die Spannung der Hochfrequenzentladung wie der Entladungstyp, die Verteilung des elektromagnet. Feldes u. der Druck variiert. Zu Identifizierungszwecken wurde unter den gleichen Bedingungen das Spektr. des CO_2 untersucht. Beobachtet wurden in dem obigen Spektralbereich die Banden des CO^+ u. des CH. Die CH-Banden werden mit abnehmendem Druck u. zunehmender Entladung schwächer. Eine Zers. des CH-Radikals kommt nicht in Frage, da C-Banden nicht festgestellt werden konnten, obwohl das Spektr. des H_2 u. die Linien des H beobachtet wurden. Es wurde ferner eine vollkommene Analogie in der Intensitätsverteilung der CO- u. CO^+-Banden festgestellt, einerlei, ob sie von der Zers. des I oder der CO_2 herrührten. Untersucht wurde noch das nach Pyrolyse von I bei 500° erhaltene Spektr. des I; es war vollkommen gleich dem des nichtzers. I, trotz der Bldg. von CO u. CH_4 bei der Pyrolyse. (C. R. hebd. Séances Acad. Sci. **237.** 1152—54. 9/11. 1953.) GOTTFRIED. D 119

Vernon A. Slabey, *Der Anteil des Cyclopropylrings an der Molekularrefraktion.* Vf. berechnet nach der Meth. von JEFFERY u. VOGEL (J. chem. Soc. [London] **1948.** 1804) den Anteil des Cyclopropylringes an der Mol.-Refr. von 30 Cyclopropylderivy (Werte aus der Literatur). Die Ergebnisse zeigen, daß der Anteil des Cyclopropylringes von der Art der Substituenten abhängig ist. Vf. erklärt diese Erscheinung mit dem unterschiedlichen Einfl. der Substituenten auf die Polarisierbarkeit der Elektronen des Cyclopropylringes. (J. Amer. chem. Soc. **76.** 3603—04. 5/7. 1954. Cleveland, O., Nat. Advisory Comm. for Aeronautics, Lewis Flight Propulsion Labor.) PAULIG. D 119

Vernon A. Slabey, *Charakteristische Infrarotabsorptionsbanden des Cyclopropylringes.* Die Infrarotabsorption bei 3,2—3,5, 5,9, 5—10 u. 11—12 μ von *Dicyclopropyl*, *2-Cyclopropylpropan*, *-butan*, *-pentan*, *-hexan*, *-3-methylbutan*, *Vinylcyclopropan*, *2-Cyclopropylpropen*, *-buten-(1)*, *-penten-(1)*, *-hexen-(1)*, *-3-methylbuten-(1)*, *-buten-(2)*, *-penten-(2)*, *-hexen-(2)*, *Methyl-*, *Dimethyl-*, *Methyläthyl-*, *Methylpropyl-*, *Methylbutyl-* u. *Methylisopropylcyclopropylcarbinol*, *Methyl-*, *Äthyl-*, *Propyl-*, *Butyl-* u. *Isopropylcyclopropylketon*, *Cyclopropylchlorid*, *1.1-Dichlorcyclopropan*, *trans-1.2-Dichlorcyclopropan*, *Spiropentan* u. *Cyclopropan-1.1-dicarbonsäurediäthylester* wird untersucht. Alle Verbb. zeigen bei 9,5—10 μ starke Absorption, die zum Nachw. des Cyclopropylringes geeignet ist. (J. Amer. chem. Soc. **76.** 3604—05. 5/7. 1954. Cleveland, O., Nat. Advisory Comm. for Aeronautics, Lewis Flight Propulsion Labor.) PAULIG. D 120

William G. Dauben, Earl Hoerger und **N. K. Freeman,** *Die Infrarotspektren der isomeren Dekalole-(2) und ihrer Acetate. Der Einfluß der stereochemischen Konfiguration.* β-Naphthol wurde unter Druck bei Zimmertemp. am Platinoxydkatalysator hydriert. Durch Fraktionieren wurde *cis-Dekalol-(2)* vom F. 105° (**I**), *cis-Dekalol-(2)* vom F. 18° (**II**), *trans-Dekalol* vom F. 75° (**III**) u. *trans-Dekalol* vom F. 53° (**IV**) gewonnen. Ihre Infrarotspektren zeigen die Maxima: **I** 1057 [cm^{-1}], 1029, **II** 1050, 1012, **III** 1062, 1022, **IV** 1007; die Daten für die entsprechenden Acetate sind: **Ia** $Kp._{19}$ 136°, $Kp._{9}$ 122°, 1244 [cm^{-1}]; **IIa** $Kp._{15}$ 135°, 1248, 1238; **IIIa** $Kp._{20}$ 132°, $Kp._{9}$ 110°, 1248, 1240; **IVa** $Kp._{18}$ 133°, $Kp._{9}$ 118°, 1247, 1235, 1213. (J. Amer. chem. Soc. **74.** 5206—08. 20/10. 1952. Univ. of California, Chem. Labor. u. Radiation Labor.) D. BRÜCK. D 120

R. T. O'Connor, P. von der Haar, E. F. duPre, L. E. Brown und **C. H. Pominski,** *Die Infrarotspektren von Gossypol. Gossypol* (**I**), der gelbe Farbstoff der Baumwollsaat, dem von ADAMS u. Mitarbeitern (vgl. C. **1941.** II. 2568 u. früher) die Formel eines *2.2'-Bis-[1.6.7-trioxy-3-methyl-5-isopropylnaphthyl-aldehyds-(8)]* zugeordnet wurde u. das demzufolge in 3 tautomeren Formen existieren kann, wurde Infrarot-spektroskop. mit dem BECKMAN-Infrarot 2T-Gerät bei 25° zwischen 2 u. 12 μ in Chlf. untersucht. Ferner wurden ebenso die Infrarotspektren von **I**-*Hexaacetat* (weiße u. gelbe Form), **I**-*Dimethyläther*, **I**-*Hexamethyläther* (fahlgelbe u. violette Form), *Apogossypolhexamethyläther, Desapogossypolhexamethyläther, Anhydrogossypol, Diaminogossypol, Dianilinogossypol, „Gossypolmonoisopren", Gossypoldi-2.3-dimethylbutadien-(1.3)*, **I**-*Bis-phenylhydrazon, Phenol, Di-β-naphthol, Benzylalkohol, Chinon, 1.4-Naphthochinon, Salicylaldehyd, Acetylsalicylaldehyd, Phloroglucin* (in Nujol), *Trimethylphloroglucin, Hexamethylphloroglucin, Isopropylcyclohexan, Anisol, Phenetol, Anilin, Äthylamin, 1.1'-Binaphthyl, 2.2'-Binaphthyl, 2.2'-Dioxy-3.3'-dicarbäthoxy-1.1'-binaphthyl* aufgenommen. Aus den Infrarotspektren ist ersichtlich, daß **I** phenol. Charakter hat u. eine Carbonylgruppe in o-Stellung zu einer OH-Gruppe steht. Die Spektren einiger **I**-Derivv. (**I**-Hexaacetate, welche auch keine Aldehyd-Rkk. zeigen) geben nicht die Ggw. einer C=O-Gruppe wieder, aus anderen sind C=O-Gruppen in Nachbarstellung zu alicycl. Gruppierungen ersichtlich, wodurch die Annahme von Tautomerie unterstützt wird. Im Gegensatz zu ADAMS (l. c.) konnte jedoch der Dinaphthylcharakter von **I** nicht erhärtet werden, auch für die Isopropylgruppen konnten keine Anhaltspunkte gewonnen werden. — **I**-*Hexaacetat, weiße Form,* F. 283—286°; *gelbe Form,* F. 188—192°, Trennung beider durch Methanol. — **I**-*Hexamethyläther,* $C_{36}H_{42}O_8$, *farblose Form,* F. 220—222° (Aceton-Methanol); *gelbe Form,* F. 160—162° (verd. Methanol), Trennung durch Methanol, beim Ansäuern der methanol. Lsg. der letzten: *Violette Form* vom F. 146—148°. — *Anhydrogossypol,* Darst. nach CLARK (J. biol. Chemistry **75.** [1927.] 725) bei Tempp. bis zu 170—175°. — *Gossypol-Monoisopren-Addukt,* $C_{35}H_{36}O_7$, orange Prismen, F. 170 bis 172° (PAe.), aus **I** u. Isopren in absol. A., 16 Std. am Rückfluß. — **I**-*Bis-phenylhydrazon,* $C_{42}H_{42}O_6N_4$, *Diäthanolat,* F. 187—189° (gelbe, hexagonale Prismen; verd. A.). — *2.2'-Dioxy-3.3'-dicarbäthoxybinaphthyl-(1.1')*, $C_{26}H_{22}O_6$, grüngelbe Prismen, F. 231 bis 232° (Äthylacetat), durch Veresterung der 3.3'-Dicarbonsäure mit HCl-Gas in A., 6 Stunden. (J. Amer. chem. Soc. **76.** 2368—73. 5/5. 1954. New Orleans, La., Southern Reg. Res. Labor.) GNAUCK. D 120

D. Hadži, *Der Einfluß des Restmoleküls auf die Absorptionsfrequenz der Carbonylgruppe der Chinone.* Am *Stilbenchinon* (1618 [cm^{-1}]), *Diphenochinon* (1626), *p-Benzochinon* (1660), *1.4-Naphthochinon* (1664), *Anthrachinon* (1678), *Naphthacenchinon* (1676), *9.10-Phenanthrenchinon* (1668) u. *1.2-Naphthochinon* (1650) wird gezeigt, daß in der Chinonreihe die Differenz der Resonanzenergie von Chinon u. entsprechendem Hydrochinon zu der C=O-Absorptionsfrequenz im nahen Infrarot in Beziehung gesetzt werden kann. Metallkomplexe der Oxychinone zeigen eine starke Verschiebung der Carbonylbande, deren Größe von der Art sowohl des Oxychinons als auch des Metalls abhängt. — Die Zuordnung einiger Banden der Oxychinonspektren wurde durch Vgl. mit den entsprechenden O—D-Verbb. erreicht. Die O—H-Valenzschwingung des 1.4- (**I**) u. 1.5-Dioxyanthrachinons (**II**) konnte nicht beobachtet werden, während die entsprechende O—D-Bande an der n. Stelle bei 4,43 bzw. 4,38 mμ auftritt. Untersucht wurden (in Nujol) folgende Oxychinone, ihre K-Salze u. $SnCl_3$-Komplexe (PFEIFFERs Komplexe): *1-* (1671, 1637; 1640, 1618; 1655, 1610) u. *2-Oxyanthrachinon* (1670; 1655; —); **I** (1624; 1886; 1531); **II** (1637; 1621; 1570); *2-Oxynaphthochinon* (1680, 1640; 1680, 1592; —) u. *5.8-Dioxynaphthochinon* (1608; 1590; —). (Arhiv Kemiju [Arch. Chim.] **25.** 33—38. 1953. Ljubljana, Kem. inst. Slovenske akad. znanosti in umetnosti.) BECKMANN. D 120

Marie-Louise Josien und **Jean Lascombe,** *Beitrag zur Untersuchung des Lösungsmitteleinflusses auf die Infrarotvalenzschwingungen.* Vff. diskutieren die KIRKWOOD-

BAUERsche Beziehung (vgl. BAUER u. MAGAT, J. Phys. Radium **3.** [1938.] 319) zwischen der Verschiebung einer Frequenz $\Delta\nu$ durch Übergang vom Dampf- zum Lösungsspektr. u. der DK. des Lösungsmittels. Abweichung nach oben von der Geraden $(\varepsilon - 1)/(2\,\varepsilon + 1)$ gegen $\Delta\nu/\nu$ wurden Assoziationen zugeschrieben, entgegengesetzte Abweichungen fanden JOSIEN u. FUSON bei *Phenol* u. *Pyrrol* als gelöste Substanzen, bes. aber Vff. bei Unterss. der C=O-Grundschwingung von polaren Moll.; sie schließen hieraus, daß die bei niedrigen Frequenzen gemessene DK. nur bei unpolaren Lösungsmitteln den richtigen Einfl. des elektrostat. Feldes, induziert durch die Elektronenpolarisation der Lösungsmittelmoll., wiedergibt; bei polaren ist aber die gemessene Orientierungspolarisation verschieden von der in der unmittelbaren Umgebung eines Dipols. Vff. schlagen in Anlehnung an BAUER u. MAGAT vor, n^2 an Stelle von ε in obige Gleichung einzuführen. Hierbei zeigen sich keine Abweichungen der unpolaren Verbb., während die Werte der polaren nun sämtlich unterhalb der Geraden liegen. Die Differenz $\Delta\nu/\nu$ zwischen berechnetem u. gemessenem Wert gibt für polare, nichtassoziierende Stoffe nun ein Maß für den Einfl. der elektrostat. Polarisation des Lösungsm. durch die mol. Orientierung auf die Schwingungsfrequenz an. Mol. Assoziationen führen im allg. zu stärkeren Frequenzerniedrigungen als Orientierungspolarisationseffekte. (C. R. hebd. Séances Acad. Sci. **238.** 2414—16. 21/6. 1954.) GNAUCK. D 120

Nelson J. Leonard und **Virgil W. Gash,** *Ungesättigte Amine.* 1. Mitt. *Bestimmung der Nähe des Stickstoffs zur Doppelbindung mittels Infrarotabsorptionsspektren.* Zur Ermittlung einer Bestimmungsmeth. der Stellung der C=C-Doppelbindung in ungesätt. Aminen (bes. in Alkaloiden) wird das Infrarotabsorptionsmaximum (in cm^{-1}) folgender Amine (fl. Film von 0,013—0,02 mm Dicke) u. ihrer Salze (Nujol-Mull) mit dem PERKIN-ELMER-Gerät ermittelt: *1-Äthyl-Δ^3-tetrahydropyridin* 1662, *Perchlorat* 1664; *1.2-Dimethyl-Δ^2-tetrahydropyridin* 1650, *Perchlorat* 1686; *1-n-Butyl-2-methyl-Δ^2-tetrahydropyridin* 1649, *Perchlorat* 1684; *1-Allylpiperidin* 1644, *Hydrobromid* 1646; *1-Allylpyrrolidin* 1644, *Hydrobromid* 1637; *1.2-Dimethyl-Δ^2-pyrrolin, Perchlorat* 1699; *1-n-Butyl-2-methyl-Δ^2-pyrrolin* 1639, *Perchlorat* 1685; *1-Methyl-2-n-propyl-Δ^2-pyrrolin* (I) 1665 (1701), *Perchlorat* 1685; *1-Methyl-2-n-butyl-Δ^2-pyrrolin* (II) 1665 (1700), *Perchlorat* 1686. *1-Äthyl-2.5-dimethyl-Δ^3-pyrrolin* u. sein *Hydrochlorid* zeigten im Bereich von 1500—1800 cm^{-1} keine erhebliche Absorption. Während sich das Maximum $\beta.\gamma$-ungesätt. Amine durch Salzbldg. fast nicht ändert, wird bei $\alpha.\beta$-ungesätt. Aminen jenes um ca. 20—50 cm^{-1} verschoben, wodurch eine sichere Unterscheidung beider Gruppen möglich ist. Vff. erklären dieses Verh. $\alpha.\beta$-ungesätt. tert. Amine durch die Strukturveränderung $C{=}C{-}N{<} \rightarrow CH{-}C{=}\overset{(+)}{N}{<}$ bei der Salzbldg. u. durch Resonanzstabilisierung durch $>C{=}\overset{(+)}{N}{<} \longleftrightarrow >\overset{(+)}{C}{-}N{<}$, die andere ungesätt. Amine nicht zeigen können. Zur Unterstützung dieser Hypothese wird das Infrarotspektr. von *Neostrychnin* (III) u. seines Perchlorats untersucht (angegeben von 1570—1730 cm^{-1}), in dem die $\alpha.\beta$-Doppelbindung festgelegt ist u. durch Salzbldg. keine der obigen Formen auftreten kann. Daher weisen **III** u. sein Perchlorat nahezu ident. Banden auf. **I** u. **II**, die durch Grignardierung von 1-Methylpyrrolidon-(2) dargestellt wurden, enthalten vielleicht die isomeren 1-Methyl-2-alkenylpyrrolidine. Ihre Perchlorate zeigen jedoch eine einfache Absorption u. sind offenbar also einheitlich; die aus diesen freigesetzten Amine zeigen das gleiche Spektr. wie vor der Salzbildung.

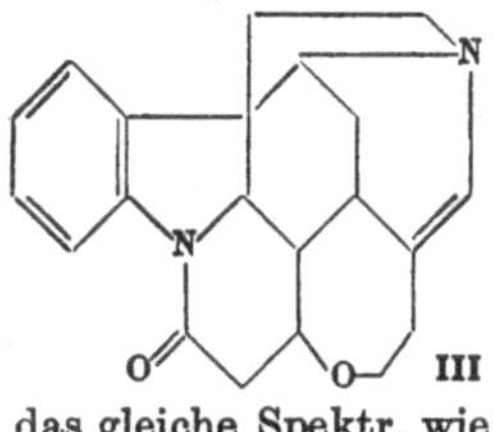

III

V e r s u c h e : *1-Äthyl-Δ^3-tetrahydropyridin,* $Kp._{43}$ 57—59°, a) durch Pyrolyse von 1-Äthyl-4-acetoxypiperidin bei 485 ± 10° im N_2-Strom (bei Ggw. von wenig p-tert.-Butylbrenzcatechin); n_D^{20} 1,4620, $D.^{20}_4$ 0,8525; 37% (Ausbeute), b) in geringerer Ausbeute aus **IV** u. $SOCl_2$, Einw. von $NaOCH_3$ in Methanol; *Perchlorat,* $C_7H_{14}O_4NCl$, F. 66—68° (A.-PAe.); *Pikrat,* $C_{13}H_{16}O_7N_4$, gelbe Nadeln aus A., F. 169—171° (Zers.). — *1.2-Dimethyl-Δ^2-tetrahydropyridin, Perchlorat,* $C_7H_{14}O_4NCl$, aus A.-Ae., F. 227° (Zers.). — *1-n-Butyl-2-methyl-Δ^2-tetrahydropyridin, Perchlorat,* $C_{10}H_{20}O_4NCl$, F. 136—137° (Äthylacetat). — *1-Äthyl-2.5-dimethyl-Δ^3-pyrrolin,* Kp. 131—132°, durch partielle Red. von 1-Äthyl-2.5-dimethylpyrrol, n_D^{22} 1,4467; *Pikrat,* $C_{14}H_{18}O_7N_4$, gelbe Nadeln aus Methanol-Ae., F. 167,5—169° (Zers.); *Methojodid,* $C_9H_{18}NJ$, aus A.-Ae., F. 276,5° (Zers.), lichtempfindlich, *Hydrojodid,* $C_8H_{16}NJ$, F. 246,5—247,5° (A.-Ae.). — *1.2-Dimethyl-Δ^2-pyrrolin, Perchlorat,* $C_6H_{12}O_4NCl$, F. 235,5—236,5° (A.). — *1-n-Butyl-2-methyl-Δ^2-pyrrolin, Perchlorat,* $C_9H_{18}O_4NCl$, F. 99,5—101° (Isopropanol-Ae.). — *1-Methyl-2-n-propyl-Δ^2-pyrrolin* (I), *Perchlorat,* $C_8H_{16}O_4NCl$, F. 97—98° (Methylacetat-Methanol). — *1-Methyl-2-n-butyl-Δ^2-pyrrolin* (II), *Perchlorat,* $C_9H_{18}O_4NCl$, F. 117 bis

118° (A.–Ae.). — *1-Äthylpiperidinol-(4)* (IV), $Kp._{15}$ 108—109°, durch Hydrierung von 1-Äthylpiperidon-(4) in A. bei Ggw. von PtO_2, 1 Std., n_D^{20} 1,4800; 92%; *Hydrochlorid*, $C_7H_{16}ONCl$, aus A.–Ae., F. 168—170° (Zers.). — *1-Äthyl-4-chlorpiperidin*, in geringer Ausbeute durch HCl-Einw. auf geschmolzenes IV-Hydrochlorid; *Pikrat*, $C_{13}H_{17}O_7N_4Cl$, F. 164—166° (A.). — *1-Äthyl-4-acetoxypiperidin*, $C_9H_{17}O_2N$, $Kp._{26}$ 105—109°, aus IV in absol. Bzl. u. Zugabe von Acetanhydrid unter Rühren, 1 Std. am Rückfluß; n_D^{20} 1,4545, $D.^{20}_4$ 0,979; 80%. — *δ-Äthylaminovaleronitril*, $C_7H_{14}N_2$, $Kp._1$ 60—61°, durch Zugabe von δ-Bromvaleronitril zu Äthylamin in absol. A., 24 Std. bei 65—70° rühren u. im Vakuum eindampfen; n_D^{19} 1,4409, $D.^{20}_4$ 0,8574; 35%. — *δ-[N-Äthylbenzamido]-valeronitril*, $C_{14}H_{18}ON_2$, $Kp._{0,02}$ 162—166°, durch Zugabe von überschüssigem Benzoylchlorid zu vorst. Verb. in Bzl.; $n_D^{24,7}$ 1,5263, $D.^{20}_4$ 1,0663; 85%. — *1.3.3-Trimethylsuccinimid*, $C_7H_{11}O_2N$, $Kp._{17}$ 108—109°, durch Zugabe von wss. 35%ig. Methylamin zu α.α-Dimethylbernsteinsäure, im Vakuum eindampfen u. den Rückstand (F. 92—98°; Bis-methylammoniumsalz) 1 Std. bei 140°, dann 37 Min. bei 180—190° erhitzen; n_D^{20} 1,4680, $D.^{20}_4$ 1,0760; 83%. — *1.3.3-Trimethylpyrrolidin*, Kp. 77—79°, durch $LiAlH_4$-Red. vorst. Verb.; $n_D^{20,6}$ 1,3842; 61%; *Pikrat*, $C_{13}H_{18}O_7N_4$, gelbe Nadeln aus A., F. 226—227° (Zers.). — *Neostrychninperchlorat*, $C_{21}H_{23}O_6N_2Cl$, Zers. >350° (95%ig. A.). (J. Amer. chem. Soc. **76**. 2781—84. 20/5. 1954. Urbana, Ill., Univ., Noyes Chem. Labor.) GNAUCK. D 120

Le-Van-Thoi, *Über die Technik des Raman-Effektes von Harzsäuren und ihren Derivaten.* Da die Lsgg. von *Harzsäuren* u. ihren Derivv. sehr starke RAYLEIGH-Streuung aufweisen, die mit der Konz. sehr stark zunimmt, so können gut auswertbare, untergrundfreie RAMAN-Spektren nur mit Konz. bis höchstens 20% bei streng monochromat. Anregung erzielt werden (vgl. C. **1954**. 8074; Bull. Soc. chim. France, Mém. [5] **18**. [1951.] 483). (C. R. hebd. Séances Acad. Sci. **236**. 2496—98. 29/6. 1953.) GOUBEAU. D 120

K. E. McCulloh und **Gilbert F. Pollnow**, *Das Mikrowellenspektrum von Fluorbenzol.* (Vgl. ERLANDSSON, C. **1954**. 8537.) Vff. untersuchen das Mikrowellenspektr. von *Fluorbenzol* im Bereich 22,1—27,3 kMHz. Die Molekularkonstanten werden berechnet zu $k = -0{,}58790 \pm 0{,}00002$, $(a - c)/2 = 1947{,}91$ MHz, $(a + c)/2 = 3715{,}85$ MHz, $I_a = 89{,}248$, $I_b = 196{,}63$, $I_c = 285{,}92$, $I_c - I_a - I_b = 0{,}04$ (in Atomeinheiten·Å²). Aus vorst. Trägheitsmomenten u. dem Spektr. ergibt sich für das Mol. eine ebene C_{2v}-Konfiguration. Unter Annahme eines regulären Sechsecks für den aromat. Ring, eines C—H-Abstandes 1,08 Å u. HCC-Winkels von 120° werden die interatomaren Abstände C—C zu 1,40 Å u. C—F zu 1,29 Å berechnet. (J. chem. Physics **22**. **1144**. Juni **1954**. Iowa City, Io., State Univ., Dep. of Chem.) G. WINKLER. D 121

G. N. Roberts, *Die dielektrischen Eigenschaften unterkühlter Flüssigkeiten.* Bei Messungen der stat. DK. zeigt *Methyl-n-nonylketon*, unterkühlt bei der Temp. des F. (12,1°) eine Unstetigkeit, ebenso *p-Bromtoluol*. Bzl. u. Cyclohexan ließen sich nicht unterkühlen. Als unpolare Fll. wurden deshalb *Diphenylmethan*, *p-Xylol* u. *Dibenzyl* untersucht. Der Effekt bleibt aus. Bei polaren Stoffen geht der Effekt, soweit nicht Assoziation vorliegt, parallel mit der Größe des Dipolmomentes. (J. Amer. chem. Soc. **75**. 2264—66. 5/5. 1953. London, Univ., Queen Mary Coll., Dep. of Electr. Engng.) K. L. WOLF. D 132

George Jaffé und **Charlotte Z. LeMay**, *Über Polarisation in flüssigen Dielektrika.* Die Theorie der mit der elektr. Leitung verbundenen Polarisation wird auf Fll. ausgedehnt. Zu ihrer Prüfung werden Messungen der Leitfähigkeit in Lsgg. von *Diphenylamin*, *Anthracen* u. *Bleioleat* in Hexan u. an durch Ra-Bestrahlung leitfähig gemachtem *Hexan* ausgeführt. Die Messungen der außerordentlich kleinen Ströme geschehen elektrometrisch. Verss., Photoleitfähigkeit zu erzielen, blieben ergebnislos. Die Messungen können mit der Theorie in Übereinstimmung gebracht werden. Die Beweglichkeit der langsameren Ionen u. die Dicke der Polarisationsschicht können bestimmt werden. (J. chem. Physics **21**. 920—28. Mai 1953. Baton Rouge, La., State Univ.) K. L. WOLF. D 132

R. C. Nelson, *Organische Photoleiter.* 1. Mitt. *Die Kinetik der Photoleitfähigkeit von Rhodamin B.* Vf. untersucht die Photoleitfähigkeit von *Rhodamin B* in Abhängigkeit von der Temp. u. findet eine Änderung des Leitvermögens bei 60°; unterhalb dieser Temp. werden die Verhältnisse durch „memory"-Effekte kompliziert, oberhalb 60° ist der Leitfähigkeitsabfall streng bimolekular. Vf. bestimmt die Aktivierungsenergien für die Leitfähigkeit, den Leitfähigkeitsanstieg u. -abfall je zu ca. 0,55 eV. Die Ergebnisse werden gedeutet durch ein Bändermodell mit einer hohen D. an monoenerget. „Fallen" (trapps), die 0,55 eV unterhalb des Leitfähigkeitsbandes liegen. Vf. zeigt, daß das langsame Erreichen eines stationären Zustandes bei Bestrahlung zu erklären ist mit einer Verteilung der Ladungsträger von den Randbezirken, wo sie entstehen, in bevorzugte Plätze oder Konfigurationen. (J. chem. Physics **22.** 885—89. Mai 1954. Columbus, O., State Univ.) G. WINKLER. D 135

R. C. Nelson, *Organische Photoleiter.* 2. Mitt. *Kristallviolett.* (1. vgl. vorst. Ref.) Vf. untersucht die Photoleitfähigkeit von *Kristallviolett* (I) u. findet, daß die Leitfähigkeit prim. ein Volumeffekt ist, Oberflächen- oder Elektrodenvorgänge werden nicht beobachtet. Verunreinigungen von I mit SO_4^{2-} bewirken eine Dunkelleitfähigkeit, die proportional dem Sulfatgeh. ist (SO_4^{2-} wirkt als Donor), Verunreinigung durch oxydiertes I hat eine Erhöhung sowohl der Geschwindigkeit, mit der bei Bestrahlung der stationäre Zustand erreicht wird, als auch der Geschwindigkeit des Leitfähigkeitsabfalles zur Folge (O_2 wirkt als „trapping impurity"). Das therm elektr. Verh. von I ist n. (thermoelektr. Kraft ca. —0,3 mV/Grad), was auf eine hauptsächlich durch Elektronen bewirkte Leitfähigkeit hindeutet; dagegen erfolgt der Leitfähigkeitsaufbau u. -abfall extrem langsam. I zeigt einen ausgeprägten „memory"-Effekt (mehrere Tage) u. unter gewissen Bedingungen ist die Geschwindigkeitskonstante 2. Ordnung für den langsamen Endvorgang des Leitfähigkeitsabfalls umgekehrt proportional der Anfangsleitfähigkeit. Letztere Tatsache wird durch die Hypothese gedeutet, daß in dem I-Film Strukturen gebildet werden, welche die Fähigkeit besitzen, eine konstante Anfangsdichte an Ladungsträgern aufrechtzuerhalten, so daß die stationäre Leitfähigkeit kein Maß für die D. der Ladungsträger, sondern nur für ihre Gesamtzahl darstellt. (J. chem. Physics **22.** 890—92. Mai 1954.) G. WINKLER. D 135

R. C. Nelson, *Organische Photoleiter.* 3. Mitt. *Die Kinetik von basischem Fuchsin.* (2. vgl. vorst. Ref.) Vf. untersucht den Einfl. von Temp. u. Belichtung auf die Leitfähigkeits- u. Leitfähigkeitsabfallkonstante von bas. *Fuchsin* u. findet für die Aktivierungsenergien für Diffusion u. Quantenausbeute an Ladungsträgern ident. Werte von ca. 0,38 eV. Die Leitfähigkeit ist — je nach Vorbehandlung des Farbstoffilmes — entweder direkt proportional der Belichtung, oder bei starker Vorbelichtung proportional dem Quadrat der Belichtung. — Die Versuchsergebnisse sind in Einklang mit der in vorst. Reff. entwickelten Hypothese. (J. chem. Physics **22.** 892—95. Mai 1954.) G. WINKLER. D 135

W. Rüdorff und **H. Zannier.** *Die Beweglichkeit des $[B(C_6H_5)_4]^-$-Anions und das Löslichkeitsprodukt von $K[B(C_6H_5)_4]$.* Reinstes $NaB(C_6H_5)_4$ (I) wurde durch mehrmaliges Umfällen von p.a.-Kalignost (Heyl) aus der Aceton/Chlf.-Lsg. mit PAe. u. Umkristallisieren aus $CHCl_3$ unter reinem N_2 in schneeweißen Kristallen erhalten, deren wss. Lsgg. nach Tagen noch völlig klar waren. Aus Leitfähigkeitsmessungen folgte $\Lambda_\infty = 71$ für I, Beweglichkeit des $B(C_6H_5)_4^- = 21$, Sättigungskonz. (25°) für $K[B(C_6H_5)_4]$ (II) = $1{,}82 \cdot 10^{-4}$ Mol/Liter, Löslichkeitsprod. für II: $L_{25} = 3{,}3 \cdot 10^{-8}$. (Z. Naturforsch. **8b.** 611—12. Okt. 1953. Tübingen, Univ., Chem. Inst.) WANNAGAT. D 138

Edward J. King, *Die Thermodynamik der Ionisation von Aminosäuren.* 1. Mitt. *Die Ionisationskonstanten der γ-Aminobuttersäure.* Vff. berichten über EMK.-Messungen an Zellen mit Wasserstoff- u. Ag/AgCl-Elektroden u. gepufferten Mischungen der *γ-Aminobuttersäure* ($C_4H_9O_2N$, Ausgangsstoffe γ-Chlorbutyronitril u. K-Phthalimid) u. HCl bzw. der Säure, ihrem Na-Salz u. NaCl zwischen 10 u. 50° in 5°-Abständen. Aus den Daten ergeben sich die thermodynam. Ionisationskonstanten pK_1 der Carboxylgruppe zu 4,0312 u. der Aminogruppe pK_2 zu 10,5557 bei 25°. Die Änderungen in der freien Energie, der Enthalpie, der Entropie u. der Wärmekapazität, die mit der Ioni sation verknüpft sind, lassen sich aus den Gleichungen $-\log K_1 = (1209{,}07/T) - 3{,}7820 + 0{,}012605\,T$ bzw. $-\log K_2 = (2804{,}84/T) + 0{,}5879 + 0{,}001879\,T$ ableiten. (J. Amer. chem. Soc. **76.** 1006—08. 20/2. 1954. New York, N. Y., Columbia Univ., Barnard Coll., Dep. of Chem.) NIEMITZ. D 139

Carl A. Streuli und **W. Donald Cooke,** *Polarographisches Verhalten organischer Verbindungen an der ruhenden Quecksilberelektrode.* Die Anwendung der polarograph. Red. an der ruhenden Hg-Elektrode („mercury pool electrode", vgl. C. **1954.** 7128) auf organ. Verbb. wird beschrieben. Die Reduktionspotentiale für *Nitrobenzol* (I; —0,40 V gegen gesätt. Hg_2Cl_2-Elektrode), *m-Dinitrobenzol* (II; —0,30 u. —0,51), *Benzophenon* (—1,15), *Benzil* (III; —0,85), *Azobenzol* (—0,72), *1-Nitrosonaphthol-(2)* (—0,80), *Cystin* (—0,56 u. —1,11), Ammoniumsalz der *Anthrachinon-1.6-disulfonsäure* (—0,66) u. *Hydrazobenzol* (—0,76) wurden bestimmt u. weichen von denen an der Tropfelektrode ab, wodurch eine Trennung sonst nicht trennbarer Gemische möglich ist (z. B. II neben I). Abweichend von der Tropfelektrode wird I nur in 1. Stufe, bis zum Phenylhydroxylamin, red., dieses ist an der ruhenden Hg-Elektrode nicht weiter reduzierbar, während andererseits III neben einer Hauptstufe noch zwei schwächere Nebenstufen gibt. Innerhalb gewisser Grenzen besteht lineare Abhängigkeit zwischen der Konz. u. I_{max} bei einer Erfaßbarkeit von 0,25 γ I/ml. Die Größe von I_{max}, u. damit die Empfindlichkeit der Meth., nimmt mit Zunahme der Geschwindigkeit des Spannungsanstieges zu; gleiche Wrkg. bei gleichzeitiger Abflachung der Stufenmaxima übt mechan. Rühren der Fl. oberhalb der ruhenden Hg-Kathode aus. Das Reduktionspotential ist p_H-abhängig, für I —0,045 V/p_H-Einheit. (Analytic. Chem. **26.** 963—70. 21/6. 1954. Ithaca, N. Y., Cornell Univ., Baker Labor.) MOISAR. D 142

Carl A. Streuli und **W. Donald Cooke,** *Polarographische Bestimmung von γ-Hexachlorcyclohexan in Gegenwart anderer Isomerer und höherchlorierten Materials.* Während *γ-Hexachlorcyclohexan* (γ-I) von *Hepta-* u. *Octachlorcyclohexan* (II u. III) an der Tropfelektrode wegen der sich überlappenden Stufen nicht trennbar sind, ist eine Trennung an der ruhenden Hg-Elektrode (vgl. vorst. Ref.) durch Verschiebung der Reduktionspotentiale möglich. γ-I liefert Stufen bei —0,83 u. —1,40 V, während die Stufen für II u. III nahe am bzw. im Positiven einerseits u. andererseits zusammen mit der H-Stufe liegen. Von den anderen untersuchten I-Isomeren stört nur α-I in mehr als dreißigfachem Überschuß, weil es — im Gegensatz zum Verh. an der Tropfelektrode — bei ca. —1,0 V reduzierbar ist. Die Messungen wurden in einer mit N_2 entlüfteten Lsg. u. 20%ig. A. mit 1% KCl ausgeführt. (Analytic. Chem. **26.** 970—72. 21/6. 1954.) MOISAR. D 142

Louis H. Ballard und **Matthew Van Winkle,** *Dampf-Flüssigkeitsgleichgewichte bei 760 mm Druck der Systeme Propanol-(2)-Methylpropylketon und Propanol-(2)-Methylisobutylketon.* (Vgl. C. **1953.** 5634.) Es werden die Gleichgewichtsdaten experimentell bestimmt u. die Aktivitätskoeffizienten berechnet. — Beide Systeme zeigen positive Abweichungen vom Gesetz der idealen Lsgg., die anscheinend mit steigendem Mol.-Gew. des Ketons zunehmen. Keines von beiden Systemen bildet azeotrope Gemische, obwohl azeotrope Tendenzen bestehen. (Ind. Engng. Chem. **45.** 1803—04. Aug. 1953. Austin, Tex., Univ.) OPPERMANN. D 150

Joseph J. Jasper, E. Robert Kerr und **Frederick Gregorich,** *Die orthobaren Oberflächenspannungen und thermodynamischen Eigenschaften der Flüssigkeitsoberflächen der n-Alkane C_5—C_{18}.* Vff. beschreiben das Verf. zur genauen Best. der orthobaren Oberflächenspannung der n-Alkane C_5—C_{18} nach der Capillarsteighöhenmethode. Für die Messungen wurde ein bes. gebautes Präzisionscapillarimeter benutzt u. die Verss. unter besonderen Vorsichtsmaßnahmen durchgeführt. Die Oberflächenspannung der n-Alkane C_5—C_{18} wird für verschied. Tempp. zwischen 0 u. 80° bestimmt (Tabelle) u. daraus die latenten Wärmen, Entropien u. Enthalpien in der Oberfläche der Fl. berechnet. Die erhaltenen Kurven zeigen, daß mit zunehmender Kettenlänge der KW-stoffe die Enthalpie ebenfalls zunimmt, wähernd die Entropie auf einen Grenzwert 0,0830 abnimmt. (J. Amer. chem. Soc. **75.** 5252—54. 5/11. 1953. Detroit, Mich., Wayne Univ., Dep. of Chem.) KLASSKE. D 166

A. Je. Lutzki, *Über die Molekülgröße.* Für eine Reihe halogensubstituierter *Methanderivv.*, für Metallhalogenide der Formel XY_4 (X = *Si*, *Sn*; Y = *Cl*, *Br*, *J*), sowie für PCl_3, $AsCl_3$, PBr_3, $P(C_2H_5)_3$ (I) werden die Mol.-Voll. nach $V_M = \sum_A^Y$ (PAULING u. Mitarbeiter) berechnet, die mit den von BILTZ u. SAPPER (Z. anorg. allg. Chem. **203.** [1932.] 277) durch Extrapolation gewonnenen befriedigend übereinstimmende Werte der D. am absol. Nullpunkt ergeben (größter relativer Unterschied bei I mit 15%). Weder die aus der Viscosität des Gases (NADI, J. chem. Physics **19.** [1951.] 503) bestimmten Durchmesser d_T noch die aus dem 2. Virialkoeff. berechneten d_0 können einwandfrei zur Charakterisierung des Moleküldurchmessers dienen; am besten ist hierzu d_{min} bzw. r_{min} geeignet (r_{min} = Abstand vom Kern, bei dem die potentielle Austauschenergie der Atome der verschied. Moll. mit verhältnismäßig schwachen VAN DER WAALSschen Kräften ihr Minimum erreicht). (Гоклады Академии Наук СССР [Ber. Akad. Wiss. UdSSR] [N. S.] **94.** 513—16. 21/1. 1954. Charkow, Polytechn. Lenin-Inst.) AMBERGER. D 182

Harry A. Rose, *Erythromycinhydrojodidhydrat. Erythromycinhydrojodiddihydrat* wurde in nach der c-Achse gestreckten Kristallen aus wss. KJ-Lsg. erhalten. Die Verb. schm. unter Zers. bei 193—195° u. verfestigt sich beim Abkühlen als Glas, das nicht rekristallisiert. Die goniometr. Vermessung ergab rhomb. Symmetrie mit dem Achsenverhältnis a:b:c = 0,925:1:0,786. Die Brechungsindices (5893 Å; 25°) sind α = 1,528 ± 0,002; β = 1,536 ± 0,002; γ = 1,550 ± 0,002; 2 V = 75°. Opt. Achsenebene ist (1 0 0), die Doppelbrechung positiv; spitze Bisektrix γ = c. — Die Zelle hat die Dimensionen a = 16,99 Å; b = 18,37 Å; c = 14,43 Å; Z = 4; D. 1,332. Die Auswertungsdaten eines Pulverdiagramms sind tabellar. angegeben. (Analytic. Chem. **25.** 1571. Okt. 1953. Indianapolis, Ind., Eli Lilly & Co.) GOTTFRIED. D 195

Francis P. Dwyer, Naida S. Gill, Eleonora C. Gyarfas und **Francis Lions,** *Sechszähnige Chelatverbindungen.* 7. Mitt. (6. vgl. J. Amer. chem. Soc. **75.** [1953.] 2443.) Die SCHIFFschen Basen von Verbb. der Konst. $H_2N—(CH_2)_x—S—(CH_2)_y—S—(CH_2)_z—NH_2$ mit Salicylaldehyd fungieren als 6zähnige Liganden, bes. in Co(III)-Komplexsalzen (DWYER u. LIONS, J. Amer. chem. Soc. **72.** [1950.] 1545). Vff. untersuchen jetzt das Verh. von solchen Verbb., bei denen die Polymethylenbrücke durch aromat. Ringe ersetzt ist. Nicht analog zu den aliphat. Verbb. verhält sich nur das *3.4-Bis-[δ-amino-α-thiabutyl]-toluol* (**I**), dessen SCHIFFsche Base nur eine Reihe Komplexsalze statt zweier isomerer rac. Formen (DWYER u. Mitarbeiter, J. Amer. chem. Soc. **74.** [1952.] 4188) bildet. Innermol. Spannungen erklären diesen Befund. Die Racemate der Komplexe, abgeleitet von **I** u. *3.4-Bis-[γ-amino-α-thiapropyl]-toluol* (**II**), wurden durch Kalium-d-antimonyltartrat gespalten. Die opt.-akt. Komplexe von **II** racemisieren sich nicht, die von **I** zu 30% beim 10minutigen Kochen in wss. Methanol.

Versuche (Alle Drehungen bei 20° in 1 dm Rohr): *3.4-Bis-[γ-phthalimido-α-thiapropyl]-toluol* (**III**), $C_{27}H_{22}O_4N_2S_2$, F. 138°, aus 3.4-Dimercaptotoluol (**IV**) u. β-Bromäthylphthalimid mit $NaOC_2H_5$, 3½ Std. in absol. A. kochen, Nadeln aus Eisessig; 81% (Ausbeute). — *3.4-Bis-[δ-phthalimido-α-thiabutyl]-toluol* (**V**), $C_{29}H_{26}O_4N_2S_2$, F. 115 bis 116°, analog **III** aus **IV** u. γ-Brompropylphthalimid, aus Aceton gelbliche Prismen; 90%. — *3.4-Bis-[γ-amino-α-thiapropyl]-toluol* (**II**), $Kp._{0,6}$ 190°, aus Hydrazinhydrat u. **III** in A., nach 2 Std.; 90%. *Diacetylderiv.*, $C_{15}H_{22}O_2N_2S_2$, F. 116° (Chlf.–PAe.). — *3.4-Bis-[γ-salicylidenamino-α-thiapropyl]-toluol* (**VI**), $C_{25}H_{26}O_2N_2S_2$, F. 82°, aus **II** u. Salicylaldehyd in sd. A., gelbe Nadeln. — *3.4-Bis-[δ-amino-α-thiabutyl]-toluol* (**I**), $Kp._{0,5}$ 198—200°, analog **II** aus **V**; 80%. *Diacetylderiv.*, $C_{17}H_{26}O_2N_2S_2$, F. 82—83°. — *3.4-Bis-[δ-5'-bromsalicylidenamino-α-thiabutyl]-toluol,* $C_{27}H_{28}O_2N_2Br_2S_2$, gelbe Nadeln, F. 112,5° (A.). — *3.4-Bis-[δ-salicylidenamino-α-thiabutyl]-toluol* (**VII**), $C_{27}H_{30}O_2N_2S_2$, gelbe Nadeln, F. 80° (A.). — *dl-3.4-Bis-[γ-salicylidenamino-α-thiapropyl]-toluol-kobalt(III)-jodid* (*dl-***XI***-Jodid*), *Dihydrat,* $C_{25}H_{24}O_2N_2JS_2Co \cdot 2H_2O$, F. 217°, aus **VI**, Co(II)-Acetattetrahydrat u. 3% H_2O_2 in sd. Methanol, KJ-Lsg. zufügen, schwarze, knotige Prismen (Aceton + KJ). — **XI**-*d-Antimonyltartrat, Tetrahydrat,* $C_{29}H_{28}O_9N_2S_2 \cdot CoSb \cdot 4H_2O$, aus dl-**XI**-Jodid u. d-Kaliumantimonyltartrat in 50%ig. wss. Aceton, $[M]_D^{20}$ + 16400°. — *d-***XI***-Jodid, Monohydrat,* $C_{25}H_{24}O_2N_2JS_2Co \cdot H_2O$, F. 219°, schwerlösl. in wss. Aceton + 10%ig. wss. KJ-Lsg., $[M]_D^{20}$ + 12000°. — *l-***XI***-Jodid, Monohydrat,* F. 219°, $[M]_D^{20}$ —12000°. — *dl-3.4-Bis-[δ-salicylidenamino-α-thiabutyl]-toluol-kobalt(III)-jodid* (*dl-***XII***-Jodid*), $C_{27}H_{28}O_2N_2JS_2Co$, F. 166°, aus $CoCl_2 \cdot 6H_2O$, **VII**, Na-Acetat, H_2O_2 u. KJ in sd. Methanol, schwarze, knotige Prismen. — *l-***XII***-d-Antimonyltartrat, Pentahydrat* (**VIII**), $C_{31}H_{32}O_9N_2S_2CoSb \cdot 5H_2O$, durch Schütteln von dl-**XII**-Jodid mit W. u. Ag-d-Antimonyltartrat (schwerlösl. Anteil), $[M]_D^{20}$ —18000°. — *l-***XII***-Jodid, Monohydrat,* $C_{27}H_{28}O_2N_2JS_2Co \cdot H_2O$, F. 167°, $[M]_D^{20}$ —13600°, Verb. racemisiert in Lsg. schnell bei 80°. — *d-***XII***-Jodid, Monohydrat,* F. 167°, aus der Mutterlauge von **VIII**, fraktioniert mit KJ fällen (leichtlösl. Anteile), $[M]_D^{20}$ + 13600°. — *1.4-Bis-[o-nitrophenyl]-1.4-dithiabutan,* $C_{14}H_{12}O_4N_2S_2$, F. 206,5°, aus o-Nitrothiophenol (**XIII**) u. Äthylendibromid in absol. A. mit $NaOC_2H_5$, 3 Std. kochen, gelbe Nadeln (Eisessig); 82%. — *1.4-Bis-[o-aminophenyl]-1.4-dithiabutan,* $C_{14}H_{16}N_2S_2$, F. 77,5° (Methanol), aus vorst. Verb. durch Red. mit Zn-Staub in methanol. $CaCl_2$-Lsg.; 85%. *Diacetylderiv.,* $C_{18}H_{20}O_2N_2S_2$, F. 199° (A.). *Bis-δ-bromsalicylidenderiv.,* $C_{28}H_{22}O_2N_2Br_2S_2$, gelbe Nadeln, F. 190° (Essigester) *Dipikrat,* $C_{26}H_{22}O_{14}N_8S_2$, gelbe Nadeln, F. 202° (A.). *Bis-salicylidenderiv.* (**IX**), $C_{28}H_{24}O_2N_2S_2$, gelbe Nadeln, F. 187° (A. + Pyridin). — *dl-1.4-Bis-[o-salicylidenaminophenyl]-1.4-dithiabutankobalt(III)-jodid,* $C_{28}H_{22}O_2N_2J \cdot S_2Co$, F. 239°, aus **IX**, $CoCl_2 \cdot 6H_2O$, Na-Acetat u. H_2O_2 in sd. A., mit NaJ fällen, schwarze, knotige Prismen (Ae.–Methanol). — *1-Phthalimido-6-[o-nitrophenyl]-3.6-dithiahexan,* $C_{18}H_{16}O_4N_2S_2$, F. 122°, aus **XIII** u. 1-Phthalimido-5-brom-3-thiapentan analog **III**, 3 Std., gelbe Nadeln; 82%. — *1-Amino-6-[o-nitrophenyl]-3.6-dithiahexan* (**X**), aus vorst. Verb. u. Hydrazinhydrat, 2 Std. in A. kochen. *5-Bromsalicylidenderiv.,* $C_{17}H_{17}O_3N_2BrS_2$, F. 85° (A.), gelbe Nadeln. *Pikrat,* $C_{16}H_{17}O_9N_5S_2$, gelbe Nadeln, F. 169° (A.). — *1-[5'-Bromsalicylidenamino]-6-[o-(5''-bromsalicylidenamino)-phenyl]-3.6-dithiahexan,* $C_{24}H_{22}O_2N_2Br_2S_2$, F. 103°, aus **X** durch Red. mit Zn-Staub u. $CaCl_2$ in wss. Methanol (2 Std. kochen), dann 5-Bromsalicylaldehyd zufügen, gelbe Prismen (Essigester). — *1-[5'-Bromsalicylidenamino]-6-[o-(5''-bromsalicylidenamino)-phenyl]-3.6-dithiahexankobalt(III)-jodid,* $C_{24}H_{20}O_2N_2Br_2JS_2Co$, F. 205° (Methanol), braune Nadeln. (J. Amer. chem. Soc. **76.** 383—86. 20/1. 1954. Sydney, Univ., Dep. of Chem. and Organ. Chem.) BROD. D 223

Paul N. Cheremisinoff und **Martin L. Stumpf,** *Untersuchung über die Eigenschaften der Metallsalze von Sebacinsäure.* Lsgg. von *Sebacinsäure* (**I**) in wss. KOH wurden

Salze von *Al, Ba, Cd, Ca, Ce, Cr, Co, Cu, Fe, Pb, Li, Mg, Mn, Hg, Ni, K, Ag, Na, Sr* u. *Zn* zugesetzt, um durch Austausch der Metallionen die gewünschten Salze von I zu erhalten. Vff. geben für diese Salze Erweichungspunkte, FF, Erscheinungsformen, Geh. an Metalloxyden der Aschen, Prozentgeh. an wasserlösl. Asche, Erscheinungsform der Asche sowie Vollständigkeit der Rk. an. Die Löslichkeitsdaten für Lsgg. in W., Aceton, Xylol, Tetrachlorkohlenstoff, Bzl., Naphtha u. einem Mineralöl zeigen, daß alle Erdalkali- u. Schwermetallsalze mit Ausnahme von Aluminiumsalzen prakt. unlösl. in W. u. organ. Lösungsmitteln sind. *Al-Sebacat* ist unlösl. in W. u. zeigt in den anderen Lösungsmitteln bis auf Naphtha Quellungen. (Amer. Paint J. **38.** Nr. **19.** 107—08. 110. 25/1. 1954.) V. SCHIESZL. D 224

H. Burton und **P. F. G. Praill,** *Reaktionen organischer Kationen.* Vf. gibt eine Übersicht über das Auftreten von organ. Kationen, außer Oxonium-, Sulfonium-, Ammonium-, bes. Carboniumion, z. B. in Triarylmethylsalzen, (R_3C^+), Acylion $(RCO)^+$ u. deren Bldg. durch heterolyt. Trennung unter Einw. von komplexbildenden Zusätzen (z. B. $AlCl_3$), ionisierenden Lösungsmitteln, beeinflußt durch Resonanzeffekte, elektronenanziehende oder -abstoßende Gruppen. Als Beweise oder Anhaltspunkte für Vorliegen von organ. Kationen dienen elektr. Leitfähigkeit, Absorption, Racemisierung opt.-akt. Verbb., kinet. Verh. bei solvolyt. Rkk., kryoskop. Messungen in konz. H_2SO_4 (Größe des VAN'T HOFFschen i-Faktors), chem. Verh. von Lsgg. von Säuren, Alkoholen u. Estern in konz. H_2SO_4 gegenüber W., Methanol u. HN_3. Innere Umlagerungen (Pinakolin-, Retropinakolin-, WAGNER-MEERWEIN-Umlagerung), die FRIEDEL-CRAFTSsche Rk., ion. Polymerisationen, die THIELE-Acetylierung von substituierten Chinonen mittels Säureanhydrid u. die Spaltung von Benzyläthern sind Beispiele für Umsetzungen der organ. Kationen. (Quart. Rev. [chem. Soc., London] **6.** 302—18. 1952. London, King's Coll. for Household and Soc. of Sci.) DU MONT. D 225

S. Nagakura und **J. Tanaka,** *Über die Beziehung zwischen chemischer Reaktivität und den Energieniveaus des chemischen Reagens.* (Vgl. C. **1954.** 8997.) Die Wechselwrkg. zwischen dem höchsten besetzten Niveau des Bzl. H_B u. dem niedrigsten freien Niveau V_S eines kationoiden Reagens hat eine π-Elektronenwanderung aus dem aromat. Kern zu dem Reaktionspartner zur Folge. Dieser Übergang kann nur erfolgen, wenn $H_B > V_S$. Die V_S-Werte sind angegeben für NO_2^+, J^+, Br^+, Cl^+ u. H^+; sie liegen zwischen —10,4 u. —13,6 eV. Die Berechnung der freie-Valenz-Indices in *Toluol, Phenol* u. *Naphthalin* zeigt, daß der Orientierungseffekt in diesen Verbb. mit der Theorie übereinstimmt. (J. chem. Physics **22.** 563. März **1954.** Tokyo, Japan, Univ., Inst. of Sci. and Technol.) J. ROTHE. D 225

Jean Tirouflet, *Kinetik der Öffnung und des Schlusses von Lactonringen. Struktureinflüsse.* 3. Mitt. *Lactonisierung von o-Methylolbenzoesäuren.* (2. vgl. VÈNE u. TIROUFLET, C. **1954.** 10 684.) Vff. untersuchten den Substituenteneinfl. auf die Kinetik der Lactonisierung von o-Methylolbenzoesäuren u. auf ihre pK-Werte. Letzte betrugen für *o-Methylolbenzoesäure* 3,84, *5-Chlor-* ($C_8H_7O_3Cl$, F. 145° [Zers.]) 3,45, *5-Brom-* ($C_8H_7O_3Br$, F. 144° [Zers.]) 3,45, *5-Nitro-* 3,14, *3-Chlor-* ($C_8H_7O_3Cl$, F. 110—115°) 3,27, *3-Brom-* ($C_8H_7O_3Br$, F. 118—122°) 3,28, *3-Jod-* ($C_8H_7O_3J$), 3,18, *3-Methoxy-* ($C_9H_{10}O_4$) 3,58, *3-Äthoxy-* ($C_{10}H_{12}O_4$) 3,62, *4-Chlor-* ($C_8H_7O_3Cl$, F. 178—182°) 3,70, *4-Brom-* ($C_8H_7O_3Br$, F. 188—193°) 3,73, *4-Jod-* ($C_8H_7O_3J$, F. 190 bis 195°) 3,64, *4-Methoxy-* ($C_9H_{10}O_4$, F. 148° [Zers.]) 4,31, *4-Äthoxy-* ($C_{10}H_{12}O_4$, F. 150° [Zers.]) 4,31 u. *4-Acetamido-o-methylolbenzoesäure* ($C_{10}H_{11}O_4N$, F. 205° [Zers.]) 3,97 (Meßtemp. nicht angegeben); die HAMMETTsche ϱ-Konstante betrug für die 5-substituierten Verbb. $1,01 \pm 0,03$, für die 3-Derivv. $1,71 \pm 0,55$ u. für die 4-substituierten Säuren im Mittel 1,08 (von 0,62—1,80). Hieraus ist zu ersehen, daß für die 5-substituierte Reihe quantitativ der gleiche Substituenteneinfl. wie für die entsprechenden Benzoesäuren gilt. Zur Erklärung der Abweichungen bei den 3-substituierten Säuren wird mehr eine ster. Beeinflussung der 3 benachbarten Substituenten (Veränderung der Entfernung zwischen CH_2OH- u. COOH-Gruppe durch den 3ständigen Substituenten „buttressing"-Effekt) als eine Verschiebung von Elektronen durch die C-Kette herangezogen. Entsprechendes gilt auch für die analogen 6-substituierten Säuren. Die Abweichungen der ϱ-Werte von 4-substituierten o-Methylolbenzoesäuren vom theoret. Wert ($\varrho = 1$), wobei die pK-Werte sämtlich größer als die theoret. zu erwartenden sind u. bei OCH_3-, OC_2H_5- u. $NHCOCH_3$-substituierten Verbb. wie die mesomeren Effekte zunehmen, werden durch Chelatbldg. zwischen Methylol- u. Carboxylgruppe erklärt, wodurch eine Resonanzbegünstigung durch Behinderung der freien Drehbarkeit dieser Gruppen hervorgerufen wird. — Die Kinetik der Lactonbldg. wurde in wss. Lsg. ($^4/_{1000}$ mol. an HCl) bei 60° verfolgt. Die Rkk. verlaufen nach der 1. Ordnung. Die Reaktionsgeschwindigkeitskonstanten k_1 ($\cdot 10^3$ in min^{-1}) betrugen bei 60° (gleiche Folge wie oben) 17,2; 7,1; 7,0; 3,9; 67,5; 114,0; 92; —; 6,0; 5,3; 6,3; 6,2; 6,9; 6,9 u. für *6-Chlor-o-methylolbenzoesäure* ($C_8H_7O_3Cl$, F. 125—130°) ca. 45. Die Verminderung des k_1-Werts bei der 6-Chlorverb. während der Rk. wird auf Autokatalyse zurückgeführt. Die Lactonisierung der o-Methylolbenzoesäuren ist in allen Fällen schneller als die Veresterung der entsprechenden Benzoesäuren. Die elektr. Effekte der Substituenten machen sich bei der Ringschluß-Rk. weniger als bei der Hydrolyse der Phthalide bemerkbar (ϱ für die 5-Derivv. —0,98 gegenüber 1,99), das entspricht den Ergebnissen der Veresterung u. Verseifung der Benzoesäuren. Ster. Effekte machen sich aber bei der Lactonisierung stark bemerkbar (3- u. 6-Derivv.), wo sie fehlen (4- u. 5-Derivv.), vermindern elektronenanziehende Effekte die k_1-Werte. Zur Prüfung der HAMMETTschen Gleichung wird die von JAFFÉ (vgl. auch Chem. Reviews **52.** [1953.] 227) erweiterte Gleichung $\log k_x = \log k_H + \sigma_1\varrho_1 + \sigma_2\varrho_2$ verwendet, wobei σ_1 u. ϱ_1 die Konstanten bzgl. der einen reagierenden Gruppe (COOH) bzw. σ_2 u. ϱ_2 die bzgl. der anderen Gruppe (CH_2OH) darstellen, ϱ_1- u. ϱ_2-Werte betragen für die Lactonisierung 0,264 bzw. —0,910, für die alkal. Hydrolyse der Phthalide (l. c.) bei 25° in 15,1%ig. A. 1,998 bzw. 0,009, in 20%ig. A. 1,951 bzw. —0,053 u. in 75,4%ig. A. 2,696 bzw. 0,071. Da die ϱ_2-Werte für die Hydrolyse der Phthalide nahe null sind, wird die Annahme bestätigt, daß die Rk. durch nucleophilen Angriff am Carbonyl erfolgt. Der Substituenteneinfl. bei der Lactonisierung geht in den 2 Fällen, wo keine ster. Effekte auftreten, dem bei der Veresterung von Benzoesäuren gefundenen parallel, bei p-Substituenten scheinen mesomere Effekte E keinen Einfl. auf die k_1-Werte auszuüben; für p-F, p-OCH_3 u. p-OC_2H_5 wird unter Benutzung der Ergebnisse von HARTMAN u. GASSMANN (J. Amer. chem. Soc. **62.** [1940.] 1559 u. früher) gezeigt, daß bei der Veresterung nicht die n. HAMMETTsche Gleichung gilt, sondern $\log k_x/k_H = \varrho_2(\sigma_x + 0{,}763)$, wobei $\varrho_2 = 0{,}488$. Die Korrektur (+0,763) trägt dabei der Unwirksamkeit von E-Effekten Rechnung. Für die Lactonisierung gilt, daß die n. HAMMETTsche Gleichung gut erfüllt ist, wenn man die Werte für p-OCH_3 u. p-OC_2H_5 beiseite läßt. Vff. schließen, daß für die Lactonisierung u. für die Veresterungen analoge Mechanismen wirksam sind, für die letzte wird der INGOLDsche Mechanismus $A_{AC}2$ mit dem Übergangszustand **A** angenommen, für die Lactonisierung analog **B**. Diese sind auch in Übereinstimmung mit den Ergebnissen von LONG u. FRIEDMAN (C. **1951.** II. 1565) u. mit der Wrkg. der elektr. Effekte. — Die o-Methylolbenzoesäuren wurden durch alkal. Hydrolyse der Phthalide dargestellt, *6-Aminophthalid* durch Einw. von $SnCl_2$–HCl auf 6-Nitrophthalid in Essigsäure in der Hitze. Zur Vermeidung von Rück-Rkk. (Ringschluß) mußte meist sofort mit Ae. extrahiert werden. Obige FF. sind wegen vorzeitiger Zers. zum Teil ungenau, Reinigung der Verbb. durch Kristallisation aus Ae.–Petroläther. (Bull. Soc. chim. France, Mém. [5] **21.** 769—75. Juni 1954. Rennes, Fac. des Sci., Labor. de Chim. Organ. et Biol.)

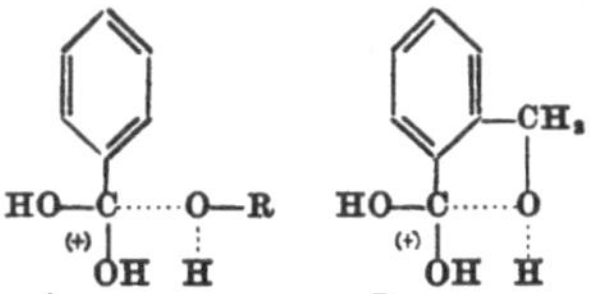

A B

GNAUCK. D 225

Nelson J. Leonard, Robert C. Sentz und **William J. Middleton,** *Umlagerung von α-Aminoketonen bei der Clemmensen-Reduktion.* 9. Mitt. *Das Schicksal der Asymmetrie am α-C-Atom.* (8. vgl. C. **1954.** 2828.) *rac. 1.2-Dimethyl-2-äthylpiperidon-(3)* (**I**) wurde mit Dibenozyl-D-weinsäure gespalten u. die so erhaltene (+)-Verb. der CLEMMENSEN-Red. unterworfen. Das entstehende *1-Methyl-2-[sek.-butyl]-pyrrolidin* war inaktiv. Damit ist erneut bewiesen, daß bei der CLEMMENSEN-Red. von **I** prim. die $C_{(\alpha)}$-N-Bindung gesprengt wird.

V e r s u c h e (FF. korr.): Das Verf. zur Darst. von **I** (vgl. 5. Mitt. C. **1952.** 678) wurde verbessert: *α-Methylamino-α-methylbutyronitril* wurde in 88%ig. Ausbeute gewonnen, es wurde zu *α-Methylamino-α-methylbuttersäureäthylester* verseift u. verestert; 52% (Ausbeute). Dieser lieferte bei Kondensation mit γ-Jodbuttersäureäthylester in Ggw. von wasserfreier Soda *α-Carbäthoxy-α-methylpropyl-γ'-carbäthoxypropylmethylamin*; 82%. Daraus entstand durch DIECKMANN-Cyclisation mit C_2H_5ONa in Toluol, Hydrolyse u. Decarboxylierung *(±)-1.2-Dimethyl-2-äthylpiperidon-(3)* [(±)-**I**]; $Kp._{17}$ 94—95°; n_D^{20} 1,4660; 55%. *Hydrochlorid,* F. 151,5—152°. *Pikrat,* F. 211,5—212,5°. *Pikrolonat,* F. 203,5—204°. — *Mono-(+)-1.2-dimethyl-2-äthylpiperidon-(3)-dibenzoyl-D-tartrat,* $C_{27}H_{31}O_9N$, F. 150° (Zers.), aus 56,5 g Dibenzoyl-D-weinsäuremonohydrat u. 27,8 g (±)-**I** in Ae.; aus 80%ig. A. Prismen; $[\alpha]_D^{23}$ —144,5° (c = 2, CH_3OH); 25,1 g. — (+)-**I**, $C_9H_{17}ON$, $Kp._{18}$ 95—96°, durch ½std. Schütteln von 25 g vorst. Verb. mit 3n HCl, Alkalisieren des Filtrats u. Ausäthern; n_D^{20} 1,4658; $[\alpha]_D^{24}$ 0,79 ± 0,01° (l = 1 dm); 4,8 g. — Nach 12std. Kochen von (+)-**I** mit Zn-Amalgam in konz. HCl, Einengen, Alkalisieren, Dampfdest., Ansäuern des Destillats, Eindampfen, Alkalisieren u. Ausäthern wurde *1-Methyl-2-[sek.-butyl]-pyrrolidin,* $C_9H_{19}N$, erhalten; $Kp._{749}$ 159—163°;

n_D^{24} 1,4469; $[\alpha]_D^{24}$ 0,0°; 41%. *Pikrat*, F. 125—126°; 100%. — Die Daten der Infrarotspektren aller Verbb. werden angegeben. (J. Amer. chem. Soc. **75**. 1674—75. 5/4. 1953. Urbana, Ill., Univ. of Illinois, Noyes Chem. Labor.) NITZSCHKE. D 225

M. F. Mulcahy und **M. J. Ridge**, *Die Kinetik der Oxydation von Propylen*. 2. Mitt. *Die kinetischen Charakteristika der Induktionsperiode*. (1. vgl. C. **1954**. 8546.) Für die reziproke Induktionsperiode $1/\Theta$ der Oxydation von Propylen bei 291° wird der Ausdruck $1/\Theta = \alpha + \beta = g[C_3H_6]^2 \cdot [O_2] + \{a_W[C_3H_6]^2 \cdot [O_2]\}\{[O_2] + j_{C_3H_6}[C_3H_6] + j_{Mi}[Mi]\}/\{r[C_3H_6]^2 + [O_2]\}$ ([Mi] = Konz. des inerten Gases; g, a_W, r = Konstanten; $j_{C_3H_6}$, j_{Mi} = reziproke Werte der Diffusionskoeffizienten der akt. Partikeln relativ zu $j_{O_2} = 1$) angegeben. a_W u. wahrscheinlich auch g sind von der Oberflächenbeschaffenheit abhängig; a_W, g u. r werden aus experimentellen Daten, $j_{C_3H_6}$ u. j_{Mi} aus der kinet. Theorie erhalten. Unter Berücksichtigung ihrer früheren Arbeiten (l. c.) u. des bekannten Verh. von Hydroperoxyden u. Aldehyden versuchen Vff. eine Interpretation dieses Ergebnisses zu geben. Das Ende der Induktionsperiode wird erreicht, wenn sich ausreichende Mengen von Formaldehyd (I) u. höheren Aldehyden (II) gebildet haben. α ist ein Maß für die Gesamtgeschwindigkeit der autokatalyt. Bldg. von I nach einer sich langsam verzweigenden Ketten-Rk. vom Hochtemperaturtyp. β ist der Geschwindigkeit der Bldg. von II durch Zers. von Hydroperoxyd proportional. Das Hydroperoxyd wird aus den Reaktionskomponenten nach einem Mechanismus gebildet, der dem bei Oxydationen in fl. Phase gefundenen Mechanismus ähnlich ist (MULCAHY u. WATT, Proc. Roy. Soc. [London], Ser. A **216**. [1953.] 10 u. 30). Der Anreicherung von Hydroperoxyd wirkt die Zers. an der Wand entgegen, so daß die Hydroperoxydkonz. sehr schnell einen stationären Wert erreicht. In Übereinstimmung mit NORRISH (Colloques int. Centre nat. Rech. sci. **16**. [1948.] 16) wird auch für die Aldehyde Zers. durch eine Wand-Rk. angenommen u. weiterhin eine allmähliche Hemmung dieser Rk. durch die entstehenden Reaktionsprodukte. (Trans. Faraday Soc. **49**. 1297—1311. Nov. 1953. Melbourne, Univ., C. S. I. R. O., Div. of Tribophys.) KARUTZ. D 225

G. L. Banks, A. J. Chalk, J. E. Dawson und **J. F. Smith**, *Die Katalyse der Olefinautoxydation durch Schwermetallionen in nichtpolaren Medien*. Die katalyt. Autoxydation von *Cyclohexen* (I) in Ggw. von Co^{2+}-, Mn^{2+}-, Cu^{2+}- oder Fe^{2+}-Ionen in Form von Salzen der n-Heptansäure (II) mit u. ohne Zusatz von II bei 60° wird untersucht. Bei Zusatz des polaren Lösungsm. II nimmt die Rk. einen völlig anderen Verlauf als im nichtpolaren I, die katalyt. Wrkg. der einzelnen Kationen zeigt in den beiden Fällen eine verschiedenartige Folge. — Die Geschwindigkeit der Rk. wird qualitativ verfolgt; der Mechanismus der Rk. in Abwesenheit von II mit Fe(III)-Ionen als Katalysator wird diskutiert: Vff. nehmen an, daß der geschwindigkeitsbestimmende Schritt der Rk. die Bldg. freier Radikale durch Zerfall eines Fe(III)-Peroxydkomplexes ist. (Nature [London] **174**. 274—75. 7/8. 1954. Shawbury, Shrewsbury, Salop., Res. Assoc. of Brit. Rubber Manufact.) PAULIG. D 225

R. G. R. Bacon, R. W. Bott, J. R. Doggart, R. Grime und **D. J. Munro**, *Metallkatalysierte Persulfatoxydationen organischer Verbindungen*. Es wird die Einw. von Persulfat auf einfache aromat. Verbb. (gelöst oder suspendiert in wss. oder teilweise wss. Lsg.) bei 20—60° untersucht in Ggw. von Ag^+-Ionen. Die Reaktionsprodd. sind teils leicht isolierbare, teils harzartige Verbb. in manchmal guter Ausbeute. — Typ. Ergebnisse: Toluol wird oxydiert zu *Benzaldehyd, Benzoesäure* u. *Dibenzyl*; aus aromat. Alkoholen erhält man (oft in guter Ausbeute) den entsprechenden Aldehyd u. nur wenig Carbonsäure. Phenylessigsäuren $ArCH_2COOH$ werden zu ArCHO, ArCOOH u. $(CH_2Ar)_2$ oxydiert; die Ester $ArCH_2COOC_2H_5$ ergeben stereoisomere Formen von $C_2H_5OOC \cdot CHArCHArCOOC_2H_5$; Benzylhalogenid führt zu kernhalogeniertem Phenol; p-Kresol ergibt Dioxydimethyldiphenyl-, Trioxytrimethylterphenyl- u. Ketotetrahydrodibenzfuranderivate. — Kernsubstituenten ($—NO_2$, $—OCH_3$) üben einen starken Einfl. auf den Verlauf der Oxydation aus. Amorphe Oxydationsprodd. (Huminsäuren) sind Endprodd. aus Phenolen u. Chinonen. — Außer Ag^+-Ionen eignen sich zum Teil auch Fe^{2+}- u. Fe^{3+}-Ionen als Katalysatoren bei der $S_2O_8^{2-}$-Oxydation. (Chem. and Ind. **1953**. 897—98. 22/8. Belfast, Queen's Univ., Dep. of Chem.) FECHTER. D 225

Norman N. Lichtin und **George R. Thomas**, *Die Sauerstoffanlagerungsreaktion von Hexaaryläthanen*. 1. Mitt. *Die Stöchiometrie der Reaktion von Hexaphenyläthan*. Die Stöchiometrie der Rkk. von *Hexaphenyläthan* (I) mit O_2 mit u. ohne Zusatz von Pyrogallol (II) wurde untersucht. Den Berechnungen wurde bei Abwesenheit von II die Gleichung $C_2(C_6H_5)_6 + O_2 \rightarrow C_2(C_6H_5)_6O_2$ u. bei Ggw. von II die Gleichung $C_2(C_6H_5)_6 + 2\,O_2 + nC_6H_3(OH)_3 \rightarrow 2\,(C_6H_5)_3COOH$ + unbekannte Prodd. (vgl. ZIEGLER u. Mitarbeiter, Liebigs Ann. Chem. **551**. [1942.] 179 u. früher) zugrunde gelegt. Die O_2-Absorption von I in Brombenzollsg. bei Abwesenheit von II sinkt mit steigender Temp.

u. fallendem O_2-Druck. Bei Verwendung von Luft wird bei 25—30° ein Grenzwert erreicht. Bei Tempp. um 0° ist mit reinem O_2 die absorbierte Menge größer, als nach der Gleichung zu erwarten. Verss. in Ggw. von **II** zeigten, daß bei gleichzeitigem Lösen u. Rk. von **I** die absorbierte O_2-Menge geringer ist, als nach der Gleichung zu erwarten war. Verwendung von Brombenzol, Benzoesäureäthylester, Toluol, Benzoesäureäthylester–Toluol, Temperaturänderungen von 0—25°, Änderungen des O_2-Druckes von 0,2—1 at, Änderung der Konz. von **II**, Zusatz von Benzoesäure als Hilfsreagens gaben das gleiche Ergebnis. Das Reaktionsprod. der Rk. bei Abwesenheit von **II** ist, wie der niedrige F. 172—173° zeigt, kein reines Bis-tritylperoxyd. **I** im festen Zustand geht mit Luft unter Bldg. von gelben Prodd. eine rasche Oberflächen-Rk. ein. — **I**, F. 150 bis 152°, durch Schütteln einer Lsg. von Triphenylchlormethan in Toluol mit Hg. — Eine App. zur volumetr. Best. von O_2 wird beschrieben. (J. Amer. chem. Soc. **76.** 3020—24. 5/6. 1954. Boston, Mass., Univ., Dep. of Chem.) PAULIG. D 225

H. Behrens und **Alfred G. Maddock,** *Die Austauschreaktion zwischen Jod und Methyljodid.* Vff. untersuchen die Austausch-Rk. zwischen $^{131}J_2$ u. *Methyljodid* bei 0. 20 u. 35°, zum Teil unter Zugabe eines Gemisches von J_2, HJ u. Methylenjodid zum Reaktionsgemisch. Nach vollständigem Austausch (15 mg/Liter J_2) wird folgende Aktivitätsverteilung gefunden: 92% in CH_3J, $< 1\%$ in HJ, $\sim 1\%$ in J_2 u. 6% in CH_2J_2. Die Halbwertszeit ($t_{1/2}$) der Austausch-Rk. verringert sich von 45 Tagen für 300 mg/Liter J_2 auf wenige Std. für 4 mg/Liter J_2; die Gesamtreaktionsgeschwindigkeit wird wiedergegeben durch $k(a^{n-1}b^m + a^n b^{m-1}) = (-\log {}^1/_2)/t_{1/2}$ (a u. b = Konzz. der reagierenden Stoffe, m u. n > 1). — Nach Vff. sind Austauschvorgänge vorst. Art mindestens zum Teil verantwortlich für den Einfl. der freien Halogenkonz. auf die „Zurückhaltung" von radioakt. Halogen in organ. Moll., die bei der Bestrahlung von Alkylhalogeniden mit langsamen Neutronen auftritt. (J. chem. Physics **22.** 1139. Juni 1954. Cambridge, England, Dep. of Chem.) G. WINKLER. D 225

Jack Hine, Roy C. Peek jr. und **Billy D. Oakes,** *Der Mechanismus der basenkatalysierten Zersetzung von Haloformen.* 2. Mitt. *Die Kinetik des basenkatalysierten Deuteriumaustausches von Chloroform in wässeriger Lösung.* (1. vgl. C. **1952.** 2647.) Die Geschwindigkeit des Deuteriumaustausches von *Deuterochloroform* (**I**) in wss. Lsg. in Ggw. von NaOH wurde bei 0, 20,1 u. 35° gemessen. Geschwindigkeitsbestimmend ist die bimol. Reaktionsstufe $CDCl_3 + OH^- \rightarrow CCl_3^- + HOD$, gefolgt von der schnellen Rk. $CCl_3^- + H_2O \rightarrow CHCl_3 + OH^-$. Da unter den angewandten Bedingungen die Geschwindigkeit der alkal. Hydrolyse immer kleiner als 0,05% der des Deuteriumaustausches war, blieb die OH^--Konz. prakt. konstant, u. die Rk. war pseudomonomolekular. Die Geschwindigkeitskonstanten wurden aus der Gleichung $k[OH^-] = 2{,}303/t \log(p + p[CHCl_3]_t/[CDCl_3]_t)$, worin p den isotopen Reinheitsgrad des verwandten **I** angibt, errechnet. Zur Analyse wurde die wss. Lsg. mit Isooctan extrahiert u. die Konzz. der beiden Verbb. infrarotspektralanalyt. ermittelt. Als Geschwindigkeitskonstanten bei den 3 Tempp. wurden $0{,}470 \cdot 10^{-2}$, $10{,}2 \cdot 10^{-2}$ u. $73{,}5 \cdot 10^{-2}$ Liter·sec^{-1}·Mol^{-1}, als Aktivierungsenergien bzw. -entropien im Intervall 0—20,1° 23,8 kcal/Mol bzw. 18,2 cal/Mol·Grad, im Intervall 20,1—35° 23,2 kcal/Mol bzw. 16,1 cal/Mol·Grad gefunden. Bei Verwendung einer Pufferlsg. von Methylamin/Methylaminhydrochlorid konnte nur schwache allg. Basenkatalyse festgestellt werden. Der Deuteriumaustausch von *Chlf.* in D_2O in Ggw. von NaOD verläuft mehr als doppelt so schnell. (J. Amer. chem. Soc. **76.** 827—29. 5/2. 1954. Atlanta, Ga., Inst. of Technol., School of Chem.) LOHAUS. D 225

R. E. Kinney und **Lyle A. Hamilton,** *Die Einwirkung von Aluminiumchlorid auf n-Butylbenzol.* Vff. untersuchen die Rk. von n-Butylbenzol (**I**) mit $AlCl_3$ bei 100°, bei der *Di-n-butylbenzol* (**II**) (mindestens 90% m-Verb.) u. Bzl. gebildet werden. **II** reagiert mit $AlCl_3$ u. überschüssigem Bzl. bei 85° unter Rückbldg. von **I**. Es erscheint Vff. wahrscheinlich, daß die Alkylgruppen nicht als freie Carboniumionen übertragen werden (bei denen unter Reaktionsbedingungen Umlagerung zu sek. oder tert. Alkylgruppen erfolgen würde), sondern, daß ein bimol. Mechanismus gilt, bei dem die wandernde Gruppe mit einem zweiten aromat. Ring eine Partialbindung eingeht, ehe die Bindung zum ersten Ring gelöst wird (vgl. MCCAULAY u. LIEN, C. **1954.** 6207).

Versuche: *n-Butylbenzol* (**I**), Kp. 183,6°, $Kp._{50}$ 96,5—97,5°. — *m-Di-n-butylbenzol* (**II**), $Kp._{50}$ 160—162° (Reinheit mindestens 90%), aus 202,5 g **I** u 40 g $AlCl_3$ durch 3 std. Rühren bei 100°; 27,7% (Ausbeute), daneben 15,2% Bzl., 45,2% **I** zurück u. 11,9% höhersd. Prod. (reagiert nicht mit $AlCl_3$ u. Bzl. unter Bldg. von **I**, ist also kein Polybutylbenzol); liefert beim 5 std. Kochen mit überschüssigem Bzl. u. $AlCl_3$ **I**; 75%. (J. Amer. chem. Soc. **76.** 786—87. 5/2. 1954. Philadelphia, Pa., Temple Univ., Chem. Labor.) G. WINKLER. D 225

R. M. Keefer, John H. Blake und **L. J. Andrews,** *Die Dunkelreaktion von Brom mit Mesitylen in Tetrachlorkohlenstofflösung.* Die Rk. von Brom mit *Mesitylen* **(I)** in CCl_4 im Dunkeln bei 25° wird untersucht u. der katalyt. Einfl. von W. u. HBr ermittelt. Als Reaktionsprod. tritt kernsubstituiertes Monobrommesitylen auf. Die Kinetik der Rk. bei konstantem Wassergeh. wird spektrophotometr. verfolgt. Die Rk. ist 1. Ordnung in bezug auf Br_2 u. — bei kleinen Konzz. — in bezug auf **I**, mit steigender Konz. von **I** sinkt die Ordnung in bezug auf **I**. Die Geschwindigkeitsgleichung $kt = Const. + [2,303/(HBr)_f^{1/2}] \cdot \log\{[(HBr)_f^{1/2} + (HBr)^{1/2}]/[(HBr)_f^{1/2} - (HBr)^{1/2}]\}$ wird bei hohen **I**-Konzz. ermittelt u. graph. geprüft, dabei ist $(HBr)_f$ die HBr-Konz. bei beendeter Reaktion. Aus den k-Werten der Rk. bei 17,6 u. 33,6° wurde die Aktivierungsenergie $\Delta E = -10,9$ kcal/Mol bestimmt. Zum Mechanismus der Rk. nehmen Vff. die Bldg. von Hydroniumionen u. deren Angriff auf den Bromadditionskomplex von **I** als geschwindigkeitsbestimmenden Schritt an. Für diesen Mechanismus geben Vff. die Geschwindigkeitsgleichung $-d(Br_2)_T/dt = k_1'K_3(\mathbf{I})(Br_2)_T(HBr^{1/2})[1 + K_3(\mathbf{I})]$ an, wobei K_3 die Konstante für das Gleichgewicht $\mathbf{I} + Br_2 \rightleftharpoons$ Additionsverb., $k_1' = k_1K_4^{1/2}(H_2O)^{n/2}$ u. K_4 die Konstante für das Gleichgewicht $2H_2O + (HBr)_2 \rightleftharpoons 2(H_3O^+ Br^-)$. k_1 ist die Geschwindigkeitskonstante für den geschwindigkeitsbestimmenden Schritt. Gefunden wurde $k_1' = 1,61$ u. $K_3 = 0,308$, aus spektrophotometr. Daten ergab sich $K_3 = 0,381$. (J. Amer. chem. Soc. **76.** 3062—67. 5/6. 1954. Davis, Calif., Univ., Dep. of Chem.) PAULIG. D 225

J. F. Bunnett und **George T. Davis,** *Kinetik der Reaktionen von 2.4-Dinitrochlorbenzol mit einigen gewöhnlichen nucleophilen Reagentien.* Die Geschwindigkeit der Rkk. von *1-Chlor-2.4-dinitrobenzol* **(I)** mit *Thiophenolation* **(II)**, *Piperidin* **(III)**, *Methoxylion* **(IV)**, *Phenolation* **(V)** u. *Hydroxylion* **(VI)** in Dioxan (60%)-W. wurden ermittelt. Die Rk. von **I** u. **VI** ist 2. Ordnung. Für die Rk. mit **I** wurden gefunden: für **VI** ΔE 17,5 [kcal/Mol], $\Delta S^{\ddagger}$ —15,4 [cal/Grad·Mol], für **V** 14,7 u. —20,2 u. für **III** 10,5 u. —30,5. Die Rk. von **I** u. **II** verläuft zu schnell zur Messung, die ΔE- u. $\Delta S^{\ddagger}$-Werte wurden aus den Rkk. von *4-Trifluormethyl-* (10,6; —28) u. *4-Chlor-2-nitrochlorbenzol* mit Hilfe der HAMMETT-Gleichung zu 7,9 u. —28 ermittelt. Die anderen Rkk. wurden durch potentiometr. Best. von Cl^- verfolgt. Wegen der Hydrolyse von **IV** in Dioxan–W. wurde die Rk. von **I** u. **IV** u. die von **I** u. **V** in Methanol verfolgt (Geschwindigkeitskonstante k_2 bei 25,2° 1,49 [*l*/Mol·min] für **I** u. **IV**, 0,479 für **I** u. **V**) u. daraus k_2 für die Rk. von **I** u. **IV** in Dioxan–W. auf 2,2 geschätzt. — Die Reaktionsfähigkeit sinkt in der Reihenfolge **II** $\gg$ **III** $>$ **IV** $>$ **V** $\gg$ **VI** ab. Vff. diskutieren den inversen Gang von Basizität u. Reaktionsfähigkeit, die niedrige nucleophile Reaktivität von OH^- bietet eine Erklärung für die bei der SCHOTTEN-BAUMANN- u. ähnlichen Rkk. auftretenden Erscheinungen. — *2.4-Dinitrophenol,* F. 113—114°, *2.4-Dinitrodiphenyläther,* F. 69,5—70°, *N-2.4-Dinitrophenylpiperidin,* F. 91—92°, *2.4-Dinitrodiphenylsulfid,* F. 121°, *4-Chlor-2-nitrodiphenylsulfid,* F. 83—84°, u. *2-Nitro-4-trifluormethyldiphenylsulfid,* F. 71—72°. (J. Amer. chem. Soc. **76.** 3011—15. 5/6. 1954. Chapel Hill, N. C., Univ. of North Carolina, Dep. of Chem.) PAULIG. D 225

H. Burton und **P. F. G. Praill,** *Acylierung und verwandte Reaktionen, katalysiert durch starke Säuren.* 8. Mitt. *Vergleich der Wirkung von Acetyl- und Benzylperchlorat auf Benzol und verwandte Verbindungen.* (1. vgl. C. **1954.** 7384; 7. vgl. J. chem. Soc. [London] **1952. 4457**; vgl. auch C. **1953. 7263.**) Zwischen der Acylierung von aromat. KW-stoffen mit Acetyl- **(I)** u. Benzoylperchlorat **(II)** u. ihrer Alkylierung mit Benzylperchlorat **(III)** — ohne Lösungsm. bzw. in Nitromethan **(IV)** — bestehen Unterschiede, die auf die unterschiedliche Konst. der aus den Perchloraten gebildeten organ. Kationen zurückgeführt werden. Bei den als Reaktionspartnern verwendeten aromat. KW-stoffen gehen nucleophile Eigg. u. Reaktivität parallel: Bzl. $\ll$ Toluol **(V)** $\ll$ m-Xylol **(VI)**. Im einzelnen wurden bei den A c y l i e r u n g e n erhalten (je nach **24** Std. bei Raumtemp.): aus **I** u. Bzl. Spuren (in **IV** $\sim$ 5%) *Acetophenon* **(VII)**; aus **II** u. Bzl. 0,02 (0,24) Mol *Benzophenon*; aus **I** u. **V** 0,44 (0,57) Mol *p-Methylacetophenon* (**VIII**, Kp. 215—220°, *2.4-Dinitrophenylhydrazon,* F. 256° [Zers.]); aus **I** u. **VI** 0,86 Mol *2.4-Dimethylacetophenon* (*2.4-Dinitrophenylhydrazon,* $C_{16}H_{16}O_4N_4$, F. 169—170°). Neben **VII** wurde dabei in **IV** *Benzoylaceton* gebildet, das bei 4std. Rk. auch aus **VII** u. **I** in **IV** zu 20% entstand ($Kp._9$ 118—120°, aus Methanol, F. 56°). Durch Zusatz von Acetanhydrid **(IX)** wurden die Ausbeuten an **VII** u. **VIII** verringert, in letztem Fall der Diketonanteil erhöht. Bei der Rk. von **I** mit **VI** dagegen vergrößert **IX**-Zusatz die Ketonausbeute. — Während die Ketonbldg. durch Rk. $RH + CH_3CO^+ \rightarrow RCOCH_3 + H^+$ (1) wiedergegeben wird, nehmen Vff. als mögliche Mechanismen für die Diketonbldg. an: $RCOCH_3 + CH_3CO^+ \rightarrow RCOCH_2COCH_3 + H^+$ (2) bzw. $(CH_3CO)_2O + CH_3CO^+ \rightarrow CH_3COCH_2CO^+ + CH_3 \cdot COOH$; $RH + CH_3COCH_2CO^+ \rightarrow RCOCH_2COCH_3 + H^+$ (3). Dabei soll Rk. (2) in Abwesenheit von **IX** verlaufen, (3) bei dessen Ggw. Hauptweg sein — **IX** u. **I** allein reagieren rasch miteinander. — Wie Vff. durch Rk. von **I** zeigten, das aus 72%ig. $HClO_4$ u. **IX** erhalten war (anstatt aus $AgClO_4$ u. CH_3COCl), wirkt das in solchen Lsgg. als Reagens anzunehmende $(CH_3CO)_2OH^+$ weniger stark acylierend als das CH_3CO^+ — die Ketonausbeute aus **VI** betrug hier nur 0,18 Mol. Andererseits beeinflußt $AgClO_4$ im Überschuß die Acylierung nicht bzw. nur durch seinen Salzeffekt. — Im Gegensatz zu den Ergebnissen mit **I** u. **II** wurde bei den Alkylierungen mit **III** gefunden: die Rk. mit Bzl. u. **V** erfolgt rasch u. führt zu 0,7 Mol *Diphenylmethan* (**X**, $Kp._{16}$ 134 bis 135°, F. 25—26°) bzw. *p-Methyldiphenylmethan* ($Kp._7$ 128—130°), daneben werden höhere Kondensationsprodd. gebildet, deren Menge in **IV** stark zunimmt (bei Rk. mit Bzl. *Verb.* $C_{20}H_{18}$, $Kp._{4-5}$ 185—190°, F. 65—74°). Dabei war $AgClO_4$ im Reaktionsgemisch vorhanden, bei Abwesenheit von $AgClO_4$ erfolgt keine **X**-Bldg., sondern „Polymerisation" des $C_6H_5CH_2^+$. Vff. diskutieren daher für die Alkylierung Rk. des **III** mit einem Bzl.-$AgClO_4$-Komplex oder Umsetzung von $C_6H_5CH_2^+$ mit der aromat. Verb. an der Ag-Halidoberfläche. Allg. scheint nach den Ergebnissen des Benzylkation viel reaktiver u. daher auch unbeständiger zu sein als die Acylkationen. — *p-Methylbenzoylaceton*, $C_{11}H_{12}O_2$, $Kp._{5-6}$ 126—132°, aus **VIII** u. **I** in **IV**. — *p-Methylbenzophenon, 2.4-Dinitrophenylhydrazon*, $C_{20}H_{16}O_4N_4$, F. 198—201° (Äthylacetat). — *p-Toluylsäure, S-Benzylthiuroniumsalz*, F. 188—189° (A.). (J. chem. Soc. [London] **1953.** 827—32. März. London, Univ., King's Coll. of Household u. Soc. Sci.) SCHLÖSSER. D 225

Glenn S. Skinner und **Frank P. Florentine jr.**, *Der Einfluß von Cyclopentan- und Cyclohexanringen auf die Reaktion tertiärer Alkohole und Chloride.* Vff. vergleichen Bldg. u. Hydrolyse von 8 tert. Chloriden (4 offenkettige, 4 Ringstrukturen — aus den entsprechenden tert. Carbinolen mit HCl, daneben in allen Fällen Bldg. von Olefin; Verhältnis Olefin : Chlorid in Abhängigkeit von der Reaktionsdauer graph. wiedergegeben), in denen sich die funktionelle Gruppe a) direkt am Ring (1.2-Stellung), b) in Nachbarstellung zum Ring (1.3-Stellung) befindet, um den Einfl. eines „Ringeffektes" auf die Rk. zu untersuchen. Die Hydrolyse der tert. Chloride in wss. A. (78%ig.) ist 1. Ordnung; die Verbb. *Äthylisopropyl-n-propylcarbinyl-*, *Cyclopentyldimethylcarbinyl-* u. *1-Isopropylcyclopentylchlorid* enthalten isomere tert. Chloride mit verschied. Solvolysegeschwindigkeiten.

Versuche: *Dimethylhexyl-(3)-carbinol*, $C_9H_{20}O$, $Kp._{14}$ 71,5°, aus Äthyl-n-propylessigsäureäthylester u. CH_3MgBr, n_D^{25} 1,4331, $D.^{25}_4$ 0,8334; 72% (Ausbeute). — *Dimethylhexyl-(3)-carbinylchlorid*, $Kp._{15}$ 68,5°, durch Einleiten von HCl in Lsg. vorst. Verb. in Ae. bis zur Sättigung, n_D^{25} 1,4388, $D.^{25}_4$ 0,8846; 80—90% (allg. Ausbeute für tert. Chloride), Hydrolysenkonstante (in 78%ig. A. bei 30°) $k = 0{,}00317\ min^{-1}$. — *Cyclohexyldimethylcarbinol*, $Kp._{15}$ 85,5°, F. 9,5°, aus Aceton u. Cyclohexyl-MgCl, n_D^{25} 1,4663, $D.^{25}_4$ 0,9177. — *Cyclohexyldimethylcarbinylchlorid*, $Kp._{16}$ 83°, n_D^{25} 1,4679, $D.^{25}_4$ 0,9622, k = 0,00157. — *Äthylisopropyl-n-propylcarbinol*, $C_9H_{20}O$, $Kp._{13}$ 66,5°, aus Äthylisopropylketon u. n-Propyl-MgBr, n_D^{25} 1,4369, $D.^{25}_4$ 0,8445. — *Äthylisopropyl-n-propylcarbinylchlorid*, $Kp._{12}$ 70,5°, n_D^{25} 1,4419, $D.^{25}_4$ 0,8928, k = 0,00150. — *1-Isopropylcyclohexanol*, $Kp._{13}$ 77°, F. 26°, aus Cyclohexanon u. Isopropyl-MgCl in Ae. bei —60°, n_D^{25} 1,4665, $D.^{25}_4$ 0,9223; 25%, daneben Cyclohexanol; 35%, u. Cyclohexylidencyclohexanon; 20%. — *1-Isopropylcyclohexylchlorid*, $Kp._{18}$ 85,5°, n_D^{25} 1,4691, $D.^{25}_4$ 0,9644, k = 0,00069. — *Dimethylpentyl-(3)-carbinol*, $C_8H_{18}O$, $Kp._2$ 38°, aus Diäthylessigsäureäthylester u. CH_3MgBr, n_D^{25} 1,4303, $D.^{25}_4$ 0,8346; 90%. — *Dimethylpentyl-(3)-carbinylchlorid*, $Kp._8$ 41°, n_D^{25} 1,4352, $D.^{25}_4$ 0,8852, k = 0,00425. — *Cyclopentyldimethylcarbinol*, $C_8H_{16}O$, $Kp._3$ 50°, aus Cyclopentancarbonsäureäthylester, n_D^{25} 1,4567, $D.^{25}_4$ 0,9073; 70%. — *Cyclopentyldimethylcarbinylchlorid*, $Kp._8$ 47°, n_D^{25} 1,4574, $D.^{25}_4$ 0,9545, k = 0,0030. — *Diäthylisopropylcarbinol*, $C_8H_{18}O$, $Kp._{18}$ 59°, aus Äthylisopropylketon u. C_2H_5MgBr, n_D^{25} 1,4347, $D.^{25}_4$ 0,8470; 79%. — *Diäthylisopropylcarbinylchlorid*, $Kp._6$ 41°, n_D^{25} 1,4405, $D.^{25}_4$ 0,8994, k = 0,00153. — *1-Isopropylcyclopentanol*, $C_8H_{16}O$, $Kp._6$ 53°, F. 20°, aus Isobuttersäureäthylester u. Tetramethylendi-MgBr; 58%, aus Cyclopentanon u. Isopropyl-MgBr; 23%, n_D^{25} 1,4551, $D.^{25}_4$ 0,9085. — *1-Isopropylcyclopentylchlorid*, $Kp._4$ 38°, n_D^{25} 1,4559, $D.^{25}_4$ 0,9525, k = 0,023. (J. Amer. chem. Soc. **76.** 3200—03. 20/6. 1954. Newark, Del., Univ., Chem. Dep.)

G. WINKLER. D 225

Peter E. Yankwich und **R. Linn Belford**, *Intramolekularer Kohlenstoffisotopeneffekt bei der Decarboxylierung von normaler Malonsäure in Chinolinlösung.* Der intramol. C-Isotopeneffekt bei der Decarboxylierung von *Malonsäure* (**I**) in Chinolin bei Tempp. zwischen 86 u. 138° wird untersucht (zum intermol. Isotopeneffekt vgl. C. **1954.** 1214). Das Isotopenverhältnis, das bei den Rkk. $^{12}CH_2{}^{12}COOH^{13}COOH \xrightarrow{k_3}$ $^{13}CO_2 + {}^{12}CH_3{}^{12}COOH$ u. $^{12}CH_2{}^{12}COOH^{13}COOH \xrightarrow{k_4} {}^{12}CO_2 + {}^{12}CH_3{}^{13}COOH$ im CO_2 entstand, wurde massenspektrometr. ermittelt. Die für den intramol. Effekt charakterist. Werte für k_4/k_3 betrugen bei 86° 1,0445 ± 0,0008, bei 100° 1,0410 ± 0,0009, bei 110° 1,0373 ± 0,0001, bei 123° 1,0356 ± 0,0002 u. bei 138° 1,0317 ± 0,0006. Diese Werte weichen von dem von Bigeleisen (J. physic. Chem. **56.** [1952.] 823 u. früher) für alle Tempp. vorausgesagtem Wert von 1,0198 ab. Vff. nehmen an, daß bei der Rk. zusätzliche Isotopeneffekte auftreten, die durch das Auftreten von reversiblen Gleichgewichten zwischen **I** u. Lösungsm. verursacht werden. Vff. geben unter vereinfachenden Annahmen 2 Methoden zur Berechnung von k_4/k_3 unter Ausschaltung des Lösungsmitteleinfl. an. Übereinstimmung mit Versuchsergebnissen wird nicht erzielt. Vff. diskutieren eine neue Modellvorstellung, die eine befriedigende Erklärung der Versuchsergebnisse bietet. (J. Amer. chem. Soc. **76.** 3067—70. 5/6. 1954. Urbana, Ill., Univ., Noyes Chem. Labor.) Paulig. D 225

Nathan Kornblum und **Harold E. DeLaMare,** *Optisch aktive Alkoxylradikale.* 2. Mitt. *Darstellung und Eigenschaften von optisch-aktivem α-Phenyläthyl-tert.-butylperoxyd.* (1. vgl. C. **1950.** I. 1581.) Um festzustellen, ob Alkoxylradikale sich nach RR'CHO• → RR'COH umlagern, wurde die therm. Zers. von opt.-akt. *α-Phenyläthyl-tert.-butylperoxyd* (**I**) in Thiophenol (**II**) als H-Donor untersucht. Dabei wurde opt.-akt. *α-Phenyläthylalkohol* (**III**, 27%ig. opt. rein) in 55%ig. Ausbeute erhalten. Vff. schließen daraus, daß das Alkoxylradikal $C_6H_5(CH_3)CHO^•$ fähig ist, ein H-Atom des **II** aufzunehmen, ohne sich vorher umzulagern. Die opt. Reinheit des **I** ist nicht bekannt, es wurde aus K-tert.-Butylhydroperoxyd (**IV**) u. ca. 65%ig. opt. reinem α-Phenyläthylbromid (**V**) gewonnen, die bei der Rk. entstehenden Br-Ionen wirkten auf **V** racemisierend. Zur Zeit kann daher nur gesagt werden, daß zwischen **42** u. **100**% der Alkoxylradikale ohne Umlagerung in **III** übergeführt werden können. Bei der Zers. von **I** in Cumol entstand kein **III**, sondern *Acetophenon* (**VI**), *2.3-Dimethyl-2.3-diphenylbutan* u. *tert.-Butanol* (**VII**). **VI** entsteht auch neben **III**, *Aceton* (**VIII**) u. **VII** bei der Zers. von reinem **I** bei 125°. Vff. nehmen für die Bldg. von **VI** folgende Ketten-Rk. an: **I** → $C_6H_5(CH_3)CHO^• + (CH_3)_3CO^•$; **I** + R—O• → $C_6H_5(CH_3)\dot{C}OOC(CH_3)_3$ + ROH; $C_6H_5(CH_3)\dot{C}OOC(CH_3)_3$ → **VI** + $(CH_3)_3C—O^•$. In **II**-Lsg. wird diese Ketten-Rk. zurückgedrängt. **III** entsteht als Hauptprod. neben *Diphenyldisulfid,* **VII** u. wenig **VI**.

Versuche: *l-α-Phenyläthanol* (**III**), Kp.$_6$ 81,2—81,8°, aus dl-**III** über das *l*-Hydrogenphthalat (F. 84,5—85,5°) (vgl. Eliel, C. **1950.** II. 1226), n_D^{20} 1,5270, $[\alpha]_D^{28}$ —21,6° (*l*: 0,5 dm). — *α-Phenyläthylbromid* (**V**), C_8H_9Br, Kp.$_6$ 75—76°, Kp.$_{3,5}$ 69,5°, durch Zugabe von PBr_3 zu dl-**III** [n_D^{20} 1,5280] in absol. Ae. bei 0 bis —10°, 12 Std. Stehen bei Zimmertemp., 1 Std. auf dem Dampfbad, n_D^{20} 1,5620; 76%. d-**V**, Kp.$_4$ 67,2—68,8°, aus *l*-**III** in Ggw. von Pyridin, Isolierung vgl. Gerrard (J. chem. Soc. [London] **1946.** 744); n_D^{20} 1,5619, $[\alpha]_D^{26}$ +48,0° (*l*: 0,5 dm); 58%. — *dl-α-Phenyläthyl-tert.-butylperoxyd* (**I**), $C_{12}H_{18}O_2$, F. —23,46 ± 0,05°, n_D^{20} 1,4802, D_4^{20} 0,9412, durch Zugabe von 63,2 g **IV** in **VII** zu 64,8 g **V** in **VII** unter N_2 bei 25—30°, 19 Std. Rühren, 1 Std. bei 40°, Reinigung nach Abtrennung von **V** u. **VI** durch Mol.-Dest. bei 0,1—0,3 mm bei Zimmertemp., 28,1 g. *l*-**I** (durch ca. 0,5% **VI** verunreinigt), Kp.$_1$ 56,3—57°, aus d-**V**, n_D^{20} 1,4809, $[\alpha]_D^{24}$ —51,0° (*l*: 1 dm); 33%; starke Infrarotabsorptionsbande bei 11,4 μ. (J. Amer. chem. Soc. **74.** 3079—83. 20/6. 1952. West Lafayette, Ind., Purdue Univ., Dep. of Chem.) John. D 225

J. W. Breitenbach und **A. Schindler,** *Zur Kenntnis des thermischen Radikalzerfalls organischer Verbindungen.* (Kurze Mitt.) *CBr_4* u. *Dibenzoyldisulfid* (**I**) bewirken Polymerisationsanregung durch therm. Zerfall in freie Radikale. Diese tritt schon bei verhältnismäßig niedrigen Tempp. (ca. 50°) ein. Die Verss. wurden mit fl. *Vinylchlorid* (**II**) dilatometr. durchgeführt. Bei CBr_4 u. **II** sind die gebildeten Polymeren so niedrigmol., daß sie im Monomeren prakt. gelöst bleiben. Bei einem Vers. bei 70° wurde mit $2 \cdot 10^{-3}$ Mol CBr_4 u. 1 Mol **II** nach 30 Std. ein Polymerisationsumsatz von ca. 1,5% erreicht. Als polymerisationsauslösender Vorgang wird die Rk. $CBr_4 \rightarrow Br\cdot + \cdot CBr_3$ angenommen. Bei Rk. von **I** u. **II** entstehen im Monomeren prakt. unlösl., ziemlich hochmol. Produkte. Der Polymerisationsumsatz nach 50 Std. betrug bei **I** ca. 0,5%. Der radikalliefernde Zerfall wird $C_6H_5CO—S—S—COC_6H_5 \rightarrow 2C_6H_5C(=O)—S\cdot$ formuliert. Die Halbwertzeit liegt bei **I** ca. 1000000mal höher als beim Dibenzoylperoxyd, was durch eine um 10 kcal höhere Bindungsenergie der S—S-Bindung gegenüber der O—O-Bindung erklärt werden kann. (Mh. Chem. **84.** 820—22. 15/8. S.-B. österr. Akad. Wiss., math.-naturwiss. Kl., Abt. IIb **162.** 820—22. 1953. Wien, Univ., I. Chem. Labor.) R. Mattner. D 225

M. C. Ford, L. J. Hunt und **William A. Waters,** *Eigenschaften und Reaktionen freier Alkylradikale in Lösung.* 6. Mitt. *Reaktionen mit N-Halogenaniliden.* (5. vgl.

C. **1954.** 9008.) Vff. untersuchten die Rkk. zwischen 2-Methoxycarbonylpropyl-(2)-radikalen (durch therm. Zers. aus α.α'-Azoisobuttersäuredimethylester (**I**)] mit N-halogenierten Aniliden (vgl. 3. Mitt., C. **1953.** 3860), wobei außer *α-Halogenisobuttersäuremethylester* (35—50% Ausbeute) u. *Tetramethylbernsteinsäuredimethylester* offenbar über die Form **B** nebenst. N-Radikals aus N-Chloracetanilid (**II**) 6% *α-p-Acetamidophenylisobuttersäuremethylester* (**XI**), N-Chlorbenzanilid (**III**) 26% *4-Benzamido-N-benzoyldiphenylamin* (**IV**), N.2'.4'-Trichlorbenzanilid (**V**) 54% *2-Benzamido-N-benzoyl-3.5.2'.4'-tetrachlordiphenylamin* (**VI**) u. N.2.4'.6'-Tetrachlorbenzanilid (**VII**) 4% *3.5-Dichlor-1.4-benzochinon-1-[2.4.6-trichloranil]* (**VIII**) entstanden. N-Bromacetanilid (**IX**) ergab nur *α-Bromisobuttersäuremethylester*, Teer u. Ausgangsstoff.

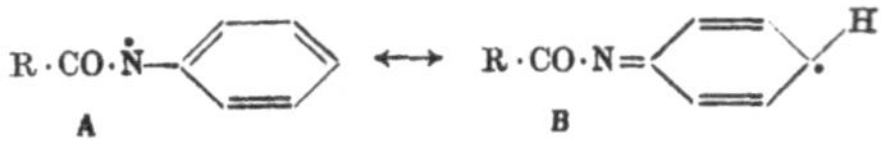

A B

VI u. **VIII** entstanden sicher über **X**, die Hydrolyse der C_6H_5CON-Gruppe erfolgte wahrscheinlich bei der chromatograph. Aufarbeitung. Außerdem entstanden, zum Teil als Hauptprodd., undefinierbare höhermol. Verbb., nach BICKEL u. WATERS (C. **1954.** 3213) ist aus **I** als Endprod. Polymethylmethacrylat zu erwarten. Die Konst. von **XI** wurde durch Hydrolyse u. Charakterisierung der α-p-Aminophenylisobuttersäure, die von **VI** ebenfalls durch Hydrolyse u. Diphenylaminblau-Rk. erhärtet. **IV** konnte auch aus N-Benzoyl-4-nitrodiphenylamin, **VIII** durch Kondensation von 2.6-Dichlor-1.4-benzochinon (**XIV**) mit symm. Trichloranilin (**XV**) dargestellt werden. Die Infrarotspektren von **IV** u. **VI** sind ähnlich (nur wichtigste Banden angegeben).

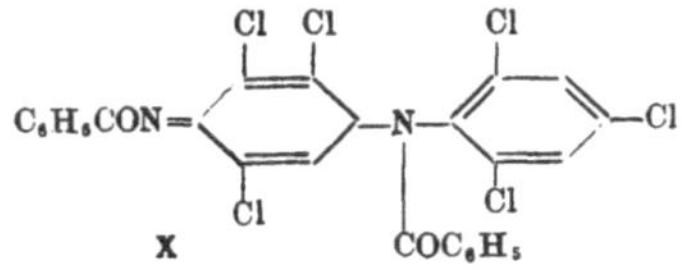

X

Versuche: Aus **I** u. **II** (in Bzl. 2 Std. erhitzen) entstanden: 6% *α-p-Acetamidophenylisobuttersäuremethylester* (**XI**), $C_{13}H_{17}O_3N$, F. 164° (Bzl.), 35% *α-Chlorisobuttersäuremethylester* (**XIII**) (→ *α-Chlorisobutyramid*, C_4H_8ONCl, F. 119—121°) u. *Acetanilid*, F. 114°. — *α-p-Acetamidoisobuttersäure*, $C_{12}H_{15}O_3N$, F. 168—169° (Toluol), durch alkal. Hydrolyse von **XI**. — *α-p-Aminophenylisobuttersäure* (**XII**), $C_{10}H_{13}O_2N$, F. 168—169° (Zers., Toluol), durch saure Hydrolyse von **XI**. — *α-p-Benzamidophenylisobuttersäure*, $C_{17}H_{17}O_3N$, F. 221,5—223° (wss. A.). — *α-Phenylisobuttersäure*, $C_{10}H_{12}O_2$, F. 76,5 bis 78° (PAe.), aus **XII** in HCl bei 0° u. Zugabe von wss. $NaNO_2$-Lsg., dann mit Na-Hypophosphitlsg. behandeln, 1 Nacht bei 0°. — *α-[4-Amino-3.5-dibromphenyl]-isobuttersäure*, $C_{10}H_{11}O_2NBr_2$, F. 166,5—168° (wss. A.), aus **XII** bei n. Temp. u. Br_2-Eisessiglösung. — Aus **I** u. **IX**: 48% *α-Bromisobuttersäuremethylester* (Kp.$_{11-16}$ 40—47°, → *α-Bromisobutyramid*, F. 144°) u. Teer. — Aus **I** u. **II**: *Isobuttersäuremethylester* (*S-Benzylthiuroniumisobutyrat*, F. 142—144°; *Isobutyramid*, F. 104°), 45% **XIII**, Verb. $C_{26}H_{19}O_2N_2Cl$, F. 176 bis 178°, *Benzanilid* (F. 156—158° [PAe.]) u. 26% *4-Benzamido-N-benzoyldiphenylamin* (**IV**), $C_{26}H_{20}O_2N_2$, F. 202—203,5°, auch durch Zugabe von Sn-Granalien zu N-Benzoyl-4-nitrodiphenylamin in Eisessig-HCl unter Rühren bei 90°, weitere Zugabe von HCl, 1 Std. bei 100° (→ *4-Amino-N-benzoyldiphenylamin*, $C_{19}H_{16}ON_2$, F. 183,5—184° [wss. A.]) Benzoylierung in Aceton. — Aus **I** u. **V** bildeten sich: 54% *2-Benzamido-N-benzoyl-3.5.2'.4'-tetrachlordiphenylamin* (**VI**), $C_{26}H_{16}O_2N_2Cl_4$, F. 220° (Isoamylalkohol), 40% **XIII** u. *2'.4'-Dichlorbenzanilid*, F. 117—118°. — *2-Benzamido-3.5.2'.4'-tetrachlordiphenylamin*, $C_{19}H_{12}ON_2Cl_4$, F. 227,5° (A.), aus **VI** u. alkoh. KOH, 1½ Std. am Rückfluß. — Aus **I** u. **VII**: 41% **XIII**, 35% *Benzoylchlorid*, Teer u. 4% *3.5-Dichlor-1.4-benzochinon-1-[2.4.6-trichloranil]* (**VIII**), $C_{12}H_4ONCl_5$, purpurrote Nadeln aus A., F. 143°, auch aus **XIV** u. **XV** (1:1) in Eisessig, Zugabe von wenig konz. H_2SO_4, ½ Std. am Rückfluß, Benzolextrakt an Al_2O_3 chromatographieren. Bei Rk. von **XIV** u. **XV** in warmem A. entsteht eine schwarze Additionsverb. $C_6H_2O_2Cl_2 \cdot C_6H_4NCl_3$, schwarze Nadeln mit grünem Schimmer, F. 80,5°, zerfällt zum Teil beim Umkristallisieren. (J. chem. Soc. [London] **1953.** 3529—33. Nov. Oxford, Dyson Perrins Labor.) GNAUCK. D 225

Ti Li Loo, *Die Dissoziation gewisser Benzhydryläther.* Vf. bestätigt die Berichte von KAYE (C. **1953.** 217 u. 3078) u. HARMS u. NAUTA (Recueil Trav. chim. Pays-Bas **71.** [1952.] 431) über die Dissoziation gewisser Benzhydryläther. Bei dem Vers. der Darst. des Oxyds von Benzhydrylallyläther über das nichtisolierte Jodhydrin entsteht symm. Tetraphenyläthan. Bei der Rk. von Piperidin mit dem 1-Benzhydryläther des 3-Chlorpropandiols-(1.2) (**I**) erhielt Vf. β-Piperidinopropylenoxyd unter Abspaltung des Rests des **I**-Moleküls.

Versuche: *Benzhydrylallyläther*, $C_{16}H_{16}O$, Kp.$_{18}$ 172—176°, aus Diphenylchlormethan u. Allylalkohol in 25%ig. KOH (5 std. Kochen auf Dampfbad); 30,5% (Ausbeute). — *symm. Tetraphenyläthan*, F. 211° (Aceton), aus vorst. Verb. mit HgO u. J_2 in wss. Ae. unter Rühren, anschließendem Schütteln der Reaktionslsg. mit 20%ig. KOH u. Vakuumdestillation. — *1-Benzhydryläther des 3-Chlorpropandiols-(1.2)* (**I**),

$C_{16}H_{17}O_2Cl$, Kp.$_{20}$ 150—160°, aus Benzhydrol (II), Epichlorhydrin (III) u. konz. H_2SO_4 (6std. Erhitzen); 27%. — I entsteht nicht aus III mit der Na-Verb. von II. — *β-Piperidinopropylenoxyd, Hydrochlorid*, $C_8H_{15}ON \cdot HCl$, F. 245—247° (Schwärzung bei 238°); aus 8 g I mit 11,6 g Piperidin (3std. Erhitzen) u. nachheriger Zugabe von 6n HCl; 4 g. (J. Amer. chem. Soc. **74.** 4717—18. 20/9. 1952. Cincinnati, O., Christ Hospital, Inst. of Med. Res.) J. ROTHE. D 225

Leopold Horner und **Ernst Spietschka,** *Die präparative Bedeutung der Zersetzung von Diazocarbonylverbindungen im Ultraviolettlicht.* Substituierte Diazoketone spalten unter der Einw. von UV-Licht N_2 ab u. lagern sich in Ketone um. Diese können, wenn beständig, in Substanz isoliert, immer aber durch geeignete Reaktionspartner als funktionelle Derivv. in sehr guten Ausbeuten abgefangen werden. Bis-diazoketone erleiden zweimalige Zers. u. Umlagerung. Lichtzers. ergibt bessere Ausbeuten als therm. Zersetzung. Photochem. wandert immer der Substituent mit geringstem Resonanzvermögen oder eine resonanzstabilisierte Gruppe als ganze.

Versuche: (Ausführung vgl. C. **1954.** 521). Es entstanden: *Methylmalonsäurediäthylester*, Kp.$_{10}$ 75°, 2,6 g (Ausbeute) in A. aus 3 g Acetyldiazoessigsäureäthylester (I). — *Methylmalonestersäure*, Kp.$_{14}$ 135°, 1,8 g aus 3 g I in Dioxan. — *Phenylmalonsäuredimethylester*, F. 48°, Kp.$_{10}$ 150—155° 1,8 g aus 2 g Benzoyldiazoessigsäuremethylester (II) in absol. Methanol. — *Phenylketencarbonsäuremethylester* (III), Kp.$_{12}$ 135—140°, 1,5 g in absol. Ae. aus II. — *Phenylmalonsäuremethylesteranilid*, F. 108°, aus III + Anilin. — *α-Methylacetessigester*, Kp.$_{14}$ 80°, 2,5 g in absol. A. aus 4 g Diazoacetylaceton (IV). — *α-Methylacetessigsäureanilid*, F. 138—140° (Bzl.), 1,5 g aus 4 g IV in absol. Ae. + 2 g Anilin u. Behandlung des Prod. mit kochendem Wasser. — *α-Methylbenzoylessigester*, Kp.$_{10}$ 144°, 1,8 g aus 2 g Benzoyldiazoaceton (V) in absol. A., durch Zers. mit KOH entsteht Benzoesäure. — *α-Methylbenzoylessigsäureanilid*, F. 139° (Bzl.), 1,2 g aus 2 g V in Bzl. + 1 g Anilin. — *Äthantetracarbonsäuretetramethylester*, F. 135°, 0,8 g aus 1,5 g Oxalyl-bis-diazoessigsäuredimethylester in absol. Methanol. — *Korksäure*, F. 140° (W.), 1,5 g aus 2 g Adipinyl-bis-diazomethan (VI) in W.-Dioxan. — *Korksäurediäthylester*, Kp.$_{10}$ 140—145°, 1,8 g in absol. A. aus 2 g VI. — $(C_{12}H_{20}O_4)_x$, zähes, gelbes Harz, Mol.-Gew. 1340, 2 g aus 2 g VI in Dioxan + 0,9 g Butandiol-(1.4). — *Polyamid* aus Korksäure u. Hexamethylendiamin, $(C_{14}H_{26}O_2N_2)_x$, Mol.-Gew. 2770, 2930 (Werte sicher zu hoch), gelb, durchsichtig, 1,5 g aus 2 g VI + 1,2 g Hexamethylendiamin in Dimethylformamid. — *Polyketen* $(C_8H_{10}O_2)_x$, ab 200° Braunfärbung in absol. Ae. aus 2 g VI. (Chem. Ber. **85.** 225—29. 1952. Frankfurt/Main, Univ., Inst. für Org. Chem.) JOHN. D 226

A. M. Rubinstein und **N. A. Pribytkowa,** *Die Hydrierungs- und Dehydrierungsreaktionen an α- und β-Kobalt.* Mittels Röntgenstrukturanalyse wird der Einfl. der Reduktionstemp. von Co-Oxyd auf die Phasenzus. des Katalysators, der entweder ohne Träger oder auf Aktivkohle als Träger hergestellt wurde, untersucht. Zur Herst. der beiden Co-Formen, der bei niedrigen Tempp. auftretenden hexagonalen α-Form u. der bei hoher Temp. beständigen flächenzentrierten kub. β-Form wurde Co-Nitrat bei 300° zum Oxyd zers. u. dieses der 10std. Red. bei 300, 325, 350, 375, 420, 450, 600 u. 800° unterworfen; bei 300 u. 325° erfolgt noch keine Reduktion. Die Co-Katalysatoren wurden röntgenograph. untersucht. Bei 600 u. 800° waren die Kristallstrukturen identisch. Das bei 350° red. Co bestand nur aus der α-Form; das bei 420° red. Co enthielt gewisse Mengen, das bei 450° red. bedeutende Mengen β-Form; die α-Form war aber noch vorherrschend; das bei 600° red. Co bestand aus der β-Form, während die α-Form nur in Spuren vorhanden war; bei 800° lag reine β-Form vor. Zur Herst. von Co auf Aktivkohle wurde mit HCl u. W. behandelte Birkenholzkohle mit Co-Nitrat getränkt, worauf bei 200° zers. u. 8 Std. bei 350, 600 oder 800° red. wurde (Co-Geh. 25%). Die Red. bei 350° lieferte nur α-Form, bei 600° β-Form mit Spuren α-Form, bei 600° mit anschließendem Erhitzen in H_2-Atmosphäre auf 800° nur β-Form. Die Größe der Kristallite war bei Co auf Kohle bei allen Tempp. gleich; bei Katalysatoren ohne Träger schwankten die Kristallite in der linearen Ausdehnung bei der α-Form um 15%, bei der β-Form um 30%, ohne daß Abhängigkeit von der Temp. zu erkennen war; auch die Größe der Elementarkristallite der α- u. β-Form war bei Katalysatoren ohne Träger fast gleich, bei Co-Kohlekatalysatoren ganz gleich. Die Aktivitätsprüfung erfolgte durch Hydrierung von *Bzl., Cyclohexen, Aceton, Äthylen* u. *CO* sowie Dehydrierung von *Cyclohexan* u. *A.* in der Dampfphase. Die Verss. ergaben, daß die α-Form bedeutend aktiver als die β-Form ist. Bes. deutlich treten die Unterschiede bei der Hydrierung u. Dehydrierung von cycl. KW-stoffen hervor. Bei mittleren Tempp. red. Katalysatoren (α- u. β-Form) zeigten hohe Aktivität. Die geringe Aktivität der β-Form wird auf die sehr hohen Reduktionstempp. zurückgeführt, wodurch Kristallite mit minimalen Gitterstörungen entstanden. Der unterschiedliche Einfl. von Cu-Zusatz bei Co- u. Ni-Katalysatoren der CO–H_2-Synth. besteht darin, daß Co-Katalysatoren mit Cu-Zusatz bei niedriger Temp. red. werden u. mit dem in kub. flächenzentrierter Form auftretenden Cu keine festen Lsgg. zu bilden vermögen, während die Ni-Katalysatoren das Ni in der β-Form enthalten, die mit Cu feste Lsgg. bildet, u. diese sind bei der CO–H_2-Synth. inaktiv. (Известия Академии Наук СССР, Отделение Химических Наук [Nachr. Akad. Wiss. UdSSR, Abt. chem. Wiss.] **1951.** 70—80. Jan./Febr. Inst. für organ. Chem. der Akad. der Wiss. der UdSSR.) v. Füner. D 227

E. R. Boedeker und **W. E. Erner,** *Katalytische Isomerisation von m-Xylol in der Dampfphase.* Die Isomerisation eines techn. Gemisches von 84% *m-Xylol* (**I**), 9% *p-Xylol* (**II**), 5% *o-Xylol* (**III**) u. 2% *Äthylbenzol* (**IV**) bei 515° u. 760 u. 90 Torr bei Ggw. eines Katalysators Houdry Typ S-45 wird beschrieben. Gefunden wurden im Endprod. bei 760 Torr 32,3% **I**, 18,9% **II**, 13,0% **III**, 5,1% **IV**, 1,2% Bzl., 13,0% Toluol (**V**) u. 16,5% C_9-Aromaten (**VI**) u. bei 90 Torr 59,8% **I**, 18,1% **II**, 9,2% **III**, 11,5% **IV**, 1,1% **V** u. 0,3% **VI.** Verdopplung der Raumgeschwindigkeit zeigt keinen Einfl. auf diese Ergebnisse. Vff. nehmen an, daß bei 760 Torr als Konkurrenz-Rk. eine Disproportionierung von 2 Mol Xylol zu **V** u. **VI** eintritt. Bei 90 Torr ist der Geh. an **I** höher u. der an **III** niedriger als für das thermodynam. Gleichgewicht berechnet. (J. Amer. chem. Soc. **76.** 3591. 5/7. 1954. Marcus Hook, Pa., Houdry Process Corp.) G. Paulig. D 227

D$_2$. Präparative organ. Chemie. Naturstoffe.

S. S. Berg und **V. Petrow,** *Neue Synthesen von heterocyclischen Verbindungen.* 16. Mitt. ***Einige weitere Beobachtungen über Ringschlüsse, unter Abspaltung von salpetriger Säure.*** (15. vgl. C. **1954.** 10003.) Vff. versuchen, den bereits für Synthesen von verschied. heterocycl. Verbb. angewendeten Ringschluß unter HNO_2-Abspaltung auf weitere Systeme zu übertragen. — Während 2-Aminothiazol (**I**) nicht mit Pikrylchlorid (**V**) reagiert, gibt 2-Amino-4-methylthiazol leicht *2.3-Dihydro-4-methyl-2-pikryliminothiazol,* welches sich jedoch nicht cyclisieren ließ. — Die von Ochiai u. Yanai (C. **1941.** II. 199) angegebenen Ausbeuten bei der Darst. von *6.8-Dinitro-1.9.11-triazafluorenen* konnten von Vff. trotz Anwendung verschied. Versuchsbedingungen nicht erreicht werden. — Während die Rk. von 2.4.6-Trinitroanisol (**VI**) mit 2-Aminopyrimidin (**II**) in CH_3OH zu dem **II**-*Pikrat* führt, entsteht in Ggw. von geschmolzenem CH_3COONa *2-[N-Methylpikrylamino]-pyrimidin.* Daß diese Rk. allg. Gültigkeit zu haben scheint, geht daraus hervor, daß **I** u. 2-Aminopyridin (**III**) ebenso reagieren, daß aus Äthylpikrat u. **III** *2-[N-Äthylpikrylamino]-pyridin* u., wenn auch in geringer Ausbeute, aus 2.4.6-Trinitrodiphenyläther u. **III** *2-[N-Phenylpikrylamino]-pyridin* gebildet werden. — *8-Pikylamino-1.2.3.4-tetrahydrocarbazol* u. *1-Pikrylaminocarbazol* konnten unter verschied. Bedingungen nicht cyclisiert werden. — *1-Methyl-4-nitro-5-[o-oxyanilino]-glyoxalin* gibt beim Ringschluß in alkoh. $(C_2H_5)_2NH$ bei 120° eine Verb., die wegen ihrer intensiv blauen Farbe nicht das n. *1-Methylbenzoxazino-[2'.3':4.5]-glyoxalin* sein kann, sondern der die Konst. des Azylradikals **IVa** oder des Azhydrins **IVb** zukommen wird, wobei die letztere wahrscheinlicher ist, da die Verb. in den gewöhnlichen Lösungsmitteln unlösl. ist; Red. mit Zn in konz. H_2SO_4 führt zu einer rosafarbenen red. Form, die in Ggw. von Luft sofort wieder in die blaue Verb. übergeht.

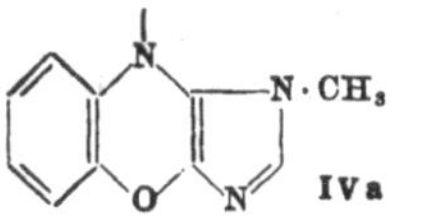
IVa

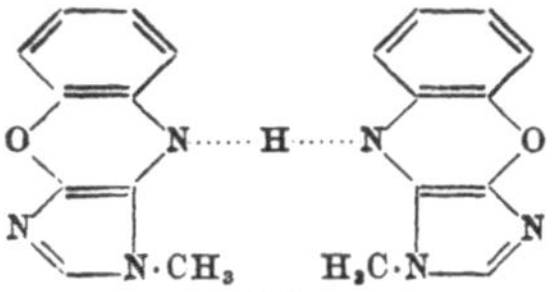
IVb

Versuche: Nach 5std. Kochen von 2 g **I** mit 2,5 g **V** in Bzl. u. Zugabe von PAe. entsteht der *2-Aminothiazol* (**I**)*–Pikrylchlorid* (**V**)*-Komplex,* $C_3H_4N_2S \cdot C_6H_2O_6N_3Cl$, F. 80—110°; 2,3 g (Ausbeute). — *2.3-Dihydro-4-methyl-2-pikryliminothiazol,* $C_{10}H_7O_6 \cdot N_5S$, F. 184—185°, durch 3std. Kochen von 10 g 2-Amino-4-methylthiazol mit 11 g **V** in Toluol; karminfarbene Nadeln aus Bzl.; 10,2 g; Cyclisationsverss. durch Kochen mit KOH–CH_3OH oder Phenol–Nitrobenzol, durch Erhitzen mit Dimethylanilin auf 200° oder durch Sublimation bei 170—175°/0,03 mm verliefen negativ. — *6.8-Diamino-1.9.11-triazafluoren,* $C_{10}H_9N_5$, F. > 300°, durch Red. von 500 mg 6.8-Dinitro-1.9.11-triazafluoren in CH_3OH mit PtO_2; grüne Prismen; 200 mg. — *6.8-Diamino-2-methyl-1.9.11-triazafluorendihydrochlorid,* $C_{11}H_{11}N_5 \cdot 2HCl$, F. > 300°, ebenso aus 400 mg 6.8-Dinitro-2-methyl-1.9.11-triazafluoren in Ggw. von verd. HCl bei 35—45°; blaßgelbe Prismen aus verd. HCl; 150 mg. — *4.6.8-Triamino-2-methyl-1.9.11-triazafluorentrihydrochlorid,* $C_{11}H_{12}N_6 \cdot 3HCl$, F. > 300°, ebenso aus 8 g 4-Acetamido-2-methyl-6.8-dinitro-1.9.11-triazafluoren; aus verd. HCl rosafarbene Prismen; 3,2 g. — Bei 5std. Kochen von 2.4-Dinitrobrombenzol mit 2-Amino-4-methylpyridin in Toluol in Ggw.

von geschmolzenem CH_3COONa oder in Cyclohexanol in Ggw. von Cu-Bronze u. bei 3std. Erhitzen der Komponenten auf 120—125° wurde keine Rk. beobachtet; in letzterem Fall trat bei 150° Explosion ein. — $^3/_4$std. Kochen von 2,5 g **VI** mit 1 g **II** in CH_3OH liefert *2-Aminopyrimidin* (**II**)-*Pikrat*, F. 234—235°; 2,7 g. — *2-[N-Methylpikrylamino]-pyrimidin*, $C_{11}H_8O_6N_6$, F. 225—226°, durch 5std. Kochen von 2,4 g **VI** u. 0,95 g **II** mit geschmolzenem CH_3COONa in CH_3OH; gelbe Prismen oder Rhomben aus Essigsäure oder Bzl.; 0,6 g. — Ebenso *2-[N-Methylpikrylamino]-thiazol*, $C_{10}H_7O_6N_5S$, F. 206—208°, aus 1 g **I**; blutrote Rhomben aus Bzl.; 700 mg. — *2-[N-Methylpikrylamino]-pyridin*, $C_{12}H_9O_6N_5$, F. 240—242°, rote Prismen aus Essigsäure; die Verb. entsteht auch durch 5std. Kochen von 12 g **VI** mit 1,5 g 2-Pikrylaminopyridin u. CH_3COO·Na in CH_3OH; 200 mg. — Carbazol u. Diphenylamin konnten durch **VI** nicht methyliert werden. — *2-[N-Äthylpikrylamino]-pyridin*, $C_{13}H_{11}O_6N_5$, F. 234—236°, aus 2,6 g Äthylpikrat u. 950 mg **III**; aus Essigsäure rote Rhomben; 500 mg. — *2-[N-Phenylpikrylamino]-pyridin*, $C_{17}H_{11}O_6N_5$, F. 229—231°, aus 3 g 2.4.6-Trinitrodiphenyläther u. 950 mg **III**; aus Essigsäure rote Prismen; 100 mg. — *1.2.3.4-Tetrahydro-8-pikrylaminocarbazol*, $C_{18}H_{15}O_6N_5$, F. 248° (Zers.), durch 1std. Erhitzen von 9,3 g 8-Amino-1.2.3.4-tetrahydrocarbazol, CH_3COONa u. **V**; aus Toluol rote prismat. Nadeln; 13,5 g. Die Verb. konnte weder durch Kochen mit Chinolin, noch durch Erhitzen mit Dimethylanilin auf 200°, auch nicht mit heißer alkoh. KOH oder durch Sublimation bei 205—210°/0,03 mm cyclisiert werden; $^1/_2$std. Erhitzen mit Phenol–Nitrobenzol auf 200° führte zu einer braunen amorphen Substanz, F. > 310°. — *1-Pikrylaminocarbazol*, $C_{18}H_{11}O_6N_5$, F. 274 bis 275° (Zers.), carminfarbene Prismen aus CH_3COOH; 80%. Der Ringverschlußvers. mit C_6H_5OH–$C_6H_5NO_2$ ergab ein rotbraunes amorphes Prod., F. >300°. — *1-Methyl-4-nitro-5-[o-oxyanilino]-glyoxalin*, $C_{10}H_{10}O_3N_4$, F. 222—224° (Zers.), durch 24std. Kochen von 8 g 5-Chlor-1-methyl-4-nitroglyoxalin, 5 g o-Aminophenol, 5 g geschmolzenem CH_3COONa u. einer Spur KJ in A.; gelbe Nadeln aus A.; in NaOH rot. — *Verb.* **IV a** oder **b**, F. >310°, durch 16std. Erhitzen von 5 g vorst. Verb. in A. mit $(C_2H_5)_2NH$ auf 120° im Rohr; aus Amylalkohol blaue Nadeln der ungefähren Zus. $C_{10}H_7ON_3$; 1,1 g; in Dioxan u. konz. H_2SO_4 leicht mit intensiv blauer Farbe lösl.; die Absorptionsspektren dieser Lsgg. werden angegeben. Die in konz. H_2SO_4 mit Zn-Staub bei 10—20° durchgeführten Red. liefert nach Einfiltrieren der Suspension in O_2-freies W., Rk. mit $Ba(OH)_2$ bei 15—30° in H_2-Atmosphäre u. Einengen des Filtrats unter N_2 im Vakuum eine rosafarbene Substanz, F. 250—255°, die an der Luft wieder blau wird. (J. chem. Soc. [London] **1952**. 784—87. März. Dagenham, May & Baker Ltd., u. London, Brit. Drug Houses Ltd.) NITZSCHKE. 460

J. A. McCarter, *Darstellung von ^{14}C-Cyanid aus ^{14}C-Carbonat.* Vf. findet in der von HOOD u. SALAMON [1895] beschriebenen Meth. ein einfaches u. billiges Verf., *^{14}C-markiertes K-* oder *Na-Cyanid* für organ. Synthesen mit hohen Ausbeuten aus $K_2{}^{14}CO_3$ darzustellen, das durch Einleiten von $^{14}CO_2$ in 4nKOH u. Eindampfen dieser Lsg. leicht zugänglich ist.

V e r s u c h e : 0,001 Mol gepulvertes wasserfreies $K_2{}^{14}CO_3$, mit 1 g Zn-Staub innig vermischt, wird in ein Schiffchen gefüllt u. in einem Verbrennungsrohr (l = 750 mm, d = 19 mm) elektr. auf 650° erhitzt. Ein NH_3-Strom, der vorher heißen Fe-Draht passiert hat, wird 4 Std. bei der angegebenen Temp. u. anschließend bis zur Abkühlung übergeleitet u. das Reaktionsprod. aus H_2SO_4-saurer Lsg. in eine mit 1nKOH bzw. NaOH beschickte Vorlage destilliert; 88—93% Ausbeute an $K^{14}CN$ bzw. $Na^{14}CN$. (J. Amer. chem. Soc. **73**. 483. Jan. 1951. Halifax, Can., Dalhousie Univ., Dep. of Biochem.) SCHÖNEWALD. 480

R. D. H. Heard und **P. Ziegler,** *Die Darstellung von im Ring A markiertem radioaktiven Progesteron und Desoxycorticosteron.* (Vorl. Mitt.) Zur Unters. des Stoffwechsels u. gewisser Schlechtverträglichkeit von *Progesteron* (**I**) u. *Desoxycorticosteron* (**II**) wurden aus 3-Keto-Δ^4-ätiocholensäuremethylester (**III**) im Ring A markiertes **I** u. **II** dargestellt. **III** wurde mit O_3 zu *3.5-seco-5-Oxo-17-carbomethoxyätiocholan-3-säure* aufgespalten u. diese mit CH_2N_2 in den Methylester übergeführt. Nach REFORMATSKI wurde daraus mit $^{14}C_{(COOH)}$-Methylbromacetat *$^{14}C_{(3)}$*-**III** gewonnen, F. 130—132°. Aus **III** wurde über die freie Säure u. das Säurechlorid mit CH_2N_2 *$^{14}C_{(3)}$-21-Diazoprogesteron* (**IV**) hergestellt, F. 163—170°. **IV** lieferte bei der Hydrolyse mit Essigsäure *$^{14}C_{(3)}$*-**II**-*21-acetat*, nach Sublimation F. 151—153°, 8,4·10^7 Zähler/mg·Min. *$^{14}C_{(3)}$*-**I** wurde aus **IV** durch Einw. von HJ in Chlf. gewonnen, F. 122—125°, 8,4·10^7 Zähler/mg·Minuten. (J. Amer. chem. Soc. **72**. 4328. Sept. 1950. Montreal, Can., McGill Univ., Dep. of Biochem.) BIENECK. 480

William Oroshnik und **Robert A. Mallory,** *Die Reaktion von Isopren mit tert.-Butylhypochlorit in hydroxylhaltigen Lösungsmitteln.* Vff. untersuchten die Rk. von

Isopren (I) mit tert.-Butylhypochlorit (II) in verschied. Solventien mit dem Ziel, das *1.4-Chlorhydrin* darzustellen. In CH_3COOH entstehen nebeneinander das 1.2-Addukt [**III**; *1-Chlor-2-methyl-2-acetoxybuten-(3)*] u. das *1.4-Addukt 1-Chlor-2-methyl-4-acetoxybuten-(2)* (**IV**); Homologe der Essigsäure führen zu den **III** bzw. **IV** analog gebauten Estern, bewirken jedoch mit steigender Kettenlänge in wachsendem Maße die Bldg. eines Nebenprod., das sich als das „anomale" 1.4-Addukt aus **I** u. **II** [*1-tert.-Butoxy-2-methyl-4-chlorbuten-(2)*; **V**] erwies. Auch in W. entstehen das *1.2-Chlorhydrin* (**VI**), das *1.4-Chlorhydrin* (**VII**) u. **V** nebeneinander, während ohne Lösungsm. fast ausschließlich **V** gebildet wird. In CH_3OH, A., n-Propanol, Isopropanol u. n-Butanol wird eine solche anomale Addition nicht beobachtet. Man erhält *1-Chlor-2-methyl-2-alkoxybutene-(3)* u. *1-Chlor-2-methyl-4-alkoxybutene-(2)* nebeneinander. Nur tert.-Butanol führt zu einer anomalen Rk., wobei vorwiegend **V** neben dem „n." 1.4-Addukt [*1-Chlor-2-methyl-4-tert.-butoxybuten-(2)*; **VIII**] entsteht. — Die Struktur der so erhaltenen *Derivv.* des *1.2-*, *1.4-* u. *4.1-Isoprenchlorhydrins* wurde wie folgt bewiesen. **III** ließ sich durch Hydrierung u. Alkoholyse in *1-Chlor-2-methylbutanol-(2)* (**IX**) überführen, das mit einem aus Chloraceton u. C_2H_5MgCl zum Vgl. dargestellten Präp. ident. ist: Beide Präpp. geben mit Diäthylamin das gleiche *1-Diäthylamino-2-methylbutanol-(2)* (**X**). In Ggw. von Säuren wandert die allylständige Acetoxygruppe von **III** leicht in die 4-Stellung, man erhält **IV**. Eine analoge Umlagerung wurde bei dem entsprechenden Methyläther [*1-Chlor-2-methyl-2-methoxybuten-(3)*; **XI**] nicht beobachtet. Eine Ätherspaltung mit Acetanhydrid/$FeCl_3$ gelang mit **XI** nicht, wohl aber mit dessen Hydrierungsprod., das auf diesem Wege in **IX** u. weiter in **X** übergeführt werden konnte. **IV** gibt bei der Ozonisierung Chloraceton. Katalyt. Enthalogenierung von **IV** führt zu *γ.γ-Dimethylallylacetat* (*„Prenolacetat"*; **XII**), das bei der Verseifung *Prenol*, bei der Hydrierung Isoamylacetat u. bei der $KMnO_4$-Oxydation Aceton liefert. Das aus **IV** u. K-Acetat leicht entstehende *1.4-Diacetoxy-2-methylbuten-(2)* wurde durch Säuren zu Tiglinaldehyd verseift (vgl. SHEPARD u. JOHNSON, J. Amer. chem. Soc. **54**. [1932.] 4388). Das aus **I** u. **II** in CH_3OH erhaltene 1.4-Addukt [*1-Chlor-2-methyl-4-methoxybuten-(2)*; **XIII**] gibt bei der katalyt. Enthalogenierung *Prenolmethyläther*, bei der Ozonspaltung Chloraceton. Die Struktur von **VIII** ging aus dem Infrarotspektr. seines *Isothioharnstoffpikrates* u. der glatten Überführbarkeit von **VIII** in **IV** mittels Acetanhydrids hervor. **V** wurde durch Ätherspaltung mit Acetanhydrid, katalyt. Enthalogenierung u. Verseifung in Tiglinalkohol umgewandelt. Alle 1.4-Addukte wurden zwecks Charakterisierung nach der Meth. von BROWN u. CAMPBELL [1937] zu den entsprechenden *Isothioharnstoffpikraten* (*ITHP*) umgesetzt, was mit den 1.2-Addukten nicht gelang. — Vff. vermuten, daß die n. 1.2- u. 1.4-Addition des **I** einem elektrophilen Mechanismus folgt, während als Gründe für die anomale 4.1-Addition zwei Möglichkeiten zur Diskussion gestellt werden: Entweder eine Spaltung von **II** in Cl^-- u.tert.-$C_4H_9O^+$-Ionen, die durch wenig zur H-Brückensolvatisierung neigende Lösungsmittel begünstigt werden könnte, oder aber eine radikal. Aufspaltung der Cl—O-Bindung in **II**. Für die zweite Möglichkeit spricht, daß in den Vorläufen von **V** geringe Mengen von *1.4-Dichlor-2-methylbuten-(2)* beobachtet wurden.

Versuche (FF. im FISHER-JONES-Block, Erhitzen 2°/Min.): Hypochlorierungen von **I**: 1 Mol **II** zu 1,25 Mol **I** + 6 Mol Lösungsm. innerhalb von 2 Std. zutropfen, in viel W. gießen, mit Ae. oder PAe. extrahieren, neutralisieren, trocknen u. dest.; Reaktionstempp. je nach Lösungsm.: CH_3OH u. A. 0—10°; HCOOH, CH_3COOH u. W. 10—15°; C_2H_5COOH, n- u. Isobuttersäure, n- u. Isopropanol 25—30°; n-Butanol 30°; bei alkoh. Lösungsmitteln dem Reaktionsgemisch 5 g p-Toluolsulfonsäuremonohydrat zusetzen u. das Rohprod. durch 8std. Rühren mit K_2CO_3 bei 70° vorreinigen. — *2-substituierte 1-Chlor-2-methylbutene-(3)*: *2-Formyloxy-*, $Kp._{12}$ 61—63°; n_D^{20} 1,4528; 28% (Ausbeute). — *2-Acetoxy-* (**III**), $Kp._{10}$ 60—63°; n_D^{20} 1,4457; 20%. — *2-Propionyloxy-*, $Kp._5$ 61—64°; n_D^{20} 1,4456; 15%. — *2-Oxy-* (**VI**), $Kp._{55}$ 71—73°; n_D^{20} 1,4583; 17%. — *2-Methoxy-* (**XI**), $Kp._{55}$ 68—69°; n_D^{20} 1,4432; 27%. — *2-Äthoxy-*, $Kp._{55}$ 74 bis 77°; n_D^{20} 1,4395; 27%. — *2-n-Propoxy-*, $Kp._{15}$ 62—64°; n_D^{20} 1,4414; 28%. — *2-Isopropoxy-*, $Kp._{15}$ 56—58°; n_D^{20} 1,4379; 17%. — *2-n-Butoxy-*, $Kp._{12}$ 76—78,5°; n_D^{20} 1,4437; 18%. — Neben vorst. Verbb. entstanden nachst. *4-substituierte 1-Chlor-2-methylbutene-(2)*: *4-Formyloxy-*, $Kp._{14}$ 82—85°; n_D^{20} 1,4675; 32% (verunreinigt durch **V**). — *4-Acetoxy-* (**IV**), $Kp._{10}$ 90—92°; n_D^{20} 1,4654; 32%, daneben 5% **V**. *ITHP*, F. 132—132,5°. — *4-Propionyloxy-*, $Kp._5$ 91—95°; n_D^{20} 1,4652; 18%, daneben 22% **V**. *ITHP*, F. 139,5—141,5°. — *4-n-Butyryloxy-*, $Kp._{10}$ 110—112°; n_D^{20} 1,4636; 14%, daneben 30% **V**. *ITHP*, F. 107—107,7°. — *4-Isobutyryloxy-*, $Kp._{14}$ 108—112°; n_D^{20} 1,4639; 7%, daneben 35% **V**. *ITHP*, F. 115—117°. — *4-Oxy-* (**VII**), $Kp._{1,5}$ 68—71°; n_D^{20} 1,4880; sehr zersetzlich; 3%, daneben 25% **V**. *ITHP*, F. 180,5—183°, entsteht auch aus der *4-Formyloxyverb.*, Thioharnstoff u. Pikrinsäure. — *4-Methoxy-* (**XIII**),

$Kp._{55}$ 89—91°; n_D^{20} 1,4595; 19%. *ITHP*, F. 177—178°. — *4-Äthoxy-*, $Kp._{10}$ 69—71°; n_D^{20} 1,4575; 18%. *ITHP*, F. 161—162°. — *4-n-Propoxy-*, $Kp._{13}$ 84,5—87,5°; n_D^{20} 1,4564; 16%. *ITHP*, F. 135,7—137,3°. — *4-Isopropoxy-*, $Kp._{16}$ 82—84°; n_D^{20} 1,4542; 19%. *ITHP*, F. 138—139°. — *4-n-Butoxy-*, $Kp._{12}$ 101—102,5°; n_D^{20} 1,5474; 16%. *ITHP*, F. 117—119°. — *1-Chlor-2-methyl-2-acetoxybutan* (**XIV**), $C_7H_{13}O_2Cl$, $Kp._{11}$ 60 bis 63°, aus **III** u. 1 Mol H_2 (Anfangsdruck 45 lbs.) in Ggw. von RANEY-Ni u. $CaCO_3$ in CH_3OH; n_D^{20} 1,4312; 79%. — *1-Chlor-2-methyl-2-methoxybutan*, $C_6H_{13}OCl$, $Kp._{55}$ 67 bis 68°, wie vorst. Verb. aus **XI**; n_D^{22} 1,4313; 86%; wird durch 1std. Einw. von Acetanhydrid in Ggw. von wasserfreiem $FeCl_3$ in vorst. Acetylverb. (55%) übergeführt.— *1-Chlor-2-methylbutanol-(2)* (**IX**), $Kp._{73}$ 80—81°, n_D^{25} 1,4442, a) durch 8std. langsames Abdestillieren von 50—70 cm³ Destillat aus 49 g **XIV** u. 250 cm³ schwach HCl-haltigem CH_3OH u. Aufarbeitung des Rückstandes; 22 g; b) aus 185,6 g Chloraceton u. äther. C_2H_5MgCl (aus 52,4 g Mg) bei —30°; 186 g; c) durch Hydrierung von **VI**. — *1-Diäthylamino-2-methylbutanol-(2)* (**X**), $C_9H_{21}ON$, $Kp._{15}$ 72—74°, n_D^{20} 1,4341, durch 4std. Erhitzen des nach a), b) oder c) erhaltenen **IX** mit überschüssigem alkoh. Diäthylamin auf 100° unter Druck; 70% bzw. 76% bzw. 47,5% (bezogen auf **VI**). *Pikrat*, $C_{15}H_{24}O_8N_4$, F. 88,5—89° (aus Bzl. mit Diisopropyläther gefällt, aus n-Butylchlorid umkrist.). — Die Umlagerung von **III** in **IV** wird durch 3—4tägiges Stehenlassen einer Lsg. von **III** in CH_3COOH bei Raumtemp. u. in Ggw. von H_2SO_4 u. $CuSO_4 \cdot H_2O$ bewirkt; 77%. *ITHP*, F. 130°. — *1.4-Diacetoxy-2-methylbuten-(2)*, $C_9H_{14}O_4$, $Kp._{15}$ 124—126°, n_D^{20} 1,4495, a) durch 6std. Rühren von **IV** mit K-Acetat in Eisessig bei 110°; 81%; b) aus Isoprendibromid u. K-Acetat nach SHEPARD u. JOHNSON (l. c.). — *Tiglinaldehydsemicarbazon*, F. 214—216° (50%ig. CH_3OH), durch $^1/_4$std. Erwärmen vorst. Verb. mit konz. HCl u. CH_3OH auf 45°, Neutralisieren u. Zufügen von Semicarbazid; 65%. — *γ.γ-Dimethylallylacetat* (**XII**), $C_7H_{12}O_2$, $Kp._{75}$ 84—87°, a) aus **IV** u. H_2 (Anfangsdruck 50 lbs.) in CH_3OH in Ggw. von RANEY-Ni u. viel entwässertem Na-Acetat; n_D^{20} 1,4274; 62%; b) aus 1 Mol Isoprenhydrochlorid u. 2 Mol K-Acetat in Eisessig bei 60—70°; n_D^{20} 1,4294; 52,7 g. — *γ.γ-Dimethylallylalkohol* (*Prenol*), $C_5H_{10}O$, $Kp._{75}$ 80—82°, durch nichtkatalysierte Alkoholyse oder Methanolyse des nach a) oder b) erhaltenen **XII**; n_D^{20} 1,4384 (nach a) bzw. n_D^{20} 1,4434 (nach b); 80%; gibt bei der $KMnO_4$-Oxydation Aceton. *p-Bromphenylurethan*, $C_{12}H_{14}O_2NBr$, F. 72,5—73,5° (Ligroin). *p-Nitrobenzoat*, $C_{12}H_{13}O_4N$, F. 60,5—61° (Ligroin). — *Isoamylacetat*, Kp. 140—142°, aus 21,0 g **XII** u. H_2 in Äthylacetat in Ggw. von Pd-Kohle; n_D^{20} 1,4003; 11,3 g. Die Hydrolyse lieferte *Isoamylalkohol* [*α-Naphthylurethan*, F. 63—64,5°. *p-Nitrophenylurethan*, F. 102—103°]. — *Prenylmethyläther*, $C_6H_{12}O$, Kp. 103—105°, a) aus **XIII** + H_2 wie **XII**; n_D^{25} 1,4119; 68%; b) aus Isoprenhydrochlorid u. $NaOCH_3$; n_D^{25} 1,4128; 42%. — Der Ozonabbau von **IV** bzw. **XIII** in CCl_4 ergab 43% bzw. 48% an *Chloraceton* [*2.4-Dinitrophenylhydrazon*, F. 122—124,5° (CH_3OH)]. Ein Teil des Chloracetons wird bei der Aufarbeitung verändert. — *1-Chlor-2-methyl-4-tert.-butoxybuten-(2)* (**VIII**) u. *1-tert.-Butoxy-2-methyl-4-chlorbuten-(2)* (**V**), $C_9H_{17}OCl$, $Kp._{1,2}$ 53—55°, durch 6std. Rk. von 1 Liter **I** in 3 Liter tert.-Butanol mit 796 g **II** bei 25°; n_D^{24} 1,4573; 441 g. 5 g **V** + **VIII** gaben 9,5 g *ITHP-Gemisch*, daraus durch fraktionierte Kristallisation aus 40%ig. A.: **V**-*ITHP*, $C_{16}H_{23}O_8N_5S$, F. 148,5—149,5°, schwerer lösl.; 3,7 g, u. **VIII**-*ITHP*, $C_{16}H_{23}O_8N_5S$, F. 159,5—161°, leichter lösl.; 2,3 g. — Rk. von **V** + **VIII** mit Acetanhydrid + $FeCl_3$ bei 50—60° gab neben *tert.-Butylacetat* [Kp. 95—97°, $D._4^{20}$ 0,876] n_D^{25} 1,3938, ein Gemisch von **IV** mit *1-Acetoxy-2-methyl-4-chlorbuten-(2)* (**XV**), $C_7H_{11}O_2Cl$, $Kp._{10}$ 91—96°, n_D^{24} 1,4633; 59%. — 5 g **IV** + **XV** → 11,3 g rohes *ITHP*, daraus durch Fraktionierung aus 70%ig., dann aus 50%ig. CH_3OH: **XV**-*ITHP*, $C_{14}H_{17}O_9N_5S$, F. 160—162°, schwerer lösl.; 3,8 g, u. **IV**-*ITHP*, $C_{14}H_{17}O_9N_5S$, leichter lösl.; 1,6 g; ident. mit dem aus reinem **IV** erhaltenen Präparat. — *Tiglylalkohol*, $C_5H_{10}O$, Kp. 139—145°, a) durch Hydrierung von 17,0 g **IV** + **XV** (vorst.) wie **XII** u. nachfolgende Hydrolyse; n_D^{22} 1,4346; 6,1 g; b) aus Tiglinaldehyd u. Al-Isopropylat, n_D^{20} 1,4420; 37%. *p-Nitrophenylurethan*, $C_{12}H_{14}O_4N_2$, F. 112,5—113,5° (Ligroin). *p-Bromphenylurethan*, $C_{12}H_{14}O_2 \cdot NBr$, F. 100,5—101,5° (Ligroin). — **V** + **VIII** ($Kp._{1,5}$ 54—55°, n_D^{20} 1,4568; 164 g) auch durch $1^1/_2$std. Rk. von **I** mit **II** ohne Lösungsm. bei 32—34°. 21 g rohes *ITHP* gaben 16 g **V**-*ITHP* u. 0,8 g **VIII**-*ITHP*. — *1.4-Dichlor-2-methylbuten-(2)*, aus den Vorläufen von **V** + **VIII**. *Bis-ITHP*, $C_{19}H_{20}O_{14}N_{10}S_2$, F. 226—227°; zum Vgl. aus authent. Isopren-1.4-dibromid: F. 229,5—230°. (J. Amer. chem. Soc. **72**. 4608—13. Okt. 1950. Raritan, N. J., Ortho Res. Foundat., Div. organ. Chem.) PRACEJUS. 560

John A. King, *Aktiver Wasserstoff in Aldehyden*. Der Nachw. von akt. H mit CH_3MgX in *sek.-Butyraldehyd*, *Cyclohexen-(1)-aldehyd-(4)*, *1.3.5-Trimethylcyclohexen-(1)-aldehyd-(4)*, *β-Methoxypropionaldehyd* u. *β-n-Butoxypropionaldehyd* zeigte, daß sek. Aldehyde enolisiert werden, daß aber das Verhältnis Addition zu Ionisation ca. 10 : 1 ist. Bei prim. Aldehyden mit einer elektronenanziehenden Gruppe in β-Stellung ist das Verhältnis ca. 2 : 1. (J. Amer. chem. Soc. **76.** 3597—98. 5/7. 1954. New York, N. Y., Warner-Chilcott Res. Labor.) G. PAULIG. 660

C. S. Marvel und **H. W. Hill jr.**, *Nicht-Reduktion der Acetal-Gruppe durch Lithiumaluminiumhydrid.* Nachdem die vorher unternommene Prüfung gezeigt hatte, daß $LiAlH_4$ keine Wrkg. auf Diäthylacetal ausübt, stellten Vff. *5-Oxy-4-oxymethylpentanaldiäthylacetal* (I) aus 3.3-Diäthoxypropylmalonsäurediäthylester (II) auf diesem Wege dar. — **I**, $C_{10}H_{22}O_4$, Kp.$_{1,2}$ 140—144°, $D._4^{20}$ 1,0178, n_D^{20} 1,4540, durch Zutropfen von 83,3 g **II** zu einer Lsg. von 14,6 g $LiAlH_4$ in 300 ml absol. Ae. innerhalb 2½ Std.; Ausbeute 19,5 g (33,2%). (J. Amer. chem. Soc. **73.** 481. Jan. 1951. Urbana, Ill., Univ. of Illinois, Noyes Chem. Labor.) SCHÖNEWALD. 690

Andre S. Dreiding und **Richard J. Pratt,** *Die Carboxylierung von cis- und trans-Buten-(2)-yl-(2)-lithium. Eine stereospezifische Synthese der Angelicasäure.* Vff. stellen ein Gemisch von *cis-* (**III**) u. *trans-2-Brombuten-(2)* (**IV**) durch Dehydrobromierung von 2.3-Dibrombutan (**V**) dar. Reines **III** u. reines **IV** werden durch Lichteinw. zu der Gleichgewichtsmischung (83% **IV** + 17% **III**) isomerisiert. Dies wird an Hand der Infrarotspektren u. der Brechungsindices gezeigt. Die Carboxylierung der Li-Derivv. von **III** u. **IV** ist bis auf eine geringe Isomerisierung stereospezifisch. Aus der *trans*-Verb. entstehen 64—74% *Angelicasäure* (**II**) neben 5—6% *Tiglinsäure* (**I**), aus der *cis*-Verb. 21—24% **I** neben 8—10% **II**. Als Nebenprod. wird bei den Carboxylierungen wahrscheinlich durch eine WURTZ-Rk. *1.2.3.4-Tetramethylbutadien* (**VI**) im Gemisch mit seinen Selbstkondensationsprodd. gebildet. Die ebenfalls mögliche Bldg. von Dibutenylketon konnte nicht nachgewiesen werden. Neben-Rkk. u. Isomerisierung treten bei der cis-Verb. stärker als bei der trans-Verb. auf. Dies wird mit Hilfe der Molekülmodelle erklärt. Die Unterss. der Vff. bestätigen die früher für **I** u. **II** aufgestellten Strukturformeln (vgl. CROMBIE, C. **1953.** 2254). Die Infrarotspektren der untersuchten Verbb. werden angegeben.

V e r s u c h e : *cis-* u. *trans-2-Brombuten-(2)* (**III** u. **IV**), a) durch langsame Zugabe von KOH in Äthylenglykol zu **V** in Äthylenglykol unter Erwärmen auf ca. 115°, Destillationstemp. bei 90°; 36,9% **III** (Kp. 90,2—91,2°) u. 32,2% **IV** (Kp. 82,2—83,2°); b) durch Zugabe von **V** zu methanol. KOH-Lsg., nach dem Abkühlen Zugabe von W. u. HCl, Ae.-Extraktion; **III** + **IV** (1 : 1) 78% (Ausbeute). — *Tiglinsäure* (**I**; F. 64,5 bis 65,5°, *S-Benzylisothiuroniumsalz*, $C_{13}H_{18}O_2N_2S$, F. 161,5—162,5°, Nadeln) u. *Angelicasäure* (**II**; F. 44,5—46°, bildet kein S-Benzylisothiuroniumsalz), durch Carboxylierung der Li-Verbb. von **III** u. **IV**. Carboxylierungsverss.: a) Zugabe von **III** + **IV** (1 : 1) zu Li in Ae. unter N_2 bei Zimmertemp., Rk. des Gemisches mit zerkleinertem Trockeneis in Ae., mehrere Std. bei Zimmertemp., dann Ansäuern mit 10%ig. HCl, Abtrennung der Ae.-Lsg. u. Extraktion mit $NaHCO_3$-Lsg.; der neutrale Rückstand (40%) enthielt ein Gemisch (**A**) von **VI** u. seinen Selbstkondensationsprodd.; die $NaHCO_3$-Lsg. enthielt die sauren Prodd. (**B**) (55,4%), daraus durch fraktionierte Dest. 8,2% **I** u. 9% **II**. b) Wie a) aus **IV** bei —10 bis —5°; 17% **A**; 79,8% **B** (64,6% **II** u. 5,5% **I**). c) Wie b) aus **III**; 32% **A**; 37,1% **B** (8,6% **II** u. 24% **I**). d) Wie a) aus 17% **III** + 83% **IV** bei —20 bis —25°; 25,5% **A**; Methylierung der **B** (52,5%) mit Methyljodid führte zu *Methylangelat* (**IIa**) (33,4%) u. *Methyltiglat* (**Ia**) (7,4%). e) wie d) aus **IV** bei —15°; 7,3% **A**; 82,6% **B** (73,9% **IIa** u. 6,1% **Ia**). f) Wie e) aus **III**; 52% **A**; 36,8% **B** (10,8% **IIa** u. 20,7% **Ia**). (J. Amer. chem. Soc. **76.** 1902—06. 5/4. 1954. Detroit, Mich., Inst. of Cancer Res. u. Wayne Univ., Dep. of Chem.) U. JOHN. 810

Friedrich L. Breusch, *Die Schmelzpunkte der isomeren und homologen Reihen der dl-Oxyparaffine, Ketoparaffine und dl-Paraffincarbonsäuren.* 3. Mitt. *über isomere und homologe Reihen.* (2. vgl. C. **1951.** I. 2376.) Während über den F.-Verlauf in homologen Reihen viele Unterss. vorliegen, sind die Kenntnisse über den F.-Verlauf in vollständigen isomeren Reihen, bei denen die Stellung eines Substituenten an einer Paraffinkette bestimmter Länge systemat. verändert wird, nur gering. Vf. ermittelt die F.-Kurven der *dl-Oxyparaffine* (**I**; *dl-Dialkylcarbinole*) mit 14—23 C-Atomen, der *Ketoparaffine* (*Dialkylketone*) mit 15—22 C-Atomen u. der *dl-Paraffincarbonsäuren* (*dl-Dialkylessigsäuren*) der Paraffinkettenlänge 18—22, deren Darst. in den nachfolgenden Mitteilungen beschrieben wird. Alle möglichen Isomeren einer Reihe ordnen sich ausnahmslos in regelmäßigen oder alternierenden Kurven an, die in allen Isomerenreihen analog verlaufen u. damit Voraussagen über die FF. noch unbekannter Paraffinderivv. bzw. über den ungefähren Grad der Reinheit einer neuhergestellten Verb. gestatten. In einigen homologen Reihen der **I** tritt ein bisher unbekannter treppenförmiger Verlauf der F.-Kurve auf. Die Stufe umfaßt bei den 7-**I** die Kettenlänge 13—15 C vom F. 44°, bei den 8-**I** 15—18 C vom F. 52—53°, bei den 9-**I** 17—21 C vom F. 61—62°, bei dem 10-**I** 19—24 C vom F. 67° u. bei den 11-**I** 21—? C vom F. 72°. Grund u. Bedeutung dieser Zahlenregel sind noch unbekannt. (Chem. Ber. **86.** 669—78. 1953. Instanbul, Univ., 2. Chem. Inst.) FIEDLER. 810

Friedrich L. Breusch und **Sulhi Sokullu,** *Synthese der dl-Oxyparaffine mit 14 bis 23 Kohlenstoffatomen.* 4. Mitt. *über isomere und homologe Reihen.* (3. vgl. vorst. Ref.) Die dl-Oxyparaffine wurden hergestellt durch Umsetzung von Alkylmagnesiumbromiden mit Aldehyden nach GRIGNARD oder durch Red. der entsprechenden Dialkylketone mit $LiAlH_4$. Die erste Meth. bewährte sich nur bei den Oxyparaffinen, deren OH-Gruppe nicht zu weit von der Mitte der Paraffinkette entfernt ist.

V e r s u c h e (FF. korr.): O x y t e t r a d e c a n e, $C_{14}H_{30}O$: *2-*, F. 33—34°, n_D^{80} 1,4216, aus Dodecylbromid (**XVI**) u. Acetaldehyd (**I**) nach GRIGNARD. — *3-*, F. 31,2 bis 32°, n_D^{80} 1,4214, aus Äthyljodid u. Dodecylaldehyd (**XVII**). — *4-*, F. 30,5—31,5°, n_D^{80} 1,4206, aus Propylbromid (**II**) u. Undecylaldehyd (**XV**). — *5-*, F. 32—32,5°, n_D^{80} 1,4149, aus Butylbromid (**IV**) u. Decylaldehyd (**XIII**). — *6-*, F. 33—34°, aus Octylbromid (**XII**) u. Capronaldehyd (**VII**). — *7-*, F. 43—44°, n_D^{80} 1,4214, aus Hexylbromid (**VIII**) u. Caprylaldehyd (**XI**). — O x y p e n t a d e c a n e, $C_{15}H_{32}O$: *2-*, F. 35 bis 36°, aus CH_3J u. Myristinaldehyd (**XIX**). — *3-*, F. 38,2—38,8°, n_D^{80} 1,4227, aus **XVI** u. Propionaldehyd (**III**). — *4-*, F. 36,3—37,5°, aus **II** u. **XVII**. — *5-*, F. 37,5—37,8°, n_D^{80} 1,4222, aus **IV** u. **XV**. — *6-*, F. 38—39°, aus Pentylbromid (**VI**) u. **XIII**. — *7-*, F. 43—44°, n_D^{80} 1,4223, aus **XII** u. Önanthol (**IX**). — *8-*, F. 52—52,6°, n_D^{80} 1,4222, aus Heptylbromid (**X**) u. **XI**. — O x y h e x a d e c a n e, $C_{16}H_{34}O$: *2-*, F. 42,2—45°, n_D^{80} 1,4256, aus Tetradecylbromid (**XVIII**) u. **I**. — *3-*, F. 42—42,4°, n_D^{80} 1,4253, aus Tridecylbromid u. **III**. — *4-*, F. 40—40,8°, aus **XVI** u. Butyraldehyd (**V**). — *5-*, F. 41,5 bis 42°, n_D^{80} 1,4242, aus **IV** u. **XVII**. — *6-*, F. 41,7—42,9°, n_D^{80} 1,4233, aus **VI** u. **XV**. — *7-*, F. 44,5—46°, n_D^{80} 1,4241, aus Nonylbromid (**XIV**) u. **IX**. — *8-*, F. 52,4—52,8°, n_D^{80} 1,4242, aus **XII** u. **XI**. — O x y h e p t a d e c a n e, $C_{17}H_{36}O$: *2-*, F. 44—45,5°, aus Pentadecylbromid u. **I**. — *3-*, F. 45,6—47,5°, aus **XVIII** u. **III**. — *4-*, F. 44,7—46,1°, aus Propyljodid u. **XIX**. — *5-*, F. 45,8—46,7°, aus **XVI** u. Valeraldehyd. — *6-*, F. 46,4—47,4°, aus **VI** u. **XVII** oder durch $LiAlH_4$-Red. von 6-Ketoheptadecan. — *7-*, F. 47,2—48,9°, n_D^{80} 1,4257, aus **VIII** u. **XV**. — *8-*, F. 52,2—53°, n_D^{80} 1,4259, aus **X** u. **XIII**. — *9-*, F. 60,8—61,2°, n_D^{80} 1,4262, aus **XII** u. Nonylaldehyd. — O x y o c t a d e c a n e, $C_{18}H_{38}O$: *2-*, F. 52—53°, durch $LiAlH_4$-Red. von 2-Ketooctadecan.— *3-*, F. 50—51,8°, n_D^{80} 1,4290, aus 3-Ketooctadecan. — *4-*, F. 51—52,4°, n_D^{80} 1,4274, aus **XVIII** u. **V**. — *5-*, F. 51—51,3°, aus **IV** u. **XIX** oder durch $LiAlH_4$-Red. von 5-Ketooctadecan. — *6-*, F. 50,5—51,4°, aus **XVI** u. **VII**. — *7-*, F. 51,5—52,8°, n_D^{80} 1,4272, aus Undecylbromid u. **IX**. — *8-*, F. 52,5—53,6°, n_D^{80} 1,4275, aus Decylbromid u. **XI**. — *9-*, F. 59,8—61°, n_D^{80} 1,4275, aus **XII** u. **XIII**. — O x y n o n d e c a n e, $C_{19}H_{40}O$: *2-*, F. 51—51,8°, aus Heptadecylbromid u. **I**. — *3-*, F. 53,8—55,1°, aus Hexadecylbromid u. **III** oder durch $LiAlH_4$-Red. von 3-Ketononadecan. — *5-*, F. 54,5—54,7°, aus 5-Ketononadecan. — *6-*, F. 54—54,8°, aus 6-Ketononadecan. — *7-*, F. 54,5—55,8°, n_D^{80} 1,4284, aus 7-Ketononadecan. — *8-*, F. 55,4—56,8°, n_D^{80} 1,4281, aus 8-Ketononadecan. — *9-*, F. 60—60,3°, n_D^{80} 1,4282, aus 9-Ketononadecan. — *10-*, F. 65,7—67°, n_D^{80} 1,4280, aus Dinonylketon. — O x y e i k o s a n e, $C_{20}H_{42}O$: *2-*, F. 59—60°, n_D^{80} 1,4312, durch $LiAlH_4$-Red. von 2-Ketoeikosan. — *3-*, F. 57,4—58,5°, n_D^{80} 1,4297, aus 3-Ketoeikosan. — *4-*, F. 55—56°, aus 4-Ketoeikosan. — *5-*, F. 57,5—58°, aus 5-Ketoeikosan. — *6-*, F. 57,5—58,7°, n_D^{80} 1,4296, aus 6-Ketoeikosan. — *7-*, F. 58,2—59,1°, aus 7-Ketoeikosan. — *8-*, F. 58,3—59,6°, n_D^{80} 1,4295, aus 8-Ketoeikosan. — *9-*, F. 59,5 bis 61°, n_D^{80} 1,4292, aus 9-Ketoeikosan. — *10-*, F. 65,9—66,8°, n_D^{80} 1,4293, aus 10-Ketoeikosan. — O x y h e n e i k o s a n e, $C_{21}H_{44}O$: *7-*, F. 61—61,5°, n_D^{80} 1,4299, durch $LiAlH_4$-Red. von 7-Ketoheneikosan. — *8-*, F. 61—62°, n_D^{80} 1,4313, aus 8-Ketoheneikosan. — *9-*, F. 61,6—62,6°, n_D^{80} 1,4308, aus 9-Ketoheneikosan. — *10-*, F. 65,7 bis 66,4°, n_D^{80} 1,4308, aus 10-Ketoheneikosan. — *11-*, F. 71,3—72,5°, n_D^{80} 1,4307, aus Didecylketon. — O x y d o k o s a n e, $C_{22}H_{46}O$: *8-*, F. 63,2—64,5°, n_D^{80} 1,4310, durch $LiAlH_4$-Red. von 8-Ketodokosan. — *9-*, F. 64—64,7°, n_D^{80} 1,4309, aus 9-Ketodokosan. — *10-*, F. 65,5—66,2°, n_D^{80} 1,4319, aus 10-Ketodokosan. — *11-*, F. 71,2—72°, n_D^{80} 1,4316, aus 11-Ketodokosan. — O x y t r i k o s a n e, $C_{23}H_{48}O$: *10-*, F. 66,1—66,9°, aus **XIV** u. **XIX**. — *11-*, F. 70,4—71,4°, n_D^{80} 1,4326, aus **XVI** u. **XV**. — *12-*, F. 75,5 bis 75,7°, n_D^{80} 1,4327, durch $LiAlH_4$-Red. von Diundecylketon. (Chem. Ber. **86.** 678—84. 1953.) H. P. FIEDLER. 810

Friedrich L. Breusch und **Fikret Baykut,** *Darstellung der Di-n-alkylketone mit 15 bis 22 C-Atomen.* 5. Mitt. *über isomere und homologe Reihen.* (4. vgl. vorst. Ref.) Die bei der Umsetzung reinster Alkyljodide mit verkupfertem Zn in einer Toluol-Äthylacetatlsg. erhaltenen Alkylzinkjodide werden ohne Isolierung mit reinsten Säurechloriden zu *Di-n-alkylketonen* umgesetzt; Ausbeuten 50—70%. Nach 3—5maligem Umkristallisieren sind die Ketone rein, die Ausbeute beträgt dann noch 15—25%.

Versuche (FF. korr.): Ketopentadecane, $C_{15}H_{30}O$: *3*-, F. 38,7 bis 39,5°, aus Dodecyljodid (**XIX**) u. Propionsäurechlorid (**II**). — *4*-, F. 31,4—32,6°, aus Propyljodid (**III**) u. Laurinsäurechlorid (**XVIII**). — *5*-, F. 31,2—32,5°, aus Butyljodid (**V**) u. Undecylsäurechlorid (**XVII**). — Ketohexadecane, $C_{16}H_{32}O$: *3*-, F. 42,8—43,9°, aus Äthyljodid (**I**) u. Myristinsäurechlorid (**XX**). — *4*-, F. 37,5—38,5°, aus **XIX** u. Buttersäurechlorid (**IV**). — *5*-, F. 37—38,5°, aus **V** u. **XVIII**. — Ketoheptadecane, $C_{17}H_{34}O$: *3*-, F. 47,6—48,9°, aus Tetradecyljodid (**XXI**) u. **II**. — *4*-, F. 41,5—42,3°, aus **III** u. **XX**. — *5*-, F. 40,8—41,8°, aus **XIX** u. Valeriansäurechlorid (**VI**). — *6*-, F. 40,3—41,4°, aus Pentyljodid (**VII**) u. **XVIII**. — *7*-, F. 40,3—41,4° aus Decyljodid (**XV**) u. Heptansäurechlorid (**X**). — *8*-, F. 41,5—42,6°, aus Heptyljodid (**XI**) u. Decansäurechlorid (**XVI**). — *9*-, F. 50—50,5°, durch Dest. von Nonansäure über ThO_2 bei 400°. — Ketooctadecane, $C_{18}H_{36}O$: *3*-, F. 51,8—52,8°, aus **I** u. Palmitinsäurechlorid (**XXII**). — *4*-, F. 45,4—46,5°, aus **XXI** u. **IV**. — *5*-, F. 45,5 bis 46,4°, aus **V** u. **XX**. — *6*-, F. 45—45,8°, aus **XIX** u. Hexansäurechlorid (**VIII**). — *7*-, F. 44,5—45,5°, aus Hexyljodid (**IX**) u. **XVIII**. — *8*-, F. 44,8—46°, aus **XV** u. Octansäurechlorid (**XII**). — *9*-, F. 45,8—46,6°, aus Octyljodid (**XIII**) u. **XVI**. — Ketononadecane, $C_{19}H_{38}O$: *3*-, F. 55,5—56,3°, aus Hexadecyljodid (**XXIII**) u. **II**. — *4*-, F. 49,3—50,2°, n_D^{80} 1,4247, aus **III** u. **XXII**. — *5*-, F. 49,6—50,4°, aus **XXI** u. **VI**. — *6*-, F. 49—49,6°, aus **VII** u. **XX**. — *7*-, F. 49—50°, aus **XIX** u. **X**. — *8*-, F. 48,4—49,4°, aus **XI** u. **XVIII**. — *9*-, F. 49,7—50,3°, n_D^{80} 1,4241, aus **XV** u. Nonansäurechlorid (**XIV**). — Ketoeikosane, $C_{20}H_{40}O$: *2*-, F. 56,5—58°, aus Octadecyljodid u. Acetylchlorid. — *3*-, F. 59,6—60,8°, aus **I** u. Stearinsäurechlorid. — *4*-, F. 53,2—54°, aus **XXIII** u. **IV**. — *5*-, F. 53—54°, aus **V** u. **XXII**. — *6*-, F. 52,8—53,8°, n_D^{20} 1,4257, aus **XXI** u. **VIII**. — *7*-, F. 52,7—53,4°, n_D^{80} 1,4258, aus **IX** u. **XX**. — *8*-, F. 52,4—53,3°, n_D^{80} 1,4252, aus **XIX** u. **XII**. — *9*-, F. 52,9—53,9°, n_D^{80} 1,4252, aus **XIII** u. **XVIII**. — *10*-, F. 53 bis 54,5°, n_D^{80} 1,4256, aus **XV** u. **XVI**. — Ketoheneikosane, $C_{21}H_{42}O$: *7*-, F. 55,6 bis 56,4°, aus **XXI** u. **X**. — *8*-, F. 55,1—56,4°, aus **XI** u. **XX**. — *9*-, F. 55,4—56,2°, aus **XIX** u. **XIV**. — *10*-, F. 55,5—56,9°, aus Nonyljodid u. **XVIII**. — *11*-, F. 63,5—64,5°, aus **XV** u. **XVII**. — Ketodokosane, $C_{22}H_{44}O$: *7*-, F. 58,6—59,7°, aus **IX** u. **XXII**. — *8*-, F. 58—59,6°, aus **XXI** u. **XII**. — *9*-, F. 58,5—60,0°, aus **XIII** u. **XX**. — *10*-, F. 58,6—59,8°, aus **XIX** u. **XVI**. — *11*-, F. 70—70,5°, aus **XV** u. **XVIII**. (Chem. Ber. **86**. 684—88. 1953.) H. P. FIEDLER. 810

Friedrich L. Breusch und **Emin Ulusoy**, *Synthese der dl-Di-n-alkylessigsäuren mit 19 bis 23 C-Atomen.* 6. Mitt. *über isomere und homologe Reihen.* (5. vgl. vorst. Ref.) Zunächst wurden die *Alkylmalonsäurediäthylester* hergestellt, diese im Vakuum fraktioniert u. dann als Na-Verbb. in absol. A. mit einem 2. Mol Alkylbromid umgesetzt. Die entstandenen *Dialkylmalonsäurediäthylester* wurden bei 1—2 Torr fraktioniert, die reinsten Fraktionen verseift u. die freien *Dialkylmalonsäuren* ohne Isolierung bei 150—180° decarboxyliert. Die erhaltenen *dl-Dialkylessigsäuren* wurden bei 1—2 Torr fraktioniert u. die krist. Fraktionen durch Umkristallisation gereinigt. Im Gegensatz zu den Dialkylcarbinolen (vgl. vorvorst. Ref.) u. den Dialkylketonen (vgl. vorst. Ref.) zeigen einige Dialkylessigsäuren mehrere FF. je nach Vorbehandlung, Lösungsm. u. Alter der Kristalle.

Versuche (FF. korr.): Octadecancarbonsäuren, $C_{19}H_{38}O_2$: -(*3*), F. 44—46°, aus Äthylmalonester (**I**) u. Pentadecylbromid (**XVII**). — -(*4*), F. 40,5 bis 42,5°, aus Propylmalonester (**II**) u. Tetradecylbromid (**XVI**). — -(*5*), F. 36,3—37,2°, aus Butylmalonester (**III**) u. Tridecylbromid (**XV**). — -(*6*), F. 33,2°, aus Dodecylmalonester (**XIII**) u. Pentylbromid (**IV**). — -(*8*), F. 32,6—33°, aus Decylmalonester (**X**) u. Heptylbromid. — -(*9*), F. 33,3—34,4°, aus Octylmalonester (**VII**) u. Nonylbromid (**IX**). — Nonadecancarbonsäuren, $C_{20}H_{40}O_2$: -(*2*), F. 55—56°, aus Methylmalonester u. Heptadecylbromid (**XVIII**). — -(*4*), F. 45—46°, aus **II** u. **XVII**. — -(*5*), F. 39,1 bis 39,6°, aus **III** u. **XVI**. — -(*6*), F. 37—38°, aus Pentylmalonester u. **XV**. — -(*7*), F. 36—36,1°, aus Hexylmalonester (**V**) u. Dodecylbromid (**XIV**). — -(*8*), F. 34—35°, aus Heptylmalonester (**VI**) u. Undecylbromid (**XII**). — -(*9*), F. 34—36°, aus **X** u. Octylbromid. — -(*10*), F. 47—47,5°, aus Nonylmalonester (**VIII**) u. **IX**. — Eikosancarbonsäuren, $C_{21}H_{42}O_2$: -(*3*), F. 54—55°, aus **I** u. **XVIII**. — -(*4*), F. 48,5 bis 49,3°, nach WEITZEL u. WOJAHN (C. **1952**. 5232). — -(*5*), F. 44,8—45,4°, aus **III** u. **XVII**. — -(*6*), F. 40,5—42°, aus Tetradecylmalonester u. **IV**. — -(*7*), F. 40—41°, aus **V** u. **XV**. — -(*8*), F. 37—39,4°, aus **VI** u. **XIV**. — -(*9*), F. 37,4—41°, aus **VII** u. **XII**. — -(*10*), F. 41,2—42,2°, aus **VIII** u. Decylbromid (**XI**). — Heneikosancarbonsäuren, $C_{22}H_{44}O_2$: -(*7*), F. 44,6—45,5, aus **V** u. **XVI**. — -(*8*), F. 45,8—46,7°, aus **VI** u. **XV**. — -(*9*), F. 45,8—46,7°, aus **VII** u. **XIV**. — -(*10*), F. 45,5—47,5°, aus **VIII** u. **XII**. — -(*11*), F. 54—55°, aus **X** u. **XI**. — Dokosancarbonsäuren,

$C_{23}H_{46}O_2$: -(*10*), F. 48,7—49,6°, aus **XIII** u. **IX**. — -(*11*), F. 50,2—51,2°, aus **X** u. **XII**. (Chem. Ber. **86**. 688—92. 1953.) H. P. FIEDLER. 810

Emil Hofstetter und **A. E. Wilder Smith**, *Über einige β-Dialkylaminobuttersäureamide mit anästhetischer Wirkung*. (Vorl. Mitt. vgl. Nature [London] **170**. [1952.] 980.) Vff. beschreiben die Darst. lokalanästhet. wirksamer *β-Dialkylaminobuttersäureamide* aus den entsprechenden N-substituierten Crotonsäureamiden u. Dimethyl- bzw. Diäthylamin (**II**) bei 100—150° unter Druck; mit Diisopropylamin trat keine Rk. ein. Die Crotonsäureamide wurden aus Crotonsäurechlorid (**III**) u. dem entsprechenden Amin gewonnen. Bei der Behandlung von β-Brombuttersäureanilid mit **II** bildete sich unter HBr-Abspaltung nur *Crotonsäureanilid* (**I**).

Versuche: *Crotonsäureanilid* (**I**), F. 112—114°, aus **III** u. Anilin in Bzl.; 59% (Ausbeute). — Analog nachst. Amide der Crotonsäure: *p-Anisidid*, F. 125 bis 126°. — *p-Phenetidid*, F. 141—143°. — *p-[n-Butoxy]-anilid*, F. 131—132°. — *o-Anisidid*, F. 80°. — *o-Phenetidid*, F. 98—100°. — *2.6-Dimethylanilid*, F. 170—171°. — *p-Nitroanilid*, F. 174—175°. — *[Thiazolyl-(2)]-amid*, F. 178—179°. — *Benzylamid*, F. 116°. — *[p-Äthoxybenzyl]-amid*, F. 108—110°. — *β-Diäthylamino-n-buttersäureanilid*, $C_{14}H_{22}ON_2$, F. 46—47°, $Kp._1$ 200°, aus **I** u. **II** bei 140—150° im Autoklaven in 20 Std.; 38%. *Hydrochlorid*, F. 130—132°. — *β-Dimethylamino-n-buttersäureanilid*, F. 55—56°, aus **I** u. alkoh. Dimethylaminlsg. bei 100—120° unter Druck. — *β-Diäthylamino-n-buttersäure-p-anisidid*; *Hydrochlorid*, F. 160—161°. — *β-Dimethylamino-n-buttersäure-p-phenetidid*, F. 70—71°. — *β-Diäthylamino-n-buttersäure-p-phenetidid*, $Kp._{0,3}$ 195—200° (Zers.); *Hydrochlorid*, F. 177—179°. — *β-Diäthylamino-n-buttersäure-p-[n-butoxy]-anilid*, Fl.; *Hydrochlorid*, F. 156—157°. — *β-Diäthylamino-n-buttersäure-o-anisidid*, Fl.; *Hydrochlorid*, F. 170—172°. — *β-Diäthylamino-n-buttersäure-o-phenetidid*, Fl.; *Hydrochlorid*, F. 169—171°. — *β-Diäthylamino-n-buttersäure-2.6-dimethylanilid*, F. 82—83°. — *β-Diäthylamino-n-buttersäure-p-nitroanilid*, F. 84—86°. — *β-Diäthylamino-n-buttersäure-p-aminoanilid*, F. 123—124°, durch Red. vorst. Verb. mit $SnCl_2$ in alkoh. HCl oder katalyt. mit PtO_2 bei Zimmertemp. u. n. Druck. — *β-Diäthylamino-n-buttersäurebenzylamid*, $Kp._{0,6}$ 163—168°, $Kp._{0,8}$ 200—205° (Zers.). — *β-Diäthylamino-n-buttersäure-[p-äthoxybenzyl]-amid*, Fl.; *Hydrochlorid*, F. 150—151°. — *β-Diäthylamino-n-buttersäure-[thiazolyl-(2)]-amid*, Fl.; *Hydrochlorid*, F. 150—151°. — *β-Diäthylamino-n-buttersäureäthylesterhydrochlorid*, $C_{10}H_{22}O_2NCl$, F. 71—72°, aus dem Ester mit alkoh. HCl; entsteht auch bei der Spaltung der β-Diäthylamino-n-buttersäureamide mit HCl (daneben das Aminhydrochlorid) u. Veresterung mit alkoh. HCl. — *N-Benzylchloracetamid*, $C_9H_{10}ONCl$, F. 93°, aus Benzylamin u. Chloracetylchlorid in Aceton unter Zusatz von Na_2CO_3. — *N-[p-Äthoxybenzyl]-chloracetamid*, $C_{11}H_{14}O_2NCl$, F. 116—117°, analog. — *N-Benzyldiäthylaminoacetamid*, $C_{13}H_{20}ON_2$, F. 20—25°, $Kp._{0,2}$ 135—140°, durch Kochen von vorvorst. Verb. in A. mit **II**. — *N-[p-Äthoxybenzyl]-diäthylaminoacetamid*, $C_{15}H_{24}O_2N_2$, F. 45—47°, $Kp._{0,3}$ 170°, analog. (Helv. chim. Acta **36**. 1698—1705. 1/12. 1953. Wolhusen, Ed. Geistlich Söhne AG., Pharmazeut. Abt.) S. BRANDT. 950

K. A. Andrianow, N. Ss. Lesnow und **Ja. I. Mindlin**, *Über die Reaktionen des Chlormethylmethyldiäthoxysilans mit Natriumacetessigsäure- und Natriummalonsäureester*. In Chlormethylmethyldiäthoxysilan (**I**) kann das Cl-Atom durch den Rest des Acetessig- bzw. Malonsäureesters ersetzt werden; die Bindung Si–C bleibt erhalten (vgl. C. **1954**. 2155.)

Versuche: *Chlormethylmethyldiäthoxysilan* (**I**), $(CH_3)(CH_2Cl)Si(OC_2H_5)_2$, $Kp._{750}$ 160—161°; aus 317 g absol. A. u. 490,5 g Chlormethylmethyldichlorsilan (tropfenweise) bei 1—45°; $D.^{20}_4$ 0,997; n_D^{20} 1,414; 400 g. — *Methylen-[methyldiäthoxysilan]-[malonsäurediäthylester]*, $(C_2H_5O_2C)_2CHCH_2Si(CH_3)(OC_2H_5)_2$, Kp. 270°; $Kp._{2,5}$ 131—132°; aus Na-Äthylat (18,3 g Na; 260 ml absol. A.), 253 g Malonsäureester u. (langsam zusetzen) 145 g **I**, 12 Std. bei 80—90°; $D.^{20}_4$ 1,4270; Ausbeuteangabe fehlt (der Referent). — *Methylen-[methyldiäthoxysilan]-[acetessigsäureäthylester]*, $CH_3COCH\cdot(CO_2C_2H_5)CH_2Si(CH_3)(OC_2H_5)_2$, Kp. 230°; $Kp._3$ 105—107°; aus Na-Äthylat (1 Liter A.; 46 g Na), 260 g Acetessigester u. 400 g **I**, 10 Std.; $D.^{20}_4$ 97,44; n_D^{20} 1,4210; 280 g. (Доклады Академии Наук СССР [Ber. Akad. Wiss. UdSSR] [N. S.] **94**. 237—39. 11/1. 1954.) V. WILPERT. 980

Ss. Ss. Nametkin, N. N. Melnikow und **K. Ss. Bokarew**, *4-Alkoxyphenoxyessigsäuren und ihre einfachsten Derivate. 4-Alkoxyphenoxyessigsäuren* wurden aus Na-Chloracetat u. Phenolaten der Monoalkyläther des Hydrochinons (**I**) in wss. Lsg., die entsprechenden *Säureamide* aus Chloracetamid (**II**) u. den Phenolaten in alkal. Lsg., gewonnen. *4-Alkoxyphenoxy-α-buttersäuren* wurden aus den Phenolaten u. α-Brombuttersäureäthylester (**III**) mit nachheriger Verseifung der Ester erhalten.

Versuche: *4-Methoxyphenoxyacetamid*, $C_9H_{11}O_3N$, F. 116°, durch 1 Std. Kochen von **I**-Monomethyläther mit **II** in C_2H_5ONa-Lsg.; 71,8% (Ausbeute). — *4-Äthoxyphenoxyessigsäure*, $C_{10}H_{12}O_4$, F. 143—144°; durch Kochen von **I**-Monoäthyläther mit Chloressigsäure in NaOH; aus Ae. Kristalle; 88%. *Amid*, F. 137° (W.); 70,5%. — *4-Propyloxyphenoxyessigsäure*, $C_{11}H_{14}O_4$, F. 108°; 67,6%. *Amid*, F. 134—135°; 78,5%. — *4-Butyloxyphenoxyessigsäure*, $C_{12}H_{16}O_4$, F. 112°; 89%. *Amid*, F. 126—127°; 76,4%. — *4-Isoamyloxyphenoxyessigsäure*, $C_{13}H_{18}O_4$, F. 124—125°; 78%. *Amid*, F. 132°; 75%. — *4-Methoxyphenoxy-α-buttersäure*, $C_{11}H_{14}O_4$, F. 52°; aus **I**-Monomethyläther u. **III** bei 2std. Kochen in C_2H_5ONa-Lsg.; dann wird mit NaOH versetzt u. weitere 10 Min. gekocht; aus Bzn. Kristalle. — *4-Äthoxyphenoxy-α-buttersäure*, $C_{12}H_{16}O_4$, F. 79—80°; 69,2%. — *4-Propyloxyphenoxy-α-buttersäure*, $C_{13}H_{18}O_4$, F. 66°; 73%. — *4-Butyloxyphenoxy-α-buttersäure*, $C_{14}H_{20}O_4$, F. 70—71°; aus **I**-Monobutyläther u. **III** analog Vorst. oder mit α-Brombuttersäure in NaOH auf dem sd. Wasserbad; 57,4 bzw. 33,7%. — *4-Isoamyloxyphenoxy-α-buttersäure*, $C_{15}H_{22}O_4$, F. 88°; 63,6%. (Журнал Общей Химии [J. allg. Chem.] **21** (**83**). 327—30. Febr. 1951.) GULINSKI. 1060

Norman Kharasch, *Explosionsgefahr bei Darstellung und Gebrauch von 2.4-Dinitrobenzolsulfenylchlorid.* Vf. untersuchte die explosiven Eigg. von *2.4-Dinitrobenzolsulfenylchlorid* (**I**). Erhitzen von **I** auf Tempp. über 90—100° soll vermieden werden. **I** kann durch Einrühren in 20%ig. NaOH u. Wegspülen der entstehenden braunen Lsg. mit viel W. zerstört werden. (J. Amer. chem. Soc. **72**. 3322—23. Juli 1950. Los Angeles, Calif., Univ. of Southern Calif.) BIENECK. 1090

Stanley Wawzonek und **Delbert Meyer**, *Darstellung und Eigenschaften des Trimethylamin-p-toluolsulfonimids.* Vff. gelang die Synth. des ersten Vertreters der Aminimide, deren Darst. nach den für Sulfilimine, Phosphin- u. Arsinimide ausgearbeiteten Methoden nicht gelang, durch Umsetzung von *N.N-Dimethyl-N'-p-toluolsulfonylhydrazin* (**I**) mit CH_3J u. anschließende Behandlung mit NaOH. Das erhaltene *N.N.N-Trimethylamin-N'-p-toluolsulfonimid* [**II**; $(CH_3)_3\overset{+}{N}—\overset{-}{N}SO_2C_6H_4CH_3$] bildet ein isolierbares *Hydrat*, jedoch kein Methylalkoholat; es liefert bei Red. mit Zn u. Essigsäure *p-Toluolsulfonamid* (**III**) u. *Trimethylamin* (**IV**), bei Oxydation mit H_2O_2 nur **III**. **II** besitzt bas. Eigg.; mit HJ u. ebenso mit CH_3J oder C_2H_5J wird ausschließlich *N.N.N-Trimethyl-N'-p-touolsulfonylhydrazoniumjodid* (**V**) gebildet. Benzylchlorid gab dagegen eine Verb. von der Zus. des *N.N.N-Trimethyl-N'-benzyl-N'-p-toluolsulfonylhydrazoniumchlorids*, die jedoch nicht eindeutig gesichert werden konnte, da die Red. nur **III** u. kein N-Benzyl-p-toluolsulfonamid lieferte, das selbst unter diesen Bedingungen nicht verändert wird. Pyrolyse von **II** gab neben hochschm. Anteilen **IV**, NH_3, HCHO u. **III**. Die hochschm. Anteile deuten auf **III**–Formaldehyd-Polymere hin.

Versuche (FF. korr.): *N.N-Dimethyl-N'-p-toluolsulfonylhydrazin* (**I**), $C_9H_{14}O_2N_2S$, F. 79—81° (A.), aus asymm.-Dimethylhydrazin u. p-Toluolsulfonylchlorid; 27% (Rohausbeute). — *N.N.N-Trimethyl-N'-p-toluolsulfonylhydrazoniumjodid* (**V**), $C_{10}H_{17}O_2N_2JS$, F. 156—157° (Zers.), aus **I** u. CH_3J unter Rückfluß; 64%. — *N.N.N-Trimethylamin-N'-p-toluolsulfonimid* (**II**), $C_{10}H_{16}O_2N_2S$, F. 175—176° (absol. A.), aus **V** u. 10%ig. NaOH; 87%. — **II**-*Hydrat*, $C_{10}H_{18}O_3N_2S$, F. 171—172° (W.). — Red. von **II** mit Zn u. Essigsäure, 3 Std. unter Rückfluß, lieferte *Trimethylamin* (**IV**), isoliert als *Hydrochlorid*, F. 275° (Zers.; A. u. Ae. u. dann Äthylacetat), u. *p-Toluolsulfonamid* (**III**), F. 136—137° (W.). — Oxydation von **II** mit 30%ig. H_2O_2 gab sehr wenig **III**. — Eine Lsg. von **II** in W. gab bei langsamem Zusatz von HJ unter Rühren u. 20std. Stehen 96,1% **V**. — **V** entstand weiterhin bei 20std. Kochen von **II** mit CH_3J in absol. A. unter Feuchtigkeitsausschluß neben öligen Prodd.; die Unlöslichkeit von **II** in nichthydroxylierten Lösungsmitteln machte die Verwendung eines solchen unmöglich. — C_2H_5J u. **II** in absol. A. führten nur zu wenig **V** neben viel Ausgangsmaterial. — **II** u. Benzylchlorid in absol. A., 3 Wochen bei Raumtemp., gaben ein Prod. vom F. 171 bis 173° [*Trimethylbenzyl-p-toluolsulfonylhydrazoniumchlorid* (?)]; Red. mit Zn u. verd. Essigsäure, 3 Std. unter Rückfluß, u. Extraktion mit Chlf. → **III**. — 25 g **II**, im N_2-Strom 7 Std. auf 185—195° erhitzt, lieferten **IV** [als *Trimethyläthylammoniumjodid*, 0,2 g, F. 320—322° (Zers.)], NH_3 (als NH_4Cl, F. 325—335°), *Formaldehyd* (als *2.4-Dinitrophenylhydrazon*, F. 163—165°) u. **III**. (J. Amer. chem. Soc. **76**. 2918—20. 5/6. 1954. Iowa City, I., State Univ., Dep. of Chem.) KLAMANN. 1090

William S. Emerson und **Robert A. Heimsch**, *Auf p-Chlormethylbenzoylchlorid basierende zweibasische Säuren, die Äther-, Thioäther- oder Sulfongruppen enthalten.* (Vgl. auch C. **1954**. 7394 u. 10462.) Vff. benutzen p-Chlormethylbenzoylchlorid (**I**) sowie die daraus abgeleitete Säure (**IV**) u. deren Ester zur Darst. von zweibasischen Säuren u. Estern der allg. Formel $RO_2CC_6H_4CH_2—X—C_6H_4CO_2R$ (X = O, S oder SO_2) in relativ hohen Ausbeuten; die physikal. Daten der erhaltenen Verbb. sind nur unvollständig angegeben.

Versuche (Darst. der Ausgangsprodd. vgl. l. c.): *p-Carboxybenzyl-[p'-carboxyphenyl]-äther*; nach Hydrolyse von **I** mit wss. NaOH wird das entstandene *Na-p-Chlormethylbenzoat* (**II**) mit p-Oxybenzoesäure in NaOH-Lsg. 19 Std. zum Sieden erhitzt; 73% (Ausbeute). — *p-Carbomethoxybenzyl-[p'-carbomethoxyphenyl]-äther*, F. 139,5—140° (Methanol), aus vorst. Verb. durch 90std. Erhitzen in Methanol in Ggw. von konz. H_2SO_4; 82%. — *p-Carboxybenzylcarboxymethylsulfid* (**III**), F. 184 bis 184,5° (Methanol u. Bzl.); nach Meth. **A** aus **II** u. Thioglykolsäure in wss. NaOH durch 20std. Erhitzen; 75%; nach Meth. **B** aus p-Chlormethylbenzoesäure (**IV**), o-Dichlorbenzol u. $FeCl_3$ durch Zutropfen von Thioglykolsäure bei 100—125° (1½ Std.); nach Aufarbeiten 19% **III**, 69% **IV** zurück. — *p-Carbomethoxybenzylcarbomethoxymethylsulfid*, Kp.$_{0,35-0,40}$ 171—171,5°, aus **III** u. Methanol durch 18std. Erhitzen in Ggw. von konz. H_2SO_4; D.$^{25}{}_{25}$ 1,214; n_D^{25} 1,5493; 76%. — *p-Carboxybenzyl-[p'-carboxyphenyl]-sulfid*, analog **III**, **A**; 93%. — *p-Carbomethoxybenzyl-[p'-carbomethoxyphenyl]-sulfid*, F. 131—131,5° (Methanol), aus vorst. Verb. wie oben; 49%. — *Bis-[p-carboxybenzyl]-sulfid*, durch 20std. Erhitzen von **II** u. Na_2S in wss. alkal. Lsg.; 94%. — *Bis-[p-carbomethoxybenzyl]-sulfid*, F. 100,5—101,5° (Methanol), aus vorst. Verb. wie oben (17 Std.); 71%. Die Umsetzung des **IV**-Methylesters mit $Na_2S \cdot 9H_2O$ in Dioxan gibt 90% Ausgangsprod. zurück. — Die folgenden Sulfone werden aus den entsprechenden Sulfiden durch Oxydation mit H_2O_2 in Eisessig dargestellt: *p-Carbomethoxybenzyl-[carbomethoxymethyl]-sulfon*, F. 104,5—105° (wss. Methanol); 82%. — *p-Carbomethoxybenzyl-[p'-carbomethoxyphenyl]-sulfon*, F. 209—210° (Dioxan/Methanol 7:3); 61%. — *Bis-[p-carbomethoxybenzyl]-sulfon* (**V**), F. 236—237° (Dioxan); 91%. — Die folgenden 2-Äthylhexylester werden aus den entsprechenden Methylestern durch Erhitzen in 2-Äthylhexanol (1:4 Mol) in Ggw. von 2,5—5% p-Toluolsulfonsäure durch laufendes Abdestillieren des gebildeten Methanols dargestellt; die rohen Reaktionsprodd. werden durch Verrühren mit Norit bei 150° entfärbt u. klar filtriert (die Sulfidester sind bräunlich, die Äther- u. Sulfonester strohgelb gefärbt): *p-Carbo-2-äthylhexoxybenzyl-[p'-carbo-2-äthylhexoxyphenyl]-äther*, D.$^{25}{}_{25}$ 1,043; n_D^{25} 1,5248; 79%. — *p-Carbo-2-äthylhexoxybenzyl-[p'-carbo-2-äthylhexoxyphenyl]-sulfid*, D.$^{25}{}_{25}$ 1,050; n_D^{25} 1,5451; 83%. — *Bis-[p-carbo-2-äthylhexoxybenzyl]-sulfid*, D.$^{25}{}_{25}$ 1,043; n_D^{25} 1,5329; 82%. — *p-Carbo-2-äthylhexoxybenzyl-[carbo-2-äthylhexoxymethyl]-sulfid*, D$^{25}{}_{25}$ 1,069; n_D^{25} 1,4992; 90%. — *p-Carbomethoxybenzyl-[p'-carbo-2-äthylhexoxybenzyl]-sulfon*, $C_{25}H_{32} \cdot O_6S$, F. 151—152° (Bzl.), aus 41,5 g **V** in 58,5 g 2-Äthylhexanol u. Xylol in Ggw. von p-Toluolsulfonsäure; nach 12std. Erhitzen u. Versetzen mit 10%ig. $NaHCO_3$ wird der gemischte Ester abfiltriert; 19%. — *Bis-[p-carbo-2-äthylhexoxybenzyl]-sulfon*, aus dem Filtrat des Reaktionsgemisches vorst. Verb. als Wachs, nach Kristallisation aus Hexan 17 g; 52%. (J. Amer. chem. Soc. **73**. 1297—98. März 1951. Dayton, O., Monsanto Chem. Co., Central Res. Dep.) SCHÖNEWALD. 1090

George A. Reynolds und **Charles R. Hauser**, *o-Nitroacetophenon*. Nach einer modifizierten Meth. von WALKER u. HAUSER (J. Amer. chem. Soc. **68**. [1946.] 1386) aus Malonester u. o-Nitrobenzoylchlorid u. Decarboxylierung des Prod.; Kp.$_{16}$ 158 bis 159°; D.$^{25}{}_4$ 1,236; n_D^{25} 1,548; 82—83% (Ausbeute). — In gleicher Weise *p-Nitroacetophenon*; 73%. (Org. Syntheses **30**. 70—72. 1950.) TROFIMOW. 1160

B. M. Michailow, *Synthese von α-Benzylparaconsäuren*. Bei der Kondensation von Benzylbernsteinsäurediäthylester (**I**) mit Ameisensäureester (**II**) wurde *α-Formyl-α'-benzylbernsteinsäurediäthylester* (**III**) erhalten, der weiter mit amalgamiertem Al zu *Benzylitamalsäurediäthylester* (**IV**), $C_6H_5CH_2CH(CO_2C_2H_5)CH(CH_2OH)CO_2C_2H_5$, red. wurde. Hieraus entstand bei der Dest. im Vakuum unter Abspaltung von 1 Mol A. *α-Benzylparaconsäureäthylester*, der als Gemisch von 2 Stereoisomeren erhalten wurde. Durch fraktionierte Dest. konnten diese getrennt werden. Bei der Verseifung wurden die entsprechenden rac. Säuren erhalten.

Versuche: *α-Formyl-α'-benzylbernsteinsäurediäthylester* (**III**); durch Einw. von C_2H_5ONa (5 g Na; 10 g absol. A.) auf 50 g **I** u. 18 g **II**, 2 Tage bei 0—2° u. 5 Tage bei Zimmertemp.; Öl; 32,7 g (Ausbeute). — *Benzylitamalsäurediäthylester* (**IV**), durch Red. von **III** mit amalgamiertem Al in Ae. in Ggw. von wenig W. bei 25°; 32,5 g aus 32,7 g **III**. — *α-Benzylparaconsäureäthylester*, $C_{14}H_{16}O_4$, durch Dest. von **IV** unter vermindertem Druck; 72,8 g aus 88 g **IV**. *Isomeres* vom Kp.$_{0,6}$ 171—172°; fl.; D.$^{20}{}_0$ 1,1562; n_D^{20} 1,5150. *Isomeres* vom F. 45,5—46°; Kp.$_{0,6}$ 180—182°; Kristalle aus Äther. — *Rac. α-Benzylparaconsäure*, $C_{12}H_{12}O_4$. *Isomeres* vom F. 102—103°; aus dem fl. Äthylester durch 4std. Kochen mit 10%ig. HCl; aus Ae. + PAe. Blättchen. *Isomeres* vom F. 134,5—135°; durch Verseifen des festen Äthylesters; aus Ae. + PAe. Nadeln; geht bei 6std. Erhitzen im Vakuum auf 180—200° in das vorst. Isomere über. (Журнал

Общей Химии [J. allg. Chem.] **21** (**83**). 359—61. Febr. 1951. Inst. für organ. Chem. der Akad. der Wiss. der UdSSR.) GULINSKI. 1250

Charles D. Hurd und **Joyce Wang Fan,** *Die Umlagerung von Aminoacethydroxamsäure.* Die benzoylierte Aminoacethydroxamsäure bildet ein *K-Salz* (**I**), das beim Erhitzen in wss. Lsg. eine n. LOSSENsche Umlagerung zum entsprechenden *Isocyansäurederiv.* (**II**) erleidet u. dann in sek. Rk. *N.N'-Bis-[benzamidomethyl]-harnstoff* (**IV**) nach folgendem Schema bildet: $RNHCH_2CONK(OR)$ (**I**) → ROK + $RNHCH_2NCO$ (**II**); **II** + H_2O → $RNHCH_2NH_2$ (**III**); **II** + **III** → $CO(NHCH_2NHR)_2$ (**IV**; R = C_6H_5CO).

Versuche: *Hippur-O-benzoylhydroxamsäure*, $C_{16}H_{14}O_4N_2$, F. 159°. 3 g Aminoacethydroxamsäure (F. 142—143°, Darst. nach JONES u. SNEED, J. Amer. chem. Soc. **39.** [1917.] 673) werden nach SCHOTTEN-BAUMANN bei 0—5° benzoyliert; durch Umkristallisieren aus Chlf. 3,5 g. — *K-Salz* (**I**), $C_{16}H_{13}O_4N_2K$, aus 5 g vorst. Verb. in absol. A. + Ae. durch Zugeben von KOH in absol. A.; nach 10std. Stehen bei 5° 3 g. Verfärbt sich bei 110°, ohne zu schmelzen. — Erhitzen von 0,5 g **I** in 30 ml W. gibt *N.N'-Bis-[benzamidomethyl]-harnstoff* (**IV**), $C_{17}H_{18}O_3N_4$, F. 246—246,5°, mkr. Nadeln. Da der F. weder beim Mischen mit einer authent. Probe noch beim Mischen mit Methylenharnstoff (F. 240—250°) erniedrigt wird, wurde neben der Analyse eine mkr. Unters. im polarisierten Licht zur Identifizierung herangezogen. (J. Amer. chem. Soc. **73.** 110. Jan. 1951. Evanston, Ill.) SCHÖNEWALD. 1280

William S. Emerson und **Robert A. Heimsch,** *Auf p-Chlormethylbenzoylchlorid basierende zweibasische Aminosäuren.* (Vgl. auch C. **1954.** **10460.**) Vff. setzen ihre präparativen Arbeiten mit p-Chlormethylbenzoylchlorid u. dem p-Chlormethylbenzoesäuremethylester (**II**) fort u. stellen eine Reihe sek. u. tert. Amine zweibasischer Säuren dar.

Versuche: *p-Methylaminobenzoesäure* (**I**), F. 163—164° (W.). Ein Gemisch von Na-p-Chlorbenzoat u. Methylamin in W. wird in Ggw. von Cu, $CuSO_4$ u. KJ im Autoklaven 21 Std. bei 150° gehalten; nach dem Aufarbeiten 93% p-Chlorbenzoesäure zurück; die auf umgesetztes Ausgangsmaterial (2%) bezogene Ausbeute beträgt 37%. Bei 200° reagieren 49%; Ausbeute 34%. Mit **II** wird analog bei 160° nur ein 2%ig. Umsatz erreicht. — *N.N-Bis-[p-carbomethoxybenzyl]-aminhydrochlorid* (**III**), $C_{18}H_{20}O_4NCl$, F. 265—265,5° (Methanol). Aus **II** u. NH_3 in Methanol werden durch 5tägiges Stehenlassen 49% rohes *N-p-Carbomethoxybenzylaminhydrochlorid* erhalten. Erneuter Umsatz dieser Verb. mit **II** in sd. Methanol (5 Std.) gibt **III**; 43%. Mit $AgNO_3$ in warmem Methanol Niederschlag. — *N-Methyl-N-p-carbomethoxybenzylaminhydrochlorid*, $C_{10}H_{14}O_2NCl$, F. 245—246° (Bzl./Methanol), aus **II** u. Methylamin durch 9tägiges Stehenlassen wie vorst.; das freie Amin (roh 95%) polymerisiert sich beim Vers., es krist. zu erhalten, daher Isolierung als Hydrochlorid. — *N-Methyl-N.N-bis-[p-carbomethoxybenzyl]-aminhydrochlorid*, $C_{19}H_{22}O_4NCl$, F. 236—236,5° (Bzl./Methanol/Hexan), aus vorst. Verb. u. **II**, wie oben, bei 49%ig. Umwandlung 53% Ausbeute. *Freies Amin*, $C_{19}H_{21}O_4N$, F. 95—95,5° (Bzl. u. Hexan). — *N-Carbomethoxymethyl-N-methyl-N-p-carbomethoxybenzylamin*, $C_{13}H_{17}O_4N$, $Kp._{0,45}$ 145—155°, aus Sarkosin·HCl u. **II** durch 3std. Erhitzen in wss.-alkal. Lsg., Ansäuern mit HCl, Extraktion des zur Trockne verdampften rohen *N-Carboxymethyl-N-methyl-N-p-carboxybenzylaminhydrochlorids* mit CH_3OH u. Verestern des Salzes mit Methanol/HCl; $D.^{25}_{25}$ 1,152; n_D^{25} 1,5250; 66%. — *N-[Carbo-2-äthylhexoxymethyl]-N-methyl-N-[p-carbo-2-äthylhexoxybenzyl]-amin*, $C_{27}H_{45}O_4N$, aus vorst. Amin durch Umesterung in 2-Äthylhexanol in Ggw. von $NaOCH_3$ (vgl. l. c.), Entfernen des Lösungsm. durch Dest., Klären mit Norit u. Filtration; $D.^{25}_{25}$ 0,985; n_D^{25} 1,4925° 57%. — *N-[p-Carbomethoxyphenyl]-N-methyl-N-[p'-carbomethoxybenzyl]-amin*, $C_{18}H_{19}O_4N$, F. 98,5—99° (Methanol/Hexan), aus **I** u. **II** wie oben u. Veresterung des *N-[p-Carboxyphenyl]-N-methyl-N-[p'-carboxybenzyl]-aminhydrochlorids* (68% roh) mit methanol. HCl; 77%; 38% freie Säure zurück. (J. Amer. chem. Soc. **73.** 1299—1300. März 1951. Dayton, O., Monsanto Chem. Co., Centr. Res. Dep.) SCHÖNEWALD. 1350

M. B. Watson und **G. W. Youngson,** *Stereochemische Untersuchungen.* 1. Mitt. *Die relativen Konfigurationen von (—)-Aminophenylessigsäure (α-Phenylglycin) und (—)-Mandelsäure.* Der Äthylester der (—)-Aminophenylessigsäure [α-Phenylglycin; (—)-**I**] wurde mit $LiAlH_4$ zu (—)-*2-Amino-2-phenyläthanol* [(—)-**II**] red., dessen *Ditosylderiv.* (**IV**) durch $LiAlH_4$-Red. in (—)-*1-Phenyl-1-p-toluolsulfonamidoäthan* [(—)-**V**] übergeführt wurde. (—)-**V** entsteht auch aus (—)-*1-Phenyläthylamin* [(—)-**III**]. (—)-**I** ist also konfigurativ mit (—)-**III** verwandt. Aus der Beziehung von **III** zum Alanin ergibt sich, daß (—)-**I** zu der D_s-Reihe der Aminosäuren gehört. (—)-Mandelsäure gehört zur D_g-Reihe der Oxysäuren (vgl. MISLOW, J. Amer. chem. Soc. **73.** [1951.] 3954). Nimmt man an, daß der D_s- u. der D_g-Standard ident. sind (vgl. BREWSTER u. Mitarbeiter, C. **1951.** I. 3317), so ergibt es sich, daß bei der Desaminierung von (—)-I zur L(+)-Mandelsäure Inversion eintritt. Dies steht im Widerspruch zu den Annahmen von Brewster (l. c.).

Versuche: *2-Amino-2-phenyläthanol* (**II**), $C_8H_{11}ON$, F. 47—49°, Kp.$_{14}$ 144 bis 147°, durch Red. des Äthylesters von I mit $LiAlH_4$ in Ae., 3std. Kochen. *Hydrochlorid*, F. 139—140°. (—)-**II**, F. 75—76° (Bzl.), aus dem Ester von (—)-**I**; $[\alpha]_D^{19}$ —25,5° (c = 9 in Methanol); 55% (Ausbeute). (—)-*Hydrochlorid*, F. 168—169° (A.-Ae.), $[\alpha]_D^{19}$ —25,5° (c = 2). — *2-Phenyl-2-[p-toluolsulfonamido]-äthyl-p-toluolsulfonat* (**IV**), $C_{22}H_{23}O_5NS_2$, F. 143—144° (wss. A.), aus **II** u. p-Toluolsulfonylchlorid in Pyridin; Nadeln; 77%. (—)-**IV**, F. 171—172° (A.), aus (—)-**II**; Nadeln, $[\alpha]_D^{19}$ —56,3° (c = 2 in Aceton); 74%. — *1-Phenyl-1-p-toluolsulfonamidoäthan* (**V**), $C_{15}H_{17}O_2NS$, F. 81—82° (wss. A.), a) durch Red. von **IV** in Tetrahydrofuran mit $LiAlH_4$, 1std. Kochen, Lösen des öligen Prod. in Bzl. u. Zugabe von PAe.; Nadeln; b) durch Tosylierung von III in Pyridin. (—)-**V**, F. 98—99°, Nadeln aus Bzl.-PAe. oder wss. A., a) aus (—)-**IV**; $[\alpha]_D^{19}$ —78,8° (c = 2 in Bzl.); 84%; b) aus (—)-**III**; $[\alpha]_D^{20}$ —79,3° (c = 2,004). (+)-**V**, F. 98—99°, aus (+)-**III**; $[\alpha]_D^{21}$ +79,6° (c = 2,003 in Bzl.). (J. chem. Soc. [London] **1954**. 2145—47. Juni. Aberdeen, Robert Gordon's Techn. Coll.) U. John. 1350

D. C. Morrison, *Die Einwirkung von Grignardverbindungen auf Diarylphosphinylchloride.* Bei der Rk. von Grignard-Verbb. mit aromat. Phosphinylchloriden werden in guter Ausbeute *asymm. Alkyldiarylphosphinoxyde* erhalten: $R_2P(O)Cl + R'MgX \rightarrow R_2R'P(O) + MgXCl$ (R = Aryl; R' = Alkyl).

Versuche: *Diphenylphosphinsäure* (**I**), F. 192—193°, u. *Di-[p-tolyl]-phosphinsäure*, F. 135,5—136,5°, nach Kosolapoff (C. **1950**. I. 398), aus W. Kristalle. — *Äthyldiphenylphosphinoxyd*, F. 123—124°, beim Kochen von **I** mit $SOCl_2$ in Toluol, Abdestillieren des überschüssigen $SOCl_2$, Verdünnen mit Bzl., tropfenweises Versetzen einer in Ae. bereiteten C_2H_5MgBr-Lsg. mit vorst. Säurechloridlsg., 1—2std. Kochen, Abkühlen u. Hydrolysieren mit Eis-HCl, Kristalle aus Ae.-PAe. oder Aceton-W.; 67,2% (Ausbeute). — Entsprechend werden folgende *Phosphinoxyde* dargestellt: *Isopropyldiphenyl-*, F. 144—146°; 44,6%. *Isobutyldiphenyl-*, F. 132,5 bis 134°; 75,2%. *Benzyldiphenyl-*, F. 189—190°; 69,0%. *Methyl-bis-[p-tolyl]-*, F. 145,5 bis 146,5°; 63,8%. *Butyldiphenyl-*, $C_{16}H_{19}OP$, F. 89,5°; 68,0%. — *Butyl-bis-[m(?)-nitrophenyl]-phosphinoxyd*, $C_{16}H_{17}O_5N_2P$, F. 124—125,5°, beim Versetzen eines Gemisches von konz. H_2SO_4 u. rauchender HNO_3 (2—2½:1) mit vorst. Verb. bei 0° u. 2std. Stehen bei 0°, Kristalle aus Ae.-PAe.; 68,4%. — I reagiert nicht mit C_2H_5MgBr. (J. Amer. chem. Soc. **72**. 4820—21. Okt. 1950. Berkeley u. San Francisco, Calif., Univ. of California; Crocker Labor., Div. of Radiol.; Univ. of California, Med. School.) Reisner. 1380

Henry Gilman und **C. G. Stuckwisch,** *Organobleiverbindungen, die eine Azobindung enthalten.* Vff. stellen mehrere *Oxy-* u. *Aminoarylbleiverbb.* aus einem Triarylbleihalogenid u. einer Oxy- oder Aminoaryllithiumverb. dar u. beschreiben die Kupplung dieser Verbb. mit Diazoniumsalzen; sie führt zu *Organobleiverbb.*, die eine Azobindung enthalten. Durch reduktive Spaltung dieser Verbb. mit $SnCl_2$ + HCl wird festgestellt, daß immer in o- oder p-Stellung zur HO- bzw. H_2N-Gruppe u. m-Stellung zum Pb-Atom gekuppelt wird:

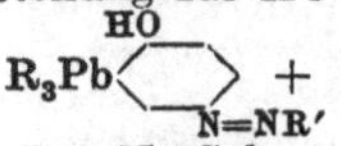

+ 5HCl + 2$SnCl_2$ → R_3PbCl + HO·C_6H_4·NH_2 + $R'NH_2$ + 2$SnCl_4$. Das Na-Salz von *Triphenyl-[2-oxy-5-(p-carboxyphenylazo)-phenyl]-blei* (**XIV**) scheint beim Mammacarcinom der Maus keine Heilwrkg. zu zeigen; es zeigt bei Dosen von 2mal wöchentlich 9 mg keine Toxizität, doch wird der Urin 20 Min. nach der Injektion weinrot u. nach 4—5 Std. allmählich normal.

Versuche: *Triphenyl-p-aminophenylblei* (**I**), F. 172°, a) nach einem früheren Verf. der Vff. (C. **1943**. I. 1466), b) durch Versetzen von 0,033 Mol p-Bromanilin (**II**) in Ae. mit 0,1 Mol n-C_4H_9Li (**III**) in Ae. u. 1std. Rühren, wobei sich gelbes krist. *p-N.N-Trilithioanilin* abscheidet, Abfiltern, Versetzen des Rückstandes mit Ae. u. 0,022 Mol $(C_6H_5)_3PbCl$ (**IV**), 1std. Rühren, Hydrolysieren mit wss. NH_4Cl u. Einleiten von HCl in die getrocknete Ae.-Schicht, wobei das *Hydrochlorid* ausfällt, das mit verd. NH_4OH in das freie *Amin*, Kristalle aus Bzl. u. PAe., 59% (Ausbeute), übergeführt wird; c) durch tropfenweises Versetzen von **II** in Ae. mit **III** in Ae., 1std. Rühren, Gießen in eine Suspension von **IV** in Ae., nach 3 Min. in W., Ausschütteln der Ae.-Schicht mit verd. HCl, Einleiten von HCl in die getrocknete Ae.-Schicht u. weiter wie vorst.; 60%. — *Triphenyl-o-aminophenylblei* (**V**), $C_{24}H_{21}NPb$, F. 164—165°, aus o-Bromanilin in Ae. mit **III** in Ae., nach 45 Min. Versetzen mit **IV**, 3 Min. Rühren u. Gießen in wss. NH_4Cl, Kristalle aus A.; 50%. Daneben wird *Triphenyl-n-butylblei* (**VI**) isoliert. — *Tetraphenylblei* (**VII**), F. 224°, beim Versetzen von p-Brom-Nmethylanilin in Ae. mit **III** in Ae., nach 1 Std. Versetzen mit **IV**, 3 Std. Rühren, Hydrolysieren mit wss. NH_4Cl, Ausschütteln der Ae.-Schicht mit 10%ig. HCl, Absaugen des Ae. u. Extrahieren des Rückstandes mit heißem CH_3OH, als Rückstand, Kristalle aus Bzl.; 15%. — *Triphenyl-p-N-methylaminophenylblei*, $C_{25}H_{23}NPb$, F. 97 bis 98°, a) beim Abkühlen des vorst. CH_3OH-Auszuges; Kristalle aus CH_3OH, in Spuren; bei weiterer Konz. wird **VI** isoliert; b) wie vorst., jedoch Hydrolyse 3 Min. nach dem Zusatz von **IV** u. weiter wie vorst.; 10%. Daneben **VI**; 50%. — *Triphenyl-o-dimethylaminophenylblei* (**VIII**), $C_{26}H_{25}NPb$, F. 101—102°, beim Versetzen einer Suspension von Li in Ae. mit o-Bromdimethylanilin in Ae., 30 Min. Rühren, Filtern, Versetzen des Filtrats mit **IV** in Ae. u. Hydrolyse mit wss. NH_4Cl, Kristalle aus A.; 50%. — *Triphenyl-o-oxyphenylblei* (**IX**), $C_{24}H_{20}OPb$, F. 217—218° (Zers.), a) durch Versetzen von o-Bromphenol in Ae. mit **III**, Versetzen mit geringem Überschuß an wasserfreiem $MgCl_2$, Versetzen mit **IV**, 2std. Rühren, Hydrolyse mit wss. NH_4Cl, Abdampfen des Ae., Extrahieren des Rückstandes mit 95%ig. A., aus dem A.-lösl. Teil, Kristalle aus A.–PAe., 20%; der in A. unlösl. Teil besteht aus *Triphenylbleicarbonat*, F. 231°, das beim Kochen mit konz. HCl unter CO_2-Entw. **IV** gibt; b) bei Abwesenheit von $MgBr_2$ u. Hydrolyse (3 Min.), nachdem 0,05 Mol o-Lithiolithiumphenolat zu **IV** hinzugesetzt wurden; 70%. — *Triphenyl-4-[2-oxynaphthyl-(1)-azo]-phenylblei*, F. 135° (Zers.), a) durch Diazotieren von **I** u. Kuppeln mit β-Naphthol (**X**) in verd. HCl, sehr geringe Ausbeute; b) durch Sättigen der alkoh. **I**-Lsg. mit trockenem HCl, Behandeln mit Isoamylnitrit bei 0° u. Gießen in eine Lsg. von **X** in NaOH, sehr geringe Ausbeute; ebenso in 50%ig. H_2SO_4; c) durch Lösen von **I** in gekühltem Eisessig, langsames Versetzen mit $NaNO_2$ unter Rühren, 15 Min. Stehen bei 15—20° u. Gießen in eine Lsg. von **X** in NaOH, Kristalle aus verd. A.; 35%. — Beim Vers., *Triphenyl-2-[2-oxynaphthyl-(1)-azo]-phenylblei* analog Vorst. nach c) aus **V** darzustellen, wird kein Farbstoff erhalten; die A.-unlösl. Fraktion gibt **VII**, Kristalle aus Chlf.; der A.-lösl. Teil gibt *Triphenylbleiacetat* u. beim Verdünnen mit PAe. **IX**. — *Triphenyl-[2-oxy-3.5-bis-(p-nitrophenylazo)-phenyl]-blei*, $C_{36}H_{26}O_5N_6Pb$, Zers. >180°, beim Versetzen einer Mischung von **IX**, Essigester, 95%ig. A. u. 10%ig. NaOH mit diazotierter p-Nitranilin (**XI**)-Lsg. u. 2std. Rühren; dunkelrotes Pulver aus A.–CH_3COOH; 86%. — *2.4-Diaminophenol*, F. 79—80°, beim Erwärmen einer Suspension vorst. Verb. in heißem W. mit $SnCl_2$ + heißer konz. HCl. *Pikrat*, F. 120°. — *Triphenyl-[2-dimethylamino-5-(p-nitrophenylazo)-phenyl]-blei*, $C_{32}H_{28}O_2N_4Pb$, aus einer Suspension von **VIII**, W., A., Essigester u. CH_3COONa mit diazotiertem **XI** unter Rühren u. Kochen des Rückstandes mit A.; dunkelroter Farbstoff; 70%. — *p-Dimethylaminoacetanilid*, F. 130°, beim Erwärmen des vorst. Farbstoffes in heißem W. mit $SnCl_2$ + heißer konz. HCl, Filtrieren, Alkalisieren u. Erhitzen der Base mit Acetanhydrid, aus W. Kristalle. — Nach vorst. Verf. werden folgende braune bis rote *Farbstoffe*, F. >140° (Zers.), dargestellt: *Triphenyl-[2-oxy-5-(p-chlorphenylazo)-phenyl]-blei*, aus **IX** u. diazotiertem p-Chloranilin (**XII**); 45%. *Triphenyl-[2-oxy-5-(p-bromphenylazo)-phenyl]-blei*, aus **IX** u. diazotiertem **II**; 48%. *Triphenyl-[2-oxy-5-(p-jodphenylazo)-phenyl]-blei*, aus **IX** u. diazotiertem p-Jodanilin (**XIII**); 50%. *Triphenyl-[2-oxy-5-(p-carboxyphenylazo)-phenyl]-blei* (**XIV**), $C_{31}H_{24}O_3N_2Pb$, aus **IX** u. diazotierter p-Aminobenzoesäure (**XV**); 15%. *Triphenyl-[2-dimethylamino-5-(p-chlorphenylazo)-phenyl]-blei*, aus **VIII** u. diazotiertem **XII**; 51%. *Triphenyl-[2-dimethylamino-5-(p-bromphenylazo)-phenyl]-blei*, aus **VIII** u. diazotiertem **II**; 57%. *Triphenyl-[2-dimethylamino-5-(p-jodphenylazo)-phenylblei*, aus **VIII** u. diazotiertem **XIII**; 60%. *Triphenyl-[2-dimethylamino-5-(p-carboxyphenylazo)-phenyl]-blei*, aus **VIII** u. diazotierter **XV**; 57%. (J. Amer. chem. Soc. **72.** 4553—55. Okt. 1950. Ames, Io., Iowa State Coll., Chem. Labors.) REISNER. 1380

W. von E. Doering und **L. H. Knox**, *Das Cycloheptatrienylium-(Tropylium)-Ion.* Vff. untersuchen die Darst. von *Cycloheptatrienyliumbromid* [*Tropyliumbromid*] (**I**) aus Dibromtropiliden durch therm. HBr-Abspaltung. Die Struktur von **I** ergibt sich aus seinem Salzcharakter (hoher F., hygroskop., mit W. mischbar, unlösl. in organ. Lösungsmitteln niederer Polarität, augenblickliche Fällung von AgBr mit Ag^+), aus der Hydrierung zu Cycloheptan, aus der Umsetzung mit $NaHCO_3$ bzw. $NaOCH_3$ zu *Ditropyl-* bzw. *Tropylmethyläther* u. aus der Rk. mit Phenyl-Li zu *7-Phenylcycloheptatrien-(1.3.5)* (bzw. seinem Norcaradienanalogen). — Das Tropyliumion ist als ein neuer aromat. Grundkörper anzusehen, dessen Existenz einerseits durch die theoret. MO-Behandlung des aromat. Zustandes vorausgesagt u. das andererseits bereits zur Erklärung der bas. Eigg. von Tropolon, Tropinon u. Azulen sowie verschied. Rkk. dieser Verbb. herangezogen worden ist.

Versuche: *Dibromtropiliden*, $C_7H_8Br_2$, $Kp._{0,5}$ 70° (bei Dest. teilweise HBr-Abspaltung), aus Tropiliden durch Bromierung in CCl_4 bei 0°; n_D^{25} 1,6193. — *Cyclo-*

heptatrienyliumbromid (I), C_7H_7Br, F. 203° (Zers.), durch 9std. Erwärmen vorst. Verb. auf 70° bei 1 mm, gelbe Prismen aus absol. A. bei —50°, hygroskop.; 39,1 % (Ausbeute), Infrarotspektr. tabellar. wiedergegeben, UV-Spektr. λ_{min} 247, log ε 3,06, λ_{max} 275, log ε 3,64, Gleichgewichtskonstante für $C_7H_7^+ + 2 H_2O \rightleftharpoons C_7H_7OH + H_3O^+$ K = $1{,}8 \cdot 10^{-5}$; nimmt bei katalyt. Hydrierung über PtO_2 in Eisessig 4 Mol H_2 auf u. liefert *Cycloheptan*, n_D^{25} 1,4420; gibt mit Phenyl-Li in Ae. *Phenyltropiliden*, n_D^{25} 1,5867 bis 1,5888, UV-Absorption λ 256, log ε 3,56 (nimmt bei katalyt. Hydrierung über Pd-Kohle in Eisessig 3 Mol H_2 auf u. gibt *Phenylcycloheptan*, n_D^{25} 1,5290). I gibt mit HCl in absol. A. bei 10° *Cycloheptatrienyliumchlorid*, C_7H_7Cl, F. 101° (Zers.), lange hellgelbe Nadeln aus A./Ae. bei —50°, außerordentlich hygroskop., zers. sich langsam bei Zimmertemp.; 73 %; mit $NaHCO_3$ *Dicycloheptatrienyläther*, $C_{14}H_{14}O$, Kp.$_{0,5}$ 100—110°, n_D^{25} 1,5735; 81 % (gibt mit HBr I zurück). Mit $NaOCH_3$ in Methanol bildet I *7-Methoxycycloheptatrien-(1.3.5)* [*Tropylmethyläther*], $C_8H_{10}O$. Das Spektr. von I in wss. Lsg. bei hohem p_H (λ_{max} 251 mμ, log ε 4,00) spricht für Ggw. von *7-Oxycycloheptatrien-(1.3.5)*. (J. Amer. chem. Soc. **76**. 3203—06. 20/6. 1954. Katonah, N. Y., Hickrill Chem. Res. Found.) G. WINKLER. 1810

W. von E. Doering und **Adnan Abdul-rida Sayigh**, *Über die angebliche Umlagerung von 2.4.7-Tribromtropon zu 3.5-Dibrombenzamid.* Nach NOZOE u. Mitarbeitern (Proc. Jap. Acad. **28**. [1952.] 85) soll sich bei der Umlagerung von *2.4.7-Tribromtropon* (I) mit methanol. Ammoniak oder fl. NH_3 außer *2.5-Dibrombenzamid* (**VIII**) auch *3.5-Dibrombenzamid* (**VI**), also unter Wanderung eines Bromatoms, bilden. Vff. erhielten bei Wiederholung der Verss. ein Gemisch, aus dem sich lediglich **VIII** in reiner Form isolieren ließ. Durch Hydrolyse, Veresterung mit CH_2N_2 u. Vgl. des Infrarotspektr. des erhaltenen Methylestergemisches mit den Infrarotspektren der Methylester von 2.4- (**IV**), 2.5- (**III**) u. 3.5-Dibrombenzoesäure (**V**) konnte gezeigt werden, daß sich bei der Umlagerung kein **VI** bildet, sondern nur **VIII** u. *2.4-Dibrombenzamid* im ungefähren Verhältnis 2 : 1. — Zur Darst. von I wurde Cycloheptanon (**II**) zu einem *Tribromderiv.* (**VII**) bromiert, das mit Br_2 unter schärferen Bedingungen I lieferte.

Versuche (FF. korr.): *Tribromcycloheptanon* (**VII**), $C_7H_9OBr_3$, F. 71—72°, aus **II** in Eisessig u. Br_2 unter Kühlung, nach 18 Std. in Eiswasser gießen; 100 % (Ausbeute). — *2.4.7-Tribromtropon* (I), $C_7H_3OBr_3$, F. 184,5—185,5° (CH_3OH), aus **VII** durch Bromieren in Eisessig u. 18 Std. Erhitzen auf 96—98°; 41 %. — Umlagerung von I in methanol. NH_3 im Rohr bei 134—136° (15 Std.) oder in fl. NH_3 lieferte ein Gemisch, aus dem nach Sublimation u. fraktionierter Kristallisation aus Bzl. u. CH_3OH *2.5-Dibrombenzamid* (**VIII**), F. u. Misch-F. 180—181°, isoliert wurde. — Hydrolyse des Gemisches mit 10%ig. NaOH bzw. 75%ig. H_2SO_4 gab ein Gemisch von **III** u. **IV**, das mit CH_2N_2 verestert wurde; das Infrarotspektr. des Methylestergemisches zeigte die Anwesenheit einer unbekannten Substanz außer den Methylestern von **III** u. **IV** an, **V**-Methylester ließ sich nicht nachweisen. — *2.4-Dibrombenzoesäure* (**IV**), F. 172 bis 172,5°, aus Acetanilid über 2.4-Dibromacetanilid. *Amid*, F. 197—198°. *Methylester*, F. 34°. — *2.5-Dibrombenzoesäure* (**III**), F. 151—152°, aus 2.5-Dibromtoluol durch Oxydation mit HNO_3. *Amid* (**VIII**), F. 182—183°. *Methylester*, F. 40—41°. — *3.5-Dibrombenzoesäure* (**V**), F. 217—218°, aus Anthranilsäure nach BOGERT u. HAND [1903]. *Amid* (**VI**), F. 185—186°. *Methylester*, F. 51—52°. (J. Amer. chem. Soc. **76**. 39—41. 5/1. 1954. Katonah, N. Y., Hickrill Chem. Res. Labor.) ENCHELMAIER. 1960

D. L. Kantro und **H. E. Gunning**, *Derivate der Cyclobutancarbonsäure.* Zur Identifizierung der *Cyclobutancarbonsäure* (I), von der bisher wenig feste Derivv. bekannt waren, wurden folgende Verbb. nach üblichen Methoden neu dargestellt: *p-Toluidid*, $C_{12}H_{15}ON$, F. 123°. *Phenylhydrazid*, $C_{11}H_{14}ON_2$, F. 156—156,5°. *p-Bromphenacylester*, $C_{13}H_{13}O_3Br$, F. 81,5—82°. *p-Phenylphenacylester*, $C_{19}H_{18}O_3$, F. 91,5°. *Benzylisothiuroniumsalz*, $C_{13}H_{18}O_2N_2S$, F. 160—161° (alle FF. korr.). (J. Amer. chem. Soc. **73**. 480—81. Jan. 1951. Chicago, Ill., Illinois Inst. of Technol., Dep. of Chem.) SCHÖNEWALD. 2010

P. Wieland und **K. Miescher**, *Über die Herstellung mehrkerniger Ketone.* (Vgl. C. **1953**. 2769.) Mol. Mengen Acetessigsäureäthylester (I), Formaldehyd u. Cyclohexanon-2-carbonsäure (**III**)-Äthylester setzen sich in Ggw. von 2 Mol NaOH u. etwas A. zu *Δ^4-3-Oxooktalin-9-carbonsäureäthylester* (**II**) um. **II** konnte auch bei Verwendung des Na-Salzes der Acetessigsäure (**Ia**) gewonnen werden, daneben entstand *Δ^4-3-Oxooktalin* (**IV**). Wurden die Na-Salze von **Ia** u. von **III** umgesetzt, so entstanden nach anschließender Semicarbazidacetat (**X**)-Behandlung 3 *Semicarbazone*, von denen das von **IV** in kleinster Menge anfiel (**IV**-*Semicarbazon* wurde auch aus o-Methylolcyclohexanon [**VI**] u. I u. Umsetzung mit **X** dargestellt). Ferner wurden das *Semicarbazon* des *o-Methylencyclohexanondimeren* (**V**; wahrscheinlich entstanden durch Wasserabspaltung aus **VI** zu *Methylencyclo-*

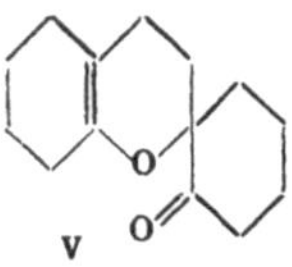

V

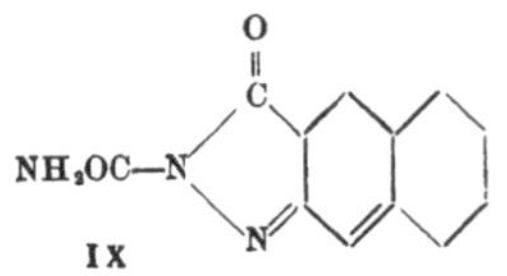

IX

hexanon u. Dimerisierung), das auch aus **III**-Na-Salz u. HCHO in wss.-alkoh. Lsg. erhalten wurde, u. das *Disemicarbazon* des monocycl. *2-[3-Oxobutyl]-cyclohexanons-(1)* (**VII**) isoliert. **VII** konnte durch $NaOC_2H_5$ in **IV** verwandelt werden. Bei der Kondensation von Aceton, **III**-Äthylester u. HCHO in Ggw. von NaOH entstand ein Prod., aus dem in geringer Menge **II** als *Semicarbazon* isoliert wurde. Verss., **I** mit Cyclohexanon oder o-Methylcyclohexanon mit HCHO in wss. Phase zu kondensieren, blieben erfolglos. Bei der Kondensation von o-Formylcyclohexanon, **I** u. HCHO bei p_H 6,5 entstand zu 37% *1-Oxo-2-formyl-2-[3-oxo-2-carbäthoxybutyl]-cyclohexan* (**VIII**; wahrscheinlich verunreinigt durch etwas *1-Oxo-2-[3-oxo-2-carbäthoxybutyl]-cyclohexan* [**XI**]), aus dem nach Cyclisierung mit HBr + Eisessig u. Umsetzung mit **X** unter Verlust der Formylgruppe nur das *1-Carbamidooktahydronaphthopyrazolon* (**IX**) gewonnen wurde. Beim Kochen von **VIII** mit Dinitrophenylhydrazin in A. + Eisessig bildete sich nur das *Bis-dinitrophenylhydrazon* von **XI**. — Kondensation mol. Mengen **I**, α-Tetralon-β-carbonsäureäthylester u. HCHO in Ggw. von 2 Mol NaOH lieferte das *Na-Salz der 3-Oxo-11-carbäthoxy-12-oxy-1.2.3.4.9.10.11.12-oktahydrophenanthren-2-carbonsäure* (**XII**) mit der typ. OH-Gruppe vieler Steroide in 5-Stellung, aus dem durch Ansäuern u. Hochvakuumdest. unter Abspaltung von CO_2 + H_2O *3-Oxo-1.2.3.9.10.11-hexahydrophenanthren-11-carbonsäureäthylester* (**XVII**) entstand. Die Kondensation in wss. Phase gelingt offenbar nur dann, wenn das H-Atom in α-Stellung zur cycl. gebundenen Ketogruppe noch durch eine Carboxyl- oder Formylgruppe aktiviert ist. — Die analoge Kondensation des β-Diketons 1-Methylcyclopentandion-(2.5) (**XIV**) konnte unter Verwendung von **Ia** (besser als **I**) in Ggw. von etwas Piperidin durchgeführt werden u. ergab *3.6-Dioxo-8-oxy-9-methyloktahydroinden* (**XIII**). Daß **XIII** ein ringgeschlossenes Aldolprod. ist, ließ sich wie folgt zeigen: Umsetzung von **XIV** mit 4-Diäthylaminobutanon-(2)-methojodid (**XVI**) in $NaOCH_3$-Lsg. lieferte *1-Methyl-1-[3-oxobutyl]-cyclopentandion-(2.5)* (**XV**; identifiziert durch Isomerisierung mit Piperidinacetat in wss. Lsg. zu **XIII**) u. **XIII**. Ferner zeigte **XIII** im Infrarotspektr. die für OH-Gruppen charakterist. Bande bei 2,85 μ (vgl. Original). Teilisomerisierung von **XV** zu **XIII** konnte auch durch Behandlung mit Al_2O_3 in Bzl. erreicht werden. Möglicherweise war **XIII** nicht sofort aus **XIV** u. **XVI** entstanden, sondern erst bei der chromatograph. Aufarbeitung aus **XV** an Al_2O_3. Eine Isomerisierung von **XV** durch einfaches Stehen in NaOH gelang jedoch nicht, vielmehr bildete sich wahrscheinlich *4.8-Dioxo-5-methylnonansäure* (durch hydrolyt. Spaltung des Fünfringes). Die Wasserabspaltung aus **XIII** gelang erst unter energ. Bedingungen mit Oxalsäure zu *Δ^7-3.6-Dioxo-9-methylhexahydroinden*, das analog auch aus **XV** sowie durch Kondensation von **XIV**, Acetondicarbonsäure (**XVIII**) u. HCHO in wss. Lsg. gewonnen wurde. — Schwieriger gestaltete sich die Kondensation von 1-Methylcyclohexandion-(2.6) (**XIX**), das bei mehrmaligem Umsatz mit mol. Mengen **Ia**-Na-Salz u. HCHO lediglich *1-Methyl-1-[3-oxobutyl]-cyclohexandion-(2.6)* (**XX**; isoliert als *Semicarbazon*) ergab. Aus **XIX** u. **XVIII** entstand mit HCHO u. 2 Mol NaOH *Δ^4-3.8-Dioxo-9-methyloktalin* (**XXI**). Auch bei der Umsetzung von **XIX** mit **XVI** in Ggw. von Na-Alkoholat bei Raumtemp. wurde nur **XX** erhalten, beim Kochen der Reaktionslsg. oder Verwendung von $NaNH_2$ entstand jedoch **XXI**.

V e r s u c h e (FF. korr.): *Δ^4-3-Oxooktalin-9-carbonsäureäthylester* (**II**), *Semicarbazon*, $C_{14}H_{21}O_3N_3$, F. 199—200° (CH_3OH), a) durch Zufügen von 4 cm³ 40%ig. HCHO zu 8,5 g **III**-Äthylester u. 6,5 g **I** in 50 cm³ A. + 100 cm³ n NaOH, 3std. Stehen, Verdünnen mit W., Ausäthern, Zufügen von konz. HCl zur wss. Lsg., Ausäthern u. Dest.; aus der Fraktion vom Kp.$_{0,05}$ 126° mit **X**; b) wie vorst. mit **Ia**; c) aus 8,5 g **III**-Äthylester in 50 cm³ NaOH + 50 cm³ W. + 50 cm³ Aceton mit HCHO wie vorst., 6tägiges Stehen, Zufügen von n HCl, Erwärmen auf 95°, Ausäthern, Auswaschen mit gesätt. NaCl, Dest. des Rückstandes u. Behandeln mit **X**; geringe Ausbeute. Daneben bei b) aus der Fraktion vom Kp.$_{0,08}$ bis 90° mit **X** *Δ^4-3-Oxooktalin* (**IV**)-*Semicarbazon*, $C_{11}H_{17}ON_3$, F. 208—209°. — *1-Oxo-2-[3-oxobutyl]-cyclohexan* (**VII**), $C_{10}H_{16}O_2$, Kp.$_{0,005}$ 75° (Bad), aus **III** u. **Ia** in A. + n NaOH mit HCHO wie vorst. (26 Std.), Zufügen von HCl, Erwärmen, Ausäthern, Vakuumdest. des Ae.-Rückstandes; nach Behandeln mit **X** in CH_3OH, Stehen u. Verdünnen mit W. krist. zunächst **V**-*Semicarbazon* ($C_{15}H_{23}O_2N_3$, F. 201—202°); die aus der Mutterlauge erhaltene weitere Kristallfraktion wurde mit CH_3OH + Dioxan (1:1) ausgekocht u. das unlösl. **VII**-Semicarbazon mit Brenztraubensäure + 50%ig. Essigsäure gespalten. Aus dem CH_3OH–Dioxan-Filtrat **IV**-*Semicarbazon*; entstand auch aus **VII** mit $NaOC_2H_5$ durch Erwärmen auf 70—80° u. Umsetzung mit **X** u. aus **VI** durch 4tägiges Stehen mit **I** in alkoh. NaOH, Ansäuern,

Ausäthern u. Rk. mit **X**. — Durch 24std. Rk. von **III** in n NaOH + A. mit HCHO, Zufügen von HCl (CO_2-Entw.), Erwärmen, Ausäthern u. Rk. mit **X** entstand **V**-*Semicarbazon*. — *1-Oxo-2-formyl-2-[3-oxo-2-carbäthoxybutyl]-cyclohexan* (**VIII**), $C_{14}H_{20}O_5$, Kp.$_{0,01}$ 128°, aus **I** u. o-Formylcyclohexanon in A. u. HCHO unter Phosphatpufferung (p_H 6,5), 2tägiges Stehen, Ausäthern u. Dest.; 37% (Ausbeute); der gefundene C-Wert liegt etwas höher als der berechnete, **VIII** ist wahrscheinlich durch **XI** verunreinigt. — *1-Oxo-2-[3-oxo-2-carbäthoxybutyl]-cyclohexan* (**XI**), *Bis-dinitrophenylhydrazon*, $C_{25}H_{28}O_{10}N_8$, F. 148—150° (Bzl. + A.), aus **VIII** u. Dinitrophenylhydrazin durch Kochen in A. + Eisessig bis zur klaren Lösung. — *1-Carbamidooktahydronaphthopyrazolon* **IX**, $C_{12}H_{15}O_2N_3$, ohne scharfen F., aus **VIII** in Eisessig durch Zufügen von mit HBr gesätt. Eisessig, 24std. Stehen, Verdünnen mit Ae., Dest. der äther. Lsg. (Kp.$_{0,01}$ 110—120°) u. Zusatz von **X**; verfilzte Nadeln. — *Na-3-Oxo-11-carbäthoxy-12-oxy-1.2.3.4.9.10.-11.12-oktahydrophenanthren-2-carboxylat* (**XII**), $C_{18}H_{19}O_6Na$, F. 144—145° (Aceton), aus α-Tetralon-β-carbonsäureäthylester, **I** u. HCHO in A. + n NaOH (3 Std.); verfilzte Nadeln. — *3-Oxo-11-carbäthoxy-1.2.3.9.10.11-hexahydrophenanthren* (**XVII**), *Semicarbazon*, $C_{18}H_{21}O_3N_3$, F. 233—234° (Dioxan), aus der freien Säure aus **XII** durch Hochvakuumdest. u. Behandeln mit **X**. **XVII**, $C_{17}H_{18}O_3$, F. 90—91°. — *3.6-Dioxo-8-oxy-9-methyloktahydroinden* (**XIII**), $C_{10}H_{14}O_3$, F. 162—164°, a) aus 5,1 g **Ia** u. 5,6 g **XIV** in n NaOH + HCHO + Piperidin unter dreimaligem Erneuern von **Ia**, HCHO u. NaOH in 3 Tagen, Zufügen von konz. HCl, Aussalzen mit NaCl, Ausäthern, Abdampfen, Dest. im Hockvakuum u. Chromatographie der zwischen 65 u. 145° übergehenden Fraktion (4,3 g); Blättchen aus Chlf. + Isopropyläther; zeitweise wurden beim gleichen Präp. tiefere FF. beobachtet; b) durch Zufügen von **XIV** zu $NaOCH_3$-Lsg. unter Eiskühlung, dann von **XVI** in absol. CH_3OH, Stehen auf Eis, Zufügen von HCl, Aussalzen, Ausäthern, Filtrieren u. Chromatographie der Mutterlauge an Al_2O_3. Daneben *1-Methyl-1-[3-oxobutyl]-cyclopentandion-(2.5)* (**XV**, $C_{10}H_{14}O_3$, F. 118,5 bis 120,5°); Gesamtausbeute an **XIII** + **XV** 37%. c) Aus **XV** in Piperidin + W. durch Zutropfen von Eisessig bis p_H 7, Stehen, Aussalzen u. Ausäthern. *Bis-dinitrophenylhydrazon*, $C_{22}H_{22}O_9N_8$, F. 262° (unkorr., Zers.), aus Essigester. d) Aus **XV** durch 3tägiges Stehen mit Bzl. + $AlCl_3$; unrein. — *4.8-Dioxo-5-methylnonansäure*, $C_{10}H_{16}O_4$, F. 152,5 bis 153,5° (Isopropyläther), aus **XV** in W. + n NaOH durch Stehen bei 26° unter N_2, Zufügen von Eisessig, Aussalzen u. Dest., Kp.$_{0,005}$ 160°. — *Δ^7-3.6-Dioxo-9-methylhexahydroinden*, $C_{10}H_{12}O_2$, F. 71—72°, a) durch Erhitzen von **XIII** mit Oxalsäure auf 180°, dann kurz auf 190°, Zufügen von $CaCl_2$-Lsg., Ausäthern u. Dest. bei 80—90°/0,05 mm. *Bis-dinitrophenylhydrazon*, $C_{22}H_{20}O_8N_8 \cdot ½C_6H_6$, F. 264—265° (unkorr., Zers.), rote Kristalle (Bzl.); b) aus **XV** wie bei a); c) aus **XIV**, **XVIII** u. HCHO in W. durch langsames Zufügen von n NaOH + W. unter Rühren, 20std. Stehen, Zufügen von HCl u. Ausäthern. — *1-Methyl-1-[3-oxobutyl]-cyclohexandion-(2.6)* (**XX**), *Semicarbazon*, $C_{12}H_{19}O_3N_3$, F. 197—199° (A.), a) aus **XIX**, **Ia**, NaOH u. HCHO wie vorst., Zufügen von HCl u. nach üblicher Aufarbeitung Behandeln mit **X**; b) aus **XIX** u. **XVI** in CH_3OH + $NaOCH_3$ wie oben. — *Δ^4-3.8-Dioxo-9-methyloktalin* (**XXI**), $C_{11}H_{14}O_2$, F. 41,5—42,5°, a) durch Zutropfen von NaOH u. HCHO zu **XIX** u. **XVIII** in W. u. Aufarbeiten. *Bis-dinitrophenylhydrazon*, $C_{23}H_{22}O_8N_8$, F. 247—248° (Zers.) aus A. + Dioxan. b) Aus **XIX**, **XVI** u. $NaOCH_3$ in CH_3OH unter Eiskühlung, 3std. Kochen, Behandeln mit W. + Ae. u. Hochvakuumdest. der äther. Lsg.; Reinigen über das Semicarbazon u. Spalten mit Brenztraubensäure; c) bessere Ausbeuten wurden erzielt durch Rk. von **XIX** mit **XVI** u. $NaNH_2$ in Bzl. (16 Std.) u. Abdest. des Benzols. (Helv. chim. Acta **33**. 2215—28. 1/12. 1950. Basel, Ciba A.-G., Forschungslabors., Pharmazeut. Abt.) LEHWALD. 2600

H. Marjorie Crawford und **Mary Carolyn Glesmann**, *2.6-Di-tert.-butylnaphthalin*. Vff. zeigen, daß es sich bei dem durch Rk. von Naphthalin mit tert.-Butylchlorid entstehenden *Di-tert.-butylnaphthalin* vom F. 146° um die *2.6-Verb.* (**I**) handelt. CrO_3-Oxydation von **I** liefert nach FIESER u. PRICE (J. Amer. chem. Soc. **58**. [1936.] 1838) ein *Di-tert.-butylnaphthochinon-(1.4)* (**II**), das durch Oxydation mit $KMnO_4$ u. nachfolgend mit alkal. H_2O_2 zu *4-tert.-Butylphthalsäure* (**III**) abgebaut wurde. Von den nach diesem Abbau in Frage kommenden 2 Isomeren, *2.6-* u. *2.7-Di-tert.-butylnaphthalin*, ist das letztere bekannt (vgl. NÜRSTEN u. PETERS, C. **1951**. I. 3331) u. nicht ident. mit **I**. — CONTRACTOR, PETERS u. ROWE (C. **1950**. II. 406) erhielten beim Abbau von **II** mit $KMnO_4$ u. H_2O_2 eine als „*Di-tert.-butylphthalsäure*" bezeichnete Verb. (**IV**) in schlechter Ausbeute. **IV** ist trotz annähernd gleichen C- u. H-Geh. nicht ident. mit *5-tert.-Butyl-2-[1'.2'-diketo-3'.3'-dimethylbutyl]-benzoesäure*, die Vff. aus **II** mit $KMnO_4$ allein gewannen. Die Struktur von **IV** bleibt unsicher.

Versuche: *2.6-Di-tert.-butylnaphthalin* (**I**), F. 146°, durch Rk. von 1 Mol Naphthalin, 2 Mol tert.-Butylchlorid u. 4—6 g $AlCl_3$ (in 1 g-Portionen) unter Erwärmen u.

nachfolgende Kristallisation aus CH_3OH; 74 g (Ausbeute); die Dest. der Mutterlauge gibt eine Doppelverb. von **I** mit *2.7-Di-tert.-butylnaphthalin* (Kp. 320—340°, F. 80 bis 82°; 52 g), aus der durch Kristallisation aus CH_3OH weiteres **I** erhalten wird. — *2.6-Di-tert.-butylnaphthochinon-(1.4)* (**II**), F. 86—87° (A.), aus **I** u. CrO_3 in CH_3COOH; 46—57%. — *4-tert.-Butylphthalsäure* (**III**), $C_{12}H_{14}O_4$, F. 155—157° (Zers., aus Xylol), durch 3 std. Kochen von **II** mit wss. $KMnO_4$, Extraktion mit 7%ig. NaOH u. ½ tägiges Stehenlassen der alkal. Lsg. mit 3%ig. H_2O_2; 76%, davon 36% als krist. Säure u. 40% als *N-Phenylimid* aus den Mutterlaugen isoliert. *Anhydrid*, F. 77,5—78,5°, durch Sublimation. — *5-tert.-Butyl-2-[1'.2'-diketo-3'.3'-dimethylbutyl]-benzoesäure*, $C_{17}H_{22}O_4$, F. 105—107° (aus xylolhaltigem Hexan), durch Zutropfen von 20 g $KMnO_4$ in 600 cm³ W. zur sd. Suspension von 10 g **II** in 300 cm³ W. während 6 Std.; 30%. Die Rk. mit alkal. H_2O_2 gab **III**, isoliert als *N-Phenylimid*; 72%. — *2-tert-Butyl-1.4-diacetoxy-naphthalin*, $C_{18}H_{20}O_4$, F. 115—116° (A.), aus 2-tert.-Butylnaphthochinon-(1.4), Zn, Na-Acetat u. sd. Acetanhydrid; 17%. (J. Amer. chem. Soc. **76.** 1108—09. 20/2. 1954. Poughkeepsie, N. Y., Vassar Coll., Sanders Labor. of Chem.) PRACEJUS. 2700

Walter E. Mathewson, *Chlortetranitronaphthaline. 4-Chlor-1.3.6.8-tetranitronaphthalin* (**I**), $C_{10}H_3O_8N_4Cl$, F. 176° (aus Bzl.; mit 1 Mol Kristallbenzol F. ca. 110°), durch Eintropfen von 100 g 1-Chlornaphthalin in 400 g eisgekühlte rauchende HNO_3 (D. 1,50), Eintragen der Lsg. in ein Gemisch von 400 g rauchender HNO_3 + 800 g 20%ig. Oleum (Temp. zuerst <45°, dann auf 92° erhöhen), Gießen auf Eis u. Extraktion des trockenen Rohprod. mit Bzl.; 25—27 g (Ausbeute). — *4-Chlor-1.3.5.8-tetranitronaphthalin* (**II**), $C_{10}H_3O_8N_4Cl$, F. 259° (Dioxan oder Eisessig), aus dem Extraktionsrückstand von **I**; 8—12 g. — *1-Amino-2.4.5.7-tetranitronaphthalin*, F. 194°, aus **I** u. NH_3 in Benzol. — **I** u. **II** reagieren sowohl als protonenfreie Säuren als auch als „Säurechloride": Mit sehr verd. alkoh. KOH sofort intensive Rotfärbung, aber erst langsam Abspaltung von Cl^-; mit prim. Aminen auch in hoher Verdünnung sek. Amine (tiefbraun oder gelb). (J. Amer. chem. Soc. **76.** 294—95. 5/1. 1954. Topeka, Kans.) PRACEJUS. 2700

Frederic C. Chang und **Yen-shang Yang,** *Halogenierung chelatisierter Arylalkylketone.* 1. Mitt. *Bromierung von 2-Acetylnaphthol und einigen seiner Derivate.* 4-Nitro-2-acetylnaphthol-(1) läßt sich, wie Vff. fanden, überraschend schwer bromieren. Es wurde deshalb die α-Bromierung anderer Derivv. des 2-Acetylnaphthols-(1) (**I**) untersucht. Vff. bestätigen die Angaben von FRIES u. FRELLSTEDT (Ber. dtsch. chem. Ges. **54.** [1921.] 715), daß sich **I** über die Stufe des *4-Brom-2-acetylnaphthols-(1)* (**II**) hinaus glatt zu *4.α-Dibrom-2-acetylnaphthol-(1)* (**III**) bromieren läßt. Sie fanden jedoch, daß **II**, sofern es vorher isoliert wurde, unter sonst gleichen Bedingungen nicht mit Br_2 reagiert, sondern daß die Rk. die Ggw. von HBr (der z. B. bei der Rk. **I** → **II** frei wird) erfordert. Vff. vermuten, daß zwischen der OH- u. der CO-Gruppe von **I** u. seinen Derivv. eine starke H-Brücke besteht, die der Enolisierung der $COCH_3$-Gruppe u. damit auch ihrer Bromierung entgegenwirkt. Dieser „Chelatring" wird bei **II** durch HBr oder durch Anwendung höherer Tempp. (sd. Eisessig) gesprengt. Damit steht im Einklang, daß die Acetylderivv. von **I** u. **II** u. der Methyläther von **II** bei niederer Temp. u. Abwesenheit von HBr glatt α-bromiert werden. Der Methyläther von **I** liefert zunächst die 4-Bromverbindung. Vff. halten es für möglich, aus der Bromierungsgeschwindigkeit von Derivv. des **I** u. von analogen Verbb. Rückschlüsse auf die Stabilität von Chelatringen u. ihre Beeinflussung durch Kernsubstituenten zu ziehen.

V e r s u c h e: *2-Acetylnaphthol-(1)* (**I**), F. 102—103°. *Methyläther*, F. 47—49°. *Acetat*, F. 103—103,7° (A.), mit Acetanhydrid in Ggw. von Pyridin; 90% (Ausbeute). — *2-[α-Bromacetyl]-naphthol-(1)* (**IV**), $C_{12}H_9O_2Br$, F. 130,5—131,5° (A.), durch Hydrolyse seines Acetats mit 42%ig. HBr in A.; 100%. *Methyläther*, $C_{13}H_{11}O_2Br$, F. 82—83° (verd. A.), aus **IV** u. äther. CH_2N_2. *Acetat*, F. 86,5—87° (verd. A.), aus 2,28 g **I**-*Acetat* u. 1,6 g Br_2 in CCl_4 bei 50° u. Reinigung über **IV**; 70%. — *4-Brom-2-acetylnaphthol-(1)* (**II**), F. 126—127°. *Methyläther*, $C_{13}H_{11}O_2Br$, F. 72—73° (wss. A.), a) aus 0,2 g **I**-*Methyläther* u. 0,16 g Br_2 in CCl_4 bei Raumtemp.; 65%; b) aus **II**, Dimethylsulfat u. NaOH. *Acetat*, F. 106—107°, aus **II**. — *4.α-Dibrom-2-acetylnaphthol-(1)* (**III**), F. 149,5—150°, a) aus **I** in Chlf. u. überschüssigem Br_2; b) durch 1 std. Kochen von 0,65 g **II** mit 0,4 g Br_2 in Eisessig; 72%; c) aus 0,26 g **II** u. 0,16 g Br_2 in mit HBr gesätt. Chlf. bei Raumtemp. (3 Std.); 58%; d) aus 0,26 g **IV** u. 0,16 g Br_2 in CCl_4 bei Raumtemp.; 81%; e) aus seinem Acetat u. 6n HBr/Alkohol. *Methyläther*, $C_{13}H_{10}O_2Br_2$, F. 143,5—144° (A.), aus 0,14 g **II**-*Methyläther* u. 0,08 g Br_2 in CCl_4 bei Raumtemp.; 67%, oder aus **III** u. äther. CH_2N_2, ferner aus **IV**-*Methyläther* u. Br_2 in Eisessig. *Acetat*, $C_{14}H_{10}O_3Br_2$, F. 135—136° (A.), aus 0,30 g **II**-*Acetat* u. 0,16 g Br_2 in CCl_4 bei 50°; 62%, oder aus **III**. (J. Amer. chem. Soc. **76.** 464—66. 20/1. 1954. Canton, China, Lingnan Univ., Dep. of Chem.)
PRACEJUS. 2700

Charles K. Bradsher, Frances C. Brown und **R. Jack Grantham,** *Aryloxyketone.* Nach der Vorschrift von HURD u. PERLETZ (J. Amer. chem. Soc. **68.** [1946.] 38) werden einige *Aryloxyacetone* dargestellt u. auf ihre fungistat. Wirksamkeit gegenüber Aspergillus niger untersucht. — Phenoxyacetone: *Pentachlor-*, $C_9H_5O_2Cl_5$, F. 106,5—107°; 94,5% (Ausbeute). — *2.4-Dichlor-*, $C_9H_8O_2Cl_2$, F. 55,5—56,5°; 15,5%. — *2-Methyl-3.4.5.6-tetrabrom-*, $C_{10}H_8O_2Br_4$, F. 149,5—150,5°; 84%. — *2-Brom-4-phenyl-*, $C_{15}H_{13}O_2Br$, F. 88,5—89°; 24%. — *4-Benzyloxy-*, $C_{16}H_{16}O_3$, F. 73,5—75°; 70 %. — [Naphthyl-(2)-oxy]-acetone: *1-Brom-*, $C_{13}H_{11}O_2Br$, F. 69,5—70,5°; 97%. — *6-Brom-* (?, im Original irrtümlich 1.6-Dibrom, der Referent), $C_{13}H_{11}O_2Br$, F. 109,5—110,5°; 95%. — *1.6-Dibrom-* $C_{13}H_{10}O_2Br_2$, F. 151,5—152,5°; 90%. —. *[2.4-Dichlornaphthyl-(1)-oxy]-aceton*, $C_{13}H_{10}O_2Cl_2$, F. 87—88°; 94%. — *1-[6-Brom-naphthyl-(2)-oxy]-hexanon-(2)*, $C_{16}H_{17}O_2Br$, F. 68,5—69°, aus 1-Chlorhexanon-(2); aus A. Flocken; 48%. (J. Amer. chem. Soc. **75.** 6304—05. 20/12. 1953. Durham, N. C., Duke Univ., Dep. of Chem.) NITZSCHKE. 2700

F. Bell und **W. H. D. Morgan,** *Optische Spaltung von 1.1'-Dinaphthyl-5.5'-dicarbonsäure. 1.1'-Dinaphthyl-5.5'-dicarbonsäure* (I) wurde nach SEER u. SCHOLL [1913] aus 5-Amino-1-naphthoesäure synthetisiert. I ließ sich über ihr *Brucinsalz* in opt.-akt. Formen spalten. Die in Lsg. grün fluorescierenden Chinin-, Chinidin-, Cinchonin-, Cinchonidin- u. Morphinsalze von I waren nicht kristallisierbar. Beim Erwärmen der verd. alkal. Lsg. von (+)- oder (—)-I trat völlige Racemisierung ein. Vff. diskutieren den Racemisierungsmechanismus u. vergleichen I mit ähnlich gebauten Verbindungen.

Versuche: *5-Nitro-1-naphthoesäure*, F. 234—235° (A.), Nadeln, a) durch 3std. Erwärmen von 87,5 g 1-Naphthoesäure mit konz. HNO_3 auf dem Dampfbad; 18,5 g (Ausbeute); b) aus 1-Nitronaphthalin über das *1-Chlormethyl-5-nitronaphthalin* u. *1-Oxymethyl-5-nitronaphthalin.* — *5-Amino-1-naphthoesäure*, F. 212—213°, durch Red. vorst. Verb. mit $FeSO_4$; 78%. — *1.1'-Dinaphthyl-5.5'-dicarbonsäure* (I), F. 361°, aus vorst. Verb.; (+)-I, F. 355°, $[\alpha]_D$ +66° (c = 1 in 0,1nNaOH); (+)-I-*Brucinsalz*, F. 210° (Zers.), $[\alpha]_D$ —10,4° (c = 2,5 in Chlf.); (—)-I, F. 355°, $[\alpha]_D$ —20,4° (c = 1,8 in 0,1nNaOH). Bei einem 2. Vers. wurden (+)-I mit $[\alpha]_D$ +41° u. (—)-I mit $[\alpha]_D$ —55° erhalten. (J. chem. Soc. [London] **1954.** 1716—18. Juni. Edinburgh, Heriot-Watt Coll.) U. JOHN. 2700

Hans Wojahn, *Über die Bromierung von Naphthalinharnstoffderivaten. Eine neue Methodik zur α-Naphthylthioharnstoffbestimmung.* Die Bromierung von α- (I) bzw. β-Naphthylthioharnstoff (II) in wasserfreier Essigsäure führt — ebenso wie in Chlf. (vgl. DESAI, HUNTER u. KUREISHY, J. chem. Soc. [London] **1936.** 1668) — unter oxydativer Cyclisierung zu *Naphthothiazolderivv.* mit labil gebundenem Brom. Diese Thiazolderivv. liefern bei der Behandlung mit W. einen violetten Farbstoff bisher unbekannter Konstitution. Läßt man dagegen überschüssiges Br_2 in wss. Essigsäure auf I einwirken, so erfolgt gleichzeitig Kernbromierung u. Oxydation des S zu SO_4^{2-}. Man erhält *2.4-Dibromnaphthyl-(1)-harnstoff* (III), der auch aus α-Naphthylharnstoff (IV) u. 2 Mol Br_2 entsteht. Aus β-Naphthylharnstoff (V) u. 2 Br_2 wird analog das *1.6-Dibromderiv.* gebildet. Mit 1 Mol Br_2 erhält man aus IV in rascher Rk. das *4-Bromderiv.* (VI), aus V das *1-Bromderivat.* Die Konst. der bromierten Naphthylharnstoffe wurde durch Hydrolyse zu den entsprechenden *Bromnaphthylaminen* geklärt. Die Rkk. von I mit 6 Br_2 u. von IV u. V mit 1 oder auch mit 2 Br_2 lassen sich für die quantitative Best. dieser Harnstoffderivv. auswerten. Dagegen verläuft die Rk. von II mit 6 Br_2 nicht quantitativ.

Versuche: *4-Bromnaphthyl-(1)-harnstoff* (VI), F. 257° (A.), a) aus IV in Eisessig, KBr, HCl u. 2 Äquivalenten 1n$KBrO_3$-Lsg.; b) aus nachst. Verb. u. KOCN in verd. A. + HCl. — *4-Bromnaphthylamin-(1)*, F. 102°, aus VI in A. u. 36%ig. HCl. *Hydrochlorid*, F. 315—325° (roh). — *2.4-Dibromnaphthyl-(1)-harnstoff* (III), $C_{11}H_8ON_2Br_2$, F. 275° (Essigester oder Nitrobenzol), aus IV u. 4 Äquivalenten $KBrO_3$ wie VI. — *2.4-Dibromnaphthyl-(1)-amin*, F. 115°. — *1-Bromnaphthyl-(2)-harnstoff*, F. 208°, aus V wie VI. — *Bis-[1-bromnaphthyl-(2)]-harnstoff*, $C_{21}H_{14}ON_2Br_2$, F. 277° (Nitrobenzol), aus vorst. Verb. bei 220°. — *1-Bromnaphthyl-(2)-amin*, F. 60°. — *1.6-Dibromnaphthyl-(2)-harnstoff*, $C_{11}H_8ON_2Br_2$, F. 250—260° (Eisessig), aus V wie III. — *1.6-Dibromnaphthyl-(2)-amin*, F. 121°. — *4'-Bromnaphtho-[1'.2':4.5]-2-aminothiazolhydrobromid* (VII), beim Aufbewahren des aus 2 cm^3 Br_2 u. 1,0 g I in 100 cm^3 Eisessig erhaltenen Kristallisats an der Luft oder beim Erhitzen in Eisessig; 1,7 g (Ausbeute). Aus dem Filtrat wird beim Verdünnen mit W. ein violettschwarzer Farbstoff vom F. 115—120° (aus Tetrahydrofuran mit Bzn. gefällt) erhalten, 0,3 g; entsteht auch beim Verreiben von *Naphtho-2-aminothiazoltetrabromid* mit W. oder aus VII mit Br_2 in wss. CH_3COOH. — Titrationen: 1. Ca. 1%ig. Lsg. von IV oder V in Eisessig mit 25%ig. HCl u. KBr versetzen, in Ggw. von p-Äthoxychrysoidin mit n/10 $KBrO_3$ bis zur Entfärbung titrieren; Verbrauch: 2 Äquivalente, bei **IV** ±0,5%, bei **V** —0,4 bis —2%. 2. Zur Lsg. von **IV** in Eisessig KBr, HCl u. überschüssiges $KBrO_3$ hinzufügen u. nach einigem Stehen jodometr. zurücktitrieren; Verbrauch: 4 Äquivalente —1,5 bis —2,1%; mit **V** erhält man zu hohe Werte. 3. **I** in Eisessig 15 Min. mit HCl u. $KBrO_3$ (ohne KBr!) behandeln u. den Überschuß zurücktitrieren; Verbrauch: 12 Äquivalente ±0 bis —0,4%. 4. **I** u. **II** verbrauchen in sehr verd., wss.-alkal. Lsg. 8 Äquivalente J_2; Werte 2—4% zu tief. (Arch. Pharmaz. Ber. dtsch. pharmaz. Ges. **286/58.** 278—83. 1953. Borstel, Tuberkulose-Forschungsinst., Inst. für exp. Biol. u. Med.)

PRACEJUS. 2700

Carl Djerassi und **Thurman T. Grossnickle,** *Die Dienon–Phenol-Umlagerung in der Benzo-[c]-phenanthrenreihe. Ein Fall von konkurrierender Methyl- und Methylenwanderung.* Vff. untersuchten die H^+-katalysierte Umlagerung eines Dienonsyst. mit angulärer Methylgruppe u. konjugiertem aromat. Ringsyst., dessen ster. Bau die Beteiligung gewisser, Coplanarität erfordernder Grenzformen des umlagerungsfähigen Kations (Doppelbindung in 12b-, 12c-Stellung) an der Rk. ausschließt oder zurückdrängt. Sie wählten als Beispiel das *2-Keto-4a-methyl-2.4a.5.6-tetrahydrobenzo-[c]-phenanthren* (**I**), das in Analogie zu dem entsprechenden Chrysenderiv. (vgl. WILDS u. DJERASSI, J. Amer. chem. Soc. **68.** [1946.] 1715) wie folgt synthetisiert wurde. 3-Oxymethylen-4-keto-1.2.3.4-tetrahydrophenanthren (**II**) wurde mit NaH u. CH_3J zu *3-Methyl-3-formyl-4-keto-1.2.3.4-tetrahydrophenanthren* (**III**) umgesetzt. Daneben entstand der O-Methyläther von **II** u. *3-Methyl-4-ketotetrahydrophenanthren.* **III** wurde mit Aceton zu **I** kondensiert. — Die Dienon–Phenol-Umlagerung von **I** mit Acetanhydrid–H_2SO_4 lieferte, im Gegensatz zu allen bekannten Umlagerungen dieser Art (Übersicht vgl. Original), 2 isomere Reaktionsprodd. vom F. 133° (**IV**) bzw. F. 176° (**V**). **IV** u. **V** unterscheiden sich deutlich im Infrarotspektr., enthalten aber — ebenso wie ihre aromat. Dehydrierungsprodd. — das gleiche chromophore Syst. (ident. UV-Spektren). **IV** erwies sich als das durch Methylwanderung entstandene *2-Acetoxy-4-methyl-5.6-dihydrobenzo-[c]-phenanthren.* Es ließ sich leicht zu *2-Oxy-4-methylbenzo-[c]-phenanthren* dehydrieren u. verseifen, das zum Vgl. auch durch MICHAEL-Addition von Penten-(3)-on-(2) an 3-Carbomethoxy-4-keto-1.2.3.4-tetrahydrophenanthren, alkal. Cyclisierung des Addukts u. schonende Dehydrierung dargestellt wurde. **IV** u. sein Chrysenanaloges (**VI**; vgl. WILDS u. DJERASSI, l. c.) zeichnen sich durch extrem leichte Verseifbarkeit der Acetoxygruppe aus. Demgegenüber ist **V** deutlich schwerer hydrolysierbar, vermutlich wegen ster. Behinderung der Estergruppe. Diese Beobachtung im Verein mit dem UV-Spektr. sowie die nachst. Betrachtung des möglichen Reaktionsmechanismus führten Vff. zu der Auffassung, daß **V** *1-Acetoxy-4-methyl-5.6-dihydrobenzo-[c]-phenanthren* darstellt. — Die durch Protonaufnahme am O eingeleitete Umlagerung von **I** führt prim. zu einem zwischen verschied. Grenzformen mesomeren Kation. Aus der die (+)-Ladung am $C_{(4)}$ tragenden Form wird durch Methylwanderung [$C_{(4a)} \rightarrow C_{(4)}$] **IV** hervorgehen. Der Anteil dieser $C_{(4)}$-Carbeniatstruktur dürfte aber eingeschränkt werden durch die mangelnde Coplanarität der Verb. (Behinderung der 1- u. 12ständigen H-Atome), die eine Verminderung der Resonanzenergie zur Folge hat. Daher tritt mit jener Struktur eine $C_{(12c)}$-Carbeniatstruktur in Konkurrenz, deren $C_{(5)}$-Methylengruppe zunächst von $C_{(4a)}$ nach $C_{(12c)}$ wandert. Das dabei entstehende Kation vom Spirantyp ist vermutlich instabil u. geht unter Arylwanderung [$C_{(12c)} \rightarrow C_{(1)}$] u. Abspaltung des Protons in **V** über. Eine zweifache Wanderung der Methylgruppe [$C_{(4a)} \rightarrow C_{(12c)} \rightarrow C_{(1)}$], die ebenfalls ein Methyloxydihydrobenzo-[c]-phenanthren mit ster. leicht behinderter OH-Gruppe ergeben würde, halten Vff. für unwahrscheinlich. Da **IV** u. **V** bei der Umlagerung im Verhältnis 1:2 entstehen, ist anzunehmen, daß die Energiebilanz der zu **IV** bzw. **V** führenden Reaktionsfolgen nicht sehr verschieden ist.

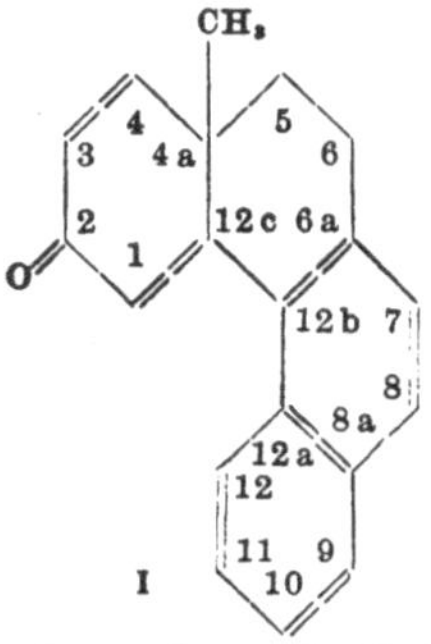

I

V e r s u c h e (Infrarot- u. UV-Spektren vgl. Original): *3-Oxymethylen-4-keto-1.2.3.4-tetrahydrophenanthren* (**II**), $C_{15}H_{12}O_2$, polymorph, F. 39,4—40° bzw. 50—51° (Ae.–Pentan), nach JOHNSON u. SHELBERG (C. **1947.** 336); gibt momentane, dunkelblaue $FeCl_3$-Rk.; 91% (Ausbeute). — *3-Methyl-3-formyl-4-keto-1.2.3.4-tetrahydrophenanthren* (**III**), durch 1½ std. Kochen u. Rühren von **II** mit NaH in Bzl. u. weiteres 68std. Kochen der Na–Enolat-Suspension mit überschüssigem CH_3J; der nichtkrist. Anteil des Reaktionsprod. wird aus Bzl. an SiO_2-Gel chromatographiert; das rötliche Öl krist. nicht; 43%. — *3-Methoxymethylen-4-keto-1.2.3.4-tetrahydrophenanthren,* F. 112,5—114° (A.), neben **III** aus dem Rohprod. mit Pentan bzw. aus den Mutterlaugen durch Chromatographie; gelblich, gibt verzögerte $FeCl_3$-Rk.; 27%. — *3-Methyl-4-keto-1.2.3.4-tetrahydrophenanthren*, $C_{15}H_{14}O$, F. 66,5—68°; a) neben **III**; 11%; b) durch Adsorption von **III** an aktiviertem Al_2O_3 (p_H 8—9) u. Elution nach 17 Std.; 66%. — *2-Keto-4a-methyl-2.4a.5.6-tetrahydrobenzo-*[*c*]*-phenanthren* (**I**), $C_{19}H_{16}O$, F. 164 bis 165° (korr.; aus Äthylacetat oder Ae.), sublimiert bei 140°/0,01 mm; a) durch 59std. Kochen von **III** mit Pyridin–Eisessig in Aceton unter N_2 u. nachfolgendes 6std. Kochen des Rohprod. mit methanol. KOH unter N_2; 27%; b) durch Kondensation des rohen Methylierungsgemisches von **II** mit Aceton nach a); 23% (bezogen auf **II**). — *1-Acetoxy-4-methyl-5.6-dihydrobenzo-*[*c*]*-phenanthren* (**V**), $C_{21}H_{18}O_2$, F. 175—176° (A.), durch 4½std. Rk. von 3,32 g **I** mit Acetanhydrid bei Ggw. von H_2SO_4 u. Raumtemp., Umkristallisieren aus Ae., Adsorption des aus den Mutterlaugen von **V** u. **IV** gewonnenen Materials an aktiviertem Al_2O_3 (p_H 7—8) u. Elution; 0,55 g. — *2-Acetoxy-4-methyl-5.6-dihydrobenzo-*[*c*]*-phenanthren* (**IV**), $C_{21}H_{18}O_2$, F. 132—133° (A.), neben **V** aus der äther. Mutterlauge (teils nach Adsorption an Al_2O_3, Elution u. Reacetylierung gewonnen, vgl. nachst.); 1,34 g. — Verseifung von **IV**, **V** u. *3-Acetoxy-1-methyl-11.12-dihydrochrysen* (**VI**, F. 121—122°) (Zahlen in [] = verseifter Anteil): 1. Durch Adsorption an aktiviertem Al_2O_3 vom p_H 7—8 u. Entwickeln nach 12 Std.: **IV** [ca. 85%], **V** [ca. 40%], **VI** [ca. 85%]; 2. durch 35minütige Einw. einer ca. 0,6%ig. wss.-alkoh. kalten Sodalsg.: **IV** [ca. 80%], **V** [ca. 25%]; 3. durch 1½std. Einw. von äther. $LiAlH_4$: **IV** [ca. 100%], **V** [ca. 100%]. Verseifungsprodd.: *2-Oxy-4-methyl-5.6-dihydrobenzo-*[*c*]*-phenanthren*, $C_{19}H_{16}O$, F. 156—157° (Ae.–Pentan), aus **IV**. *1-Oxy-4-methyl-5.6-dihydrobenzo-*[*c*]*-phenanthren*, Öl, aus **V**. *3-Oxy-1-methyl-11.12-dihydrochrysen*, F. 189—191°, aus **VI**. — *2-Keto-4-methyl-2.3.4.4a.5.6-hexahydrobenzo-*[*c*]*-phenanthren*, $C_{19}H_{18}O$, F. 133,5—134,5° (Äthylacetat), durch 10minütiges Kochen von 0,76 g 3-Carbomethoxy-4-ketotetrahydrophenanthren mit 47 mg $NaOCH_3$ in 12 cm³ Bzl. + 2 cm³ CH_3OH, 42std. Stehenlassen des Gemisches mit 1 cm³ Penten-(3)-on-(2), Ansäuern mit verd. CH_3COOH u. 47std. Kochen des rohen Adduktes mit 5%ig. wss. KOH; 0,24 g. — *2-Acetoxy-4-methylbenzo-*[*c*]*-phenanthren*, $C_{21}H_{16}O_2$, F. 164—165,5° (A.), a) durch 70std. Kochen von 0,155 g vorst. Verb. mit Pd-Kohle in p-Cymol unter N_2 u. nachfolgende Acetylierung; 0,095 g; b) durch Erhitzen von **IV** mit Pd-Kohle (10 Min. auf 210—240°, 15 Min. auf 260—270°); 93%; fluoresciert in organ. Solventien stark blau. *Freies Phenol*, $C_{19}H_{14}O$, F. 148—148,5° (Äthylacetat–Pentan), aus dem Acetat mit äther. $LiAlH_4$. (J. Amer. chem. Soc. **76**. 1741—46. 5/4. 1954. Detroit, Mich., Wayne Univ., Dep. of Chem.) PRACEJUS. 2850

Milton C. Kloetzel und **Holly E. Mertel**, *Fluoranthenderivate*. 2. Mitt. *Die Reaktion von Acenaphthylen mit Butadienderivaten*. (1. vgl. C. **1952**. 211). Die DIELS-ALDER-Addition von Butadien (**I**) u. seinen Derivv. an Acenaphthylen (**II**) führt zu *Tetrahydrofluoranthenen*, die leicht zu den entsprechenden *Fluoranthenen* dehydriert werden. Auf diesem Wege wurden *Fluoranthen* (**III**), *7-Methyl-* (**IV**), *8-Methyl-*(**V**), *8.9-Dimethyl-* (**VI**) u. *10-Methyl-7-carbäthoxyfluoranthen* (**VII**) dargestellt. — **IV** wurde zum Vgl. auch aus 1-Methylfluoren (**VIII**) über *3-*[*1'-Methylfluorenyl-*(*9'*)]*-propionsäure* (**IX**), *3-Keto-10-methyl-1.2.3.10b-tetrahydrofluoranthen* (**X**) u. *10-Methyl-1.2.3.10b-tetrahydrofluoranthen* synthetisiert. Bei dem Vers., das Nitril von **IX** durch direkte Addition von Acrylonitril an **VIII** zu gewinnen, entstand statt dessen *9.9-Bis-*[*2'-cyanäthyl*]*-1-methylfluoren*. Deshalb wurde zur Darst. von **IX** der Umweg über die *1-Methylfluoren-9-carbonsäure*, deren *Äthylester* u. den *1-Methyl-9-*[*2'-cyanäthyl*]*-fluoren-9-carbonsäureester* eingeschlagen. **IV** entstand auch durch Verseifung u. Decarboxylierung von **VII**. — Die Carboxylierung von **III** mit Cl·CO·CO·Cl u. $AlCl_3$ gab ein Gemisch von Carbonsäuren, aus dem Vff. die *8-Carbonsäure* abtrennen konnten; $LiAlH_4$-Red. ihres *Methylesters* lieferte *Fluoranthyl-*(*8*)*-carbinol*, aus dem durch katalyt. Hydrierung **V** hervorging.

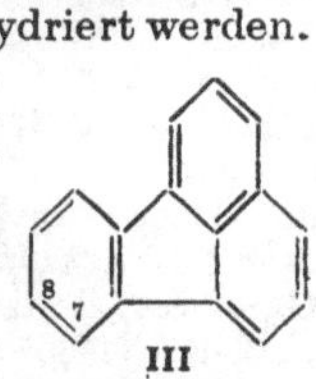

III

Versuche (*TNB* = *1.3.5-Trinitrobenzolat*; *TNF* = *2.4.7-Trinitrofluorenonkomplex*): *Acenaphthylen* (**II**), F. 91—92°, a) durch 1std. Schütteln einer Lsg. von 1-Acetoxyacenaphthen in sd. Bzl. mit einem heißen Gemisch von 100 cm³ 48%ig. HBr, 10 cm³ Pyridin u. 10 g KBr, isoliert über das *Pikrat* (F. 200—202°), das mit Al_2O_3 zerlegt wurde; 60% (Ausbeute); b) durch Erhitzen von Acenaphthenol-(1) mit Pyridin u. $SOCl_2$ in Bzl.; 45%. — *6b.7.10.10a-Tetrahydrofluoranthen* (**XI**), $C_{16}H_{14}$, F. 68—68,5° (A.), durch 36std. Erhitzen von **II** mit einem Überschuß an **I** u. einer Spur Hydrochinon im Rohr auf 170—175°; 28%. *TNB*, $C_{22}H_{17}O_6N_3$, F. 126,5—127,5° (absol. A.), gelb. *Pikrat*, $C_{22}H_{17}O_7N_3$, F. 109—110° (absol. A.), orangefarben. *TNF*, $C_{29}H_{19}O_7N_3$, F. 142—143° (Eisessig), carminrot. — *Fluoranthen* (**III**), F. 109,5—110,5°, durch ½std. Erhitzen von **XI** mit Pd–$BaSO_4$ auf 270—290°; 91%. *Pikrat*, F. 185 bis

186°. *TNB*, F. 205—206°. — *1-Methylfluoren* (**VIII**), F. 86—87° (verd. A.), durch Red. von 1-Methylfluorenon nach WOLFF-KISHNER bzw. HUANG-MINLON. — *1-Methylfluoren-9-carbonsäure*, F. 223—224° (Bzl./PAe.), durch Metallierung von **VIII** mit KNH_2 u. nachfolgende Rk. mit CO_2; 88%. *Äthylester*, $C_{17}H_{16}O_2$, F. 67—68° (A.), Kp.$_{0,5}$ 150—156°, durch 34std. azeotrope Kondensation der Säure mit absol. A. in Ggw. von Bzl. u. H_2SO_4; 84%. — *1-Methyl-9-[2'-cyanäthyl]-fluoren-9-carbonsäureäthylester*, $C_{20}H_{19}O_2N$, F. 92—93° (A.), Kp.$_1$ 190—196°, durch Schütteln von vorst. Ester mit Acrylomtril, Pyridin u. 50%ig. NaOH; 78%. — *3-[1'-Methylfluorenyl-(9')]-propionsäure* (**IX**), F. 136—136,5° (Bzl./Heptan), durch 10std. Kochen von vorst. Ester mit 20%ig. wss. KOH u. Decarboxylierung der rohen Säure erst bei 200°, dann bei 260°; 59%. — *3-Keto-10-methyl-1.2.3.10b-tetrahydrofluoranthen* (**X**), $C_{17}H_{14}O$, F. 182—183,5° (A.), aus dem *Chlorid* von **IX** mit $AlCl_3$ u. Nitrobenzol; 54%. *Oxim*, $C_{17}H_{15}ON$, F. 222 bis 224° (Zers., verd. A.). — *10-Methyl-1.2.3.10b-tetrahydrofluoranthen*, $C_{17}H_{16}$, F. 148 bis 149° (A.), durch CLEMMENSEN-Red. von **X**; 89%. — *7-Methyl-6b.7.10.10a-tetrahydrofluoranthen* (**XII**), $C_{17}H_{16}$, F. 94—95° (A.), durch 20std. Erhitzen von **II** mit Pentadien-(1.3) auf 170—175°; 55%. *TNB*, $C_{23}H_{19}O_6N_3$, F. 97—98,5° (absol. A.), orangegelb. *TNF*, $C_{30}H_{21}O_7N_3$, F. 136,5—137° (Eisessig), zinnoberrot. — *7-Methylfluoranthen* (**IV**), $C_{17}H_{12}$, F. 136—137° (absol. A.), durch Pd/$BaSO_4$-Dehydrierung (200—290°) von **X**; 81%, oder von **XII**; 80%; gelblich. *Pikrat*, $C_{23}H_{15}O_7N_3$, F. 201 bis 202° (absol. A.), gelb. — *Fluoranthen-8-carbonsäuremethylester*, $C_{18}H_{12}O_2$, F. 99 bis 100° (CH_3OH), durch Rk. von **III** mit ClCOCOCl u. $AlCl_3$ in Nitrobenzol bei 0°, dann bei 25°, 20std. azeotrope Veresterung von 10 g des rohen Säuregemisches (F. 256 bis 278°; 27%) mit CH_3OH/Bzl., Vakuumdest. u. chromatograph. Trennung des Estergemisches; 1,1 g. — *Fluoranthyl-(8)-carbinol*, $C_{17}H_{12}O$, F. 140—141° (A.), aus vorst. Verb. u. $LiAlH_4$; grünlich, fluoresciert blau; 84%. — *8-Methylfluoranthen* (**V**), $C_{17}H_{12}$, F. 93—94° (A.), a) durch ½std. Erhitzen von 0,2 g vorst. Verb. mit 2,5 g 9.10-Dihydroanthracen u. 0,2 g Pd/$BaSO_4$ auf 290°, nachfolgende kurze Dehydrierung mit Pd/$BaSO_4$, Abtrennung des Anthracens als Maleinsäureanhydridaddukt u. Filtration der benzol. Lsg. über Al_2O_3; fluoresciert blau; 0,06 g; b) durch Dehydrierung nachst. Verb.; 100%. *Pikrat*, $C_{23}H_{15}O_7N_3$, F. 156—157° (absol. A.), orangegelb. *TNB*, $C_{23}H_{15}O_6N_3$, F. 171—173,5° (absol. A.), gelb. — *8-Methyl-6b.7.10.10a-tetrahydrofluoranthen*, aus **II** u. Isopren wie **XI**; gelbes Öl; 43%. *TNB*, $C_{23}H_{19}O_6N_3$, F. 108—110° (absol. A.), gelb. *TNF*, $C_{30}H_{21}O_7N_3$, F. 112—114° (Eisessig), zinnoberrot. — *8.9-Dimethyl-6b.7.10.10a-tetrahydrofluoranthen*, $C_{18}H_{18}$, F. 69—70° (absol. A.), durch 36std. Erhitzen von **II** mit 2.3-Dimethylbutadien-(1.3) auf 150—155°; 60%. *TNF*, $C_{31}H_{23}\cdot O_7N_3$, F. 137—138° (Eisessig), zinnoberrot. — *8.9-Dimethylfluoranthen* (**VI**), $C_{18}H_{14}$, F. 144—145° (A.), durch Dehydrierung vorst. Verb.; gelb; 78%. *TNB*, $C_{24}H_{17}O_6N_3$, F. 208—209° (absol. A.), gelb. — *10-Methyl-6b.7.10.10a-tetrahydrofluoranthen-7-carbonsäureäthylester*, $C_{20}H_{20}O_2$, F. 105—106° (A.), aus **II** u. Äthylsorbat wie **XI** (24 Std. bei 145—150°); sublimiert bei 0,1 mm; 25%. — *10-Methylfluoranthen-7-carbonsäureäthylester* (**VII**), $C_{20}H_{16}O_2$, aus vorst. Verb. u. Pd/$BaSO_4$; 56%, oder mit Chloranil in sd. Xylol; 21%; blaßgelb. *Freie Säure*, $C_{18}H_{12}O_2$, F. 249—250° (Bzl.); 67%; gibt bei der Decarboxylierung (¼ Std. in sd. Chinolin + Cu) 12% **IV**. — *9.9-Bis-[2'-cyanäthyl]-1-methylfluoren*, $C_{20}H_{18}N_2$, F. 105—106° (verd. A.), aus **VIII** u. Acrylonitril in Ggw. von Benzyltrimethylammoniumhydroxyd; 70%. *Freie Dicarbonsäure*, $C_{20}H_{20}O_4$, F. 248—248,5° (wss. Aceton); 97%. (J. Amer. chem. Soc. **72.** 4786—91. Okt. 1950. Los Angeles, Calif., Univ. of Southern California, Dep. of Chem.) PRACEJUS. 2950

M. N. Kolossow und **N. A. Preobrashenski**, *Synthetische Untersuchungen in der Reihe der Indolderivate.* 2. Mitt. *Synthese der Methylurethane von 1.3.3-Trimethyl-5-oxyindolin und 1.3-Dimethyl-3-äthyl-5-oxyindolin.* (1. vgl. C. **1954.** 9276.) Die Methylierung von *1.3-Dimethyl-5-methoxyindolinon-(2)* (**I**) lieferte *1.3.3-Trimethyl-5-methoxyindolinon-(2)* (**II**), welches mit Na in Butanol zu *1.3.3-Trimethyl-5-methoxyindolin* (**III**) red. wurde, wobei als Nebenprod. die *Pseudobase* (**IV**) von *1.3.3-Trimethyl-5-methoxyindoleniniumhydroxyd* (*1.3.3-Trimethyl-2-oxy-5-methoxyindolin*) erhalten wurde. Durch Verseifen von **III** u. Einw. von Methylisocyanat wurde das *Methylurethan* (**V**) von *1.3.3-Trimethyl-5-oxyindolin* (**VI**) erhalten. Analog wurde auch die Synth. des *Methylurethans* (**VII**) von *1.3-Dimethyl-3-äthyl-5-oxyindolin* durchgeführt. Bei der Prüfung auf myot. Wrkg. beim Kaninchen wurden folgende Schwellenwerte der Konz. gefunden: **V**-Hydrochlorid 1:25000, **V**-Jodmethylat 1:100000, **VII**-Hydrochlorid 1:150000.

V e r s u c h e: *1.3.3-Trimethyl-5-methoxyindolinon-(2)* (**II**), $C_{12}H_{15}O_2N$, F. 58,5 bis 59°, Kp.$_{6,5}$ 152—153°; aus **I** mit überschüssigem CH_3J in C_2H_5ONa-Lsg. bei 50°; aus Ae. Kristalle; 87% (Ausbeute). — *1.3.3-Trimethyl-5-methoxyindolin* (**III**), Kp.$_8$ 118 bis 120°; aus **II** durch Red. mit Na in Butanol; 40% (neben 33% **IV**). *Hydrochlorid*,

$C_{12}H_{18}ONCl$, F. 203—203,5° (A.); Nadeln. *Pikrat*, F. 151,5—152° (A.); gelbe Kristalle. — *Pseudobase* **IV**, $C_{12}H_{17}O_2N$, Kp.$_6$ 155°; gelbes, schnell dunkelwerdendes Öl. *Pikrat*, F. 155—156° (A.); dunkelgelbe Nadeln. Durch Oxydation von **IV** mit ammoniakal.-alkoh. $AgNO_3$-Lsg. wird **II** zurückerhalten. — *1.3.3-Trimethyl-5-oxyindolin* (**VI**), $C_{11}H_{15}ON$, F. 109°; sublimiert bei 0,5 mm/130° (Badtemp.); durch Verseifen von **III**-*Hydrochlorid* mit 50%ig. HBr bei 140—150° in N_2-Atmosphäre; 98,3%. *Hydrobromid*, $C_{11}H_{16}ONBr$, F. 212—21 2,5°(A.), Kristalle. *Pikrat*, F. 161—162° (A.); gelbe Nadeln. *Hydrochlorid*, F. 238—239° (A.); Kristalle. *Methylurethan* (**V**), $C_{13}H_{18}O_2N_2$, F. 144,5 bis 145°; die aus **VI** u. Na in Ae. erhaltene Na-Verb. wird mit Methylisocyanat 3 Tage bei Zimmertemp. behandelt; aus Methanol + Ae. Kristalle; 90%. *Pikrat*, F. 156 bis 157° (A.); Kristalle. *Hydrochlorid*, $C_{13}H_{19}O_2N_2Cl$, F. 174—175° (A.); Nadeln. *Jodmethylat*, F. 194—195° (Zers.); aus A. Kristalle. — *N-Methyl-p-phenetidid der α-Brom-n-buttersäure*, $C_{13}H_{18}O_2NBr$, F. 71—72°; aus N-Methyl-p-phenetidin u. α-Brombutyrylbromid; aus wss. Methanol Kristalle; fast 100%. — *1-Methyl-3-äthyl-5-oxyindolinon-(2)*, $C_{11}H_{13}O_2N$, F. 175—176°; aus vorst. Verb. mit $AlCl_3$ 1 Std. bei 180° aus Methanol Kristalle; 92%. — *1-Methyl-3-äthyl-5-methoxyindolinon-(2)*, $C_{12}H_{15}O_2N$, Kp.$_9$ 176°; aus vorst. Verb. durch Behandeln mit $(CH_3)_2SO_4$ in KOH; $D.^{20}_{20}$ 1,166; n_D^{20} 1,5663; 60%. — *1.3-Dimethyl-3-äthyl-5-methoxyindolinon-(2)*, $C_{13}H_{17}O_2N$, Kp.$_{10}$ 163°, Kp.$_{2,5}$ 126—128°; aus vorst. Verb. durch Einw. von CH_3J in C_2H_5ONa-Lsg. oder analog aus I u. C_2H_5J; $D.^{20}_{20}$ 1,109; n_D^{20} 1,5456; 90 bzw. 89%. — *1.3-Dimethyl-3-äthyl-5-methoxyindolin*, Kp.$_{1,5}$ 120—125°; durch Red. vorst. Verb. mit Na in Butanol; 48% (neben 24% nachst. Verb.). *Pikrat*, F. 125—126° (A.); gelbe Kristalle. *Hydrochlorid*, $C_{13}H_{20}ONCl$, F. 178—178,5° (A.); Kristalle. — *Pseudobase des 1.3-Dimethyl-3-äthyl-5-methoxyindoleniniumhydroxyds*, $C_{13}H_{19}O_2N$, Kp.$_{1,5}$ 145—146°. *Pikrat*, F. 138—138,5° (Zers.); aus A. dunkelgelbe Kristalle. — *1.3-Dimethyl-3-äthyl-5-oxyindolin*, $C_{12}H_{17}ON$, aus vorvorst. Verb. mit 50%ig. HBr; dickes, gelbes Öl, das bei 0,3—0,4 mm/140° (Badtemp.) dest.; 96%. *Hydrobromid*, $C_{12}H_{18}ONBr$, F. 164—165° (A.); Kristalle. *Pikrat*, F. 150—150,5° (A.); gelbe Kristalle. *Hydrochlorid*, $C_{12}H_{18}ONCl$, F. 174,5—175,5° (A.); Kristalle; *Methylurethan* (**VII**), $C_{14}H_{20}O_2N_2$, F. 99—100° (Ae.); Kristalle; 61%. **VII**-*Pikrat*, F. 147—148°; gelbe Kristalle. (Журнал Общей Химии [J. allg. Chem.] **23** (**85**). 1779—84. Okt. 1953. Moskau, Lomonossow-Inst. für feinchem. Technol.) DAWYDOFF. 3081

M. N. Kolossow und **N. A. Preobrashenski,** *Synthetische Untersuchungen in der Reihe der Indolderivate.* 3. Mitt. *Synthese der Urethane von 1.3-Dimethyl-3-[β-dimethylaminoäthyl]-5-oxyindolinon-(2)* (*Dehydroeserolinmethin*) *und 1.3-Dimethyl-3-[γ-dimethylaminopropyl]-5-oxyindolinon-(2)* (*Dehydrohomoeserolinmethin*) (2. vgl. vorst. Ref.) 1.3-Dimethyl-5-methoxyindolinon-(2) (**I**) wurde mit Chloracetonitril zu *1.3-Dimethyl-3-cyanmethyl-5-methoxyindolinon-(2)* (**II**) kondensiert, hieraus durch Hydrieren *1.3-Dimethyl-3-[β-aminoäthyl]-5-methoxyindolinon-(2)* (**III**) u. aus diesem durch Methylieren *1.3-Dimethyl-3-[β-dimethylaminoäthyl]-5-methoxyindolinon-(2)* (**IV**) hergestellt. **IV** wurde auch durch Behandeln der Na-Verb. von **I** mit β-Chloräthyldimethylamin gewonnen. **IV** gab beim Verseifen *1.3-Dimethyl-3-[β-dimethylaminoäthyl]-5-oxyindolinon-(2)* (**V**). In ähnlicher Weise wurde *1.3-Dimethyl-3-[γ-dimethylaminopropyl]-5-oxyindolinon-(2)* (**VI**) synthetisiert. Die *Dimethylurethane* von **V** u. **VI** wurden auf myot. Wrkg. beim Kaninchen geprüft u. nachst. Schwellenwerte der Konz. festgestellt. **V**-*Dimethylurethan*: *Hydrochlorid* u. *Jodmethylat* 1:5000; **VI**-*Dimethylurethan*: *Hydrochlorid* 1:500.

Versuche: *1.3-Dimethyl-3-cyanmethyl-5-methoxyindolinon-(2)* (**II**), $C_{13}H_{14}O_2N_2$, F. 74,5—75°, Kp.$_7$ 203—205°; aus **I** u. $ClCH_2CN$ in C_2H_5ONa-Lsg. bei 60°; aus Ae. Kristalle; 81% (Ausbeute). — *1.3-Dimethyl-3-[β-aminoäthyl]-5-methoxyindolinon-(2)* (**III**), $C_{13}H_{18}O_2N_2$, Kp.$_9$ 201—203°; durch Hydrieren von **II** im Schüttelautoklaven in mit NH_3 bei 0° gesätt. CH_3OH, 4 Std. bei 105—110°/120 at H_2-Anfangsdruck in Ggw. von Skelett-Ni; 88%. *Pikrat*, F. 161—162° (A.); gelbe Kristalle. *Hydrojodid*, $C_{13}H_{19}O_2N_2J$, F. 189—190° (A.); Kristalle. — *1.3-Dimethyl-3-[β-dimethylaminoäthyl]-5-methoxyindolinon-(2)* (*Dehydroesermetholmethin*; **IV**), Kp.$_{20}$ 210—215°, Kp.$_2$ 140 bis 143°; a) aus **III** durch 6std. Erhitzen mit 40%ig. HCHO-Lsg. + 90%ig. HCO_2H auf 110—115° (Badtemp.); 70%; b) durch 1std. Kochen von **I** mit C_2H_5ONa in Toluol, Zugabe von $ClCH_2CH_2N(CH_3)_2$ u. weiteres 1std. Kochen; 83%. *Hydrochlorid*, $C_{15}H_{23}O_2N_2Cl$, F. 199—199,5° (A.); Kristalle. *Jodmethylat*, F. 156—156,5° (A.); Kristalle. *Pikrat*, F. 171—171,5° (A.); gelbe Kristalle. *Methylpikrat*, F. 194—195° (A.); gelbe Kristalle. — *1.3-Dimethyl-3-[β-dimethylaminoäthyl]-5-oxyindolinon-(2)* („*Dehydroeserolinmethin*"; **V**), $C_{14}H_{20}O_2N_2$, F. 170—170,5°; aus **IV**-Hydrochlorid bei 2std. Erhitzen mit 50%ig. HBr auf 135—140°; aus A. Kristalle; 94%. *Hydrobromid*, $C_{14}H_{21}O_2N_2Br$, F. 186—186,5° (A.); Kristalle. *Pikrat*, F. 177—178° (A.); gelbe Nadeln.

Hydrochlorid, $C_{14}H_{21}O_2N_2Cl$, F. 240—240,5° (A.); Kristalle. *Dimethylurethan* (**VII**); aus der Na-Verb. von **V** beim Behandeln mit $(CH_2)_2NCOCl$ in Bzl., 48 Std. bei Zimmertemp. u. 2 Std. auf dem Wasserbad; Isolierung als *Hydrochlorid*, $C_{17}H_{26}O_3N_3Cl$, F. 211 bis 212°; aus A. + Ae. Kristalle; 82%. **VII**-*Pikrat*, F. 193,5—194° (A.); gelbe Nadeln. **VII**-*Jodmethylat*, $C_{18}H_{28}O_3N_3J$, F. 201—202° (A.); Kristalle. — *1.3-Dimethyl-3-[β-cyanäthyl]-5-methoxyindolinon-(2)*, $C_{14}H_{16}O_2N_2$, F. 89—90°, Kp.₁ 178—180°; aus **I** u. Acrylonitril in Ggw. von etwas 40%ig. wss. Trimethylbenzylammoniumhydroxydlsg. in Dioxan, anfangs bei maximal 15°, später Zimmertemp.; Kristalle; 88%. — *1.3-Dimethyl-3-[γ-aminopropyl]-5-methoxyindolinon-(2)*, $C_{14}H_{20}O_2N_2$, $Kp._1$ 168°; aus vorst. Verb. durch Hydrieren in Ggw. von Skelett-Ni; 96%. *Pikrat*, $C_{20}H_{23}O_9N_5$, F. 162—163° (wss. Methanol); gelbe Nadeln. *Hydrojodid*, $C_{14}H_{21}O_2N_2J$, F. 185,5—186° (A.); Kristalle. — *1.3-Dimethyl-3-[γ-dimethylaminopropyl]-5-methoxyindolinon-(2)* („*Dehydrohomoesermetholmethin*"), $C_{16}H_{24}O_2N_2$, $Kp._2$ 162—164°; aus vorst. Verb. mit 40%ig. HCHO-Lsg. + 90%ig. HCO_2H bei 115—120°; 82%. *Pikrat*, F. 139—140° (A.); gelbe Kristalle. *Hydrojodid*, $C_{16}H_{25}O_2N_2J$, F. 181—181,5° (A.); Kristalle. — *1.3-Dimethyl-3-[γ-dimethylaminopropyl]-5-oxyindolinon-(2)* („*Dehydrohomoeserolinmethin*"; **VI**), $C_{15}H_{22}O_2N_2$, F. 147—148°; aus vorst. Verb. mit 50%ig. HBr bei 140—145°; aus Methanol Kristalle; 52%. *Pikrat*, F. 184,5—185° (A.); gelbe Kristalle. *Hydrojodid*, $C_{15}H_{23}O_2N_2J$, F. 192—193° (A.); Kristalle. *Dimethylurethan* (**VIII**), *Hydrochlorid*, $C_{18}H_{28}O_3N_3Cl$, F. 103—105°; Kristalle; 78%. **VIII**-*Pikrat*, F. 134—135° (A.); gelbe Kristalle. (Журнал Общей Химии [J. allg. Chem.] **23** (**85**). 1922—27. Nov. **1953**.)
DAWYDOFF. 3081

Jan Thesing, *Beiträge zur Chemie des Indols.* 2. Mitt. *Eine neue Synthese des β-Indolaldehyds aus Gramin.* (1. vgl. C. **1953.** 3393.) Es wird eine neue Meth. zur Überführung einer MANNICH-Base in den entsprechenden Aldehyd beschrieben. Durch Umsetzung von Gramin (3-Dimethylaminomethylindol)-Methomethylsulfat (**I**) mit Phenylhydroxylamin (**II**) in Ggw. von Alkali wird *N-Phenyl-N-skatylhydroxylamin* (**III**) dargestellt, dieses nach KUHN u. HAMMER (C. **1951. I.** 583) zum *Indolaldehyd-(3)-phenylnitron* (**IV**) oxydiert u. daraus durch alkal. Verseifung *Indolaldehyd-(3)* (**V**) erhalten. Die Konst. von **III** wird durch Red. mit $LiAlH_4$ zu *Phenylskatylamin* bestätigt. **V** könnte in Übereinstimmung mit seinem ungewöhnlich hohen F. u. seiner Schwerlöslichkeit in unpolaren Lösungsmitteln eine zwitterion. mesomere Grenzform zugeordnet werden. Für die Bldg. eines mesomeren Anions in alkal. Lsg. spricht auch, daß weder CANNIZZARO-Rk. noch Benzoinkondensation eintritt u. daß mit Dimethylsulfat Methylierung am N erfolgt.

Versuche: *N-Phenyl-N-skatylhydroxylamin* (**III**), $C_{15}H_{14}ON_2$, F. 103—104°, durch Versetzen von **I** u. **II** in 30%ig. wss. Methanol mit n-NaOH, 1std. Stehen, Verreiben unter der Mutterlauge u. Absaugen; aus 80%ig. A. Prismen; 80% (Ausbeute). — *Indolaldehyd-(3)-phenylnitron* (**IV**), $C_{15}H_{12}ON_2$, F. 191—192°, a) durch Versetzen von **III** in 90%ig. wss. Aceton mit akt. PbO_2 nach KUHN u. HAMMER (l. c.), 24std. Stehen, Absaugen u. Einengen, nach Lösen in Aceton u. Fällen mit Ae. schwach gelblich; 63%; b) durch 2std. Erwärmen von **V** in A. mit **II** auf 70—75° u. Versetzen mit Wasser. *Hydrochlorid*, $C_{15}H_{12}ON_2 \cdot HCl$, F. 209° (Zers.), aus A. hellgelbe Plättchen. — *Indolaldehyd-(3)* (**V**), F. 195°, a) durch Versetzen von **I** in Methanol mit **II**, Alkalisieren mit 2nNaOH, 1std. Kochen mit Nitrobenzol, Zugabe von 2nNaOH, $^3/_4$std. Dampfdest., Filtrieren u. Neutralisieren mit Eisessig; aus 50%ig. A. silbriggraue Blättchen; 87—91%; b) durch Oxydation von **III** in A. analog a); c) durch Dampfdest. der alkoh.-alkal. Lsg. von **IV** u. Ansäuern der zurückbleibenden alkal. Lsg.; 93%. — *Phenylskatylamin*, $C_{15}H_{14}N_2$, F. 95—96°, a) durch 1std. Kochen von Indolaldehyd-(3)-anil mit äther. $LiAlH_4$-Lsg., Hydrolyse mit feuchtem Ae., Lösen des $Al(OH)_3$ in 10%ig. NaOH u. Aufnehmen in Ae.; aus Cyclohexan glänzende Blättchen; 85%; b) ähnlich aus **III**; Anreiben des Ätherrückstandes mit Bzl.-Cyclohexan u. Kristallisation aus 95%ig. wss. Methanol. (Chem. Ber. **87.** 507—12. 1954. Darmstadt, TH, Inst. für organ. Chem.)
BUCHTA. 3081

Jan Thesing, *Beiträge zur Chemie des Indols.* 3. Mitt. *Über die Einwirkung von Alkali auf quartäre Salze des Gramins.* (2. vgl. vorst. Ref; 4. vgl. C. **1954.** 9748.) Durch Einw. von Alkali auf Trimethylskatylammoniummethylsulfat bzw. -jodid entstehen *1-Skatylgraminmethomethylsulfat* (**I**) bzw. *-jodmethylat* (**II**); aus **II** wird durch Erhitzen mit Dimethylamin *1-Skatylgramin* gebildet, dessen Konst. durch Übereinstimmung seines UV-Absorptionsmaximums mit dem des Gramins als erwiesen angesehen wird, womit ebenfalls die Strukturen von **I** u. **II** feststehen. Als Nebenprodd. bei der Bldg. von **I** bzw. **II** entstehen *3-Oxymethylindol* (**III**) u. eine *Verb.* $C_{18}H_{16}ON_2$. Bei letzterer Verb. handelt es sich fast sicher um den *Diskatyläther* u. nicht um 1-Skatyl-3-oxymethylindol, da dieses auf andere Weise synthetisiert wurde u. andere Eigg. zeigt. **III** wird ebenfalls durch Red. von β-Indolaldehyd mit $NaBH_4$ dargestellt, während bei der Rk. von Formaldehyd (**IV**) mit Indolyl-(3)-MgBr im Gegensatz zu den Angaben von Mingoia (C. **1933.** I. 1132) nicht **III**, sondern *Bis-[indolyl-(3)]-methan* entsteht, das auch aus **IV** u. Indol erhalten wird. Die bei der Einführung des Skatylrestes in Verbb. mit nucleophilem Charakter mit Hilfe des Gramins bzw. dessen quartären Salzen wahrscheinlich durch mehrfache Skatylierung am Indol-N-Atom entstehenden polymeren, amorphen Prodd. setzen sich sicher aus über 1.3-ständige Methylenbrücken verknüpften Indolkernen zusammen u. werden wahrscheinlich analog **I** u. **II** gebildet.

V e r s u c h e: *1-Skatylgraminmethomethylsulfat* (I), $C_{21}H_{24}N_3 \cdot CH_3O_4S$, F. 168°, durch langsames Zutropfen von n-NaOH zu Trimethylskatylammoniummethylsulfat in W., 2std. Rühren, Zugabe weiterer NaOH u. 8std. Durchleiten von N_2; aus Methanol Prismen; 75% (Ausbeute). *Pikrat*, $C_{21}H_{24}N_3 \cdot C_6H_3O_7N_3$, F. 169—170°, aus Methanol gelbe Drusen. Neben **I** wird durch Ausschütteln des wss. Filtrates mit Ae. u. Eindampfen *3-Oxymethylindol* (**III**), F. 100—101°, erhalten; aus Bzl. Blättchen. — *1-Skatylgraminjodmethylat* (II), $C_{21}H_{24}N_3J$, F. 193—195° (Zers.; Rotfärbung ab 155°), analog **I** aus dem Jodid; 48std. Stehen, Durchreiben mit Ae. u. Absaugen; aus Methanol glänzende Blättchen; 70%. Das *Pikrat* ist mit dem vorst. identisch. Neben **II** wurde durch Anreiben des Ätherrückstandes mit Methanol eine *Verb.* $C_{18}H_{16}ON_2$, F. 133 bis 134°, isoliert, die wahrscheinlich *Diskatyläther* ist; aus Bzl. Prismen, ferner **III**; 14,2%. — *1-Skatylgramin*, $C_{20}H_{21}N_3$, F. 142,5°, durch Zugabe 37%ig. wss. Dimethylaminlsg. zu **II** in 60%ig. A., 2½std. Kochen, Einengen, Alkalisieren, Aufnehmen in Ae., mehrstd. Stehen im Exsiccator u. Anreiben mit Cyclohexan; aus Bzl.-Cyclohexan (1 : 2) Nadeln; roh 79,2%. *Pikrat*, $C_{20}H_{21}N_3 \cdot C_6H_3O_7N_3$, F. 161°, aus essigsaurer, wss. Lsg. vorst. Verb. nach Anreiben mit Methanol; aus Methanol gelbe Kristalle. Aus der ausgeätherten wss. Mutterlauge wurden 12,7% **II** zurückgewonnen. — Durch Zugabe von $NaBH_4$ zu β-Indolaldehyd in sd. A., 1std. Stehen, Eindampfen bei 25°, Versetzen mit 0,1nNaOH u. Aufnehmen in Ae. entsteht **III**, C_9H_9ON, F. 100—101°; Blättchen; roh 95,3%. — *Bis-[indolyl-(3)]-methan*, $C_{17}H_{14}N_2$, F. 168°, a) durch 5std. Erhitzen von **IV**-Lsg. u. Indol in W. auf 75—80° im Dunkeln; aus Methanol Blättchen; roh 95,5%. *Pikrat*, $C_{17}H_{14}N_2 \cdot C_6H_3O_7N_3$, F. 138°, aus Aceton mit W. gefällt; aus Bzl. rote Nadeln; b) durch schnelles Lösen von **III** in W. unter Schütteln, Filtrieren u. 20std. Stehen; 74%; aus dem wss. Filtrat wurde *Formaldehyd* (**IV**) als *Dimedonderiv.* isoliert; 83%; c) durch Zugabe von 1,5 g Paraformaldehyd zu Indolyl-(3)-MgBr (aus 5 g Indol) in Ae., 2std. Kochen, Abdampfen, 15std. Rk. bei 100—105°, Zers. mit Eis u. H_2SO_4, Auskochen des wasserunlösl. Anteils mit PAe. (80 mg *Indol*) u. Auskochen des in W. u. PAe. unlösl. Rückstandes mit Bzl.; 1,06 g. (Chem. Ber. **87.** 692—99. 1954.)
Buchta. 3081

W. Ried, *Formazane und Tetrazoliumsalze, ihre Synthesen und ihre Bedeutung als Reduktionsindicatoren und Vitalfarbstoffe.* Übersicht. — 55 Literaturzitate; 6 Abbildungen. (Angew. Chem. **64.** 391—96. 21/7. 1952. Frankfurt/M., Univ., Organ.-Chem. Inst.)
Nitzschke. 3184

Bill Elpern, *Basische Äther einiger Piperidinalkohole.* Zur Unters. auf ihre curareähnliche Wirksamkeit werden aus Oxypiperidinen durch Rk. mit $NaNH_2$ u. tert.-Aminoalkylhalogeniden *dibas. Äther* dargestellt, die mit CH_3J quaterniert wurden.

V e r s u c h e (FF. korr.): *4-Oxymethyl-1-methyl-4-phenylpiperidin*, $C_{13}H_{19}ON$, F. 136,8—137,4°, durch Alkalisieren von Isonipecain, Aufnehmen in Bzl., Dest. mit Butanol-(1) bis zur Dampftemp. 117°, portionsweise Zugabe von Na bei 50°, später von W. u. Dampfdest.; Reinigen durch Lösen in Bzl. u. Zugabe von Skellysolve B. — Die *Äther* wurden durch Kochen der Oxyverb. mit $NaNH_2$ in Toluol, 2std. Kochen mit weiterem $NaNH_2$ u. dem entsprechenden tert.-Aminoalkylhalogenid, Zugabe von W. u. Ausziehen mit Bzl. gewonnen. Sie wurden in Bzl. in die *Bis-methojodide* übergeführt. — Folgende 1-Methyl-4-phenylpiperidin-bis-methojodide wurden dargestellt: *4-[β-Dimethylaminoäthyloxymethyl]-*, $C_{19}H_{34}ON_2J_2$, F. 243,8 bis 245,7°; 73% (Ausbeute). — *4-[β-Diäthylaminoäthyloxymethyl]-*, $C_{21}H_{38}ON_2J_2$, F. 208,4 bis 209,5°; 93%. — *4-[β-Morpholinoäthyloxymethyl]-*, $C_{21}H_{36}O_2N_2J_2$, F. 249—250° (Zers.); 94%. — *4-[β-Piperidinoäthyloxymethyl]-*, $C_{22}H_{38}ON_2J_2$, F. 240,0—241,6°; 82%. — *4-[γ-Piperidinopropyloxymethyl]-*, $C_{23}H_{40}ON_2J_2$, F. 270,4—272,5°; 54%. — *4-[β-Piperidinoäthyloxy]-*, $C_{21}H_{36}ON_2J_2$, F. 251,5—252,5°; 90%. — 1-Methylpiperidin-bis-methojodide: *4-[β-Piperidinoäthyloxymethyl]-*, $C_{16}H_{34}ON_2J_2$, F. 280—282° (Zers.); 43%. — *3-[β-Diäthylaminoäthyloxymethyl]-*, $C_{15}H_{34}ON_2J_2$, F. 234,6—235,8°; 68%. (J. Amer. chem. Soc. **76.** 281—82. 5/1. 1954. Rensselaer, N. Y., Sterling-Winthrop Res. Inst.)
Nitzschke. 3231

Nelson J. Leonard, Glenn Fuller und **Hugh L. Dryden jr.,** *Umlagerung von α-Aminoketonen bei der Clemmensen-Reduktion.* 10. Mitt. *Einfluß eines Phenylsubstituenten.* (9. vgl. C. **1954. 10444.**) Vff. untersuchen die CLEMMENSEN-Red. bei *phenylsubstituierten Piperidonen,* um den Einfl. des Phenylkerns auf die Umlagerung festzustellen. *1-Phenyl-* (I), *1-Äthyl-2-phenyl-* u. *1-Methyl-4-phenylpiperidon-(3)* geben die erwarteten *Pyrrolidine,* wie durch deren unabhängige Synth. oder ihren Vgl. mit den isomeren Verbb., die auch hätten entstehen können, beiwiesen wird. In Piperidonen übt also der Phenylkern weder in 1- noch in α- oder γ-Stellung einen Einfl. auf den Verlauf der CLEMMENSEN-Umlagerung unter Ringkontraktion aus. — I ist instabil u. muß sofort umgesetzt werden.

Versuche (FF. korr.): *γ-Anilinobutyronitril* (II), $Kp._1$ 138—140°, durch 24std. Rühren von Anilin, K_2CO_3 u. γ-Brombutyronitril bei 25°, dann 3 Std. bei ca. 100° u. Zugabe von W.; n_D^{20} 1,5609; 68% (Ausbeute). *Chloroplatinat,* F. 190—192° (Zers.). — *N-Carbäthoxymethyl-N-[γ-cyanpropyl]-anilin,* $C_{14}H_{18}O_2N_2$, F. 48—49°, durch 9std. Erhitzen von II mit K_2CO_3 u. Chloressigsäureäthylester, Zugabe von W., Dest. des organ. Anteils u. Lösen in A.; 15%. — *N-[Carbäthoxymethyl]-N-[γ-carbäthoxypropyl]-anilin,* $C_{16}H_{23}O_4N$, $Kp._{0,1}$ 132°, durch Sättigen der Lsg. vorst. Verb. in A. mit HCl, 2std. Erhitzen mit W., Einengen des Filtrats, Alkalisieren u. Ausäthern; n_D^{20} 1,5143; 24%. — *1-Phenylpiperidon-(3)* (I), $C_{11}H_{13}ON$, $Kp._{0,2}$ 111°, durch Dest. vorst. Verb. mit C_2H_5ONa in Toluol bis zum Erreichen von 106°, Ausziehen mit konz. HCl, 12std. Erhitzen auf dem Dampfbad, Einengen, Alkalisieren u. Ausäthern; $n_D^{20,5}$ 1,5773; auch unter N_2 nicht beständig. — Wird das bei der Herst. von I nach dem DIECKMANN-Ringschluß anfallende Gemisch mit konz. HCl hydrolysiert u. gleich der CLEMMENSEN-Red. unterworfen (12 Std.), dann alkalisiert u. ausgeäthert, entsteht *1-Phenyl-2-methylpyrrolidin,* $Kp._{0,2}$ 77—80°; n_D^{24} 1,5667; 46%. *Pikrat,* $C_{17}H_{18}\cdot O_7N_4$, aus A. dünne gelbe Nadeln, F. 109—110°. — *α-Äthylaminophenylessigsäureäthylester,* $C_{12}H_{17}O_2N$, $Kp._{0,5}$ 110°, durch Sättigen der Lsg. von rohem Mandelsäurenitril in A. mit Diäthylamin, 2std. Erhitzen, Einengen, 12std. Erhitzen mit konz. HCl, Einengen, Trocknen bei 110°, 12std. Kochen mit gesätt. alkoh. HCl, Eindampfen des Filtrats u. Alkalisieren; $n_D^{20,5}$ 1,4993; 11%. — *α-[N-Äthyl-N-(γ'-cyanpropyl)-amino]-phenylessigsäureäthylester,* $C_{16}H_{22}O_2N_2$, $Kp._{0,09}$ 114°, aus vorst. Verb. wie II; $n_D^{20,5}$ 1,5030; 49%. — *α-[N-Äthyl-N-(γ'-carbäthoxypropyl)-amino]-phenylessigsäureäthylester,* $C_{18}H_{27}O_4N$, $Kp._{0,1}$ 121°; $n_D^{20,5}$ 1,4904; 50%. — *1-Äthyl-2-phenylpiperidon-(3),* $C_{13}H_{17}ON$, $Kp._{0,25}$ 106—106,5°, wie I; das Reaktionsgemisch wurde mit konz. HCl ausgezogen, die saure Lsg. 12 Std. erhitzt, eingeengt, mit K_2CO_3 alkalisiert u. ausgeäthert; $n_D^{20,5}$ 1,5328; 64%. *Pikrat,* $C_{19}H_{20}O_8N_4$, F. 146°, aus Chlf. gelbe Prismen. — Bei der WOLFF-KISHNER-Red. vorst. Verb. entsteht in geringer Ausbeute *1-Äthyl-2-phenylpiperidin; Pikrat,* $C_{19}H_{22}O_7N_4$, F. 189—190°, aus A. gelbe Prismen. Bei der CLEMMENSEN-Red. wird dagegen *1-Äthyl-2-benzylpyrrolidin* gebildet; *Pikrat,* $C_{19}H_{22}O_7N_4$, F. 135°, aus A. gelbe Nadeln. — *1-Äthylpyrrolidon-(2),* $C_6H_{11}ON$, $Kp._{20}$ 97°, aus Butyrolacton u. Äthylamin durch 4std. Erhitzen auf 280° im Autoklaven; 75%. — *1-Äthyl-2-benzyl-Δ²-pyrrolin* oder *1-Äthyl-2-benzalpyrrolidin,* $Kp._{23}$ 79 bis 85°, durch 12std. Rk. vorst. Verb. mit Benzyl–MgCl, Hydrolyse mit 3nHCl, Alkalisieren der wss. Schicht, Dampfdest., Ansäuern des Destillats, Einengen, Alkalisieren u. Ausäthern; 7%. Das *Pikrat,* $C_{19}H_{20}O_7N_4$, F. 100—101°, krist. aus A. in gelborangefarbenen Prismen. — *1-Äthyl-2-benzylpyrrolidin,* durch Hydrierung vorst. Verb. in A. mit PtO_2 bei 3 at. *Pikrat,* $C_{19}H_{22}O_7N_4$, gelbe Nadeln aus A., F. 135°. — Nach 10std. Red. von 1-Methyl-4-phenylpiperidon-(3)-hydrochlorid in konz. HCl mit amalgamiertem Zn, Einengen u. Alkalisieren der Lsg., Dampfdest., Ausäthern des Destillats u. Rk. mit Pikrinsäure in A. entsteht *1.2-Dimethyl-3-phenylpyrrolidinpikrat,* $C_{18}H_{20}O_7N_4$, F. 169—172° (Zers.); gelbe Plättchen aus A.; 34%. — *N-Methyl-β-phenylvaleramid,* $C_{12}H_{17}ON$, $Kp._1$ 160—161°, durch ½std. Kochen von β-Phenylvaleriansäure mit $SOCl_2$, Abdampfen u. Rk. mit Methylamin in Ae.; n_D^{20} 1,5247; 80%. — *N-Methyl-γ-phenylamylamin,* $C_{12}H_{19}N$, $Kp._{30}$ 134—135°, durch langsame Zugabe von vorst. Verb. zu $LiAlH_4$ in Ae., 1std. Kochen, Zers. mit W., Ansäuern mit 6nH_2SO_4, Alkalisieren der wss. Lsg. u. 45std. Extraktion mit Ae.; n_D^{20} 1,5042; 60%. *Pikrat,* $C_{18}H_{22}O_7N_4$, F. 114,5—116°, aus Tetrahydrofuran–Ae. (1:9) gelbe Prismen. — Die Charakteristika der Infrarotspektren der meisten Verbb. werden angegeben. (J. Amer. chem. Soc. **75.** 3727—30. 5/8. 1953. Urbana, Ill., Univ. of Illinois, Noyes Chem. Labor.) NITZSCHKE. 3231

Nelson J. Leonard, James W. Curry und **John J. Sagura,** *Umlagerung von α-Aminoketonen bei der Clemmensen-Reduktion.* 11. Mitt. *Die Reduktion von bicyclischen α-Aminoketonen, in denen das Stickstoffatom beiden Ringen angehört.* (10. vgl. vorst. Ref.)

Während 3-Ketochinuclidin bei der CLEMMENSEN-Red. keine Sprengung der $C_{(\alpha)}$-N-Bindung erleidet, sondern Chinuclidin bildet (vgl. CLEMO u. METCALFE, C. **1938**. I. 1982), geben *3-Keto-1-azabicyclo-[3.2.2]-nonan* (I) u. *6-Keto-1-azabicyclo-[3.2.1]-octan* (II) unter Ringspaltung *Piperidyl-(4)-aceton* (III) bzw. *3-Acetylpiperidin* (IV). Neben IV wird jedoch auch das n. Reduktionsprod., *1-Azabicyclo-[3.2.1]-octan*, gebildet. — I wurde analog wie 3-Ketochinuclidin dargestellt, doch gelang der DIECKMANN-Ringschluß des zweiten Ringes nur mit sehr schlechter Ausbeute.

Versuche (FF. korr.): *Piperidyl-(4)-essigsäureäthylester*, $C_9H_{17}O_2N$, Kp.$_{0,3}$ 67°, durch Hydrierung von Pyridyl-(4)-essigsäureäthylester(V)-Hydrochlorid in 90%ig. CH_3COOH in Ggw. von PtO_2 bei 2—3,5 at, Eindampfen, Alkalisieren u. Ausäthern; n_D^{20} 1,4662; 39% (Ausbeute). — *[1-Benzoylpiperidyl-(4)]-essigsäureäthylester*, Kp.$_{0,05}$ 163°, aus vorst. Verb. mit Benzoylchlorid in Chlf. + etwas W. u. K_2CO_3; n_D^{20} 1,5330; 90%. — *Piperidyl-(4)-aceton* (III), durch 9std. Kochen vorst. Verb. mit Essigsäureäthylester u. C_2H_5ONa in Bzl., Behandeln mit W., Abdekantieren, Ansäuern, 4std. Kochen, Eindampfen, Alkalisieren u. Ausäthern. *Pikrat*, $C_{14}H_{18}O_8N_4$, F. 146—147°, gelbe Nadeln aus A.; 3,3%. — *Pyridinium-1.4-diessigsäurediäthylesterbromid*, $C_{13}H_{18}$·O_4NBr, F. 167—167,5°, durch 5std. Rk. von V mit Bromessigsäureäthylester in Ae.–A. (9:1); aus A. mit wenig Ae. Blättchen; 83%. — *Piperidin-1.4-diessigsäurediäthylester*, $C_{13}H_{23}O_4N$, Kp.$_{0,2}$ 111—112°, durch PtO_2-Hydrierung vorst. Verb. in Essigsäure bei 25° u. 2—3 at, Einengen, Alkalisieren u. Ausäthern; n_D^{20} 1,4607; D.$^{20}_4$ 1,0493; 78%. *Pikrat*, $C_{19}H_{26}O_{11}N_4$, gelbe Prismen aus A.; F. 107,5—108,5°. — *3-Keto-1-azabicyclo-[3.2.2]-nonan* (I), $C_8H_{13}ON$, F. 128,5—131,5°, durch Kochen von K u. tert.-Butanol in viel Xylol unter N_2 bei Abdestillieren des Azeotrops, Eintropfen vorst. Verb. in Xylol in der Siedehitze, Ansäuern, 12std. Kochen der sauren Lsg., Eindampfen, Alkalisieren mit 50% Pottaschelsg., Ausziehen mit CH_2Cl_2, Dest. u. Sublimation bei 80—100°/4—5 mm; Prismen; 0,7%. — Nach Rk. von I mit Zn-Amalgam u. 12n HCl, 41std. Kochen unter Ergänzung von HCl u. Zn, Eindampfen, Alkalisieren, Dampfdest., Zugabe von 50%ig. K_2CO_3-Lsg. zum Destillat, Ausäthern u. Rk. mit Pikrinsäure wird rohes III-*Pikrat* erhalten; 16%. — *6-Keto-1-azabicyclo-[3.2.1]-octan* (II)-*Hydrochlorid*, aus wss. Aceton Prismen, F. 290—292°. *Pikrat*, gelbe Nadeln aus A., F. 202 bis 203,5°. — CLEMMENSEN-Red. von 5 g II·HCl (36 Std.), Dampfdest.,Versetzen des Destillats mit 12n HCl, Eindampfen, Alkalisieren, Ausäthern, Eindampfen u. fraktionierte Dest. lieferte zunächst *1-Azabicyclo-[3.2.1]-octan*, Kp.$_{18}$ 45—49°, 0,6 g (*Pikrat*, $C_{13}H_{16}O_7N_4$, F. 293—293,4°, aus A., dann CH_3OH gelbe Nadeln), dann *3-Acetylpiperidin* (IV), $C_7H_{13}ON$, Kp.$_1$ 53—54°; 0,7 g. *Pikrat*, $C_{13}H_{16}O_8N_4$, aus A. gelbe Prismen, F. 128—129°. — *N-Benzoylnipecotinsäureäthylester*, $C_{15}H_{19}O_3N$, Kp.$_{0,7}$ 166°, durch Benzoylieren von Nipecotinsäureäthylester in Chlf. in Ggw. von K_2CO_3 u. wenig W.; $n_D^{20,5}$ 1,5386; 98%. — IV-*Pikrat* wurde durch 10std. Kochen vorst. Verb. mit C_2H_5ONa, Essigsäureäthylester u. Bzl., 8std. Stehen, Zugabe von W., 4std. Kochen mit HCl, Eindampfen, Alkalisieren, Ausäthern u. Rk. mit Pikrinsäure dargestellt; 9%. Daraus IV, Kp.$_{4,5}$ 63°; n_D^{20} 1,4875. — *N-Äthyliminodiessigsäurediäthylester*, $C_{10}H_{19}O_4N$, Kp.$_{738}$ 248°, Kp.$_{3,5}$ 109—110°, durch langsame Zugabe von 70%ig. wss. Äthylamin zu Bromessigsäureäthylester in Aceton u. 1std. Kochen; n_D^{20} 1,4364; D.$^{26}_4$ 1,0162; 81%. *Methojodid*, $C_{11}H_{22}O_4NJ$, aus Essigester Nadeln, F. 62,5—64°. —*N-Äthylhexamethylenimin* (*1-Äthylazacycloheptan*), $C_8H_{17}N$, Kp.$_{90}$ 90,5—91,5°, Kp.$_{741}$ 153,5°, aus Hexamethylenimin u. Äthyljodid; n_D^{20} 1,4571; 66%. *Pikrat*, $C_{14}H_{20}O_7N_4$, aus A. gelbe Nadeln, F. 173—173,5°. *Methojodid*, $C_9H_{20}NJ$, aus absol. A. Blättchen, F. 244,5—245,5° (Zers.). — *1-Äthyl-2-methylpiperidin*, Kp.$_{744}$ 142°, Kp.$_{50}$ 69°, wie vorst. Verb. aus α-Pipecolin; n_D^{20} 1,4480. *Pikrat*, $C_{14}H_{20}O_7N_4$, F. 189,5—190,5°, aus A. gelbe Plättchen. *Methojodid*, $C_9H_{20}NJ$, F. 305° unter Zers. (Essigester–A.). — *1-Äthyl-2.5-dimethylpyrrol*, $C_8H_{13}N$, Kp.$_{739}$ 174°, Kp.$_{45}$ 103,5—104,5°, durch Schütteln von Acetonylaceton mit Äthylamin u. W. u. Ausziehen mit Chlf.; n_D^{20} 1,4884; 75%. — *1-Äthyl-2.5-dimethylpyrrolidin*, $C_8H_{17}N$, Kp.$_{744}$ 131,5—132,5°, durch Hydrierung vorst. Verb. nach dem Verf. von ELDERFIELD u. HAGEMAN (J. org. Chemistry **14**. [1949.] 605); n_D^{20} 1,4332; D.$^{25}_4$ 0,8063; 42%. *Pikrat*, $C_{14}H_{20}O_7N_4$, aus A. gelbe Blättchen, F. 195—197° oder 185,5—186° (wahrscheinlich cis-trans-Isomere). *Methojodid*, $C_9H_{20}NJ$, aus absol. A. Plättchen, F. 318—318,5° (Zers.). (J. Amer. chem. Soc. **75**. 6249—52. 20/12. 1953.) NITZSCHKE. 3231

F. F. Blicke und **J. E. Gearien**, *1-Oxypropyl-(2)-amide von 1-Oxy-6-amino- und 1-Oxy-7-aminobenzo-[f]-chinolin-2-carbonsäure.* Ausgehend von Acenaphthen wird über 3 Zwischenstufen nach bekannten Verff. *3-* (I) bzw. *6-Nitro-1-naphthoesäure* (II) dargestellt. I wird über *3-Nitronaphthyl-(1)-amin* in *3-Amino-1-acetylaminonaphthalin* übergeführt, welches mit Äthoxymethylenmalonsäurediäthylester (III) kondensiert

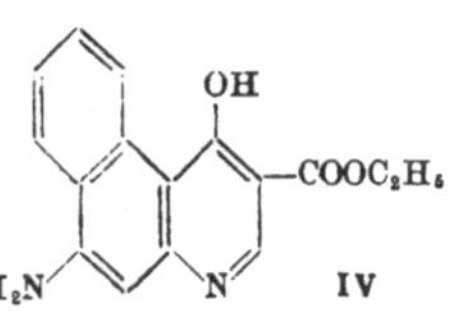
IV

u. zu *1-Oxy-6-acetylaminobenzo-[f]-chinolin-2-carbonsäureäthylester* cyclisiert wird. Daraus wird *1-Oxy-6-aminobenzo-[f]-chinolin-2-carbonsäureäthylester* (**IV**) erhalten. Mit 2-Aminopropanol (**V**) entsteht aus **IV** *1-Oxy-6-aminobenzo-[f]-chinolin-2-carbonsäure-[1-oxypropyl-(2)]-amid.* In analoger Reaktionsfolge wird aus **II** *1-Oxy-7-aminobenzo-[f]-chinolin-2-carbonsäure-[1-oxypropyl-(2)]-amid* synthetisiert. Die Strukturen von **IV** bzw. dessen 7-Aminoanalogen werden durch Desaminierung zu *1-Oxybenzo-[f]-chinolin-2-carbonsäureäthylester* (**VI**) bewiesen.

V e r s u c h e : Trennung von **I** u. **II** durch Lösen in Essigsäure u. Kühlen: Nd. von **I**; bei Versterung des Filtrats mit A. fällt **II**-*Äthylester* aus. — *3-Nitronaphthyl-(1)-amin,* F. 136—137° (A.), durch Zugabe von NaN_3 zu **I** in konz. H_2SO_4–Chlf., ½ std. Rühren bei 50°, Gießen des sauren Anteils auf Eis u. Behandeln des *Sulfats* mit wss. NH_4OH; 55% (Ausbeute). Daraus nach HODGSON u. HATHWAY (J. chem. Soc. [London] **1945.** 123) *3-Nitro-1-acetylaminonaphthalin,* F. 262—264°. — *3-Amino-1-acetylaminonaphthalin,* $C_{12}H_{12}ON_2$, F. 184—186° (A.), durch Eintragen vorst. Verb. in eine mit HCl gesätt. Lsg. von $SnCl_2 \cdot 2H_2O$ in Essigsäure < 25°, 8 std. Stehen, Aufnehmen des Nd. in W. u. Fällen mit 20%ig. NaOH; 96%. — *1-Acetylaminonaphthyl-(3)-aminomethylenmalonsäurediäthylester,* $C_{20}H_{22}O_5N_2$, F. 233—235° (A.), durch ½ std. Erhitzen vorst. Verb. u. **III** in Nitrobenzol auf 150°; 85%. — *1-Oxy-6-acetylaminobenzo-[f]-chinolin-2-carbonsäureäthylester,* $C_{18}H_{16}O_4N_2$, F. > 360°, durch ¼ std. Kochen vorst. Verb. in Diphenyläther unter Abdestillieren von A.; Reinigung des Nd. mit sd. Aceton; 92%. Daraus durch ½ std. Erhitzen mit konz. HCl *1-Oxy-6-aminobenzo-[f]-chinolin-2-carbonsäureäthylesterhydrochlorid,* $C_{16}H_{15}O_3N_2Cl$, F. 281 bis 283° (A.); 83%; gibt mit 10%ig. Sodalsg. die *Base* (**IV**), $C_{16}H_{14}O_3N_2$, F. 267—269°. — *1-Oxybenzo-[f]-chinolin-2-carbonsäureäthylester* (**VI**), F. 271—272°, durch Zugabe von Isoamylnitrit zu **IV** in mit HCl gesätt. Essigsäure bei 0°, Gießen in eine Suspension von Cu_2O in A., ¼ std. Erhitzen auf 70°, Filtrieren u. Eindampfen. — *1-Oxy-6-aminobenzo-[f]-chinolin-2-carbonsäure-[1-oxypropyl-(2)]-amidhydrochlorid,* $C_{17}H_{18}O_3N_3Cl$, F. 220—222° (Methanol), durch 4 std. Erhitzen von **IV** u. **V** unter Abdestillieren von A., Aufnehmen in absol. A. u. Einleiten von HCl; 60%. — *6-Nitronaphthyl-(1)-amin,* F. 168—170° (A.), durch partielle Red. von 1.6-Dinitronaphthalin oder aus **II** wie oben; 66%. Daraus durch ¼ std. Erhitzen mit Acetanhydrid in Essigsäure *6-Nitro-1-acetylaminonaphthalin,* F. 236—238°; 83%; gibt mit $SnCl_2 \cdot 2H_2O$ *6-Amino-1-acetylaminonaphthalin,* $C_{12}H_{12}ON_2$, F. 146—147° (A.); 62%. — *1-Acetylaminonaphthyl-(6)-aminomethylenmalonsäurediäthylester,* $C_{20}H_{22}O_5N_2$, F. 188—190° (A.), durch 10 Min. langes Erhitzen vorst. Verb. u. **III** auf 130°; 60%. Daraus in sd. Diphenyläther *1-Oxy-7-acetylaminobenzo-[f]-chinolin-2-carbonsäureäthylester,* $C_{18}H_{16}O_4N_2$, F. 280 bis 282°; 93%; unlösl. in den üblichen organ. Lösungsmitteln. — *1-Oxy-7-aminobenzo-[f]-chinolin-2-carbonsäureäthylester,* $C_{16}H_{14}O_3N_2$, F. 234—236°, durch Erhitzen vorst. Verb. in konz. HCl auf 50°, Fällen mit Sodalsg. u. Reinigen über das *Hydrochlorid*; 64%; wird analog **IV** zu **VI** desaminiert; gibt mit **V** *1-Oxy-7-aminobenzo-[f]-chinolin-carbonsäure-[1-oxypropyl-(2)]-amidhydrochlorid,* $C_{17}H_{18}O_3N_3Cl$, F. 225—227° (Zers.); Reinigung durch Auskochen mit A.; 58%. (J. Amer. chem. Soc. **76.** 2429—31. 5/5. 1954. Ann Arbor, Mich., Univ., Coll. of Pharm.) W. HOFFMANN. 3231

Henry Gilman, J. Lewis Towle und **Robert K. Ingham,** *Reduktion einiger konjugierter Azomethinsysteme durch Arylthiole.* Die Red. von Benzalanilin u. Benzophenonanil mit p-Thiokresol (**I**) (vgl. GILMAN u. DICKEY, J. Amer. chem. Soc. **52.** [1930.] 4573) veranlaßte Vff., die allg. Anwendbarkeit von Thiophenolen als Reduktionsmittel für Azomethingruppen zu untersuchen. Pyridin (**II**), Chinolin (**III**), Isochinolin (**IV**), 2-Phenylchinolin (**V**), 2-[p-Dimethylaminophenyl]-7-methylchinolin (**VI**) u. Benzothiazol (**VII**) reagierten unter den angewandten Bedingungen nicht mit **I**. Acridin (**VIII**) lieferte *Biacridan* (**IX**) u. in einem Falle auch *Acridan.* **I** wird hierbei zu *Di-p-tolyldisulfid* oxydiert. 9-[o-Jodphenyl]-acridin (**XI**) u. Anthracen (**XII**) wurden nicht red., wodurch die Bedeutung ster. Einflüsse u. des Vorhandenseins der konjugierten Azomethingruppe ersichtlich wird. Die gleiche Bedeutung dieser Gruppe zeigte sich darin, daß auch die C—C-Doppelbindungen in Benzalchinaldin (**XIII**) u. Benzallepidin (**X**) zu *2-[β-Phenyläthyl]-chinolin* bzw. *4-[β-Phenyläthyl]-chinolin* red. werden konnten, während einfache Olefine unter Anlagerung reagieren. Styrol lieferte ein Sulfid, Stilben reagierte nicht mit **I**.

V e r s u c h e : Die betreffende Verb. u. **I** wurden entweder in Xylol oder ohne Lösungsm. unter N_2 unter Rückfluß erhitzt. — **II, III, IV, V, VI, VII, XI** u. **XII** lieferten kein Dihydroprod.; **I** wurde zu 93—98% unverändert wiedergewonnen. — In ():

Mol Base; Mol Thiol; Lösungsm.; Temp.; Std.; Ausbeute; % wiedergewonnenes Thiol. *Biacridan* (**IX**), $C_{26}H_{20}N_2$, F. 260—265°, aus **VIII** u. **I** (0,105; 0,315; Xylol; Rückfluß; 25; 32,0%; 50,0%); (0,21; 0,63; Xylol; Rückfluß; 25; 44,6% 12,1%); (0,2; 0,2; ohne; 190—200°; 24; 70,0%; 30,0%). — **IX** u. *Acridan*, aus **VIII** u. **I** (0,105; 0,315; ohne; 170—180°; 20; 70,1 bzw. 21,0%; 46,2%). — *2-[β-Phenyläthyl]-chinolin*, aus **XIII** u. **I** (0,0865; 0,205; ohne; 200—215°; 24; 86,5%; 11,0%); oder aus **XIII** u. Thiophenol (0,022; 0,045; ohne; 190—200°; 24; 80%; —). *Pikrat*, F. 134—135°. — *4-[β-Phenyläthyl]-chinolin*, F. 101—103°, aus **X** u. **I** (0,065; 0,153; ohne; 190—210°; 23; nicht angegeben; —). (J. Amer. chem. Soc. **76**. 2920—23. 5/6. **1954**. Ames, Io., State Coll., Chem. Labor.) KLAMANN. 3231

K. C. Kshatriya, S. R. Patel und **K. S. Nargund,** *Acridinderivate als Antimalariamittel.* 6. Mitt. *5-Dialkylaminoalkylderivate von 3.7-Dimethoxy-8-chlor-, 7-Methoxy-8-chlor- und 7-Methoxy-2.8-dichloracridin.* (5. vgl. C. **1948**. E. 1077.) 3.7-Dimethoxy-5-chlor- (I), 3.7-Dimethoxy-5.8-dichlor-, 7-Methoxy-5.8-dichlor- u. 7-Methoxy-2.5.8-trichloracridin (Zählung vgl. nebenst. Formel) werden mit δ-Diäthylamino-α-methylbutyl- (**II**), γ-Diäthylaminopropyl-, γ-Piperidinopropyl- u. γ-Morpholinopropylamin umgesetzt. Die Substitution erfolgt am $C_{(5)}$-Atom. Die neuen Prodd. sollen auf ihre Antimalariawrkg. untersucht werden.

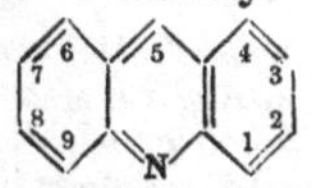

V e r s u c h e: Die als Ausgangsmaterialien verwendeten *Chloracridine* wurden nach PATEL u. Mitarbeiter (C. **1948**. E. 1077) dargestellt. — Nachst. A c r i d i n e wurden als *Dihydrochloride* (krist. aus A + Aceton) erhalten: 0,01 Mol des Chloracridins u. 5 g Phenol werden bis zur Lsg. u. mit 0,01 Mol Amin 3 Std. auf 80—90° erhitzt; Aufarbeitung: **A**) Zers. mit 5%ig. NaOH; Nd. wird mit sd. W. gewaschen, in 5%ig. CH_3COOH gelöst u. Filtrat mit verd. NN_4OH alkalisiert; gelbe Base ausgeäthert, Ae. getrocknet u. HCl-Gas eingeleitet. **B**) Trockene Rohbase in absol. A. + HCl-Gas, dann ausgeäthert. **C**) Gemisch mit viel trocknem Ae. verd. + HCl-Gas: *3.7-Dimethoxy-5-[δ-diäthylamino-α-methylbutylamino]-*, $C_{24}H_{35}O_2N_3Cl_2$, F. 248°, aus **I** u. **II** nach **A**). — *3.7-Dimethoxy-5-[γ-diäthylaminopropylamino]-*, $C_{22}H_{31}O_2N_3 \cdot Cl_2$, F. 265° (Zers.), analog nach **A**), gelbe Nadeln. — *3.7-Dimethoxy-5-[γ-piperidinopropylamino]-*, $C_{23}H_{31}O_2N_3Cl_2$, F. 272° (Zers.), nach **C**). — *3.7-Dimethoxy-5-[γ-morpholinopropylamino]-*, $C_{22}H_{29}O_3N_3Cl_2$, F. 290° (Zers.), nach **C**). — *3.7-Dimethoxy-8-chlor-5-[δ-diäthylamino-α-methylbutylamino]-*, $C_{24}H_{34}O_2N_3Cl_3$, F. 245° (Zers.), nach **A**). — *3.7-Dimethoxy-8-chlor-5-[γ-diäthylaminopropylamino]-*, $C_{22}H_{30}O_2N_3Cl_3$, F. 236° (Zers.; absol. A.), nach **A**). — *3.7-Dimethoxy-8-chlor-5-[γ-piperidinopropylamino]-*, $C_{23}H_{30}O_2N_3Cl_3$, F. 262—265° (Zers.), nach **C**). — *3.7-Dimethoxy-8-chlor-5-[γ-morpholinopropylamino]-*, $C_{22}H_{28}O_3N_3Cl_3$, F. 269—270° (Zers.), nach **C**). — *7-Methoxy-8-chlor-5-[δ-diäthylamino-α-methylbutyl]-amino-*, $C_{23}H_{32}ON_3Cl_3$, F. 258° (Zers.), nach **B**). — *7-Methoxy-8-chlor-5-[γ-diäthylaminopropylamino]-*, $C_{21}H_{28}ON_3Cl_3$, F. 249° (Zers., A.), nach **B**). — *7-Methoxy-8-chlor-5-[γ-piperidinopropylamino]-*, $C_{22}H_{28}ON_3Cl_3$, F. 258 bis 259° (Zers.; A.), nach **B**). Daraus mit NaOH die *freie Base*, $C_{22}H_{26}ON_3Cl$, F. 149—150°, aus A. gelbe Nadeln. — *7-Methoxy-8-chlor-5-[γ-morpholinopropylamino]-*, $C_{21}H_{26}O_2N_3 \cdot Cl_3$, F. 266—267° (Zers.; A.), nach **B**). — *Freie Base*, $C_{21}H_{24}O_2N_3Cl$, F. 135—137°, aus A. rötlichgelbe Nadeln. — *7-Methoxy-2.8-dichlor-5-[δ-diäthylamino-α-methylbutylamino]-*, $C_{23}H_{31}ON_3Cl_4$, F. 230° (Zers.; A.), nach **B**). — *7-Methoxy-2.8-dichlor-5-[γ-diäthylaminopropylamino]-*, $C_{21}H_{27}ON_3Cl_4$, F. 245° (Zers.; A.), nach **B**). — *7-Methoxy-2.8-dichlor-5-[γ-morpholinopropylamino]-*, $C_{21}H_{25}O_2N_3Cl_4$, F. 256° (Zers.), nach **B**); aus A. rötlichgelbe Nadeln. *Freie Base*, $C_{21}H_{23}O_2N_3Cl_2$, F. 176—177°. (J. Univ. Bombay [N. S.] **19**. Nr. 3. Sect. A 69—72. Nov. 1950. Ahmedabad, Gujarat Coll., M. R. Sci. Inst.) LEHMSTEDT. 3231

F. F. Blicke und **Eric B. Hotelling,** *Polycyclische quaternäre Ammoniumsalze* 1. Mitt. Durch Rk. von N-[β-Chloräthyl]-polymethyleniminen, N-[β-Chloräthyl]-morpholin bzw. -diäthylamin mit Polymethyleniminen wird eine Anzahl *N.N.N'.N'-tetrasubstituierter Äthylendiamine* der Typen $(C_2H_5)_2NCH_2CH_2N < (CH_2)_x$, $(CH_2)_x > NCH_2CH_2N < (CH_2)_y$ bzw. $OC_4H_8NCH_2CH_2N < (CH_2)_x$ (x bzw. $y = 4—8$) dargestellt; symm. Verbb. ($x = y$) liefert auch die Rk. von Polymethyleniminen mit $BrCH_2CH_2Br$. Analog werden einige Verbb. mit einem methylsubstituierten Polymethyleniminring sowie *Propylen-1-[N-piperidin]-2-[N'-heptamethylenimin]* u. *N.N'-Äthylendimorpholin* gewonnen. Aus den tert. Basen werden die Dihydrochloride (*DH*), *Bis-methobromide* (**B**) (ein *Bis-allobromid*) u. *Bis-methopikrate* (**P**) erhalten; mit C_2H_5Br entstehen nur *Monoäthobromide*, die noch mit 1 Mol CH_3Br oder $CH_2{=}CHCH_2Br$ umgesetzt werden können. Einige **B** bzw. **P** von Basen des Types $(CH_2)_x > N(CH_2)_yN < (CH_2)_x$ (x = 6 oder 7; y = 3—6 oder 8) werden durch Rk. von N-Methylhexa-(**I**) bzw. -heptamethylenimin mit Polymethylendibromiden synthetisiert. Analog dargestellt werden die **B** bzw. **P** von *2-Oxytrimethylen-N.N'-bis-hexamethylenimin, N.N'-o-* bzw. *-p-Xylylen-bis-hexamethylenimin* u. *N.N'-Hexamethylen-bis-γ-pipecolin* sowie durch Rk. von N.N'-Äthylendipyrrolidinmonoäthobromid (II) mit $Br(CH_2)_4Br$ *N.N'''-Diäthyl-N.N'-äthylen-N.'N''-tetramethylen-N''.N'''-äthylentetrapyrrolidinium-tetrabromid.* — Die erhaltenen *quaternären Salze* haben als blutdrucksenkende Agentien Bedeutung; am wirksamsten erwiesen sich (im Test an Hunden) die **B** von *Äthylen-N-piperidin-N'-heptamethylenimin* bzw. *-N'-[2-methylhexamethylenimin]*.

Versuche: (FF., falls nicht anders vermerkt, unter Zers.) *N.N'-Äthylendipyrrolidin,* $Kp._{14}$ 104—105°, durch Zugabe von Äthylendibromid zu sd. Pyrrolidin-Isopropanol, Einengen (110°), Filtrieren, Behandeln mit Isopropanol u. Ae., Aufnehmen in W. u. Alkalisieren; 33% (Ausbeute). *DH,* $C_{10}H_{22}N_2Cl_2$, F. 304—306°. *Dihydrobromid,* $C_{10}H_{22}N_2Br_2$, F. 310—312°. **B,** $C_{12}H_{26}N_2Br_2$, F. 287—288° (CH_3OH), durch Zugabe von CH_3Br zur Base in Isopropanol bei 0°, 2tägiges Stehen bei 20°, Aufnehmen des Nd. in W. u. Fällen mit Isopropanol, dann Ae. oder Aceton; 94%. Daraus in wss. Lsg. **P,** $C_{24}H_{30}O_{14}N_8$, F. 277—278° (mit W. aus Aceton). *Monoäthobromid* (II), aus der Base mit C_2H_5Br in Isopropanol (2wöchige Einw.); gibt mit HBr in Aceton *Äthobromidhydrobromid,* $C_{12}H_{26}N_2Br_2$, F. 250—252° (absol. A.). *Methobromid-äthobromid,* $C_{13}H_{28}N_2Br_2$, F. 258—260°, aus II mit CH_3Br in Isopropanol, hygroskop.; gibt *Methopikratäthopikrat,* $C_{25}H_{32}O_{14}N_8$, F. 256—258°. — *Äthylen-N-piperidin-N'-hexamethylenimin,* $Kp._{17}$ 151—153°, $Kp._{24}$ 157—161°, durch 3wöchige Rk. von N-[β-Chloräthyl]-piperidin mit Hexamethylenimin in Ggw. von NaOH in Isopropanol oder analog aus N-[β-Chloräthyl]-hexamethylenimin u. Piperidin (III); 60 bzw. 67%. *DH,* $C_{13}H_{28}N_2Cl_2$, F. 308—311°. *Dihydrobromid,* $C_{13}H_{28}N_2Br_2$, F. 315—317°. **B,** $C_{15}H_{32}N_2Br_2$, F. 269—270°; 85%. **P,** $C_{27}H_{36}O_{14}N_8$, F. 258—260°. — *Propylen-1-[N-piperidin]-2-[N'-heptamethylenimin],* $Kp._4$ 135—137°, aus 2-Methyl-2-heptamethyleniminoäthylchlorid u. III; 51%. *DH,* $C_{15}H_{32}N_2Cl_2$, F. 194—196°; hygroskopisch. — Analog vorst. Verbb. folgende Äthylen-N-diäthylamin-N'-polymethylenimine der Zus. $(C_2H_5)_2NCH_2CH_2N < (CH_2)_x$: $x = 6$, $Kp._{14}$ 122—126°; 50%. *DH,* $C_{12}H_{28}N_2Cl_2$, F. 222—224°; hygroskopisch. **B,** $C_{14}B_{32}N_2Br_2$, F. 252—253°; 100%. **P,** $C_{26}H_{36}O_{14}N_8$, F. 232—234°. — $x = 7$, $Kp._{11}$ 129—134°; 55%. *DH,* $C_{13}H_{30}N_2Cl_2$, F. 194—196°; hygroskopisch. **B,** $C_{15}H_{34}N_2Br_2$, F. 254—255°; 94%. **P,** $C_{27}H_{38}O_{14}N_8$, F. 213—214°. — $x = 8$, $Kp._{13}$ 141—144°; 71%. *DH,* $C_{14}H_{32}N_2Cl_2$, F. 165—167° (unzers.); hygroskopisch. **B,** $C_{16}H_{36}N_2Br_2$, F. 244—246°; 36%. **P,** $C_{28}H_{40}O_{14}N_8$, F. 222—224°. — *Äthylen-N-diäthylamin-N'-[4-methylhexamethylenimin],* $Kp._{15}$ 136—141°; 47%. *DH,* $C_{13}H_{30}N_2Cl_2$, F. 201—203°; hygroskopisch. **B,** $C_{15}H_{34}N_2Br_2$, F. 247—248°; 57%. **P,** $C_{27}H_{38}O_{14}N_8$, F. 216—218°. — N.N'-Äthylen-bis-polymethylenimine der Zus. $(CH_2)_5 > NCH_2CH_2N < (CH_2)_x$: $x = 4$, Kp. 130—131°; 32%. *DH,* $C_{11}H_{24}N_2Cl_2$, F. 319—320°. **B,** $C_{13}H_{28}N_2Br_2$; F. 266—267°; hygroskop.; 77%. **P,** $C_{25}H_{32}O_{14}N_8$, F. 275—277°. — $x = 5$, $Kp._{30}$ 143—146°; 64%. *DH,* $C_{12}H_{26}N_2Cl_2$, F. 332—333°. *Dihydrobromid,* $C_{12}H_{26}N_2Br_2$, F. 337—338°. **B,** $C_{14}H_{30}N_2Br_2$, F. 263—264°; 100%. **P,** $C_{26}H_{34}O_{14}N_8$, F. 269—270°. *Äthobromidhydrobromid,* $C_{14}H_{30}N_2Br_2$, F. 311—313° (absol. A.). *Methobromidäthobromid,* $C_{15}H_{32}N_2Br_2$, F. 249 bis 250°. *Methopikratäthopikrat,* $C_{27}H_{36}O_{14}N_8$, F. 235—238°. *Äthobromidallobromid,* $C_{17}H_{34}N_2Br_2$, F. 222—224°. *Äthopikratallopikrat,* $C_{29}H_{38}O_{14}N_8$, F. 181—182° (unzers.). *Bis-allobromid,* $C_{18}H_{34}N_2Br_2$, F. 180—182° (unzers.); 75%. *Bis-allopikrat,* $C_{30}H_{38}O_{14}N_8$, F. 177—178°. — $x = 7$, $Kp._{73}$ 204—208°; 60%. *DH,* $C_{14}H_{30}N_2Cl_2$, F. 278—280°. **B,** $C_{16}H_{34}N_2Br_2$, F. 266—267°; 73%. **P,** $C_{28}H_{38}O_{14}N_8$, F. 240—242°. — *Äthylen-N-piperidin-N'-[2-methylhexamethylenimin],* $Kp._{25}$ 177—181°; 53%. *DH,* $C_{14}H_{30}N_2Cl_2$, F. 250—252°; hygroskopisch. **B,** $C_{16}H_{34}N_2Br_2$, F. 239—240°; hygroskop.; 61%. **P,** $C_{28}H_{38}O_{14}N_8$, F. 230—232°. — *Äthylen-N-hexamethylenimin-N'-[4-methylhexamethylenimin],* $Kp._{11}$ 162—165°; 44%. *DH,* $C_{15}H_{32}N_2Cl_2$, F. 276—278° (unzers.). **B,** $C_{17}H_{36}N_2Br_2$, F. 264—265°; 100%. **P,** $C_{29}H_{40}O_{14}N_8$, F. 246—249°. — *Äthylen-N-oktamethylenimin-N'-[4-methylhexamethylenimin],* $Kp._{10}$ 182—186°; 35%. *DH,* $C_{17}H_{36}N_2Cl_2$, F. 249—251° (unzers.). **B,** $C_{19}H_{40}N_2Br_2$, F. 249—250°; 30%. **P,** $C_{31}H_{44}O_{14}N_8$, F. 237—239°. — Äthylen-N-polymethylenimin-N'-morpholine der Zus. $OC_4H_8NCH_2CH_2N < (CH_2)_x$: $x = 5$, $Kp._{25}$ 149—152°; 82%. *DH,* $C_{11}H_{24}ON_2Cl_2$, F. 302—303°. **B,** $C_{13}H_{28}ON_2Br_2$, F. 278—280°; 88%. **P,** $C_{25}H_{32}O_{15}N_8$, F. 279—282°. *Allobromidhydrobromid,* $C_{14}H_{28}ON_2Br_2$, F. 219—221°, aus der Base bei 12std. Rk. mit Allylbromid in absol. A., Aufnehmen in W. u. Fällen mit Isopropanol. — $x = 6$, $Kp._{11}$ 145—148°; 47%. *DH,* $C_{12}H_{26}ON_2Cl_2$, F. 290—291°. **B,** $C_{14}H_{30}ON_2Br_2$, F. 249—250°; hygroskop.; 25%. **P,** $C_{26}H_{34}O_{15}N_8$, F. 234—236° (unzers.). — $x = 7$, $Kp._{10}$ 153—156°; 41%. *DH,* $C_{13}H_{28}ON_2Cl_2$, F. 272 bis 273°. **B,** $C_{15}H_{32}ON_2Br_2$, F. 222—223°; hygroskp.; 56%. **P,** $C_{27}H_{36}O_{15}N_8$, F. 201—203 (unzers.). — $x = 8$, $Kp._{14}$ 172—175°; 41%. *DH,* $C_{14}H_{30}ON_2Cl_2$, F. 247—249° (unzers.).

B, $C_{16}H_{34}ON_2Br_2$, F. 207—209°; hygroskop.; 81%. **P**, $C_{28}H_{38}O_{15}N_8$, F. 215—217° (unzers.). — *N.N'-Äthylendimorpholin*, Kp.$_{12}$ 140—143°; 58%. *DH*, $C_{10}H_{22}O_2N_2Cl_2$, F. 322—324°. — *N.N'''-Diäthyl-N.N'-äthylen-N.'N''-tetramethylen-N''.N'''-äthylentetrapyrrolidiniumtetrabromid*, $C_{28}H_{58}N_4Br_4$, F. 235—237°, durch 1 std. Kochen von 8 g **II** mit überschüssigem Tetramethylendibromid in Isopropanol u. Fällen mit Ae.; aus Isopropanol große Prismen; 0,4 g. *Tetrapikrat*, F. 175—179° (unzers.). — *2-Oxytrimethylen-N.N'-bis-hexamethylenimin*; **B**, $C_{17}H_{36}ON_2Br_2$, F. 234—236°, durch 6 std. Kochen von 5,7 g **I** u. 5,5 g 1.3-Dibrompropanol-(2) in Isopropanol, Fällen mit Ae.; roh 10 g; Reinigung durch Aufnehmen in W. u. Behandeln mit Isopropanol, Ae. u. Aceton. **P**, $C_{29}H_{40}O_{15}N_8$, F. 268—270°. — *2-Acetoxytrimethylen-N.N'-bis-hexamethylenimin*; **B**, $C_{19}H_{38}O_2N_2Br_2$, F. 202—204°, aus vorst. **B** (4,2 g) mit Acetanhydrid in Ggw. von Pyridin; Reinigung wie bei vorst. **B**; 3,3 g. **P**, $C_{31}H_{42}O_{16}N_8$, F. 186—187° (unzers.).— *N.N'-o-Xylylen-bis-hexamethylenimin*; **B**, $C_{22}H_{38}N_2Br_2$, F. 200—202°, durch 6 std. Kochen von 5,7 g **I** u. 6,6 g o-Xylylendibromid in Isopropanol; hygroskop.; 11,1 g. **P**, $C_{34}H_{42}O_{14}N_8$, F. 200—202° (unzers.). — *N.N'-p-Xylylen-bis-hexamethylenimin*; **B**, $C_{22}H_{38}N_2Br_2$, F. 255—257°, fällt sofort bei Zugabe von 5,7 g **I** zu 6,6 g p-Xylylendibromid in sd. Isopropanol aus; hygroskop.; 9,8 g. **P**, $C_{34}H_{42}O_{14}N_8$, F. 195—197° (unzers.).— Ähnlich vorst. Verbb. *Salze* folgender N.N'-Polymethylen-bis-polymethylenimine der Zus. $(CH_2)_x > N(CH_2)_yN < (CH_2)_x$: $x = 6$, $y = 3$, **B**, $C_{17}H_{36}N_2Br_2$, F. 251—252°; hygroskop.; 100%. **P**, $C_{29}H_{40}O_{14}N_8$, F. 250—252°. — $x = 7$, $y = 3$, **B**, $C_{19}H_{40}N_2Br_2$, F. 252—253°; hygroskop.; 77%. **P**, $C_{31}H_{44}O_{14}N_8$, F. 235—237°. — $x = 6$, $y = 4$, **B**, $C_{18}H_{38}N_2Br_2$, F. 262—264°; 80%. **P**, $C_{30}H_{42}O_{14}N_8$, F. 245—247°. — $x = 7$, $y = 4$, **B**, $C_{20}H_{42}N_2Br_2$, F. 257—258°; 80%. **P**, $C_{32}H_{46}O_{14}N_8$, F. 253—255°. — $x = 6$, $y = 5$, **B**, $C_{19}H_{40}N_2Br_2$, F. 266—267°; 85%. **P**, $C_{31}H_{44}O_{14}N_8$, F. 219—221°. $x = 7$, $y = 5$, **B**, $C_{21}H_{44}N_2Br_2$, F. 253—254°; 80%. **P**, $C_{33}H_{48}O_{14}N_8$, F. 180—182° (unzers.). — $x = y = 6$, **B**, $C_{20}H_{42}N_2Br_2$, F. 272—273°; 98%. **P**, $C_{32}H_{46}O_{14}N_8$, F. 171 bis 173° (unzers.). — $x = 7$, $y = 6$, **B**, $C_{22}H_{46}N_2Br_2$, F. 246—248°; 54%. **P**, $C_{34}H_{50}O_{14}N_8$, F. 135—137° (unzers.). — $x = 6$, $y = 8$, **B**, $C_{22}H_{46}N_2Br_2$, F. 264—265°; 80%. **P**, $C_{34}H_{50}\cdot O_{14}N_8$, F. 137—139° (unzers.). — $x = 7$, $y = 8$, **B**, $C_{24}H_{50}N_2Br_2$, F. 231—233°; hygroskop.; 77%. **P**, $C_{36}H_{54}O_{14}N_8$, F. 151—152° (unzers.). — *N-methyl-γ-pipecolin*, Kp.$_{757}$ 123—126°, durch 3 std. Hydrierung von γ-Picolinmethobromid (aus der Base u. CH_3Br in 2 tägiger Rk. bei Raumtemp. in Isopropanol; 75%) in Ggw. von PtO_2 in Essigsäure bei 60° u. anfangs bei 45 lbs.; 44% (bezogen auf γ-Picolin). *Hydrochlorid*, $C_7H_{16}NCl$, F. 210—212° (unzers.). — *N.N'-Hexamethylen-bis-γ-pipecolin*; **B**, $C_{20}H_{42}N_2Br_2$, F. 265—266°, durch 8 std. Kochen vorst. Verb. u. Hexamethylendibromid in Isopropanol; 58%. **P**, $C_{32}H_{46}O_{14}N_8$, F. 131—133° (unzers.). (J. Amer. chem. Soc. **76**. 2422—26. 5/5. 1954. Ann Arbor, Mich., Univ., Coll. of Pharm.)

W. HOFFMANN. 3370

F. F. Blicke und **Eric B. Hotelling**, *Polycyclische quaternäre Ammoniumsalze*. 2. Mitt. (1. vgl. vorst. Ref.) Die l. c. beschriebenen mono- bzw. bicycl. bis-tert. Basen

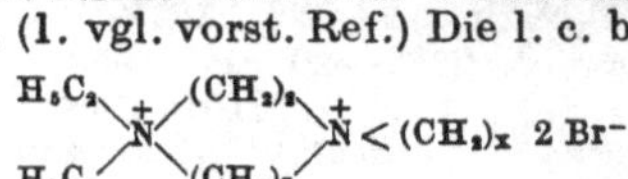

I

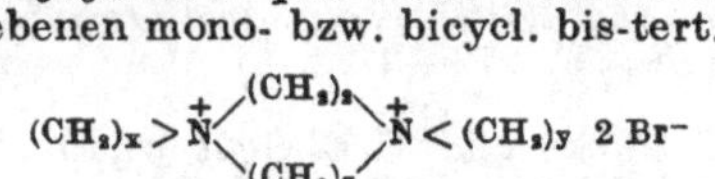

II

werden mit $BrCH_2CH_2Br$ oder $Br(CH_2)_3Br$ zu *bi-* bzw. *tricycl. spiro-bis-quaternären Salzen der* Typen I—III umgesetzt, die ebenfalls blutdrucksenkend sind. Am wirksamsten waren *N.N'; N.N'-Diäthylenoktamethyleniminiummorpholiniumdibromid* u. *N.N'; N.N'-Diäthylen-bis-[4-methylhexamethyleniminium]-dichlorid* (F. 330—332°, Zers.), dessen Darst. aus β-[4-Methylhexamethylenimino]-äthylchlorid später beschrieben werden soll.

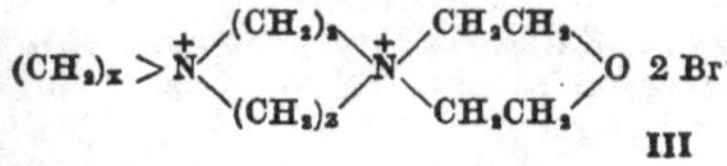

III

Versuche (FF., falls nicht anders vermerkt, unter Zers.): *N.N'-Äthylen-N.N'-trimethylenoktamethyleniminiummorpholiniumdibromid* (**III**, $x = 8$, $z = 3$), $C_{17}H_{34}\cdot ON_2Br_2$, F. 279—280°, durch 24 std. Kochen von Äthylen-N-oktamethylenimin-N'-morpholin u. Trimethylendibromid in Isopropanol, Aufnehmen in W. u. Fällen mit Isopropanol; 12% (Ausbeute). Daraus in wss. Lsg. das entsprechende *Dipikrat* (*DP*), $C_{29}H_{38}\cdot O_{15}N_8$, F. 182—184° (unzers.; aus Aceton mit W.). — Alle nachst. Verbb. analog. — *N.N'*; N.N'-Diäthylendiäthylammoniumpolymethyleniminiumdibromide (**I**, $z = 2$): $x = 6$, $C_{14}H_{30}N_2Br_2$, F. 296—298°; 16%. *DP*, $C_{26}H_{34}O_{14}N_8$, F. 281—282°. — $x = 7$, $C_{15}H_{32}N_2Br_2$, F. 296—298°; 14%. *DP*, $C_{27}H_{36}O_{14}N_8$, F. 228—230°. — $x = 8$, $C_{16}H_{34}N_2Br_2$, F. 280—281°; 8%. *DP*, $C_{28}H_{38}O_{14}N_8$, F. 252—253°. — N. N'-Äthylen-N. N'-trimethylendiäthylammoniumpolymethyleniminiumdibromide (**I**, $z = 3$): $x = 6$, $C_{15}H_{32}N_2Br_2$, F. 282—284°; 29%. *DP*, $C_{27}H_{36}O_{14}N_8$, F. 231 bis

233°. — *x* = *7*, $C_{16}H_{34}N_2Br_2$, F. 282—284°; 23%. *DP*, $C_{28}H_{38}O_{14}N_8$, F. 235—237°. — *x* = *8*, $C_{17}H_{36}N_2Br_2$, F. 272—273°; 21%. *DP*, $C_{29}H_{40}O_{14}N_8$, F. 233—235°. — *N.N'-Äthylen-N.N'-trimethylendiäthylammonium-[4-methylhexamethyleniminium]-dibromid*, $C_{16}H_{34}N_2Br_2$, F. 285—286°; 21%. *DP*, $C_{28}H_{38}O_{14}N_8$, F. 171—173° (unzers.). — N.N'; N.N'-Diäthylen-bis-polymethyleniminiumdibromide (**II**, *z* = *2*): *x* = *y* = *4*, $C_{12}H_{24}N_2Br_2$, F. 342—344°; 33%; entsteht auch bei Zugabe von Äthylendibromid zu Pyrrolidin in wss. NaOH u. 6std. Kochen; 28%. Daraus (5 g) bei 3std. Rk. mit Ag_2O in wss. Lsg., Neutralisieren mit HCl, Filtrieren, Einengen u. Fällen mit Isopropanol, dann Aceton entsprechendes *Dichlorid*, $C_{12}H_{24}N_2Cl_2$, F. 350—352°; 2,7 g. Daraus *Bis-chloroaurat*, $C_{12}H_{24}N_2Cl_8Au_2$, F. 252—254°, u. *Chloroplatinat*, ohne F., $C_{12}H_{24}N_2Cl_6Pt$. — *x* = *4*, *y* = *5*, $C_{13}H_{26}N_2Br_2$, F. 348—349°; 32%. *DP*, $C_{25}H_{30}O_{14}N_8$, F. 303—304°. — *x* = *y* = *5*, $C_{14}H_{28}N_2Br_2$, F. 346—347°; 28%. *Dichlorid*, $C_{14}H_{28}N_2Cl_2$, F. > 400°. *Bis-chloroaurat*, $C_{14}H_{28}N_2Cl_8Au_2$, F. 284—286°. *Chloroplatinat*, ohne F., $C_{14}H_{28}N_2Cl_6Pt$. — *x* = *5*, *y* = *6*, $C_{15}H_{30}N_2Br_2$, F. 339—340°; 28%. *DP*, $C_{27}H_{34}O_{14}N_8$, F. 285—287°. — *x* = *5*, *y* = *7*, $C_{16}H_{32}N_2Br_2$, F. 305—306°; 27%. *DP*, $C_{28}H_{36}O_{14}N_8$, F. 280—281°. — *N.N'*; *N.N'-Diäthylenpiperidinium-[2-methylhexamethyleniminium]-dibromid*, $C_{16}H_{32}N_2Br_2$, F. 309—310°; 25%. *DP*, $C_{28}H_{36}O_{14}N_8$, F. 256—257°. — *N.N'*; *N.N'-Diäthylenhexamethyleniminium-[4-methylhexamethyleniminium]-dibromid*, $C_{17}H_{34}N_2Br_2$, F. 320—321°; 28%. *DP*, $C_{29}H_{38}O_{14}N_8$, explodiert bei 288°. — *N.N'*; *N.N'-Diäthylenoktamethyleniminium-[4-methylhexamethyleniminium]-dibromid*, $C_{19}H_{38}N_2Br_2$, F. 289—290°; 33%. *DP*, $C_{31}H_{42}O_{14}N_8$, explodiert bei 275°. — *N.N'*-Äthylen-N.N'-trimethylen-bis-polymethyleniminiumdibromide (**II**, *z* = *3*): *x* = *y* = *4*, $C_{13}H_{26}N_2Br_2$, F. 313—314°; 55%. *DP*, $C_{25}H_{30}O_{14}N_8$, F. 257 bis 258°. — *x* = *4*, *y* = *5*, $C_{14}H_{28}N_2Br_2$, F. 325—326°; 46%. *DP*, $C_{26}H_{32}O_{14}N_8$, F. 260 bis 262°. — *x* = *y* = *5*, $C_{15}H_{30}N_2Br_2$, F. 320—321°; 36%. *DP*, $C_{27}H_{34}O_{14}N_8$, F. 255—256°. — *x* = *5*, *y* = *6*, $C_{16}H_{32}N_2Br_2$, F. 312—313°; 51%. *DP*, $C_{28}H_{36}O_{14}N_8$, F. 259—261°. — *N.N'-Diäthylen-N.N'-trimethylenhexamethyleniminium-[4-methylhexamethyleniminium]-dibromid*, $C_{18}H_{36}N_2Br_2$, F. 300—301°; 30%. *DP*, $C_{30}H_{40}O_{14}N_8$, F. 256—258°. — *N.N'-Diäthylen-N.N'-trimethylenoktamethyleniminium-[4-methylhexamethyleniminium]-dibromid*, $C_{20}H_{40}N_2Br_2$, F. 268—269°; 33%. *DP*, $C_{32}H_{44}O_{14}N_8$, F. 214—217°. — N.N'; N.N'-Diäthylenpolymethyleniminiummorpholiniumdibromide (**III**, *z* = *2*): *x* = *5*, $C_{13}H_{26}ON_2Br_2$, F. 353—354°; 19%. *DP*, $C_{25}H_{30}O_{15}N_8$, F. 292—293°. — *x* = *7*, $C_{15}H_{30}ON_2Br_2$, F. 291—292°; 20%. *DP*, $C_{27}H_{34}O_{15}N_8$, F. 274—275°. — *x* = *8*, $C_{16}H_{32}ON_2Br_2$, F. 267—268°; 13%. *DP*, $C_{28}H_{36}O_{15}N_8$, F. 280—281°. — N.N'-Äthylen-N.N'-trimethylenpolymethyleniminiummorpholiniumdibromide (**III**, *z* = *3*): *x* = *5*, $C_{14}H_{28}ON_2Br_2$, F. 329—330°; 20%. *DP*, $C_{26}H_{32}O_{15}N_8$, F. 271—273°. — *x* = *6*, $C_{15}H_{30}ON_2Br_2$, F. 306 bis 308°; 30%. *DP*, $C_{27}H_{34}O_{15}N_8$, F. 244—246° (unzers.). — *x* = *7*, $C_{16}H_{32}ON_2Br_2$, F. 282—283°; 23%. *DP*, $C_{28}H_{36}O_{15}N_8$, F. 198—200° (unzers.). — *N.N'-Äthylen-N.N'-trimethylendimorpholiniumdibromid*, $C_{23}H_{26}O_2N_2Br_2$, F. 326—327°; 14%. *DP*, $C_{25}H_{30}O_{16}N_8$, F. 277—278°. (J. Amer. chem. Soc. **76**. 2427—29. 5/5. 1954.)

W. HOFFMANN. 3370

F. F. Blicke und **H. C. Godt jr.**, *Reaktionen von 1.3-Dimethyl-5.6-diaminouracil.* *1.3-Dimethyl-5.6-diaminouracil* (**I**) wird aus N.N'-Dimethylharnstoff u. Cyanessigsäure über *1.3-Dimethyl-5-nitroso-6-aminouracil* dargestellt u. mit HNO_2 zu *1.3-Dimethyl-2.6-dioxy* (im Orig.-diketo)-*8-azapurin*, mit $SOCl_2$ zu *1.3-Dimethyl-2.6-dioxy-8-thiapurin*, mit Glyoxal zu *1.3-Dimethyllumazin*, mit Oxalsäure bzw. Benzil zu *1.3-Dimethyl-6.7-dioxy-* bzw. *-6.7-diphenyllumazin* u. mit Diacetyl zu *1.3.6.7-Tetramethyllumazin* umgesetzt. Mit CH_2O + HCN ergibt **I** *1.3-Dimethyl-5-cyanmethylamino-6-aminouracil* (**II**), welches in methanol. KOH zu *1.3-Dimethyl-7-amino-5.6-dihydrolumazin* bzw. in Ggw. von H_2O_2 zu *1.3-Dimethyl-7-aminolumazin* cyclisiert wird. Bei Einw. von verd. HCl auf **I** werden *1.1'.3.3'-Tetramethylhydurilsäure* u. (oder) *1.3.6.8-Tetramethyl-2.4.7.9-tetraketookta* (im Orig. irrtümlich -deka)-*hydrodipyrimido-[4.5:b; 4'.5':e]-pyrazin* (**III**) erhalten, welches wahrscheinlich mit einer von BREDERECK u. Mitarbeitern (C. **1954**. 8348) erhaltenen Verb. ident. ist.

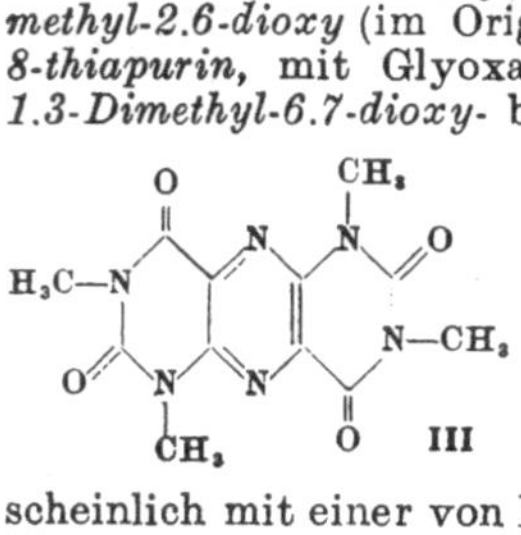

III

Versuche: *1.3-Dimethyl-5-nitroso-6-aminouracilmonohydrat*, F. 233° (Zers.), durch 3std. Erhitzen von N.N'-Dimethylharnstoff u. Cyanessigsäure in Essigsäureanhydrid, Einengen, Fällen des intermediären *1.3-Dimethyl-6-aminouracils* mit 5%ig. NaOH, Zugabe von wss. $NaNO_2$, langsames Ansäuern mit Essigsäure unter Kühlung, nach 2 Std. Behandeln des Nd. mit W., A. u. dann Ae.; 80% (Ausbeute). — *1.3-Dimethyl-5.6-diaminouracil* (**I**), F. 209° (Zers.), durch Zugabe von wss. $NaHSO_3$ zu vorst.

Verb. in wss. NH_4OH während 20 Min., 1/4 std. Erhitzen, Heißfiltrieren u. Kühlen; 80—85%. *Hydrochlorid*, $C_6H_{11}O_2N_4Cl$, F. 310° (Zers.; absol. CH_3OH), aus I mit HCl-Gas in absol. A.; 89%. — *1.3-Dimethyl-2.6-dioxy-8-azapurin* (*4.6-Dimethyl-5.7-diketo-4.5.6.7-tetrahydro-vic.-triazolo-*[*d*]*-pyrimidin*), $C_6H_7O_2N_5$, F. 252—253° (W.), durch Zugabe von $NaNO_2$ (in W.) zu I in halbkonz. HCl unter Kühlung u. 2std. Stehen; 81%. — *7* (oder *8* oder *9*)*-Acetyl-1.3-dimethyl-2.6-dioxy-8-azapurin*; $C_8H_9O_3N_5$, F. 109—111° (Butylacetat), durch 1std. Kochen vorst. Verb. mit Acetanhydrid; 84%. — Analog mit Benzoylchlorid *7* (oder *8* oder *9*)*-Benzoyl-1.3-dimethyl-2.6-dioxy-8-azapurin*, $C_{13}H_{11}O_3N_5$, F. 197—198° (Methyläthylketon); 93%. — *1.3-Dimethyl-2.6-dioxy-8-thiapurin* (*4.6-Dimethyl-5.7-diketo-4.5.6.7-tetrahydro*[im Orig. irrtümlich -hexahydro]*-pyrimido-*[*4.5*: *c*]*-thiadiazol-*(*1.2.5*)), $C_6H_6O_2N_4S$, F. 149—151° (50%ig. A.), durch 15 std. Kochen von I u. $SOCl_2$ in Bzl.; 73%. — *1.3-Dimethyllumazin*, $C_8H_8O_2N_4$, F. 197—199° (W.), durch 20 Min. langes Erhitzen von I mit 30%ig. wss. Glyoxal in Ggw. von $NaHSO_3$ in verd. NH_4OH auf 90°; braun; 30%. — *1.3-Dimethyl-6.7-dioxylumazin*, $C_8H_8O_4N_4$, F. > 360°, durch 1std. Erhitzen von I u. Oxalsäure bei 300 mm bis auf 240°, Aufnehmen in heißer wss. NaOH, Einfiltrieren in sd. 2nHCl u. Trocknen des gelbbraunen *Monohydrats* bei 110°/1 mm; 58%. — *1.3.6.7-Tetramethyllumazin*, F. 158—159° (absol. A.), durch 1std. Erhitzen von I mit Diacetyl in W. auf 90° u. 2tägiges Kühlen; 64%. — *1.3-Dimethyl-6.7-diphenyllumazin*, $C_{20}H_{16}O_2N_4$, F. 226—227° (Äthylacetat), durch 1std. Erhitzen von I mit Benzil in 50%ig. A.-konz. wss. NH_4OH auf 90°; 80%. — *1.3-Dimethyl-5-cyanmethylamino-6-aminouracil* (II), $C_8H_{11}O_2N_5$, F. 236—238° (50%ig. A.), durch Zugabe von konz. HCl, dann wss. NaCN zu I in Methanol < 30°, Erhitzen auf 40—45° bei p_H 6,5, Zugabe von 37%ig. wss. Formaldehyd, 1std. Rk. bei 45° u. mehrstd. Kühlen; 72%. — *1.3-Dimethyl-7-amino-5.6-dihydrolumazin*, $C_8H_{11}O_2N_5$, F. 325° (Zers.; 50%ig. wss. Pyridin), durch 24std. Einw. von methanol. KOH auf II in absol. CH_3OH in N_2-Atmosphäre; gelb; 72%. — *1.3-Dimethyl-7-aminolumazin*, $C_8H_9O_2N_5$, F. > 360° (50%ig. wss. Pyridin), aus II wie vorst., aber nach 30 Std. Zugabe von $FeCl_2$, dann 10%ig. H_2O_2 bei 30° u. nach 1 Std. $NaHSO_3$; 57%. — *1.3.6.8-Tetramethyl-2.4.7.9-tetraketooktahydrodipyrimido-*[*4.5*: *b*; *4'.5'* : *e*]*-pyrazin* (III), $C_{12}H_{12}O_4N_6$, F. 390° (Dimethylformamid), durch 12std. Kochen von I mit der 2fach äquimol. Menge HCl in W., 12std. Kühlen u. Behandeln mit 5%ig. $NaHCO_3$; III im Rückstand; 31%. Durch Ansäuern der $NaHCO_3$-Lsg. mit verd. HCl *1.1'.3.3'-Tetramethylhydurilsäure*, $C_{12}H_{14}O_6N_4$, F. 260—262°, 54%. *Diammoniumsalz*, F. 272° (Zers.). Bei Durchführung der Rk. mit 4 Äquivalenten HCl entsteht nur vorst. Verb., mit 1 Äquivalent HCl nur III. (J. Amer. chem. Soc. **76**. 2798—2800. 20/5. 1954. Ann Arbor, Mich., Univ., Coll. of Pharm.) W. HOFFMANN. 3272

Friedrich Weygand und **Heinz-Jürgen Dietrich**, *Synthese von 1.5-Diazacyclooctandion-*(*4.8*)*-dicarbonsäure-*(*2.6*). Während aus Phloroglucin (1.3.5-Triketocyclohexan) mit HN_3 kein definiertes Prod. gebildet wurde u. 1.3.5-Trimethylphloroglucin (1.3.5-Trimethyl-2.4.6-triketocyclohexan) nur in Spuren eine Verb. lieferte, die bei Hydrolyse *dl-Alanin* ergab, entsteht bei Rk. von Succinylobernsteinsäurediäthylester mit HN_3 ein cycl. Peptidester, *1.5-Diazacyclooctandion-*(*4.8*)*-dicarbonsäure-*(*2.6*) (II)*-Diäthylester* (I), der mit $Ba(OH)_2$ zu II verseift wurde, welche beim Kochen mit W. über *β-Asparagylasparaginsäure* zur chromatograph. nachgewiesenen *Asparaginsäure* (III) hydrolysiert. Von II existieren eine trans- u. zwei enantimorphe cis-Formen, von denen letztere bei der Hydrolyse die akt. Asparaginsäuren liefern. Bei dem Vers., die Stereoisomeren durch Isolierung der cis-Form zu trennen, entstand bei Rk. mit $(CH_3CO)_2O$ statt des erwarteten Anhydrids eine Verb., die auf Grund der Bldg. der analyt. Daten u. der Hydrolyseergebnisse wahrscheinlich *N-*[*2.5-Dimethyloxazolyl-*(*4*)*-acetyl*]*-dl-asparaginsäureanhydrid* (IV) ist. Der Reaktionsmechanismus der Bldg. von IV wird diskutiert. u. die Parallele zur DAKIN-WEST-Rk. (1928) festgestellt; die bei der sauren Hydrolyse von IV aller Voraussicht nach zu erwartende *β-Aminolävulinsäure* wurde zwar nicht isoliert, doch beim papierchromatograph. Vgl. der Rkk. des Hydrolysates mit denen einer auf andere Weise erhaltenen *β*-Aminolävulinsäurelsg. Übereinstimmung der R_F-Werte u. Fluorescenzfarben im UV-Licht festgestellt.

Versuche: *1.5-Diazacyclooctandion-*(*4.8*)*-dicarbonsäure-*(*2.6*) (II)*-Diäthylester* (I), $C_{12}H_{18}O_6N_2$, F. 212° (korr.), durch Zutropfen von 10 g Succinylobernsteinsäurediäthylester in konz. H_2SO_4 zu einer auf 55° erwärmten 4%ig. Lsg. von HN_3 in Chlf. innerhalb von 20—30 Min. unter Rühren bis zur Beendigung der Gasentw., Gießen der H_2SO_4-Schicht auf Eis, 1—2std. Stehen, Absaugen, Trocknen im Vakuumexsiccator u. Ausschütteln des wss. Filtrates mit Essigester (aus dieser Lsg. weitere Mengen); aus Äthylenchlorid verfilzte Nadeln; 2,5 g (Ausbeute); sie werden durch Sublimation bei 10^{-3} Torr u. 160—170° Badtemp. oder durch Lösen in warmem Pyridin u. Fällen mit absol. Ae. getrocknet; Schuppen. — Durch Verseifung von 0,3 g I mit etwa n/4 $Ba(OH)_2$

entsteht das *Ba-Salz* von **II**; durch Zugabe von Aceton zur heißen, wss. Lsg. mkr., büschlige, teilweise gekreuzte Nadeln; 0,34 g. — **II**, $C_8H_{10}O_6N_2$, durch 24std. Stehen von **I** in W. mit eingestellter $Ba(OH)_2$-Lsg. in geringem Überschuß, Zugabe von verd. H_2SO_4 zur Entfernung von Ba^{2+}, Filtrieren, Einengen u. mehrstd. Stehen im Eisschrank; Umkristallisation aus W.; roh 90%. Durch 3tägiges Trocknen bei 110° u. 2 Torr nicht kristallwasserfrei. *Monohydrat*, $C_8H_{10}O_6N_2 \cdot H_2O$, ab 245° Bräunung, durch Trocknen im Exsiccator über P_2O_5 bei 20°; beim schnellen Erhitzen bei 350° Zers. unter Aufblähen. Durch mehrstd. Kochen von **II** Hydrolyse zu *Asparaginsäure* (**III**) u. *β-Asparagylasparaginsäure*, die durch Chromatographie neben **II** nachgewiesen werden. — Durch 20 Min. Erhitzen von feinstzerriebener **II** mit $(CH_3CO)_2O$ im Rohr auf 145°, Einengen im Vakuum u. Stehen im Eisschrank wird eine *Verb.* $C_{11}H_{12}O_5N_2$ erhalten, wahrscheinlich *N-[2.5-Dimethyloxazolyl-(4)-acetyl]-dl-asparaginsäureanhydrid* (**IV**), F. 280° (Zers.; ab 240° Bräunung); sublimiert im Hochvakuum unter teilweiser Zers.; aus $(CH_3CO)_2O$ mkr. Prismen; 17%. Durch 1std. Hydrolyse von 71 mg **IV** mit $Ba(OH)_2$ auf dem Dampfbad, Versetzen mit verd. H_2SO_4 u. Kochen mit Cu-Carbonat wird **III** als *Cu-Komplex* erhalten; 26,4 mg. *Jodoform*, F. 114—115°, durch Erhitzen von **IV** mit Jod u. W. u. Versetzen mit verd. NaOH. Nachw. der bei der sauren Hydrolyse von **IV** entstandenen *β-Aminolävulinsäure* durch Papierchromatogramme mit Phenol–W. bzw. sek.-Butanol–HCOOH–Wasser. (Chem. Ber. **87**. 482—88. 1954. Heidelberg, Univ., Chem. Inst.) Buchta. 3380

W. J. Burke, K. C. Mudrock und **Grace Ec,** *Kondensation von aromatischen Oxyverbindungen mit Formaldehyd und primären aromatischen Aminen.* (Vgl. C. **1953**. 9488.) Die Kondensation von β-Naphthol (**I**) mit Formaldehyd u. prim. aromat. Aminen im Oxazinverhältnis (**I**:CH_2O:Amin = 1:2:1) bei 5° in Methanol gibt ebenso wie die Kondensation mit prim. aliphat. oder alicycl. Aminen (l. c.) die N-substituierten *2.3-Dihydro-1H-naphth-[1.2:e]-m-oxazine* (**A**) in guten Ausbeuten. Mit o-Nitranilin (**II**) wird unter diesen Bedingungen allerdings nur *1-[o-Nitroanilinomethyl]-naphthol-(2)* (**XI**) erhalten. Erst die Rk. in warmem Dioxan liefert das **A** in schlechter Ausbeute neben **XI.** Aus m-(**III**) u. p-Nitranilin (**IV**) werden die **A** in warmem Dioxan in guten Ausbeuten ohne Nebenprodd. erhalten. Auch die Kondensation des schwach bas. symm.-Tribromanilins (**V**) mußte in sd. Dioxan durchgeführt werden. Aus äquimol. Mengen **I**, **III** u. CH_2O in Dioxan bei Raumtemp. wurde nur *Bis-[m-nitroanilino]-methan* erhalten. Die Hydrochloride der **A** aus aromat. Aminen sind unbeständig; im Gegensatz zu den sehr stabilen Hydrochloriden der N-Alkyl- oder Cycloalkylnaphthoxazine (vgl. l. c.). Die *N-phenyl-*, *N-p-tolyl-* u. *N-p-bromphenylsubstituierten* **A** wurden auch aus 1-[Arylaminomethyl]-naphtholen-(2) mit CH_2O in sd. Äthylacetat dargestellt. Die Mannich-Basen scheinen aber nicht Intermediärprodd. der n. Kondensation zu sein, da ein Vers. der Cyclisierung von *1-[p-Toluidinomethyl]-naphthol-(2)* (**VI**) mit CH_2O bei Raumtemp. das Ausgangsmaterial zurückgab. Die saure Hydrolyse der **A** (Vers. mit der N-p-Tolylverb.) lieferte CH_2O u. Harze. Die Verharzung verursacht anscheinend der CH_2O, da **VI** isoliert werden konnte, wenn man ihn mit 2.4-Dinitrophenylhydrazin abfing. Daneben wurde *Bis-[2-oxynaphthyl-(1)]-methan* gefunden. Oxazin-Kondensation mit p-tert.-Butylphenol (**VII**) oder p-Bromphenol (**VIII**) an Stelle von **I** u. mit p-Toluidin (**IX**) gab *3.4-Dihydro-6-tert.-butyl (bzw. brom)-3-p-tolyl-1.3·2H-benzoxazin* in guten Ausbeuten, aber in langsamerer Rk. als mit **I.** Als Nebenprod. der Kondensation mit **VII** wurde *1.3.5-Tri-p-tolyl-symm.-triazin* gefunden. Für die 1.3-Oxazinstruktur der Verbb. spricht ihre negative $FeCl_3$-Rk. u. ihr Verh. in Na-haltiger Benzollösung.

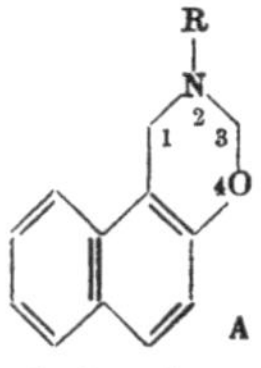
A

Versuche: *2.3-Dihydro-2-p-tolyl-1H-naphth-[1.2:e]-m-oxazin*, $C_{19}H_{17}ON$, F. 86 bis 88° (Äthylacetat/Methanol 2:5), a) durch langsame Zugabe einer Lsg. von Paraformaldehyd (**X**) in Methanol + KOH unter Kühlen zur Lsg. von **IX** in Methanol; dann Zugabe von **I** in Methanol u. 2 Tage Stehenlassen; b) Zugabe von **X** in Methanol zu **VI** in Äthylacetat u. 2 Std. Kochen; Nadeln; 91 bzw. 83% (Ausbeute). — Saure Hydrolyse von vorst. Verb. (1 g in 4,8 cm³ konz. H_2SO_4/7 cm³ W./22 cm³ A.) in Ggw. von 2.4-Dinitrophenylhydrazin, 45 Min. Schütteln, über Nacht Stehenlassen u. Abfiltrieren ergab *Formaldehyd-2.4-dinitrophenylhydrazon*, F. 162—163° (99%). Aus dem Filtrat nach Neutralisieren **VI**, F. 134—135° (Bzl.); 34%; u. *Bis-[2-oxynaphthyl-(1)]-methan*, F. 196 bis 197°; 20%. — Darst. der nachst. 2.3-Dihydro-1H-naphth-[1.2:e]-m-oxazine (**A**), wenn nicht anders erwähnt, wie oben a): *2-Phenyl-*, $C_{18}H_{15}ON$, F. 46—48° (Methanol), aus Anilin oder nach b) aus 1-[Anilinomethyl]-naphthol-(2); 78 bzw. 69%. — *2-o-Tolyl-*, $C_{19}H_{17}ON$, F. 57—60° (Äthylacetat–Methanol), aus o-Toluidin; 83%. — *2-p-Carboxyphenyl-*, $C_{19}H_{15}O_3N$, F. 215° (Pyridin), aus p-Aminobenzoesäure; 59%. — *2-p-Bromphenyl-*, $C_{18}H_{14}ONBr$, F. 118—119° (Äthylacetat–Methanol), aus p-Bromanilin oder nach b) aus **XII** (s. u.); 91 bzw. 81%. — *2-o-Nitrophenyl-*, $C_{18}H_{14}O_3N_2$, F. 108—109° (Aceton), durch Erhitzen einer Lsg. von **I**, **II** u. wss. CH_2O in Dioxan während 5 Std. auf 70—90°; nach Abdest. des Lösungsm. unter red. Druck krist. ein gelbes Prod., F. 196—198° (aus Dimethylformamid; nicht identifiziert), u. nach Eindampfen das **A** (27%; in Methanol schwerlösl.) u. **XI** (17%). — *2-m-Nitrophenyl-*, $C_{18}H_{14}O_3N_2$, F. 133—134° (Dioxan–Methanol), aus **III** in warmem Dioxan; 81%. — *2-p-Nitrophenyl-*, $C_{18}H_{14}O_3N_2$, F. 168—170° (Dimethylformamid), aus **IV** in warmem Dioxan; 61%. — *2-[2.4.6-Tribromphenyl]-*, $C_{18}H_{12}ONBr_3$, F. 99—100° (Äthylacetat–Methanol), aus **V** in sd. Dioxan; 39%. — *2.2'-p-Phenylen-bis-[2.3-dihydro-1H-naphth-[1.2:e]-m-oxazin]*, $C_{30}H_{24}O_2N_2$, F. 217—219° (Pyridin), aus p-Phenylendiamin; 88%. — *1-[o-Nitroanilinomethyl]-naphthol-(2)* (**XI**), $C_{17}H_{14}O_3N_2$, F. 156—158° (Aceton), durch Zusammengeben der methanol. Lsgg. von **II**, **I** u. **X** bei 0° u. 5 Tage Stehen bei Raumtemp.; 56%. — *Bis-[m-nitroanilino]-methan*, $C_{13}H_{12}O_4N_4$, F. 211—212° (Dimethylformamid), aus **III**, **I**, wss. CH_2O u. Dioxan, 24 Std. bei Raumtemp.; 76%. — *1-[p-Bromanilinomethyl]-naphthol-(2)* (**XII**), $C_{17}H_{14}ONBr$, F. 132—133° (Bzl.), aus p-Bromanilin, **X** u. **I**, 2 Tage bei Raumtemp.; 56%. — *3.4-Dihydro-3-p-tolyl-6-tert.-butyl-1.3·2H-benzoxazin*, $C_{19}H_{23}ON$, F. 87—88° (Methanol), durch Zugabe einer methanol. **X**-Lsg. zur Lsg. von **VII** u. **IX** in Methanol (0°), dann 1 Tag bei Raumtemp. stehenlassen u. vom *1.3.5-Tri-p-tolyl-symm.-triazin* (F. 223—227°) abfiltrieren; 69%. — *3.4-Dihydro-3-p-tolyl-6-brom-1.3·2H-benzoxazin*, $C_{15}H_{14}ONBr$, F. 79—80° (Methanol), durch Zusammengeben der methanol. Lsgg. von **VIII**, **IX** u. **X** bei Raumtemp. u. Kühlen; 69%. (J. Amer. chem. Soc. **76**. 1677—79. 20/3. 1954. Salt Lake City, Utah, Univ., Dep. of Chem.) MANTHEY. 3282

Hermann Stetter und **Ernst-Egon Roos**, *Eine Synthese makrocyclischer, stickstoffhaltiger Ringsysteme. N.N'.N''.N'''-Tetratosyl-1.4.11.14-tetraazacycloeikosan* (**IV**) sowie die Base *1.4.11.14-Tetraazacycloeikosan* u. *Bis-[N.N'-ditosyl-N.N'-pentamethylen-p-phenylendiamin]* sowie die zugehörige *Base* werden durch Überführen von Äthylendiamin bzw. p-Phenylendiamin in die entsprechenden *Ditosylverbb.*, Kondensation der daraus erhaltenen *Dinatriumverbb.* (**II** bzw. **III**) mit 1.6-Dibromhexan bzw. 1.5-Dibrompentan in Dimethylformamid (**I**) zu *N.N'-Ditosyl-N.N'-bis-[6-bromhexyl]-äthylendiamin* bzw. *N.N'-Ditosyl-N.N'-bis-[5-brompentyl]-p-phenyldiamin* u. deren Umsetzung mit **II** bzw. **III** unter Anwendung des RUGGLI-ZIEGLERschen Verdünnungsprinzips dargestellt.

Versuche (FF. unter dem Mikroskop u. korr.): *N.N'-Ditosyläthylendiamin*, F. 160° (Methanol), durch Zugabe von Äthylendiaminmonohydrat in NaOH zu p-Toluolsulfonsäurechlorid in Ae. u. W. unter Rühren u. Kühlen, 1std. Rühren bei Eisbadtemp., 3—4 Std. bei Raumtemp. u. Ansäuern mit 10%ig. HCl; 80% (Ausbeute). Daraus das *Dinatriumsalz* (**II**), durch ½std. Kochen mit Na in Methanol u. Abdestillation. — *N.N'-Ditosyl-N.N'-bis-[6-bromhexyl]-äthylendiamin*, $C_{28}H_{42}O_4N_2Br_2S_2$, F. 126,5° (I–Methanol, dann Ligroin), durch Zugabe von 1.6-Dibromhexan zu **II** in **I** auf dem Wasserbad u. Zugabe von Methanol zum Filtrat; 44%. — *N.N'.N''.N'''-Tetratosyl-1.4.11.14-tetraazacycloeikosan* (**IV**), $C_{44}H_{60}O_8N_4S_4$, F. 231° (**I** oder Chlf.), durch Zugabe des erst beim Einfüllen in den Tropftrichter vereinigten Cyclisierungsgemisches aus a) vorst. Verb. in **I** u. b) **II** in Methanol, versetzt mit **I**, zu sd. **I** im Ölbad über einen Zeitraum von 30 Std., 1std. Kochen, Einengen, Abkühlen, Verwerfen des entstehenden Nd. u. weiteres Einengen; 39%. — *1.4.11.14-Tetraazacycloeikosan*, F. 55° (unkorr.), durch 3std. Kochen von **IV** in 70%ig. H_2SO_4, Versetzen mit W., Zugabe von 20%ig. NaOH u. Aufnehmen in Ae.; aus Ae. oder PAe. hygroskop. Kristalle; 56%. *Tetrahydrochlorid*, $C_{16}H_{40}N_4Cl_4$, durch Einleiten von HCl in die auf 0° gekühlte Lsg. vorst. Verb. in Methanol bis zur Sättigung; aus mit HCl gesätt. Methanol Nadeln; 80%. — *N.N'-Ditosyl-p-phenylendiamin*, F. 276°, durch Überschichten von p-Phenylendiamindihydrochlorid in W. mit p-Toluolsulfonsäurechlorid in Ae., Zugabe von 10%ig. NaOH, 5std. Rühren bei Raumtemp., Ansäuern mit 15%ig. HCl, Absaugen, Waschen u. Auskochen mit Methanol, Lösen in **I** u. Zugabe von Methanol; 83%. — *N.N'-Ditosyl-N.N'-bis-[5-brompentyl]-p-phenylendiamin*, $C_{30}H_{38}O_4N_2Br_2S_2$, F. 134° (Methanol, A. oder extraktiv mit Ligroin), durch Zugabe von 1.5-Dibrompentan zu der durch 1std. Erhitzen von vorst. Verb. mit Na in Methanol erhaltenen Dinatriumverb. (**III**), 7std. Kochen u. 24std. Stehen; 63%. — *Bis-[N.N'-ditosyl-N.N'-pentamethylen-p-phenylendiamin]*, $C_{50}H_{56}O_8N_4S_4$, F. 311°, durch Zutropfen des analog **IV** aus den entsprechenden Komponenten hergestellten Cyclisierungsgemisches zu sd. **I** durch eine Kapillare während 40 Std. unter ständiger Abdest. des Methanols bei ca. 140°, 1std. Kochen, Einengen u. 24std. Stehen; aus wenig **I** oder Chlf. Nadeln; 40,2%. — *Bis-[pentamethylen-p-phenylendiamin]*, $C_{22}H_{32}N_4$, F. 178,5° (Methanol in N_2), durch etwa 3tägiges Stehen vorst. Verb. in 90%ig. H_2SO_4, Gießen in dest. W., Zugabe von konz. NH_4OH unter N_2 unter

Kühlung, 3std. Stehen in verschlossenem Gefäß unter N_2, Absaugen, Waschen mit wenig W. u. Methanol, Trocknen über KOH im Exsiccator u. Aufbewahren unter N_2; 90%. *Tetraacetylverb.*, $C_{30}H_{40}O_4N_4$, F. 331° (Methanol), durch 3std. Acetylieren vorst. Verb., Zugabe von W., $^1/_4$std. Kochen u. Einengen; 86,5%. (Chem. Ber. **87.** 566—71. 1954. Bonn, Univ., Chem. Inst.) BUCHTA. 3390

R. Allerton und **Hewitt G. Fletcher jr.**, *Die Acetolyse einiger Benzyläther von Kohlenhydraten.* 2.5-Di-[O-benzyl]-1.3;4.6-di-[O-methylen]-D-mannit (I) wird durch Acetolyse in Ggw. von wenig H_2SO_4 u. nachfolgende Entacetylierung zum *2.5-Di-[O-benzyl]-D-mannit* (II) abgebaut. Bei Verwendung von mehr H_2SO_4 entsteht *D-Mannit.* II ließ sich auch durch Hydrolyse von 2.5-Di-[O-benzyl]-1.3; 4.6-di-[O-methylen]-D-mannit (I) mit HCl in wss. A. erhalten. Aus 1.6-Di-[O-acetyl]-2.4; 3.5-di-[O-methylen]-L-idit hergestellter *1.6-Di-[O-benzyl]-2.4;3.5-di-[O-methylen]-L-idit* (III) lieferte dagegen bei der Acetolyse *1.6-Di-[O-acetyl]-2.4; 3.5-di-[-O-methylen]-L-idit.* Die an 2 sek. C-Atome gebundenen Methylengruppen sind also fester als die Benzylgruppen an $C_{(1)}$ u. $C_{(6)}$ gebunden, während die an je 1 prim. C-Atom gebundenen Methylengruppen von I labiler sind. Bei längerer Reaktionszeit werden auch die Methylengruppen abgespalten. Auch 1.6-Anhydro-2.3.4-tri-[O-benzyl]-β-D-glucose, deren 1.6-Bindung gleichfalls bevorzugt aufgespalten wird (vgl. ZEMPLÉN u. Mitarbeiter, Ber. dtsch. chem. Ges. **70.** [1937.] 1848), läßt sich in Ggw. von 2% H_2SO_4 bis zum *α-D-Glucopyranosepentaacetat* acetolysieren. Bei der Acetolyse von 1.4; 3.6-Dianhydro-2.5-di-[O-benzyl]-D-mannit u. Entsulfurierung des entstehenden S-haltigen Zwischenprod. mit $LiAlH_4$ entsteht *1.4-AnhydroD-mannit*, dessen Identität durch Überführung in sein Tetrabenzoat bewiesen wurde. Ferner wurde *1.4; 3.6-Dianhydro-2.5-di-[O-benzyl]-D-dulcit* dargestellt.

Versuche (FF. korr.): *2.5-Di-[O-benzyl]-1.3; 4.6-di-[O-methylen]-D-mannit* (I), $C_{22}H_{26}O_6$, Kp.$_{0,05}$ 234—250°, durch 3std. Erhitzen von 1.3; 4.6-Di-[O-methylen]-D-mannit mit Benzylchlorid/KOH auf 130—140°, Ausschütteln in Ggw. von Chlf. u. W. u. Trennung des I vom Benzylalkohol durch Dest.; Sirup; n_D^{20} 1,5446; $[\alpha]_D^{20}$ —64,1° (c = 0,82; absol. A.); $[\alpha]_D^{20}$ —54,9° (c = 1,57; Chlf.); 74%. — *2.5-Di-[O-benzyl]-D-mannit* (II), $C_{20}H_{26}O_6$, F. 119—120°; kleine Nadeln aus absol. A.; $[\alpha]_D^{20}$ —7° (c = 0,63; absol. A.), durch 9std. Erhitzen von I in A./W./konz. HCl auf 100°, Gießen auf Eis u. Extraktion mit Chlf.; 11%; oder durch 52minütige Behandlung von I mit einem ca. 0,09 ml konz. H_2SO_4/ml enthaltenden Gemisch von Eisessig u. Acetanhydrid (15:35) bei 20° bis zur Konstanz der Drehung, Isolierung von 9,8 g Sirup wie vorst. u. Entacetylierung in 1,109 n methanol. HCl; 18%. II verbrauchte 1,045 Mol $NaJO_4$/Mol. — *2.5-Di-[O-benzyl]-1.3.4.6-tetra-[O-p-nitrobenzoyl]-D-mannit*, $C_{48}H_{38}O_{18}N_4$, F. 75 bis 79° (absol. A.), aus II u. p-Nitrobenzoylchlorid in Pyridin; gelber Feststoff; $[\alpha]_D^{20}$ +104° (c = 1,19; Chlf.). — *2.5-Di-[O-benzyl]-1.3.4.6-tetra-[O-p-toluolsulfonyl]-D-mannit*, $C_{48}H_{50}O_{14}S_4$, F. 157—159° (absol. A.), durch Tosylierung von II; $[\alpha]_D^{20}$ +40,1° (c = 0,34; Chlf.). — *D-Mannit*, F. 165°, Misch-F. 165—166° (absol. A.), durch 2std. Behandlung von I in 2,4 Vol.-% H_2SO_4 enthaltendem Eisessig/Acetanhydrid (7,5:34) u. Entacetylierung des erhaltenen Sirups (roher *3.4-Di-[O-acetoxymethyl]-1.2.5.6-tetra-[O-acetyl]-D-mannit?*) mit 0,55 n methanol. HCl ($5^1/_2$ Std. bei 20° unter Bldg. von Formaldehyd); 35%. — *1.6-Di-[O-benzyl]-2.4;3.5-di-[O-methylen]-L-idit* (III), $C_{22}H_{26}O_6$, F. 121—122°, durch 3std. Erhitzen von 1.6-Di-[O-acetyl]-2.4; 3.5-di-[O-methylen]-L-idit mit Benzylchlorid/KOH auf 130—140°; glitzernde flache Nadeln aus absol. A.; $[\alpha]_D^{20}$ +42,5° (c = 1,35; Chlf.); 86%. — *1.6-Di-[O-acetyl]-2.4;3.5-di-[O-methylen]-L-idit*, F. 217—219°, durch 12minütige Behandlung von III mit 2 Vol.-% H_2SO_4 enthaltendem Eisessig/Acetanhydrid (15:35) bei 20°, Gießen auf Eis u. Extraktion mit Methylenchlorid; Nadeln aus absol. A.; $[\alpha]_D^{20}$ —4,06° (c = 1,48; Chlf.); 32%. — *L-Idithexaacetat*, F. 120—122°, Misch-F. 121—122° (wss. A.), aus III u. Eisessig/Acetanhydrid/H_2SO_4 wie vorst. in 74 Std.; $[\alpha]_D^{20}$ —25,0° (c = 0,22; Chlf.); 5,7%. — *1.6-Anhydro-2.3.4-tri-[O-benzyl]-β-D-glucose*, F. 90—91°, aus 2.3.4-Tri-[O-acetyl]-1.6-anhydro-β-D-glucose (l. c.); kräftige Nadeln; $[\alpha]_D^{20}$ —31,8° (c = 2,18; Chlf.); 81%. — *α-D-Glucopyranosepentaacetat*, F. 111°, Misch-F. 112—113° (absol. A.), aus vorst. Verb. in 2 Vol.-% H_2SO_4 enthaltendem Gemisch von Eisessig u. Acetanhydrid (15:35) in 18 Std. bei 20°; $[\alpha]_D^{20}$ +102° (c = 0,5; Chlf.) 29%. — *1.4; 3.6-Dianhydro-2.5-di-[O-benzyl]-D-mannit*, $C_{20}H_{22}O_4$, F. 66—67° (A. u. Methanol), aus 1.4; 3.6-Dianhydro-D-mannit (IV) mit Benzylchlorid/KOH (4 Std. bei 130—140°); Nadeln; $[\alpha]_D^{20}$ +154° (c = 0,86; Chlf.); 87%. — *1.4-Anhydro-D-mannit*, F. u. Misch-F. 145—148° (n-Butanol), durch 84std. Acetolyse vorst. Verb. mit 2 Vol.-% H_2SO_4 enthaltendem Eisessig/Acetanhydridgemisch bei 20°, 6std. Red. des sirupösen, in Chlf. lösl. Zwischenprod. mit $LiAlH_4$ beim Kp. u. Behandlung mit A., W., Super-Gel u. Amberlite IR-120; $[\alpha]_D^{20}$ —24° (c = 0,81; W.); 10%, oder durch Acetolyse von IV (größtenteils direkt, der Rest nach Red. der in der wss. Phase gelösten Substanz); 16%. *Tetrabenzoat*, F. 123—124°, Misch-F. 124 bis

125°; 65%. — *1.4-Anhydro-2.3.5.6-tetra-[O-benzoyl]-D-mannit*, $C_{34}H_{28}O_9$, F. 124—125° (absol. A.), aus 1.4-Anhydro-2.6 (oder 3.6)-di-[O-benzoyl]-D-mannit u. Benzoylchlorid/Pyridin; gedrungene Nadeln; $[\alpha]_D^{20}$ —157,5° (c = 1,02; Chlf.), —114,3° (c = 0,29; absol. A.); 48%. — *1.4; 3.6-Dianhydro-2.5-di-[O-benzyl]-D-dulcit*, $C_{20}H_{22}O_4$, Kp.$_{0,05}$ 210 bis 220° (Badtemp.), aus 1.4; 3.6-Dianhydro-D-dulcit u. Benzylchlorid/KOH bei 130 bis 140° in 3 Std.; blaßgelbe, viscose Fl.; n_D^{20} 1,5544; $[\alpha]_D^{20}$ +75,7° (c = 1,02; Chlf.). (J. Amer. chem. Soc. **76.** 1757—60. 5/4. **1954.** New York, N. Y., Nat. Inst. of Arthritis and Metabolic Diseases, Nat. Inst. of Health, U. S. Public Health Service, Dep. of Health, Educ. and Welfare.) WILLENBERG. 3400

Jacques-J. Panouse, *Über die glucosidischen Verbindungen des Nicotins.* Das durch Kondensation von Acetobromglucose mit Nicotin erhaltene *2.3.4.6-Tetraacetyl-d-glucosylnicotiniumbromidhydrobromid* (I) (vgl. C. R. hebd. Séances Acad. Sci. **231.** [1950.] 1506) ergibt nach dem Desacetylieren *d-Glucosylnicotiniumbromidhydrobromid* (II), das mit einer Reineckesalzlsg. das in W. unlösl., zur Reindarst. geeignete *d-Glucosylnicotiniumdireineckat* bildet. Da das Pikrat in W. leicht lösl. ist, gelingt eine glatte Trennung von überschüssigem Nicotinpikrat. Das *Hydrochlorid* ist nur in wss. Lsg. stabil.

V e r s u c h e : *1-d-Glucopyranosyl-3-[1'-methylpyrrolidinyl-(2')]-pyridiniumdireineckat* (*d-Glucosylnicotiniumdireineckat*), $C_{24}H_{38}N_{14}O_5S_8Cr_2 \cdot 2H_2O$, aus dem durch fraktionierte Fällung mit A./Ae. gereinigten rohen I durch Lösen in W. u. Desacetylieren mit verd. HBr; nach dem Entfärben der II-Lsg. Zugabe von Pikrinsäure u. Entfernen des unlösl. Nicotinpikrates, Ausschütteln des Pikrinsäureüberschusses im Filtrat mit Ae., Einengen der wss. Phase im Vakuum u. Zugabe von Reineckesalzlsg. in verd. Essigsäure; 20% (Ausbeute). *Hydrochlorid*, $C_{16}H_{26}N_2O_5Cl_2$, aus vorst. Verb. u. HgCl; $[\alpha]^{20}_{5790}$ +32,0°; $[\alpha]^{20}_{5461}$ +34,9°; $[\alpha]^{20}_{4358}$ +56,2°. (C. R. hebd. Séances Acad. Sci. **233.** 800—02. 8/10. 1951.) ROSSOW. 3400

Maria G. Ter Horst (unter Mitarbeit von **H. Wiersma**), *Die spezifische Drehung der Lactose.* Die Drehung von reinstem luftgetrockneten *α-Lactosehydrat* (I) wurde 15 bis 20 Min. nach Einstellung des Gleichgewichtes mittels 0,2 ml 10%ig. NH_4OH/100 ml gemessen. Bei konstantem Gewicht ergab sich $[\alpha]_{Hg}$ = 61,77° —0,007°—(t—20)·0,076° u. $[\alpha]_{Na}$ = 52,60° —0,006—(t—20)·0,065°, bei konstantem Vol. $[\alpha]_{Hg}$ = 61,77° —0,007°—(t—20)·0,043° u. $[\alpha]_{Na}$ = 52,60° —0,006°—(t—20)·0,037°. Diese Werte sind bei Extrapolation auf die Zeit 0 um +0,01° zu korrigieren. Zusatz von NH_4OH oder NaOH senkt die spezif. Drehung von I bei p_H-Werten über 9. $^1/_3$ dieses Abfalls wird durch die Zers. von I hervorgerufen u. $^2/_3$ durch den Salzeffekt. Verwendet man zur Gleichgewichtseinstellung nur 0,1 bzw. 0,05 ml 10%ig. NH_4OH, so liegen die [α]-Werte obiger Formeln um 0,02 bzw. 0,03° höher. — 1 Figur, 5 Tabellen. (Recueil Trav. chim. Pays-Bas **72.** 878—88. Sept./Okt. 1953. Leeuwarden, Coöperative Condensfabriek „Friesland".) WILLENBERG. 3400

A. Thompson, Kimiko Anno, M. L. Wolfrom und **M. Inatome,** *Säureumwandlungsprodukte aus D-Glucose.* Durch 10std. Behandlung von D-Glucose mit 0,082nHCl auf dem Wasserbad bei 98°, Abkühlen u. Entfernen der Säure mit Duolit A-4 wurde ein Gemisch erhalten, das über einer Darco G-60-Celit (1:1)-Kolonne chromatographiert wurde. Die Eluierung erfolgte mit W. (D-Glucose), 5%ig. A. (Fraktion 1) u. 25%ig. A. (Fraktion 2). Beide Fraktionen werden mit Na-Acetat u. Essigsäureanhydrid in der Siedehitze acetyliert. Die chromatograph. Trennung der Acetate über Magnesol–Celit (5:1) ergibt *β-Isomaltoseoktaacetat*, F. 146—147°, $[\alpha]_D^{25}$ +96,3° (c = 3,9 in Chlf.); *β.β-Trehaloseoktaacetat*, F. 180—182°, $[\alpha]_D^{31}$ —17,2° (c = 4,0 in Chlf.); *Lävoglucosantriacetat*, F. 109—111°, $[\alpha]_D^{31}$ —62,5° (c = 4,0 in Chlf.); *β-Gentiobioseoktaacetat*; *β-Maltoseoktaacetat*, F. 159—161°, $[\alpha]_D^{25}$ +60,6° (c = 3,8 in Chlf.); *β-Sophoroseoktaacetat*, F. 191—192°, $[\alpha]_D^{25}$ —3,8° (c = 3,5 in Chlf.) u. ein nicht identifiziertes *Acetat* vom *F. 155—157°*, $[\alpha]_D^{25}$ +78° (c = 3,0 in Chlf.) (FF. korr.). (J. Amer. chem. Soc. **76.** 1309—11. 5/3. 1954. Columbus, O., State Univ., Dep. of Chem.) ROSSOW. 3400

David Ginsburg und **Raphael Pappo,** *Synthesen in der Morphinreihe.* 4. Mitt. *Die Synthese von N-Methylmorphinan.* (3. vgl. C. **1952.** 4933.) Verschied. Verff. zur Herst. des tetracycl. Grundgerüsts des Morphins aus Derivv. von 1.2.3.4.9.10.11.12-Oktahydrophenanthren werden untersucht. *N-Methylmorphinan* (I) wird auf dem Wege *trans-10-Amino-1.2.3.4.9.10.11.12-oktahydro-4.9-diketophenanthren* (**IIa**)*-hydrochlorid* → *trans-10-Acetoxyacetamido-1.2.3.4.9.10.-11.12-oktahydro-4.9-diketophenanthren* (**IIc**) → *Diketolactam* **III** → **I** gewonnen.

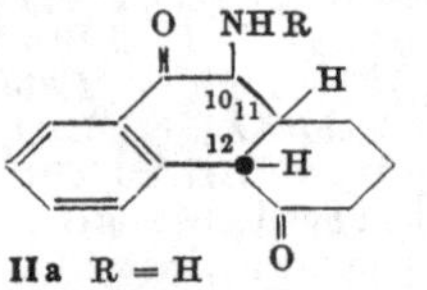

IIa R = H
IIb R = $COCH_2$·Halogen
IIc R = $COCH_2OOCCH_3$

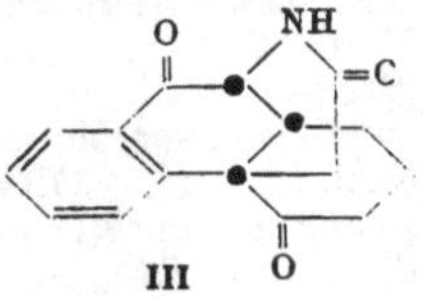

III

V e r s u c h e (*Oktahydro = 1.2.3.4.-9.10.11.12-Oktahydro*): *trans-3-Keto-2-phe-*

nylcyclohexylessigsäure, F. 125° (Bzl.), 50 g 2-Phenylcyclohexen-(2)-on (**IV**), 150 g Benzylmalonat u. $(CH_3)_3COK$ (aus 1,38 g K) bei 60° 3 Std. u. über Nacht bei Raumtemp. stehenlassen, mit 2,5 cm³ CH_3COOH u. Essigester auf 250 cm³ auffüllen, über 10%ig. Pd-Kohle (H_2, 60 lbs./sq.in., 1 Std.) hydrieren, den Eindampfrückstand bei 170—180° (10 Min.) decarboxylieren, den Ätherextrakt mit 10%ig. Sodalsg. ausziehen u. ansäuern; 82% (Ausbeute). *Dibenzylester der Malonsäure*, $C_{29}H_{28}O_4$, F. 91—92° (A.), krist. bei manchen Verss. aus dem Gemisch aus. — *trans-3-Keto-2-[2'.3'-dimethoxyphenyl]-cyclohexylessigsäure*, analog; 88%. — *trans-α-Cyan-3-keto-2-phenylcyclohexylessigsäure*, $C_{15}H_{15}O_3N$, F. 110—112° (30%ig. CH_3COOH), aus **IV**, Benzylcyanacetat u. $(CH_3)_3COH$ wie oben. — *trans-3-Keto-2-phenylcyclohexylacetonitril*, $C_{14}H_{15}ON$, F. 102 bis 103° (Butanol), durch Decarboxylierung vorst. Verb. in Ggw. von Glaspulver (10 Min., 190—200°); 86%. *Semicarbazon*, $C_{15}H_{18}ON_4$, F. 181—182° (C_2H_5OH). — *trans-2-[2'.3'-Dimethoxyphenyl]-3-ketocyclohexylaceto-nitril*, $Kp._{0,01}$ 250° (Bad), ähnlich aus α-Cyan-α-[2-(2'.3'-dimethoxyphenyl)-3-ketocyclohexyl]-essigsäure (l. c.; 94%); Öl; 82%. — *trans-α-Amino-3-keto-2-phenylcyclohexylessisäure*, $C_{14}H_{17}O_3N$, F. 186—188° (W. oder wss. A.), aus 3-Keto-2-phenylcyclohexyl-α-nitroessigsäuremethylester u. H_2 (120 at, 100°, RANEY-Ni) in A.; nach 1 Std. bei 16 mm einengen u. mit 20%ig. NaOH bei Raumtemp. verseifen (24 Std.); mit CH_3COOH auf p_H 5,5 einstellen; 50%. — *trans-α-Amino-2-[2'.3'-dimethoxyphenyl]-3-ketocyclohexylessigsäure*, $C_{16}H_{21}O_5N$, F. 200 bis 210° (Zers.: aus W.), analog. — *trans-3-Keto-2-phenylcyclohexyl-α-phthalimidoessigsäure* (**V**), $C_{22}H_{19}O_5N$, F. 227° (Zers.; A.), durch Einw. von vorvorst. Verb. auf Phthalsäureanhydrid in sd. Bzl. (1 Std.) u. den Eindampfrückstand $^1/_2$ Std. auf 180—190° erhitzen; 60%. — *trans-2-[2'.3'-Dimethoxyphenyl]-3-ketocyclohexyl-α-phthalimidoessigsäure*, $C_{24}H_{23}O_7N$, F. 219—220° (Zers.; A.), analog; 75%. — *trans-Oktahydro-4.9-diketo-10-phthalimidophenanthren* (**VI**), $C_{22}H_{17}O_4N$, F. 188° (CH_3COOH), **V** in konz. H_2SO_4 10 Min. auf dem Dampfbad erhitzen, auf Eis gießen, ausäthern u. **V** mit wss. $NaHCO_3$ entfernen. — *4-[Äthylenglykol]-ketal des trans-Oktahydro-4.9-diketo-10-oximinophenanthrens* (**VII**), $C_{16}H_{17}O_4N$, F. 182—184° (Zers.; grüne Schmelze); 27,4 g 4-[Äthylenglykol]-ketal des Oktahydro-4.9-diketophenanthrens (**VIII**; vgl. l. c.) in die Lsg. von 2,76 g Na in 55 cm³ absol. A. eintragen u. unter Eiskühlung auf einmal mit 18,4 cm³ n-Amylnitrit versetzen (48 Std.; kirschrot), mit verd. CH_3COOH ansäuern u. ausäthern, die Extrakte mit CLAISEN-Alkali ausziehen, mit CH_3COOH versetzen u. ausäthern; 17 + 2,5—4 g; mit Ae. gewaschen genügend rein. — *4-[Äthylenglykol]-ketal des trans-Oktahydro-4.9-diketo-5.6-dimethoxy-10-oximinophenanthrens*, $C_{18}H_{21}O_6N$, F. 192—195° (Zers.; A.); 62%. — *trans-10-Aminooktahydro-4.9-diketophenanthren* (**IIa**), *Hydrochlorid*, $C_{14}H_{16}O_2NCl$, F. 228—231° (A.-Ae.), 6 g **VII** in A. hydrieren (H_2, 60lbs./sq. in., 10%ig. Pd-Kohle, 10 Std.) u. bei 20° dest.; 5,4 g **IIa**; vor der Hydrierung 2,2 cm³HCl zugesetzt; 5,5 g; daneben *isomeres Hydrochlorid*, $C_{14}H_{16}O_2NCl$, F. 190—191° (CH_3OH), aus der Mutterlauge; 0,1 g. — *4-[Äthylenglykol]-ketal des trans-Oktahydro-4.9-diketo-10-phthalimidophenanthrens*, $C_{24}H_{21}O_5N$, F. 217—219°, 1,9 g des 4-[Äthylenglykol]-ketaldes trans-10-Aminooktahydro-4.9-diketophenanthrens (**IXa**) u. Phthalsäureanhydrid 30 Min. auf 170—190° erhitzen u. die glasige Schmelze aus CH_3COOH umkrist.; 2,1 g. — **VI**, aus vorst. Verb. in konz. HCl–A. (1 : 25 Vol., 5 Std., 50—60°). — *4-[Äthylenglykol]-ketal* des *trans-10-Äthoxalyloktahydro-4.9-diketophenanthrens* (**IXb**), $C_{20}H_{22}O_6$, F. 99 bis 102° (A.), aus 26 (g) **VIII**, 30 Diäthyloxalat, 5 NaH u. einigen Tropfen A. in Ae. unter N_2 bei 40—45°, mit W. verdünnen (Eiskühlung), die Ätherschicht mit 3%ig. NaOH extrahieren u. die Extrakte mit verd. HCl ansäuern; 2,8 g; bei Anwendung von CH_3ONa 10—15%. — *4-[Äthylenglykol]-ketal des trans-Oktahydro-4.9-diketophenanthrencarbonsäure-(10)-äthylesters* (**IXc**), $C_{19}H_{22}O_5$, F. 117—118° (wss. CH_3OH), durch Decarbonylierung von 10 g **IXb** (Glaspulver, 160—170°, 10 Min.); 7,2 g. — *4-[Äthylenglykol]-ketal des trans-Oktahydro-9-oxy-4-ketophenanthrencarbonsäure-(10)-äthylesters*, $C_{19}H_{24}O_5$. F. 102—103° (Heptan), 10 g **IXc** in A. reduzieren (H_2, 60 lbs./sq.in., 70°, 10%ig. Pd-Kohle, 3 Std.); 7,1 g; mit ca. 0,7%ig. HCl in wss. A. (1 Std. bei 60°, über Nacht bei Raumtemp.) → **VIII**. — Analog **IXb** die *5.6-Dimethoxyverb.*, Rk. in Ae.–Bzl.; 85%. — *4-[Äthylenglykol]-ketaldestrans-Oktahydro-4.9-diketo-5.6-dimethoxyphenanthrencarbonsäure-(10)-äthylesters*, $C_{21}H_{26}O_7$, F. 131—132° (A.), durch Decarbonylierung vorst. Verb.; 75%; mit sd. 50%ig. KOH (2 Std.) Verseifung u. Decarboxylierung: *Ketal des Phenanthrenderiv.*, F. 137—139°. — *1.2.3.9.10.11-Hexahydro-4-oxyphenanthren-3-oxymethylen-3¹-carbonsäurelacton* (**X**), $C_{16}H_{14}O_3$, F. 250° (Zers.; CH_3COOH); 2,4 g Dimethyloxalat, 1,4 g CH_3ONa u. 10 cm³ Bzl. 10 Min. unter N_2 kochen, 2 g trans-Oktahydro-4-ketophenanthren (**XI**) in 15 cm³ Bzl. zugeben u. 5 Std. bei Raumtemp. unter N_2 rühren; den Nd. in Dioxan suspendieren, mit HCl eben neutralisieren u. das Filtrat verdünnen; 1,8 g; in Dioxan + $FeCl_3$ Rotfärbung. *Lacton-O-methyläther*, F. 146—147° (A.), mit CH_2N_2 in Äther. — *1.2.3.9.10.11-Hexahydro-4-oxy-9-ketophenanthren-3-oxymethylen-3-carbon-*

säurelacton, $C_{16}H_{12}O_4$, F. 256—257° (Zers.; CH_3OH), aus 2,1 g trans-Oktahydro-4.9-diketophenanthren ähnlich **X**; ziegelrotes Na-Salz in W. mit verd. HCl ansäuern; 1,1 g; in Dioxan + $FeCl_3$ tiefrotbraun. — *cis-12-[2'-Cyanäthyl]-oktahydro-4-keto-3-methoxalylphenanthren*, $C_{20}H_{21}O_4N$, F. 131—133° (CH_3OH), analog **X** aus 1,27 g **XIIa** (s. unten); nach 4std. Rühren unter N_2 bei Zimmertemp. verdünnen u. die Benzolschicht mit 2%ig. NaOH ausziehen u. ansäuern; 0,7 g (Rest **XIIa**). — *cis-12-[2'-Cyanäthyl]-oktahydro-4-ketophenanthrencarbonsäure-(3)-methylester*, $C_{19}H_{21}O_3N$, F. 130° (A.), wie üblich; mit $FeCl_3$ in A. langsam purpurfarben. — Modellverss.: a) *2-Cyanmethyl-2-phenylcyclohexanon*, $C_{14}H_{15}ON$, Kp.$_{0,4}$ 145—150°, eine sd. Suspension von $NaNH_2$ in Ae. 1 Std. mit 10 g **IV** in Ae.-Bzl. (17,5 : 7,5 Vol.) u. nach 1std. Sieden (NH_3-Entw. beendet) mit Chloracetonitril in Ae. 3 Std. kochen, verdünnen u. die organ. Schicht dest.; gelbes Öl; 8,5 g. — *2-Keto-1-phenylcyclohexylessigsäure*, $C_{14}H_{16}O_3$, F. 133—134° (CH_3COOH), aus vorst. Verb. in sd. CH_3COOH-konz. HCl (2 : 1 Vol.) in 12 Std.; b) analog a) mit $JCH_2COOC_2H_5$; Öl, Kp.$_2$ 160—170°. [*2.4-Dinitrophenylhydrazon*, $C_{22}H_{24}O_6N_4$, F. 163 bis 164° (A.), orangefarben, wohl ein Gemisch von 2 Isomeren]; c) *2-Benzyloxyäthylmethansulfonat*, $C_{10}H_{14}O_4S$, Kp.$_{0,01}$ 120—125°, aus CH_3SO_2Cl u. $HOCH_2CH_2OCH_2C_6H_5$ in Ae. bei —10° mit Pyridin in 4 Std., 2std. Rühren bei 0°, Zugabe von W. u. Einengen; roh verwandt. — *2-[2'-Benzyloxyäthyl]-2-phenylcyclohexanon*, $C_{21}H_{24}O_2$, Kp.$_{0,01}$ 170—175°, aus 10 g **IV** u. 16 g vorst. Verb. in Ae.-Bzl. (1 : 1); 16 g. *Semicarbazon*, $C_{22}H_{27}O_2N_3$, F. 212—213° (A.). — *2-[2'-Oxyäthyl]-2-phenylcyclohexanon*, $C_{14}H_{18}O_2$, Kp.$_{0,05}$ 115—120°, aus vorst. Verb. in A. u. H_2 (60 lbs./sq.in., 10%ig. Pd-Kohle, 2 Std.); Öl. — *Oktahydro-4-keto-12-methylphenanthren*, $C_{15}H_{18}O$, Kp.$_{0,05}$ 128—134°, in 1 Std. 5 g **XI** in 15 cm³ Ae. + 5 cm³ Bzl. in 1,2 g $NaNH_2$ in sd. 25 cm³ Ae. + 15 cm³ Bzl. eintragen u. 5 Std. kochen, kalt 6 g CH_3J zufügen u. 3 Std. kochen; fast rein. *Semicarbazon*, $C_{16}H_{21}ON_3$, F. 250—251° (Butanol). *3-Benzylidenverb.*, $C_{22}H_{22}O$, F. 200 bis 201° (A.); 77%. — *cis-12-[2'-Cyanäthyl]-oktahydro-4-ketophenanthren* (**XIIa**), $C_{17}H_{19}ON$, F. 110—112° (Heptan oder Ae.), 2,8 g **IV**, 0,3 cm³ 30%ig. Benzyltrimethylammoniumhydroxyd (**XIII**) in Dioxan u. eine Dioxanlsg. von 1 g Acrylonitril 2 Std. rühren (Temp. stieg auf 40°), mit verd. HCl versetzen, ausäthern u. den Ätherrückstand in sd. Heptan heiß filtrieren [Rückstand 0,2 g *3.12-Bis-[2'-cyanäthyl]*-Verb., $C_{20}H_{22}ON_2$, F. 165—166° (A.)]; 75%. *3-Veratrylidenderiv.*, $C_{26}H_{27}O_3N$, F. 163—165° (A. oder n-Propanol), mit Veratrumaldehyd in A. u. etwas 15%ig. NaOH (1 Woche bei Raumtemp.); 75%. — *cis-12-[2'-Carboxyäthyl]-oktahydro-4-ketophenanthren* (**XIIb**), $C_{17}H_{20}O_3$, F. 110—112° (Heptan-Bzl., dann wss. CH_3OH), aus **XIIa** in sd. CH_3COOH/verd. HCl unter N_2 (15 Std.) u. Verdünnen; 90%. *Semicarbazon*, $C_{18}H_{23}O_3N_3$, F. 219° (Zers.; A.). — *cis-12-[2'-Cyanäthyl]-oktahydro-4.9-diketophenanthren* (**XIVa**), $C_{17}H_{17}O_2N$, F. 112—113° (A.), 21,4 g trans-Oktahydro-4.9-diketophenanthren in Dioxan mit 30%ig **XIII** u. 8 cm³ Acrylonitril in Dioxan einrühren (Selbsterwärmung auf 42°), nach 2 Std. mit verd. HCl ansäuern u. evakuieren; 11,5 g u. aus dem Filtrat 2,3 g. *3.10-Dibenzylidenverb.*, $C_{31}H_{25}O_2N$, F. 206—207° (CH_3COOH); 90%. *3.10-Dipiperonylidenverb.*, $C_{33}H_{25}O_6N$, F. 230—231° (CH_3COOH). *Diveratrylidenverb.*, $C_{35}H_{33}O_6N$, F. 182—183° (Propanol). — *cis-12-[2'-Carboxyäthyl]-oktahydro-4.9-diketophenanthren* (**XIVb**), $C_{17}H_{18}O_4$, F. 155° (wss. CH_3OH), aus 5,1 g **XIVa** wie **XIIb**; 4,5 g. — **XIIb**, aus **XIVb** in CH_3COOH u. H_2 (60 lbs./sq.in., 60—70°, 10%ig. Pd-Kohle, 2 Std.). — *cis-12-[2'-Carboxyäthyl]-oktahydrophenanthren* (**XVa**), $C_{17}H_{22}O_2$, F. 111—113° (wss. CH_3OH), **XIIb** nach HUANG-MINLON reduzieren (90 Min., Kühler entfernt u. bei 195—200° gekocht) u. mit verd. HCl ansäuern; 90%. — *cis-12-[2'-Aminoäthyl]-oktahydrophenanthren* (**XVb**), **XVa** u. $SOCl_2$ in Bzl. 1 Std. kochen (<30°), zuletzt mit Bzl. einengen, die Acetonlsg. des Rückstandes bei 0° in wss. NaN_3 gießen, nach 10 Min. verdünnen, ausäthern u. den Extrakt verdampfen (<25°); das braune Acid u. CH_3COOH (<80°) ca. 30 Min. zersetzen (N_2) u. 1 Std. auf 100° erhitzen, mit konz. HCl 12 Std. kochen u. im Vakuum eindampfen; das Hydrochlorid aus Ae. umkrist. (F. 250°) u. so verarbeitet; 75%. *Pikrat*, $C_{22}H_{26}O_7N_4$, F. 182—183° (Zers.; verd. A.). — *cis-12-[2'-Dimethylaminoäthyl]-oktahydrophenanthren* (**XVc**), 1,4 g rohes **XVb** in W. mit NaOH alkalisieren u. ausäthern, den Eindampfrückstand unter Kühlung mit 1,3 g 90%ig. HCOOH u. 5,6 cm³ 30%ig. HCHO versetzen u. auf 90 bis 100° (Bad) erhitzen, nach CO_2-Entw. (10 Min.) 8 Std. bei 90—100° halten, 2 cm³ konz. HCl zufügen u. 2 Std. bei 100°, dann bei 15 mm einengen; 1,5 g roh. *Pikrat*, $C_{24}H_{30}O_7N_4$, F. 187—188,5° (A.). — *1.2.9.10.11.12-Hexahydropyrrolidino-[2'.3': 4.12]-phenanthren*, **XIIb** wie **XVa** mit $SOCl_2$ behandelt gab ein *Lacton* vom *F. ca. 140°*; aus A. kein krist. Prod. (wohl Esterbldg.). *Hydrochlorid*; **XIIb**, Bzl. u. $SOCl_2$ 48 Std. bei —5 bis —10° halten, im Hochvakuum vom $SOCl_2$ befreien u. CURTIUS-Rk. wie bei **XVa**, nach 12std. Sieden mit konz. HCl den Vakuumrückstand mit W. versetzen u. die nichtbas. Stoffe ausäthern, die wss. Lsg. stark alkalisieren, den Ätherauszug mit

2nHCl extrahieren u. einengen; hygroskop. braunes Öl; 40%. — *1.2.9.10.11.12-Hexahydro-9-ketopyrrolidino-[2'.3':4.12]-phenanthren* (**XVI**), $C_{16}H_{17}ON$, F. 87—89° (Hexan), a) aus **XIVb** wie bei **XIIb** (—5 bis —10°, Säurechlorid); 20%; b) aus **XIVb** u. CH_2N_2 in Ae., nach Aufhören der N_2-Entw. CH_3COOH zusetzen u. ausäthern, den Ätherrückstand in A. mit 100%ig. N_2H_4 3 Std. kochen, den Eindampfrückstand in 3nHCl mit Ae. überschichten u. unter Kühlung wss. $NaNO_2$ zufügen, die Ätherschicht abtrennen u. die wss. Schicht 1mal ausäthern; den Eindampfrückstand (< 25°) wie bei a) mit CH_3COOH behandeln; 20%; b) reiner als a). *N-Methylverb.*, $C_{17}H_{19}ON$, F. 132 bis 133° (A.), aus **XVI** u. $(CH_3)_2SO_4$ in $CH_3COC_2H_5$ bei Raumtemp.; nach mehreren Std. Bldg. von 2 Schichten; nach 16 Std. 1 Std. u. dann 3 Std. mit etwas W. kochen, verdünnen u. wss. NaOH zusetzen; gelb; wird durch Autoxydation schnell braun. — *4.9-Bis-[äthylenglykol]-ketal* von **XIVa**, $C_{21}H_{25}O_4N$, F. 136—137° (A.), 2 g **XIVa**, 6 cm³ $(CH_2OH)_2$, 0,1 g p-$CH_3C_6H_4SO_3H$ u. 20 cm³ Toluol 7,5 Std. kochen u. 4,5 cm³ als untere Schicht azeotrop abtrennen; das Gemisch kalt in wss. K_2CO_3 gießen, ausäthern, den Extrakt verdampfen u. den Rückstand mit Ae. anreiben; 1,7 g; bei ½std. Erhitzen mit 20%ig. A. + Spur HCl **XIVa** zurück. — *2.6.6-Tris-[2'-cyanäthyl]-3-keto-2-phenylcyclohexylacetonitril*, $C_{23}H_{24}ON_4$, F. 161—162° (A.), 10,4 g 3-Keto-2-phenylcyclohexylacetonitril u. 1 cm³ **XIII** in Dioxan u. eine Dioxanlsg. von Acrylonitril (Selbsterwärmung bis 37°) 2 Std. verrühren, mit verd. HCl ansäuern u. im Vakuum eindampfen; den Rückstand in 100 cm³ A. bei 40° filtrieren; 3 g. — *cis-12-[Carbamyläthyl]-oktahydro-4.9-diketophenanthren* (**XIVc**), $C_{17}H_{19}O_3N$, F. 205—206° (verd. CH_3·COOH), in die Benzollsg. des öligen Chlorids von **XIVb** bei 5—10° 2 Std. lang NH_3 einleiten; hellbraune Kristalle; 70%; b) aus **XIVb** + CH_2N_2 in Ae.; nach 5 Min. verdampfen u. in die alkoh. Lsg. des Rückstands NH_3 einleiten (3 Std. bei 0° u. 48 Std. bei Raumtemp.); 90%. — *4-[Äthylenglykol]-ketal des trans-10-[Chloracetamido]-oktahydro-4.9-diketophenanthrens*, $C_{18}H_{20}O_4NCl$, F. 199—200° (A.), **IXa** in CH_3COONa + CH_3COOH bei 0° mit $ClCH_2COCl$ verrühren. — *Bromacetamidoketal*, $C_{18}H_{20}O_4NBr$, F. 210—211° (A.). — *Jodacetamidoketal*, $C_{18}H_{20}O_4NJ$, F. 200—201° (A.). — Die Hydrolyse der Ketale in verd. A. + Spur HCl gab die Halogenamide (**IIb**): *Chloramid*, $C_{16}H_{16}O_3NCl$, F. 186° (CH_3OH). *Bromamid*, $C_{16}H_{16}O_3NBr$, F. 200—201° (A.). *Jodamid*, $C_{16}H_{16}O_3NJ$, F. 178—179° (A.). Die **IIb** ließen sich nicht cyclisieren. —*trans-10-Acetoxyacetamidooktahydro-4.9-diketophenanthren* (**IIc**), $C_{18}H_{19}O_5N$, F. 205° (A. oder Toluol), 3 g **IIa** in 50 cm³ Chlf. u. 2 g Pyridin bis zur Lösung rühren, in 1 Std. unter Kühlung 1,8 g Acetylglycoloylchlorid in 10 cm³ Chlf. eintragen u. 30 Min. kochen, dann verdampfen; 3,4 g. — *Ketal des Diketolactams* **III** (s. unten), $C_{18}H_{19}O_4N$, F. 240—241° (Toluol), 4 g **IIc**, 10 g $(CH_2OH)_2$, 25 cm³ Toluol, 14 cm³ Bzl. u. 0,1 g p-$CH_3C_6H_4SO_3H$ 9 Std. unter azeotropem Abfangen von 6,5 cm³ kochen, mit CH_3ONa neutralisieren u. den Verdampfungsrückstand der organ. Schicht mit PAe. anreiben; λ_{max} 2,95, 5,93, 6,02 μ; 2,3 g. — *Diketolactam* **III**, $C_{16}H_{15}O_3N$, F. 257—258° (A. oder Bzl.-PAe.), aus vorst. Verb., verd. A. u. etwas HCl (2 Std., 60°); λ_{max} 2,95 μ (NH), 5,85 μ, 5,92 μ (alicycl. Keton), 6,02 μ (Lactam). — *N-Methylmorphinan* (**I**), *Hydrochlorid*, $C_{17}H_{24}NCl$, F. 229—231°, 250 mg **III**, 6 cm³ $(CH_2OH)_2$, 0,42 g KOH u. 1 g N_2H_4 8 Std. kochen, dann 2 Std. nach Entfernen des Kühlers bei 195—200° halten u. 4 Std. kochen, das Lactam (Harz) mit verd. CH_3COOH, verd. NaOH u. W. verreiben u. vakuumtrocknen; λ_{max} nur 6,01 μ (Lactam); das Harz in Ae. mit $LiAlH_4$ 145 Std. kochen, mit äquivalenter Menge W. zersetzen u. den Ae. im Vakuum verdampfen; das gelbe Öl (68 mg) unter Eiskühlung mit 0,5 cm³ 90%ig. HCOOH u. 0,2 cm³ 30%ig. HCHO versetzen, 8 Std. auf 95—100° erhitzen, mit HCl im Vakuum einengen u. mit Aceton u. Ae. verreiben; 47 mg. **I**, F. 59—60°. *Sulfat*, F. 205° (A.-Äther). (J. chem. Soc. [London] **1953**. 1524—36. Mai. Rehovoth, Israel, Weizmann Inst. of Sci., Daniel Sieff Res. Inst.)

LEHMSTEDT. 3500

D. H. R. Barton und **J. F. Eastham**, *Steroidalkaloide*. 1. Mitt. *Die funktionellen Gruppen von Cevin*. Das steroide tert. Alkamin *Cevin* (**I**), $C_{27}H_{43}O_8N$, soll nach Ansicht der Vff. ein maskiertes sek. α-Ketolsyst. enthalten ähnlich dem der verwandten Alkamine Germin u. Protoverin. Es wird mit Alkali zu *Cevagenin* isomerisiert, das im Gegensatz zu **I** eine CO-Gruppe enthält. Drei der O-Atome von **I** gehören dem sek. α-Ketolsyst. an, drei weitere nicht acylierbaren tert. OH-Gruppen u. eine einer leicht acylierbaren OH-Gruppe. Das letzte O-Atom wird einer schwer acylierbaren OH-Gruppe zugeordnet. Der Charakter u. die Verteilung der OH-Gruppen werden diskutiert. — Durch Hydrierung von **I** entsteht das *Dihydroprod.* (**II**) u. unter den Bedingungen des HOFMANNschen Abbaus aus dem Jodmethylat ein *Betain*, das eine CO-Gruppe enthält. — Sämtliche von Vff. dargestellten Derivv. wurden auf ihre Eignung zur Glykolspaltung mit HJO_4 u. $Pb(OOCCH_3)_4$ untersucht. UV- u. Infrarotspektren sind angegeben.

Versuche: (Beschreibung der HJO_4-Titration u. $Pb[OOCCH_3]_4$-Spaltung im Original. Messung von $[\alpha]_D$ in Aceton bei Raumtemp.): *Cevin* (I), $C_{27}H_{43}O_8N \cdot 3,5\,H_2O$, F. 172—176° (verd. A.), $[\alpha]_D$ —29°, Darst. nach MACBETH u. ROBINSON (J. chem. Soc. [London] **121.** [1922.] 1571). Red. ammoniakal. $AgNO_3$- u. FEHLINGsche-Lösung. Mit Semicarbazid u. 2.4-Dinitrophenylhydrazin keine Reaktion. Zurückerhalten aus **II** durch 1std. Kochen in mit Na gesätt. A. u. Verdünnen mit H_2O. Beim Erhitzen mit konz. Na-Äthylat entsteht in Spuren Diosphenol. Bei der Spaltung mit $Pb(OOCCH_3)_4$ Verbrauch von 2,03 Mol innerhalb 15 Min. u. von 8,5 Mol nach 30 Std. (HJO_4 nach 24 Std. 2,00 Mol). *Diacetat*, $C_{31}H_{47}O_{10}N$, F. 188—191°, $[\alpha]_D$ —4,5°, Darst. nach FREUND [1904]. $Pb(OOCCH_3)_4$-Verbrauch nach 15 Min. 1,00 Mol, nach 30 Std. 2,88 Mol (HJO_4 nach 24 Std. 1,06 Mol). Bei Behandlung mit CrO_3 in Essigsäure Verbrauch der theoret. Menge für 1 O. *Tetraacetat*, F. 290—295°, $[\alpha]_D$ +38° (A.), Darst. nach STOLL u. SEEBECK (C. **1953.** 5184). *Tetraacetatperchlorat*, F. 268° (Eisessig). Stabil gegen CrO_3. — *Dihydrocevin* (II), $C_{27}H_{45}O_8N \cdot CH_3OH$, F. 260—265° (Zers.; CH_3OH), $[\alpha]_D$ —26° (Methanol), Darst. nach JACOBS u. CRAIG (J. biol. Chem. **125.** [1938.] 625). $Pb(OOCCH_3)_4$-Verbrauch nach 15 Min. 1,09 Mol, nach 30 Std. 8,5 Mol. *Hydrochlorid*, $C_{27}H_{46}O_8NCl$, F. 255° (Schäumen; A./Chlf.), $[\alpha]_D$ —18° (Methanol). — *Betain* (III) des *Cevinjodmethylats*, F. 265—268° (wss. A.), aus dem *Jodmethylat* [F. 250 bis 253°, $[\alpha]_D$ —5° (Methanol)] durch Erhitzen der alkal. Lsg. auf 115° im Ölbad nach JACOBS u. CRAIG (l. c.). $Pb(OOCH_3)_4$-Verbrauch nach 15 Min. 1,35 Mol (HJO_4 nach 24 Std. 2,14 Mol). *Hydrochlorid*, F. 245°, $[\alpha]_D$ —29° (Methanol). *Hydrojodid*, $C_{28}H_{46}O_8 \cdot NJ$, F. 250° (Zers.), $[\alpha]_D$ —27° (Methanol), durch Mischen von III mit wss. KJ; 20%. (J. chem. Soc. [London] **1953.** 424—28. Febr. London, Birkbeck Coll.) E. FRANCK. 3500

Friedhelm Korte, *Die Synthese des Xanthopterins.* (Vgl. C. **1954.** 546.) *Xanthopterin* (*2-Amino-4.6-dioxypteridin*), $C_6H_5O_2N_5$, entsteht in 78%ig. Ausbeute bei 20 Min. langem Erhitzen von 2.4.5-Triamino-6-oxypyrimidinsulfat u. Glyoxylsäureäthylesterhalbacetal (D. 1,15) in 80%ig. H_2SO_4 auf dem Dampfbad, Gießen auf Eis, Neutralisieren mit konz. NH_4OH, 1std. Stehen bei 0°, Abzentrifugieren des Nd., Umfällen mit NH_4OH aus n-HCl u. Umkristallisieren aus W.; die UV-Absorptionsmaxima in n/20 NaOH werden angegeben. *Isoxanthopterin* (*2-Amino-4.7-dioxypteridin*) wird unter vorst. Bedingungen nicht, bei Durchführung der Rk. in 40%ig. H_2SO_4 zu 10% u. bei höheren p_H-Werten (vgl. ALBERT u. WOOD, J. appl. Chem. **3.** [1953.] 521) ausschließlich erhalten. (Chem. Ber. **87.** 1062—63. 1954. Hamburg, Univ., Chem. Staatsinst., Biochem. Abt.) W. HOFFMANN. 3550

Bennie Zak, Norman Moss, Albert J. Boyle und **Albert Zlatkis,** *Eine spektrophotometrische Untersuchung einiger Oxydationsprodukte von Bilirubin. Bilirubin* wurde in wss. Lsg., Gelatinelsg., Albuminlsg., Blutserum u. im Blutserum Gelbsüchtiger mit $FeCl_3$ oxydiert, als Lösungsm. für $FeCl_3$ dienten dabei Eisessig, konz. H_2SO_4, H_2SO_4–Eisessig, Perchlorsäure–Eisessig u. Phosphorsäure–Wasser. Als Oxydationsprodd. treten Biladiene u. Bilatriene auf. Spektrophotometr. Unterss. zeigen Maxima bei 640—670 mμ, je nach Art des Lösungsmittels. Bei Ggw. von Proteinen ist ein hypsochromer Effekt zu beobachten. (Analytic Chem. **26.** 1220—22. Juli 1954. Detroit, Mich., Wayne Univ., Coll. of Med., Dep of Pathol., Receiving Hosp. u. Dep. of Chem. and Med.) G. PAULIG. 3550

I. I. Bardyschew, *Über die Eigenschaften von Silvestren. Silvestren* (I) wurde in üblicher Weise aus Δ^3-Caren durch Sättigen mit feuchtem HCl-Gas, Abscheidung von I-*Dihydrochlorid* (*1-Chlor-1-methyl-3-[α-chlorisopropyl]-cyclohexan*; II) aus dem Gemisch der erhaltenen Mono- u. Dihydrochloride durch Kristallisation u. Abspaltung von 2 Mol HCl aus **II** hergestellt. Das Gemisch der hierbei erhaltenen KW-stoffe (isomere m-Menthadiene) wurde im Vakuum fraktioniert, wobei als Hauptbestandteile ca. 60% I [nach Ansicht des Vf. *1-Methyl-3-isopropenylcyclohexen-(6)*], ca. 20% eines KW-stoffes, der *Isosilvestren* (III) genannt wurde [wahrscheinlich *1-Methyl-3-isopropenylcyclohexen-(1)*], u. ca. 20% eines KW-stoffes, wahrscheinlich *Silveterpinolen* [*1-Methyl-3-isopropylidencyclohexen-(1)*; IV], isoliert wurden. **IV** ist schon früher (vgl. C. **1954.** 1612) in reinerem Zustand durch Dehydratation von Silveterpineol erhalten worden. Aus **I** ließen sich alle bekannten Derivv. herstellen, so daß an seiner Identität nicht zu zweifeln ist; doch gab es die bisher als charakterist. angesehene Blaufärbung mit Acetanhydrid + sehr wenig konz. H_2SO_4 nicht; diese trat sehr schwach u. schnell verschwindend bei **III**, sehr stark dagegen bei **IV** auf.

Versuche: *Δ^3-Caren*, $D.^{20}_4$ 0,8638, n_D^{20} 1,4723. — *Silvestrendihydrochlorid* (II), F. 71,5° (Methanol); $[\alpha]_D$ +21,42° (Chlf.); 40% (Ausbeute). — Isomere m-Menthadiene. Die Abspaltung von HCl aus **II** wurde nach WALLACH (Liebigs. Ann. Chem. **239.** [1887.] 24) durchgeführt; Fraktionierung ergab nachst. KW-stoffe: *Isosilvestren* (III), $C_{10}H_{16}$, Kp.$_{20}$ 64°, $D.^{20}_4$ 0,8381, n_D^{20} 1,4733; linksdrehend. Liefert ein mit II ident. *Dihydrochlorid*; das *Tetrabromid* wird nicht krist. erhalten. — *Silvestren* (I), $C_{10}H_{16}$, Kp.$_{741}$ 173—174°, Kp.$_{20}$ 70—71°, D.$^{20}_{4}$ 0,8447, n_D^{20} 1,4740, $[\alpha]_D$ —116°. Liefert ein mit II ident. *Dihydrochlorid*. *Tetrabromid*, F. 137—138°, $[\alpha]_D$ +75,17° (Chlf.). — *Silveterpinolen* (IV), $C_{10}H_{16}$, Kp.$_{20}$ 79—80°, D.$^{20}_{4}$ 0,8619, n_D^{20} 1,5076, $[\alpha]_D$ +8,23°. Liefert II nur in sehr kleiner Menge zurück (Beimischung von I?); das *Tetrabromid* u. das *Addukt* mit *Maleinsäureanhydrid* krist. nicht. (Доклады Академии Наук СССР [Ber. Akad. Wiss. UdSSR] [N. S.] **90.** 1035—37. 21/6. 1953. Wiss. Zentralforschungsinst. für Forstchem.) R. KNOBLOCH. 3600

R. Norman Jones, *Die sterische Konfiguration von bromierten 3-Ketosteroiden.* Nach infrarotspektrograph. Unterss. besitzen 2β-Brom-3-ketosteroide eine Wannenform, bei der die C—Br- u. CO-Bindungen in einer Ebene liegen. Nicht halogenierte 3-Ketoallosteroide besitzen die stabilere Sesselform; dagegen werden die Bromatome der 2β- u. 4β-Bromderivv. in der Sesselform durch die angulare C_{19}-Methylgruppe gehindert, wodurch eine Stabilisierung der Wannenform erfolgt. (J. Amer. chem. Soc. **75.** 4839. 5/10. 1953. Ottawa, Can., Nat. Res. Council of Canada.) SCHORRE. 3700

R. B. Wagner und **James A. Moore,** *Die Umlagerung von α.α.α'-Tribromketonen.* Vff. untersuchten die Umlagerung von 17.21.21-Tribrompregnan-3β-ol-20-onacetat (I) zu *20-Brom-Δ¹⁷-pregnen-3β-ol-21-säure* (III) unter der Einw. von alkoh. KOH. Dieselbe Rk. wurde auch mit 1-[Dibromacetyl]-1-bromcyclohexan (IV) u. 1.1.3-Tribrombutanon-(2) durchgeführt u. ergab *α-Bromcyclohexylidenessigsäure* (IV) bzw. *α-Brom-β.β-dimethylacrylsäure*. III konnte durch weitere alkal. Behandlung nicht mehr verändert werden. Red. von III lieferte *Pregnan-3β-ol-21-säure*. Gegen Oxydation erwies sich die Doppelbindung in III als stabil. Dagegen konnte V oxydativ zu Cyclohexanon abgebaut werden.

Versuche: *17.21.21-Tribrompregnan-3β-ol-20-onacetat* (I), $C_{23}H_{33}O_3Br_3$, wurde nach verschied. Methoden dargestellt, bei den Wegen a) u. b) war es nötig, das Rohprod. vor der weiteren Umsetzung zu III umzukristallisieren, bei dem Weg c) konnte das Rohprod. sofort verwendet werden; a) aus Pregnan-3β-ol-20-onacetat durch Einw. von Br_2 in Eisessig, Nadeln aus Aceton, F. 191—193° (Zers.); $[\alpha]_D^{25}$ —3,4 ± 0,2° (c = 3,56; Chlf.). b) Aus 17.21-Dibrompregnan-3β-ol-20-onacetat (II) durch Einw. von Br_2 in Eisessig in Ggw. von wenig konz. HBr, F. 193—196° (Zers.), weitere Umkristallisation erniedrigte den F. auf 185—190° (Zers.). c) Aus II durch Einw. von Br_2 in Eisessig in Ggw. von Na-Acetat. d) Aus 21-Diazopregnan-3β-ol-20-onacetat (erhalten aus 3β-Acetoxyätiocholansäure über das Säurechlorid) mit Br_2 in Chlf., das dabei entstandene *21.21-Dibrompregnan-3β-ol-20-on* wurde weiter mit Br_2 in Eisessig behandelt, das Reaktionsprod. wurde mit Ae. extrahiert, Kristalle, F. 182—183° (Zers.). — *20-Brom-Δ¹⁷-pregnen-3β-ol-21-säure* (III), $C_{21}H_{31}O_3Br$, F. 271—273° (Zers.), aus I durch Einw. von KOH in verd. A., glänzende Prismen aus CH_3OH, $[\alpha]_D^{25}$ +41 ± 1° (c = 1,608; Dioxan); 57% (Ausbeute). *Methylester*, $C_{22}H_{33}O_3Br$, F. 152—153°, aus III durch Einw. von CH_2N_2 in Dioxan–Ae., dünne Nadeln aus CH_3OH, $[\alpha]_D^{25}$ +37 ± 1° (c = 2,40; Chlf.). *Methylesteracetat*, $C_{24}H_{35}O_4Br$, F. 180—182°, aus Ae., große Nadeln. — *Pregnan-3β-ol-21-säure*, F. 217—220°, aus III durch Red. mit H_2/ADAMS-Katalysator in Eisessig, Kristalle aus CH_3OH. *Methylester*, F. 138—140°, aus vorst. Verb. mit CH_2N_2, Platten. — *1-[Dibromacetyl]-1-bromcyclohexan* (IV), $C_8H_{11}OBr_3$, F. 73—74°, a) aus Methylcyclohexylketon durch Einw. von Br_2, große Kristalle; 80%. b) Aus Diazomethyl-α-bromcyclohexylketon durch Einw. von Br_2 in Tetrachlorkohlenstoff, Kristalle aus Ae.–Pentan. — *α-Bromcyclohexylidenessigsäure* (V), $C_8H_{11}O_2Br$, F. 118—119,5°, aus IV durch Einw. von KOH in 95%ig. A., Kristalle aus wss. CH_3OH; 33%. — Oxydation von V mit $Mg(MnO_4)_2$ in W. gab Cyclohexanon, das als 2.4-Dinitrophenylhydrazon, F. 159—160°, isoliert wurde, aus A. goldene Platten. — *α-Brom-β.β-dimethylacrylsäure*, $C_5H_7O_2Br$, F. 88,5—90°, aus 1.1.3-Tribrom-3-methylbutanon-(2) (F. 52°) durch Einw. von KOH in 60%ig. A., aus heißem W. Nadeln. (J. Amer. chem. Soc. **72.** 3655—58. Aug. 1950. State College, Pa., School of Chem. and Phys., Whitmore Labors.) BIENECK. 3700

R. Norman Jones, *Die stereochemische Konfiguration der Δ²²-Ergostenseitenkette.* *Δ²²-Ergosten* zeigt im Ultrarotspektr. eine Bande bei 974—970 cm^{-1}, die auch bei den Spektren von Ergosterin, Ergosterinacetat, Lumisterin u. Calciferol zu finden ist. Ergostan, Δ¹⁴-Ergosten, Ergostan-3β-ol u. eine große Anzahl weiterer Steroide weisen diese Bande nicht auf. Nach BARNARD u. Mitarbeitern (C. **1953.** 6642) ist bei Verbb. mit trans-Äthylenstruktur eine Bande in der Nähe von 965 cm^{-1} zu erwarten, während cis-Äthylenverbb. bei 690 cm^{-1} absorbieren sollen. Entsprechend sollte die Bande bei 974—970 cm^{-1} auf die Δ²²-Doppelbindung zurückzuführen sein, u. für diese die trans-Konfiguration angenommen werden. (J. Amer. chem. Soc. **72.** 5322—23. Nov. 1950. Otawa, Can., Nat. Res. Council, Div. of Chem.) BIENECK. 3750

John A. Brockman jr., J. V. Pierce, E. L. R. Stokstad, H. P. Broquist und **T. H. Jukes,** *Einige Eigenschaften einer kristallisierten, von Vitamin B_{12} abgeleiteten Verbindung.* Beim Rühren von *Vitamin B_{12}* (I) mit einem Pt-Kontakt in H_2-Atmosphäre bei Raumtemp. wurden unter Aufnahme von ca. 3 Mol H_2 rote Kristalle (II) (Aceton–W.) erhalten u. durch SiO_2-Chromatographie weiter gereinigt. Das Hydrierungsprod. II zeigte das Absorptionsspektr. u. die Extinktionskoeffizienten von *Vitamin B_{12b}* (III): λ_{max} 273, 351, 525 mμ. Bei Zusatz von NaOH (Endkonz. 0,01n) verschoben sich die Hauptmaxima von II wie von III, jedoch nicht von I, nach 357 u. 536 mμ. Im Infrarotspektr. von II u. III fehlte, im Gegensatz zum I-Spektr., eine Bande bei 2140 cm^{-1}. I, II u. III besaßen bei *L. leichmannii* u. Küken die gleiche biol. Aktivität. Die Ergebnisse zeigen, daß unter den gewählten Hydrierungsbedingungen aus I das III gebildet wird. (J. Amer. chem. Soc. **72.** 1042. Febr. 1950. Pearl River, N. Y., Amer. Cyanamid Comp., Lederle Labors. Div.) K. MAIER. 3800

George W. Moersch und **David P. Hylander,** *Chloromycetin. Die Umwandlung von L-threo-p-Nitrophenylserinol in L-erythro-p-Nitrophenylserinol.* Die Umwandlung von threo-p-Nitrophenylserinol in die *erythro*-Form wurde durch Mesylierung von L-threo-1-[p-Nitrophenyl]-2-benzamido-3-benzoylpropanol-(1), Behandlung des 1-Mesylats (II) mit K-Acetat, Ringspaltung des gebildeten *L-erythro-Oxazolins* mit verd. Säure, Umlagerung mit Alkali in ein *N.O-Dibenzoylderiv.* (I), alkal. Hydrolyse zu *L-erythro-N-Benzoyl-p-nitrophenylserinol* u. saure Hydrolyse erzielt. Die Anwendung der Mesylierungsmeth. auf *L-threo-N.O-Diacetyl-p-nitrophenylserinol* ergab ebenfalls die Umwandlung in die *erythro*-Form. Das Endprod. wurde, ohne daß krist. Zwischenprodd. anfielen, als *L-erythro-Chloramphenicol* isoliert. Das *Tosylat* von I gab wesentlich schlechtere Ausbeuten als das Mesylat.

Versuche: *L-threo-1-[p-Nitrophenyl]-1-mesyloxy-2-benzamido-3-benzoyloxypropan* (II), $C_{24}H_{22}O_8N_2S$, F. 112° (A.); mit Methansulfochlorid–Pyridin; 75% (Ausbeute). — *L-erythro-O.O'-Dibenzoyl-p-nitrophenylserinolmethansulfonat,* $C_{24}H_{24}O_9N_2S$, F. 191—192°; manchmal als Nebenprod. (Ausbeute bis 30%) bei der Darst. vorst. Verbindung. — *L-erythro-N.O-Dibenzoyl-p-nitrophenylserinol* (II), F. 185°; durch Alkalibehandlung vorst. Salzes. — *L-erythro-2-Phenyl-4-benzoyloxymethyl-5-[p-nitrophenyl]-Δ^2-oxazolin*; 7 g II in 250 cm³ absol. A. mit 15 g frisch geschmolzenem K-Acetat behandeln, 4 Std. am Rückfluß kochen, Filtrat einengen, Äthylacetatlsg. des sirupösen Rückstandes nach Waschen mit W. im Vakuum eindampfen (Sirup); Infrarotspektr.: C=N-Bande 6,04 μ, Benzoatbande 5,79, 7,86, 8,98 μ. — *L-erythro-O.O'-Dibenzoyl-p-nitrophenylserinolhydrochlorid,* $C_{23}H_{21}O_6N_2Cl$, F. 209°; das Oxazolin in Äthylacetat mit konz. HCl behandeln; 50%. — *L-erythro-N.O-Dibenzoyl-p-nitrophenylserinol* (II), $C_{23}H_{20}O_6N_2$, F. 185° (A.–W.); aus dem Oxazolin u. Säure u. dann mit NaOH in A. behandeln; Kristalle; 81%. — *L-erythro-N-Benzoyl-p-nitrophenylserinol,* $C_{16}H_{16}O_5N_2$, F. 217°; 13 g vorst. Verb. mit NaOH in A.–W. erwärmen; Kristalle (CH_3OH); $[\alpha]_D^{26}$ +114° (Dimethylformamid); 97%. — *L-erythro-p-Nitrophenylserinol,* F. 112—113°; 6 g vorst. Verb. in 200 cm³ 6nHCl 1 Std. am Rückfluß kochen, Filtrat im Vakuum eindampfen, Rückstand in 50 cm³ W. lösen, mit NH_4OH alkal. machen, mit Methyläthylketon extrahieren, Eindampfrückstand des getrockneten Extraktes aus $C_2H_4Cl_2$ umkrist.; 0,8 g; $[\alpha]_D^{26,5}$ —2,5° (A.). — *L-erythro-Chloramphenicol,* F. 176°; aus dem sirupösen Kristallisationsrückstand (vorst.) u. Dichloressigsäuremethylester in CH_3OH; 2 g; $[\alpha]_D^{26}$ +12,5° (A.). — *L-threo-1-Nitrophenyl-1-mesyloxy-2-benzamidopropanol-(3),* $C_{17}H_{18}O_7N_2S$, F. 146—147°; 34 g II in 1 Liter CH_3OH suspendieren u. mit 75 cm³ n-NaOH behandeln; gelber Nd.; 58%. — *L-erythro-2-Phenyl-4-oxymethyl-5-[p-nitrophenyl]-Δ^2-oxazolin,* $C_{16}H_{14}O_4N_2$, F. 179°; 3,93 g vorst. Verb. in 100 cm³ absol. A. mit 2 g geschmolzenem K-Acetat behandeln, 4 Std. am Rückfluß kochen u. das Filtrat im Vakuum eindampfen; gelbe Verb. (A.); 43%; OH-Bande 2,97 μ, C=N-Bande 6,07 μ. (J. Amer. chem. Soc. **76.** 1703—05. 20/3. 1954. Detroit, Mich., Parke, Davis & Comp., Res. Labors.) K. MAIER. 3900

Wilhelm Neumann und **Ernst Habermann** (unter Mitarbeit von **Gerda Amend**), *Zur papierelektrophoretischen Fraktionierung tierischer Gifte.* Schlangengifte von Bothrops jararacussu, B. jararaca, B. atrox, Crotalus terrificus u. Lachesis muta lassen sich papierelektrophoret. in 5—10 Komponenten trennen. Diese wandern meist kathod., einige auch anodisch. Im UV-Licht erscheinen auf dem Elektropherogramm gelb u. blau fluorescierende Streifen. Die gelb fluorescierenden Streifen sind teilweise mit Amidoschwarz anfärbbar, zum Teil mit von den Eiweißkomponenten unabhängiger anod. Wanderung. Bienengift wanderte im Acetat-, Phosphat- u. Veronalpuffer stets kathod. u. ließ sich in zwei Fraktionen trennen, von denen die schneller wandernde I 4mal stärker mit Amidoschwarz anfärbbar war als die langsamere Fraktion II. Im stärker Alkalischen verschmieren die Flecke, wandern aber immer noch kathodisch. Die Trennschärfe nimmt ab, wenn das Bienengift vor der Elektrophorese als 1 : 10-Lsg. oder mit n/6 HCl erhitzt wird. Nach vorherigem Erhitzen mit Lauge, wobei H_2S abgespalten wird, ist das Elektropherogramm verwischt. **I** u. **II** reagieren mit Pikrinsäure, Ninhydrin, SAKAGUCHI-Reagens, MILLONs Reagens (gelb) u. werden beim Erhitzen auf dem Papier mit Trichloressigsäure braun. Im UV-Licht zeigt **I** stärkere, **II** schwächere stahlblaue Fluorescenz. Die UV-Absorptionsspektren der Lsgg. von **I**, **II** u. der 1 : 5000-Giftlsg. von B. jararaca decken sich nahezu u. weisen mit ihrem Maximum (279 mμ) auf das Vorhandensein von Tryptophan- u. gegebenenfalls Tyrosingruppen hin. Aus Kreuzspinnengift ließen sich 6 Fraktionen erhalten, die mit Ninhydrin, aber nicht mit Amidoschwarz anfärbbar waren. Das Elektropherogramm zeigt ebenfalls blau u. gelb fluorescierende Streifen, von denen sich die letzteren nicht mit Ninhydrin anfärben ließen. (Naturwissenschaften **39**. 286—87. Juni 1952. Würzburg, Univ., Pharmakol. Inst.) E. BRINCKMANN. 3950

D₃. Makromolekulare Chemie.

A. Charlesby, *Gelbildung und Molekulargewichtsverteilung in langkettigen Polymeren.* Die Vernetzung von Fadenkettenmoll. ist ein Modell für die Vulkanisation von Kautschuk. Bei einer geringen Anzahl von Vernetzungspunkten tritt noch keine Gelbldg. auf, jedoch ändert sich die Mol.-Gew.-Verteilung. Vf. zeigt, daß — unabhängig von der Art der ursprünglichen Mol.-Gew.-Verteilung — Gelbldg. einsetzt, wenn im Mittel ein vernetztes Monomeres pro Mol. im Gewichtsdurchschnitt vorliegt. Für den Fall gering vernetzter, noch lösl. Moll. werden die Ausdrücke für den Zahlen-, Gewichts- u. Z-Durchschnitt des Mol.-Gew. abgeleitet, ebenso die Zahlen- u. Gewichtsdurchschnitte für das Sol nach dem Einsetzen der Gelbildung. Vf. gibt den Vernetzungsgrad in Sol- u. Gelphase, außerdem die mittlere Länge der Vernetzungsbrücken im Gel an. Weitere Funktionen für beide Phasen sind berechnet. Die Theorie des Vf. ermöglicht bei Kenntnis der ursprünglichen Verteilung die Berechnung des Vernetzungsgrades; umgekehrt kann, wenn dieser bekannt ist, die Mol.-Gew.-Verteilung in relativen Einheiten ermittelt werden. Der Übergang auf das absol. Mol.-Gew. erfordert Eichmessungen (Viscosität, Quellungsgrad, Lichtzerstreuung usw.). (Proc. Roy. Soc. [London], Ser. A **222**. 542—57. 23/3. 1954. Harwell, Berks., Atomic Energy Res. Establishment.) CANTOW. 4000

R. C. Bowers, W. C. Clinton und **W. A. Zisman,** *Einfluß der Halogenierung auf die Reibungseigenschaften von Kunststoffen.* (Vgl. C. **1954**. 9302.) Von *Polyäthylen* (**I**). *Polyvinylchlorid* (**II**), *Polyvinylidenchlorid* (**III**), *Polyvinylfluorid* (**IV**), *Polytetrafluoräthylen* (**V**), *Polytrifluorchloräthylen* (**VI**) u. mehreren Mischpolymerisaten wurden der stat. u. der kinet. Reibungskoeff. (μ_s bzw. μ_k) bei 25° bestimmt. Die für **I**, **II** u. **V** erhaltenen Werte stimmen mit den von SHOOTER u. TABOR (C. **1953**. 5585) angegebenen überein. Bei **V** u. **VI** hängen die μ-Werte von der Art der Vorbehandlung der Proben ab (nach dem Abschaben von amorphen Oberflächenanteilen unter W. werden reproduzierbare μ-Werte erhalten). Folgende μ_s-Werte sind angegeben (für Reiben der Proben an Stahl): 0,33 (**I**), 0,45 (**II**), 0,69 (**III**), 0,10 (**V**), 0,30 für ein Mischpolymerisat aus gleichen Teilen Äthylen u. Tetrafluoräthylen. Die Ergebnisse werden unter dem Gesichtspunkt des Einfl. des Cl- u. F-Geh. in den Polymeren auf μ miteinander verglichen; dabei zeigen sich ähnliche Beziehungen, wie sie bereits früher (vgl. z. B. FOX u. ZISMAN, C. **1953**. 3697) für andere Eigg. erhalten wurden. Dünne Filme zeigen kleinere μ-Werte als kompaktere Stücke aus dem gleichen Material; z. B. betragen μ_s u. μ_k von **V** gegen Stahl nur 0,04 für eine Schichtdicke von 0,0005—0,005 in. von **V**. Aus den Verss. folgt, daß **I** u. **V** als feste Schmiermittel verwendet werden können. (J. appl. Physics **24**. 1066—67. Aug. 1953. Washington, D. C., Naval Res. Labor.) FUCHS. 4010

H. Morawetz, *Messung des Molekulargewichts von Polyäthylen nach der Siedepunktserhöhungsmethode von Menzies-Wright.* Ebullioskop. Best. des Mol.-Gew. von Polyäthylen DYNH Typus 1004 der Bakelite Corp. nach der Meth. von MENZIES u. WRIGHT (J. Amer. chem. Soc. **43**. [1921.] 2314) in Tetrachloräthylen als Lösungsmittel. Es wurde ein Zahlendurchschnitts-Mol.-Gew. von 9000—9200 gefunden. Aus der Siedepunktserhöhung–Konz.-Kurve wurde die Wechselwirkungskonstante μ (0,26) berechnet. Sie ist etwas größer als der von HUGGINS vorausgesagte Wert von 0,2 für Lösungsmittel mit der Mischungswärme Null. (J. Polymer Sci. **6**. 117—21. Jan. 1951. Bound Brook, N. J., Bakelite Corp., Development Labor.) LANTZSCH. 4010

Robert Simha und **L. A. Wall,** *Einige Gesichtspunkte der Depolymerisationskinetik.* (Vgl. C. **1953**. 5514.) Diskussion der Bedeutung der Übertragungs-Rk. bei der Pyrolyse von *Polyäthylen.* Die früher (SIMHA, WALL u. BLATZ, C. **1953**. 8880) abgeleitete Kinetik wird durch die Entfernung kleinerer Bruchstücke durch Molekulardest. aus dem Reaktionsgemisch verändert. Das Mol.-Gew. nimmt langsamer ab u. nähert sich einem Grenzwert, der von der Maximalgröße der verdampfenden Moll. abhängt. Die Zahlenverteilung der letzteren ist in erster Annäherung von ihrer Größe unabhängig. Angabe geeigneter Ausdrücke u. einer allg. Lösung der Geschwindigkeitsgleichung. (J. Polymer Sci. **6.** 39—44. Jan. 1951. Washington, D. C. Nat. Bur. of Standards.)

LANTZSCH. 4010

W. Mund, M. Van Meerssche und **J. Momigny,** *Über die radiochemische Polymerisation des Vinylchlorids unter konstantem Druck.* Die in früheren Abhandlungen des Vf. u. seiner Mitarbeiter beschriebenen Unterss. über die Polymerisation des *Vinylchlorids* (I) in Ggw. kleiner Mengen *Radon* nach der manometr. Meth. (vgl. C. **1952.** 2849 u. früher) werden mit Hilfe einer neuen, ausführlich beschriebenen Versuchsanordnung, die die Einhaltung eines konstanten Druckes ermöglicht, fortgesetzt. Die Polymerisation wird verfolgt, indem **I** mit einer Geschwindigkeit, die notwendig ist, den Druck konstant zu halten, in den Reaktionsraum eintritt. Die Verss. werden bei 26° ausgeführt u. bis zur Zerstörung von mehr als der Hälfte des zugesetzten *Rn* fortgesetzt. Vff. stellen fest, daß in diesem Bereich das Verhältnis zwischen der Zahl der polymerisierten Moll. u. der Zahl der durch die α-Strahlen gebildeten Ionen konstant ist. Dieses Verhältnis steigt mit dem Druck P u. der Strahlung r des Reaktionsraumes u. kann annähernd durch das Prod. $x = r \cdot P$ bestimmt werden. Die mathemat. Auswertung der Versuchsergebnisse ist in zwei Diagrammen veranschaulicht; das eine zeigt n (Zahl der polymerisierten Mol $CH_2{=}CHCl$) als Funktion von C (Menge des zerfallenen Rn bis zur Zeit t), das andere stellt den Winkelkoeff. dn/dC u. die Ionenausbeute y als Funktionen des Prod. $x = r \cdot P$ dar. (Bull. Soc. chim. belges **62.** 109—18. Jan./Febr. 1953. Louvain, Univ.)

NIESWANDT. 4010

J. H. Bradbury und **H. W. Melville,** *Die Copolymerisation von Styrol und Butylacrylat in benzolischer Lösung.* Vff. untersuchen den Einfl. des Lösungsmediums (Monomere u. Bzl.) auf die Copolymerisation von Styrol mit Butylacrylat in benzol. Lsg. (60°), wobei als Starter mit ^{14}C markiertes α.α'-Azodiisobutyronitril verwendet wird. Die Polymerisationsgeschwindigkeit wird gravimetr. u. die Startgeschwindigkeit aus der Messung der Radioaktivität des Starters u. des Polymeren bestimmt. Die Elementaranalyse auf C-Geh. zeigt, daß das Reaktivitätsverhältnis der Monomeren von der Benzolkonz. unabhängig ist. Der Quotient $k_t^{1/2}/k_p$ (k_t = Geschwindigkeitskonstante des Kettenabbruchs, k_p = die des Kettenwachstums) wächst für beide Monomere mit der Benzolkonzentration. Hieraus berechnen Vff. den Faktor $\Phi = k_{t_{12}}/(k_{t_{11}}/k_{t_{22}})^{1/2}$ ($k_{t_{12}} \equiv$ Geschwindigkeitskonstante des Kettenabbruchs zwischen einem Radikal mit Styrylendgruppe u. einem solchen mit Butylacrylatendgruppe, $k_{t_{11}}$ u. $k_{t_{22}}$ entsprechend). Φ ist ein Maß für den Kettenabbruch durch Rk. zwischen u n g l e i c h e n Radikalen. Wenn zwei ungleiche Radikale reagieren, dann ist die Kombinationsgeschwindigkeit höher, als nach den einzelnen Radikalreaktivitäten zu erwarten ist. Vff. finden Φ in der Größenordnung 10^2 u. als unabhängig von der Benzolkonz., jedoch abhängig von dem Monomerenverhältnis. Auf Grund der gefundenen Resultate wird der Einfl. des Mediums auf die Kombinationsgeschwindigkeit von Radikalen diskutiert. (Proc. Roy. Soc. [London], Ser. A **222.** 456—70. 23/3. 1954. Birmingham, Univ., Chem. Dep.)

CANTOW. 4010

Charles C. Price und **Charles E. Greene,** *Copolymerisation von Phenylacetylen mit Vinylpyridin. Phenylacetylen* [I; hergestellt durch Bromieren von Äthylbenzol bei 145—155° (2 Std.) unter Belichtung zu Styroldibromid (69% Ausbeute) u. Bromabspaltung mittels $NaNH_2$ in fl. NH_3] bildet mit *Styrol, Acrylonitril, Vinylacetat* bzw. *Acrylsäuremethylester* in Ggw. von 2% Benzoylperoxyd (**III**) bei 60° nur geringe Ausbeute an Copolymerisaten. Mit *α-Methylstyrol* bzw. *Methylvinylsulfid* entstehen in Ggw. von 0,1% **III** überhaupt keine Copolymerisate. Die bei der Copolymerisation von **I** mit 2-Vinylpyridin (**II**) bei 60° in Ggw. von 0,1% **III** unter N_2 entstehenden Copolymerisate (**IV**) wurden auf ihre Zus. auf Grund des N-Geh. untersucht u. daraus die r-Werte berechnet. $r_1 = 0{,}2 \pm 0{,}05$; $r_2 = 4{,}0 \pm 0{,}7$. **IV** (aus 20% **I** u. 80% **II**) ist leicht lösl. in Bzl., Methanol u. Chlf. u. etwas lösl. in Aceton. Schmelzbereich 129—143°. Die viscosimetr. Mol.-Gew.-Best. in Bzl. gibt unter der Annahme von $K_m = 3 \cdot 10^{-4}$ ein Mol.-Gew. von 8500. Auf Grund des Ultrarotabsorptionsspektr. sind in **IV** keine Dreifachbindungen vorhanden. — Polymeres **II** wurde durch Erhitzen von **II** in Ggw. von **III** erhalten. Es zeigt dieselben Löslichkeitseigg. wie **IV.** Schmelzbereich 125—148°. Mol.-Gew. = 12500 (aus viscosimetr. Messungen in Bzl., $K_m = 3 \cdot 10^{-4}$). — Aus den Copolymerisationsverss. ergeben sich für **I** Q = 0,3 u. e = 0,6. (J. Polymer Sci. **6.** 111—15. Jan. 1951. Notre Dame, Ind., Univ.)

LANTZSCH. 4010

M. M. Koton, *Polymerisation von o-Vinyldiphenyl.* Steigerung der Temp. bei der Polymerisation von *o-Vinyldiphenyl* (I) von 100 auf 125° führt zu einer wesentlichen Geschwindigkeitserhöhung. Parallel mit *Styrol* (II) durchgeführte Verss. wiesen, wie dies früher für α-Vinylnaphthalin nachgewiesen wurde, darauf hin, daß die Ggw. eines 2. Benzolkernes im Mol. für die Beschleunigung der Polymerisation wesentlich ist. **I** polymerisiert ca. 3 mal schneller als **II**. Bei der Polymerisation von **I** handelt es sich um eine monomol. Reaktion. (Доклады Академии Наук СССР [Ber. Akad. Wiss. UdSSR] [N. S.] **93.** 825—26. 11/12. 1953. Leningrad, Physikal.-Techn. Inst. der Akad. der Wiss. der UdSSR.) ULMANN. 4010

P. Ss. Schantarowitsch, *Polymerisationskinetik von Verbindungen mit konjugierten Bindungen. Dunkelpolymerisation von Methylacrylat.* (Vgl. C. **1952.** 7667.) Bei der Dunkelpolymerisation von *Methylacrylat* (I) besteht eine direkte Abhängigkeit zwischen der Polymerisationsgeschwindigkeit nach Überschreiten des krit. Punktes (beginnende Abscheidung des unlösl. Polymeren) u. der Menge des sich im weiteren Verlauf neu bildenden unlösl. Polymeren. Bei der Vernetzungspolymerisation besteht die Beziehung N/X_μ = konst. (N = Anzahl der akt. Zentren im Netz; X_μ = Menge des unlösl. Polymeren). Vom krit. Punkt an nimmt die Polymerisationsgeschwindigkeit schnell zu; hierfür wird die Formel $X_\mu = X_{\mu_0} \cdot e \exp f \cdot (t - t_0)$ entwickelt (f = Verzweigungsfaktor; die Werte mit dem Index Null beziehen sich auf den krit. Punkt). Die Polymeren (unlösl. Form) von **I** besitzen, wie die Polymeren des Chloroprens, die Fähigkeit, die Polymerisation anderer Verbb. mit konjugierten Bindungen hervorzurufen. Die akt. Formen der Polymeren werden nur bei der Polymerisation in nicht verd. Zustand erhalten. Eine Zugabe von nur geringen Mengen eines Verdünnungsmittels führt zur Bldg. wenig akt. u. sogar nicht akt. Polymerer unter Ausartung des verzweigten Prozesses in einen nicht verzweigten, das heißt zur einfachen Vinylpolymerisation, wobei Polymere mit linearer Struktur entstehen. (Известия Академии Наук СССР, Отделение Химических Наук [Nachr. Akad. Wiss. UdSSR, Abt. chem. Wiss.] **1952.** 243—47. März/April. Inst. für chem. Phys. der Akad. der Wiss. der UdSSR.) TROFIMOW. 4010

D. N. Schigorin, N. W. Michailow und **Ss. P. Makarjewa,** *Untersuchung der physikalischen Struktur synthetischer Polyamide nach der Methode der Infrarotabsorptionsspektren.* (Vgl. C. **1953.** 4053.) Die Infrarotspektren der *Polycaprolactam*-Filme zeigen bei Zimmertemp. 3 den NH-Gruppen entsprechende, auf die Existenz von Wasserstoffbindungen hinweisende Banden M_D, M u. B, deren Maxima bei ≈ 3080 (cm^{-1}), ≈ 3300 u. 3210 liegen; diesen sind im Gebiet des 1. Obertons die Frequenzen 6090 u. (gegenüber l. c. verbessert) 6350 u. 6770 zuzuordnen. In amorphen Filmen zeigt M_D ausgesprochene Symmetrie, M ist weniger verschwommen u. B nicht so intensiv wie in kristallinen. Die kristallinen Filme liefern kompliziertere Banden mit Feinstruktur. Bei 220° (Schmelze) nimmt die Intensität von M_D stark ab, während **M** nach kürzeren Wellen verschoben ist; B bleibt nach Lage u. Intensität unverändert. Beim Auflösen der Filme in Dichlorhydrin bleibt nur noch M bestehen. Demzufolge charakterisiert M diejenigen NH-Gruppen, welche an der Bldg. thermodynam. beständiger intermol. Wasserstoffbindungen mit trans-Stellung von NH- u. CO-Gruppe in bezug auf die C-Kette beteiligt sind, während die anderen Banden intermol. Wasserstoffbindungen mit cis-Stellung von NH u. CO u. *intramol.* Wasserstoffbindungen entsprechen. Offenbar spielt die Dipolwrkg. bei der Bldg. u. auch in bezug auf die therm. Beständigkeit der Verbb. mit Wasserstoffbindungen eine Rolle. (Доклады Академии Наук СССР [Ber. Akad. Wiss. UdSSR] [N. S.] **94.** 717—20. 1/2. 1954. Allunions Wiss. Forschungsinst. für Kunstfasern.) DAWYDOFF. 4010

C. S. Marvel und **O. Keplinger,** *Copolymerisation von Butadien–Styrol mittels eines Systems, das Sauerstoff, Dodecylmercaptan und Eisen- und Kobaltpyrophosphat enthält.* Für die Emulsionscopolymerisation von *Butadien* u. *Styrol* wird eine Vorschrift angegeben, nach der man bei —1° nach 36 Std. 53% Umsatz erhält: 14,0 g Butadien, 6,0 g Styrol, 35,0 g dest. W., 5,0 ml einer 20%ig. Lsg. von K-Neofat 11, 0,8 g Na-Pyrophosphatdekahydrat, 0,01 g Ferrosulfatheptahydrat, 0,01 g Co-Nitrathexahydrat u. 0,1 g Dodecylmercaptan. Der erhaltene Kautschuk ist in Bzl. leicht lösl. u. hat eine Intrinsicviscosität von 3,5—4,36. (J. Polymer Sci. **6.** 83—91. Jan. 1951. Urbana, Ill., Univ. of Illinois, Moyes Chem. Labor.) LANTZSCH. 4030

Charles F. Fryling und **Archie E. Follett,** *Neue Oxyadionsmittel zur Auslösung der Emulsionspolymerisation in Gefrierschutzvorschriften bei —10°.* Unters. der Emulsionscopolymerisation von *Butadien* u. *Styrol* (70 : 30) bei —10° im Gemisch aus W. u. Methanol (192 : 48) in Ggw. von 5 Teilen Emulgator, 0,25 Teilen MTM–4 (60% tert.-C_{12}-, 20% tert.-C_{14}- u. 20% tert.-C_{16}-Mercaptane), 1 mMol Hydroperoxyd, 1 mMol

$FeSO_4 \cdot 7\ H_2O$, 1 mMol $Na_4P_2O_7 \cdot 10\ H_2O$ u. wechselnden Mengen KCl. Als Emulgatoren wurden eingesetzt: Dresinate 214 (disproportionierte Harzseife), Dresinate S–134 (disproportionierte Harzseife); K-Laurat u. KSF. An Hydroperoxyden wurden untersucht: *Cumolhydroperoxyd* (**I**), Diox D (*Diisopropylbenzolhydroperoxyd*; **II**), Diox E (*Triisopropylbenzolhydroperoxyd*; **III**), Diox 6 (*Cyclohexylbenzolhydroperoxyd*; **IV**), Diox 7 (*tert.-Butylisopropylbenzolhydroperoxyd*; **V**), Diox 15 (*Dodecylisopropylbenzolhydroperoxyd*; **VI**), *Tetralinhydroperoxyd* (**VII**) u. *Methylcyclohexylhydroperoxyd* (**VIII**). **II–VI** sind wirksamer als **I**, **VII** u. **VIII**. Am wirksamsten ist **III**, dann folgen **V** u. **IV**. Die optimale Menge KCl hängt vom Hydroperoxyd ab; sie liegt bei 0,1—0,2 Teilen. Nach obiger Vorschrift wurden mit 3 Teilen K-Laurat, 3 Teilen K-Myristinat, 0,156 Teilen **V** u. 0,25 Teilen KCl bei —10° in 1,9 Std. 60% Umsatz erzielt. (J. Polymer Sci. **6**. 59—72. Jan. 1951. Phillips, Tex., Phillips Petroleum Co., Philtex Exp. Stat., Res. Dep.) LANTZSCH. 4030

J. E. Wicklatz, T. J. Kennedy und **W. B. Reynolds,** *Hydroperoxyde als Initiatoren von Emulsionspolymerisationen bei niedrigen Temperaturen.* Unters. der Emulsionscopolymerisation von *Butadien* mit *Styrol* nach folgender Vorschrift: Butadien (72 Gewichtsteile), Styrol (28), W. (180), Dresinate 214 (K-Salz einer disproportionierten Harzsäure, 4,7), KCl (0,5), Hydroperoxyd (wechselnde Mengen), K-Pyrophosphat (0,165), Ferrosulfatheptahydrat (0,14), KOH (0,037), Dextrose (1,0), MTM (Gemisch von tert.-Dodecyl-, Tetradecyl- u. -Hexadecylmercaptan; 0,25), Temp. +5°. Als Hydroperoxyde wurden eingesetzt: *2.3-Dimethylbutan-*, *Methylcyclohexan-*, *Cumol-*, *2.2.5-Trimethylhexan-*, *1.2.3.4-Tetrahydronaphthalin-*, *sek.-Butylbenzol-*, *p-Cymol-*, *1-Methyl-1.2.3.4-tetrahydronaphthalin-*, *5-Phenylpenten-(2)-*, *Chlorisopropylbenzol-*, *Cyclohexylbenzol-* (**I**), *Diisopropylbenzol-*, *Isopropyl-1.2.3.4-tetrahydronaphthalin-*, *tert.-Butylisopropylbenzol-* (**II**), *Diisopropyltoluol-*, *1.2.3.4.4a.9.10.10a-Oktahydrophenanthren-* (**III**), *5-[4′-Isopropylphenyl]-penten-(2)-*, *[1-Methylbutyl]-isopropylbenzol-*, *Chlordiisopropylbenzol-* (**IV**), *Triisopropylbenzol-*, *1.2-Diphenylbutan-*, *Di-tert.-butylisopropylbenzol-* (**V**), *[1-Methylhendecyl]-toluol-*, *1.2-Bis-[dimethylphenyl]-butan-*, *[1-Methylhendecyl]-isopropylbenzolhydroperoxyd* u. ein *Hydroperoxyd* der vermutlichen Zus. $C_{10}H_{21}OOH$ aus der bei 143—149° sd. Fraktion eines Alkylierungsprod. aus Äthylen u. Isobutan. Die Hydroperoxyde wurden aus den entsprechenden KW-stoffen u. O_2 bei erhöhter Temp. hergestellt. Für die Polymerisationsverss. wurden Oxydationsgemische, Konzentrate u. gereinigte Hydroperoxyde verwendet. Die Resultate waren in allen Fällen ähnlich, aber mit gereinigten Hydroperoxyden wurden größere Polymerisationsgeschwindigkeiten erzielt. Die Hydroperoxyde **I—V** sind die wirksamsten. Die optimale Menge an Hydroperoxyd variiert mit der Struktur des Hydroperoxyds u. scheint von dessen Mol.-Gew. abzuhängen. (J. Polymer Sci. **6**. 45—58. Jan. 1951. Bartlesville, Okla., Phillips Petroleum Co., Res. Dep.) LANTZSCH. 4030

I. M. Kolthoff, E. J. Meehan und **C. W. Carr,** *Untersuchungen über die Geschwindigkeit der Emulsionspolymerisation von Butadien–Styrol (75 : 25) in Abhängigkeit von der Menge und der Art des angewandten Emulgators.* 3. Mitt. *Einfluß der Seifenmenge auf die Polymerisationsgeschwindigkeit.* (2. vgl. CARR, KOLTHOFF, MEEHAN u. WILLIAMS, C. **1952**. 3830.) Unters. der Geschwindigkeit der Emulsionscopolymerisation von *Butadien* mit *Styrol* im Verhältnis 75 : 25 bei 5° in Abhängigkeit von der Seifenmenge. Als Seifen wurden eingesetzt: K-Myristinat, K-Laurat, Na-Caprinat, Na-Salz disproportionierter Harzsäuren u. eine Handelsseife, die vor allem Na-Palmitat, -Oleat u. -Stearat enthielt. Zu Beginn nimmt die Polymerisationsgeschwindigkeit mit abnehmender Seifenmenge ab, aber nach ca. 20% Umsatz ist sie von der Seifenmenge nahezu unabhängig. Wenn die Seifenkonz. in der wss. Phase kleiner ist als die krit. Konz. der Micellenbldg., dann ist die Anfangsgeschwindigkeit sehr klein u. wird ungefähr gleich groß wie die Geschwindigkeit in Abwesenheit von Emulgatoren. Die anfängliche Polymerisationsgeschwindigkeit ist bei wechselnder Seifenmenge ungefähr dem durch die Seife lösl. gemachten Anteil proportional. Die Ergebnisse bestätigen die Theorie von HARKINS (C. **1948**. II. 569), daß das Löslichmachen durch Seifenmicellen ein wichtiger Faktor in den Anfangsstufen der Emulsionspolymerisation ist. (J. Polymer Sci. **6**. 73—81. Jan. 1951. Minneapolis, Minn., Univ. of Minnesota, School of Chem.) LANTZSCH. 4030

Ruth E. Benesch und **Reinhold Benesch,** *Ein Modell für die Konfiguration von Sulfhydrylgruppen in Proteinen.* Vff. untersuchen die verschied. Reaktivität von SH-Gruppen an folgenden Modellsubstanzen: L-Glutamyl-L-cysteinylglycin (**I**), Phenacetyl-L-cysteinylglycin (**II**) u. Phenacetyl-L-cysteinyl-D-valin (**III**). Von diesen werden Mercaptide mit Phenylquecksilber (**a**; $RSHgC_6H_5$), Salyrgan (**b**; Na-o-[γ-Oxymercuri-γ-methoxypropylcarbamyl]-phenoxyacetat) sowie die Silbermercaptide (**c**) hergestellt. Die Mercaptide von **I** u. **II** sind denen einfacher Thiole im polarograph. Verh. ähnlich, während die Mercaptide von **III** Anomalien zeigen. **IIIb** u. **IIIc** sind polarograph. nicht reduzierbar, während in **IIIa** eine Stufe unterdrückt ist. Die Stromspannungskurve kann durch Zugabe von Harnstoff (**IV**) zur wss. Lsg. von **IIIa** normalisiert werden. Durch **IV** kann die Rk. von Nitroprussidnatrium mit Cystein um 50% (gemessen an der Farbvertiefung), bei **I**, **II** u. **III** um 100% erhöht werden. Vff. führen dies darauf zurück, daß durch **IV** Wasserstoffbrücken (—SH···N—), die eine Rk. der SH-Gruppen verhindern, gelöst werden. Aus den polarograph. Befunden schließen Vff., daß solche Wasserstoffbrückenbindungen bes. fest sind, durch welche die SH-Gruppe in die unmittelbare Nachbarschaft einer aliphat. Seitenkette gerät. (J. Amer. chem. Soc. **75.** 4367—69. 5/9. 1953. Iowa City, State Univ. of Iowa, Coll. of Med., Dep. of Biochem.) HEYNS. 4070

János Nyilasi und **Zoltán Kováts,** *Mikrobiologische Untersuchung der Protein-Racemisierung.* 2. Mitt. *Die Racemisierung des Edestins.* (1. vgl. GRÓH u. NYILASI, C. **1953.** 1185; **1954.** 9306.) Unter Anwendung von mikrobiol. Verff. (l. c.) wurde untersucht, welche Aminosäuren des Edestins sich in 1n- u. 0,1nNaOH bei 25° racemisieren u. welchen Grad die Racemisierung erreicht. Die Aminosäurezus. des salzsauren Hydrolysats des Eiweißkörpers wurde vor u. nach der Behandlung mit NaOH nach HENDERSON u. SNELL (J. biol. Chemistry **172.** [1948.] 15) bestimmt. *Asparaginsäure, Valin, Leucin, Serin, Threonin* u. *Methionin* wurden nicht racemisiert. *Arginin, Lysin, Alanin, Prolin* u. *Phenylalanin* racemisierten sich immer vollständig. Beim *Hystidin* trat nur in 1nNaOH vollkommene Racemisierung ein, bei der *Glutaminsäure* nur in 0,1nNaOH. Die Unters. der Racemisierung der *Gelatine* hatte bei den meisten Aminosäuren andere Werte ergeben. Vff. nehmen daher an, daß die Racemisierungsfähigkeit einer Aminosäure von ihrer strukturellen Lage im Verhältnis zu den benachbarten Aminosäuren abhängt. (Acta chim. Acad. Sci. hung. **2.** 147—51. 1952. Budapest, Lorand Eötvös-Univ., Inst. für allg. Chem.) ——————— JOHN. 4070

Eugen Müller, Hrsg., Methoden der organischen Chemie (Houben-Weyl). 4. völl. neu gestaltete Aufl. Bd. 7, T. 1. Stuttgart: Thieme. 1954. 7. Sauerstoffverbindungen 2. T. 1. Aldehyde. Bearb. v. **Otto Bayer.** (XXII + 556 S. m. Abb.) DM 82,—.

Wilhelm Theilheimer, Synthetic methods of organic chemistry. 8, 1954. An annual survey. With cumulative index of vol. 6—8. Basel, New York: S. Karger. (XVI + 508 S.) fr. 71.10.

Arthur V. Tobolsky and **Robert B. Mesrobian,** Organic peroxides their chemistry, decomposition and role in polymerization. New York: Interscience. 1954. (207 S. m. Abb.) $ 5,75.

E. Biologische Chemie. Physiologie. Medizin.

E_1. Allgemeine Biologie und Biochemie.

M. K. Subramaniam und **S. K. Sreepathi Rao,** *Genmutationen in Hefe durch Campher* (vgl. C. **1953.** 7569). Auf campherhaltigem Medium zeigt sich in Brauhefe eine intensive Chromosomenteilung unter Übergang von Diploidie zur Tetraploidie. (Research **3.** 49—50. Jan. 1950. Bangalore, Ind., Cytogen. Labor., Indian Inst. of Sci.) GRIMME. 4130

H. Lettré, *Beziehung von Wachstum und Zellstoffwechsel.* Eine Betrachtung über den Zusammenhang zwischen Zellstoffwechsel u. -wachstum. Beim Abbau der *Hexose* in der Zelle treten drei Prozesse auf: Atmung, Glykolyse u. unvollständige Oxydation. Diese liefert die Bausteine zur Synth. der *Ribose, Desoxyribose,* der Aminosäuren u. Lipoide u. steht also schon im ursächlichen Zusammenhang mit dem Aufbau (= Wachstum) der Zelle. Zur weiteren Aufklärung dienen Unterss. über den Stoffwechsel in der sich teilenden Zelle. Während der Teilung ist die Atmung gehemmt, die Adenosintriphosphatproduktion vermindert. Ob der sich ändernde Stoffwechsel die Teilung verursacht oder nur Begleiterscheinung ist, ist noch nicht entschieden. (Scientia [Asso] [6] **89** (**48**). 19—22. 1954. Heidelberg, Univ., Inst. für exp. Krebsforschung.) U. BAUMANN. 4150

H. Gärtner, *Weitere Untersuchungen über die biologische Wirksamkeit schneller Elektronen- und Röntgenstrahlen an Gewebekulturen.* Frühere Unterss. über das unterschiedliche Verh. von Gewebekulturen gegenüber Röntgen- u. Elektronenstrahlen (C. **1951.** I. 2445) wurden in quantitativer Beziehung erweitert. Für die strahleninduzierte Mitosehemmung der Hühnerherzfibroblasten wurde das Wirkungsverhältnis: Röntgenstrahlung/Elektronenstrahlung = 1/0,47 ermittelt, wenn die Gesamtdosis in beiden Fällen 500 r u. die Dosisleistung 1000 r/Min. beträgt. Die Elektronen sind daher rund halb so wirksam wie die Röntgenstrahlen. Bei anderen Werten für die beiden letzten Größen nimmt das Dosisäquivalent einen anderen Zahlenwert an. (Strahlentherapie **86.** 217—26. 1952. Tübingen, Univ., Frauenklin.) REUSSE. 4150

Svend Krogh Dalgaard, *Experimentelle Untersuchungen über die Wirkung von Ultraschallbestrahlung auf transplantierte Mammacarcinome bei Mäusen.* Mammacarcinome wurden auf Mäuseschwänze transplantiert u. die Bezirke mit Ultraschall (US), 800 kHz, 2—15 W/cm² bestrahlt. Ab 6—8,5 W/cm² wurde durch US eine beschleunigende Wrkg., bei 10—15 W ein hemmender bis zerstörender US-Effekt festgestellt. Der Grad der Gewebsschädigung scheint von der mit US erzeugten Temperaturerhöhung abzuhängen. Prakt. kein Unterschied in der Empfindlichkeit gegenüber US zwischen n. u. Tumorgewebe. Völlige Heilung der Tumoren wurde nur in einigen Fällen bei Schädigung des angrenzenden gesunden Gewebes erreicht. (Acta radiologica [Stockholm] **41**. 457—65. Mai 1954. Kopenhagen, Dänemark, Radium Center.) DOSSMANN. 4160

H. R. Schinz, *Krebsforschung, Krebsbehandlung und Krebsgefährdung.* Neben statist. Angaben über die Häufigkeit u. Mortalität bei Krebs u. Besprechung der Noxen weist Vf. auf den Wert von Chemotherapeuticis (*Dichloren, Bis-[β-chloräthyl]-methylamin; CB 1348,γ-[p-(Bis-β-chloräthyl)-aminophenyl]-buttersäure; Myleran, Butandiol-(1.4)-dimesylat; TEM, Tris-[äthylenimino]-triazin* u. *Aminopterin*) hin. (Praxis [Bern] **43**. 469—79. 3/6. 1954. Zürich, Kantonsspital.) P. G. SCHEURLEN. 4160

Seymour M. Farber, Samuel L. Pharr, David A. Wood und **R. Daniel Gorman,** *Die mucolytische und verdauende Wirkung von Trypsin bei der Herstellung von Sputum für cytologische Untersuchungen.* Durch Zugabe einer *Trypsin* (I)-Lsg. kann dickes, zähes Sputum verflüssigt u. dann ohne Verlust an wesentlichen Zellbestandteilen konz. werden. Es wurde gefunden, daß maligne Zellen nach der Verdauung durch I noch intakt u. identifizierbar waren. (Science [Washington] **117**. 687—90. 19/6. 1953. San Francisco, Calif., Univ. of California, Cancer Res. Inst., School. of Med., Dep. of Med., San Francisco Hosp. u. Dep. of Public Health.) GOEBEL. 4160

A. Albano, *Wirkung des Follikulins auf die aerobe und anaerobe Glykolyse experimenteller Tumoren. Follikulin,* in einer Konz. von 10 bzw. 100 γ/cm³ zu Benzpyrensarkom zugesetzt, bewirkt eine Zunahme der aeroben u. anaeroben Glykolyse, während die gleichen Konzz. beim EHRLICHschen Adenocarcinom eine Hemmung hervorrufen. Beim Benzpyrensarkom konnte eine Abhängigkeit der glykolyt. Wrkg. vom Gewebsbild beobachtet werden. (Tumori **40**. 184—88. 1954. Roma, Ist. Regina Elena per lo studio e la cura dei Tumori.) P. G. SCHEURLEN. 4160

Karin Wird-Lökk und **Karl-Gunnar Tillinger,** *Adrenalinbildender Tumor außerhalb der Nebennieren. Eine Untersuchung in Verbindung mit einem Fall.* Klin. Bericht über einen Fall von *Adrenalin*-bildendem Tumor außerhalb der Nebenniere. Es wird vor allem auf die Bedeutung der Brenzcatechinbest. im Urin hingewiesen. (Acta chirurg. scand. **104**. 458—64. 9/5. 1953. Eskilstuna, Schweden, Centrallasarettet, Dep. of Med. u. Dep. of Gynecol.) H. SCHEURLEN. 4160

Kazuo Mori und **Koretoki Shimojo,** *Untersuchungen über die Uricaseaktivität bei mit p-Dimethylaminoazobenzol gefütterten Ratten.* Vff. untersuchten die *Uricase* (I)-Aktivität bei Ratten im Verlauf von Leberkrebsbldg. durch Verfütterung von *p-Dimethylaminoazobenzol* (*Buttergelb*). Die I-Aktivität der Leber steigt stark an, wenn patholog. Veränderungen, die aber noch nicht makroskop. sichtbar sind, eintreten; wird das Lebergewebe dann cirrhot., sinkt die I-Aktivität auf etwa n. Werte ab u. fällt dann sehr stark (bis $^1/_4$ n. Werte) bei Krebsentstehung. (Science [Washington] **117**. 683—84. 19/6. 1953. Tokyo, Japan, Showa Med. School, Labor. of Med. Zool.) GOEBEL 4160

Emery M. Gal und **David M. Greenberg,** *Untersuchungen über die biologische Wirkung von Malonitrilen.* 3. Mitt. *Die Wirkung der Malonitrilgabe auf die Ausscheidung von Thiocyanat bei gesunden Ratten und bei Ratten mit Walker-Carcinom-256.* (2. vgl. C. **1953**. 5679.) Ratten mit u. ohne WALKER-Carcinom-256 zeigen dieselbe „endogene" *Thiocyanat*-Ausscheidung. Die „exogene" Thiocyanatausscheidung nach Gabe von Nitrilen (*Malonitril, Äthoxymethylenmalonitril, Benzalmalonitril, p-Nitrobenzalmalonitril, Furanalmalonitril* u. *5-Nitrofuranalmalonitril*) ist bei den Tieren mit Tumoren etwas geringer als bei den n. Tieren. Das Maximum der Thiocyanatausscheidung nach Gabe von Nitrilen wird am 2. Tag, nach Gabe der nitrosubstituierten Malonitrile erst am 3. Tag erreicht. (Cancer Res. **13**. 226—30. März 1953. Berkeley, Calif., Univ., Dep. of Physiol. Chem.) H. SCHEURLEN. 4160

Roderick C. Ross, Robert F. Scarf und **Stanley C. Sloryna,** *Histogenese von Brusttumoren bei Ratten durch 2-Acetylaminofluoren.* Die bei Ratten spontan oder durch *2-Acetylaminofluoren* (I) auftretenden Brusttumoren sind entweder Fibroadenome oder Neoplasmen. Carcinosarkome treten nicht spontan auf, sondern nur nach Verfütterung von I. Nur die Fibroadenome sind histolog. dem des Brustkrebses beim

Menschen ähnlich. (A. M. A. Arch. Pathol. **55.** 173—80. März 1953. Montreal, Can., St. Mary's Hosp., Dep. of Pathol., u. Univ., Dep. of Exp. Surgery and Pathol.)
H. SCHEURLEN. 4160

A. G. Bogdatjewa und **D. Ja. Wid,** *Über die cancerogenen Eigenschaften aus Erdöl gewonnener Pyrolyseharze.* Ein Harz, das man durch Pyrolyse von Bakuerdöl bei 660° gewonnen hatte, wurde 3—4 Monate alten Mäusen 2 mal wöchentlich auf die rasierte Haut zwischen den Schulterblättern aufgetragen. Selbst nach 6 monatiger Behandlung zeigte das Harz keine cancerogenen Eigenschaften. Es erwies sich jedoch als allg. tox. u. führte zu degenerativen Veränderungen, vor allem in Leber u. Nieren, aber auch in Hoden, Milz u. Herz. (Бюллетень Экспериментальной Биологии и Медицины [Bull. exp. Biol. Med.] **37.** Nr. 2. 71—73. Febr. 1954. Baku, Aserbaidshan. Wiss. Forschungsinst. für Röntgeno-Radiol. u. Onkol.) RENTZ. 4160

Ss. I. Pechterewa, *Der Einfluß von Phenylurethan auf das Wachstum des Ehrlichkrebses bei Mäusen.* Von 86 weißen Mäusen mit experimentellem EHRLICH-Carcinom wurden vom Tage der Überimpfung an 30 Tiere 21 Tage lang u. weitere 30 bis zu ihrem Tode mit täglich 10 mg *Phenylurethan* (I) subcutan behandelt, während die restlichen 26 als Kontrollen dienten. Es zeigte sich, daß durch **I** das Wachstum des Krebses aufgehalten wird, jedoch nur solange das Mittel verabfolgt wird. Die Lebensdauer der Tiere wurde durch **I** nicht verlängert. In einer weiteren Gruppe von 75 Mäusen konnte die krebsstimulierende Wrkg. von *Arginin* (**II**; 150 mg alle 2 Tage, insgesamt 6 Injektionen) bestätigt werden. Bei gleichzeitiger Anwendung von **I** u. **II** ist die das Krebswachstum fördernde Wrkg. von **II** wesentlich herabgesetzt. (Бюллетень Экспериментальной Биологии и Медицины [Bull. exp. Biol. Med.] **37.** Nr. 2. 65—67. Febr. 1954. Moskau, 1. Med. Inst., Lehrstuhl für Biochem.) RENTZ. 4160

E. Storti und **R. Gallinelli,** *Behandlung der Lymphoidhämoblastosen mit einem neuen Colchicumalkaloid „Démécolcine".* Vff. behandelten 18 Fälle von Lymphogranulom, Lymphosarkom, lymphat. Leukämie, Myeloidleukämie, Reticuloendotheliom, Polycythämie „Rubra" u. Epithelneoplasie mit vorsichtig dosierten peroralen u. intravenösen Gaben (10 bzw. 6 mg täglich, bis 324 mg in 90 Tagen) von *Démécolcine* (**I**; Colchicumalkaloid = *Substanz F* = *Nr. 12669/A*) u. konnten bei Lymphogranulom, bes. wenn dieses noch unbehandelt war, sowie in 1 Fall von Lymphoidleukose gute Heilerfolge erzielen. Sehr unterschiedliche, zum Teil schwere Nebenwirkungen durch Störung der Granulocytopoese, weshalb es wichtig ist, nach Möglichkeit I-empfindliche Patienten in Testverss. auszuschalten. (Schweiz. med. Wschr. **84.** 612—15. 29/5. 1954. Modena, Italien, Univ., Ist. de Pathol. Med. spec.)
KRUSEN. 4160

E₂. Enzymologie. Gärung.

A. Vannotti, *Vitamine und Enzyme. Klinische Betrachtungen.* Bei Störungen in der Funktion der Fermente, hervorgerufen durch Mangel oder zu starken Verbrauch oder durch ungenügende Umbldg. in Co-Fermente, können Schädigungen eintreten, die mit dem Gewebestoffwechsel eng verknüpft sind. Charakterist. Symptome sind Veränderungen der Haut u. der Schleimhäute, nervöse Störungen, verschied. Formen von Anämie u. zirkulator. Störungen. Genaue u. ausführliche Besprechung unter klin. Gesichtspunkten der Rolle der Vitamine als wesentliche Bestandteile der Fermente. (Farmaco [Pavia], Ediz. prat. **8.** 377—82. Juli 1953. Lausanne, Univ., Clin. Méd.)
BENISCHKE. 4210

C. de Duve, R. Gianetto, F. Appelmans und **R. Wattiaux,** *Enzymgehalt in Mitochondrienfraktionen.* Aus verschied. Mitochondrienfraktionen wurden zahlreiche Enzyme isoliert. Die größeren Granula aus Rattenleber enthalten *Säurephosphatase* (**I**). Die *Cytochromoxydase* kommt in Teilchen mit niedrigerer Sedimentationskonstante vor. Es ist möglich, beide Granula durch Sedimentation oder Auswaschen zu trennen (unvollständig). Bestimmte Fraktionen enthalten definierte Enzyme. *β-Glucuronidase* (**II**) u. *Kathepsin* (**III**) sind **I** analog u. unterscheiden sich kaum in ihren Eigg. von **I**. Isolierungsverss. führten zu Gemischen von **I, II** u. **III**. Dies bestätigt die Theorie, wonach die Enzyme in bestimmten Teilen der Zelle lokalisiert sind. Die Granula gleichen eher Mitochondrien als Mikrosomen, da sie von Glucose-6-phosphatase zu trennen sind. Sie können aber auch als besondere Teilchen in der ganzen sedimentären Schicht verteilt sein. Es bleibt also unklar, ob es in der heterogenen Granulamenge homogene Gruppen gibt, also in bestimmten Fraktionen bestimmte Enzyme enthalten sind. (Nature [London] **172.** 1143—44. 19/12. 1953. Louvain, Belgien, Univ.)
LAMPRECHT. 4210

Robert A. Alberty und **Vincent Massey,** *Über den Einfluß der p_H-Änderung auf die maximale Anfangsgeschwindigkeit enzymatischer Reaktionen.* Die maximale Anfangsgeschwindigkeit einer enzymat. Rk. ist vom Dissoziationszustand ionisierbarer, die Aktivität beeinträchtigender Gruppen abhängig. Ionen enthaltende Substrate wirken auf die p_K-Werte dieser Gruppen u. der Enzymsubstratkomplexe in der Weise ein, daß bei negativer Ladung des Substratmol. die p_K-Werte der ionisierbaren Gruppen größer als die der Enzymsubstratkomplexe sind. Es wird eine Meth. zur Ermittlung der p_K-Werte der ionisierbaren Gruppen durch Auftragen der maximalen Anfangsgeschwindigkeit gegen die p_H-Werte angegeben. Der Einfl. der Rk. zwischen Pufferbestandteil u. Enzym auf die p_K-Werte wird besprochen. Die Best. der Ionisationskonstanten wird dann nicht gestört, wenn die Puffer-bindenden Stellen des Enzyms, die die maximale Anfangsgeschwindigkeit bewirken, bei niedriger Pufferkonz. abgesätt. sind. Bei Verwendung von Phosphatpuffern kann nicht entschieden werden, ob die nach der angegebenen Meth. erhaltenen p_K-Werte einem $H_2PO_4^-$, HPO_4^{2-} oder beide Ionen zugleich bindenden Enzym entsprechen. Ferner wird eine Bestimmungsmeth. der p_K-Werte der ionisierbaren Gruppen des freien Enzyms u. der des Enzymsubstratkomplexes durch Auftragen von V/K_m gegen die p_H-Werte vorgeschlagen. (Biochim. biophysica Acta [Amsterdam] **13.** 347—53. März 1954. Madison, Wis., Univ. of Wisconsin, Chem. Dep.) FAUST. 4210

P. R. N. Kind, E. J. King, Valerie Pash, W. Roman und **E. Schmidt,** *Hemmung von Enzymen durch Kieselsäure. Urease* wird durch *Kieselsäure* beträchtlich, *Pepsin, Trypsin, Erepsin, saure* u. *alkal. Phosphatase, Acetylcholinesterase, Amylase* u. die Autolyse asept. gewonnener u. bebrüteter Gewebe werden nur wenig, *Lipase* u. *Katalase* nicht gehemmt. Vff. verwendeten für ihre Unterss. neutralisiertes, dialysiertes u. mit Ionenaustauschern behandeltes Na-Metasilicat. — 3 Literaturangaben. (Biochem. J. **56.** XLV. April 1954. London, Postgraduate Med. School.) LAMP. 4210

Jean Maetz, *Die Kohlensäureanhydratase bei zwei verwandten Knochenfischen. Vergleich der Anhydrataseaktivitäten bei Perca und Serranus.* Beim Süßwasserfisch *Perca fluviatilis* (*L.*) u. Meeresfisch *Serranus scriba* (*L.*) u. *S. cabrilla* (*L.*) ergaben sich signifikante Unterschiede im Geh. an *Kohlensäureanhydratase* (*Carbonic anhydrase*), bes. in Kiemen, Schwimmblasen u. Blut, während z. B. Augen u. Pseudobranchien sich kaum unterschieden. Es könnte dies mit den unterschiedlichen physiol. Funktionen zusammenhängen. (C. R. Séances Soc. Biol. Filiales **147.** 204—06. Febr. 1953. Paris, Sorbonne, Labor. d'Anatomie comparée.) GIBIAN. 4210

Jean Maetz, *Die Kohlensäureanhydratase bei zwei verwandten Knochenfischen. In vivo-Untersuchung über die Hemmung durch Sulfonamide.* (Vgl. vorst. Ref.) Bei *Perca* u. *Serranus* führte einmalige intramuskuläre Injektion von 1 g *Na-p-Sulfonamidobenzoat* (**I**) pro kg auf 24—48 Std. zu wahrscheinlich vollständiger Hemmung der *Kohlensäureanhydratase*-Aktivität im Blut, in Kiemen, den Schwimmblasendrüsen, in den Choroida u. der Choroidaldrüse der Augen; Pseudobranchien u. Retina wurden nicht völlig gehemmt. Beim Salzwasserfisch Serranus ist die Wrkg. von etwas längerer Dauer. Die Acetylverb. von **I** ist prakt. unwirksam. (C. R. Séances Soc. Biol. Filiales **147.** 207—10. Febr. 1953.) GIBIAN. 4210

Jean Maetz, *Die Kohlensäureanhydratase bei zwei verwandten Knochenfischen. Wirkung der Sulfonamide auf die Chlorämie des Serranus.* (Vgl. vorst. Ref.) Parallel zur Hemmung der *Kohlensäureanhydratase* (**I**) in den Kiemen von *Serranus* durch unsubstituiertes Sulfonamid geht eine verstärkte Chlorämie, worin eine Stütze für die vermutete Bedeutung der **I** für die Osmoregulation mariner Knochenfische gesehen werden kann. (C. R. Séances Soc. Biol. Filiales **147.** 291—95. Febr. 1953.) GIBIAN. 4210

A. Bühlmann, A. Labhart, H. J. Holtmeier und **O. Spühler,** *Verschiebungen im Elektrolyt- und Säure–Basen-Gleichgewicht beim Menschen unter Carboanhydrasehemmung.* Klin. Bericht. Patienten erhielten eine hinsichtlich Trinkmenge, NaCl- u. K-Geh. standardisierte Diät u. zur *Kohlensäureanhydratase* (**I**)-Hemmung 20—25 mg *Diamox* (**II**; *2-Acetylamino-1.3.4-thiodiazol-5-sulfonamid*) pro kg Körpergewicht per os. Bei 5 Patienten kam es nach 24 Std. zu einer deutlichen Acidose, die sich aber trotz Fortsetzen der **II**-Gabe nicht weiter verstärkte, sondern eher verminderte. Spirometr. Unterss. am 3. Tage zeigten eine leichte Verminderung der CO_2-Ausscheidung, die Ventilation war dabei gesteigert, Na bleibt konstant, K ist etwas erniedrigt. Die Diurese ist am 1. Tag der **I**-Hemmung verstärkt u. nimmt dann wieder ab. Anfänglich fast vollständiges Verschwinden der titrierbaren Säuren, Verminderung der NH_4^+- u. Cl'-Ausscheidung, Ausschwemmung von Bicarbonat, alkal. Rk. des Harns. Alle diese Wirkungen gehen trotz fortgesetzter **II**-Verabreichung zurück. Vff. weisen auf eine Bedeutung für die Therapie hin. Die diuret. Wrkg. von **II** ist ganz eindeutig; einen Sinn hat nur Stoßtherapie in kleinen Dosen. Bei schwer ödematösen Patienten dürfte die Kombination mit den vorwiegend die Na^+- u. Cl'-Diurese fördernden Hg-Präpp. günstig sein. (Helv. med. Acta **20.** 323—27. Nov. 1953. Zürich, Univ., Med. Poliklinik.) BRATFISCH. 4210

H. J. Holtmeier, O. Spühler, A. Bühlmann und **A. Labhart,** *Der Einfluß der Carboanhydrasehemmung auf die Niere im Tierversuch.* Hemmung der *Kohlensäureanhydratase* (I) in den Nierentubuli im Tiervers. durch *Diamox* führte zu schweren Nierenfunktionsstörungen, die in vielen auffallenden Befunden der chron. interstitiellen Nephritis gleichen. Vff. erscheint es als bes. bemerkenswert, daß derartig schwere Funktions- u. Durchblutungsstörungen, die unter Konzentrationsschwäche im Harn, später unter Anurie, Azotämie u. Anämie zum Tode führen, ohne morpholog. faßbare Veränderungen in den Nieren einhergehen können. Zu klären ist, ob nachweisbare Veränderungen bei längerer Nierenfunktion auftreten können, ob I-Ausfall alle Funktionsstörungen erklären kann oder ob extrarenale Faktoren, z. B. hämodynam. Art, mit im Spiel sind. (Helv. med. Acta **20.** 328—34. Nov. 1953. Zürich, Univ., Med. Poliklinik.) BRATFISCH. 4210

Vincent Massey und **Robert A. Alberty,** *Ionisationskonstanten der Fumarase.* Die Fumarase (I) wurde nach der Meth. von MASSEY oder der von FRIEDEN, BOCK u. ALBERTY hergestellt. . Die I-Aktivität wurde nach RACKER spektrophotometr. bestimmt. Zwei voneinander unabhängige Methoden ergaben gleiche Werte für die saure u. bas. Ionisationskonstante der Enzym–Substrat-Komplexe. Unter der sauren bzw. bas. Ionisationskonstante werden die jener Gruppen verstanden, die für die Teile der p_H-Aktivitätskurve im sauren bzw. bas. Gebiet verantwortlich sind. Im Falle der Fumarase wird durch Auftragen der maximalen Anfangsgeschwindigkeit gegen die p_H-Werte eine symm. glockenförmige Kurve erhalten, die mathemat. nur durch zwei Ionisationskonstanten erklärt werden kann. Die Ionisationskonstanten dieser Gruppen werden durch Zusatz verschied. Anionen (Phosphat, Thiocyanat) verändert. Damit wird der Einfl. von Anionen auf die I-Aktivität erklärt. Durch monovalente Anionen wird hauptsächlich die saure, durch polyvalente Anionen die bas. Ionisationskonstante vergrößert. Als Substrat dienten Salze der Äpfel- u. Fumarsäure. Substratzusatz vergrößert beide Ionisationskonstanten. Nach den vorliegenden Ergebnissen könnte es sich bei den ionisierbaren Gruppen um eine Carboxyl- u. eine Imidazolgruppe handeln. (Biochim. biophysica Acta [Amsterdam] **13.** 354—59. März 1954. Madison, Wis., Univ. of Wisconsin, Dep. of Chem.) FAUST. 4210

Robert E. Asnis und **Arnold F. Brodie,** *Eine Glycerindehydrogenase von Escherichia coli.* Ein Glycerindehydrogenasesyst. in E. coli katalysiert die Oxydation von Glycerin zu Dihydroaceton. Es ist an die Ggw. von *Diphosphopyridinnucleotid* (*DPN*) gebunden u. relativ hitzebeständig sowie alkaliresistent. Der optimale p_H-Bereich liegt bei 10. Anorgan. Phosphate spielen bei der Rk. keine Rolle. Rkk., bei denen die Oxydation von DPN beteiligt ist, verlaufen reversibel nach der Gleichung Substrat — H_2 + DPN^+ = Substrat + DPNH + H^+. Daraus ist erkennbar, daß Ggw. von H-Ionen die Rk. rückgängig macht. Hieraus erklärt sich das relativ hohe p_H-Optimum. Na-p-Chlorquecksilberbenzoat, Zn^{2+}, Cu^{2+}, Fe^{3+} hemmen die Enzymtätigkeit. (J. biol. Chemistry **203.** 153—59. Juli 1953. Univ. of Pennsylvania.) LENHARD. 4210

Shirley E. Gunter, *Enzymatische Oxydation der p-Oxymandelsäure zur p-Oxybenzoesäure.* Es wird die Oxydation von *p-Oxymandelsäure* (I) zu *p-Oxybenzoesäure* (II) durch Enzyme von Pseudomonas fluorescens untersucht. Durch Züchtung von P. fluorescens in einem I enthaltenden Medium wird das Oxydationsvermögen erhöht. I wird zu p-Oxybenzoylameisensäure (III) dehydriert. Aus III entsteht durch Decarboxylierung p-Oxybenzaldehyd, der zu II oxydiert wird. Durch 4tägige Dialyse gegen 0,1 mol. Na_2HPO_4-Lsg. bei 3° von Extrakten aus P. fluorecens wird das die Decarboxylierung von III bewirkende Enzym inakt., während das die Dehydrierung von I katalysierende akt. bleibt. Von nicht dialysierten Extrakten wird III gleich zu II decarboxyliert. Die Oxydation von I zu II verläuft in ähnlicher Weise wie die von Mandelsäure zu Benzoesäure. (J. Bacteriol. **66.** 341—46. Sept. 1953. Berkeley, Calif., Univ. of California, Dep. of Bacteriol.) FAUST. 4210

Sidney Cohen, Judith B. Kushnick und **Carola V. Purdy,** *Beobachtungen über mycobakterielle Esterasen mit einer Reihe synthetischer Substrate.* Es werden Untersuchungsergebnisse über enzymat. Hydrolysen homologer Reihen von β-Naphthylfettsäureestern (I) durch Suspensionen u. Extrakte saprophyt. Mycobakterien u. Tuberkelbacillen angegeben. Alle geprüften Mycobakterien (einige Stämme von Mycobacterium tuberculosis, M. smegmatis, M. lacticola, M. phlei, M. butyricum) hydrolysieren I rasch, dagegen ist Pseudomonas aeruginosa mäßig akt., Micrococcus pyogenes u. Escherichia coli nur schwach. Corynebacterium diphtheriae, Streptococcus pyogenes

u. Proteus vulgaris besitzen keine meßbare Aktivität. Die I-Spaltung ist der Enzymkonz. proportional. Am leichtesten werden die Propionsäureester hydrolysiert. Bei C_8—C_{12}-Fettsäuren sind saprophyt. Mycobakterien aktiver als Tuberkelbacillen. Die mycobakteriellen Esterasen werden durch typ. Esteraseninhibitoren gehemmt, wobei die Hemmung der Tuberkelbacillen allg. größer ist als die der saprophyt. Mycobakterien. (J. Bacteriol. **66.** 266—73. Sept. 1953. Boston, Mass., Dep. of Clin. Labor., Beth Israel Hosp. u. Dep. of Med., Harvard Med. School.) FAUST. 4210

J. E. M. Whitehead, P. Wildy und **H. C. Engbaek,** *Arylsulfataseaktivität von Mycobakterien.* Ausgedehnte Unterss. über das Auftreten u. die Aktivität von *Arylsulfatase* (I) bei **154** Stämmen von Mycobakterien, vor allem den verschied. Tuberkulosetypen. Diese wurden 14 Tage bei 37° auf Albumin-Nährböden mit einem Geh. an 0,001 n-*Trikaliumphenolphthaleindisulfat* gezüchtet. Die I-Aktivität wurde durch das freigemachte Phenolphthalein mittels 2 n NaOH ermittelt. Sie erwies sich als recht unterschiedlich bei den einzelnen Arten u. Stämmen. (J. Pathol. Bacteriol. **65.** 451—60. April 1953. Copenhagen, State Serum Inst., Tuberculosis Div.) GERDA SCHULZE. 4210

Harold J. Strecker, Howard Sachs und **Heinrich Waelsch,** *Thioesterasen für Acyl- und Aminoacylmercaptane.* Im Hinblick auf die Bedeutung der Acylmercaptane in biosynthet. Prozessen berichten Vff. über *Thioesterasen* in Rinderhirncortex u. -leber. die die Hydrolyse aliphat. Acyl- u. Aminoacylmercaptane des Glutathions (I) u. N-Acetylcysteins katalysieren. Das Verhältnis der spezif. Aktivitäten verschied. Ammoniumsulfatfraktionen eines Rinderleberextraktes mit *S-Acetylglycyl-*, *S-Crotonyl-*, *S-L-Alanyl-*I u. *S.N-Diacetylcystein* als Substrat zur spezif. Aktivität mit *S-Acetyl-*I(II) als Substrat schwankt von einer Fraktion zur anderen sehr stark. Bei *S-L-α-Glutamyl-*I u. II dagegen bleiben die Verhältnisse in engeren Grenzen als bei allen anderen Substraten. Beim *S-L-γ-Glutamyl-*I konnten wegen der Unbeständigkeit keine vergleichbaren Werte erhalten werden. Die Spezifität der Thioesterasen bezog sich nicht nur auf den Säurerest, sondern auch auf das Mercaptan, wie unterschiedliche Hydrolysegrade bei II u. *S.N-Diacetylcystein* in verschied. Fraktionen zeigten. Die Ergebnisse können die Möglichkeit nicht ausschließen, daß *α-Glutamyl-*I u. II vom gleichen Enzym hydrolysiert werden. Die die Hydrolyse der anderen Acylmercaptane katalysierenden Enzyme scheinen sich sowohl untereinander als auch von der II-Thioesterase zu unterscheiden. — *S-L-α-* u. *S-L-γ-Glutamyl-*I aus *α-* oder *γ-Carbobenzyloxy-thio-glutaminsäure* u. I u. anschließendes Entfernen des Carbobenzyloxyrestes mit HBr in Phenol–Essigsäure. Die Acylmercaptane wurden als Hydroxamsäuren nach Rk. mit Hydroxylamin bestimmt. (J. Amer. chem. Soc. **76.** 3354—55. 20/6. 1954. New York, N. Y., Columbia Univ., Dep. of Biochem.) KLAMANN. 4210

Howard H. Chauncey, Fabian Lionetti, Richard A. Winer und **Vincent F. Lisanti,** *Enzyme des menschlichen Speichels.* 1. Mitt. *Bestimmung, Häufigkeit und Herkunft der Speichelenzyme.* In Speichelproben von 56 Personen wurden *saure* (I) u. *alkal. Phosphatase, Gesamtesterasen* (II), *Cholinesterase* (III), *Lipase* (IV), *Arylsulfatase* (V), *β-D-Galactosidase, β-Glucuronidase* (VI), *Lysozym* (VII) u. *Hyaluronidase* identifiziert u. ihre Aktivitäten bestimmt (Tabellen). I—IV, VI u. VII sind im Sekret der Parotis enthalten. Die oralen Mikroorganismen können sämtliche untersuchten Enzyme außer V u. VII produzieren. — 42 Literaturstellen. (J. Dental Res. **33.** 321—34. Juni 1954. Boston, Mass., Boston Univ., School of Med., Dep. of Biochem., u. Tufts Coll., Dental School, Dep. of Dental Res.) KLESSE. 4210

Edith Zak Helman und **David F. Mitchell,** *Phosphatase im menschlichen Speichel — ihre Beziehung zu Zahnstein und Anzahl der Lactobacillen.* Entgegen den Befunden anderer Autoren, die eine *saure* u. eine *alkal. Phosphatase* in menschlichem Speichel festgestellt haben, können Vff. nur eine *Phosphatase* (I) mit einem Optimum bei p_H 5,5 nachweisen. Eine Beziehung des I-Spiegels des Speichels zum Auftreten von Speichelstein sowie zu der Anzahl der Lactobacillen im Speichel war nicht festzustellen. (J. Dental Res. **33.** 335—38. Juni 1954. Minneapolis, Minn., Univ. of Minnesota, School of Dent.) KLESSE. 4210

Eugene Goldwasser, *Die enzymatische Umwandlung von Adenin in Adenosinphosphat.* Zellfreie Taubenleberpräpp. (I) bilden *5-Adenylsäure* aus *Adenin* (II). Die Adenylsäurebldg. erfolgt zumindest auf 2 verschied. Weisen, durch Phosphorylierung von Adenosin u. direkt aus II ohne Adenosin als notwendiges Zwischenprodukt. Die Enzyme werden nach dem Zentrifugieren in der lösl. Fraktion des Taubenleberhomogenats gefunden u. mit markiertem $^{14}C_{(8)}$-Adeninhydrochlorid bei 37° 30 Min. incubiert. Die Nucleotide werden als Ba-Salze ausgefällt, anschließend das Ba abgetrennt u. die Gesamtmenge an Nucleotiden durch Absorption bei 260 mμ sowie der

^{14}C-Geh. bestimmt. I enthalten keine Xanthinoxydase. In I gefundenes Hypoxanthin wird nicht direkt aus II gebildet. Nach Incubation von I mit markiertem II konnten papierchromatograph. Adenylsäure, Adenosindiphosphat (ADP), Adenosintriphosphat sowie eine noch nicht identifizierte II-Verb., wahrscheinlich ein Nucleotid, nachgewiesen werden. Der R_F-Wert der noch nicht identifizierten Verb. liegt zwischen dem von ADP u. dem von Adenylsäure. (Biochim. biophysica Acta [Amsterdam] **13.** 341—46. März 1954. Copenhagen, Univ., Inst. for Cytophysiol.) FAUST. 4210

Reino Mäkitalo, *Die Wirkung von Pilzextrakten auf Hefennucleinsäure.* Extrakte von 130 Pilzarten (*Hymeno- Disco-, Gastero-* u. *Myxomyceten*) wurden nach der Säurefällungsmeth. nach DAVIDSON-WAYMOUTH auf ihre *Ribonuclease* (I)-Aktivität geprüft. I ist in einem breiten p_H-Bereich wirksam, das Optimum liegt bei p_H 4,5; Temperaturoptimum bei 50—70°, bei 80° Inaktivierung innerhalb von 10 Minuten. 27% der untersuchten Pilze waren inakt., 62% mäßig u. 11% stark aktiv. (Ann. Med. exp. Biol. fenn. **31.** 348—60. 1953. Helsinki, Univ., Dep. of Serol. and Bact.) HANS THIELE. 4210

D. E. Hughes und **D. H. Williamson,** *Die Desamidierung von Nicotinamid durch Bakterien.* Bei 7 Lactobacillusarten wurde ein Enzym zur Umwandlung von Nicotinsäureamid in Nicotinsäure u. NH_3 gefunden. 11 andere Bakterienarten enthielten mit Ausnahme von Staphylococcus albus das Enzym nicht. Die Bldg. der Nicotinsäureamiddesamidase erfolgt unabhängig von der Zus. des Nährmediums; p_H-Optimum des Fermentes 5—8. Das Ferment greift keine anderen natürlichen Nicotinsäureamid-Derivv. an. Die Best. der Nicotinsäure neben Nicotinsäureamid erfolgte spektrophotometr. nach der Bromcyanmethode. (Biochem. J. **55.** 851—56. Dez. 1953. Sheffield, Univ.) LINGENS. 4210

Merrill N. Camien, Lawrence E. McClure, Albert Lepp und **Max S. Dunn,** *Die Darstellung von γ-Aminobuttersäure durch enzymatische Decarboxylierung von l-Glutaminsäure.* Vff. beschreiben eine Meth. zur Darst. von *γ-Aminobuttersäurehydrochlorid* durch Isolierung aus dem Reaktionsgemisch, das durch Einw. einer spezif. *l*-Glutaminsäuredecarboxylase aus Clostridium perfringens SR–12 (ATCC 8009) auf *l*-Glutaminsäure erhalten wurde. (Arch. Biochem. Biophysics **43.** 378—88. April 1953. Los Angeles, Calif., Univ. of California, Chem. Labor.) NEHRING. 4210

N. A. Khan, *Biologische Oxydation.* 1. Mitt. *Infrarot-Untersuchungen an der durch Lipoxydase katalysierten Oxydation von Linolsäure.* Bei p_H 9 wird Natriumlinolat unter Rühren bei 0° in Ggw. von Lipoxydase oxydiert (bis zu 50% der theoret. O_2-Menge); nach dem Ansäuern mit HCl u. Zugabe von A. (20—25%ig. Lsg. in bezug auf A.) Extraktion mit Ae.; nach Abdestillieren desselben Konzentrierung der Peroxydlsg. durch Gegenstromverteilung zwischen 87%ig. A. u. Heptan als nichtmischbare Fl.; Red. des instabilen Peroxydes mit $SnCl_2$ zur Monooxylinolsäure. Zu Vergleichszwecken katalyt. Oxydation von Methyllinolat unter 0°; Aufarbeitung in analoger Weise u. Red. zum Monooxyester. Aufnahme der Infrarotspektren der Monooxylinolsäure u. ihres Methylesters. Unter Berücksichtigung der Literatur wird auswertend abgeleitet, daß die Absorptionskurven der beiden Reaktionsprodd. innerhalb des in Betracht kommenden Bereiches ident. sind. Als anwesend sind 2 isomere Verbb. anzusehen, nämlich die konjugierte cis–trans- u. die konjugierte trans–trans-Form. Daraus wird gefolgert, daß die durch Lipoxydase katalysierte Autoxydation der Linolsäure sich hinsichtlich der Bldg. von konjugierten Prodd. analog wie die gewöhnliche Autoxydation vollzieht, wenn auch TAPPEL u. Mitarbeiter (J. biol. Chemistry **199.** [1952.] 267) einen etwas anderen Reaktionsmechanismus dafür diskutieren. Es wird angenommen, daß die prim. gebildeten freien Radikale ($C_{(11)}$ der Linolsäure) in die stabilere Radikalform mit $C_{(9)}$ u. $C_{(13)}$ übergehen u. damit Anlaß zur Konjugierung der Linolsäure werden. (Arch. Biochem. Biophysics **44.** 247—49. Mai 1953. Austin, Minn., Hormel Inst.) TÄUFEL. 4210

Morris N. Green, Leonard J. Friedman und **Arnold M. Seligman,** *Darstellung von 2-[Naphthoxy-(2′)]-propionsäure und 2-[6′-Bromnaphthoxy-(2′)]-propionsäure als mögliche chromogene Substrate für Fettsäureoxydasen. 2-[Naphthoxy-(2′)]-propionsäure* (**I**) u. ihr *6′-Bromderiv.* (**II**) sollten durch Fettsäureoxydasen zu Naphthol-(2) (**III**) bzw. 6-Bromnaphthol-(2) (**IV**) abgebaut werden, die sich durch Kupplung mit Diazoniumsalzen leicht bestimmen lassen. Vff. synthetisierten **I** u. **II** u. prüften ihre Angreifbarkeit durch Oxydasen. In vivo (Ratten u. Kaninchen) trat der erwartete Abbau ein, nach Fütterung von **I** bzw. **II** war **III** bzw. **IV** im Harn nachweisbar. Naphthoxy-(2)-essigsäure lieferte, entsprechend der Theorie der *β*-Oxydation, unter gleichen Bedingungen kein **III**. Verss. mit Gewebshomogenaten (aus Rattenleber, Nieren, Herz u. Pankreas) in vitro ergaben bei kurzen Incubationszeiten gar keine, bei sehr großen Homogenatkonzz. u. langen

Reaktionszeiten sehr geringe, schlecht reproduzierbare Oxydationseffekte (maximal $0{,}12 \cdot 10^{-6}$ Mol **III**/24 Std. u. 100 mg Homogenat im cm^3). Auch wachsende Bakterienkulturen (E. Coli, B. subtilis u. S. aureus) bauten **I** bzw. **II** nicht ab. **I** u. **II** wirkten im Gegenteil sehr stark hemmend auf die Octanoatoxydation u. auf die innere Atmung der Homogenate ein, ähnlich wie phenylsubstituierte Fettsäuren. — **I**, F. 142° (Bzl./PAe.), nach der Meth. von GRESHAM u. Mitarbeitern (C. **1950.** I. 39) aus β-Propiolacton, **III** u. NaOH; 26% (Ausbeute). — *2-[6'-Bromnaphthoxy-(2')]-propionsäure*(**II**), $C_{13}H_{11}O_3Br$, F. 179—181° (CH_3OH oder A.), durch Rk. von **I** mit 2 Mol Br_2 in Eisessig (zuletzt $^1/_4$ Std. Kochen) u. nachfolgende Red. mit Sn-Schwamm (2 Std. Kochen); 60%. (J. Amer. chem. Soc. **76.** 48—50. 5/1. 1954. Boston, Mass., Harvard Med. School, Dep. of Surg., u. Beth Israel Hosp., Yamins Labor. for Surgical Res.) PRACEJUS. 4210

A. Leonard Sheffner, *Beziehung zwischen der oxydativen und fermentativen Phase bei der Anpassung der Saccharomyces cerevisiae an Galaktose.* Bei der aeroben Anpassung an die Ausnutzung von Galaktose durch *Saccharomyces cerevisiae* tritt erst eine oxydative Phase, bei der der respirator. Quotient 1 ist, auf, die von einer fermentativen Phase abgelöst wird. In Zusammenhang damit stehen eine Reihe von Enzym-Rkk., die die Galaktose für die Aufnahme durch die Hefezellen vorbereiten. Die Anpassung beginnt mit der Speicherung von Kohlenhydraten, zum Teil als Glykogen, zum Teil als glykolyt. Zwischenprodd.; dann wird Galaktose zu Brenztraubensäure umgesetzt u. gespeichert. Damit sind die oxydativen Vorgänge zu einer Sättigung gelangt, u. die fermentative Phase setzt ein. (Nature [London] **171.** 1073. 13/6. 1953.) LENHARD. 4270

Rudolf Weidenhagen, Hrsg. Ergebnisse der Enzymforschung. Bd. 13. Leipzig: Geest & Portig. 1954. (VIII + 314 S. m. 25 Abb.) DM 25,50.

E_3. Mikrobiologie. Bakteriologie. Immunologie.

W. B. Sutton und **C. H. Werkman,** *Die Kohlenstoff- und Stickstoffvorläufer bei bakteriellen Purinen.* (Vgl. Arch. Biochem. Biophysics **32.** [1951.] 85.) Aerobacter aerogenes wurde in einem Glucose–$(NH_4)_2SO_4$-Nährboden, der außerdem $^{15}NH_2 \cdot CH_2 \cdot {}^{13}COOH$ oder $CH_3{}^{13}COOH$ enthielt, bebrütet. In aus diesen Ansätzen isoliertem *Adenin* u. *Guanin* (**I**) wurden die Isotopen massenspektrometr. bestimmt. Außerdem wurde **I** nach WULFF (Hoppe-Seyler's Z. physiol. Chem. **17.** [1893.] 468) abgebaut, wodurch Glycin entsteht, das die Atome 4, 5 u. 7 von **I** enthält. Aus dem Glycin wurde weiterhin mit Ninhydrin die Carboxylgruppe abgespalten. In weiteren Verss. wurde **I** mittels $KMnO_4$ oxydiert, wobei Guanidin (mit $C_{(2)}$), Harnstoff (mit verringertem $C_{(8)}$) u. CO_2 (aus $C_{(4)}$, $C_{(5)}$ u. $C_{(6)}$) entstehen. Es wurde gefunden, daß der Isotopengeh. der Purine von der Menge des zugesetzten Glycins abhängt, das zur Bldg. von $C_{(4)}$, $C_{(5)}$ u. $C_{(7)}$ dient. Isotopes C aus $^{13}CO_2$, das dem Nährboden zugesetzt wurde, konnte im $C_{(6)}$ wiedergefunden werden. Acetat wurde nicht zur Synth. der Purine verwertet. — $^{15}NH_2 \cdot CH_2{}^{13}COOH$ wurde nach SAKAMI u. Mitarbeiter (vgl. C. **1948.** I. 1092) aus ^{15}N-Phthalimid u. $K^{13}CN$ dargestellt; $CH_3{}^{13}COOH$ nach GRIGNARD aus CH_3J u. $^{13}CO_2$. (Arch. Biochem. Biophysics **7.** 1—7. Nov. 1953. Ames, Io, State Coll., Dep. of Bacteriol u. Atomic Res. Inst.) LINGENS. 4320

R. Jeener, *Ribonucleinsäure- und Proteinsynthese in kontinuierlichen Kulturen von Polytomella coeca.* (Vgl. C. **1953.** 1500.) Vf. beschreibt App. u. Bedingungen für kontinuierliche Kulturen von Polytomella caeca, deren Wachstumsgeschwindigkeit sich über längere Zeiträume konstant erhalten u. innerhalb weiter Grenzen willkürlich ändern läßt. In diesen stetig wachsenden Kulturen fand Vf. eine enge Beziehung zwischen der Geschwindigkeit der *Proteinsynth.* u. der Menge an *Ribonucleinsäure*, die in den Zellen im Überschuß gegenüber einem konstanten Grundwert vorhanden ist. (Arch. Biochem. Biophysics **43.** 381—88. April 1953. Belgium, Brussels, Univ. of Brussels, Labor. of Animal Physiol.) NEHRING. 4320

A. N. Kasakowa, *Weitere Untersuchungen der baktericiden Eigenschaften von trockenem Knoblauch.* (Vgl. auch LOGATSCHEWA, C. **1954.** 10520, u. KASAKOWA, C. **1954.** 10520.) 1 g *Knoblauchpulver* ergab nachst. mittlere sterile Zonen (in mm) bei Kontaktprüfung bzw. Prüfung der flüchtigen Fraktionen: *Staphylococcus* 56 bzw. 50, *Bact. coli* 49 bzw. 48, *Sarcine* 49 bzw. 46. Die bakterizide Wrkg. des Knoblauchpulvers nahm im Vgl. zum Frischprod. bei Kontaktprüfung um 24%, bei Prüfung der flüchtigen Fraktionen um 30% ab. (Журнал Микробиологии, Эпидемиологии и Иммунобиологии [J. Mikrobiol., Epidemiol., Immunobiol.] **1953.** Nr. 8. 17—18. Aug. Samarkand, Med. Pawlow-Inst., Lehrstuhl für Mikrobiol.) LEBTAG. 4340

Seigo Hosoya, Nobuhiko Komatsu, Momoe Soeda, Yasuo Saburi, Kazuo Okada und **Sachiko Watanabe,** *Untersuchungen über H-2053 und Luteomycin durch Gegen-*

stromverteilung. Wie die Ergebnisse der Gegenstromverteilung im MCILVAINE-Puffer-/Essigester-Syst. bei p_H 5,8 zeigen, scheint die Hauptkomponente von *H-2053* mit *Luteomycin* ident. zu sein. (J. Antibiotics [Tokyo], Ser. B **6.** 1—2. Jan. 1953. Tokyo, Univ., Inst. for Infectious Diseases. [Orig.: japan.; engl. Auszug in Ser. **A 6.** 42. Febr. 1953.]) GOEBEL. 4340

Howard T. Dulmage, *Die Produktion von Neomycin durch Streptomyces fradiae in synthetischen Substraten.* In einer synthet. Nährlsg. üblicher Zus., enthaltend (5—10 g/Liter) $NaNO_3$, *α-Alanin, l-Asparaginsäure, dl-Asparaginsäure, d-Glutaminsäure, l-Glutaminsäure, l-Histidin, l-Prolin* oder *dl-Threonin* als N-Quelle liefert der *Streptomyces fradiae*-Stamm Nr. 3535 *Neomycin.* Andere Aminosäuren u. NH_3-Salze sind nicht in diesem Sinne verwertbar. Setzt man Glutamat ein, so dient diese Verb. gleichzeitig auch als C-Quelle, wobei allerdings der Zusatz kleiner Mengen Glucose fördernd wirkt. Die Ausbeuten an *Neomycin* lassen sich erhöhen, wenn man die Glucose durch *Mannose, Arabinose, Na-Malat* oder *Na-Citrat* ersetzt. (Appl. Microbiol. **1.** 103—06. März 1953. New Brunswick, N. J., Univ., Agric. Exp. Stat., Dep. of Microbiol.) J. KEIL. 4340

H. A. Lechevalier und **C. T. Corke,** *Die Replica-Plattenmethode zur Auslese von antibioticabildenden Organismen.* Nach der Plattenmeth. von LEDERBERG u. LEDERBERG (J. Bact. **63.** [1952.] 399) ließen sich in kürzester Zeit antibioticabildende Actinomyceten erkennen bei gleichzeitiger Vorprüfung des Spektr. ihrer Wirksamkeit. (Appl. Microbiol. **1.** 110—12. März 1953.) J. KEIL. 4340

Gardner Middlebrook, *Isoniazidresistenz und Katalaseaktivität von Tuberkelbacillen.* Vorläufiger Bericht. Zum Nachw., ob *Isoniazid* (**I**) unter physiol. Bedingungen mit *Fe-Porphyrin* reagiert, wurden Verss. mit Varianten verschied. virulenter Tuberkelbacillenstämme durchgeführt, die gegenüber **I** in vitro sehr resistent waren u. deren pathogene Eigg. für Meerschweinchen unter bestimmten experimentellen Bedingungen deutlich reduziert waren. Es war keine „Katalaseaktivität" in vitro (weder in Ggw. noch bei Abwesenheit von **I**) festzustellen, während die **I**-empfindlichen Stämme positive Rk. zeigten. (Amer. Rev. Tubercul. **69.** 471—72. März 1954. Denver, Colo., National Jewish Hosp. u. Univ. of Colorado, School of Med., Dep. of Microbiology.) DOSSMANN. 4340

M. E. Parmala, *Empfindlichkeit von Mikrokokken gegenüber 10 Antibioticis.* 10 Mikrokokkenstämme wurden gegenüber 10 Antibioticis nach der Verdünnungsmeth. in Nährbouillon getestet. (Laboratoriumsstämme *Oxford* u. *Orion* u. 8 frisch isolierte Stämme.) Resistenz zeigten gegenüber *Penicillin* (0,3—6,0 I. E./cm^3) 2, *Streptomycin* (0,3—3,0 γ/cm^3) 3, *Aureomycin* (1,5—6,5 γ/cm^3) 3, *Chloromycetin* (3,0 bis 6,0 γ/cm^3) 2, *Terramycin* (0,3—0,8 γ/cm^3) 3 u. *Polymyxin* 10 Stämme. *Bacitracin* (0,5—2,5 E./cm^3) wie auch bes. *Carbomycin* (0,2—0,4 γ/cm^3), *Erythromycin* (0,02 bis 0,08 γ/cm^3) u. *Neomycin* (0,01—0,2 γ/cm^3) wirkten später. Diese starken Aktivitäten ermöglichen es, auch die resistenten Keime mit Aussicht auf Erfolg anzugeben. (Ann. Med. exp. Biol. fenn. **31.** 371—73. 1953. Helsinki, Univ., Dep. of Serol. and Bact.) HANS THIELE. 4340.

W. F. Kondratjewa, *Ein Versuch zur Herstellung eines Trockenmediums für den Nachweis von B. perfringens.* Der vorgeschlagene Trockennährboden besteht aus 8 g Trockenmilch, 10 g Pepton, 5 g NaCl, 1 g Glucose u. 6 g Na_2SO_3. 0,3 g dieser Mischung werden nach Zugabe zu 10 cm^3 sterilem Leitungsw. 15—30 Min. auf 100° erhitzt, abgekühlt u. mit 2 Tropfen $FeCl_3$ versetzt. Die Kulturen von *B. perfringens* (Bp) zeigen auf diesem Nährboden nach 1½—10½ Std. eine Schwarzfärbung, die nur noch mit B. coli nach 24 Std. eintritt. Der Nährboden eignet sich für die Best. des Bp-Titers des Bodens u. für die Schnelldiagnose von Bp bei Wundinfektionen. (Журнал Микробиологии, Эпидемиологии и Иммунобиологии [J. Mikrobiol., Epidemiol., Immunobiol.] **1953.** Nr. 8. 64—65. Aug. Kirow-Inst. für Ärztefortbildg., Lehrstuhl für Mikrobiol.) LEBTAG. 4350

W. Lindquist, *Ein biologischer Test auf Aldohexosen.* Folgende Aldohexosen können in einem Schnellverf. bei $4 > p_H > 7$ u. einer Temp. $> 25°$ nachgewiesen werden: *Glucose, Mannose, Maltose* u. *Saccharose* (nach einiger Zeit). Sie verzögern in einer Konz. von 0,1% die Flockung wss. Hefesuspensionen. Dieses Verh. zeigen nicht: Fructose, Galaktose, Lactose, Xylose, Arabinose u. Dextran. Ca^{2+} u. Mg^{2+} begünstigen eine Flockung. (Nature [London] **171.** 393. 28/2. 1953. Lindsbergsgatan, Uppsala, Schweden.) LENHARD. 4360

N. N. Beresowskaja und **L. I. Iljina,** *Der Einfluß der Toxine von Bac. perfringens auf den Umsatz der Phosphorverbindungen bei Meerschweinchen.* An Meerschweinchen mit experimenteller Gasgangrän wird mit Hilfe von ^{32}P festgestellt, daß der P-Umsatz in den Lungen, im Knochengewebe u. in den Hoden herabgesetzt, hingegen im Gehirn u. in den Muskeln, in welche das Toxin von Bac. perfrigens (hauptsächlich aus α-Toxin bestehend) injiziert worden war, erhöht ist, was sich durch gesteigerte Durchlässigkeit der Gefäße erklärt. Eine eingehende Unters. verschied. Hirnteile ergab, daß die Fraktionen des *anorgan.* u. *säurelösl. P* fast um das 2fache zugenommen haben, während die Aktivität der *Phospholipoide* u. *Nucleoproteide* keine Veränderungen zeigt. (Бюллетень Экспериментальной Биологии и Медицины [Bull. exp. Biol. Med.] **37.** Nr. 2. 44—47. Febr. 1954.) RENTZ. 4370.

G. R. Williams, *Lipoproteinumwandlungen unter dem Einfluß von Heparin und Clostridium welchii-α-Toxin.* Die Anreicherung (ANFINSEN u. Mitarbeiter; Science **115.** [1952.] 583) des *Lipämie-Klärungsfaktors* (**I**) aus heparinisiertem Plasma (Hund) wurde wiederholt u. die Kinetik der Lipämie-Klärung, sowie die Beziehung des Kläreffektes zur Trübung menschlichen Serums durch *Clostridium cwelhii-α-Toxin* (**II**) (*Phospholipase C*-Quelle) untersucht. Vorbehandlung von Lipämie-Serum mit **II** bringt den Kläreffekt zum Verschwinden. Vorbehandlung menschlicher Nüchternsera mit **I** unterdrückt die durch anschließende Incubation mit **II** hervorgeufene Trübungszunahme. Die Ergebnisse werden in Zusammenhang mit der derzeitigen Vorstellung über die Plasma–Lipoprotein-Struktur diskutiert. (Biochim. biophysica Acta [Amsterdam] **13.** 72—79. Jan. 1954. Toronto, Ont., Canada, Univ., Banting u. Best Dep. of Med. Res.) K. MAIER. 4370

Hamao Umezawa, Tomio Takeuchi, Yoshirō Okami, Kiyoshi Oikawa und **Tadakatsu Tazaki,** *Über Abtrennungsmethoden für Substanzen mit Antiviruswirkung, die durch Streptomyces gebildet wurden und über eine Verbindung mit Antiviruswirkung: Achromoviromycin.* Es wird über die Abtrennung von Verbb. mit Antiviruswrkg. aus Streptomyces nach 2 Methoden berichtet (Agardiffusionsmeth. gegen Glycerin-Nähragar oder SEITZ-filtriertes Gemisch von Glycerinkultur + Glucosekultur); beide Verff. lieferten dieselben Ergebnisse. Test: Ein Gemisch aus gleichen Volumenteilen japan. Encephalitis-B-Suspension (E_B), bzw. Pferdeencephalitis (E_P) + vorst. Dialysat bzw. Filtrat wurde bei der Maus intracerebral injiziert. Folgende Antivirusverbb. wurden erhalten: Aus *Streptomyces griseus Grisein* oder eine griseinähnliche Verb., die weder bei p_H 7,0 noch bei 2,0 mit Essigester extrahierbar war; [Wirksamkeit] E_B +, E_P —. Aus *S. albidoflavus Streptothricin A*, E_B +, E_P —. Aus *S. abicoensis Abicoviromycin*, E_B u. E_P +; die gegen E_B wirksame Verb. konnte nicht mit Essigester extrahiert werden, sie ist vom Anti-E_P-Stoff verschieden. 10 Stämme von S. abicoensis u. einer von S. rubescens waren E_B —, E_P +. 119 andere S.-Stämme waren inaktiv. Stamm Z-4—1 wurde als neue Spezies erkannt u. *Streptomyces achromogenes* benannt; seine antivirelle Verb. konnte mit Essigester bei p_H 2,0 extrahiert u. im Vakuum bei 40° konz. werden; die neue Substanz wurde *Achromoviromycin* (**I**) benannt; das Rohprod. hemmt Virussuspensionen in Verdünnung 1:16000, subcutane Injektion von 20 mg (Maus) wurde ohne tox. Rk. vertragen; daneben bildet der Stamm noch einen von **I** verschied. Stoff, der spezif. Hemmung gegen *Sarcina lutea* besitzt. (J. Antibiotics [Tokyo], Ser. A **6.** 38. Febr. 1953. Tokyo, Japan, Nat. Inst. of Health, Antibiotic Div. [Orig.: engl.]) GOEBEL. 4374

Evelyn L. Oginsky and Wayne William Umbreit, An introduction to bacterial physiology San Francisco: W. H. Freeman. 1954. (415 S. m. Abb., Diagr.) $ 7,25.

E_4. Pflanzenchemie. Pflanzenphysiologie. Pflanzenpathologie.

Nicole Pireyre, *Vorläufige Untersuchung über Calcifizierung und Decalcifizierung der Cystolithen.* Die Tatsache, daß die Cystolithen von *Ficus elastica* keine, die von *Pilea Cadierii* häufig Doppelbrechung aufweisen, u. daß ferner die Kalkablagerungen der erstgenannten im Dunkeln verschwinden, führte zu der Ansicht, daß im ersten Falle amorphes, im zweiten krist. $CaCO_3$ vorliegt. Da jedoch die Doppelbrechung durch HCl-Behandlung des Materials nicht verschwindet, wurde angenommen, daß sie durch das Pektin–Cellulose-Gerüst der Cystolithen verursacht wird, u. daß in beiden Fällen amorphes $CaCO_3$ vorliegt. Vf. ging von der Hypothese aus, daß Urticaceen u. Moraceen, nicht aber Acanthaceen u. Pilea, eine Substanz enthalten, die entkalkend wirkt. Einw. des Blattpreßsaftes von *Parietaria officinalis* (Moracee) auf die Cystolithen von Pilea führte jedoch ohne weiteres keine Decalcifizierung herbei; wohl aber trat diese ein, wenn der Preßsaft bei 110° autoklaviert worden war oder *Dagenan* als Enzyminhibitor zusätzlich enthielt. Auch der Saft von Pileablättern entkalkte die eigenen Cystolithen, nachdem er auf 50—70° erhitzt worden war. Nach diesen Befunden scheint ein im Dunkeln (wenigstens zum Teil) zerstörtes Enzym bei beiden Pflanzenarten die Decalcifizierung zu verhindern, u. obige Hypothese muß aufgegeben werden. (C. R. hebd. Séances Acad. Sci. **236.** 1595—96. 20/4. 1953.) SCHLOTTMANN. 4410

A. R. Patton, I. E. Melhus, F. Aguirre, und **N. S. Scrimshaw,** *Der Methioningehalt von Teosint.* Die in der Literatur (vgl. C. **1953.** 7839) vertretene Meinung, daß *Teosint* (**I**) einen höheren Geh. an *Methionin* (**III**) als *Mais* (**II**) besitzt u. für die menschliche u. tier. Ernährung von Bedeutung sein könnte, ist nach Ansicht der Vff. unrichtig. Der Proteingeh. an **III** ist sowohl bei **I** wie bei **II** unzureichend. **III** kann synthet. in unbegrenzten Mengen hergestellt werden u. wird weitestgehend als Zusatz zum Hühnerfutter verwendet. Ebenso erscheint ein Einsatz für die menschliche Ernährung möglich. (Science [Washington] **118.** 725. 11/12. 1953. Fort Collins, Colo., Agric. and Mechan. Coll.) HANSCHKE. 4420

Marcel Mourgue, Raymond Baret und **Raymond Dokhan,** *Über die Gegenwart von Guanidinderivaten im Samen von Ricinus* (*Ricinus communis*). Vff. weisen mittels der Papierchromatographie in dem wss. Extrakt der zermahlenen Ricinussamen 5 Guanidinderivv. nach: *Arginin* (**I**), *Agmatin* (**II**), *γ-Guanidobuttersäure* (**III**) u. *2* unbekannte Körper. Zwecks Identifizierung wurde **III** durch Kondensation von S-Methylthioisoharnstoff mit *γ-Aminobuttersäure* (**IV**) hergestellt, letztere sowohl synthet. sowie durch Decarboxylierung von Glutaminsäure mittels Clostridium welchii. Es ist bekannt, daß die Gewebe von marinen Invertebraten das L(+)-Arginin zu *α-Keto-δ-guanidovaleriansäure* (**V**) u. **III** oxydieren. Jedoch konnte **V** in Ricinus nicht festgestellt werden. Vff. nehmen an, daß es sich beim Abbau von **I** um eine enzymat. Oxydation handelt. Die Ggw. von **II** spricht für die Decarboxylierung von **I.** — Für die Chromatographie wurde WHATMAN-Papier verwendet, welches zuvor mit einer Lsg. von 0,2 mol. Na_2CO_3 behandelt worden war, als Lösungsm. ein Gemisch aus 73% Butanol, 10% Essigsäure u. 17% Wasser. (C. R. Séances Soc. Biol. Filiales **147.** 1449 bis 1451. Aug./Sept. 1953. Fac. de Méd. et de Pharm., Labor. de Chim. biol.) HANSCHKE. 4420

Mario Passerini, Mario Ridi und **Piero Papini,** *Untersuchungen über die Blätter des Ölbaums* („*olea europaea*"). 2. Mitt. (1. vgl. C. **1952.** 3187.) Vff. erhielten früher (l. c.) aus Ölbaumblättern mit wss. NaOH u. Ausfällen der alkal. Lsg. mit HCl eine halbfeste M., die sie mit Ae. behandelten. Aus dem Eindampfrückstand der Ae.-Lsg. wurden die sauren Bestandteile mit Soda herausgelöst u. mit HCl als ein Gemisch der freien Säuren gefällt, das Vff. als „*grüne Olivenbutter*" (**I**) bezeichneten. Den daraus isolierten Säuren vom F. 100—102° u. 92—94° schrieben Vff. die Formeln $C_{14}H_{28}O_4$ (**II**) bzw. $C_{15}H_{30}O_4$ (**III**) zu. **II** verhält sich sehr ähnlich, wie die schon von anderen Forschern aus *Ipomoea purga* u. *Ipomoea Roth* dargestellte *Ipurolsäure* (vgl. POWER u. ROGERSON, C. **1908.** 887 u. C. **1909.** 984), doch ist die Identität beider noch zweifelhaft. **III** unterscheidet sich von **II** durch ein Mehr an CH_2. Mit Hilfe einer verbesserten Meth. über die Ba-Salze konnten Vff. Konst. u. Eigg. genauer bestimmen. Durch mehrfaches Umkristallisieren der über die Ba-Salze gereinigten Säuren aus Essigester (**IV**) u. aus A. stieg der F. von **III** bei gleichbleibender %ig. Zus. auf 95—97°.

V e r s u c h e : **III,** $C_{15}H_{30}O_4$, F. 95—97°, durch Auskochen von **I** unter Rühren mit dest. W. u. mit wss. $Ba(OH)_2$-Lsg.; wss. $Ba(OH)_2$-Lsg. mit HCl gefällt, hellgelben Nd. auf dem Filter gut mit dest. W. ausgewaschen u. getrockneten Rückstand aus **IV** unter Zusatz von Entfärbungskohle mehrfach umkristallisiert. Aus der konz. Mutterlauge fällt beim Erkalten ein Gemisch verschied. Säuren (**V**) aus. — **II,** $C_{14}H_{28}O_4$, kleine glänzende Prismen vom F. 102—104°, schwerlösl. in Bzl., aus **V** durch Auskochen mit Bzl., wobei **III** mit violetter Fluorescenz in Lsg. geht; unlösl. geschmolzene Schicht heiß in wenig **IV** gelöst u. die nach längerem Stehen erhaltenen Kristalle aus viel Chlf. umkrist., Kristalle heiß mit etwas **IV** behandelt, wobei **II** unlösl. zurückbleibt; aus der Mutterlauge fällt beim Erkalten **III** aus. Weitere Reinigung durch Umkristallisieren aus **IV** u. A.-*Methylester* von **III,** $C_{16}H_{32}O_4$, F. 72—74°, durch 2std. Verestern der sd. methanol. Lsg. von **III** mit HCl-Gas, Eingießen der erkalteten Lsg. in W. u. dreimaliges Umkristallisieren des abfiltrierten u. mit dest. W. gewaschenen Nd. aus **IV.** (Ann. Chimica **43.** 201—03. April 1953. Firenze, Univ., Ist. di Chim. farmac.) SANDER. 4420

Mario Passerini, Piero Papini und **Mario Ridi,** *Über einige aus den Früchten und Blättern des ligustrum japonicum* (*Th*) *extrahierte Substanzen.* Vff. erhielten aus den Früchten des *japan. Ligusters* folgende neue Prodd.: 1. eine bei 290—295° schm. Verb. von der vermutlichen Formel $C_{24}H_{38}O_3$ (**I**), die verschied. Acetylderivv. lieferte; 2. ein Glycerid der Öl- u. Palmitinsäure; 3. ein bei 76—77° schm. Prod., dessen analyt. Werte auf die Formeln $C_{24}H_{48}O_2$ oder $C_{25}H_{50}O_2$ hindeuten (**III**). Die Blätter der gleichen Pflanze, aus denen Vff. schon früher ein Prod. von der Bruttoformel $C_{22}H_{34}O_3$ isolieren konnten (vgl. C. **1952.** 3349), ergaben eine Säure vom F. 100—102°, die sich als ident. mit der von Vff. aus Ölbaumblättern isolierten erwies (vgl. vorst. Ref.).

Versuche: I, $C_{24}H_{38}O_3$, seidige Nadeln aus A., F. 290—295°, unter geringer Zers., mit kalter H_2SO_4 Gelbfärbung, die beim Erwärmen in Rot übergeht, aus dem konz. Ae.-Extrakt getrockneter Ligusterfrüchte beim Fällen mit PAe. erhaltenen Nd. durch Lösen u. Entfärben in viel A. u. wiederholtes Umkristallisieren der nach Abscheidung wachsartiger Prodd. erhaltenen Kristalle vom F. 250—270° (**II**). — Mutterlauge von **II** hinterläßt nach vollständigem Abdampfen des A. eine ölige M., die mit alkoh. KOH in *Palmitinsäure* u. **III**, wachsartiges Prod., F. 76—77°, von noch unbestimmter Konst. verseift wird. — *Diacetylderiv.* von **I**, $C_{28}H_{42}O_5$, kleine Prismen, F. 210—216°, aus **I** durch 2std. Kochen in Essigsäure-Anhydrid. — *Monoacetylverb.* von **I**, $C_{26}H_{40}O_4$, seidige Nadeln, F. 259—261°, aus vorst. Verb. durch teilweise Verseifung in sd. A.; Totalverseifung liefert aus beiden Verbb. **I** zurück. — Erhitzen des *Diacetylderiv.* auf 230° führt nach anfänglichem Schmelzen unter Essigsäureabgabe u. Wiederfestwerden zu einer in A. fast unlösl., in Chlf. u. Bzl. sehr leicht lösl. Verb., zers. über 310°. (Ann. Chimica **43.** 204—07. April 1953. Firenze, Univ.) SANDER. 4420

Arthur B. Anderson, *Das Auftreten von Zimtsäure im Pinus lambertiana Dougl.* Beim Konzentrieren des wss. Extraktes von P. lambertiana-Holz setzten sich an den Wänden des Gefäßes kleine weiße Kristallflocken ab, die als *trans-Zimtsäure* (**I**) identifiziert werden konnten. — *trans-Zimtsäure,* $C_9H_8O_2$, F. 134—135°, durch 4maliges Extrahieren des Sägemehls von P. lambertiana mit heißem W., Neutralisieren der vereinigten Extrakte mit $NaHCO_3$, Konzentrierung u. vorsichtigem Zusatz von verd. HCl. Kristalle aus verd. Äthanol. Ausbeute 0,8%. *p-Nitrobenzylester,* F. 116—117°. *Phenacylester,* F. 142—143°. (J. Amer. chem. Soc. **74.** 6099. 5/12. 1952. Berkeley, Calif., Univ., Forest Prod. Labor.) W. MEYER. 4420

Fr. v. Gizycki, *Alantopikrin, ein Bitterstoff aus den Blättern des Alant.* (*Beitrag zur Kenntnis der Kompositenbitterstoffe.*) Vf. extrahierte Alantblätter mit A. unter Zusatz von $CaCO_3$ u. zog den eingeengten Extrakt mit heißem W. aus. Mit Ae. konnte ein Lactonbitterstoff, *Alantopikrin* (**I**), ausgezogen werden, dessen Reindarst. nicht gelang. Dagegen konnte ein Monoacetylderiv., $C_{19}H_{26}O_5$, F. 161—163°, erhalten werden. — Mitt. der physiol. Wrkg. von **I** auf Regenwürmer, Fische, Frösche u. Mäuse. (Arch. Pharmaz. Ber. dtsch. pharmaz. Ges. **287/59.** 57—62. 1954. Halle, Univ., Pharmaz. Inst.) K. HERRMANN. 4420

Walter A. Pons jr., Carroll L. Hoffpauir und **T. H. Hopper,** *Gossypol in Baumwollsamen. Der Einfluß der Varietäten der Baumwollsamen und der Umgebung.* Vff. untersuchen den *Gossypol*-Geh. (**I**) der Samenkerne von 8 Baumwollvarietäten, die an 13 Lokalitäten während 3 Jahren gewachsen waren. Sie finden, daß sowohl die Varietät der Samen als auch die Umgebung einen bedeutenden Einfl. auf **I** hat. Der **I** der Kerne stand im negativen Sinne mit der Temp. u. im positiven Sinne mit der Regenmenge in Wechselbeziehung. Individuelle Varietäten unterscheiden sich bzgl. der Umgebungsfaktoren von der Temp. u. Regenmenge. (J. agric. Food Chem. **1.** 1115—18. 25/11. 1953. New Orleans, La., Southern Reg. Res. Labor.) HANSCHKE. 4420

N. N. Mokin, *Besonderheiten der biochemischen Prozesse beim Keimen von angereicherten Samen.* Das mit Malzextrakt bearbeitete Getreidekorn zeigt bei der Keimung eine gesteigerte Atmung (gesteigerte Aktivität der *Katalase* u. *Peroxidase*) u. intensiveren Stoffwechsel (erhöhten Verbrauch an *N*, *Zucker* u. *Fett*), wodurch das Wurzelsyst. der Keimlinge u. ihre gesamte Entw. bedeutend beschleunigt werden. Die durch diese Meth. erzielte durchschnittliche Ertragssteigerung stellte sich auf 2,5 dz/ha Korn. (Достижения Науки и Передового Опыта и Сельском Хозяйстве [Errungenschaften Wiss. u. fortschr. Erfahrung Landwirtsch.] **1953.** Nr. 9. 85—87. Sept. Leningrad, Inst. für Mechanisierung der Landw.) GORDIENKO. 4455

John F. Schuler, Violet M. Diller und **Harold J. Kersten,** *Die vorzugsweise Assimilation des Ammoniumions durch Chlorella vulgaris.* Mit Hilfe des Massenspektrometers konnte festgestellt werden, daß Chl. v. entschieden Ammoniakstickstoff der Nitratform vorzieht. Jedoch besteht die Möglichkeit, daß N von den Zellen aus einer anderen N-Quelle als der des Mediums aufgenommen wurde, sogar wenn eine ausreichende Versorgung mit NH_3–N gegeben war. Das Medium enthielt wahrscheinlich ^{15}N-Verbb. aus Nebenprodd. des Zellwachstums u. abgestorbener Zellen. (Plant Physiol. **28.** 299—303. April 1953. Cincinnati, Univ., Dep. of Phys.) G. FIEDLER. 4460

N. E. Tolbert und **Marjorie S. Cohan,** *Verbindungen, die in Pflanzen aus Glykolsäure gebildet werden.* Mit Hilfe von vollständig mit ^{14}C markierter *Glykolsäure* (**I**) wurde an grünen u. etiolierten Gersten- u. Weizenblättern die Umwandlung während weniger Min. bis zu 3 Std. untersucht u. dabei festgestellt, daß **I** in *Glycin* (**II**), *Serin* (**III**) u. eine dritte unbekannte Verb. umgewandelt wird. Bei der Umwandlung in **II** behalten die ^{14}C-Atome ihren Platz. ^{14}C von α-markierter **I** wird als α- u. als β-C-Atom

des Serins wiedergefunden. Das $^{14}C_{(COOH)}$ trat in der COOH-Gruppe des **III** auf. (J. biol. Chemistry **204**. 649—54. Okt. 1953. Beltsville, Md., Bureau of Plant Ind.)
KATHEN. 4460

E. Havinga, V. Lynch, L. Norris und **M. Calvin,** *Die Wirkung einiger biologisch aktiver Substanzen auf Photosynthese und CO_2-Bindung im Dunkeln.* In Verss. an *Scenedesmus obliquus* mittels $NaH^{14}CO_3$ wurde die Beeinflussung der Photosyntheseprozesse durch *Dinitrophenol* (**I**), *Pyrithiamin* (**II**), *Benzthiazol-2-sulfonamid* (**III**), *Penicillin G* (**IV**), *Aureomycin·HCl* (**V**), *Terramycin·HCl* (**VI**), *Chloromycetin* (**VII**), *Neomycinsulfat* (**VIII**) u. *Aminopterin* (**IX**) untersucht. Die CO_2-Fixation im Dunkeln wird durch **I** (10^{-3}mol.) völlig unterbunden, durch **IX** u. 4 weitere „Antifolica" nicht beeinflußt. **II** u. **IV** red. stark den ^{14}C-Einbau in *Äpfelsäure,* in geringerem Maße auch **VIII**; anscheinend wird statt dessen die *Asparaginsäure*-Bldg. gefördert. Nicht eindeutig waren die Resultate mit **V**. — Die Photosynth. wird ebenso wie die CO_2-Dunkelfixation durch **I** ($3 \cdot 10^{-4}$mol.) völlig gehemmt u. durch Antifolica, Folsäure, **III**, **IV** u. **VII** ($2 \cdot 10^{-4}$mol.) nicht beeinflußt. Dagegen wird die Photosynthesegeschwindigkeit gesteigert durch **V** u. **VI**, u. zwar auf das Doppelte bei $3 \cdot 10^{-5}$, auf das 6fache bei $1,5 \cdot 10^{-4}$mol. Konz.; höhere Konzz. erbrachten keine weitere Beschleunigung. p_H-Lage sowie Eig. u. Kapazität verschied. Puffergemische beeinflussen sehr stark die Wrkg. der Antibiotica. — Die ^{14}C-Aktivität der Photosyntheseprodd. wurde im allg. gleicherweise verändert gefunden, lediglich **V** (schwächer auch **VI**) bewirkte auffallend hohen *Saccharose*-Anstieg; Phosphatgegenwart führte zu verstärkter *Alanin*-Bildung. (Recueil Trav. chim. Pays-Bas **72**. 597—611. Juli 1953. Berkeley, Calif., Univ. of California, Radiat. Labor.) SCHLOTTMANN. 4460

E. Steemann Nielsen, *Kohlendioxydkonzentration und maximale Quantenausbeute bei der Photosynthese.* Vorl. Mitt., worin Vf. auf Grund eigener Verss. an Chlorella die Anschauung WARBURGs, die Optimalgeschwindigkeit der Photosynth. bei sehr geringer Lichtintensität erfordere eine mehr als 200mal so hohe CO_2-Konz. wie bei hohen Lichtintensitäten, für irrig erklärt. Bei Anwendung von 600 Lux hängt der Kurvenverlauf nicht lediglich von der CO_2-Konz. ab. WARBURG maß die Quantenausbeute nicht im Bereich konstanter „Antirespiration", sondern in einem solchen, in dem sie mit der Lichtintensität ansteigt. (Nature [London] **171**. 1106—08. 20/6. 1953. Copenhagen, Roy. Danish School of Pharm.) SCHLOTTMANN. 4460

Artturi I. Virtanen, *Die Benutzung von Samen mit geringem Gehalt an Spurenelementen bei Untersuchungen über die Notwendigkeit der Mikronährstoffe.* Vf. kommt auf Grund mehrjähriger Verss. mit Erbsen zu der Auffassung, daß Samen, die in der Landwirtschaft erzeugt werden, so viel Spurenelemente (**I**) enthalten, daß auch in Nährlsgg., die die notwendigen **I** nicht enthalten, ein n. Wachstum gewährleistet wird. Nur von Pflanzen, die in Nährlsgg. mit **I**-Mangel wachsen, gelingt es, Samen zu erzeugen, die arm an **I** sind. Solche Samen reagieren streng auf Mangel an **I** in Nährlösungen. (Plant Physiol. **28**. 323—24. April 1953. Helsinki, Biochem. Inst.)
G. FIEDLER. 4470

Howard E. Joham, *Die Ansammlung und Verteilung von Molybdän in der Baumwollpflanze.* Baumwollsämlinge wurden in mit gewaschenem Flußsand gefüllten Glasgefäßen gezogen. Die Nährstoffversorgung erfolgte durch HOAGLAND-Nährlösung. 31 Tage nach dem Auspflanzen wurde mit der Mo-Behandlung begonnen. Mo wurde als $Na_2MoO_4 \cdot 2H_2O$ in Konzz. von 0,5, 15, 25 u. 35 p. p. m. der Nährlsg. beigegeben. 79 Tage nach dem Auspflanzen wurde geerntet. 25 u. 35 p. p. m. Mo red. Gesamthöhe, Frisch- u. Trockengewicht bedeutend. Mehrere Wochen nach der Mo-Zugabe traten an den unteren Blättern verschied. Pflanzen nekrot. Stellen auf. Die Intensität der Krankheit nahm sowohl mit dem Alter der Pflanzen als auch mit steigender Mo-Versorgung zu. (Plant Physiol. **28**. 275—80. April 1953. Texas Agricult. Exp. Stat., Coll. Stat.) G. FIEDLER. 4470

Robert A. Steinberg, *Symptome von Molybdänmangel bei Tabak.* Es wurden Mo-Mangelerscheinungen an Tabak, der in Nährlsgg. gezogen wurde, beschrieben: Kräuseln u. Fleckenbldg. auf der Blattspreite der Mittelblätter ca. 24 Std. nach Beginn des Vers., Auftreten von nekrot. Flecken zwischen den Adern, die sich allmählich vergrößerten, bis das erschöpfte Blatt verdorrte. Verzögerung der Blüte um eine Woche. Verminderung des Gesamt- u. Trockengewichtes um ca. 35%. Während in den Kontrollen 6,4 p. p. m. Mo gefunden wurde, enthielten die Mangelpflanzen 0,3 p. p. m. Mo. (Plant Physiol. **28**. 319—22. April 1953. Beltsville, Md., Plant Ind. Stat.)
G. FIEDLER. 4470

W. Flaig, *Beziehung zwischen Dehydrasewirkung von Modellsubstanzen von Huminsäurevorstufen und dem Wurzelwachstum.* Der günstige Einfl. von Humus auf das

Pflanzenwachstum ist nicht nur durch die physikal., kolloidchem. Eigg., sondern wahrscheinlich auch durch das Eingreifen gewisser chinoider Bestandteile des Humus in fermentative Rkk. bedingt. Verschied. *Chinone* können bei der oxydativen Desaminierung von Aminosäuren als *Dehydrasen* wirken. Vf. wies nach, daß so aus *Tryptophan* *β-Indolylessigsäure* entstehen kann, der ja pflanzenphysiol. große Bedeutung zukommt. (Landwirtsch. Forsch. 4. Sonderh. 72—77. 1953. Braunschweig, Völkenrode.) HANS THIELE. 4480

Ingeborg Feldmeier und **Hermann v. Guttenberg,** *Über das Vorkommen von Wuchs- und Hemmstoffen in Samen und Keimpflanzen von Phaseolus vulgaris.* In ruhenden u. gequollenen Samen, jungen Keimpflanzen sowie Teilen älterer Keimpflanzen von Phaseolus vulgaris (Holländ. Prinzess) werden mit Hilfe des Avena- u. Kressewurzeltestes 2 saure Wuchsstoffe u. ein neutraler Hemmstoff nachgewiesen. Es wird mit 96%ig. A. u. Ae. extrahiert. Der im Ae.-Extrakt enthaltene Wuchsstoff ist Heteroauxin (HA), das gegen Säure u. Erbsenenzym unbeständig, gegen Lauge jedoch beständig ist. Im A.-Extrakt liegt neben dem laugebeständigen Wuchsstoff ein säurefester vor, außerdem ein neutraler Hemmstoff. Die Kotyledonen enthalten am meisten HA; bei Belichtung reichert sich in ihnen der säurefeste Wuchsstoff an. — Sowohl der neutrale Hemmstoff als auch der säurefeste Wuchsstoff konnten nicht identifiziert werden. (Planta **42.** 1—18. 1953. Rostock, Botan. Inst., Univ.) E. HAAS. 4485

Gita Sen und **E. K. Woodford,** *Wirkungen der Trichloressigsäure auf das Streckungswachstum von Wurzel- und Keimlingssegmenten von Pisum sativum. Trichloressigsäure* (I) hemmt die Konzz. von 10^{-12} bis 10^{-9}mol. u. steigert in Konzz. von 10^{-4} bis $3 \cdot 10^{-2}$mol. das Wachstum von Wurzelsegmenten. Intakte Wurzeln reagieren nicht so, es tritt vielmehr Hemmung bei Konzz. $> 10^{-2}$ auf. Ähnlich verhalten sich junge Keimlingssegmente. Gleichzeitige Zufuhr von *2.4-D* in Konzz. von $4{,}5 \cdot 10^{-6}$ bis $4{,}5 \cdot 10^{-4}$mol. hebt den n. Hemmeffekt steigender I-Dosen auf, u. bestimmte Kombinationen beider Substanzen vermögen sogar additiv wachstumstimulierend zu wirken, so daß Herbicide, die ein Gemisch von I u. 2.4-D enthalten, unter Umständen das Gegenteil der gewünschten Wrkg. hervorrufen können. (Nature [London] **171.** 936—37. 23/5. 1953. Oxford, Univ., Dep. of Agricult.) SCHLOTTMANN. 4485

W. H. Klein und **A. C. Leopold,** *Die Wirkung von Maleinsäurehydrazid auf die Blütenbildung.* Wintergerste (**I**), Soja (**II**), Chrysanthemen (**III**) u. Pfefferminze (**IV**) wurden mit verschied. Konzz. des *Diäthanolaminsalzes des Maleinsäuremonohydrazids* (**V**) behandelt. Durch $4 \cdot 10^{-5}$mol. konnte bei **I** die Bldg. von Blütenprimordien verhindert werden. Die photoperiod. Induktion wurde bei **II** etwas gehemmt. Blattbesprühungen mit **V** bei **III** u. **IV** verhinderten das Blühen der Terminal-, aber nicht der Seitenknospen. Aus den Verss. geht hervor, daß **V** die Bldg. von Blütenprimordien durch seine Hemmwrkg. auf das Wachstum u. nicht durch eine spezif. Wrkg. auf den photoperiod. Mechanismus verhindert. (Plant Physiol. **28.** 293—98. April 1953. Lafayette, Ind., Purdue Univ., Dep. of Horticulture.) G. FIEDLER. 4495

E_5. Tierchemie. Tierphysiologie. Tierpathologie.

H. W. Scharpenseel, *Die Verwendung von Radioisotopen in der Tierernährung unter besonderer Berücksichtigung von Stoffwechsel- und Bilanzversuchen.* Nach eingehender Erörterung der theoret. Grundlagen wird ein sehr ausführlicher Überblick über die Arbeitsweise mit Radioisotopen im Tiervers. gegeben u. mögliche Fehlerquellen, wie sie z. B. in der Hemmung oder Stimulierung von Stoffwechselvorgängen durch die Strahlung oder in einer wenig exakten Meßmethodik liegen könnten, diskutiert. 0,1 mC/kg Gewicht gelten allg. als maximale Dosis. Es dürfte eine Konz. von einem akt. auf 10^{10}—10^{15} nichtakt. Atome des zu untersuchenden Elements ausreichen. Die Eichung des Meßgeräts, sowie die Korrektur der erhaltenen Werte wird besprochen. Auf die Bedeutung der *Autoradiographie* für die Tierernährungslehre wird hingewiesen. Sorgfältiger Strahlungsschutz ist stets unerläßlich, die Toleranzdosis von 0,1 γ/Tag sollte nicht wesentlich überschritten werden. (Landwirtsch. Forsch. 4. Sonderh. 145 bis 153. 1953. Bonn.) HANS THIELE. 4500

T.-C. Tsao und **K. Bailey,** *Extraktion, Reinigung und einige chemische Eigenschaften von Actin.* Als Proteinverunreinigungen der üblichen *Actin* (**I**)-Präpp. wurden *Tropomyosin* u. gegebenenfalls ein Flavoprotein nachgewiesen. Vff. beschreiben die Darst. von elektrophoret. einheitlichem **I** mit Maximalaktivität. Die Meth. gestattet die gleichzeitige Darst. von **I**, *Myosin* (**II**) u. Tropomyosin aus dem gleichen Muskelbrei in hohen Ausbeuten. Eine neue Meth. zur Best. von SH-Gruppen in Proteinen wird beschrieben. Sie beruht auf dem Verschwinden der Nitroprussidfärbung bei der Titration mit N-Äthyl-Maleinsäureimid. Der *Cystin*-Geh. von **I** u. **II** beträgt 0,8—0,9%.

(Biochim. biophysica Acta [Amsterdam] **11.** 102—03. Mai 1953. Cambridge, Biochem. Labor.) NEHRING. 4520

S. Cruck, *Beitrag zur vergleichenden Biochemie der Muskelproteine verschiedener Bereiche des Herzens.* Die Herzmuskelproteine (I) (Kalb) von Kammer, Vorhof u. HISschem Bündel wurden zusammen mit Skelettmuskeleiweiß elektrophoret. (Phosphatlsg., Ionenstärke μ 0,15 u. 0,40, p_H 7,1—7,6) untersucht. In Vorhof u. HISschem Bündel fanden sich mehr *Myoalbumin,* im Ventrikel mehr *Myogene.* Ein qualitativer oder quantitativer Unterschied hinsichtlich *Myosin* u. *Actomyosin* war nicht feststellbar. Dem dem *Actin* entsprechenden Gradienten des Skelettmuskeleiweißes entsprechen 2 Gradienten von **I,** wobei der schnellere am stärksten im Ventrikelprotein, am wenigsten im Protein des HISschen Bündels entwickelt ist, während für den langsameren das Umgekehrte gilt. Die Gesamtfläche beider Gradienten ist annähernd gleich groß. (Biochim. biophysica Acta [Amsterdam] **10.** 630—31. April 1953. Liège, Univ., Fac. des Sci., Labor. de Biol. générale.) K. MAIER. 4520

Jenö Kramár und **Victor E. Levine,** *Einfluß von Fetten und Fettsäuren auf die Capillaren.* Die Capillarresistenz (CR.) u. -permeabilität (CP.) der unreifen Albinoratte wurden unter verschied. Ernährungsbedingungen untersucht. Wenn die Tiere mit einem synthet., prakt. fettfreien u. fettsäurefreien Futter oder mit einem synthet., 5% Methylstearat (I) enthaltenden Futter gefüttert wurden, begann die CR. um den 50. Tag des Vers. abzusinken u. fiel auf patholog. niedrige Werte. Die Differenz betrug 35—65 cm Hg, abhängig vom Ausgangswert (35—70 cm). Wenn das gleiche Grundfutter 5% Maisöl enthielt, blieb die CR. normal. Der CR.-Abfall erfolgte gleichzeitig mit dem Abflachen der Gewichtskurve, aber bevor sich charakterist. Merkmale des Fettdefizits entwickelten. Ein Vgl. zwischen der CP. der Tiere, die eine abnorm niedrige CR. zeigten, u. der Tiere mit n. CP. zeigte, daß der Abfall der CR. bei Ratten, die mit fettfreiem Futter oder mit einem I enthaltenden Futter gefüttert wurden, einen Anstieg der CP. zeigten. Eine niedrige CR. wurde prompt durch kleine Mengen Lein- oder Baumwollsamenöl oder reiner Linolensäure wieder hergestellt. (J. Nutrit. **50.** 149—60. 10/6. 1953. Omaha, Nebr., Creighton Univ., School of Med., Dep. of Pediatrics and Biol. Chem. and Nutrit.) PATZSCH. 4550

Willis E. Brown, James T. Bradbury und **Edwin C. Jungck,** *Die Wirkung von Östrogenen und anderen Steroiden auf die Hypophysengonadotropine bei Frauen.* Wie Verss. an Ratten zeigten, bewirkt Gabe von *Östradiol, Östron* oder *Stilböstrol* (**I**) eine Zunahme des Gewichts der Hypophyse u. der Ovarien, jedoch eine Abnahme der Hypophysenwirksamkeit. Bei Frauen, denen vor der Ovulation steigende Mengen **I** gegeben wurden, wird die Ovulation verzögert u. im Urin eine *Gonadotropin* (**II**)-Ausscheidung schon am 5.—8. Tage beobachtet, wo **II** normalerweise noch nicht auftritt. **I**-Gabe nach der Ovulation bewirkt keine Veränderung der Beziehung Hypophyse—Ovar. Ebenso blieb *Androstendiol* ohne Einfl. auf Ovulation u. **II**-Ausscheidung, während sich *Testosteron* wie **I** verhält. (Amer. J. Obstetr. Gynecol. **65.** 733—44. April 1953. Little Rock, Ark., Univ., School of Med., Dep. of Obstetrics.)
H. SCHEURLEN. 4559

I. Gy. Fazekas, *Experimentelle Angaben zur Beeinflussung der Ovarialfunktion durch einfache Verbindungen.* Vf. gab geschlechtsreifen, isoliert gehaltenen Kaninchen zweitäglich während 3—5—16 Monaten NH_4OH, NH_4Cl, $(NH_4)_2SO_4$, $(NH_4)_2CO_3$, *Ammoniumacetat,* $CaCl_2$, HCl, CH_3COOH, $Na_2(NH_4)PO_4$, *Ammoniumlactat, Milchsäure,* NaH_2PO_4 u. $(NH_4)_2HPO_4$, die das Säure—Basen-Gleichgewicht (SBG) in die Säurerichtung verschieben. Es erfolgte eine 63—229%ig. Gewichts- u. Volumenzunahme an den Kaninchenovarien, Follikelreifung u. -blutung u. Corpus luteum-Bildung. Die beobachteten Veränderungen sind wahrscheinlich durch die infolge der Behandlung gesteigerte Gonadotropinbldg. (GTB) des Hypophysenvorderlappens bedingt, wobei die Verschiebung des SBG entweder eine unmittelbare Wrkg. auf die Hypophyse auslöst oder die gesteigerte GTB durch den Reiz der Hypophysennervenzentren im Hypothalamus verursacht wird. Auch bei Gänsen wird die Follikelreifung an den Eierstöcken durch die Behandlung auffallend beschleunigt u. gesteigert. Es wird vermutet, daß die verminderte Ovarialfunktion anderer Tiere, vielleicht auch von Frauen, durch diese Behandlung zu n. Funktion stimuliert werden kann. (Endokrinologie **30.** 294—303. Nov. 1953. Szeged, Univ., Inst. für gerichtl. Med.)
K. BÖHM. 4559

L. Gallien, *Experimentelle Geschlechtsumkehr durch Sexualhormone beim Molch Pleurodeles waltlii michah. Analyse der genetischen Folgerungen.* In sehr eingehenden physiol.-anatom. Unterss. wird die experimentelle Geschlechtsumkehr bei einer Molchform durch *Östradiolbenzoat* bzw. *Testosteronpropionat* in allen beobachteten Stadien der Intersexualität u. vollständiger Inversion genau beschrieben u. in ihrer Bedeutung diskutiert bzw. mit der Literatur verglichen. (Bull. biol. France Belgique **88.** 1—51. 1954. Paris, Univ., Fac. des Sci.) DANNENBAUM. 4559

Hans Arnoldsson und **Udo Pipkorn,** *Verabreichung von Testosteronpropionat bei Asthma bronchiale.* 2. Mitt. Bei Asthma bronchiale-Kranken wird das Verh. der Serumeiweißfraktionen im Verlauf der *Testosteronpropionat*-Behandlung durch elektrophoret. Unterss. überprüft. Im allg. tritt eine Normalisierung der pathol. Serumeiweißverhältnisse ein. Es wird vermutet, daß parallel hierzu eine Änderung des Krankheitsgeschehens erfolgt. (Acta med. scand. **148.** 317—22. 9/4. 1954. Gotenburg, Schweden, Klinik für allerg. Krankheiten.) H. P. FIEDLER. 4559

G. Klavis, *Kasuistischer Beitrag zur Frage der Ausfallserscheinungen bei Arbeiten mit Stilböstrol.* Nach 6—8 monatigem Arbeiten mit *Stilböstrol* (**I**) kam es bei einem Laboranten zu schmerzhafter Gynäkomastie u. sexuellen Störungen, bei einer Laborantin zu Menstruationsstörungen u. häufigem Unwohlsein. Die Erscheinungen verschwanden trotz sofortiger Behandlung mit Orchibion bzw. mit Flavolutan erst nach mehreren Monaten, so daß übergeordnete endokrine Störungen zu vermuten sind. Therapeut. u. prophylakt. Vorschläge werden mitgeteilt. (Zbl. Arbeitsmed. Arbeitsschutz **4.** 46—47. März 1954. Brackwede/W., Asta-Werke Akt.-Ges.) KRUSEN. 4559

Alfred M. Bongiovanni und **George W. Clayton jr.,** *Eine einfache Methode zur Routinebestimmung des Pregnandiols und des Pregnantriols in Harn.* 50 ml (bei hohem Geh. an Steroidmetaboliten entsprechend weniger) 24 Std.-Harn werden bei 37° mit 15000 E. Glucuronidase u. 10 ml 0,5 mol. Acetatpuffer (p_H 4,5) 24 Std. bebrütet. Der Harn wird dann 3 mal mit $^1/_3$ seines Vol. thiophenfreiem. über Na dest. Bzl. extrahiert. Die mit n NaOH u. W. gewaschene Extraktlsg. wird nach Eindampfen in Bzl. gelöst u. an Al_2O_3 chromatographiert. Elution erfolgt nacheinander mit 0,05-, 2- u. 10%ig. A. in Benzol. Die zweite Fraktion enthält *3α.20α-Pregnandiol,* die dritte *3α.17α.20α-Pregnantriol.* Nach restloser Vertreibung von Bzl. wird der Trockenrückstand mit konz. H_2SO_4 versetzt u. die entstandenen Chromogene spektrophotometriert, wobei Vff. sich eines Korrektionsfaktors nach dem Prinzip von ALLEN (J. clin. Endocrinol. **10.** [1950.] 71) bedienen. (Bull. Johns Hopkins Hosp. **94.** 180—86. April 1954. Johns Hopkins Univ., School of Med., Dep. of Pediatrics.) H. P. FIEDLER. 4559

Raymond H. Kaufman, Stanley M. Mendelowitz und **Wilfred J. Ratzan,** *Intravenöse Pitocininfusion bei der Geburt. Bericht über 100 Fälle.* In fast 1000 Fällen wurde *Pitocin*-Lsg. (1:1000) zur Einleitung oder Unterstützung der Geburt als intravenöse Tropfinfusion angewandt. Beginn mit 10—12 Tropfen/Min., langsam steigend bis 20—30, in besonderen Fällen 60—80 Tropfen/Minute. 100 Fälle wurden genau ausgewertet, wobei sich die ausgezeichnete Wrkg. der Meth. bei prim. u. sek. Wehenschwäche zeigte. Die Infusion muß bis zur Beendigung der Nachgeburtsperiode fortgesetzt werden, um Atonie des Uterus zu vermeiden. Pulsfrequenz u. Blutdruck der Mutter wurden nicht beeinflußt. (Amer. J. Obstetr. Gynecol. **65.** 269—77. Febr. 1953. New York, N. Y., Beth Israel Hosp., Obstetr. and Gynecol. Dep.) DAUTZENBERG. 4560

Allan C. Barnes, *Die Bildung von adrenocorticotropem Hormon beim Patienten nach gynäkologischer Operation oder Beckenbestrahlung.* Durch Best. der *Cortison*-Wrkg. auf den Na-, K- u. N-Stoffwechsel, die Eosinophilen- u. Lymphocytenzahl u. durch Best. der 17-Ketosteroidbldg. wurde die *ACTH*-Produktion bei Patientinnen nach gynäkolog. Operationen oder Beckenbestrahlung bei Cervixcarcinomen gemessen. Es wurde gefunden, daß chirurg. Eingriffe einen hypophysenstimulierenden Effekt ausüben, der ungefähr der Schwere des Eingriffs proportional ist; dagegen bewirkt Bestrahlung des Beckens mit ^{60}Co auch bei hohen Dosen keinen Reiz auf die Hypophyse. (Amer. J. Obstetr. Gynecol. **65.** 758—72. April 1953. Columbus, O., Univ., Coll. of Med., Dep. of Gynecol. and Obstetrics.) H. SCHEURLEN. 4560

Ja. D. Kirschenblat, *Die Wirkung des adrenocorticotropen Hormons der Hypophyse auf die Pigmentzellen.* In Verss. an Fischen u. Amphibien wirkt das aus Rinderhypophysen gewonnene *adrenocorticotrope Hormon* (**I**), intramuskulär injiziert, in gleicher Weise wie das *Melanophorenhormon der Hypophyse (Intermedin),* indem es in wenigen Min. zu einer Dunkelfärbung der Haut der Versuchstiere führt. Auch in vitro läßt sich unter **I** die Verteilungsänderung der Pigmentkörnchen in den Melano-, Xantho- u. Erythrophoren sehr gut nachweisen. (Бюллетень Экспериментальной Биологии и Медицины [Bull. exp. Biol. Med.] **37.** Nr. 2. 54—57. Febr. 1954. Leningrad, Akad. der Med. Wiss. der UdSSR, Inst. für Geburtshilfe u. Gynäkol.) RENTZ 4560

W. St. C. Symmers, *Pathologische Befunde bei Fällen von Polyarteriitis nodosa nach ACTH-Behandlung.* 3 Fälle von Polyarteriitis nodosa, die mit *ACTH* (**I**) behandelt worden waren, zeigten nach dem Tode deutliche Zeichen der Regeneration u. Heilung an den Krankheitsherden im Gegensatz zu Unbehandelten. An den endokrinen Organen zeigten sich Veränderungen im Sinne einer Hypertrophie, die vor allem an den Nebennieren als Folge der I-Behandlung aufgefaßt werden. (J. Pathol. Bacteriol. **66.** 109—18. Juli 1953. Birmingham, Univ., u. General Hosp., Dep. of Pathol.) L. BERGER. 4560

William W. S. Butler III, John T. Grayhack, Charles L. Ransom und **William Wallace Scott,** *Stoffwechseluntersuchungen an bilateral adrenalektomierten Patienten.* An 2 prostatakrebskranken Patienten mit Metastasen wurde Adrenalektomie durchgeführt. Mit 25—50 mg *Cortison* (zweimal täglich oral) konnten sie am Leben erhalten werden. Das Säure–Base-Verhältnis blieb bei n. Nierenfunktion u. ausreichender Diät mit 6 g NaCl täglich im Gleichgewicht. Die Glucoseverträglichkeit war erhöht. Alkal. u. saure *Phosphatasen* bewirkten Besserung. Bei einem der Patienten trat nach intramuskulärer *Testosteron*-Injektion ADDISON-Krisis u. Exitus ein, während der andere (ohne Testosteron) am Leben blieb. (J. Urology **70.** 657—64. Nov. 1953. Baltimore, Md., Johns Hopkins Hosp., James Buchanan Brady Urological Inst.) E. HAAS. 4560

E. Rominger, *Erfahrungen mit ACTH in der Diagnostik und Therapie der Kinderkrankheiten. ACTH* erlaubt im Kindesalter in speziellen Fällen bei kurzzeitiger Anwendung diagnost. wichtige Einblicke in das Krankheitsgeschehen (Antagonismus von Wachstumshormon u. *ACTH*, Prüfung der Funktionstüchtigkeit des Hypophysen–Adrenal-Syst. durch *ACTH*-Verabreichung; „Lymphopenietest"). Wenn auch mit *ACTH* bzw. *Cortison* keine kausale Therapie möglich ist, kann es symptomat. oder als Hormon den unzureichend funktionierenden inkretor. App. unterstützen u. therapeut. wertvoll sein (Morbus haemolyticus neonatorum, Thymushyperplasie, Kopf- u. Gesichtsekzem, Lupus erythematodes, Urticaria, lymphat. Leukämie, hämolyt. Ikterus, Bronchialasthma, prim.-chron. Arthritis). ACTH ist im Kindesalter wegen seiner das Wachstum hemmenden u. die Infektresistenz vermindernden Wrkg. mit Vorsicht anzuwenden. (Dtsch. med. J. **4.** 38—41. 15/1. 1953. Kiel, Univ.-Kinderklinik.) K. MAIER. 4560

Nils Gewalli, *Erfahrungen mit der über längere Zeit durchgeführten Cortison- und ACTH-Behandlung der rheumatischen Arthritis.* 20 Patienten wurden 9 Monate bis 3 Jahre mit *ACTH* u. bes. *Cortison* (*Cortone*, MERCK; 50—75 mg/Tag, zunächst intramuskulär, später oral) behandelt. In allen Fällen trat Besserung ein, Nebenwirkungen wurden nicht beobachtet. In schweren Fällen muß die Therapie fortgesetzt werden, da sonst in wenigen Tagen Rückfälle eintreten. (Acta med. scand. **148.** 291—98. 9/4. 1954. Örebro, Schweden, Central Hosp., Med. Dep.) H. P. FIEDLER. 4561

Marion B. Sulzberger, Victor H. Witten und **C. Conrad Smith,** *Hydrocortison (Compound F)-Acetat-Salbe bei der dermatologischen Therapie.* Bei 62 Fällen von verschied. Dermatosen wurde lokal eine Salbe mit 1—5% *Hydrocortison* angewandt. Gute Ergebnisse wurden hauptsächlich erzielt bei nichtlokaler Dermatitis, Pruritus vulvae u. ani. Dabei trat die Besserung innerhalb 2—7 Tagen ein, sie hielt jedoch nur bis ca. 4—5 Tage nach Absetzen der Behandlung an. Bei Psoriasis, chron. Lupus eryth., Pemphigus vulg. u. Alopecie konnte durch die Salbe keine Besserung erreicht werden. (J. Amer. med. Assoc. **115.** 468—72. 7/2. 1953. New York.) H. SCHEURLEN. 4561

Arthur E. Greene, Julian L. Ambrus und **Louis Gershenfeld,** *Die Wirkung des Cortisons und Desoxycorticosterons auf die Infektion mit Tetanussporen und auf die Toxizität des Tetanustoxins.* Kurze Angabe der über die Wrkg. der *Corticosteroide* u. des *ACTH* auf mikrobielle Toxine vorliegenden Literatur. Vff. konnten zeigen, daß *Cortison* (**I**) u. *Desoxycorticosteronacetat* (**II**) die Toxizität des *Tetanustoxins* (**III**) für die Maus nicht beeinflussen, wenn sie nach der **III**-Injektion appliziert werden. Dagegen bewirkt eine Vorbehandlung mit **I** oder **II** eine leicht erhöhte Empfindlichkeit gegenüber dem **III**. Die Resistenz gegenüber Tetanussporen wird ebenfalls leicht herabgesetzt, allerdings sind hier Unterschiede nicht signifikant. (Antibiotics and Chemotherapy **3.** 1121—24. Nov. 1953. Philadelphia, Pa., Coll. of Pharm. and Sci., Dep. of Pharmacol. and Biochem., u. Dep. of Bacteriol.) HANS THIELE. 4561

K. J. Paynter, *Die Wirkung von Propylthiouracil auf die Entwicklung der Molaren bei Ratten.* Subcutane Injektionen von *6-n-Propyl-2-thiouracil* (LEDERLE LABORATORIES DIV.; 0,1—0,4 ml einer 0,1% ig. Lsg. in 0,9% ig. NaCl-Lsg., täglich bis zu 25 Tagen; Kontrolltiere 0,9% ig. NaCl-Lsg.) bewirkten bei Ratten hypothyreoidartige Erscheinungen: Kretinismus, Verzögerung des Wachstums der Kieferknochen u. der Entw. der Molaren, die nach dem 15. Tag bes. deutlich wird. Die D. der Knochen ist (wie bei Hypothyreoidismus) bei den Versuchstieren höher als bei den Kontrolltieren. — Histolog. Abbildungen. (J. Dental Res. **33.** 364—76. Juni 1954. Toronto, Can., Univ. of Toronto, Div. of Dental Res.) KLESSE. 4562

W. Feldberg und **A. N. Smith,** *Die Rolle der Freisetzung von Histamin für die motorischen Effekte von Histamin freisetzenden Substanzen auf das Ileumpräparat von Meerschweinchen.* Die Wrkg. der Verb. *48/80,* eines Kondensationsprod. aus *p-Methoxyphenyläthylmethylamin* mit *Formaldehyd* (I), auf isoliertes Meerschweinchenileum in Mg-freier TYRODE-Lsg. wurde untersucht. Neben einer starken, vorübergehenden Kontraktion bewirkte **I** einen Anstieg der motor. Aktivität, die Empfindlichkeit gegenüber *Histamin* (**II**) u. *Acetylcholin* nahm ab. **II** diffundierte dabei aus der Darmwand in die Außenflüssigkeit. Die **I**-Wrkg. kann mit der Freisetzung von **II** begründet werden. Andere **II**-freisetzende Substanzen, wie *Propamidin,* D-*Tubocurarin* u. *Tryptamin,* entsprechen in ihrer motor. Wrkg. etwa **I**. *Mepyramin* bewirkt vor Einsetzen des **II**-Effektes eine erhöhte Empfindlichkeit gegen **II**, nach **I**-Behandlung verursacht es Kontraktion mit rhythm. Bewegungen. Die Rolle von **II** bei spontaner motor. Aktivität des Darmes wird diskutiert. (J. Physiology **124.** 219—33. 28/5. 1954. London, Mill Hill, Nat. Inst. for Med. Res.) WOLFGANG ALBRECHT. 4569

Gerhard Zetler und **Lucie Schlosser,** *Substanz P im Zentralnervensystem des Rindes.* Es wird die Verteilung der *Substanz P,* einem pharmakol. wirksamen Polypeptid, das ähnlich wie *Acetylcholin* wirkt, von Atropin aber nicht antagonist. beeinflußt wird, in verschied. Bezirken von Rindergehirnen untersucht. (Naturwissenschaften **40.** 559—60. Nov. 1953. Kiel, Univ., Pharmakol. Inst.) BAUMANN. 4569

Gerhard Zetler und **Lucie Schlosser,** *Substanz P im Gehirn des Menschen.* In 22 Abschnitten des menschlichen Gehirns wird die *Substanz P* bestimmt. Da benachbarte Bezirke ganz unterschiedliche Konzz. der Substanz aufweisen können, kommt dieser offenbar eine spezif. Wrkg. zu. (Naturwissenschaften **41.** 46—47. 1954. Kiel, Univ., Pharmakol. Inst.) BAUMANN. 4569

E. Talafant, *Die Natur des direkt und indirekt reagierenden Bilirubins.* Bei der Papierelektrophorese wandert das direkt reagierende *Bilirubin* (**I**) mit dem Desoxycholat. Diese Eig. zeigt den stark polaren Charakter des direkten **I**. Die indirekt reagierende Form des **I** wandert nicht, verhält sich also ähnlich wie freies **I**. (Biochim. biophysica Acta [Amsterdam] **13.** 159. Jan. 1954. Brno, CSR, Univ., Dep. Med. Chem.) SCHELER. 4572

Alfred Chanutin, Elizabeth A. Lentz und **Stephan Ludewig,** *Der Einfluß von Phenylhydrazin und Röntgenbestrahlung auf die Zerstörung der Erythrocyten und die Serumeisenkonzentration.* (Vgl. C. **1953.** 4726.) Injektion von *Phenylhydrazin* (**I**) in Ratten hat nur in extrem hohen Dosen (80 mg/kg) eine Verminderung der Hämoglobinkonz. des Blutes zur Folge. Bei zusätzlicher Röntgenbestrahlung mit 500 r sind bereits geringe **I**-Dosen wirksam (2,5 u. mehr mg/kg). Unter sonst gleichen Versuchsbedingungen wird die Anämie durch eine Splenektomie vermindert. Der Eisenspiegel des Serums steigt nach Verabreichung von 10—40 mg I/kg vorübergehend an. Zusätzliche Bestrahlung verstärkt u. verlängert diesen Effekt, Splenektomie hat dagegen einen reduzierenden Einfl. auf den Fe-Geh. des Serums. Wird die Röntgenbestrahlung erst 6 Tage nach der **I**-Injektion vorgenommen, resultiert gleichfalls eine mehrere Tage anhaltende Erhöhung der Serumeisenwerte. (Amer. J. Physiol. **173.** 474—80. Juni 1953. Charlottesville, Va., Univ., School of Med., Dep. of Biochem.) SCHELER. 4572

Alfred Chanutin, Stephan Ludewig und **Elizabeth A. Lentz,** *Der Einfluß von Phenylhydrazin und Röntgenbestrahlung auf die Eisenablagerung in den Geweben normaler und splenektomierter Ratten.* (Vgl. vorst. Ref.) Die Versuchstiere erhielten Transfusionen von Erythrocyten, deren Fe radioakt. war. Die Ablagerung dieses Fe wurde verfolgt. *Phenylhydrazin* (10 mg/kg) hatte keinen Einfl.; Röntgenbestrahlung mit 500 r bewirkt nur geringe, die Kombination beider Noxen eine starke Vermehrung des Fe-Geh. im Lebergewebe der Ratte. Das Verhältnis von Ferritin–Fe zu Gesamt-Fe bleibt gleich. Splenektomie hat eine auffällige Erhöhung des Fe-Geh. der Leber zur Folge. Die Erythrocyten dieser Tiere sind einer Zerstörung gegenüber resistenter als n. Erythrocyten. (Amer. J. Physiol. **173.** 481—86. Juni 1953. Charlottesville, Va., Univ., School of Med., Dep. of Biochem.) SCHELER. 4572

Ernest W. Page, Mary Beth Glendening, Loraine Strei und **Kenneth G. Scott,** *Der Weg intravenös injizierten Placentaextraktes. Thromboplastin* (**I**) aus menschlicher Placenta oder Rattenlunge wurde mit radioakt. J markiert u. Ratten oder einem Hund intravenös gegeben. Das markierte **I** verläßt die Blutbahn ziemlich rasch u. wird in verschied. Organen, bes. Leber, Lunge u. Gehirn, gespeichert. Verss. mi menschlichem Blut in vitro zeigten, daß etwa die Hälfte des **I** an Fibrin bei der Blutkoagulation gebunden wird. Tierverss. nach Gabe von *Heparin* u. **I** ergaben eine völlig andere Verteilung von **I** auf die Organe. (Amer. J. Obstetr. Gynecol. **65.** 789—95.

April 1953. San Francisco, Calif., Univ., School of Med., Dep. of Obstetr. and Gynecol. and Radioact. Center.) H. SCHEURLEN. 4574

Peter Aldehoff und **Heinz Weidenbach,** *Mitteilungen über die klinische Erprobung eines neuen Cumarinderivates* (*Marcumar*). Das von HOFFMANN-LA ROCHE hergestellte neue Cumarinderiv. *Marcumar* = (*3-[1'-Phenylpropyl]-4-oxycumarin*) wurde einer klin. Prüfung unterzogen. Schon nach dem 3. u. 4. Tag nach der Verabreichung von 21 mg am 1., 9 mg am 2., von da ab 3 mg täglich wurde der gewünschte Spiegel von 20—30% des Prothrombinkomplexes erreicht. Diese Einstellung ließ sich auch bei einer täglichen Gabe von 3 mg u. bei teilweise geringerer Anfangsdosis lange aufrechterhalten. Es ist gut verträglich, u. es treten keine Nebenerscheinungen auf. Überdosierungserscheinungen können gut mit *Vitamin K* („*Konakion*") behoben werden. (Münchener med. Wschr. **96.** 139—40. 5/2. 1954. Düsseldorf, I. Med. Klinik der Med. Akad.) LAUER. 4574

I. Pohle, *Zur intravenösen Behandlung von Anämien mit dreiwertigem Eisen.* In Unterss. bei 30 Patienten mit Fe-Mangelanämien, davon 23 essentielle, mit *Vitaferri* (WEISS & CO., Döbeln), einem dreiwertigen Fe-Präp., wurden überlegene Wirkungen gegenüber der oralen u. parenteralen Behandlung mit Ferropräpp. festgestellt. Infektanämien wurden nicht beeinflußt. Trotz des hohen Serum-Fe-Spiegels nach der Behandlung wurden keine Zeichen von Hämochromatose beobachtet. Auf die Bedeutung der exakten Diagnosestellung für die richtige Behandlung mit Leber- oder Ferripräpp. wird hingewiesen. (Dtsch. Gesundheitswes. **8.** 841—42. 9/7. 1953. Leipzig, Univ., Med. Poliklinik.) SCHWAIBOLD. 4575

J. Heß und **E. Wildhirt,** *Beobachtungen zur oralen Behandlung der perniciösen Anämie. W 1-Aminohepan* (**I**), ein Gemisch aus proteolyt. vorbehandelter Leber u. Hefe mit Zusatz von B_{12}(**II**) u. *Folsäure* (**III**) (in 100 cm^3 50 γ **II** u. 3,3 mg **III**), zeigte bei oraler Verabreichung eine gute, wenn auch gegenüber der parenteralen Therapie verzögerte Wirkung. Vff. teilen ihre Erfahrungen an 20 Fällen von dekompensierter perniciöser Anämie mit. Bei allen konnte eine völlige Wiederherst. u. Erhaltung des Blutbildes erzielt werden. Anfangsdosierung 3 mal täglich 1 Eßlöffel **I**, später zur Dauerbehandlung 2—3 mal täglich ein Teelöffel. Nebenerscheinungen traten nicht auf. (Med. Klin. **49.** 109—10. 15/1. 1954. Kassel, Stadtkrankenhaus Med. Abt.) L. BERGER. 4575

Frankumar Guha, *Plasmaersatzstoffe — eine kurze Übersicht.* Übersicht bisher bekanntgewordener Plasmaersatzstoffe, Indikationen für ihre Anwendung u. an sie zu stellende Anforderungen. (Calcutta med. J. **51.** 84—86. März 1954. Calcutta, R. G. Kar Med. Coll. Hosp.) KRUSEN. 4576

D. W. Peterson, E. A. Shneour, N. F. Peek und **H. W. Gaffey,** *Futterbestandteile, die auf Plasma- und Lebercholesterin bei mit Cholesterin gefütterten Küken einwirken.* Die Wirkungen einer Anzahl Futterzusätze auf den Geh. an Plasma- u. Leber-*Cholesterin* (**I**) von Küken, die mit einem 1% **I** u. 4% Baumwollsaatöl (**II**) enthaltenden Futter gefüttert wurden, wurden untersucht. Wenn **II** im Futter fehlte, kam nur eine mäßige Cholesterinämie (Chä.) vor. 1% Paraffinöl oder Sojalecithin verhütete eine Hyper-Chä. nicht. Sie wurde aber verhindert, wenn ein Gemisch aus Sojabohnensterinen (**III**) u. -lecithin verfüttert wurde. Gemischte **III**, Sitosterine, Betasitosterin, Stigmasterin u. Ergosterin inhibierten wirksam die fortschreitende Zunahme des Plasma-**I** u. die **I**-Ablagerung in der Leber. Wurden **I** in konstanter Menge von 1% u. **III** in wechselnden Mengen verfüttert, wurde eine optimale Wrkg. auf das Sinken des Geh. an Plasma- u. Leber-**I** erzielt, wenn das Verhältnis von **III** zu **I** wie 2 : 1 oder 3 : 1 betrug. Veresterung der **III** mit Caprinsäure zerstörte ihre Eig., die Zunahme des Plasma- u. Leber-**I** zu verhüten. **I**-Caprat, im Gegensatz zum freien **I**, erzeugte eine merkliche Hypercholesterinämie. Relativ niedriger Geh. an Leber-**I** wurde beim Verfüttern dieser Substanz gefunden. Eine mögliche Wirkungsweise dieser Pflanzensterine bei der Verminderung der **I**-Absorption wird diskutiert. (J. Nutrit. **50.** 191—201. 10/6. 1953. Berkeley, Calif., Univ. of California, Dep. of Poultry Husbandry, Coll. of Agr.) PATZSCH. 4585

H. Riehm und **H. Baron,** *Untersuchung und Heilung eines „Hinschhofes" im nördlichen Schwarzwald. Ein Beitrag zur Bedeutung des Kobalts als Mikronährstoff.* Beschreibung der Erscheinungen der HINSCH-Krankheit auf Grund von Beobachtungen auf einem Betrieb. Ein wegen gewisser Ähnlichkeiten mit Co-Mangelerscheinungen durchgeführter Testvers. mit Co-Befütterung hatte ein positives Ergebnis. Durch die verschied. geolog. Verhältnisse bei diesem u. zwei weiteren Betrieben wurde eine starke Beeinflussung derer Verhältnisse festgestellt. Bei dem HINSCH-Hof wurde im Boden nur $^1/_3$ des Co wie bei den Vergleichshöfen festgestellt. Ähnlich war das

Verhältnis beim Heu, während bei den Mikronährstoffen Mo, Cu, Zn u. Fe keine derartigen Unterschiede vorlagen. Auch bei 100 Grünfutterproben wurden solche Unterschiede des Co-Vork. gefunden. Durch 3jährige Fütterungsverss. mit Co- u. Melassezulagen wurde der HINSCH-Hof krankheitsfrei gemacht. Für die Mikronährstoffe Co, Mo, Cu, Zn, Fe u. Mn werden Bestimmungsmethoden bzw. Modifikationen von Methoden angegeben. (Landwirtsch. Forsch. **5.** 145—58. 1953. Augustenberg, Bad. Staatl. Landw. Versuchs- u. Forschungsanst.) SCHWAIBOLD. 4585

J. M. Fletcher und **R. H. S. Robertson,** *Fluor und Zähne.* Sammelbericht über den F-Geh. der wichtigsten Nahrungsmittel u. verschied. Trinkwässer, Einfl. des F-Geh. auf Zahnwachstum u. Caries. (Research **3.** 23—27. Jan. 1950. Harwell, Atomic Energy Establ.) GRIMME. 4585

Wilhelm Keßler, *Ernährung und Zähne.* Allg. Übersicht mit sehr zahlreichen Literaturstellen. (Hippokrates **25.** 440—45. 31/7. 1954. Marburg/Lahn.) KLESSE. 4585

L. A. Bavetta, S. Bernick, E. Geiger und **W. Bergren,** *Die Wirkung von Tryptophanmangel auf die Kieferknochen von Ratten.* 3 bzw. 7 Wochen lang *Tryptophan* (**I**)-frei ernährte Ratten zeigten im Vgl. zu Tieren, denen **I** in Höhe von 0,75% (bezogen auf den **I**-freien Caseinhydrolysatanteil der Diät) verabreicht worden war, Hemmungen der endochondralen u. periostalen Knochenbldg. (Femur u. Kieferknochen) sowie der Zahnentwicklung. Im Gegensatz zu durch *Cholin*-Mangel hervorgerufenen Nierenschädigungen kann die durch **I**-Mangel bewirkte Entwicklungsstörung der Knochen- u. Zahngewebe jedoch durch nachfolgenden Zusatz von **I** zum Futter aufgehoben werden. (J. Dental Res. **33.** 309—15. Juni 1954. Los Angeles, Calif., Univ. of Southern California, Schools of Dent. and Med., Dep. of Biochem. and Nutrit.) KLESSE. 4585

Maurice V. Stack, *Die Unabhängigkeit des Auftretens von Caries vom Tryptophangehalt des Speichels.* Mit p-Dimethylaminobenzaldehyd wurde der *Tryptophan* (**I**)-Geh. des Speichels bei 145 Personen bestimmt, der im Minimum 6 μg, maximal 40 μg/ml betrug. Es konnte jedoch keine Beziehung zwischen der Höhe des **I**-Spiegels u. der Anzahl der Cariesläsionen hergestellt werden. (J. Dental Res. **33.** 316—20. Juni 1954. London, Guy's Hosp., Dep. of Dental Med.) KLESSE. 4585

Ruth Hubbard und **George Wald,** *Cis-trans-Isomere von Vitamin A_1 und Retinen$_1$ im Rhodopsinsystem.* (Vgl. C. **1952.** 6390.) Vitamin A_1 (**I**) bzw. Retinen$_1$ (**II**) müssen in besonderer Konfiguration vorliegen, um *Rhodopsin* (**III**) bilden zu können. Von **II** sind 5 Isomere bekannt, all-trans-**II** [F. 61—62°, λ_{max} 369 mμ (PAe.), $E_{(1\%, 1cm)}$ 1600]; *Neo*-**IIa** (377 mμ; 1215); *Neo*-**IIb** (aus all-trans-**II** durch Bestrahlung, chromatograph. getrennt; 377,5, 900—1000); *Iso*-**IIa** (F. 64,5°; 374 mμ, 1270) u. *Iso*-**IIb** (368 mμ, 1090) (vgl. HUBBARD u. Mitarbeiter, C. **1954.** 10256 Aus Resonanzgründen werden die geometr. Verschiedenheiten an der 3- u. 5-Doppelbindung gesucht. Bei Belichtung mit blauem, violettem u. UV-Licht treten Isomerisationen ein. — Während die Oxydation von **I** zu **II** mittels Alkoholdehydrogenase an Cozymase nur geringe Isomerenspezifität erfordert, läßt sich aus all-trans-**II** u. Neo-**IIa** mit Rinderopsin (**IV**) im Dunkeln in vitro kein **III** bilden, Neo-**IIb** gibt dasselbe **III** wie das der dunkeladaptierten Rinderretina (λ_{max} 500 mμ), Iso-**IIa** gibt analog ein lichtempfindliches Pigment *Isorhodopsin* (**V**; λ_{max} 487 mμ). Iso-**IIb** ist erst nach allmählichem Isomerisieren zu Iso-**IIa** akt. u. bildet gleichfalls **V**. Die Synth. von **III** u. **V** verläuft nach 2. Ordnung. Die Bleichungs-Rk. durch nichtisomerisierendes gelbes oder orange Licht verläuft von **III** über Lumirhodopsin u. Metarhodopsin, bei denen die cis-Konfiguration noch weitgehend erhalten ist, zu all-trans-**II** u. Opsin. all-trans-**II** muß erst zu Neo-**IIb** isomerisieren, bevor **III** wieder rückgebildet werden kann. all-trans-**II** kann zu all-trans **I** übergehen, das durch Alkoholdehydrogenase bzw. Cozymase nach Isomerisieren zu Neo-**Ib** in Neo-**IIb** oxydiert wird. In vivo muß in der Retina ein Vorrat an Neo-**IIb** erhalten werden durch Isomerisieren von all-trans-**II** im Auge durch blaues, violettes oder UV-Licht, oder durch Austausch von all-trans-**I** gegen Neo-**Ib** durch den Blutstrom, oder durch Enzyme, die in situ die Isomerisierung katalysieren. **V** wurde nicht in der Retina gefunden. Es wird diskutiert, wie weit **III** als Halochromiekomplex von Retinylion mit **IV** anzusehen ist. Durch die verstärkte Mesomerie im ionisierten Zustand ist die Farbe sowie Tendenz zur Annahme der all-trans-Form verständlich. Im Organismus isomerisiert **I**, so daß nahrungsmäßig jede Konfiguration von **I** zur Bldg. von **III** im Organismus fähig sein dürfte. Bei der üblichen Aufarbeitung von **I** ist die Möglichkeit der Isomerisierung so groß, daß von den erhaltenen Konfigurationen nicht auf die vorher vorliegenden geschlossen werden kann. — Bei dem Nachw. von **III** wurde die Meth. der Differenzspektren benutzt, bei der nach Zufügen von NH_2OH

das Absorptionsspektr. im Dunkeln, nach Belichtung u. Bleichung erneut bestimmt wurde, u. die Differenzen gemessen wurden, die bei geeigneten Wellenlängen ein Maß für die Quantität an **III** gaben. (J. gen. Physiol. **36.** 269–315. 20/11. 1952. Cambridge, Mass., Harvard Univ., Biol. Labors.) DU MONT. 4587

M. M. Abdullah, S. R. Morcos und **M. K. Salah,** *Gehalt von Vitamin A_2 in einigen Nilfischen.* Die Best. der Gehh. von *Vitamin A_1* (**I**) u. *Vitamin A_2* (**II**) in den Lebern verschied. Nilfischarten ergab mit Ausnahme zweier Arten mit **I**-Geh. bei allen anderen Gehh. an **II**, deren Höhe für die betreffende Fischart charakterist. ist. In einigen Fischarten konnten Vff. die Ggw. von *Neovitamin A_2* nachweisen u. mengenmäßig abschätzen. Fast die Gesamtmenge von **I** u. **II** kommt in der Leber als Ester vor. Der Magen- u. Eingeweideinhalt zweier darauf untersuchter Fischarten enthielt ein Gemisch verschied. Carotinoide, während in den Lebern schätzbare Mengen von Carotinoiden nicht vorkommen. — 11 Literaturangaben. (Biochem. J. **56.** 569–71. April 1954. Alexandria, Univ., Biochem. Dep., Fac. of Med.) LAMP. 4587

Werner Daur, *Vitamin B_{12} in der Therapie der Poliomyelitis.* Bericht über das Vitamin-B_{12}-Präp. *Rubivitan* (**I**; BAYER) bei 34 Fällen mit Paresen u. Paralysen. **I**-Verabreichung: 30 γ dreimal wöchentlich, insgesamt meist 4 Injektionen. Schnelle Besserung der Allgemeinsymptome, keine Nebenerscheinungen. (Münchener med. Wschr. **96.** 729–30. 18/6. 1954. Ravensburg, Städt. Krankenhaus.) DOSSMANN. 4587

Božidar Simić, *Die Geschwindigkeit der Abnahme des Gehaltes an l-Ascorbinsäure im Blutplasma in vitro.* Die Abnahme des Geh. an *l*-Ascorbinsäure im Blutplasma in vitro erfolgt proportional der Zeit zwischen Probenahme u. Titration mit einer Geschwindigkeit von 0,0126 $\pm$ 0,008956 mg/Min. (bestimmt durch Titration mit p-Dichlorphenolindophenol in Ggw. von 5% ig. HPO_3-Lsg.). Diese Abnahme ist bei Best. der Werte in vivo zu berücksichtigen. (Гдасник Хемиског Друштва Београд [Ber. chem. Ges. Belgrad] **17.** 109–12. 1952. Belgrad, Hygien. Inst.) R. K. MÜLLER. 4587

F. Venulet, *Tabakrauch und Ascorbinsäure.* Bei Rauchern ist der *Ascorbinsäure* (**I**)-Spiegel des Blutes niedriger als bei Nichtrauchern. Bei Mäusen sinkt **I** im Harn, bei Fröschen in allen untersuchten Organen unter Tabakraucheinfl. um so tiefer ab, je länger die Verss. dauern. Nebenniere, Milz, Herzmuskel u. Lungen erleiden den größten **I**-Verlust. Die zur Wiederherst. n. Werte nötige Zeit hängt von der Versuchsdauer ab. Belastung mit **I** verhindert den **I**-Verlust nicht. **I** wird auch im Gemisch mit Organbrei von Versuchstieren zerstört. Nicotin ist am **I**-Schwund nicht beteiligt. Es wird die Bedeutung des **I**-Verlustes für die Pathogenese verschiedener Raucherschäden diskutiert. (Endokrinologie **30.** 345–51. Nov. 1953. Lodz, Med. Akad., Inst. für allg. Pathol.) K. BÖHM. 4587

K. Lang, *Leberverfettung und lipotrope Stoffe.* Die Hauptbildungsstätte für Fettsäuren im tier. Organismus ist die Leber. Zum Abtransport müssen diese in Lecithin umgewandelt werden, wozu Ggw. von *Cholin* (**I**) notwendig ist. Fehlt dieses, so kommt es zur Leberverfettung. **I** kann durch Aminoäthanol in Verbindung mit Methyldonatoren (*Methionin, Betain, Sarkosin, Thetine*) ersetzt werden, jedoch reichen diese mengenmäßig bei n. Ernährung kaum aus. Zu den lipotropen Stoffen gehören noch *Inosit*, einige Steroidhormone (*Östron, Östradiol*) u. der „*lipocaic factor*". Experimentelle Leberverfettung läßt sich nur bei Tieren erzeugen, deren Leber Cholinoxydase enthält. — Es wird außerdem auf die Bedeutung lipotroper Stoffe bei gewissen Vergiftungen (CCl_4) u. bei der Arteriosklerose hingewiesen. (Die Medizinische **1953.** 489–92. 11/4. Mainz, Univ., Physiol.-Chem. Inst.) BENISCHKE. 4596

M. R. A. Chance, *Zentralnervöse Funktion und Änderungen in der Metabolitkonzentration des Gehirns.* 3. Mitt. *Glykogen bei normalem Verhalten von Mäusen.* (2. vgl. C. **1951.** II. 1775.) Vf. untersucht bei Mäusen die in verschied. Teilen des Gehirns auftretenden Änderungen des *Glykogengeh.* (**I**) in Abhängigkeit vom Verh. dieser Tiere. Ein Ansteigen wird z. B. nach Sprung, Fall, Angriff beobachtet, nach Schlaf, Lauf oder Verteidigung bleibt **I** unverändert. Es wird angenommen, daß nur jene Formen des n. Verh. ein Anwachsen des Gehirnglykogens bewirken, bei denen die Gehirnaktivität von „convulsiver" Art ist. (J. exp. Biology **30.** 468–74. Dez. 1953. Birmingham, Univ., Dep. of Pharmacol.) NIESWANDT. 4596

P. Ss. Kanaschenok, *Der Gehalt an Phosphorverbindungen in der Beinmuskulatur des Kaninchens bei Traumen des Großhirns.* In Verss. an Kaninchen läßt sich 3 Monate nach Entfernung der linken Großhirnhemisphäre in den Muskeln des rechten Hinterbeins eine geringe Zunahme des *säurelösl. P* u. des *Kreatinphosphorsäure-P* feststellen, während der Geh. an *anorgan. P* u. *Adenosintriphosphorsäure-P* in den Muskeln des linken u. rechten Beines keine merklichen Unterschiede zeigt. Wird nur die motor.

Zone der linken Großhirnhemisphäre entfernt, so sind die Veränderungen noch weniger gesetzmäßig. (Бюллетень Экспериментальной Биологии и Медицины [Bull. exp. Biol. Med.] **37.** Nr. 2. 41—43. Febr. 1954. Moskau, Inst. für Pathophysiol. u. exp. Therapie, Labor. für spez. Pathophysiol. u. exp. Therapie.) RENTZ. 4597

P. Eckstein and **S. Zuckerman**, Eds. The thyroid gland. (Memoirs of the Society for Endocrinology, Nr. 1. London: D. Dobson. 1953. (48 S.) 8 s 6 d.

Boguslaw Jasinski, Otto Roth, Larvierte Eisenmangelkrankheit. Basel: B. Schwabe & Co. 1954. (206 S. m. Abb.) fr 19 —.

E_6. Pharmakologie. Therapie. Toxikologie. Hygiene.

Peter Wootton, Robert J. Shalek und **Gilbert H. Fletcher,** *Untersuchung zur effektiven Absorption von Radium- und Kobalt 60-γ-Strahlen in Wasser und deren klinische Bedeutung.* Vff. berichten über Strahlungsmessungen mit Ionisationskammern aus luftäquivalentem Material (Lucit) mit ^{60}Co u. Ra als Strahler. Mit wachsender Kammerwandstärke steigt der Ionisationsstrom zunächst steil an (Zunahme der Sekundärelektronen von der Kammerwand), geht über ein Maximum u. fällt steil ab (zunehmende Absorption der Sekundärelektronen vom Strahler), um dann flach abfallende Tendenz zu haben (wachsende Wandabsorption der prim. γ-Strahlung). Als optimale Wandstärke werden 5,7 mm ermittelt. Ferner wurden Vergleichsmessungen in Luft u. Wasser ausgeführt, um Zahlenangaben für die Umrechnung von Meßwerten in Luft auf solche im Körper zu gewinnen. Bei Präparatabständen unterhalb 5 cm treten nur zu vernachlässigende Unterschiede auf. Fehlermessungen ergeben sich, wenn die Kammerwand aus nichtluftäquivalentem Material besteht. Bei Kristallzählern wird beobachtet, daß Anthracen wegen seiner Luftäquivalenz bes. geeignet ist. Die Messungen zeigen im übrigen, daß die effektive Wellenlänge der Ra-Strahlung länger ist als die des ^{60}Co. (Amer. J. Roentgenol., Radium Therapy Nuclear Med. **71.** 683—90. April 1954. Houston, Tex., Univ. of Texas, Anderson Hosp. for Cancer Res.) REUSSE. 4601

Horst Woerner, *Die Wirkung des Ultraschalls auf die Hämagglutination.* Angabe des Einfl. von Ultraschall (US) auf die verschied. Faktoren der Agglutination. Spontanagglutination trat bei längerer US-Einw. u. bei höheren Energien auf, sie war durch geringe Zusätze von *Desoxycholsäure-Na* zum Serum zu beheben. Die Beobachtungen werden besprochen, eine Deutung steht noch aus. (Ärztl. Forsch. **8.** I/232—36. 10/6. 1954. Berlin, Robert-Koch-Inst., Serol. Abt.) DOSSMANN. 4601

P. Petrides und **H. Wagner,** *Fortschritte der Calciumtherapie.* Besprechung neuer pharmakol. Ergebnisse über den Ca-Stoffwechsel. Bericht über klin. Erfahrungen mit einem neuen injizierbaren Ca-Präp. (*Mosatil*, BAYER, *Ca–Na-Salz der Äthylendiamintetraessigsäure*, 1 ml = 10 mg Ca). Bei gleichen Erfolgen wie mit den bisherigen Ca-Präpp. ist dieses Präp. bes. verträglich u. ermöglicht die intravenöse Zufuhr großer Ca-Mengen ohne Hitzeempfindung oder sonstige vasomotor. Störungen. (Die Medizinische **1953.** 821—22. 13/6. Düsseldorf, Med. Akad., I. Med. Klin.) SCHWAIBOLD. 4606

R. Weigmann und **G. Schindewolf,** *Zur Wirkung des Kohlendioxyds auf die Schmerz- und Druckempfindung der Haut.* Vff. untersuchten mit Stachel- u. Druckborsten die Wrkg. von CO_2 auf die Reizschwelle der Schmerz-, Juck-, Druck- u. Kitzelempfindung der Haut. Sie fanden, daß trockenes u. feuchtes CO_2-Gas u. in H_2O gelöstes CO_2 die Empfindlichkeit für Schmerz- u. Juckreize erheblich u. für Druck- u. Kitzelreize in geringem Maße herabsetzt. Die Ergebnisse werden kurz diskutiert. (Pflügers Arch. ges. Physiol. Menschen Tiere **258.** 315—23. 1954. Göttingen, Univ., Pharmakol. Inst.) K. BÖHM. 4606

Kaname Kuriaki und **Hiroshi Shibue,** *Resorption, Verteilung und Ausscheidung des Methylalkohols.* Verss. an Kröten, Kaninchen u. Katzen ergaben eine schnellere Resorption von *Methanol* (I) nach subcutaner Injektion als nach oraler Gabe. Beträchtliche Mengen I sind im Blut, in den corpora adiposa u. in den Ovarien zu finden, am wenigsten im Muskel. I wurde weiter nachgewiesen bei Katzen im Groß-, Klein- u. Zwischenhirn u. in den Augäpfeln, nicht aber in Mittelhirn, Medulla oblongata u. Rückenmark, ferner nicht im ganzen Zentralnervensyst. der Kröte. Die Ausscheidung erfolgt durch den Verdauungskanal, die Lunge u. Niere. (Jap. J. Pharmacol. **1.** 114—19. März 1952. Kurume, Kurume Med. Coll.) SCHMERSAHL. 4607

Alice Borden Stanfield, Emily C. Brodie und **Elmer E. Yeoman,** *Butazolidin Plasmakonzentration und -Urinausscheidung bei Normalpersonen und Patienten mit rheumatoider Spondylitis.* Vff. untersuchten bei 11 n. Studenten u. 6 Patienten mit rheumatoider Spondylitis die Plasmakonz. u. die Gesamtausscheidung im 24 Std.-Urin von *Butazolidin* (**I**), das in Dosen von 400 mg oral 10 Tage lang gegeben wurde. **I** wurde zwischen 1. u. 3. Tag im Plasma u. zwischen 1. u. 5. Tag im Urin aller gefunden. Tox. Wrkg. während der Therapie trat nicht auf mit Ausnahme von 2 milden Ödemen bei 2 Frauen der Normalgruppe. Es bestanden keine signifikanten Differenzen in den Rkk. der beiden Gruppen, keine Geschlechtsdifferenzen hinsichtlich Absorptionsrate oder Ausscheidung. Bei 1 Patienten mit Osteoarthritis verschwand **I** bis 12 Tage nach Aufhören der Therapie nicht aus dem Urin u. wurde noch bis zum 15. Tag in kleinen Mengen im Urin gefunden. Eine Erklärung hierfür ist zur Zeit nicht vorhanden, vermutlich wird **I** in den Geweben gespeichert oder im strömenden Blut mitgeführt. (Proc. Soc. exp. Biol. Med. **83.** 254—58. Juni 1953. Univ. of Arizona, Dep. of Nutrit., u. Tuscon, Southwestern Clin. and Res. Inst.) K. BÖHM. 4607

Je. M. Kedrowa, *Experimentelle Untersuchungen über die zulässigen Mengen von DDT in Nahrungsmitteln.* Heranwachsende Ratten erhielten täglich peroral 0,1, 0,2 bzw. 2,0 mg/kg *DDT* in Sonnenblumenöl. 2 mg/kg verursachten morpholog. Veränderungen des Gehirns, Funktionsstörungen an Leber u. Nieren u. Veränderungen des Blutbildes. 0,2 mg/kg äußerten sich nur in Blutbild u. Nierenfunktion, 0,1 mg/kg nicht mehr. Vf. folgert hieraus, daß der in pflanzlichen Lebensmitteln (nicht genannt) gefundene Höchstgeh. von 3,6 mg/kg *DDT* unschädlich ist. — Die letale Dosis für *Dichlordiphenyldichloräthylen,* das erste Zerfallsprod. von DDT, ist 1200—1500 mg/kg. (Вопросы Питания [Fragen d. Ernähr.] **12.** Nr. 3. 55—60. Mai/Juni 1953. Ernährungsinst. der Akad. der med. Wiss. der UdSSR, Abt. Hygiene, Toxikol. Labor.) SCHMEISS. 4607

L. I. Logatschewa, *Untersuchung des Wirkungsmechanismus der Phytoncide des Knoblauchs auf die Mikroflora der Haut.* (Vgl. auch das folgende Ref. u. KASAKOWA, C. **1954.** 10505.) 1—10 Min. Einw. der Dämpfe u. des Breies von *Knoblauch* auf Hautmikroorganismen führte in vivo zu einer 2—15fachen Abnahme der Mikrobenzahl, weniger bei Staphylokokken, am wenigsten bei Sarcina u. sporentragenden Stäbchen. Nach 5—10 Min. na m die Zahl der Mikroben wieder zu. Bei Verss. in vitro zeigte sich eine deutliche Wrkg. erst nach 3std. Einw. bei 40°. Auf Leichenhaut waren Knoblauchdampf u. -brei erst nach 20 Min. wirksam. Aus den Verss. wird geschlossen, daß das Absterben der Mikroorganismen auf der Haut des lebenden Organismus sowohl auf der Wrkg. des Knoblauchs als auch auf der baktericiden Wrkg. der Haut beruht. (Журнал Микробиологии, Эпидемиологии и Иммунобиологии [J. Mikrobiol., Epidemiol., Immunobiol.] **1953.** Nr. 8. 16—17. Aug. Tscheljabinsk, Med. Inst., Lehrstuhl für Mikrobiol.) LEBTAG. 4610

A. N. Kasakowa, *Experimentelle Untersuchung der Wirksamkeit von trockenem Knoblauch bei der Behandlung eiternder Wunden.* (Vgl. auch vorst. Ref.) Bei 4—5 maliger Behandlung von mit *Staphylococcus aureus* infizierten experimentellen Wunden von Kaninchen mit *Knoblauchpulver* trat eine merkliche Besserung ein. Die Wundheilung trat nach 20 Tagen gegenüber 30 Tagen bei der Kontrolle ein. Während bei den 43 Kontrollwunden in 31 Fällen nach 2—6 Wochen erneut Infiltrate auftraten, war dies bei Knoblauchbehandlung nur in 5 von 43 Wunden der Fall. Die Knoblauchpulverbehandlung war in 72% der Fälle positiv. Auf Grund der klin. Erfahrung wird die Behandlung von akuten eitrigen Entzündungsprozessen mit Knoblauchpulver während der Anfangsphase empfohlen. (Журнал Микробиологии, Эпидемиологии и Иммунобиологии [J. Mikrobiol., Epidemiol., Immunobiol.] **1953.** Nr. 8. 18—19. Aug. Samarkand, Med. Pawlow-Inst., Lehrstuhl für Mikrobiol.) LEBTAG. 4610

Yoshiro Nakazawa und **Katsuya Namba,** *Die Wirkungsweise der Glykole als Vehikel und Lösungsmittel zum Zwecke des Eindringens der antibakteriell wirkenden Furanderivate. Propylenglykol* u. *Carbowax* fördern das Eindringen der *Furanderivv.* in Agar- u. Gelatinetestplatten. (Jap. J. Pharmacol. **1.** 145—52. März 1952. Nagasaki, Univ., School of Med.) SCHMERSAHL. 4610

H.-J. Heite, *Zur Wirksamkeit des Wismuts bei Streptokokkeninfektionen.* Bericht über Verss. an Gruppen von je 10—15 weißen Mäusen, Infektion mit Streptococcus Aronsen: a) unbehandelte Kontrollen, b) Behandlung 6 Std. nach der Infektion mit einer Injektion von 50 E. krist. *Penicillin-G-Na* (**I**), c) Bi-Behandlung vor der Infektion mit *Bismogenol* (**II**; TOSSE) 3mal 5 mg Bi/20 g Maus, d) **I** + **II** in gleicher Dosierung. Bei b) ergab sich gegenüber a) eine lebensverlängernde Wrkg., die nicht ganz an c) heranreichte; die an sich geringe **I**-Dosis wird durch **II** in Gruppe d) wesentlich gesteigert. Der Wert von Bi bei Streptokokkeninfektionen wird besprochen. (Klin. Wschr. **31.** 954—56. 15/10. 1953. Marburg/Lahn, Univ., Hautklin.) DOSSMANN. 4610

K. Zydek, *Über ein neues synthetisches Chemotherapeuticum zur äußerlichen Verwendung.* Vf. berichtet über die Verwendung von *Furacin* = *5-Nitro-2-furaldehydsemicarbazon* bei 385 chirurg., 209 dermatolog., 32 Augen-, 3 Ohren- u. 2 gynäkolog. Erkrankungen. Es wurden weder Toxizitäts- noch Sensibilitätserscheinungen beobachtet. Die Erfolgszahlen liegen fast bei 100%, nur bei Epidermophyton inguinale wurden prakt. keine Erfolge erzielt. (Med. Klin. **49.** 858. 21/5. 1954. Fürstenfeldbruck bei München.) K. BÖHM. 4610

W. E. Giblin, *Daraprim im Whagi-Tal von Neu-Guinea.* Bericht über Malariabehandlung mit *Daraprim* (I) bei 306 Eingeborenen, fast die Hälfte Kinder. Dosierung: bis 6 Jahre an 2 Tagen je 25 mg, über 6 Jahre je 50 mg an 2 Tagen. Zur Dauerbehandlung als Prophylakticum 25 mg **I** wöchentlich 1 mal. Die Erfolge sind sehr gut. (Med. J. Australia **41 I.** 9—10. 2/1. 1954. Wau.) L. BERGER. 4610

Chester M. Kurtz, *Erfahrung mit Gantrisin als Prophylakticum bei rheumatischem Fieber, unter besonderer Berücksichtigung der Fähigkeit von Kindern, das Medikament während einer längeren Zeit zu vertragen.* Vf. verabreichte 14 Kindern (4½—14 Jahre) *Gantrisin* (durchschnittliche tägliche Dosis 1,4 g) während eines Zeitraumes von 3 Monaten bis zu 3 Jahren. Es wurde in jedem Fall gut vertragen; die Prothrombinzeiten waren normal. Keine Vergiftungserscheinungen. (J. Urology **70.** 802—04. Nov. 1953. Madison, Wis., Univ. of Wisconsin, School of Med., Dep. of Clin. Med.) ERIKA HAAS. 4610

Samuel Silberg, Cyril Bruno, Solomon Keesal und **Silvio Miceli,** *Vorläufige Mitteilung über die Abnahme von Prothrombin durch Gantrisin.* Wird *Gantrisin* einem Patienten längere Zeit verabreicht, so sinkt der Blutprothrombingehalt. Wahrscheinlich ist die Sterilisierung des Magen–Darm-Kanals mit der Unterdrückung der Prothrombinbldg. verbunden, wobei Leberschäden nicht ausgeschlossen sind. (J. Urology **70.** 796—801. Nov. 1953. Philadelphia, Pa., Philadelphia Gen. Hosp.) ERIKA HAAS. 4610

Hans Frangenheim und **Gerhard Schenk,** *Die Behandlung der Genitaltuberkulose der Frau mit p-Aminosalicylsäure, Streptomycin, Thiosemicarbazon und Isonicotinsäurehydrazid.* Angabe der Erfahrungen bei der Behandlung der Genitaltuberkulose mit *PAS*, *Conteben*, *Streptomycin* u. *Neoteben*, des Behandlungsschemas, der Dosierungen u. Besprechung der Erfolge. Die günstigsten Ergebnisse sind zu erwarten, wenn von vornherein eine kombinierte Therapie durchgeführt wird. (Die Medizinische **1954.** 875—77. 19/6. Wuppertal-Elberfeld, Landesfrauenklin. der Rheinprovinz.) DOSSMANN. 4610

W. Rauterberg, *Ist Isonicotinsäurehydrazid ein Stoffwechselantagonist des Nicotinsäureamids?* Als Versuchstiere wurden männliche Albinomäuse benutzt. Es wurden subcutan 0,4 g pro kg Körpergewicht *Isonicotinsäurehydrazid* injiziert. Eine Serie erhielt zusätzlich Nicotinsäureamid (I). Diese Verss. wurden bei einer Dosierung von 0,3 g pro kg Körpergewicht wiederholt. Es konnte keine Verminderung der Letalitätsquote durch zusätzliche Verabfolgung von **I** in gleicher Dosierung beobachtet werden. Eine antagonist. Wrkg. muß abgelehnt werden. (Z. ges. inn. Med. Grenzgebiete **9.** 353. 1/4. 1954. Berlin-Lichtenberg, Städt. Oskar-Ziethen-Krankenhaus, II. Med. Klin.) LAUER. 4610

Domenico Corrente-Sergio, *Unverträglichkeitserscheinungen auf Streptomycin bei einem Fall von Lupus erythematosus acutus diffusus.* Bei einem Fall von Lupus erathematodes wurden unter der Behandlung mit *Streptomycin* Störungen des Sehnerven beobachtet. (Minerva med. [Torino] **45 I.** 1635—36. 6/6. 1954. Torino, Ospedale Mauriz. „Umberto I", Ist. Dermatol.) P. G. SCHEURLEN. 4611

Shigeru Tsunoo, Sohaku Sekiya und **Tokiko Shirado,** *Untersuchungen über die Penicillinresorption im Darm nach Einläufen.* Verss. mit Einläufen von reinem *Penicillin* (**I**) u. **I** in Kombination mit Dextrose, Glykokoll, Chloralhydrat, Taurin, Morphin, Magnesiumsulfat, *Urethan* u. a. ergeben wesentlich erhöhte Resorption bei einer I–Urethan-Kombination. (Jap. J. Pharmacol. **1.** 120—29. März 1952. Tokyo, Showa Med. School.) SCHMERSAHL. 4611

P. C. Reynell, *Aureomycin bei experimentellem Leberschaden. Aureomycin* (**I**) wurde Ratten mit Leberschädigungen (CCl_4) verabreicht, um seine Wrkg. auf die Ausheilung der entstandenen Nekrosen festzustellen. In Parallelverss. wurde die gleiche Anzahl Tiere ohne **I** untersucht. Die Zahl der überlebenden mit **I** behandelten Tiere war um ein geringes höher als die der unbehandelten, aber statist. nicht signifikant. Verss. nach Vorbehandlung mit *Phthalylsulfathiazol* (**II**) führten zu gleichen Resultaten. Vf. schließt daraus, daß **I** zumindest Sekundärinfektionen verhindert, die bei geschädigter Leber sonst tödlich sein könnten, während **II** auch diesen Erfolg vermissen läßt. (J. Pathol. Bacteriol. **66.** 47—52. Juli 1953. Oxford, Univ., Nuffield Dep. of Clin. Med.) L. BERGER. 4611

G. Aveta und **G. Sesia,** *Das Terramycin in der Urologie.* Vff. berichten über die Anwendung des *Terramycins* bei urolog. Affektionen u. Operationen. Gute Resultate. (Athena [Rass. mens. Biol., Clin. Terap.] **20.** Nr. 5. 210—13. Mai 1954. Torino, Ospedale Maggiore di San Giov. Battista.) P. G. SCHEURLEN. 4611

Paul Grönroos, *Antibiotica und experimentelle Toxoplasmose. Polymyxin B-Sulfat, Bacitracin, Terramycin, Aureomycin und Sulfonamide in der experimentellen Toxoplasmose.* Vf. studierte die Wrkg. verschied. Antibiotica u. Sulfonamide auf die experimentelle *Toxoplasmose* von Hühnerembryonen. Während ein Sulfonamid *Elkosin Ciba* (**I**) in einer Konz. von 20 mg gute Wrkg. zeigte, hatten *Aureomycin* (5 mg) u. *Terramycin* (5 mg) nur einen sehr schwachen, *Bacitracin* (250 E.) u. *Polymyxin B-Sulfat* (1 mg) keinen Effekt. Zwischen Infektion u. Injektion des Antibioticums lagen 20 Stunden. Nach dem Schlüpfen konnte durch Gehirn- u. Lebersuspensionen der Küken die Toxoplasmose aber noch auf Mäuse übertragen werden. (Ann. Med. exp. Biol. fenn. **31.** 374—77. 1953. Helsinki, Univ., Dep. of Serol. and Bact.)
HANS THIELE. 4611

Solon N. Blackberg und **Leila Saunders Walker,** *Neue Auffassung in der Behandlung rheumatischer Erkrankungen. Verwendung von Enzymen in der Therapie der Arthritis und degenerativer Erkrankungen.* (Vorl. Mitt.) Anwendung von Enzymen bei der Behandlung rheumat. Erkrankungen. Die guten Erfahrungen mit *Adenosin-5-monophosphat* (**I**) bei Sehnenscheidenentzündungen, bes. bei der chron. Form mit Verknöcherung sowie bei verschied. Gefäß- u. Herzerkrankungen, Hautleiden u. bei multipler Sklerose veranlaßten zur Erprobung bei Arthritis u. verwandten Erkrankungen. **I** wurde mit *Cyanocobalamin* (**II**) kombiniert verabreicht. Die Rolle von **I** u. **II** im intracellulären Stoffwechsel wird eingehend erörtert u. die theoret. Grundlage der Wrkg. von Enzymen, Coenzymen u. Aktivatoren dargestellt. Während **I** die oxydativen Vorgänge fördert, bewirkt **II** die Methylierung. Rheumat. Erkrankungen wurden mit Hilfe der Kombination von **I** u. **II** bei 70 Patienten behandelt. 66 davon reagierten erfolgreich, was sich im Nachlassen der Schmerzen u. Wiederherst. der Beweglichkeit zusammen mit einer Verminderung der Schwellung u. Verhärtung zeigte. — 40 Literaturhinweise. (Clinical Med. **61.** 118—26. Febr. 1954. Chicago, Ill.) L. BERGER. 4614

M. Ja. Michelsson, Je. K. Roshkowa und **N. W. Ssawatejew,** *Die antagonistische Wirkung von cholinolytischen und Anticholinesterasestoffen auf die höhere Nerventätigkeit des Menschen und der Tiere.* Am Menschen lassen sich die durch *Pentaphen* (**I**; *1-Phenylcyclopentan-1-carbonsäurediäthylaminoäthylesterhydrochlorid;* 3—3,5 mg/kg per os oder subcutan) hervorgerufenen kurzdauernden psych. Störungen durch gleichzeitige Gaben von *Proserin* (**II**; 0,02 mg/kg) verhindern. Auch in Verss. an Hunden u. Ratten ließ sich an bedingt reflektor. Rkk. die Aufhebung der Wrkg. von **I** durch **II** u. durch *Atropin* zeigen. Aus den Verss. wird auf einen Antagonismus der cholinolyt. u. Anticholinesterasepräpp. in bezug auf die höhere Nerventätigkeit geschlossen. (Бюллетень Экспериментальной Биологии и Медицины [Bull. exp. Biol. Med.] **37.** Nr. 2. 7—12. Febr. 1954. Leningrad, 1. Med. Pawlow-Inst.) RENTZ. 4620

G. Hiebel, M. Bonvallet, P. Huvé und **P. Dell,** *Neurophysiologische Analyse der zentralen Wirkung des d-Amphetamins (Maxiton).* Überblick über die gegenwärtigen Kenntnisse über Topographie u. Physiologie der zentralen Formationen, die für die Erhaltung des Wachzustandes verantwortlich sind, u. über die nervösen u. humoralen Faktoren, die die Aktivität dieser Formationen regulieren. Durch neuro- u. elektrophysiol. Unterss. zeigen Vff., daß *Maxiton* (**I**) nicht über den Cortex, sondern unmittelbar auf das Reticularsyst. des Hirnstamms wirkt, dessen Spontanaktivität es beträchtlich steigert. Die Wirkungen von **I** auf das Verh. des Menschen u. Tiers rühren alle von seiner Wrkg. auf die Formatio reticularis her, da man weiß, daß diese nicht nur auf ascendierenden Bahnen die Wachaktivität des Cortex, sondern auch auf descendierenden Wegen die Aktivität des motor. Syst., des sympath. u. gewisser neuroendokriner Systeme kontrolliert. (Semaine Hôpitaux Paris **30.** 1880—87. 6/5. 1954. Paris, Labor. de Neurophysiol., clin. et experiment., Hôpital Henri-Rousselle.) K. BÖHM. 4622

F. Sprenger, *Beitrag zur internen Juckreizbehandlung mit Centramin.* Bericht über *Centramin* (**I**; CHEMISCH-TECHNISCHE GESELLSCHAFT, ARZNEIMITTELFABRIK, München-Pasing) zur Behandlung des Pruritus. **I** ist eine bes. geartete *Mg-Ca-Glykokoll* (**II**)-Komplexverbindung. Hinweis auf von PFEIFFER dargestellte Verbb. von **II** mit Mg-Haloiden vom Typus $MgCl_2 \cdot 2\,II \cdot H_2O$, die sich durch besondere Haftfestigkeit des W. auszeichnen. Der therapeut. Effekt von **I** wurde an 126 Patienten mit Pruritus geprüft, nur in 12 Fällen kein befriedigendes Resultat. (Therap. d. Gegenwart **92.** 425—27. Nov. 1953. Mainz.) DOSSMANN. 4625

Walter Trummer, *Über die Behandlung von schmerzhaften Affektionen des Magens mit „Atosilsirup“.* Kurzer Bericht über 16 Patienten mit Magenbeschwerden (meist

Ulcuskranke), die mit *Atosil* (1 mg/ml Sirup) behandelt wurden. In den meisten Fällen trat Besserung der Beschwerden ein. (Therap. d. Gegenwart **92.** 297—99. Aug. 1953. Schleswig-Stadtfeld, Landeskrankenhaus.) DAUTZENBERG. 4625

N. William Winkelman jr., *Chloropromazin in der Behandlung neuro-psychiatrischer Störungen.* Vf. berichtet über die Anwendung von *Chloropromazin* = *10-[γ-Diäthylaminopropyl]-2-chlorphenothiazinhydrochlorid* (I) bei 142 Patienten für 2—8 Monate. Dosierung zwischen 30—150 mg täglich. Nebenwirkungen: Trockenheit im Munde, häufigeres u. intensiveres Träumen, bei 2 Patienten Dermatitis, bei 3 anderen Gelbsucht. I vermindert schwere Ängstlichkeit, Phobien u. Zwangsvorstellungen, mildert paranoide Psychosen, beruhigt manische oder bes. erregte Patienten. (J. Amer. med. Assoc. **155.** 18—21. 1/5. 1954. Philadelphia, Pa.) K. BÖHM. 4627

Charles B. Pittinger, Jack Moyers, Stuart C. Cullen, Robert M. Festherstone und **Erwin G. Gross**, *Klinisch-pathologische Untersuchungen im Zusammenhang mit der Xenonanästhesie.* Bei 5 *Xenon*-Narkosen wurden Blutbild, Urin, Blutungs- u. Gerinnungszeit, Rest-N, Blutzucker, Ca, P, K, Na im Venenblut, Blutsenkung, Harnstoffclearance, Elektrocardiogramm kontrolliert. Es wurden nur geringfügige Veränderungen durch *Xenon* ermittelt. (Anesthesiology **14.** 10—17. Jan. 1953. Iowa City, State Univ. of Iowa Coll. of Med.) DAUTZENBERG. 4627

Henry L. Price, Eugene H. Conner und **Robert D. Dripps**, *Über den Anstieg des Blutdrucks in den zentralen Venen und Arterien während der Cyclopropannarkose beim Menschen.* Messungen des mittleren arteriellen Blutdrucks, des zentralen Venendrucks, der CO_2-Spannung u. des p_H im arteriellen Blut während 15 *Cyclopropan*-Narkosen zeigen, daß der beobachtete Blutdruckanstieg unabhängig von Acidose oder Anoxie auftritt, wenn er auch durch diese Faktoren verstärkt wird. Vff. nehmen als Ursache eine verminderte Schöpfleistung des Herzens bei gleichzeitig vermehrtem Blutrückfluß aus der Peripherie durch Einw. des *Cyclopropans* an. (Anesthesiology **14.** 1—9. Jan. 1953. Philadelphia, Pa., Univ. of Pennsylvania, Hosp.; Gen. Hosp.; Univ. of Pennsylvania School of Med., Harrison Dep. of Surg. Res.) DAUTZENBERG. 4627

Wm. P. Bass, D. T. Watts und **Harold F. Chase**, *Beeinflussung der Ätherhyperglykämie durch Prämedikation und Pentothal-Einleitung.* Verss. an 32 Personen zeigten, daß Prämedikation mit *Morphin* oder mit *Morphin* + *Barbituraten* keinen Einfl. auf den Blutzuckeranstieg während der Äthernarkose bei Einleitung mit N_2O hat. Dagegen wird der Blutzuckeranstieg signifikant gehemmt, wenn zur Einleitung *Pentothal* verwendet wird. (Anesthesiology **14.** 18—22. Jan. 1953. Charlottesville, Va., Univ. of Virginia, Dep. of Anesthes. and Pharmacol.) DAUTZENBERG. 4627

Frederick H. Meyers und **Don Peoples**, *Die positive Rolle der Leber bei der raschen Entgiftung von Thiopental.* Bei Hunden wurde nach Anlegung einer ECKschen Fistel die Leber durch Ligatur der V. porta u. der A. hepatica ausgeschaltet u. danach die Wirkungsdauer einer *Thiopental*-Injektion beobachtet. Als Kontrollgruppe dienten ebenfalls laparotomierte Tiere mit intaktem Leberkreislauf. Nach Ausschaltung der Leber fand sich bei den Versuchstieren eine vierfach längere Wirkungsdauer des Thiopentals gegenüber der Gruppe mit intaktem Leberkreislauf. Es wird daraus geschlossen, daß bei der raschen Entgiftung von Thiobarbituraten andere Gewebe als die Leber nur eine untergeordnete Rolle spielen. (Anesthesiology **15.** **146—49.** März 1954. Memphis, Tenn., Univ. of Tennessee, Med. Units, Div. of Pharmacol.)
LOTHAR BARTH. 4627

Ellis N. Cohen, Wallace J. Paulson, James Wall und **Bernice Elert**, *Thiopental–Curare–Lachgas-Narkose zur Schnittentbindung mit Untersuchungen über die placentare Durchlässigkeit.* Bei 124 Schnittentbindungen wurde *Thiopental–Curare–Lachgas* zur Anästhesie verwendet. Bei den Müttern traten keine Komplikationen auf. Analysen im mütterlichen u. Placentarblut in 9 Fällen bestätigten die Tatsache, daß *Curare* die Placenta nicht passiert. Von *Thiopental* u. N_2O wurden im Augenblick der Entbindung im fötalen Blut ca. 58% der bei der Mutter nachweisbaren Konz. gefunden. Diese Menge wird bei der angegebenen Dosierung als nicht depressor. wirksam angesehen. (Surgery, Gynecol. Obstetr. **97.** 456—62. Okt. 1953. St. Paul, Minn., Charles T. Miller Hosp., Dep. of Anesthes. and Biochem.) DAUTZENBERG. 4627

N. J. Giarman, R. P. Rowe und **J. F. Young**, *Die Wirkung von Natriumsuccinat und einiger seiner Derivate auf die Thiopentalnarkose. Natriumsuccinat* (**I**), *Äthylsuccinat* (**II**) u. *Bis-dimethylaminoäthylsuccinat* (**III**) wurden daraufhin geprüft, ob sie die narkot. Wrkg. von *Thiopental* (**IV**) abkürzen, abschwächen oder aufheben können. Die Unterss. wurden an weißen Mäusen durchgeführt. Es konnte keine antagonist. Beeinflussung der **IV**-Narkose durch die Prüfsubstanzen gefunden werden. Die intravenöse Applikation von **I** in einer Dosis von 0,125 g/kg Körpergewicht verursachte sogar eine signifikante Narkoseverlängerung. Dasselbe wurde bei intraperitonealer Injektion von **II** in einer Dosierung von 0,5 g/kg Körpergewicht beobachtet, während sich **III** indifferent verhielt. (Anesthesiology **15.** 122—25. März 1954. New Haven, Conn., Yale Univ. School of Med., Dep. of Pharmacol.) LOTHAR BARTH. 4627

Shuboku Kyo, *Der Einfluß des Morphins und Phenobarbitals auf den Gehalt an Acetonkörpern im Blut von Kaninchen. Morphin* (**I**) u. *Na-Phenyläthylbarbiturat* (**II**) lassen beide den Geh. an Aceton, Acetessigsäure u. β-Oxybuttersäure im Kaninchenblut abnehmen, **II** jedoch in geringerem Maße als **I**. Die Wirkungsweise scheint unterschiedlich zu sein. (Jap. J. Pharmacol. **1.** 79—86. März 1952. Kyoto, Prefectural Med. Coll.) SCHMERSAHL. 4627

Kenneth J. Boniface und **John M. Brown,** *Quantitative Beurteilung von Herz und Kreislauf stimulierenden Mitteln bei der Barbituratlähmung des Herzens beim Hund.* Bei künstlicher Beatmung wurde die zur Erzeugung des Herzstillstandes beim Hund nötige Dosis von *Pentobarbitalnatrium* durch vorherige Gabe von *Ouabain* um ca. 50%, durch *Ephedrin* u. *Aranthol* (*Methylaminoisooctanol*) um ca. 200% erhöht. (Anesthesiology **14.** 23—28. Jan. 1953. Charleston, S. C., Med. Coll. of South Carolina, Dep. of Pharmacol. and Surg.) DAUTZENBERG. 4627

Thomas N. Morgan, *Anwendung und Mißbrauch von Sedativa, unter besonderer Berücksichtigung der Barbiturate. Paraldehyd* u. *Chloralhydrat* werden als weniger gefährliche, gut wirksame Schlafmittel in Erinnerung gebracht. Die gebräuchlichsten *Barbitursäure*-Derivv. werden besprochen u. ihre pharmakol. Wrkg., tox. Effekte, Fragen der Barbituratsucht u. -entziehung, Hinweise bei der Anwendung der Barbiturate u. Kontraindikationen kurz erläutert. (Practitioner **171.** 196—204. Aug. 1953. Aberdeen, Univ., Aberdeen Gen. Hosp.) DAUTZENBERG. 4627

M. Ratschow, *Der Heilschlaf mit Phenothiazin-Derivaten (Atosil und Megaphen).* Vf. berichtet über gute Erfahrungen mit Schlafbehandlung mittels Phenothiazinderivv. (*Atosil* am Tage, *Megaphen* nachts) bei verschied. Krankheitszuständen: Herzinfarkt (25 Fälle), Schmerzen bei akuter arterieller Thrombose, Ulcusschmerzen (30 Fälle), Fastenkur bei Kreislaufdekompensation (15 Fälle), Thyreotoxikose (5 Fälle), schmerzhafte therapeut. Eingriffe (Angiographien, Tonsillektomien). Bei Kranken mit Cerebralsklerose u. bei Alkoholikern wurden jedoch nach Atosilinjektion teilweise schwere Erregungszustände beobachtet. (Die Medizinische **1953.** 1351—54. 17/10. Darmstadt, Med. Klinik.) DAUTZENBERG. 4627

Raynold A. Arcuri, W. Newman und **Charles L. Burstein,** *Elektrocardiographische Untersuchungen während intratrachealer Intubation.* 5. Mitt. *Wirkungen während allgemeiner Anästhesie und lokalem Spray mit Hexylcainhydrochlorid.* (4. vgl. Anesthesiology **12.** [1951.] 673.) Bei Durchführung der Intubation unter Allgemeinanästhesie u. gleichzeitiger Oberflächenanästhesie mit *Cyclain* (*Hexylcainhydrochlorid*; *1-Cyclohexylamino-2-propylbenzoathydrochlorid*) bei 50 Erwachsenen traten in 14% elektrocardiograph. Störungen auf (gegenüber sonst 60%). (Anesthesiology **14.** 46—52. Jan. 1953. Bronx, N. Y., Veterans Administr. Hosp.) DAUTZENBERG. 4627

Beatrice Selvin, *Myanesin: Eine Untersuchung über die postoperative Schmerzlinderung. Myanesin* = *α.β-Dioxy-γ-[2-methylphenoxy]-propan* während der Operation als intravenöse Tropfinfusion gegeben, hatte auf die postoperativen Schmerzen keinen deutlichen Einfluß. (Anesthesiology **15.** 174—78. März 1954. New York, N. Y., Columbia Univ., Coll. of Phys. and Surg., Dep. of Anesthesiol.) LOTHAR BARTH. 4627

Ernst Niedermeyer, *Das Gift der Vipera ammodytes (Ammodyn) als Analgeticum. Klinische Erfahrungen.* In 53 Fällen verschied. Schmerzzustände wurde Gift von Vipera ammodytes (*Ammodyn*, MR. WINTER, Innsbruck; neuer Name: *Poskotoxin*) intracutan angewandt. In 41 Fällen wurde meist sehr befriedigende Besserung erzielt. Von den Versagern waren 7 Kranke mit vorwiegend psychogen bedingten Schmerzen. (Therap. d. Gegenwart **92.** 294—95. Aug. 1953. Innsbruck, Univ., Neurolog.-Psychiatr. Klinik.) DAUTZENBERG. 4627

B. M. Cooper, H. C. Slocum und **C. R. Allen,** *Tetraäthylthiuramdisulfid (Antabus) und die Anästhetica.* Im Gegensatz zu *A.* riefen die Anästhetica *N_2O, Cyclopropan, Pentothal, Procain, Ae., Chlf.* u. *Avertin* bei Ratten, die mit *Tetraäthylthiuramdisulfid* behandelt wurden, keine Erhöhung des *Acetaldehyd*-Spiegels im Blut hervor. (Anesthesiology **14.** 29—32. Jan. 1953. Galveston, Tex., Univ. of Texas, Med. Branch, Dep. of Anesthesiol.) DAUTZENBERG. 4627

J. B. Britton und **Perry P. Volpitto,** *Verträglichkeit von neuromuskulär blokkierenden Mitteln mit Barbituraten.* Während Gemische von *Tubocurarinchlorid, Dimethyltubocurarinjodid, Flaxedil, Mytolon* u. *Dekamethoniumbromid* mit *Thiopental* oder

Hexobarbital bei verschied. p_H (6—12) prakt. keine Abnahme der Wrkg. zeigen, werden *Succinylcholinchlorid* u. *OC 1130–2602* (*3-Trimethylammoniumpropyl-p-trimethylammoniumbenzoatdibromid*) bei einem p_H über 11,0 sofort, zwischen p_H 9,0 u. 11,0 langsamer zerstört u. sind erst unterhalb p_H 9,0 einigermaßen haltbar. Infolgedessen sind Gemische dieser beiden Verbb. mit *Hexobarbital* (p_H 11,7) unwirksam, dagegen mit *Thiopental* (p_H 10,7) wirksam, wenn sie sofort verwendet werden. (Anesthesiology **14.** 92—93. Jan. 1953. Augusta, Ga., Med. Coll. of Georgia, Dep. of Pharmacol. and Anesthesiol.) DAUTZENBERG. 4628

Bernard H. Smith und **Francis L. McNaughton,** *Mysolin, ein neues krampfhemmendes Mittel. Seine Bedeutung bei refraktären Epilepsiefällen.* 66 Epileptiker, die auf andere Mittel schlecht angesprochen hatten, wurden mit *Mysolin* = *5-Äthyl-5-phenylhexahydropyrimidindion-(4.6)* behandelt; davon werden 61 Fälle ausgewertet: bei 23 (35%) war ein Erfolg zu verzeichnen. Als Nebenwirkungen wurden häufig vorübergehende Müdigkeit u. Gleichgewichtsstörungen beobachtet. In einzelnen Fällen kam es zu Schwindel, Übelkeit, Ataxie oder Exanthemen. — Die krampfhemmende Wrkg. des *Mysolins* wurde sowohl bei idiopath. als auch bei symptomat. Epilepsie beobachtet. (Canad. med. Assoc. J. **68.** 464—67. Mai 1953. Montreal, Mc Gill Univ., Dep. of Neurol. and Neurosurg.; Montreal Neurolog. Inst.) DAUTZENBERG. 4628

John Gordon, *Ein neues muskellähmendes Mittel: WIN 2747: eine klinische Beurteilung.* Pharmakologie u. klin. Anwendung von *WIN 2747* (*2.5-Bis-[3-diäthylaminopropylamino]-benzochinon-bis-benzylchlorid*) werden auf Grund klin. Erfahrungen kurz dargestellt. Der geringen atemlähmenden Wrkg. steht eine starke parasympathicomimet. Wrkg. gegenüber. Vf. hält das Mittel daher nicht für geeignet zur allg. Anwendung in der Anästhesie. (Anesthesiology **14.** 73—76. Jan. 1953. Surrey, England.) DAUTZENBERG. 4628

Francis F. Foldes und **Pearl G. McNall,** *Die Anwendung von Succinylcholin zur intratrachealen Intubation.* In 317 Fällen erwies sich *Succinylcholin* als Mittel der Wahl zur Erzielung der zur Durchführung der Intubation notwendigen kurzen Relaxation. (Anesthesiology **14.** 93—96. Jan. 1953. Pittsburgh, Pa., Mercy Hosp.; Univ. of Pittsburgh, School of Med., Dep. of Surg.) DAUTZENBERG. 4628

Ruth C. Martin, W. K. Nowill und **C. R. Stephen,** *Eine Auswertung der Ergebnisse mit Succinylcholin. Succinyl-bis-cholinchlorid* wurde als Muskelrelaxans bei über 600 verschied. chirurg. Eingriffen angewandt. Das Präp. erwies sich als ungiftig u. hatte nur minimale Nebeneffekte. Eine verlängerte Wirkungsdauer wurde äußerst selten beobachtet. (Anesthesiology **15.** 179—87. März 1954. Durham, N. C., Duke Univ., School of Med., Div. of Anesthesiol.) LOTHAR BARTH. 4628

H. Brücke, *Komplikationen der Lysthenonanwendung.* In einer Bemerkung zu der gleichnamigen Arbeit von TRAUSCHKE (C. **1953.** 6528) weist Vf. darauf hin, daß Aspiration von Mageninhalt bei jeder Narkose vorkommen könne u. nicht dem *Lysthenon* zur Last zu legen sei, sondern der Außerachtlassung der Magenausheberung. — Die beschriebene Spontanfraktur durch die Muskelkontraktionen im Beginn der *Lysthenon*-Wrkg. hätte auch sonst bei einer heftigen Bewegung zustandekommen können. — Gelegentlich auftretende Langlähmung ist bekannt u. hat — bei entsprechender Ausrüstung u. Erfahrung — keine ernsten Folgen. (Wiener klin. Wschr. **65** ([N. F.] **8.** 658—59. 14/8. 1953. Mürzzuschlag, Landeskrankenhaus.) DAUTZENBERG. 4628

W. Trauschke, *Komplikationen der Lysthenonanwendung. Erwiderung auf die Bemerkungen von H. Brücke.* (Vgl. vorst. Ref.) In einer Erwiderung auf die Bemerkungen von BRÜCKE geht Vf. vor allem auf die Langlähmung ein. Nach einem Hinweis auf Zusammenhänge mit dem Cholinesterasespiegel wird betont, daß die bei Langlähmung nötig werdende langdauernde künstliche Beatmung durch die unvermeidbare Änderung der Blut–Gas-Zus. den Kranken gefährde. (Wiener klin. Wschr. **65.** ([N. F.] 8 659. 14/8. 1953. Wien-Lainz, Krankenhaus, I. Chirurg. Abt.) DAUTZENBERG. 4628

Kiyoshi Tanaka, *Die Wirkung des Diphenhydramin auf das Elektroencephalogramm beim Menschen und Kaninchen.* Nach intravenöser Applikation von *Diphenhydramin* (0,5—0,3 mg/kg) beim Menschen entsprachen die EEG denen beim beginnenden Schlaf. Die Wrkg. ist nach oraler Gabe weicher u. anhaltender. (Jap. J. Pharmacol. **1.** 87—90. März 1952. Yonago, Tottori Univ., Dep. of Pharmacol.) SCHMERSAHL. 4628

P. Guilhem, A. Pontonnier, R. Baux, P. Bourbon und **P. Bennet,** *Die Wirkungen von Pethidin auf das Neugeborene bei der Anwendung als geburtshilfliches Spasmolyticum.* Bei 525 Entbindungen wurde *Pethidin* (**I**) als Spasmolyticum gegeben. Davon wurden 306 statist. ausgewertet. Im Vgl. zu 500 Geburten ohne medikamentöse Beeinflussung ergab sich keine höhere Morbidität der Neugeborenen, die auf **I** zurückgeführt werden könnte, sowohl bei Verabfolgung mehr als 2 Std. vor der Geburt (115 Fälle) als auch innerhalb der letzten 2 Std. vor der Geburt (191 Fälle). — In 20 Fällen wurde der I-Geh. des Nabelschnurblutes spektrograph. bestimmt (bei 2575 Å). 2 Std. nach der Injektion war I im Nabelschnurblut nicht mehr nachweisbar, vorher in verschied. Konzentrationen. — Best. der O_2-Sättigung im Nabelschnurvenenblut (3 Fälle) ergab eher eine bessere O_2-Sättigung (im Mittel 64%) als normalerweise (ca. 50%). — I wird daher als sehr brauchbares Mittel wegen seiner Unschädlichkeit für das Kind bezeichnet. (Gynécol. et Obstétr. **52.** 196—201. 1953. Toulouse.) DAUTZENBERG. 4628

Morris Leff, *Die Bedeutung des Adrenalins (Epinephrins) bei der Geburt und die Anwendung eines Adrenolyticums zur Vermeidung der Nachblutung. Beobachtungen an 3500 Fällen.* Vf. nimmt an, daß die Erschlaffung des Uterus in der Wehenpause durch *Adrenalin* verursacht wird, während die Kontraktion bei der Wehe durch Hypophysenhinterlappenhormon ausgelöst wird. Diese Erschlaffung ist nach Ausstoßung der Placenta wegen der damit verbundenen Blutung unerwünscht. Es wurde daher in 1500 Fällen *Ergotamin,* in 2000 Fällen *Dihydroergotamin* (*DHE* SANDOZ) verabfolgt, um diese Adrenalinwrkg. auszuschalten; daneben *HHL-Extrakt* u. *Ergonovin.* Die Erfolge waren gut. (Amer. J. Obstetr. Gynecol. **65.** 278—81. Febr. 1953. New York, N. Y., Centr. Maternity Hosp.) DAUTZENBERG. 4628

O. Ramser, *Über den Wirkungsgrad verschiedener Broncholytica bei Asthma bronchiale.* Bei 33 Asthmatikern wurde die broncholyt. Wrkg. eines Aerosols von *Aleudrin 1%* (*Isopropylnoradrenalin*) u. *Soluphyline* 12,5% (*Diäthylaminoäthyltheophyllinhydrochlorid*) pneumometr. festgestellt u. mit der Inhalation von physiol. *NaCl*-Lsg. bzw. Leerverss. mit leerem Inhalationsgerät verglichen. Während Leerverss. ohne Einfl. auf den asthmat. Zustand waren, konnte in vielen Fällen bereits durch *NaCl*-Lsg. eine Besserung erzielt werden, die der Wrkg. von *Soluphyline* gleichkam oder sogar überlegen war. Die stärkste antiasthmat. Wrkg. hat jedoch *Aleudrin.* (Helv. med. Acta **20.** 86—99. Mai 1953. Bern, Univ., Med. Poliklinik.) DAUTZENBERG. 4628

Albert Stieß, *Klinische Erfahrungen mit Dioxy-2-Methylphenoxypropan (Byk M 1).* 41 Kranke, meist mit Cerebralsclerose sowie extrapyramidal-motor. Störungen, wurden mit *Byk M 1* (*Dioxy-2-Methylphenoxypropan,* = *Myanesin*; BYK-GULDEN, Konstanz) oral behandelt. Neben der günstigen Einw. auf die Motorik wurde vor allem auch eine Rückbldg. der psych. Symptome bei den Alterspsychosen erreicht. (Therap. d. Gegenwart **92.** 289—92. Aug. 1953. Landshut-Achdorf, Kreiskrankenhaus.) DAUTZENBERG. 4630

H. Kleinsorge, H.-H. Wittig und **K. Rösner,** *Über die medikamentöse Beeinflussung des systolischen Druckanstieges. Regitin* (I) u. *Hydergin* (II) parenteral konnten einen physiol. durch Treppensteigen erzeugten Blutdruckanstieg verhindern. Perlingual waren diese Mittel unwirksam, desgleichen die verglichenen Medikamente TEAB, Dehydasal, Vaskulat, Dilatol, Pacyl u. Nicodan. I u. II sollen deshalb prophylakt. bei Hypertonikern sowie Normotonikern mit Kreislaufschädigung angewandt werden. (Z. ges. inn. Med. Grenzgebiete **9.** 280—84. 15/3. 1954. Jena, Univ., Med. Poliklinik.) JORDAN. 4630

M. M. Black, B. W. Zweifach und **F. Speer,** *Ein Vergleich der drucksenkenden Wirkung von Na-Azid bei Gesunden und Hochdruckkranken.* 0,65—1,3 mg *Na-Azid* oral zeigten einen rapiden blutdrucksenkenden Effekt von 10—15 Min. Dauer. 3—4 mal täglich über 1—2 Jahre in diesen Dosen verabreicht, erzielte es eine Normalisierung des Hochdrucks. Wiederholte Anwendung hat einen günstigeren Effekt hinsichtlich der Dosisabhängigkeit, der Drucksenkung u. der Verlängerung der Perioden mit n. Werten. Die intravenöse Zufuhr zeigte im Tierexperiment trotz deutlicher Drucksenkung keinen vasodilator. Effekt. Als Stoffwechselinhibitor (Enzymsyst.) erscheint NaN_3 der Hypertonie auf biochem. Weg ohne spezif. Gefäßwrkg. zu begegnen. (Proc. Soc. exp. Biol. Med. **85.** 11—16. Jan. 1954. New York, N. Y., Univ., Dep. of Pathol. and Clin. Pathol., u. Washington Square Coll., Dep. of Biol.) JORDAN. 4630

Hans Otto, *Der Thioharnstoffkern und sein Einfluß auf den benignen Hochdruck.* Die zur Therapie des benignen Hochdrucks verwendeten Medikamente oder Pflanzenextrakte, die den *Thioharnstoffkern* als chem. Grundgerüst aufweisen, wirken gleichzeitig strumigen. Sie senken die thyreoidale Thyroxinbldg. u. regen dadurch die hypophysäre Abgabe des thyreotropen Hormons an. Die Grundumsatzsenkung u. damit auch die hypotensive Wrkg. ist eine Folge dieser Thyroxinhemmung. Solche Stoffe sind: *Zwiebel, Laucharten, Benzylthioharnstoff, Rhodanide, Thioharnstoff, Allylthioharnstoff, Thiouracil, Diäthylthioharnstoff, 2-Mercaptoimidazol* u. verwandte Verbindungen. Ihre klin. Verwendung u. Indikation wird im Übersichtsref. unter ausführlicher Diskussion der physiol. Problematik dargestellt. (Z. ges. inn. Med. Grenzgebiete **9.** 212—17. 1/3. 1954. Köthen, Kreiskrankenhaus, Inn. Abt.) JORDAN. 4630

Pierre Buchs, *Beitrag zur Untersuchung eines neuen blutdrucksenkenden Mittels: Serpasil.* Bei 40 Fällen von Hypertonie (extrarenal u. renal bedingt) wurde *Serpasil* (**I**; CIBA) angewandt. Da es sich ausschließlich um ein poliklin. Krankengut handelte, kann der blutdrucksenkende Effekt, der in der Mehrzahl der Fälle eintrat, nur mit Vorsicht gewertet werden. Subjektive Beschwerden wurden am häufigsten u. eindeutigsten gebessert. Bei Unterbrechung der Behandlung stieg der Blutdruck wieder auf die alte Höhe an, auch wenn **I** über längere Zeit, u. ohne daß seine Dosis vergrößert wurde, verabfolgt worden war. Mit *Nepresol* u. *Apresolin* wurden nicht so gute Resultate erzielt. (Praxis [Bern] **43.** 480—83. 3/6. 1954. Fribourg, Schweiz, Hôp. cantonal, Serv. de méd.) P. G. SCHEURLEN. 4630

R. Schirmer, *Zur Behandlung thrombotischer Krankheitsbilder der Netzhaut mit Roßkastanienextrakt.* Bericht über Behandlung von Netzhautthrombosen mit *Venostasin* (**I**). Dieser *Vitamin-B_1*-haltige Roßkastanienextrakt zeigte so eindrucksvolle Ergebnisse, daß Vf. eine Nachprüfung im größeren Rahmen empfiehlt. Es ist bisher pharmakol. noch nicht geklärt, welcher Bestandteil von **I** die durchblutungsfördernde Wrkg. hat. (Med. Klin. **49.** 111—13. 15/1. 1954. Wiesbaden, Augenheilanst.) L. BERGER. 4630

M. de V. Cotten, J. M. Brown und **P. S. Kronen,** *Herzkraftveränderungen durch Pressoramine unter Hexamethoniumhypotension.* Durch Hexamethoniumchlorid (2 bis 7,5 mg/kg) bei narkotisierten Hunden hervorgerufene cardiovasculäre Veränderungen (Blutdruckabfall, Verminderung der kontraktilen Herzkraft u. der Herzfrequenz) konnten durch 0,25—0,5 γ/kg *l-Arterenolbitartrat* (**I**), 0,05—0,1 mg/kg *Methamphetaminhydrochlorid* (**II**), 0,15—0,20 mg/kg *Ephedrinsulfat* (**III**), 10—15 γ/kg *Phenylephrinhydrochlorid* (**IV**) oder 0,07—0,10 mg/kg *Methoxaminhydrochlorid* (**V**) größtenteils wieder aufgehoben werden. Die Steigerung der Herzleistung war bei **I** am stärksten, bei **II** u. **III** mäßig; die geringe Steigerung durch **IV** u. **V** scheint nur eine Folge der erzielten Hypertension zu sein. Tödlich verlaufener Kollaps in zwei Fällen wird als Folge der Blockierung des adrenerg. Syst. durch Hexamethonium aufgefaßt. (Anesthesiology **15.** 126—33. März 1954. Charleston, S. C., Med. Coll. of South Carolina, Dep. of Pharmacol. and Surg.) LOTHAR BARTH. 4630

Werner Weissel, *Moderne Antihypertonika in der Therapie der chronischen muskulären Herzinsuffizienz.* Es wird über therapeut. Erfolge bei digitalis-refraktären Herzinsuffizienzen mit *Apresolin, Hexapressin, Hexamethonium* u. *Nepresol* berichtet, wobei der bestehende fixierte oder symptomat. „Stauungshochdruck" in der Auswahl der Fälle als Leitsymptom voransteht, sein Fehlen jedoch die Indikation dieser Therapie nicht abgrenzt. (Wiener klin. Wschr. **66** ([N. F.] **9**). 422—24. 18/6. 1954. Wien, Wilhelminenspital, III. Med. Abt.) JORDAN. 4630

Martin Bachmann, *Klinische Beobachtungen zur Digitalisbehandlung.* (Z. ges. inn. Med. Grenzgebiete **9.** 266—72. 15/3. 1954. Aschersleben, Kreiskrankenhaus, Inn. Abt.) JORDAN. 4630

O. Bedard, *Chinidin in der Behandlung des Vorhofflimmerns.* Mit *Chinidin* konnte das Vorhofflimmern in 89% aller Fälle in n. Sinusrhythmus übergeführt werden. Kontraindiziert sind schwere Überleitungsstörungen. 4,5% Todesfälle waren bei der berichteten Behandlungsserie zu verzeichnen. (Amer. J. med. Sci. **227.** 530—34. Mai 1954. Ottawa, Ontario, Can., Univ., Dep. of Med., Gen. Hosp. and School of Med.) JORDAN. 4630

Ilse Schubart und **G. Stötter,** *Die physiologische Bedeutung der Milchsäure und ihre klinische Anwendung bei Erkrankungen des Darmes und Infektionen der Gallen- und ableitenden Harnwege.* Bericht über neue Anwendungsmöglichkeiten von *Milchsäure* (**I**) bei verschied. Dysbakterien. Bes. günstige Wirkungen wurden bei akuten u. chron. Durchfallserkrankungen, bei Ernährungsstörungen der Säuglinge, bei Schädigung der n. Darmflora durch *Sulfonamide* u. *Antibiotica* u. bei Cholangitis gesehen. Verss. bei Coliinfektionen der Harnwege scheinen ebenfalls für die Anwendung von **I** zu sprechen. Bei Anacidität des Magensaftes kommt die günstigere Pufferungseig. von **I** im Gegensatz zur *HCl* den physiol. Bedingungen näher. Außerdem besitzt **I** eine fast antibiot. Wrkg. auf nicht symbiont. Bakterien im Verdauungskanal. (Die Medizinische **1954.** 195—98. 6/2. Augsburg, Städt. Krankenanstalten, Med. u. Nervenklinik.) L. BERGER. 4640

H. Radermacher, *Untersuchungen über die therapeutische Wirksamkeit von Succus liquiritiae bei der Ulcuskrankheit und der Gastritis.* Vf. unterstreicht den Einwand von BROICHER (C. **1954.** 6771), daß *Succus liquiritiae* kein überlegenes Heilmittel für die

Ulcustherapie ist. *Antistominum forte* STADA, das den spasmolyt., antihistaminerg., antemet. u. sekretionsmindernden Antihistaminfaktor *Diphenhydraminhydrochlorid* enthält, hat sich im Rahmen einer vernünftigen Diätbehandlung gut bewährt. (Med. Klin. **49.** 749. 30/4. 1954. Essen-Steele, St. Laurentius Hosp.) K. BÖHM. 4645

Yoshito Kobayashi, Takeo Bando und **Tatsushi Ishizaki,** *Die Bewegungen der Ascaris suilla et lumbricoides und ihre Beeinflussung durch Anthelminthica.* Die Normalbewegung der untersuchten Ascaridenart wird durch *Santonin* zur spast. Bewegung. Nach Entfernung der Kopfspitze der Würmer beeinflußt Santonin die Normalbewegung nicht mehr. (Jap. J. Pharmacol. **1.** 130—43. März 1952. Tokyo, Univ., Med. Fac.) SCHMERSAHL. 4649

Yoshitoshi Kase, *Neue Methoden zur Bestimmung der Wirkung hustenreizsenkender Mittel.* Mitt. zweier Methoden zur Messung der Wrkg. hustenreizsenkender Mittel. Mit ihrer Hilfe zeigt Vf. an mehreren Kymogrammen die verschieden starke, den Reflex unterdrückende Wrkg. von *Morphin, Codein, Dionin* u. *Evipan–Natrium.* (Jap. J. Pharmacol. **2.** 7—13. Sept. 1952. Fukuoka, Kyushu Univ., u. Kumamoto, Univ.) L. BERGER. 4650

A. J. Hattemer, *Über oligodynamische Wirkungen von Schwermetallen.* Übersicht über die Bedeutung der Oligodynamie u. Beschreibung einer Meth. zur Entkeimung der Wurzelkanäle mittels eingeblasenen *AgCl*-Aerosols. (Zahnärztl. Rdsch. **63.** 431—36. 5/8. 1954. Mainz, Univ., Klinik u. Poliklinik für Zahn-, Mund- u. Kieferkrankheiten.) KLESSE. 4655

Irving Cobin, *Das Verhalten verschiedener Hautkrankheiten auf die Anwendung von Piromen.* Klin. Bericht über die Behandlung verschied. Hautkrankheiten (Dermatitis, Ekzem, Urticaria u. allerg. Hauterscheinungen) mit *Piromen* (**I**). **I** ist die sterile, eiweißfreie Dispersion eines *Polysaccharids,* das aus einer Pseudomonasart gewonnen wird. Es regt das reticuloendotheliale Syst. u. die Nebennierenrinde an. Dadurch hat es sich bei den 35 Fällen des Vf. sehr gut bewährt. Die Hautkrankheiten reagierten in 11 Fällen mit völliger Heilung, 22 mit Besserung u. nur 2 veränderten sich nicht. Es wurden alle 3—4 Tage zwischen 0,5 γ u. 2,0 γ injiziert u. je nach Bedarf variiert. Nebenerscheinungen traten nicht auf. (Clinical Med. **61.** 131—33. Febr. 1954. Joliet, Ill.) L. BERGER. 4661

Dino Mariotti, *Anwendung neuer chemischer Substanzen zum Schutz der Haut gegenüber Berufsschädigungen. Neue Gesichtspunkte zur Prophylaxe exogener Dermatosen.* Vf. berichtet über das *Siliconöl,* $[SiO(CH_3)_2]_n$, das sowohl peroral, als auch in den Conjunctivalsack u. vor allem auf die Haut gegeben werden kann. Keine Unverträglichkeitserscheinungen bei Verabreichung einer 30% Salbe mit Vaseline. Anwendung vor allem zum Schutz bei starker Schweißbldg., zur Wundabdeckung. Es wird zur Verwendung gegen einige Berufserkrankungen der Haut empfohlen. (Minerva med. [Torino] **45 I.** 1651—53. 6/6. 1954. Torino, Ospedale di S. Maria Nuova di Reggio Emilia.) P. G. SCHEURLEN. 4661

W. Rothenbücher, *Zur funktionellen Wiederherstellungstherapie organischer Erkrankungen der Harnwege mit Olren.* Bericht über erfolgreiche Behandlung von 3 Fällen mit *Olren* (L. HEUMANN & Co., Nürnberg), einem Kombinationspräp. mit Geh. an *Scopolia, Chelidonium* u. *Amidophenazon,* denen eine günstige Wrkg. bei urolog. Erkrankungen zuzuschreiben ist. (Therap. d. Gegenwart **92.** 427—28. Nov. 1953. Neckarsulm, Städt. Krankenhaus.) DOSSMANN. 4670

L. R. Arrington und **G. K. Davis,** *Toxizität des Molybdäns beim Kaninchen.* Vff. geben Kaninchen mit dem Futter 0,014—0,4% Mo als $Na_2MoO_4 \cdot 2\ H_2O$ u. beobachten bei ihnen innerhalb 4—8 Wochen das Auftreten schwerer tox. Symptome, wie Freßunlust, Gewichtsverlust, Haarausfall, Dermatose, Anämie u. schließlich den Eintritt des Todes. Bei einigen Jungtieren werden Deformationen der Vorderextremitäten u. Verzögerung des Wachstums festgestellt. Durch Zusatz von Cu (als $CuSO_4 \cdot 5H_2O$) (0,02% zum Futter oder 0,05 g/10 ml W. bzw. 0,1 g/500 ml W. zum Trinkwasser) werden die durch Mo erzeugten tox. Erscheinungen gebessert u. die Tiere erholen sich wieder. Die Verss. zeigen, daß Cu die Toxizität des Mo aufhebt. (J. Nutrit. **51.** 295 bis 304. 10/10. 1953. Gainesville, Fla., Agric., Exp. Stat., Dep. of Animal Husbandry and Nutr.) FAHRNLAENDER. 4675

L. W. Holm, J. D. Wheat, E. A. Rhode und **Gladys Firch,** *Die Behandlung der chronischen Bleivergiftung bei Pferden mit Calciumdinatriummethylendiamintetraacetat.* Vff. geben 4 Pferden, die an chron. Pb-Vergiftung erkrankt sind eine intravenöse Injektion von 1,0 g *Äthylendiamintetraacetat* ($CaNa_2$-Salz; **I**) pro 30 lbs. Körpergewicht (als 2%ig. Lsg.). Es wird festgestellt, daß die Tiere durch die **I**-Behandlung, die innerhalb eines Zeitraumes von 10—14 Tagen an je 3 aufeinanderfolgenden Tagen durchgeführt wird, schnell genesen. Durch laufende Best. des Pb-Geh. im Urin, in den

Faeces u. im Blut wird gefunden, daß **I** sich mit dem im Blut vorhandenen Pb in ein nicht giftiges, unlösl. Pb-Salz verwandelt. (J. Amer. veterin. med. Assoc. **123.** 383—88. Nov. 1953. Davis, Calif., Univ., School of Vet. Med.) FAHRNLAENDER. 4675

Randolph K. Byers, Clarence A. Maloof und **Margaret Cushman,** *Urinale Bleiexkretion bei Kindern.* Unterss. mit der Mikrometh. nach FAIRHALL u. KEENAN (C. **1942.** I. 2435), die in einigen Punkten modifiziert wurde, ergaben, daß lediglich die Best. der in 24 Std. mit dem Harn ausgeschiedenen *Pb*-Menge, nicht die der *Pb*-Konz. im Harn, zum Nachw. einer *Pb*-Intoxikation geeignet ist. Bei tatsächlichen *Pb*-Vergiftungen bei Kindern von ½—14 Jahren wurden täglich mehr als 80 γ *Pb* ausgeschieden. Werte zwischen 55 u. 80 γ *Pb* in 24 Std. deuten auf mehr als gewöhnlichen Einfl. von *Pb*, während bei allen Kontrollpatienten, die keiner *Pb*-Einw. ausgesetzt waren, weniger als 55 γ/Tag gefunden wurden. Derart niedrige Werte treten allerdings auch in fortgeschrittenen Stadien von *Pb*-Vergiftung auf. (A. M.A. Amer. J. Diseases Children **87.** 548—58. Mai 1954. Boston, Harvard Med. School, Dep. of Pediatrics, Children's Med. Center; Massachusetts Div. of Occupat. Hyg.) KRUSEN. 4675

Randolph K. Byers und **Clarence Maloof,** *Edathamil Calcium-Dinatrium (Versenate) in der Behandlung von Bleivergiftung bei Kindern.* 5 Kindern, die nach Aufnahme von *Pb*-haltigen Farben typ. klin. Vergiftungssymptome (Anämie, Koproporphyrinurie Glucosurie, Leibkrämpfe, röntgenolog. Knochenveränderungen u. a.) u. tägliche urinale *Pb*-Exkretionen von 152—228 γ zeigten, wurde *Edathamil* (**I**; *$CaNa_2$-Äthylendiamintetraacetat*) in täglichen Dosen von 1 g/15 kg verabreicht, aufgeteilt in 2 Dosen, die in 250 ml 5% Glucoselsg. intramuskulär gegeben wurden. Perioden von 3 Behandlungstagen wechselten mit 3 Ruhetagen ab. Durch die Zufuhr von **I** wurden Steigerungen der urinalen Pb-Exkretion um das 10—40fache u. schneller Rückgang der Vergiftungssymptome hervorgerufen. Im Skelett deponiertes Pb wird durch die **I**-Therapie nicht erfaßt, es wird erst später langsam ausgeschieden. Durch Stress kann eine plötzliche Mobilisierung des im Skelett verbliebenen Pb hervorgerufen werden, so daß es zu erneuten Intoxikationserscheinungen kommt, die ebenfalls durch **I** schnell beherrscht werden können. Kasuistik der 5 Fälle. (A. M. A. Amer. J. Diseases Children **87.** 559—69. Mai 1954. Boston, Harvard Med. School, Dep. of Pediatrics, Children's Med. Center.) KRUSEN. 4675

J. C. Banerjea und **Dulal Roy Chowdhury,** *Arsenencephalopathie mit Bericht über einen Fall.* Bericht über einen schwierig zu diagnostizierenden Fall von *As*-Encephalopathie nach 3 Injektionen von insgesamt 0,5 g *NAB* (?). In der Cerebrospinal-Fl. konnten 0,2 mg% *As* nachgewiesen werden. Wiederherst. nach einmaliger Injektion von 5 ml 10%ig. $Na_2S_2O_3$-Lösung. (Calcutta med. J. **51.** 81—83. März 1954. Calcutta, Med. Coll., Dep. of Med.) KRUSEN. 4675

D. Cordier und **G. Cordier,** *Sensibilisieren wiederholte Inhalationen schwacher Phosgenkonzentrationen den Organismus für stärkere Konzentrationen?* Verss. mit Meerschweinchen ergaben, daß eine vorangehende wiederholte Einatmung von Phosgen (10—15 mg/m³, täglich 10 Min., 7 Tage lang) die Tiere für eine nachfolgende Inhalierung stärkerer Konzz. (77—140 mg/m³) nicht sensibilisiert. (C. R. Séances Soc. Biol. Filiales **147.** 327—30. Febr. 1953. Labor. de Physiol. gén. et comp., Fac. des Sci.) GERDA SCHULZE. 4675

D. Cordier und **G. Cordier,** *Die Toxizität geringer Phosgenkonzentrationen bei wiederholter Einatmung.* (Vgl. vorst. Ref.) Vff. führen 2 Versuchsreihen mit Katzen durch, die 2—41 mal im Abstand von 24 Std. 10 Min. unter Einw. von 20—25 mg bzw. 10—15 mg $COCl_2$ (**I**) pro m³ Luft gesetzt wurden. Die Ergebnisse zeigen, daß geringe **I**-Mengen keine kumulativen tox. Wirkungen ausüben. Während der Inhalationspausen findet somit ein Entgiftungsprozeß statt, so daß selbst eine mehrfach letale **I**-Dosis (Toxizitätsprod. [T.P. = Konz. mal Inhalationsdauer] = 9000) von den Versuchstieren vertragen werden kann. Aus der zweiten Versuchsserie geht hervor, daß die Konz. von 10—15 mg **I** pro m³, 10 Min. täglich inhaliert, die Grenzkonz. ist, die gerade beginnt, Lungenödeme hervorzurufen. Als T.P. wird für Katzen bei fortlaufender **I**-Inhalation der Wert 1000 angegeben. (J. de Physiol. **45.** 421—28. 1953. Lyon, Fac. des Sci., Labor. de Physiol. gén.) FAHRNLAENDER. 4675

Umberto Pegni und **Anna Befani,** *Wirkung der Adenosintriphosphorsäure auf die durch CCl_4 erzeugte Lebercirrhose und die Regenerationsfähigkeit der Leber.* Durch mehrwöchige Inhalation von CCl_4 kann bei der weißen Ratte das Bild einer Lebercirrhose erzeugt werden. ATP (Na-Salz) hemmt den cirrhogenen Effekt. ATP fördert auch die Regeneration der Rattenleber nach Hepatektomie. Dosierung des ATP 5 mg täglich. (Gastroenterologia [Basel] **81.** 153—66. März 1954. Siena, Univ., Ist. di Clin. Med. Gen.) P. G. SCHEURLEN. 4675

W. Allen Conroy, *Schwere Barbiturat–Morphin-Vergiftung: Bericht über einen Fall.* Eine Vergiftung mit 10 g *Phenobarbital* u. ca. 130 mg *Morphin* wurde ohne Verwendung von Analepticis geheilt durch Freihaltung der Luftwege (Tubus, später Tracheotomie), O_2-Zufuhr u. Absaugen der Luftwege mit Katheter. (Anesthesiology **14.** 97. Jan. 1953. San Rafael, Calif.) DAUTZENBERG. 4675

I. Simon, *Über die Wirkung des Chinins auf das Herz und über Chininantidota nach neueren pharmakologischen Untersuchungen.* Unter den Chininantidota wirkt am günstigsten *Tanninsäure,* weniger *Natriumbiphosphat,* das aber in der therapeut. Praxis besser u. verträglicher eingesetzt werden kann u. außerdem eine purgierende Wrkg. besitzt. (Athena [Rass. mens. Biol., Clin. Terap.] **20.** Nr. 5. 207—09. Mai 1954. Pisa, Univ., Ist. di Farmacoterapia.) P. G. SCHEURLEN. 4675

Ray E. Ely, P. C. Underwood, L. A. Moore, H. D. Mann und **R. H. Carter,** *Beobachtungen einer Vergiftung mit Lindane bei Milchkühen.* Vff. berichten über eine Vergiftung mit dem Insekticid *Lindane* (**I**), die an 11 Milchkühen auftrat, nachdem sie mit einer zu hohen **I**-Konz. (0,3%ig. **I**-Suspension) besprüht worden sind. Die tox. Symptome, die 6—24 Std. nach der Sprühung auftreten, äußern sich in leichten Fällen als Freßunlust, erniedrigte Milchproduktion u. schwankende Fortbewegung, in schweren treten heftige Muskelkrämpfe auf, die tödlich enden. Es werden im Körperfett der verendeten Tiere 7,0—250 p.p.m. **I** gefunden, auch die Milch der mit **I** besprühten Kühe weist einen Geh. von 1,5—3,5 p.p.m. **I** auf. Als nicht tox. wirksam wird eine 0,03- bis 0,05%ig. **I**-Suspension angegeben. (J. Amer. veterin. med. Assoc. **123.** 448—49. Nov. 1953. Washington, D. C., U. S. Dep. of Agricult., Agricult. Res. Administr. Bur. of Dairy Ind. and the Bur. of Entomol.) FAHRNLAENDER. 4675

H. Ganz und **E. Mager,** *Gesundheitsschädigungen durch den Schaumstoff Moltopren.* Durch bei der Herst. von *Moltopren* aus *Desmodur* (hauptsächlich *Hexamethylen-* u. *Toluylendiisocyanat* [**I**]) u. *Desmophen* (Polyester) frei werdende **I**-Dämpfe wurden bei 8 Personen Erstickungsanfälle, Temperatursteigerungen, Kreislaufschwäche u. Cyanose hervorgerufen. **I** scheint hauptsächlich einen Reizzustand der Atmungsorgane hervorzurufen, der den Grad eines schweren Lungenödems erreichen kann. Hautschäden u. Intestinalaffektionen wurden nur in je 1 Fall beobachtet. (Zbl. Arbeitsmed. Arbeitsschutz **4.** 42—44. März 1954. Freiburg/Br., Staatl. Gewerbearzt.) KRUSEN. 4681

P. Engelbertz und **E. Babel,** *Über die Anwendung der Benzidin-Testmethode mit 1.2-Naphthochinon-4-sulfonsaurem Kalium zur Bestimmung der gesundheitlichen Gefährdung in Benzidinbetrieben.* In einem *Benzidin* (**I**) herstellenden Betrieb wurde am Ort der stärksten Staubentw., der Mahlanlage, in der Luft 1 mg/m³ **I** durch Rk. mit 1.2-Naphthochinon-4-sulfonsaurem K nachgewiesen. Bei der **I**-Einw. ausgesetzten Personen wurden im Tagesharn 0,041—0,487 mg freies **I**, 0,059—1,878 mg **I** in Form von Monoacetyl-**I** u. 0,205—18,855 mg **I** in Form von Diacetyl-**I** gefunden. Die Acetylierungsfähigkeit des Organismus für **I** schwankt individuell sehr stark. (Zbl. Arbeitsmed. Arbeitsschutz **4.** 40—42. März 1954. Farbwerke Hoechst A. G., vorm. Meister Lucius & Brüning, Werk. Chem. Farb. Griesheim.) KRUSEN. 4681

Giuseppe Rombolà, L'asbestosi. Roma, Ed. Inail. 1953. (63 S.)

James L. Southworth and Robert A. Hingson, Conduction anesthesia. 2nd ed. Philadelphia: Lippincott. 1953. (1005 S. m. Abb.) $ 22,50.

H. H. Stones, Oral and dental diseases: aetiology, histopathology, clinical features and treatment. 3rd edn London: E. & S. Livingstone. 1954. (1039 S. m. Abb.) 100 s.

F. Pharmazie. Desinfektion.

Ph. Jacobs, *Die „Hafico"-Tinkturenpresse als Hilfsapparat bei der Tablettenfabrikation.* Kurzer Abriß über auftretende Schwierigkeiten bei der Granulation von Chemikalien zur Tablettenfabrikation u. Beschreibung der Vorteile, die die Anwendung der „Hafico"-Tinkturenpresse hierbei bietet. (Dtsch. Apotheker-Ztg. **94.** 319—20. 22/4. 1954. Vondelingenplaat, Holland, N. V. Fabriek van Chemische Producten.) NEGWER. 4766

R. Yamamoto und **M. Baba,** *Über die innere Struktur gepreßter Tabletten. Beobachtungen über das Rissigwerden („Capping").* Durch Pressen von Tabletten aus oberflächlich farbüberzogenen Granulaten ließen sich Einblicke in die innere Struktur der erhaltenen Tabletten gewinnen. Stärkere Pressung verursachte stärkere innere Spannungen u. erhöhte Gefahr des Rissigwerdens. Tief ausgehöhlte Preßstempel erzeugen stärkere innere Spannung als flache. — 22 Skizzen u. Mikrophotos. (Annu. Rep. Shionogi Res. Lab. [Osaka] **1953.** Nr. 3. 315—22. [Orig.: japan., Auszug: engl.]) SCHULER. 4766

R. Yamamoto und **T. Takahashi,** *Untersuchungen über das Porenraumverhältnis gepreßter Tabletten.* Für NaCl, Lactose, $CaCO_3$ u. $CaHPO_4$ mit oder ohne Stärke wird der Zusammenhang zwischen Preßdruck u. berechnetem Leer- (Poren-) Raum, in den Grenzen 1,5—11%, sowie der Härte u. Zerfallszeit der Tabletten untersucht u. kurvenmäßig dargestellt. (Annu. Rep. Shionogi Res. Lab. [Osaka] **1953.** Nr. 3. 310—14. [Orig.: japan., Auszug: engl.]) SCHULER. 4766

R. C. Whitehouse, *Eine neue Methode zum Überziehen von Tabletten.* (Vorl. Mitt.) Beschreibung eines maschinellen Vorganges, mit dem Tabletten durch Anwendung von Druck mit einem Überzug versehen werden. Erörterung der Vorteile gegenüber dem bisher gebräuchlichen Verf. in Dragierpfannen. (Pharmac. J. **172** ([4] **118**). 85—86. 30/1. 1954.) SPITALER. 4766

K. Ronniger, *Über die beiden Drogen „Herba Thymi“ und „Herba Serpylli“.* Vf. untersucht, welche Thymusarten unter der Bezeichnung „Herba Thymi“ u. „Herba Serpylli“ tatsächlich als Droge vorkommen. (Österr. Apotheker-Ztg. **6.** 550—51. 30/8. 1952. Wien.) SCHMERSAHL. 4782

Herbert Meyer, *Glucokinine aus Bohnenschalen.* Vf. beschreibt ein verbessertes Verf. zur Gewinnung von Extrakten aus Bohnenschalen. Hierbei ist die Zerstörung der Zellwände bes. wichtig. Die Extrakte enthalten Glucokinine, die eine Senkung des Blutzuckerspiegels bewirken. Bei Diabetikern zeigen die Extrakte eine sehr spät einsetzende Wrkg., die mit der des Insulins nicht zu vergleichen ist. Vf. vermutet, daß Antagonisten die eigentliche Wrkg. verdecken. (Dtsch. Apotheker-Ztg. **94.** 321. 22/4. 1954. Essen.) NEGWER. 4782

L. Hörhammer und **H. R. Spagl,** *Über das optische Verhalten von Bestandteilen des Farnrhizoms.* 1. Mitt. *Ultraviolettabsorption einiger Filixsubstanzen.* Vff. teilen die Absorptionskurven von *Flavaspidsäure* (I), *Filixsäure* (II), *Filmaron* u. *Rohfilicin* mit. Minimum: 2600 Å; Maximum 2850 Å (bei **I**: 2925 Å). Darst. von **I** u. **II** nach MÜHLEMANN (C. **1944.** I. 109). (Arch. Pharmaz. Ber. dtsch. pharmaz. Ges. **286/58.** 490—93. 1953. München, Univ., Inst. für Pharmazeut. Arzneimittellehre.) K. HERRMANN. 4782

L. Hörhammer und **H. R. Spagl,** *Über das optische Verhalten von Bestandteilen des Farnrhizoms.* 2. Mitt. *Ultraviolettabsorption verschiedenartiger und verschieden stark veränderter Filixpräparate.* (1. vgl. vorst. Ref.) Angabe der Absorptionskurven verschieden stark zers. Rohfilicine u. der biol. Prüfung an Röhrenwürmern (Tubifex rivulorum). Eine Wertminderung durch Zers. ergibt sich aus der Verschiebung des Maximums 285—290 mμ zum kürzerwelligen Bereich hin u. durch Abnahme der relativen Höhe der Kurven. Für die Wertbest. von unzers. Rohfilicinen ist der biol. Test vorzuziehen. — 7 Abb., 2 ausführliche Tabellen. (Arch. Pharmaz. Ber. dtsch. pharmaz. Ges. **287/59.** 18—27. 1954.) K. HERRMANN. 4782

Anton Lauer, *Die Amara und ihre Beurteilung in Literatur und Praxis.* Die Amara besitzen beachtliche Bedeutung in der Phytotherapie. Vf. gibt deren Einteilung nach Art ihrer Inhaltsstoffe. Ihre verschied. Wirkungen, u. a. auf das Herz, werden behandelt. Bes. hervorgehoben wird die Bedeutung von Chinin, Chinarinde u. Condurango als Tonica. — 10 Literaturangaben. (Dtsch. Apotheker-Ztg. **94.** 336—38. 29/4. 1954. München.) NEGWER. 4782

Hermann v. Czetsch-Lindenwald, *Feuchthaltende Weichmacher in der Pharmazie.* Vf. gibt eine Definition eines feuchthaltenden Weichmachers (I). Der fast allein in der Pharmazie verwendete **I** ist das *Glycerin* (II). Ähnlich lassen sich jedoch auch andere mehrwertige Alkohole verwenden. Vf. untersucht, inwieweit **II** u. *Sorbit* (Handelspräp. *Karion F*) den Anforderungen gerecht werden, die an einen **I** in der Pharmazie zu stellen sind. Er stellt fest, daß in keinem Fall Karion F dem **II** unter-, in mehreren Fällen sogar überlegen ist. Dies bezieht sich vor allem auf seine völlige Ungiftigkeit, das Fehlen jeglicher Reizung u. Entquellung der Haut u. die vorteilhaften Eigg., die es Emulsionen u. Schüttelmixturen verleiht. (Dtsch. Apotheker-Ztg. **94.** 433—36. 27/5. 1954. Wolfsberg/Kärnten, Österreich.) NEGWER. 4786

Harold M. Beal und **Walter E. Zielinski jr.,** *Herstellungsvorschriften für Emulsionen.* 3 Emulsionen werden diskutiert: 1. Ichthyol 8 g, Ol. Olivar., Liqu. Plumbi subacetici āā 30 g (I). — 2. Penicillin 1000 I.E./g, Sulfathiazol 1,5 g, W./Öl-Grundlage ad 30 g (**II**). — 3. Acid. salicyl. 3%, Phenol 1%, Lotio Calaminae USP q.s. (**III**). — Emulgator für **I**: Polysorbas 80 USP XIV. Grundlage für **II**: Hydrophilic Petrolatum USP XIV. Emulgator für **III**: Polyäthylenglykol 400-Monostearat. (J. Amer. pharmac. Assoc., pract. Pharmacy Edit. **13.** 672. 674. Buffalo, N. Y., Univ., School of Pharm.) ULEX. 4790

K. Münzel und **R. Ammann,** *Beiträge zur Kenntnis der abwaschbaren Fett-in-Wasser-Salben.* 3. Mitt. *Die Emulgatoren in abwaschbaren Salben.* (2. vgl. C. **1954.** 4897.) Besprechung von W./Öl- u. W./F. (Fett)-Emulgatoren (I), die in abwaschbaren Salben als Hilfsemulgatoren zur „Komplexbldg.“ mit Öl/W.- u. F./W.-Emulgatoren (II) verwendet werden. Zu **I** gehören höhere einwertige Alkohole u. partielle Ester mehrwertiger Alkohole mit gesätt. Fettsäuren; zu **II** anionen-, kationenakt. u. nichtionogene Emulgatoren. Für alle Gruppen werden Beispiele mit ihren Eigg. aufgeführt. (Pharmac. Acta Helvetiae **29.** 1—12. Jan. 1954. Beilage zu: Schweiz. Apotheker-Ztg. Zürich, ETH, Pharm. Inst., Galen. Abt.) SCHULENBURG. 4792

K. Münzel und **R. Ammann,** *Beiträge zur Kenntnis der abwaschbaren Fett-in-Wasser-Salben.* 4. Mitt. *Die Stearatsalben.* (3. vgl. vorst. Ref.) Für die vorwiegend kosmet. angewandten *Stearatsalben* (**I**) werden Nomenklatur, Definition, Zus., Berechnung des Alkalizusatzes u. Herstellungsverf. angegeben. **I** sind Suspensionen von Stearinsäure (**II**)-Partikeln in einem Stearatseifengel u. gehören zu den abwaschbaren Suspensionshydrogelen; sie bestehen aus **II**, A., W., Glycerin oder Ersatzstoffen, wobei ein Teil (15—25%) von **II** durch Alkalien verseift wird. Ihre Micellarstruktur gestattet die Einlagerung lipophiler Verbb. im Innern, polarer am Rande, wasserlösl. am äußeren Rande der Micelle. So wird die überschüssige **II** in orientierter Anordnung in die Randzone eingebaut u. dadurch der Salbencharakter („Quasi-Viscosität") erzeugt. Es wird die minimale Konz. von Na-, K-, NH_4- u. Triäthanolaminstearat ermittelt, die bei Zimmertemp. gerade zur Bldg. eines einfachen Seifenhydrogels ausreicht ohne Unterstützung der Gelbldg. durch einen **II**-Überschuß. (Pharmac. Acta. Helvetiae **29.** 91—103. März 1954. Beilage zu: Schweiz. Apotheker-Ztg.) SCHULENBURG. 4792

Orville H. Miller, *Voraussichtliche Unverträglichkeiten neuer Arzneimittel.* Die für die oberflächenakt. Substanzen gebräuchliche Einteilung in anion., kation. u. nichtionogene Stoffe kann auf organ. Arzneimittel, ausgenommen die niedermol., ausgedehnt werden. Die anion. u. kation. vertragen sich in Lsgg. gewöhnlich mit den nichtionisierten, nicht dagegen mit allen anderen. — Beispiele im Text. (J. Amer. pharmac. Assoc., pract. Pharmacy Edit. **13.** 657—59. Sept. 1952. Los Angeles, Calif., Univ. of Southern Calif., School of Pharm.) ULEX. 4800

—, *Neue Präparate. Suxil* (Hersteller nicht angegeben): Bernsteinsäuredinitril, Ampullen zu 100 mg, Suppositorien zu 200 mg. Antidepressivum. (Chem. pharmac. Techniek **7.** 224. 15/4. 1952.) HOTZEL. 4800

W. Heubner und **G. Otto,** *Neue Spezialitäten. Azulon liquidum* (CHEMIEWERK HOMBURG AG., Frankfurt/M.): 0,2%ig. Lsg. von synthet. Azulon. — *B_{12}-Fol-Vicotrat* (HEYL & CO., Berlin): Tabletten mit 5 (γ) Vitamin B_{12} u. 350 Folsäure. — *Eryfol* (DEUTSCHE HOFFMANN-LA ROCHE A.G., Grenzach): Ampullen mit 30 γ Vitamin B_{12} u. 10 mg Formylfolsäure. — *Ferro-Folsäure-Vicotrat* (HEYL & CO., Berlin): Dragees mit 57 (mg) Fe^{II}, 1,7 Folsäure u. 0,1 Dextrose. — *G T 50* (GEWO-GMBH., Baden-Baden): Vitamin D_2 500000 E., Neostigminmethylbromid 0,25 (mg), Carbaminoylcholinchlorid 0,08 u. Vitamin B_1 5. Gegen Arthrosen. — *Pretiron* (SCHERING AG., Berlin): Thyreotropes Hormon des Hypophysenvorderlappens, 1 Ampulle 500 MsE. — *Spirotrypan* (FARBWERKE HOECHST, Frankfurt/M.): 2-[Di-(β.γ-dioxypropyl)-amino]-phenol-[4-arseno-5']-benzoxazolyl-(2')-mercaptopropionsaures Na. (Klin. Wschr. **30.** 568. 15/6. 1952.) HOTZEL. 4800

R. Yamamoto und **T. Takahashi,** *Über die Beständigkeit von Aspirin und seinen Kombinationspräparaten.* 1. Mitt. Quantitative Unters. des Einfl. von Temp., Feuchtigkeit, Mahlung u. Pressung auf die Beständigkeit von *Aspirin.* Bei hoher Temp. (60 bis 120°) ist selbst bei niedriger Feuchtigkeit die Hydrolyse erheblich, dagegen ist der Einfl. von Mahlung u. Druck zu vernachlässigen. (Annu. Rep. Shionogi Res. Lab. [Osaka] **1953.** Nr. 3. 306—09. [Orig.: japan.; Auszug: engl.]) SCHULER. 4806

Harry B. Kostenbauder, Fred B. Gable und **Alfred N. Martin,** *Ein Puffersystem für ophthalmologische Lösungen von Natriumsulfonamiden.* Unters. über den Einfl. einiger Sulfonamide auf den Wert von Pufferlösungen. Mitt. einer Vorschrift zur Herst. einer Borsäurepufferlsg., mit der sich eine 5%ig. Lsg. von Sulfathiazol–Na bereiten läßt. Für Sulfadiazin–Na u. Sulfamerazin–Na schlagen Vff. vor, die Lsgg. mit dest. W. unter Zusatz von 0,1% getrocknetem Na_2SO_3 (zur Vermeidung einer Gelbfärbung) herzustellen. (J. Amer. pharmac. Assoc., sci. Edit. **42.** 210—13. April 1953. Philadelphia, Pa., Temple Univ. School of Pharmacy.) SPITALER. 4806

Gábor Vastagh und **E. Zöllner,** *Über die Zersetzung von Pantocain-Präparaten.* In Analogie zu einer früheren Arbeit (C. **1952.** 7058) über die Zersetzlichkeit von Novocain wurde auch *Pantocain* (**I**) untersucht. Aus **I** entstehen infolge Hydrolyse p-Butylaminobenzoesäure (**II**) u. Dimethylaminoäthanol (**III**). In Lsgg. von p_H ca. 2 wird bei längerem Sterilisieren auch Phenylbutylamin gebildet, jedoch können **I**-Lsgg. vom p_H 4—6 ohne Zers. sterilisiert werden. Zur Ermittlung der Zersetzungsprodd. wird ein Teil der mit Ammoniak alkal. gemachten Lsg. mit PAe. ausgeschüttelt, woraus sich die Menge der unzersetzten I-Base ergibt. Aus einem zweiten mit H_2SO_4 schwach angesäuerten Teil wird mit Ae. **II** ausgeschüttelt. Durch Wasserdampfdest. kann aus einem dritten Anteil **III** mit der unzersetzten I-Base abgetrennt werden. (Magyar Kémiai Folyóirat [Ung. Z. Chem.] **59.** 362—65. Dez. 1953. Budapest, Landes-Hyg.-Inst.) PLANK. 4806

Gerhard Müller, *Umstrittenes Chlorophyll.* Stellungnahme gegen den weitgehenden Mißbrauch der Chlorophyll-Therapie durch die Industrie. Desodorierende u. gewisse baktericide Eigg. des Chlorphylls sind erwiesen, jedoch werden diese in vielen Handelspräpp. stark aufgebauscht. Auch in den Chlorophyll-Zahnpasten ist eine Wrkg. des Chlorophylls nicht wahrscheinlich. (Dtsch. Apotheker-Ztg. **94.** 340—41. 29/4. 1954. Bielefeld.) NEGWER. 4806

Abraham Taub und **Herbert Lieberman,** *Stabilität von parenteralen Vitamin-B_{12}-Folsäure-Lösungen.* Da Folsäure (I) nur bei relativ hohem p_H-Wert gut wasserlösl. ist, das Optimum der Stabilität von Vitamin B_{12} (II) aber zwischen 4 u. 6,5 liegt, so konnten bisher keine Injektionslsgg. hergestellt werden, die beide Substanzen zugleich enthielten. Vff. gelang es, eine Lsg. zur parenteralen Anwendung herzustellen, die (bei p_H 6—6,5) 30 γ **II** u. 5 mg **I** je cm^3 unter Zuhilfenahme von 10% Niacinamid als Löslichmacher enthält. Die Lsgg. sind hinreichend haltbar. (J. Amer. pharmac. Assoc., sci. Edit. **42.** 183—86. April 1953. Columbia Univ., Coll. of Pharmacy.) SPITALER. 4808

D. Sato und **K. Shimazu,** *Untersuchungen über die Adsorption und Elution von Adrenalin durch Ionenaustauschharze.* Zwecks vorteilhafter Gewinnung von *Adrenalin* (I) bei der Nebennierenextraktion u. Trennung von Corticoiden wurde als schwach saurer Austauscher *Amberlite IRC 50* (**II**), als stark saurer *Diaion K* (**III**) versucht. **III** macht Schwierigkeiten bei der Elution. Für die Adsorption von **I** durch **II** ist p_H 7,0 optimal, die Kapazität bis zum Durchbruch ist 4 mg **I**/g **II**, mit 5% Leckverlust. Bei Einhaltung bestimmter Bedingungen ist die Austauschkapazität 866 mg **I**/g **II**. Die Elutionsgeschwindigkeit steigt mit der Dissoziationskonstante der Säure; hohe Säurekonz. ist günstig. Prakt. konnten 95,5% **I** roh bzw. 72,6% **I** rein mit **II** bei Verss. wiedergewonnen werden. (Ann. u. Rep. Shionogi Res. Lab. [Osaka] **1953.** Nr. 3. 223—30 [Orig.: japan., Auszug: engl.]) SCHULER. 4808

D. H. Peterson, *Mikrobiologische Wege zur Darstellung von Cortison und Hydrocortison.* Ausführliche Übersicht über die verschied. Wege der mikrobiol. Darst. von *Cortison* u. *Hydrocortison* aus verschied. Ausgangsmaterialien. — 72 Literaturangaben. (Research **6.** 309—19. Aug. 1953. Kalamazoo, Mich., Upjohn Co.) H. SCHEURLEN. 4808

C. R. Boyes, *Penicillin nur ein Anfang. Überblick über den Fortschritt mit Antibioticis.* Übersicht über die histor. Entw. der Antibiotica mit Berücksichtigung von Herkunft, Anwendungsbereich, Wirkungsweise u. Toxizität. (Pharmac. J. **172.** ([4] **118**). 81—83. 30/1. 1954.) SPITALER. 4810

H. Vonderbank, *Die neuen internationalen Standardpräparate für Antibiotica.* Seitens der Welt-Hygiene-Organisation werden für folgende Antibiotica Standardpräpp. u. Standarddefinitionen vorgeschlagen: *Aureomycin* (*Chlortetracyclin*), *Bacitracin*, *Chloramphenicol*, *Dihydrostreptomycin* u. *Penicillin* (2. internationales Standardpräp.). Das Standardpräp. für Terramycin (Oxytetracyclin) liegt noch nicht fest. (Arzneimittel-Forsch. **4.** 407—08. Juni 1954. Frankfurt/M., Staatl. Anstalt für exper. Therapie „Paul-Ehrlich-Inst.“ u. Chemotherapeut. Forschungs-Inst. „Georg-Speyer-Haus“.) BARZ. 4810

Erik Sandell, *Die Prüfung der Ampullen auf Flimmerfreiheit.* Die visuelle Kontrolle von 100 Ampullen physiol. Kochsalzlsg. zu je 5 cm^3, die bei 120° 30 Min. lang im Autoklaven behandelt u. $^1/_2$ Jahr bei Zimmertemp. gelagert wurden, ergab einen mittleren Fehler der Best. von ca. 50%. Da diese Prüfungsmeth. also unzuverlässig ist, kann sie, wenn die Ampullen bes. gut gespült u. die Abfüllung der absolut klar filtrierten Lsg. sehr sorgfältig vorgenommen wird, überhaupt wegfallen. (Schweiz. Apotheker-Ztg. **92.** 169—74. 6/3. 1954. Stockholm, Pharmaz. Inst., Abt. für galen. Pharmazie.) SPITALER. 4880

Hans Kaiser und **Walter Lang,** *Bestimmung geringer Mengen ätherischer Öle in alkoholhaltigen Flüssigkeiten.* Durch Verdünnen mit W. auf das 5fache u. Abdest. der Hälfte dieses Gemisches wird das äther. Öl aus Tinkturen übergetrieben. Nach Aussalzen mit Ammonsulfat wird das äther. Öl dem Destillat mit Pentan entzogen u. nach Verdunsten des Pentans zur Wägung gebracht. — Beispiele werden angeführt. (Österr. Apotheker-Ztg. **6.** 536—38. 30/8. 1952. Stuttgart, Katharinenhospital.) SCHMERSAHL. 4880

R. Opfer-Schaum, *Zum mikrochemischen Nachweis des Dolantins.* Durch Mikroschmelzpunktbest. des Eutektikums Dolantinstyphnat–Styphninsäure (133°) kann Dolantin identifiziert werden. (Österr. Apotheker-Ztg. **6.** 543. 30/8. 1952. Rodheim-Bieber über Gießen, Apotheke.) SCHMERSAHL. 4880

H. Geyer, *Über die Möglichkeiten der quantitativen Santoninbestimmung in Flores Cinae.* Umfassender Überblick über die Vor- u. Nachteile der verschied. gravimetr., titrimetr., polarimetr., colorimetr. u. a. Bestimmungsmethoden des *Santonins.* — 31 Literaturangaben. (Dtsch. Apotheker-Ztg. **94.** 338—40. 29/4. 1954. Stuttgart, Städt. Katharinenhospitalapotheke.) NEGWER. 4880

J. Richter, *Über eine photometrische Bestimmung von Coffein in Arzneimitteln.* (Vgl. C. **1954.** 8468.) Das Coffein (**I**) wird als Perjodid $C_8H_{10}O_2N_4 \cdot HJ \cdot J_4$ gefällt, dieses wird isoliert u. in Methylalkohol unter Zers. (Gelbfärbung) gelöst. Die Extinktion der gelben Lsg. wird im PULFRICH-Photometer (Filter S 47) gemessen. Der **I**-Geh. c in mg/100 ml beträgt c = E·44,4. A. stört u. muß vor der Fällung des Perjodids entfernt werden. Auch Alkaloide, Cardiazol, Lokalanästhetica u. Pyrazolon-Derivv. stören die Bestimmung. Bestimmungsgrenze: 5 mg/100 ml. (Pharmaz. Zentralhalle Deutschland **93.** 339—40. Sept. 1954. Leipzig, Univ., Pharmaz. Inst.) BARZ. 4880

H. Wachsmuth, *Eine sehr empfindliche Reaktion des Diacetylmorphins. Diacetylmorphin* (**I**, *Heroin*) gibt nach Behandlung mit NH_2OH u. $FeCl_3$ eine violette Färbung, durch die 10 γ **I** in 10 ml einer Lsg. nachgewiesen werden können, die die 100fache Menge Dionin (**II**) oder Codein (**III**) enthält. In folgender Ausführung kann die Rk. zur quantitativen **I**-Best. herangezogen werden: 1—5 mg **I** in 10 ml W. werden mit 1 ml $NH_2OH \cdot HCl$ (3%ig.) u. 1 ml n NaOH versetzt. Man neutralisiert mit H_2SO_4 u. gibt dann 2 Tropfen 30%ig. $FeCl_3$-Lsg. hinzu. Die Extinktion der Lsg. wird bei 500 mμ gegen einen Blindvers. bestimmt. Der relative Fehler der Meth. beträgt ca. 8%. Die quantitative Best. kann in Ggw. der 30fachen Menge **II** oder **III** durchgeführt werden. (J. Pharmac. Belgique [N. S.] **8** (**35**). 569. Nov./Dez. 1953. Anvers, Hôpital Stuyvenberg, Labor. de Chimie et de Biochimie.) K. F. MÜLLER. 4880

F. Freude und **N. Kaniss** unter Mitarbeit von **H. Wunderlich,** *Zur polarographischen Bestimmung von Vitamin C in Arzneimittelgemischen.* Bestimmungen des Vitamin C (**I**)-Geh. verschied. pharmazeut. Präpp. (in fl. Form, als Tabletten, Pasten u. Pulver) auf polarograph. Wege ergaben schon nach kurzer Lagerzeit entweder keinen oder einen weit unter der Deklaration liegenden **I**-Geh., so daß der auf diesem Wirkstoff beruhende therapeut. Wert entfällt. Eine Ausnahme bildeten **I**-Traubenzuckertabletten, in denen **I** gut haltbar war. — Vff. räumen ein, daß auch die polarograph. Ascorbinsäurebest. nicht streng spezif. ist, stellten jedoch fest, daß zumindest in Hagebuttenpräpp. keine die polarograph. **I**-Best. störenden reduzierenden Substanzen vorliegen. (Pharmazie **8.** 631—36. Aug. 1953. Radebeul/Dresden, Inst. für Arzneimittelprüfung.) SPITALER. 4880

Hans Aasness, *Über Noradrenalin, insbesondere im Hinblick auf eine Identitätsprobe mit Nitrit.* Nach einer Übersicht über die Chemie des Noradrenalins (**I**) wird eingehender die Frage des analyt. Nachw. u. der Identitäts-Rkk. behandelt. In einer Tabelle wird die Farb-Rk. mit $NaNO_2$ in 1nHCl u. bei p_H 2, 3, 4, 5, 6, 7 nach 2 Min. u. nach Zusatz von 2 cm³ 2nNaOH für **I**, Adrenalin (**II**), Adrenon, Isopropydrin, Corbadrin, Oxedrin u. Metaoxedrin verglichen. Die deutlichsten Farbunterschiede werden bei p_H 5 erhalten. **I** zeigt Gelbfärbung mit Umschlag nach rot bei NaOH-Zusatz. Für den Nachw. von **II** in **I** eignet sich die Rk., da auch eine schwache Rotfärbung in der gelben Lsg. leicht erkennbar ist. **I** ist in saurer Lsg. wesentlich oxydationsbeständiger als **II**, am beständigsten bei p_H 3,5 u. Ggw. von 0,1% Metabisulfit. (Norges Apotekerforen. Tidsskr. **62.** 119—22, März. 139—44, April 1954.) R. K. MÜLLER. 4880

G. Parker und **L. Donegan,** *Die chemische Prüfung von Benzathinpenicillin.* Um Präpp. des *Benzathinpenicillins* (**I**; *N.N'-Dibenzyläthylendiamindibenzylpenicillin*) auf chem. Reinheit schnell zu prüfen, benutzen Vff. ein entsprechend abgewandeltes jodometr. Verf. nach ALICINO (C. **1947.** 888). 500 mg **I** werden mit 1—2 ml 1nNaOH bis zur restlosen Lsg. geschüttelt u. auf 500 ml mit W. aufgefüllt. Aliquote Teile zu 5 ml werden mit 5 ml 1nNaOH versetzt, man läßt 10 Min. stehen, fügt 5 ml 1,1nHCl u. 20 ml 0,01n Jodlsg. zu, läßt genau 15 Min. stehen u. titriert den J_2-Überschuß mit $Na_2S_2O_3$ zurück. Der Titer der $Na_2S_2O_3$-Lsg. wird an einer abgewogenen Menge zwischen 4 u. 6 mg **I** in 10—15 ml W. empir. bestimmt. Ist B der empir. Titer, S der Verbrauch an $Na_2S_2O_3$-Lsg., N ihre Normalität u. W die Einwaage, so ergibt sich die Wirksamkeit der Probe in I.E./mg = [(B-S)·N·6615]/W u. ihre Reinheit = (I. E./mg·100)/1307%. Eine 2. Möglichkeit ist die Best. des Dibenzyläthylendiamins in **I**. Eine Suspension des Salzes wird in Ggw. von NaCl mit einem Überschuß an Alkali behandelt, die freie Base mit Ae. extrahiert, der äther. Extrakt mit einem Überschuß an HCl ausgeschüttelt, die nicht gebundene HCl mit NaOH auf p_H 3,5 (Bromphenolblau) titriert. Die Reinheit = [(B—S)·N·12]/W %, wobei die angegebenen Größen für die NaOH dieselbe Bedeutung haben wie oben. (J. Pharmacy Pharmacol. **6.** 167—70. März 1954. Liverpool, Distillers Co. Biochemicals Ltd.) ENDRASS. 4880

Smith, Kline & French International Co., Philadelphia, Pa., V. St. A., *Gewinnung von Khellin aus Ammi visnaga* durch Extrahieren bzw. Perkolieren der Samen mit kaltem W. u. Extrahieren der wss. Lsg. mit einem aliphat. Alkohol, der 4—8 C-Atome aufweist, z. B. n.-Butylcarbinol. — *Kreislaufmittel.* (**E. P. 708 484** vom 28/4. 1952, ausg. 5/5. 1954. A. Prior. 21/5. 1951.) K. HEINZE. 4783

Soc. An. Manufactures de Produits Chimiques du Nord (Établissements Kuhlmann) und **Syntorga (Soc. Parisienne de Synthèses organiques)**, Frankreich, *Salbengrundlagen* mit den Eigg. von Vaseline, Lanovaseline, Lanolin, Kakaobutter werden durch Mischen gereinigter synthet. Paraffine u. gereinigter polymerisierter Olefine erhalten. Die Komponenten können auch einzeln verwendet werden, wobei diesen Stoffen oder ihrem Gemisch noch natürliche Wachse, Fettalkohole oder Emulgatoren zugesetzt werden können. (**F. P. 981 445** vom 10/4. 1943, ausg. 25/5. 1951.) WITTHOLZ. 4793

Röhm & Haas G. m. b. H., Deutschland, *Mittel zum Fixieren von Wundverbänden.* Man bedeckt die Verbände mit einer alkoh. oder A. enthaltenden Lsg., welche ein Acryl-, Methacryl- oder Maleinsäuremischpolymerisat, ein anderes synthet. oder ein Naturharz (z. B. Polyvinylmethyläther, Polyvinylacetat, Manilakopal) u. ein Plastifizierungsmittel (z. B. Glycerin, Glykol, Glycerinmonoacetat, Diglykol) enthält. Sie kann außerdem noch Farbstoffe, Füllstoffe u. Therapeutica (z. B. Desinficientia, Rubefacientia, Keratolytica) enthalten. Ein solches Fixierungsmittel hat z. B. die Zus.: 2 (Teile) Mischpolymerisat aus 40% Methacrylsäure u. 60% Methacrylsäuremethylester, 9 Polyvinylmethyläther, 3 Glycerin, 1 Campher u. 85 Äthylalkohol. (**F. P. 1 045 077** vom 13/11. 1951, ausg. 24/11. 1953. D. Prior. 13/11. 1950.) OPPERMANN. 4795

Kukirol-Fabrik Kurt Krisp K. G., Deutschland, *Adhäsives Mittel zum Befestigen von Gebißprothesen am Gaumen.* Es besteht aus einer Creme, die ein in W. quellendes Mittel, etwas Zucker u. gegebenenfalls Substanzen von angenehmem Geruch enthält. Die Zus. ist z. B.: 50 (Teile) Tragantpulver, 50 Pomade u. 0,5 Zucker. (**F. P. 1 036 269** vom 27/4. 1951, ausg. 7/9. 1953. D. Prior. 2/8. 1950.) OPPERMANN. 4799

Ciba Akt.-Ges., Basel, Schweiz, *Herstellung eines Gemisches von Äthern aus p-Oxybenzoesäure und Polyäthylenglykolmonomethyläthern* (**I**). Man veräthert einen p-Oxybenzoesäureester, z. B. den Methylester, mit dem Gemisch aus **I** u. verseift dann die Estergruppe. Das Äthergemisch ist eine wachsartige Substanz, die bei erhöhter Temp. in ein Öl übergeht. — *Zwischenprod.* für die Herst. von *Heilmitteln.* (**Schwz. P. 295 673** vom 6/6. 1950, ausg. 16/3. 1954.) FABEL. 4807

Oesterreichische Stickstoffwerke Akt.-Ges., Linz, Österreich, *Herstellung von Vanillinsäurediäthylamid,* F. 95°. Acetylvanillinsäure wird in das Chlorid übergeführt u. dieses mit $(C_2H_5)_2NH$ in Bzl. umgesetzt. Das *Acetylvanillinsäurediäthylamid,* F. 62,5°, wird mit NaOH verseift. Ebenso kann der Weg über das *Carbäthoxyvanillinsäurediäthylamid,* F. 68,5—69°, gewählt werden. — *Arzneimittel.* (**Schwz. P. 296 478** vom 7/7. 1950, ausg. 17/4. 1954. Oe. Prior. 15/7. 1949.) FABEL. 4807

Wyeth, Inc., Philadelphia, Pa., V. St. A., *Herstellung von sympathicomimetisch wirkenden Aminen.* Man gibt zu 1280 (g) $AlCl_3$ + 2000 cm³ thiophenfreiem, absol. Bzl. langsam unter Rühren 919 Isobutyrylchlorid in 1 Liter Bzl., erhitzt 3 Std. unter Rückfluß, kühlt ab u. gießt das Reaktionsgemisch auf eine Mischung aus 1 Liter konz. HCl u. 5 kg Eis, trennt die Benzolschicht ab, extrahiert die wss. Schicht mit Bzl. u. erhält aus der Benzollsg. 1051 (83,4%) *Isobutyrophenon* (**I**), $Kp._1$ 81—89°. — Man gibt 12,5 Na allmählich zu 600 cm³ fl. NH_3 in Ggw. von 1 g wss. $FeCl_3$ (**III**), verdrängt NH_3 durch 200 cm³ Toluol (**IV**) u. gibt sofort unter Rühren langsam 79 **I** + 76,5 $C_6H_5CH_2Br$ in 200 cm³ Bzl. zu, erhitzt 48 Std. am Wasserbad, verd. mit W. u. erhält aus der organ. Schicht *1.3-Diphenyl-2.2-dimethylpropanon-(1)* (**II**), $Kp._3$ 142—143°, n_D^{20} 1,5651. — Man stellt aus 7,6 Na, 350 cm³ fl. NH_3 + 0,9 **III** $NaNH_2$ her, verdrängt NH_3 durch 250 cm³ **IV**, erwärmt das Gemisch auf 60°, setzt 71,4 **II** in 150 cm³ **IV** zu, erhitzt unter Rühren 5 Std. am Wasserbad, verd. mit W. u. erhält aus der organ. Schicht 36,5 *α.α-Dimethyl-β-phenylpropionamid* (**V**), das nach Zusatz des gleichen Vol. PAe. krist., F. 62° (aus Bzl.-PAe.). — Man gibt 3,5 **V** in 420 cm³ W. zur Lsg. von 87,5 KOH u. 35 Br_2 in 350 cm³ W. u. erhält nach 2 Std. bei 60° *Di-(β-phenyl-α.α-dimethyläthyl)-harnstoff* (**VI**), $C_{21}H_{28}ON_2$, F. 184° (aus A.). Man mischt 24 **VI** mit 96 $Ca(OH)_2$, erhitzt 7 Std. auf 240 bis 260°, wobei langsam 86 cm³ W. zugetropft u. die Dämpfe durch Eiskühlung kondensiert werden. Das Kondensat wird mit Ae. extrahiert u. *ω-Phenyl-tert.-butylamin* (**VII**), $C_{10}H_{15}N$, Kp.$_9$ 80—84°, erhalten. — Aus 15,8 **VII** u. 12,1 C_6H_5CHO in 70 cm³ 95%ig. A. erhält man durch ½std. Kochen unter Rückfluß die entsprechende SCHIFFsche Base (**VIII**), $C_{17}H_{19}N$, Kp.$_1$ 147—149°. — 24 **VIII** u. 15,4 CH_3J werden im Einschlußrohr 20 Std. im Wasserbad erhitzt, das fl. Reaktionsgemisch mit 90 cm³ CH_3OH + 8 cm³ W. 30 Min. unter Rückfluß erhitzt, die Lsg. in 100 cm³ 15%ig. CH_3COOH gegossen u. 2½ Std. gekocht, mit 30%ig. NaOH stark alkal. gemacht u. durch Ätherextraktion *N-Methyl-ω-phenyl-tert.-butylamin*, $C_{11}H_{17}N$, Kp.$_1$ 75—79°, erhalten. (**E. P. 688 129** vom 9/12. 1949, ausg. 25/2. 1953.) MÜLLER-MEININGEN. 4807

Wellcome Foundation Ltd., London, England (Erfinder: **Eric Walton**), *Pharmaeutisch wertvolle Diphenylketone*, wie *6-Diäthylamino-4.4-diphenylheptan-3-on*, Hydrobromid, F. 135—138° (Erweichen bei 115—120°), u. *6-Diäthylamino-4.4-diphenyl-5-methylhexan-3-on, Hydrobromid*, F. 189—191°, erhält man in bekannter Weise, jedoch unter Verwendung von Diäthylamin zur Rk. mit β-Propylenoxyd. — *Analgetica* mit geringen Nebenwirkungen. (**E. P. 688 481** vom 14/3. 1950, ausg. 11/3. 1953.) SIEVERS. 4807

Troponwerke Dinklage & Co., Köln (Erfinder: **Fritz Külz †**, Frankfurt/M.), *1-(3'.4'-Dioxyphenyl)-2-aralkylaminoäthanone-(1)* der Formel $3'.4'-(HO)_2C_6H_3\cdot CO\cdot CH_2\cdot NH\cdot R\cdot C_6H_5$, worin R einen 2-wertigen KW-stoffrest mit einer Kette von 2—4 C-Atomen bedeutet, dad. gek., daß man entsprechende, in den Hydroxylgruppen mit Phenylmethylalkohol verätherte oder mit Sulfonsäuren oder Carbonsäuren veresterte Verbb. nach an sich bekannten Methoden in die Verbb. mit freien phenol. Hydroxylgruppen überführt. — *Bronchospasmolytica.* — *1-(3'.4'-Dioxyphenyl)-2-(β-phenyläthylamino)-1-oxoäthan* (**I**). Man setzt 3.4-Dibenzyloxyacetophenon in Chlf. mit 1 Mol Br_2 um zu *α-Brom-3.4-dibenzyloxyacetophenon* (F. 91—92°), setzt mit β-Phenyläthylamin u. anschließend mit HBr um zu *1-(3'.4'-Dibenzyloxyphenyl)-2-(β-phenyläthylamino)-1-oxoäthanhydrobromid* (F. 220°) u. hydriert mit H_2 u. Pd zu **I**: *Hydrobromid*, F. 195—196°. — *1-(3'.4'-Dioxyphenyl)-2-(γ-phenylpropylamino)-1-oxoäthanhydrochlorid*, F. 224—226°. — *1-(3'.4'-Dioxyphenyl)-2-(α-methyl-γ-phenylpropylamino)-1-oxoäthanhydrochlorid*, F. 225—226°. (**D. B. P. 914 859** Kl. 12q vom 4/7. 1950, ausg. 12/7. 1954. Anmeldung bekanntgemacht 26/11. 1953.) LANGER. 4807

Schering Akt.-Ges., Deutschland, *Herstellung von Schiffschen Basen der p-Aminosalicylsäure.* Zu D. B. P. 859 154; C. **1953.** 6311 ist bzgl. Umsetzung von p-Aminosalicylsäure mit Aldehyden u. Dialdehyden folgendes nachzutragen. Mit Benzaldehyd in einem Gemisch von Ae. u. PAe. erhält man *N-Benzylidenaminosalicylsäure*, F. 173 bis 176°; mit Anisaldehyd *N-Methoxybenzylidenaminosalicylsäure, Na-Salz*, zers. sich gegen 200°; mit Phenylpentadienal, Kp. 170°, eine Verb. der Formel $C_6H_5CH:CH\cdot CH:CH\cdot CH:N\cdot C_6H_3(OH)\cdot COOH$, F. über 360°; mit 2.6-Dimethyldihydropyranal-(3), Kp.$_{21}$ 97°, eine SCHIFFsche *Base* vom F. 122°; mit Acrolein *Acrylidenaminosalicylsäure*, F. 166° (Zers.); mit Octatrienal, Kp.$_{10}$ 96—104°, *Octatrienylidenaminosalicylsäure*,

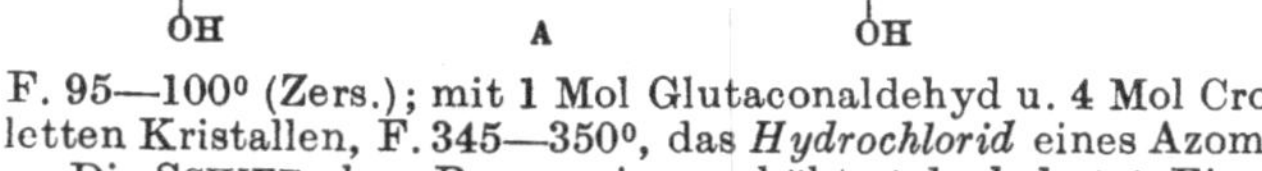

F. 95—100° (Zers.); mit 1 Mol Glutaconaldehyd u. 4 Mol Crotonaldehyd in purpurvioletten Kristallen, F. 345—350°, das *Hydrochlorid* eines Azomethins von der Formel **A**. — Die SCHIFFschen Basen zeigen erhöhte *tuberkulostat.* Eigenschaften. (**F. P. 1 040 580** vom 29/6. 1950, ausg. 16/10. 1953. D. Prior. 2/7. 1949.) OPPERMANN. 4807

Roger Gilbert Douris, Paris, und **Jacques Maurice Bory**, Montmorency, Frankreich, *Stabilisieren von p-aminosalicylsaurem Na* in wss. Lsg. durch Zugabe von 0,1 bis 2% Na-Formaldehydsulfoxylat. Lsg. ist bei 120° sterilisierbar u. ohne Oxydationserscheinungen lange haltbar. (**E. P. 700 774** vom 22/3. 1951, ausg. 9/12. 1953. F. Prior. 25/3. 1950. A. Prior. 8/12. 1950.) K. HEINZE. 4807

Ward, Blenkinsop & Co. Ltd., London, England, *N-Benzylaminosalicylsäuren der* allg. Formel **A** (X = Phenyl, Mono- oder Dihalogenphenyl) erhält man durch Rk. von p-Aminosalicylsäure (**I**) mit Benzaldehyd (**II**) oder einem entsprechend halogenierten **II** u. anschließende katalyt. Hydrierung der gebildeten N-Benzylidenaminosalicylsäure. — *4-Benzylaminosalicylsäure*, F. 140—144° (Zers.). — *4-p-Chlorbenzylaminosalicylsäure*, F. 170—172° (Zers.). — Die erhaltenen Verbb. sind *pharmakolog.* wirksam. (**E. P. 688 211** vom 22/7. 1949, ausg. 4/3. 1953.) SIEVERS. 4807

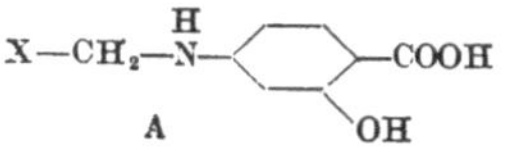

Herts Pharmaceuticals Ltd., Welwyn Garden City, Herts, England (Erfinder: **Donald Edwin Seymour** und **Sasanka Chandra Bhattacharyya**), *4-Amino-2-acyloxy-*

benzoesäuren erhält man durch Red. der entsprechenden 4-Nitro-2-acyloxybenzoesäuren u. Abtrennung unter Luftausschluß. — 4-Nitrosalicylsäure + Acetanhydrid → 4-Nitro-2-acetoxybenzoesäure, F. 152—153°; wird in Ggw. von PtO in Methanol zu *4-Amino-2-acetoxybenzoesäure*, F. 128° (Zers.), reduziert. — *4-Amino-2-benzoyloxybenzoesäure*, F. 149—150°. — *Tuberkulostatica* in vitro. (**E. P. 688 691** vom 29/12. 1949, ausg. 11/3. 1953.) SIEVERS. 4807

Monsanto Chemical Co., übert. von: **Lucas P. Kyrides,** St. Louis, Mo., V. St. A., *Thenyläthylendiamine* der Formel **A** (R_1 = Pyridyl, Picolinyl; R_2 = H oder Alkyl mit 1—3 C-Atomen, R_3 = Alkyl mit 1—3 C-Atomen, R_4 = H, Cl, Br, Methyl, Äthyl, R_5 u. R_6 = H oder Methyl) erhält man durch Kondensation von Thenylchlorid oder -bromid mit N-R_1-N'.N'-Dialkyläthylendiaminen in Benzol. Durch Zusatz von Säuren bilden sich die entsprechenden Hydrochloride, Sulfate u. Phosphate.

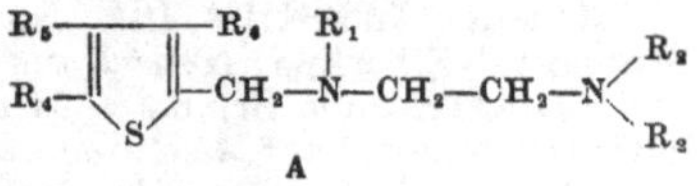

A

— Zu einer erhitzten Mischung aus 2-Aminopyridin u. $NaNH_2$ in Toluol gibt man frisch dest. N.N-Dimethyl-β-chloräthylamin in trockenem Toluol u. erhält nach 2std. Erhitzen u. Dest. N-(2-Pyridyl)-N'.N'-dimethyläthylendiamin in 60%ig. Ausbeute, $Kp._1$ 93—103°, das nach dem Erhitzen mit 2-Thenylchlorid (**I**) in Toluol in Ggw. von $NaNH_2$ *N-(2-Pyridyl)-N-(2-thenyl)-N'.N'-dimethyläthylendiamin*, $Kp._{0,4}$ 130—140°, in 69%ig. Ausbeute liefert. *Monohydrochlorid.* — N-(3-Pyridyl)-N'.N'-dimethyläthylendiamin + **I** → *N-(3-Pyridyl)-N-(2-thenyl)-N'.N'-dimethyläthylendiamin. Monohydrochlorid.* — *N-(4-Pyridyl)-N-(2-thenyl)-N'.N'-dimethyläthylendiamin. Monohydrochlorid.* — *N-(3α-Picolinyl)-N-(2-thenyl)-N'.N'-dimethyläthylendiamin. Monohydrochlorid.* — *N-(2β-Picolinyl)-N-(2-thenyl)-N'.N'-diäthyläthylendiamin.* — *N-(2-Pyridyl)-N-(2-thenyl)-N'-methyl-N'-äthyläthylendiamin. Monohydrochlorid.* — *Heilmittel (Antihistaminica).* (**A. P. 2 581 868** vom 4/10. 1946, ausg. 8/1. 1952.) KRAUSS. 4807

University of Michigan, übert. von: **Frederick F. Blicke,** Ann Arbor, Mich., V. St. A., *Herstellung basisch substituierter Dioxolane.* Man setzt 2.2-Diphenyl-4-oxymethyl-1.3-dioxolan mit Na in Toluol u. dann mit β-Dimethylaminoäthylchlorid um u. erhält *2.2-Diphenyl-4-(β-dimethylaminoäthoxymethyl)-1.3-dioxolan; Hydrochlorid,* F. 95 bis 97°. — Analog: *2.2-Diphenyl-4-(β-diäthylaminoäthoxymethyl)-1.3-dioxolan; Hydrochlorid,* F. 80—82°. — *Antihistaminica.* (**A. P. 2 606 908** vom 5/4. 1950, ausg. 12/8. 1952.) FABEL. 4807

University of Michigan, übert. von: **Frederick F. Blicke,** Ann Arbor, Mich., V. St. A., *Herstellung basisch substituierter Dioxolane.* Man setzt 2.2-Diphenyl-4-brommethyl-1.3-dioxolan mit Diäthylamin zu *2.2-Diphenyl-4-diäthylaminomethyl-1.3-dioxolan* um, $Kp._{0,01}$ 129—132°. Analog: *2.2-Diphenyl-4-dimethylaminomethyl-1.3-dioxolan,* $Kp._{0,01}$ 121—123°. — *Antihistaminica.* (**A. P. 2 606 909** vom 1/8. 1947, ausg. 12/8. 1952.) FABEL. 4807

Takeda Yakuhin Kogyo Kabushikigaisha, Higashi-ku, übert. von: **Taizo Matsukawa,** Suitashi, und **Takeo Iwatsu,** Higashisumiyoshi-ku, Osaka, Japan, *Thiothiazolone* (**I**) *und Vitamin B_1-Derivate* (**II**) (R = Alkyl, Arylkyl, R' = H, Acyl). 2-Alkyl-4-amino-5-aminomethylpyrimidin wird mit γ-Aceto-γ-halogenpropylalkohol $CH_3CO \cdot CH(X)CH_2CH_2OR'$ (X = Cl, Br) oder einer Verb. der Formel **III** u. Schwefelkohlenstoff in Ggw. eines bas. Mittels kondensiert, das gebildete Kondensationsprod. zum **I**

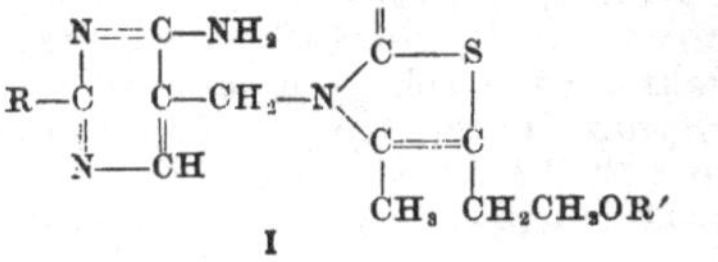

I

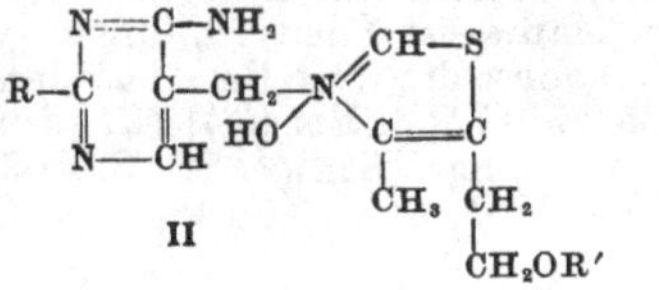

II

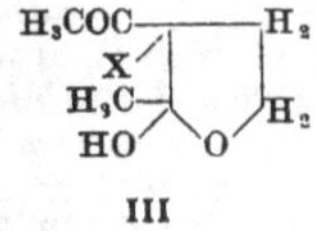

III

in Ggw. einer Mineralsäure cyclisiert u. **I** dann oxydiert. — Aus 2-Methyl-4-amino-5-aminomethylpyrimidinhydrochlorid, γ-Aceto-γ-chlorpropylacetat u. CS_2 in Ggw. von 50%ig. NaOH u. 30%ig. wss. NH_3 → [α-Aceto-γ-acetoxypropyl]-2-methyl-4-aminopyrimidyl-(5)-methyldithiocarbamat, Sintern bei ca. 170°, F. 250° (Zers.), Hydrochlorid, F. 179°, daraus durch Erhitzen mit 20%ig. HCl *N-[2'-Methyl-4'-aminopyrimidyl-(5')-methyl]-4-methyl-5-β-oxyäthylthiothiazolon,* F. 238—239°; *Monohydrochlorid,* F. 243° (Zers.); dieses gibt mit 30%ig. H_2O_2 in Ggw. 30%ig. HCl bei ca. 40° *N-[2'-Methyl-4'-aminopyrimidyl-(5')-methyl]-4-methyl-5-β-oxyäthylthiazoliumchloridhydrochlorid* (= *Vitamin B_1-Hydrochlorid*), F. 250°. Die Oxydation kann auch mit $KMnO_4$ erfolgen. — *Vitamin-B_1-Sulfat,* F. 213° (Zers.). — 2-Äthyl-4-amino-5-aminomethylpyrimidinhydrochlorid → *N-[2'-Äthyl-4'-aminopyrimidyl-(5')-methyl]-4-methyl-5-β-oxyäthylthiothiazolon*, F. 233°, → *N-[2'-Äthyl-4'-aminopyrimidyl-(5')-methyl]-4-methyl-5-β-oxyäthylthiazoliumchloridhydrochlorid*, Nadeln, F. 235° (Zers.). — *N-[2'-Methyl-4'-aminopyrimidyl-(5')-methyl]-4-methyl-5-β-acetoxyäthylthiothiazolon*, F.172°. — *N-[2'-Äthyl-4'-aminopyrimidyl-(5')-methyl]-4-methyl-5-β-acetoxyäthylthiothiazolon*, F. 165°. — *N-[2'-Benzyl-4'-aminopyrimidyl-(5')-methyl]-4-methyl-5-β-oxyäthylthiothiazolon*, F. 224°. — *Heilmittel*. (**A. PP. 2592930** u. **2592931** vom 29/8. 1950, ausg. 15/4. 1952. Das erste der A. PP. Japan. Prior. 17/3. 1950.) KRAUSS. 4807

Schenley Industries, Inc., New York, N. Y., V. St. A., übert. von: **Ulrich Hörlein**, Wuppertal-Elberfeld, *Herstellung von Aminothiodiazolen* der allg. Zus. **I** (R_1 = H, niedermol. Alkyl oder Br, R_2 = H oder niedermol. Alkoxy). — Man tropft z. B. 43 (g) Isobutyrylchlorid zur Mischung aus 36,2 4-Benzylthiosemicarbazid u. 100 cm³ Isobuttersäure bei maximal 100°, gibt nach Aufhören der HCl-Entw. langsam einen NH_3-Überschuß zu (Eiskühlung) u. erhält 75—80% *2-Isopropyl-5-benzylaminothiodiazol*, F. 107 bis 108° (aus Bzl. + PAe.). 23,3 dieser Verb. werden mit 100 cm³ Xylol + 4,5 $NaNH_2$ gekocht, nach Aufhören der NH_3-Entw. (ca. 1 Std.) 10,8 einer Lsg. von Dimethylaminoäthylchlorid zugetropft u. 30—60 Min. gekocht, nach Abkühlen mit verd. HCl extrahiert, Extrakt mit CH_3COONa neutralisiert u. filtriert, stark alkal. gemacht, mit Ae. extrahiert u. nach Trocknen über K_2CO_3 durch Dest. *2-Isopropyl-5-N-(β-dimethylaminoäthyl)-benzylaminothiodiazol*, Kp.$_{0,3}$ 192—196°, *Pikrat*, F. 117—119°, erhalten. — *2-Isopropyl-5-bromthiodiazol*, Kp.$_{10}$ 116°. — *2-Methyl-5-benzylaminothiodiazol*, F. 138—139° (aus Bzl.) *2-Methyl-5-N-(β-dimethylaminoäthyl)-benzylaminothiodiazol*,

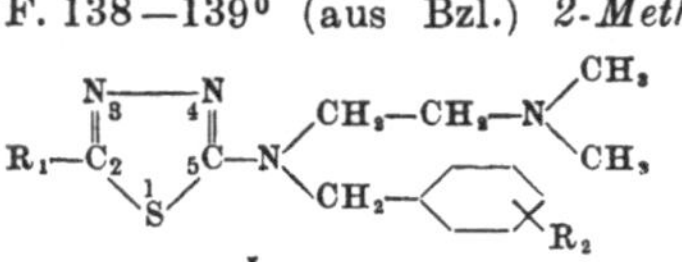

I

Kp.$_{0,1}$ 180—190°; *Methansulfonat*, F. 154—155,5°; *Pikrat*, F. 151°. — *2-Methyl-5-bromthiodiazol*, F. 105 bis 106° (aus Bzl.-PAe.). — *2-Methyl-5-p-methoxybenzylaminothiodiazol*, F. 118—119°. — *2-Methyl-5-[N-(β-dimethylaminoäthyl)-p-methoxybenzylamino]-thiodiazol*, Kp.$_{0,5}$ 198—200°; *Hydrochlorid*, F. 190°. — *2-Brom-5-N-(β-dimethylaminoäthyl)-benzylaminothiodiazol-Pikrat*, F. 135—136° [aus $(CH_3)_2CO$ + A.]; *Hydrochlorid*, F. 171—172°. — *Antihistaminica*. (**A. P. 2 619 489** vom 14/10. 1950, ausg. 25/11. 1952. D. Prior. 18/8. 1949.) MÜLLER-MEININGEN. 4807

Ward, Blenkinsop & Co. Ltd., London, England, *Herstellung von Xanthonen* der allg. Formel **I** (X = H, Halogen, Alkoxy, NO_2 oder NH_2; R' u. R'' = niederes Alkyl;

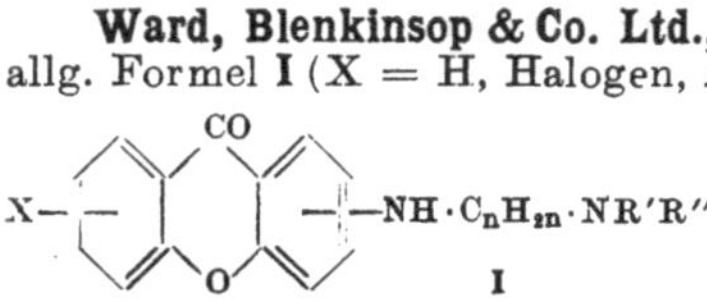

I

n < 9; substituierte NH_2-Gruppe in 2- oder 3-Stellung; Bezifferung anscheinend nach amerikan. System). Die entsprechenden, nicht acylierten Verbb. werden mit Dialkylaminoalkylhalogeniden umgesetzt, worauf gegebenenfalls eine NO_2-Gruppe red. werden kann. So entsteht aus 2-Aminoxanthon u. $(C_2H_5)_2N \cdot C_2H_4 \cdot Cl$ *2-Diäthylaminoäthylaminoxanthon*, F. 75—77°. Analog: *3-Diäthylaminoäthylaminoxanthon*; *2-Diäthylaminoäthylamino-6-chlorxanthon*, F. 106—107°; *2-Methoxy-6-diäthylaminoäthylaminoxanthon, Methojodid*, F. 114°; *2-Diäthylaminoäthylamino-7-nitroxanthon*, F. 164—165°; *2-Diäthylaminoäthylamino-7-aminoxanthon*, F. 54—55°; *3-(4'-Diäthylamino-1'-methylbutylamino)-xanthon*. — Verbb. mit wertvollen *physiol. Eigenschaften*. (**E. P. 708 917** vom 29/1. 1951, ausg. 12/5. 1954.) FABEL. 4807

Schering Corp., Bloomfield, N. J., V. St. A., *3-Phenyl-3-[pyridyl-(2')]-N.N-dimethylpropylamin*. Man setzt Phenyl-(β-dimethylaminoäthyl)-[pyridyl-(2)]-acetonitril mit $NaNH_2$ um u. isoliert die freie Base aus dem Reaktionsgemisch. — Analog erhält man: *3-(p-Chlorphenyl)-3-[pyridyl-(2')]-N.N-dimethylpropylamin*, Kp.$_{2-3}$ 153—158°. — *Antihistamin*. Wirkung. (**Schwz. PP. 297 687** vom 20/10. 1948, ausg. 1/6. 1954, u. **297 686** vom 28/2. 1951, ausg. 1/6. 1954. A. Prior. 28/10. 1947. **Zusätze zu Schwz. P. 282 219; C. 1953. 5384.**) BRÖSAMLE. 4807

Ciba Akt.-Ges., Basel, Schweiz, *1-Dimethylamino-3-(p-chlorphenyl)-3-pyridyl-(2')-hexanon-(4)*, Kp.$_{0,25}$ 157—163°, erhält man aus ω-Dimethylamino-α-(p-chlorphenyl)-α-pyridyl-(2)-buttersäurenitril, Kp.$_{0,2}$ 154—164°, durch Rk. von dessen Mg-Verb. mit Äthylbromid. — *Histaminolyticum*, Heilmittel. (**Schwz. P. 291 932** vom 2/3. 1950, ausg. 1/10. 1953.) SIEVERS. 4807

Arzneimittelfabrik Krewel-Leuffen G. m. b. H. (Erfinder: **Ernst Stieglitz**), Eitorf/Sieg, *Herstellung halogenierter Pyridin-3-carbonsäureester*, dad. gek., daß auf Pyridin-3-carbonsäure oder ihre funktionellen Derivv., wie Halogenide oder ihr Anhydrid, halogenhaltige Oxyäther der allg. Formel $HO \cdot (CH_2)_n \cdot O \cdot R$, in der n = 2, 3 oder 4 u. R eine durch Halogen substituierte Alkylgruppe bedeutet, zur Rk. gebracht werden. Bei der Herst. jodhaltiger Pyridin-3-carbonsäureester kann man von den durch ein anderes Halogen substituierten Estern ausgehen u. diese mit Alkalijodiden umsetzen oder auf das Ausgangsprod. J-substituierte Alkohole einwirken lassen. Die Rkk. erfolgen zweckmäßig in Ggw. bas. Kondensationsmittel, bes. tert. Amine. — Z. B. wird Nicotinsäurechlorid (I) mit β-Oxyäthyl-β'-chloräthyläther zu *Nicotinsäure-β-(β'-chloräthoxy)-äthylester* umgesetzt. *Pikrat*, F. 86,5—87°. Aus I u. β-Jodäthylalkohol entsteht *β-Jodäthylnicotinat*, das in W. unlösl. ist, jedoch durch längeres Stehenlassen oder Erwärmen auf 60° in die wasserlösl. Modifikation übergeführt wird. *Pikrat*, F. 122—123°. (**D. B. PP. 912 214** u. **912 215** Kl. 12p vom 21/9. 1951, ausg. 28/5. 1954. Anmeldung bekanntgemacht 15/10. 1953.) SCHINDLER. 4807

Cilag Akt.-Ges., Schaffhausen, Schweiz, *Pyridin-3.5-dicarbonsäure-3-äthylester-5-(1'.2'-diphenyläthyl)-amid*, F. 138—139°, erhält man durch Rk. von 1.2-Diphenyläthylamin mit Pyridin-3.5-dicarbonsäure-3-äthylester-5-chlorid. — *Zwischenprod.* zur Herst. von *Arzneimitteln*. (**Schwz. P. 297 665** vom 25/4. 1950, ausg. 1/6. 1954. **Zusatz zu Schwz. P. 284 073; C. 1954. 1596.**) BRÖSAMLE. 4807

Farbenfabriken Bayer Akt.-Ges., Leverkusen, *Herstellung einer mehrgliedrigen heterocyclischen Verbindung* der Formel I. Man setzt die 6-Hydrazinverb. des entsprechenden Furanchinolins mit Cyclohexanon zum Hydrazon um u. schließt hierauf zum Indolring. Gelbes Pulver vom F. 242°. — *Amöbicide* Wirkung. (**Schwz. P. 297 989** vom 2/5. 1951, ausg. 16/6. 1954. D. Prior. 27/5. 1950.) BRÖSAMLE. 4807

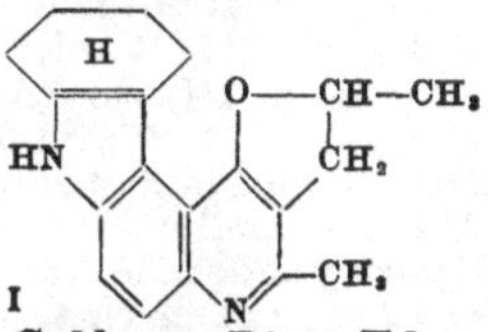
I

American Cyanamid Co., New York, N. Y. (Erfinder: **Leon Goldman**, River Edge, N. J.), V. St. A., *Herstellung von 1.4-disubstituierten Piperazinen* der allg. Formel I, in der R H oder einen Alkylrest, R' einen Alkyl- oder Aralkylrest u. R'' u. R''' H oder Alkylreste bedeuten, dad. gek., daß man ein N-substituiertes Piperazin der Formel II mit einem Acylhalogenid der Formel R—C·(O)—X, in der X Halogen bedeutet, oder mit dem entsprechenden Säureanhydrid bzw. im Falle der Formylierung auch mit freier H·COOH umsetzt. — Gemäß den Unteransprüchen soll die Rk. in einem wasserfreien bzw. in einem wss. Lösungsm. in Ggw. eines Halogenwasserstoffacceptors bei Tempp. zwischen —10 u. 100° durchgeführt werden. — Man erhält z. B. aus 1-Carbäthoxypiperazin u. n-Butyrylchlorid das 1-Carbäthoxy-4-n-butyrylpiperazin, farblose Fl., $Kp._{0,6}$ 136—138,5°. Analog werden erhalten als farblose Fll.: 1-Carbäthoxy-4-diäthylacetylpiperazin, $Kp._{0,8}$ 149—151°; 1-Carbäthoxy-4-isocaproylpiperazin, $Kp._{1,1}$ 163—165°; 1-Carbäthoxy-4-acetylpiperazin, $Kp._{0,3}$ 143—145°; 1-Carbäthoxy-4-propionylpiperazin, $Kp._{0,3}$ 145—149°; 1-Carbobenzoxy-4-n-butyrylpiperazin, $Kp._{0,3}$ 197—203°; 1-Carbobenzoxy-4-formylpiperazin, $Kp._{50-60}$ 275—285°; 1-Carbomethoxy-4-n-butyrylpiperazin, $Kp._{0,7}$ 154—156°; 1-Carbo-n-butoxy-4-n-butyrylpiperazin, $Kp._{0,4}$ 155—156°; dl-trans-1-Carbäthoxy-4-acetyl-2.5-dimethylpiperazin, hellgelbe Fl., $Kp._{5}$ 163°; 1-Carbobenzoxy-4-acetylpiperazin, F. 42,5—43°; 1-Carbobenzoxy-4-propionylpiperazin, F. 50°. *Therapeutica*, teilweise Sedativa. (**D. B. P. 897 562** Kl. 12p vom 25/12. 1951, ausg. 23/11. 1953. Anmeldung bekanntgemacht 26/3. 1953. A. Prior. 2/1. 1951.) DERSIN. 4807

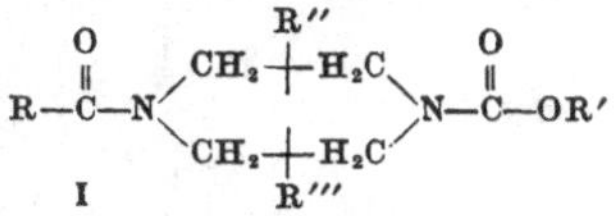
I

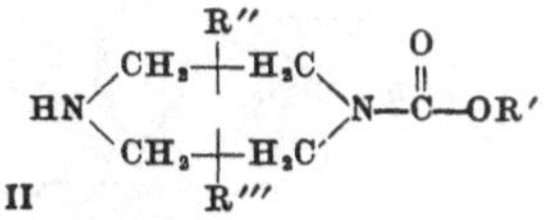
II

Aladar Skita, Baden-Baden, *Erhöhung der Löslichkeit der organischen Salze der Barbitursäuren*, dad. gek., daß man als Lösungsvermittler 4-Amino-1-phenyl-2.3-dimethylpyrazolon-(5) (I) oder seine Derivv. gemeinsam mit Opiumalkaloiden (II) oder II u. Urethanen verwendet. Als II können Kodein oder Dihydrokodein u. an Stelle des I die Isopropyl- bzw. N-Isopropylverb. verwendet werden. (**D. R. P. 765 401** Kl. 30h vom 25/5. 1937, ausg. 8/6. 1954.) K. HEINZE. 4807

Soc. des Usines Chimiques Rhône-Poulenc, Paris (Erfinder: **Paul Charpentier**, Choisy-le-Roi, Seine), Frankreich, *Phenthiazinderivate* der Formel I, worin R_1 u. R_2 H oder CH_3, R_3 u. R_4 CH_3 oder C_2H_5 u. R_5 einen Alkyl- oder Aralkylrest, X ein Halogenatom oder einen Säurerest u. n = 2 oder 3 bedeuten, besitzen *antidyspnoische* u. *antihistamin. Eigenschaften*. Sie entstehen durch Quaternisieren der entsprechenden tert. Verbindungen. — *1-[Phenthiazinyl-(10')]-propyl-(2)-trimethylammoniumjodid*, F. 206—207°. — *1-[Phenthiazinyl-(10')]-propyl-(2)-trimethylammoniummethylsulfat*, F. 149°. — *1-[Phenthiazinyl-(10')]-propyl-(2)-äthyldimethylammoniumäthyl-*

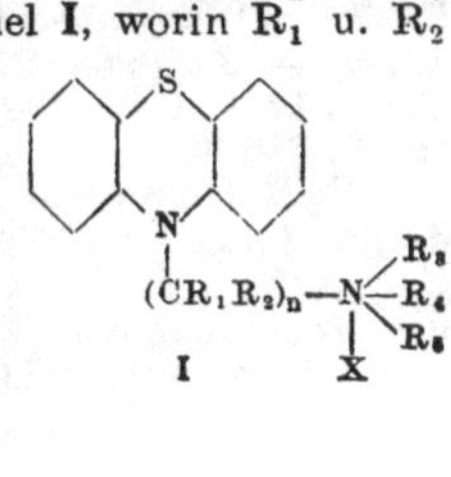
I

sulfat, F. 158°. — *2-[Phenthiazinyl-(10')]-äthyltrimethylammoniumjodid*, F. 267°. — *2-[Phenthiazinyl-(10')]-äthyltrimethylammoniummethylsulfat*, F. 155°. — *2-[Phenthiazinyl-(10')]-äthylbenzyldimethylammoniumchlorid*, F. 158°. — *2-[Phenthiazinyl-(10')]-äthylmethyldiäthylammoniumjodid*, F. 151°. — *2-[Phenthiazinyl-(10')]-äthyltriäthylammoniumjodid*, F. 227—228°. — *1-[Phenthiazinyl-(10')]-propyl-(2)-trimethylammoniumchlorid*, F. ca. 267°. — *2-[Phenthiazinyl-(10')]-äthyltrimethylammonium-p-toluolsulfonat*, F. 204°. — *2-[Phenthiazinyl-(10')]-äthyltriäthylammonium-p-toluolsulfonat*, F. 148—149°. — *2-[Phenthiazinyl-(10')]-äthyltriäthylammoniumbenzolsulfonat*, F. 65 bis 66°. — *N-[2-{Phenthiazinyl-(10')}-äthyl]-N-methylpiperidiniumjodid*, F. 174°. — *N-[2-{Phenthiazinyl-(10')}-äthyl]-N-äthylpiperidiniumbenzolsulfonat*, F. 123—124°. — *N-[2-{Phenthiazinyl-(10')}-äthyl]-N-äthylmorpholiniumbenzolsulfonat*, F. 156°. — *N-[2-{Phenthiazinyl-(10')}-äthyl]-N-allylpiperidiniumbromid*, F. 168°. (**D. B. P. 844 154** Kl. 12p vom 26/8. 1950, ausg. 17/7. 1952. F. Priorr. 9/12. 1946, 21/1., 20/2. u. 18/3. 1947.) Langer. 4807

F. Hoffmann-La Roche & Co. Akt.-Ges., Basel, Schweiz, *Morphinan* (**I**) *und seine Salze* (R u. R' = gleiches oder verschied. H, OH, OCH_3). Phenylessigsäure oder deren Halogenid (**II**, R'', R''' = H, OCH_3, X = OH, Halogen) wird mit Cyclohexen-(1)-yl-äthylamin (**III**) zum Amid umgesetzt, das in Ggw. eines Kondensationsmittels unter Ringschluß 1-Benzyl-3.4.5.6.7.8-hexahydroisochinolin (**IV**) liefert; dieses gibt mit Methylhalogenid die quaternäre Verb. **V**, aus der nach der katalyt. Hydrierung u. Alkalibehandlung **VI** entsteht, die dann in Ggw. einer Säure, gegebenenfalls unter Hydrolyse der Methoxygruppe zu **I** cyclisiert wird. — Aus **III** (herstellbar nach E. P. 685 747; vgl. nachst. Ref.) + Phenylessigsäurechlorid in Bzl. → Phenylessigsäure-[cyclohexen-(1)-yl-äthyl]-amid, Kp.$_{0,01}$ ca. 160° (Badtemp.), F. 52—55°, daraus mit P_2O_5 in Bzl. nach 45 Min. bei 90° → 1-Benzyl-3.4.5.6.7.8-hexahydroisochinolin; dieses gibt mit CH_3Br in wasserfreiem Aceton nach 12 std. Stehen u. anschließender Hydrierung in Ggw. von Raney-Ni u. konz. methanol. KOH → 1-Benzyl-2-methyl-1.2.3.4.-5.6.7.8-oktahydroisochinolin, Kp.$_{0,01}$ 106—108°, Hydrochlorid, F. 195 bis 196°, daraus mit 100%ig. H_3PO_4 bei 140—150° nach 70 Std. → *N-Methylmorphinan*, Kp.$_{0,04}$ 118 bis 120°. *Phosphat*, F. 141—145°. — **III** + p-Methoxyphenylessigsäurechlorid → p-Methoxyphenylessigsäure-[cyclohexen-(1)-yläthyl]-amid, F. 79 — 81°, 1-(p-Methoxybenzyl)-3.4.5.6.7.8-hexahydroisochinolinhydrochlorid → 1-(p-Methoxybenzyl)-1.2.3.4.5.6.7.8-octahydroisochinolinhydrobromid, F. 200—201°, → freie Base + HCHO → 1-(p-Methoxybenzyl)-2-methyl-1.2.3.4.5.6.7.8-oktahydroisochinolin, Kp.$_{0,008}$ 117—119°; Oxalat, F. 163—164°, → *3-Oxy-N-methylmorphinan*, F. 251—253°; *Hydrobromid*, F. 193—195°; *Tartrat*, F. 147°; → *3-Methoxy-N-methylmorphinan*, F. 81—83°; *Hydrobromid*, F. 91—93°. *3-Acetoxy-N-methylmorphinan-hydrobromid*, F. 210—212°, aus W., F. 155—159°, *freie Base*, F. 68—70°. — **III** + Homoveratrumsäure → Homoveratrumsäure-[cyclohexen-(1)-yl-äthyl]-amid, F. 96°, → 1-(3'.4'-Dimethoxybenzyl)-3.4.5.6.7.8-hexahydroisochinolinhydrochlorid → freie Base → 1-(3'.4'-Dimethoxybenzyl)-1.2.3.4.5.6.7.8-oktahydroisochinolinhydrobromid, F. 235 bis 236°, Hydrochlorid, F. 198—200°, → 1-(3'.4'-Dimethoxybenzyl)-2-methyl-1.2.3.4.-5.6.7.8-oktahydroisochinolin, Kp.$_{0,001}$ 135°, Hydrochlorid, F. 229°, Oxalat, F. 125 bis 127°, → *3.4-(oder 2.3)-Dioxy-N-methylmorphinan*, aus Äthylacetat, F. 246—247°; *Salicylat*, F. 176—180°; *Hydrobromid*, F. 248—250°, schwer wasserlöslich. — *Analgetica*. (**E. P. 685 634** vom 14/10. 1949, ausg. 7/1. 1953.) Krauss. 4807

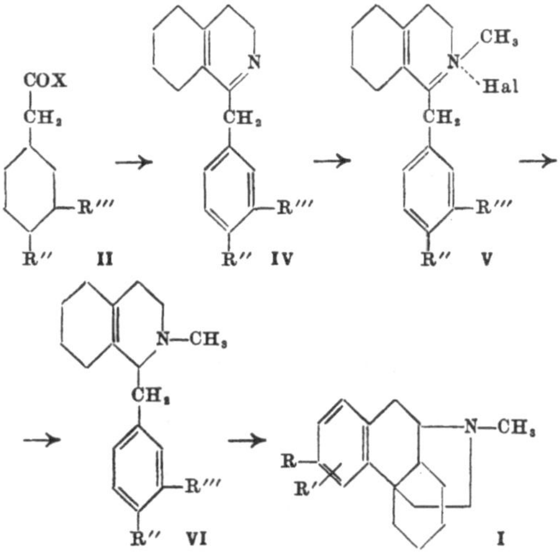

F. Hoffmann-La Roche & Co. Akt.-Ges., Basel, Schweiz, *Cyclohexen-(1)-yl-äthylamin*, Kp.$_{15}$ 75—78°, erhält man durch Red. von Cyclohexen-(1)-yl-acetonitril oder Cyclohexen-(1)-yl-acetamid mit $LiAlH_4$ in Ae. unter N_2 u. Kühlung. Zwischenprod. für die Morphinansynth., vgl. E. P. 685 634; vorst. Referat. (**E. P. 685 747** vom 14/10. 1949, ausg. 7/1. 1953.) Krauss. 4807

F. Hoffmann-La Roche & Co. Akt.-Ges., Basel, Schweiz, *(+)-3-Methoxy-N-methylmorphinan*, F. 108—109°, $[\alpha]_D^{20} = + 49{,}6^0$ (c = 1,5 in A.). Man behandelt DL-3-Oxy-N-methylmorphinan mit einem Methylierungsmittel $[C_6H_5(CH_3)_3NOH]$, führt das entstandene DL-3-Methoxy-N-methylmorphinan mit einer opt. akt. Säure (D-Weinsäure) in die entsprechenden Salze über, isoliert aus dem Gemisch durch fraktionierte Kristallisation die rechtsdrehende Verb. u. macht aus ihr die Base frei. — *Heilmittel.* (**Schwz. P. 297 994** vom 15/9. 1950, ausg. 16/6. 1954.) BRÖSAMLE. 4807

C. F. Boehringer & Soehne G. m. b. H., Mannheim (Erfinder: **Hans Dietrich, Erich Rabald**, Mannheim, und **Otto Schaaff**, Mainz), *Sulfonamidabkömmlinge der Cinchonaalkaloide* (I) erhält man durch Rk. von (Chinolin-)Aminoderivv. von I mit p-Nitrobenzolsulfonylhalogeniden bzw. -anhydriden u. Red. der erhaltenen NO_2-Prodd. oder mit p-Halogenbenzolsulfonylhalogeniden bzw. -anhydriden, Behandeln der erhaltenen Halogenderivv. mit NH_3 oder mit p-Acylaminobenzolsulfonylhalogeniden bzw. -anhydriden u. Verseifen der Acylderivate. — 15,5 (g) wasserfreies 6-Aminohydrocinchonidin werden z. B. in 100 cm^3 absol. Pyridin suspendiert, unter Rühren bei Tempp. nicht $>$ —5° langsam mit 12 p-Nitrobenzolsulfonsäurechlorid versetzt u. über Nacht im Eisschrank stehengelassen. Durch Einrühren in W. erhält man 10,5 *6-(p-Nitrobenzolsulfonamido)-hydrocinchonidin*, F. 253°. — 1,5 dieser Verb. werden in 25 cm^3 alkoh. HCl (+ wenig CH_3COOH) gelöst, in Ggw. von 75 mg Pt-Oxyd mit H_2 red. u. die filtrierte Reaktions-Fl. im Vakuum eingedampft, Rückstand in wenig W. gelöst u. durch Zugabe von NH_3 *6-(p-Aminobenzolsulfonamido)-hydrocinchonidin*, F. 227 bis 229°, erhalten. — *Bakterizide* mit bes. starker Wrkg. gegen *Protozoen*. (**D. B. P. 857 054** Kl. 12o vom 16/8. 1942, ausg. 27/11. 1952.) MÜLLER-MEININGEN. 4807

Glaxo Laboratories Ltd., Greenford, Middlesex, England (Erfinder: **Ewart Ray Herbert Jones** und **Ronald Major Evans**), *Vitamin A und dessen Ester.* 6-Methylocta-3.5.7-trien-2-on (herstellbar nach E. PP. 659 842; C. **1953.** 9716; oder 665 146; C. **1953.** 5709) wird in fl. NH_3 mit Li-, Na- oder Ca-Acetylid in Ggw. von α-Tocopherol als Antioxydationsmittel zu *3.7-Dimethylnona-4.6.8-trien-1-in-3-ol* umgesetzt, $Kp._{0,1}$ 68°; n_D^{16} 1,5610, Absorptionsmaxima 2700 u. 2810 Å (n-Hexan), $\varepsilon = 40500$ u. 33000. Dieses läßt sich mit 0,01 n bis 1,0 n wss. Säure (HCl, H_2SO_4, H_3PO_4, Oxalsäure, Essigsäure) zu *3.7-Dimethylnona-3.5.7-trien-1-in-9-ol* umlagern. Beide Carbinole werden dann mit Äthyl-MgBr in die GRIGNARD-Verbb. X—Mg—C≡C—C(CH_3) (OMgX)—CH=CH—CH=C(CH_3)—CH=CH_2 bzw. X—Mg—C≡C—C(CH_3)=CH—CH=CH—C(CH_3)=CH—CH_2—OMgX (X=Cl, Br, J) bei 0—60° übergeführt, die dann mit 2.6.6-Trimethylcyclohexanon in trockenem Ae. zu 3.7-Dimethyl-1-[1'-oxy-2'.6'.6'-trimethylcyclohexyl-(1')]-nona-4.6.8-trien-1-in-3-ol bzw. 3.7-Dimethyl-1-[1'-oxy-2'.6'.6'-trimethylcyclohexyl-(1')]-nona-3.5.7-trien-1-in-9-ol, F. 140°, Lichtabsorptionsmaxima 3020 u. 3170 Å (A.); $\varepsilon = 39500$ u. 32500, umgesetzt werden. Jene wird durch anionotrop. Umlagerung in diese übergeführt, die dann nach der Red. zu 3.7-Dimethyl-1-[1'-oxy-2'.6'.6'-trimethylcyclohexyl-(1')]-nona-1.3.5.7-tetraen-9-ol verestert u. anschließend zum Vitamin-A-Ester dehydratisiert u. zum Vitamin-A-Alkohol verseift wird. (**E. P. 696 235** vom 19/12. 1950, ausg. 26/8. 1953.) KRAUSS. 4809

Laboratoires Sauter, S. A., Genf, Schweiz, *Wässerige Lösungen von Vitamin D_2* durch Lösen des Vitamins in absol. A., Zusatz einer quaternären Ammonbase, wie Octylphenoxyäthoxyäthyldimethylbenzylammoniumhydroxyd, Verdampfen des A., Umkristallisation des Rückstandes aus Äthylacetat u. Lösen in W.; klare Lsg. in Ggw. von Ca-Salzen. (**Schwz. P. 296 480** vom 1/3. 1951, ausg. 17/4. 1954.) K. HEINZE. 4809

Hoffmann-La Roche, Inc., Nutley, übert. von: **Leo A. Flexser**, Upper Montclair, und **Walter G. Farkas**, Nutley, N. J., V. St. A., *Riboflavin* kann wasserlöslicher gemacht werden, wenn man es in geschmolzenem Phenol, fl. Phenol (das ca. 10% W. enthält) oder in starker HCOOH, die ca. 10—15% W. enthält, löst u. es aus der Lsg. mit Ae., Isopropyläther oder Dichloräthyläther abscheidet. (**A. P. 2 664 421** vom 18/4. 1951, ausg. 29/12. 1953.) BRÖSAMLE. 4809

F. Hoffmann-La Roche & Co. Akt.-Ges., Basel, Schweiz, *2-Methyl-3-carbäthoxyamino-4-phenoxymethyl-5-cyan-6-chlorpyridin* erhält man durch Rk. des 2-Methyl-4-phenoxymethyl-5-cyan-6-chlorpyridin-3-carbonsäurechlorids mit NaN_3 in Dioxan u. Erwärmen des Carbonsäureazids mit Äthylalkohol. F. 167°. — *Zwischenprod.* für *Vitamin-B_6*-Herstellung. (**D. R. P. 755 280** Kl. 12p vom 17/5. 1942, ausg. 8/6. 1954. Schwz. Prior. 4/7 1941. **Zusatz zu D. R. P. 732 238; C. 1943. II. 1296.**) SCHINDLER. 4809

Upjohn Co. (Erfinder: **Arnold Charles Ott**), Kalamazoo, Mich., V. St. A., *Testosteron-β-cyclopentylpropionat* (I), F. 101—102°; $[\alpha]_D^{28} = + 76{,}4°$ (Chlf.), erhält man durch Rk. von Testosteron mit *β*-Cyclopentylpropionylchlorid in Pyridin. Die ölige Lsg. des I oder I-enthaltende thixotrope Gele zeigen starke protrahierte Testosteronwirkung. (**D. B. P. 896 805** Kl. 12o vom 1/9. 1951, ausg. 16/11. 1953.) SIEVERS. 4809

Farbwerke Hoechst, vormals Meister Lucius & Brüning (Erfinder: **Max Bockmühl, Gustav Ehrhart, Walter Aumüller** und **Heinrich Ruschig**), Frankfurt/M., *Nebennierenrindenhormonwirksame Cyclopentanopolyhydrophenanthrene* erhält man durch Behandeln einer Verb. der Formel $RCOCH_3$ (R = Cyclopentanopolyhydrophenanthrenrest) mit einem Pb(IV)-Acylat in einem inerten Lösungsmittel. — Progesteron gibt nach 7 std. Rk. mit Pb-Tetraacetat bei 75—85° in Eisessig u. Dest. *Desoxycorticosteronacetat*, F. 160—165°, $Kp._{0,02}$ 200—220°, aus dem durch Verseifen mit wss. alkohol. HCl *Desoxycorticosteron*, F. 142 bis 146°, entsteht. Weitere Ausgangsstoffe sind: Acetoxyprogesteron u. Verbb. der Formel I (R_1 = O Acyl bzw.: O, X = H, OH, O Acyl). (**D. B. P. 871 153** Kl. 12o vom 6/7. 1937, ausg. 19/3. 1953.) KRAUSS. 4809

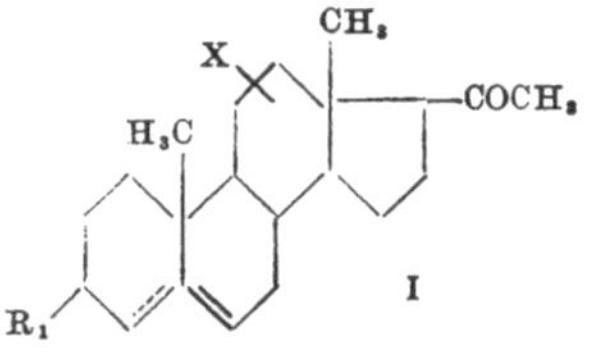

I

Merck & Co., Inc., Rahway, übert. von: **Edward F. Rogers**, Middletown, und **John B. Coubere**, Plainfield, N. J., V. St. A., *Cortisonester*. Man erhält z. B. *Cortisontricarballylat* (I), F. 155—158°, erhält man durch Veresterung von Cortison mit Tricarballylsäureanhydrid in Ggw. von Pyridin; $\lambda_{max}^{CH_3OH} = 2380$ Å ($E^{1\%} = 305$). Durch Umsetzungen mit 1 bzw. 2 Mol wss. NaOH lassen sich das Mono- bzw. Dinatriumsalz des I herstellen, bzw. mit $Ca(OH)_2$ das I-Calciumsalz. — Diese Cortisonester bzw. deren Salze zeigen eine gegenüber dem Cortisonacetat erhöhte Löslichkeit. (**A. P. 2 653 955** vom 9/8. 1951, ausg. 29/9. 1953.) SIEVERS. 4809

Novo Terapeutisk Laboratorium A/S, Dänemark, *Herstellung von Insulinkristallen mit höherem Metallgehalt*. Man bringt krist. Insulin in einem wss. Medium in Kontakt mit einem Salz (Chlorid, Nitrat, Sulfat, Acetat), einem Oxyd oder Hydroxyd eines Metalls (Zn, Co, Ni, Fe, Cd, Cu, Mn) bei einem p_H 2—9, am besten 6—7. Z. B. suspendiert man 174 mg ca. 0,4% Zn enthaltende Insulinkristalle in 100 cm³ einer wss., 0,008% Zn enthaltenden $ZnCl_2$-Lsg. u. stellt den p_H mittels Pufferlsgg. auf 7 ein. Die sofort abfiltrierten oder zentrifugierten u. mit W. gewaschenen Kristalle enthalten ca. 2,3% Zn. Diese Insulinkristalle dienen u. a. zur Herst. von Kristallsuspensionen mit verzögerter *physiol.* Wrkg. für subcutane u. intramuskulare Injektionen. (**F. P. 1 049 240** vom 18/1. 1952, ausg. 29/12. 1953. Dän. Prior. 2/3. 1951.) OPPERMANN. 4809

Novo Terapeutisk Laboratorium A/S, Kopenhagen, Dänemark, *Protrahiert wirkendes Insulinpräparat* durch Suspendieren von amorphem Insulin in einer auf p_H 6—8,5, bes. 7, eingestellten wss. Lsg. von Salzen der Metalle Zn, Co, Ni, Cd, Cu, Mn u./oder Fe, wobei die Metallkonz. ca. $2 \times A \times 10^{-5}$ Milliäquivalente/cm³ beträgt. A gibt die Anzahl I. E. Insulin in 1 cm³ an. In dem fertigen Prod. sollen 2% Insulin gelöst sein. — (**E. P. 708 888** vom 17/6. 1952, ausg. 12/5. 1954. Dän. Prior. 26/6. 1951.) K. HEINZE. 4809

American Cyanamid Co., übert. von: **Austin Joyner** und **Joseph Francis Weidenheimer**, New York, N. Y., V. St. A., *Antibiotische Präparate*, enthaltend Penicillin G, Oxytetracyclin (Terramycin), Chlortetracyclin, Chloramphenicol u. p-Oxybenzoesäureester mit Benzylalkohol u. aliphat. Alkoholen mit 1—7 C-Atomen, bes. Methyl- oder Propylalkohol u. einem inerten Träger, wie Salben-, Puder-, Tabletten- oder Suppositoriengrundlagen. (**E. P. 706 520** vom 26/11. 1951, ausg. 31/3. 1954. **Belg. P. 507 865** vom 15/12. 1951, ausg. 8/5. 1953. Beide A. Prior. 2/1. 1951.) K. HEINZE. 4811

Soc. des Usines Chimiques Rhône-Poulenc, Seine, Frankreich, *Herstellung eines neuen Penicillin-G-Salzes*. Man läßt eine wss. Lsg. eines Salzes des Penicillin-G (z. B. Penicillin-G-Na-, -K, -Ca oder Penicillin-G-Triäthylamin, -N-Äthylpiperidin) mit einer Lsg. eines Salzes des N[1]-p-Chlorphenylbiguanids (I), z. B. dem I-Hydrochlorid, in W. oder einem mit W. mischbaren Lösungsm. (z. B. A.) reagieren. Man kann auch Penicillin-G selbst in einem organ. Medium (z. B. Ae., Amylacetat) mit der I-Base umsetzen. Z. B. versetzt man eine Lsg. von 17,8 g Penicillin-G-Na in 70 cm³ W. auf einmal mit einer Lsg. von 12,4 g I-Hydrochlorid in 100 cm³ W. u. 150 cm³ A. u. läßt das Ganze unter Kühlen mit W. u. Eis ½ Std. stehen. Man erhält 19,6 g *Penicillin-G-I-Salz*, F. 184—186°, $[\alpha]_D^{20} + 169° 20'$. Es besitzt die antibiot. Eigg. des Penicillins u. kann als Therapeuticum verwendet werden. (**F. P. 1 045 549** vom 28/11. 1951, ausg. 26/11. 1953.) OPPERMANN. 4811

Soc. des Usines Chimiques Rhône-Poulenc, Seine, Frankreich, *Hydrieren von Streptomycin.* Man hydriert eine ca. 20—30%ig. wss. oder alkoh. Lsg. eines Streptomycinsalzes (z. B. des Hydrochlorids, Sulfats oder der $CaCl_2$-Komplexverb.) bei 50—100° u. 10—150 at in Ggw. eines aus Ni- u./oder Co-Borid u. gegebenenfalls 1—2% eines die Katalyse aktivierenden Metalles bestehenden Katalysators. Z. B. versetzt man eine Lsg. von 61 g $NiCl_2 \cdot 6\,H_2O$ in 1200 cm³ W. in 40 Min. mit einer Lsg. von 27 g Na-Borhydrid in 270 cm³ Wasser. Den nach einigem Stehen abfiltrierten u. mit 3 Litern W. gewaschenen Katalysator gibt man in einen Autoklaven, versetzt ihn mit einer Lsg. von 100 g Streptomycin–$CaCl_2$-Komplexverb. in 280 cm³ W. u. hydriert das Streptomycinsalz 3 Std. bei 50—60 at u. 70—75°. Das vom Katalysator befreite Hydrierungsprod. versetzt man zwecks Fällung des Ca-Ions mit $(NH_4)_2CO_3$ u. verwandelt auf bekannte Weise das gebildete Dihydrostreptomycinhydrochlorid in reines festes *Dihydrostreptomycinsulfat.* (**F. P. 1 046 739** vom 25/7. 1951, ausg. 8/12. 1953.)
OPPERMANN. 4811

Chas. Pfizer & Co., Inc., Brooklyn, N. Y., V. St. A., *Antibiotisch wirksame Präparate,* bestehend aus 10—90 (%) Bacitracinsulfat u. 90—10 Oxytetracyclinhydrochlorid (Terramycin). Die Mischung kann peroral, oder in Lsg. auch parenteral bzw. in Salben oder Pudern verwendet werden. (**E. P. 708 879** vom 28/4. 1952, ausg. 12/5. 1954. A. Prior. 2/5. 1951.) K. HEINZE. 4811

Upjohn Co., Kalamazoo, Mich. (Erfinder: **David Gottlieb Champaign** und **Herbert Edmund Carter,** Urbana, Ill.), V. St. A., *Herstellung von Endomycin durch* Ausgären von fl. Nährlsgg. mit Streptomyces endus bei 20—30° während 44—144 Std. u. p_H 6—8,5, worauf nach Ansäuern auf p_H 4—5,5 das Mycel abgetrennt u. das *Antibioticum* mit einem aliphat. Alkohol mit 1—4 C-Atomen extrahiert wird. Biologie u. Züchtung des Str. endus. (**D. B. P. 908 409** Kl. 30h vom 7/12. 1951, ausg. 5/4. 1954. Anmeldung bekanntgemacht 20/8. 1953. **E. P. 705 622** vom 5/12. 1951, ausg. 17/3. 1954. Beide A. Prior. 8/12. 1950.) SCHINDLER. 4811

Imhausen & Co. G. m. b. H., Witten/Ruhr, *Arzneimittellösungen* durch Zusammenschm. von fettlösl. Vitaminen, Hormonen, Antimykotica u. dgl. mit neutralen Estern von unverzweigten Fettsäuren mit 7—14 C-Atomen u. aliphat. Alkoholen, die 1—3 OH-Gruppen u. 1—4 C-Atome besitzen. Es können Mischester verwendet werden. Die Prodd. sind zur äußeren Verwendung bestimmt. (**E. P. 708 384** vom 14/3. 1952, ausg. 5/5. 1954. D. Prior. 16/3. 1951.) K. HEINZE. 4815

Hamol Akt.-Ges. (Erfinder: **J. C. Somogyi**), Zürich, Schweiz, *Herstellen von Mundpflegemitteln.* Chlorophyll (I) wird mit einer geeigneten Fluorverb., z. B. HBF_4 oder H_2SiF_6, umgesetzt u. das Reaktionsprod. mit weiteren Caries verhütenden Stoffen wie $(NH_4)_2HPO_4$ u. Harnstoff u. evtl. einem Verdickungsmittel vermischt. — Beispiel: 1 (Gewichtsteil) I in 3 W. mit 1 HBF_4 umsetzen u. das Prod. mit 3 Harnstoff, 2 $(NH_4)_2HPO_4$, 2 Fettalkoholsulfonat (z. B. Laurylsulfonat), $CaCO_3$, Schleim u. Aromastoffen vermischen. (**Schwz. P. 295 246** vom 30/5. 1951, ausg. 16/2. 1954.)
E. PETERSEN. 4823

American Cyanamid Co., New York, N. Y., übert. von: **Robert B. Barnes,** Stamford, Conn., V. St. A., *Entfernung von pyrogenen Substanzen aus injizierbaren Flüssigkeiten* unter Hindurchleiten durch ein anionenakt. u. gegebenenfalls vorher durch ein kationenakt. Material u. anschließendes Sterilisieren, wobei die pyrogenen Substanzen entfernt werden u. eine Fl. erhalten wird, welche für Injektionszwecke geeignet ist. (**Can. P. 486 306** vom 12/9. 1944, ausg. 9/9. 1952. A. Prior. 26/7. 1944.)
M. F. MÜLLER. 4833

Paul Weiler, Freiburg/Br., *Desinfektion von Räumen* mit 1.3-Butylenglykol (I) durch Versprühen in Form eines Aerosols oder Verdampfen, dad. gek., daß ein Luftstrom über einen mit I imprägnierten, porösen Träger, z. B. Zellstoff, Gaze, Kieselgel oder dgl., geleitet wird. (**Schwz. P. 296 487** vom 5/4. 1951, ausg. 17/4. 1954. D. Prior. 8/4. 1950.) K. HEINZE. 4833

G. F. Reddish, Antiseptics, disinfectants, fungicides and chemical and physical sterilization. Philadelphia: Lea & Febiger. 1954. (841 S. m. Abb.) $ 15,—.

—, Apotheker Jahrbuch 1954. Zugleich 39. Jahrgang des Handbuchs des Deutschen Apotheker-Vereins. Bearb. v. d. Schriftl. d. Dt. Apotheker-Zeitung. Abgeschl. zum 31. Dez. 1953. Stuttgart: Wiss. Verlagsges. 1954. (XIX + 549 S.) DM 21,—.

G. Analyse. Laboratorium.

H. Kerner, *Konstruktion einer ganzgläsernen Hg-Umlaufpumpe.* Vf. beschreibt eine einfach konstruierte Hg-Umlaufpumpe für Laborr. ohne bewegliche feste Teile, die ähnlich einer SPRENGEL-Pumpe arbeitet. Leistung: 500—600 ml pro Stunde. Bes.

geeignet, um ein Destillat kontinuierlich aus einem anderweitig hergestellten Vakuum herauszupumpen. (Chem. and Ind. **1951**. 24—25. 13/1.) Baur. 5026

Carlos F. Ellis und **Harry G. Durham**, *Eine abgeänderte Nesbitt-Absorptionsflasche.* Beschreibung der abgeänderten Absorptionsflasche, die dazu dient, einen Gasstrom für quantitative Messungen von CO_2 zu befreien. Der Vorteil gegenüber der alten Nesbitt-Flasche liegt darin, daß der obere Teil des Absorptionsmittels (Ascarit) leicht u. schnell auswechselbar ist. (Analytic. Chem. **25**. 1430. Sept. 1953. Rifle, Colo., Bur. of Mines, u. Denver, Colo., Rocky Mountains Arsenal, Julius Hyman and Co.) Gottfried. 5048

M. K. Carron und **R. E. Stevens**, *Einfache Methode zur Unterscheidung von Borosilicatglas und weichem Glas.* Die zu untersuchende Glasprobe wird auf einer unglasierten Porzellanplatte, die mit einer Phenolphthaleinlsg. getränkt ist, gerieben. Bei Vorliegen von weichem Glas entstehen sofort rote Streifen auf der Platte, u. die Lsg. färbt sich rot; Borosilicatglas dagegen verursacht keine Farbänderung. — Auf gleiche Art können *Dolomit* u. *Calcit* unterschieden werden, wobei die rote Färbung bei dem Dolomit auftritt. Verwendet man statt Phenolphthalein zur Tränkung der Platte Phenolrot, so lassen sich *Talk* u. *Pyrophyllit* unterscheiden: Talk gibt eine rote, Pyrophyllit eine gelbe Farbe. (Analytic. Chem. **25**. 1782. Nov. 1953. Washington, D. C., U. S. Geological Survey.) Gottfried. 5048

Ralph E. Schachat und **Walter L. Savell**, *Kreisförmiger Rechenschieber für Mikroanalytiker.* Vff. beschreiben kreisförmige Rechenschieber, mit denen man für wahrscheinliche C- u. H- bzw. N-Gehh. einer mikroanalyt. zu bestimmenden Substanz schnell das optimale Gewicht der zu verbrennenden Probe bestimmen kann. Auch andere Rechenoperationen lassen sich bei Anbringung anderer Skalen mit dem Gerät ausführen. (Analytic. Chem. **25**. 1779—80. Nov. 1953. South Norwalk, Conn., Remington Rand, Inc., Labor. of Advanced Res.) Gottfried. 5050

Helmut Haselmann, *Beiträge zur Phasenkontrastmikroskopie.* 2. Mitt. *Strukturprobleme im Lichte der Phasenkontrastmikroskopie.* (1. vgl. C. **1954**. 381.) Vf. gibt zunächst zur genauen Definition des Begriffes „opt. Struktur" eine mathemat. Formulierung, aus der hervorgeht, daß sich die mkr. wahrnehmbare Struktur aus der Summe von Refraktions- u. Absorptionsinhomogenitäten zusammensetzt. Diese können autochthon, also prim. objekteigen, oder sek., daß heißt durch die Präparationstechnik erzeugt oder in das Objekt eingebracht sein. Da sich diese prim. u. sek. Struktur bei der Unters. des fertiggestellten Objekts teilweise überlagern, läßt sich aus dem Grade der Kongruenz beider Komponenten der Erkenntniswert der Objektstruktur definieren. Tabellar. wird außerdem das Verh. der verschied. Strukturanteile unter den Maßnahmen der histolog. Technik erläutert. (Mikroskopie [Wien] **6**. 9—14. 1951. Heidelberg, Univ., Anatom. Inst.) Gottfried. 5056

Helmut Haselmann unter Mitarbeit von: **Fritz Heydenreich** und **Werner Herion**, *Beiträge zur Phasenkontrastmikroskopie.* 3. Mitt. *Eine Methode zur mikrokinematographischen Analyse des histologischen Fixationsvorganges.* (2. vgl. vorst. Ref.) Es wird eine Meth. der Zeitraffer-Mikrokinematographie beschrieben, mit der es möglich ist, Strukturveränderungen während des Fixierens zu beobachten. (Mikroskopie [Wien] **6**. 83. 1951. Heidelberg, Univ., Anatom. Inst.) Gottfried. 5056

Horst Piller, *Die Phasenkontrastmikroskopie als Hilfsmittel zur Bestimmung feinkörniger, speziell dünner, transparenter Minerale.* Vf. bespricht zunächst ausführlich die Theorie der Phasenkontrastmikroskopie sowie die apparative Ausrüstung des Mikroskops für die Phasenkontrastbeobachtung. An Hand theoret. Überlegungen sowie an einigen Beispielen wird die besondere Eignung der Phasenkontrastmikroskopie für die Best. des Brechungsindex dünner transparenter Teilchen nach der Immersionsmeth. nachgewiesen. Hieraus ergaben sich Vorteile für die mkr. Beurteilung der Minerale in Tonfraktionen, was experimentell sichergestellt werden konnte. Untersucht wurden zu diesem Zweck ein atlant. Blauschlick mit Teilchendurchmessern von 2—6,31 μ u. ein Fetton von Großalmerode mit den gleichen Teilchengrößen. Ein Vgl. der Ergebnisse der mit dem Phasenkontrastverf. durchgeführten Unterss. mit den auf röntgenograph. Wege erzielten Ergebnissen zeigte gute Übereinstimmung. (Heidelberger Beitr. Mineralog. Petrogr. **3**. 307—33. 1952. Göttingen, Univ., Mineralog. Inst.) Gottfried. 5056

Heinz Meixner, *Erweiterte Arbeitsmöglichkeiten mit dem Leitz-Jelleyschen Mikrorefraktometer, insbesondere zur Einbettungsmethode für Mineralogen und Chemiker.* Vf. setzt auseinander, wie man das Leitz-Jelleysche Mikrorefraktometer, welches einen Bereich von 1,333—1,920 $\pm$ 0,001 bei Beschränkung nur auf n_D-Werte hat, auch zur Messung mit anderen Lichtarten heranziehen u. es außerdem zur Best. von höher lichtbrechenden Einbettungsmitteln im Bereich von 1,92 bis ca. 3,00 verwendbar machen kann. (Mikroskopie [Wien] **6.** 41—46. 1951. Graz.) GOTTFRIED. 5056

Anthony J. Glazko und **Wesley A. Dill,** *Vorrichtung zur schnellen Messung von chromatographischen* R_b*-Werten.* Es wird ein aus Plexiglas oder Lucite in Dreiecksform hergestelltes Nomogramm beschrieben, mit der die verlangten R_b-Werte schnell gemessen werden können. (Analytic. Chem. **25.** 1782. Nov. 1953. Detroit, Mich., Parke, Davis & Co., Res. Labor.) GOTTFRIED. 5062

Botho Kickhöfen und **Otto Westphal,** *Über eine einfache Kombination von Papierelektrophorese und Papierchromatographie.* Vff. benutzen ein kreuzgangförmiges Stück WHATMAN-Papier Nr. 1, das zunächst in seiner horizontalen, schmalen Ausdehnung für die elektrophoret. Vortrennung in der App. nach MICHL (vgl. C. **1953.** 9247) dient. Während dieses Arbeitsvorganges wird der senkrechte, breite Teil zu einem Zylinder gerollt gehalten, mittels eines Fadens so gehaltert, daß die Zylinderachse vertikal gelagert ist. Nach dem Trocknen des Blattes werden die schmalen überstehenden Laschen abgeschnitten, diejenigen Teile des Papieres, die nicht mit Elektrolytlsg. in Berührung gekommen sind, mit dem vorher schon benutzten Elektrolyt getränkt, nochmals getrocknet u. senkrecht zur papierelektrophoret. Trennung einer auf- oder absteigenden Chromatographie unterworfen. Als Ergebnis wird die Trennung von 17 neutralen u. sauren Aminosäuren gezeigt. Die erhaltenen Rf-Werte erwiesen sich als ausreichend reproduzierbar. (Z. Naturforsch. **7b.** 659—60. Dez. 1952. Säckingen, Baden, Dr. A. Wander-Laboratorien.) ENDRASS. 5062

R. I. Tait und **F. C. Chalklin,** *Ein registrierendes Mikrodensitometer.* Das beschriebene Gerät, welches bei objektiven Schwärzungsmessungen für die quantitative Auswertung von Spektralaufnahmen entscheidende Bedeutung besitzt, ist auf dem Prinzip eines sogenannten Doppelstrahlverf. aufgebaut. Dieses Prinzip schließt den Einfl. von Schwankungen der Lichtquelle aus. Der Lichtstrahl wird zeitlich in zwei Strahlen zerhackt, von denen einer den unbelichteten Teil als „Bezugsstrahl", der andere den belichteten Teil der Photoplatte als „Meßstrahl" passiert. Sie werden auf die Photozelle fokusiert, deren Ströme, durch einen Elektronenvervielfacher verstärkt, mit Hilfe eines entsprechend empfindlichen und geeichten Schreibgerätes registriert werden. (J. sci. Instruments **30.** 268—70. Aug. 1953. Christchurch, New Zealand, Canterbury Univ. College.) KAMSKI. 5063

E. V. Vernon, *Die Reproduktion der Trocknung eines hochreflektierenden Films bis zum verlangten Reflexionsvermögen.* Der Film wird auf einen etwa 3 mm starken Spiegel aufgetragen u. in einem Vakuumtrockenschrank untergebracht. Eine Punktlichtquelle wird in Abhängigkeit von dem Reflexionsvermögen des Filmes mehrfach wiedergespiegelt. Das Reflexionsvermögen ändert sich mit dem Fortschreiten der Trocknung u. somit auch die Anzahl der gesehenen Bilder der Punktlichtquelle. Mit dem Augenblick, wo die dem verlangten Reflexionsvermögen entsprechende Anzahl der Lichtquellenbilder festgestellt wurde, wird die Trocknung unterbrochen. Die Eichung muß empir. durchgeführt werden. Sie hängt in hohem Grade von der Empfindlichkeit des Auges u. von der allg. Beleuchtung ab. Das beschriebene Verf. wurde mit Erfolg bei ZnS-Filmen angewandt. Es läßt sich nur bei metall. u. dielektr. Filmen, deren Brechungsindex größer ist als der des Spiegelbelages, verwenden. (J. sci. Instruments **30.** 292. Aug. 1953. Southampton, Univ., Phys. Labor.) KAMSKI. 5063

Kenzō Toishi, Isao Makino und **Harue Yamaguchi,** *Der Vorteil eines „Zwillingskondensors" zur chemischen Analyse.* Es wird gezeigt, daß auf Grund der besonderen Konstruktion des von TOISHI entwickelten Doppelkondensors, in dessen Mitte, zwischen den beiden Linsen, sich die Lichtquelle befindet, die letzten Linien von Spurenelementen relativ stärker als die des Grundmaterials hervortreten können als bei gewöhnlicher Beleuchtung. (J. sci. Res. Inst. [Tokyo] **46.** 130—36. Sept. 1952. Tokyo. [Orig.: engl.]) LINDBERG. 5063

Kenzō Toishi, Isao Makino und **Harue Yamaguchi,** *Der zweite Vorteil des Zwillingskondensors bei spektrochemischen Analysen.* (Vgl. vorst. Ref.) An einigen Spektren u. Registrierkurven wird gezeigt, daß es der l. c. beschriebene Zwillingskondensor erlaubt, einem Spektrographen eine 3 mal größere, ausnutzbare Lichtmenge zuzuführen als mit den üblichen Kondensor- u. Spiegelanordnungen. (J. sci. Res. Inst. [Tokyo] **46.** 207—10. Dez. 1952. Tokyo, Takamine Labor. [Orig.: engl.]) EICHHOFF. 5063

Danford J. Dodds, *Das Quantometer für die Produktionskontrolle. Ein neuartiges Laboratoriumsgerät.* Ein Quantometer ist ein selbstregistrierender Spektrograph, der die Linienintensität mit Hilfe einer Vervielfacherröhre mißt u. mit einem Elektronengehirn verbunden ist. Das Gerät kann über 70 Elemente mit einer durchschnittlichen Genauigkeit von 3% nachweisen. Es können 42,5 Bestimmungen in der Arbeitsstunde durchgeführt werden. (Mines Mag. **42.** Nr. 8. 39—40. Aug. 1952. Maywood, Calif.) BAUR. 5063

Robert Gabillard, *Ein neuer Spektrograph vom Typ des Selbstschwingers.* Bei der beschriebenen Anordnung schwingt eine Pentode 6 AK 7 in Colpitschaltung. Durch Verwendung eines Serienresonanzkreises an Stelle des meist üblichen Parallelresonanzkreises ist der Einfl. der schädlichen Kapazitäten gering. Dadurch ist es möglich, den Schwingungskreis über ein 64 cm langes 75 Ω-Koaxialkabel an die Röhre leicht beweglich anzuschließen u. in ein Magnetfeld zu bringen. Mit Hilfe der App. wurde die paramagnet. Resonanz des freien Radikals *Diphenylpikrylhydrazyl* bei 30 MHz u. einer Feldstärke von 5—20 Gauß untersucht. (C. R. hebd. Séances Acad. Sci. **237.** 705—08. 5/10. 1953.) SCHEUER. 5063

R. Passerini und **I. G. Ross,** *Vorrichtung für die Ultraviolettspektroskopie von Lösungen bei tiefen Temperaturen.* Die Vorr. stellt ein kombiniertes DEWAR-Gefäß dar u. wurde als Zusatzgerät zum Spektrophotometer nach CARY für das Studium der Absorptionsspektren von Lsgg. im sichtbaren u. UV-Bereich, bei den Tempp. von +100 bis —196° entwickelt. Sie besteht aus einem aus Messingblech gefertigten, doppelwandigen Isoliergefäß mit zwei kreisförmigen Aussparungen für den Strahlendurchgang. Die beiden Aussparungen sind nach außen u. nach innen gegen die in dem Innengefäß untergebrachten Küvetten durch Spezialglasscheiben abgeschlossen. Das innere Gefäß enthält den Temperaturträger. Das Temperieren erfolgt oberhalb der Zimmertemp. mit Hilfe eines Thermostaten; tiefere Tempp. werden mit A., CO_2, fl. N_2 bzw. O_2 erreicht. (J. sci. Instruments **30.** 274—76. Aug. 1953. London, Univ. Coll., William Ramsay and Ralph Forster Labor.) KAMSKI. 5063

Georges Hepner, *Echelettegitter im Infrarot zwischen 0,9 und 3 μ.* Diskussion verschied. Spektrometermontierungen für das nahe Infrarot. Die klass. Montierung von PFUND mit konstanter Ablenkung wird mit einer von FINKELSTEIN (J. opt. Soc. America **41.** [1951.] 179) angegebenen Montierung verglichen, welche das Gitter für ein ganzes Spektralgebiet in der Vorzugsrichtung reflektieren läßt. Für beide Montierungen wird die spektrale Intensitätsverteilung berechnet. Wegen der schwierigen mechan. Realisierung u. der Energieverluste durch die Gitterneigung wird der Montierung mit konstanter Ablenkung der Vorzug gegeben. Unters. der Leistung einer solchen Montierung unter Berücksichtigung der zur Verfügung stehenden Strahlungsempfänger. Die geringe verfügbare Energie führt zur Verwendung langer, gekrümmter Spalte. (J. Physique Radium **14.** 717—23. Dez. 1953. Paris, Sorbonne, Labor. de Rech. phys.) EICHHOFF. 5063

B. W. Anderson, *Das Spektroskop und seine Anwendung auf die Edelsteinkunde.* 2. u. 3. Mitt. (1. vgl. C. **1954.** 6063.) Kurze histor. Betrachtungen mit besonderer Berücksichtigung der Arbeiten von BUNSEN u. KIRCHHOFF. Weiter werden vom histor. Standpunkt aus die Absorptionsspektren von festen Stoffen, die Absorptionsbanden im Zirkon, die Luminescenzspektren sowie die infraroten u. UV-Strahlungen besprochen. (Gemmologist **22.** 173—76. Okt.; 198—201. Nov. 1953.) GOTTFRIED. 5063

Dán János, *Das Massenspektrometer als Instrument der chemischen Industrie.* Vf. beschreibt den Aufbau des allg. verwendeten analyt. Massenspektrometers, die Neuentwicklungen sowie die Anwendungsmöglichkeiten des Massenspektrometers in der chem. Industrie. (Magyar Kémikusok Lapja [Z. Ver. ung. Chemiker] **8.** 294—99. 5/10. 1953.) BIRTHLER. 5063

Bert Rein, *Selbstbau eines objektiv messenden bzw. registrierenden Colorimeters.* Vf. beschreibt ein durch einfache Modifikationen vielseitig verwendbares Colorimeter, das mit relativ geringen, zum Teil im Textillabor. vorhandenen Mitteln im Eigenbau hergestellt werden kann. Weitere Einzelheiten werden besprochen. (Textil-Prax. **9.** 273—74. März 1954.) E. WAGNER. 5065

E. Kühni, H. Grossglauser, F. Richard und **R. Stump,** *Über die Verwendung von Kaliumbiphthalat zur Titerstellung von Perchlorsäure in Eisessig.* Analysenreines *K-Biphthalat* für die Titerstellung kann ohne Zers. bei 135° getrocknet werden, ohne daß der Titer einer 0,1 n-Perchlorsäurelsg. bei potentiometr. Titration u. visueller Endpunktsbest. mit Malachitgrün als Indicator beeinflußt wird. Der Wassergeh. von 3 untersuchten Proben lag zwischen 0,19 u. 0,29%. Präpp., die sich bei 135° nicht zur Konstanz trocknen lassen, sind abzulehnen. (Pharmac. Acta Helvetiae **29.** 104—10. März 1954. Beilage zu: Schweiz. Apotheker-Ztg. Eidgenöss. Phamakopöelabor.) SCHULENBURG. 5070

A. H. Turnbull und **M. F. A. Harrison,** *Die Messung geringer Konzentrationen Wasserstoff im Stickstoff.* Es wird die Entw. u. der Bau eines PIRANI-Meßgerätes mit einem heizbaren „Pd-Fenster“ beschrieben, das nur H_2 in das Gerät treten läßt. In Verbindung mit einer gekühlten Aktivkohle-Falle kann die Vorr. mit Erfolg zur Messung kleiner H_2-Mengen im N_2 angewandt werden. (J. sci. Instruments **30.** 266—68. Aug. 1953. Harwell, Berks., Atomic Energy Res. Establ.) LUCHSINGER. 5086

A. Ss. Aruin, *Bestimmung des Quecksilbers in atmosphärischer Luft.* Vf. berichtet über eine neue Meth. M. A. PETROWAs zur Best. von Hg in atmosphär. Luft. Das Hg wird durch eine Lsg. von $KMnO_4$ in HNO_3 absorbiert u. mit REINECKE-Salz als Suspension ausgefällt, deren Menge durch Vgl. mit Standardlsgg. photometr. bestimmt wird. Die Empfindlichkeit der Meth. beträgt 0,5 γ in 10 ml Flüssigkeit. (Гигиена и Санитария [Hyg. u. Sanitätswes.] **1954.** Nr. 5. 46. Mai. Sanitäres Forschungsinst. Erisman.) E. v. PEZOLD. 5088

a) Elemente und anorganische Verbindungen.

Velmer A. Fassel, Harold D. Cook, Laird C. Krotz und **Paul W. Kehres,** *Quantitative spektrographische Analyse der Seltenen Erden.* 4. Mitt. *Bestimmung von Cer, Praseodym und Neodym in Lanthan.* 5. Mitt. *Bestimmung von Lanthan, Praseodym und Neodym in Cer.* 6. Mitt. *Bestimmung von Lanthan, Cer und Neodym in Praseodym.* 7. Mitt. *Bestimmung von Praseodym in Neodym.* (3. vgl. J. opt. Soc. America **39.** [1949.] 187.) Es wird ein emissionsspektrograph. Verf. beschrieben für die Best. der Seltenen Erden, weil die spektrophotometr. Verff. wegen der geringen Bandenhöhe der einzelnen Erden unterhalb von Gehh. von einigen Prozent nicht ausreichen. Mischungen der Seltenen Erdoxyde mit Graphit werden im Gleichstromkohlebogen (250 V, 17—18 A) angeregt. Spektrograph: JARRELL-ASH 6 m stigmat. Gitterspektrograph. Verwendete Analysenlinien: für La als Hauptbestandteil: Ce 4298,94/La 4293,46 (Konzentrationsbereich 0,05—1,0% CeO_2), Pr 4408,84/La 4393,51 (0,5—1,0% Pr_6O_{11}), Nd 3973,27/La 3925,09 (0,05—1,0% Nd_2O_3); für Hauptbestandteil Ce: La 3995,75/Ce 3995,43 (0,05—2,0% La_2O_3), Pr 4225,33/Ce 4239,02 (0,05—2,0% Pr_6O_{11}), Nd 4061,08/Ce 4093,28 (0,02—2,0% Nd_2O_3); für Pr als Hauptbestandteil: La 3337,49/Pr 3341,47 (0,1—2,0% La_2O_3), Ce 4539,75/Pr 4540,15 (0,1—2,0% CeO_2), Nd 4408,84/Pr 4401,35 (0,1—2,0% Nd_2O_3); für Nd als Hauptbestandteil: Pr 4408,84/Nd 4419,62 (0,2—4,0% Pr_6O_{11}). Fehlerstreuungen zwischen 2,5 u. 6%. (Spectrochim. Acta [London] **5.** 201—09. Sept. 1952. Ames, Io., Iowa State Coll., Inst. für Atom. Res. u. Dep. of Chem.) WERNER. G 303

A. Schneider und **H. Beisken,** *Konduktometrische Bestimmung kleiner Bleimengen.* Vff. bestimmten Pb-Mengen von 0,2—0,005 mg (z. B. im Rahmen geolog. Altersunterss.) konduktometr. nach der visuellen Meth. von G. JANDER mit 10^{-4}—10^{-3} n H_2S-Lsgg., die durch therm. Zers. von $Mg(HS)_2$ (aus H_2S + MgO) hergestellt u. mit 10^{-3} n $AgNO_3$-Lsg. eingestellt wurden. Sie verwendeten Leitfähigkeitswasser besonderer Reinheit. Zur Vermeidung der Absorption der ersten bei der Rk. in Freiheit gesetzten H^+-Ionen empfehlen Vff., die Lsgg. (bes. unter 0,2 mg Pb-Geh.) entsprechend den Pb-Konzz. schwach (!) anzusäuern. Zu starkes Ansäuern hat eine Löslichkeitserhöhung zur Folge. Die H_2S-Lsg. wird unter N_2 in geschlossenen Gefäßen (2,5 Liter) mit angeschlossener Mikrobürette, vor Licht geschützt, aufbewahrt. Der Titer ist temperaturabhängig (1,18% je Grad Temperaturänderung). Bei Lösungsverbrauch, das heißt Anstieg des über der Fl. stehenden Gasvol., sinkt der Titer (bei 750 ml Anfangsvol. 0,023% je ml). Bei Best. sehr kleiner Mengen (0,02—0,005 mg Pb) empfehlen Vff. zur besseren graph. Auswertung, eine geringe Menge einer bekannten Pb-Lsg. der unbekannten zuzusetzen u. die Differenz zu errechnen. Die Genauigkeit beträgt dabei $\pm 10\%$, bei Pb-Mengen zwischen 0,1 u. 0,02 mg Pb 2—5%. (Z. analyt. Chem. **141.** 326—36. 1954. Göttingen.) PLUSKAL. G 328

K. Ter Haar und **J. Bazen,** *Die Titration von Wismut mit Komplexon III bei* p_H *2,0—2,8.* Bi^{3+} bildet mit *Komplexon III* (**I**) im Mol.-Verhältnis 1 : 1 eine sehr stabile Komplexverb., die erst bei p_H 8 zersetzt wird. Der Überschuß an **I** wird bei p_H 2 mit eingestellter $Th(NO_3)_4$-Lsg. u. Alizarin S als Indicator zurücktitriert. Fe, Ni^{2+} u. Cu^{2+} stören. Es besteht die Möglichkeit einer direkten Titration von Bi bei p_H 2 mit **I** in Ggw. von viel Tartrat u. Thioharnstoff als Indicator. (Analytica chim. Acta [Amsterdam] **10.** 108—12. Febr. 1954. Eindhoven, Philips Gloeilampenfabrieken, Anal. Labor.) KÜSSNER. G 334

Walter Nielsch und **Gerhard Böltz,** *Zur photometrischen Kupferbestimmung als Sulfat.* Zur photometr. Cu-Best. in Legierungen (*Messing, Bronze* usw.) lösten Vff. ca. 1 g Legierung in 20—25 ml HNO_3 (1 : 1), füllten auf 100 ml mit W. auf u. versetzten 20 ml-Anteile mit 10—20 ml konz. H_2SO_4. Die Lsgg. zeigen von 750 mμ an ein Absorptionsmaximum u. konnten in einem Filterphotometer ELKO II mit Filter

S 75 E mit Hilfe von Vergleichslsgg. ausgewertet werden. Bis 4 ml HF/200 mg Legierung stören bei Ggw. der H_2SO_4 nicht. $HClO_4$ u. H_3PO_4 stören. Die Genauigkeit der ermittelten Extinktionswerte beträgt $<0,1\%$. (Z. analyt. Chem. **141.** 321—26. 1954. Laucherthal, Versuchsanst. der Fürstl. Hohenzollernschen Hüttenverw.)
PLUSKAL. G 358

b) Organische Verbindungen.

H. A. McKenzie und **Heather S. Wallace,** *Die Kjeldahl-Bestimmung von Stickstoff: Eine kritische Untersuchung der Aufschlußbedingungen, Temperatur, Katalysator und Oxydationsmittel.* Es wird der Einfl. der Temp. auf die Geschwindigkeit des KJELDAHL-Aufschlusses bei Ggw. von Katalysatoren u. Oxydationsmitteln untersucht. Die optimale Aufschlußtemp. beträgt bei einer Lsg., die 1 g K_2SO_4/ml H_2SO_4 enthält, 380—390°. Durch Zusatz von 50 mg *HgO* verkürzt sich die Aufklärzeit von 30 Min. auf 3—5 Min., u. nach weiteren 15 Min. ist der N quantitativ erfaßt. Ein Zusatz von H_2O_2 während des Aufschlusses ist unnötig. Es wird folgende Meth. empfohlen: Die Probe (0,2—2 mg N-Geh.) wird mit 1,5 ml 3,6 n H_2SO_4, 1,5 g K_2SO_4 u. 0,5 ml $HgSO_4$-Reagens (10 g rotes HgO in 100 ml 4 n H_2SO_4) in einem 30 ml-Mikro-KJELDAHL-Kolben bis zum Klarwerden u. darüber hinaus noch weitere 15 Min. gekocht. Nach Zusatz von wenigen ml W. wird der Aufschluß quantitativ in einen Mikro-KJELDAHL-Destillationsapp. übergeführt, 10 ml $NaOH/Na_2S_2O_3$-Lsg. (200 g NaOH u. 12,5 g $Na_2 \cdot S_2O_3 \cdot 5\,H_2O$ mit W. auf 500 ml aufgefüllt) zugefügt u. das NH_3 mit Wasserdampf in 2%ig. H_3BO_3-Lsg. übergetrieben. Nun wird mit 0,01 n $KH(IO_3)_2$-Lsg. in Ggw. eines Mischindicators aus Methylrot/Methylenblau titriert. Der Destillationsapp. wird beschrieben. (Austral. J. Chem. **7.** 55—70. Febr. 1954. Sydney, C. S. I. R. O., Univ. of Sydney.)
GOTTFRIED LANGE. 5352

R. Belcher, E. F. Caldas, S. J. Clark und **A. Macdonald,** *Die Mikroanalyse fluorhaltiger organischer Verbindungen.* 2. Mitt. *Die Bestimmung von Fluor.* (1. vgl. C. **1951.** II. 2784.) Organ. F-Verbb. werden durch Schmelzen mit metall. Na oder K in einer neuen Ni-Bombe aus Ni–Cr-Stahl ($4^1/_2\%$), die besser als die bisherigen abdichtet, aufgeschlossen. F^- wird mit $Th(NO_3)_4$ titriert. Einige Abwandlungen dieses Titrationsverf. wurden auf ihre Verwendbarkeit geprüft, aber nur eine erwies sich als brauchbar: die Rücktitration einer Vergleichslsg. mit einer Standardlsg. von NaF. — Bei Ggw. von N u. S bedarf die Titration einer kleinen Abänderung wegen Bldg. von Cyaniden u. Sulfiden beim Schmelzprozeß. — Die Zwischenschaltung einer $HClO_4$-Dest. zwischen Schmelzen u. Titration erübrigt sich. (Mikrochim. Acta [Wien] **1953.** 283—89. Birmingham, Univ., Dep. of Chem.)
NOACK. 5352

R. Belcher und **R. Goulden,** *Mikrobestimmung von Chlorionen mittels eines verfeinerten Verfahrens.* Unter den Bedingungen einer Mikroelementaranalyse organ. Verbb. fallen die durch Titration ermittelten Werte der Halogene (F ausgenommen) immer ungünstig aus. Zur Umgehung dieses Nachteiles haben Vff. vergleichende Verss. zur Mikrobest. von Cl^- mit *Ag-*, *Hg(I)-* u. *Hg(II)-Jodat* vorgenommen. Die Meth. fußt auf der geringen Löslichkeit dieser Jodate, die mit Cl^--Ionen äquivalente Mengen von JO_3^--Ionen bilden. Die Lsg. wird filtriert u. dann jodometr. bestimmt, wobei der sechsfache Titer resultiert. Die mit den 3 Reagentien erzielten Werte stimmen recht gut überein. $Hg(JO_3)_2$ zeigt gewisse Vorteile, ist aber in saurer Lsg. nicht verwendbar. In der Größenordnung von 0,7—0,35 mg Cl^- liegen die Ergebnisse ca. 2% über dem theoret. Wert. — Die Herst. der Reagentien u. der Gang der Best. sind ausführlich beschrieben. (Mikrochim. Acta [Wien] **1953.** 290—97. Birmingham, Univ., Dep. of Chem.)
NOACK. 5352

Eva Soto Figueroa und **Florence B. Seibert,** *Chromatographie der α-ε-Diaminopimelinsäure an Stärkesäulen.* α-ε-Diaminopimelinsäure (I) wird an Stärkesäulen nach MOORE u. STEIN (J. biol. Chemistry **178.** [1949.] 53) adsorbiert u. wieder mit den Lösungsmitteln n-Butylalkohol + n-Propylalkohol + 0,1 n HCl im Verhältnis 1 : 2 : 1 bzw. n-Propylalkohol + 0,5 n HCl (2 : 1) eluiert. **I** verhält sich dabei wie Lysin. Mischungen von Leucin + **I** oder Prolin + **I** lassen sich auf diesem Wege befriedigend trennen. Bei der Papierelektrophorese in Barbituratpuffer p_H 8,6 wandert **I** zwischen Glutaminsäure u. Lysin fast zusammen mit Prolin, dessen isoelektr. Punkt nahe bei dem von **I** liegt. (Proc. Soc. exp. Biol. Med. **83.** 535—37. Juli 1953. Philadelphia, Pa., Univ. of Pennsylvania, Henry Phipps Inst.)
FRESENIUS. G 820

Robert Wolf, *Potentiometrische Bestimmung von Gemischen aus Benzoesäure und Peroxybenzoesäure. Versuche mit anderen Gemischen Säure–Peroxysäure. Perbenzoesäure* (**I**; pK 7,9 ± 0,1) wurde in 5—20%ig. benzol. Lsgg. neben *Benzoesäure* potentiometr. unter Benutzung einer Glaselektrode bestimmt. Die erhaltenen Werte liegen etwas höher als die jodometr. bestimmten. Vf. benutzt die Meth. zur Unters. der Stabilität von Chloroformlsgg. von I sowie des Einfl. von Verunreinigungen auf die Beständigkeit von Benzollsgg. der I. Analoge Verss. mit Gemischen *Peroxypropionsäure–Propionsäure* u. *Monoperoxyphthalsäure–Phthalsäure* verliefen weniger günstig. (Bull. Soc. chim. France, Mém. [5] **21.** 644—46. Mai 1954. Toulouse, Fac. des Sci., Labor. de Chim. minér.) J. Rothe. G 1210

A. T. Polishuk, C. K. Donnell und **J. C. S. Wood,** *Bestimmung von cyclohexanähnlichen Naphthenen durch analytische Dehydrierung.* Vff. beschreiben eine neue App. u. Abänderungen im Verf. von Rampton (C. **1950.** II. 1896) zur Best. von cyclohexanähnlichen Naphthenen in Benzinfraktionen durch selektive Dehydrierung reaktionsfähiger Cyclohexane am Platinkontakt unter Bldg. aromat. Produkte. Der Einfl. der Strömungsgeschwindigkeit wird untersucht. Bestimmt werden *Cyclohexan, Methyl-* u. *Äthylcyclohexan* bei Ggw. von Paraffinen, Cyclopentan, Methyl- u. Dimethylcyclopentan. Die mittlere Abweichung der gefundenen Werte beträgt 1,1%. Die Meth. wird für cycl. KW-stoffe von C_6—C_8 angewendet, Vff. halten die Anwendbarkeit für höhere KW-stoffe für wahrscheinlich. (Analytic. Chem. **26.** 1087—89. 21/6. 1954. Norwood, Pa., Sun Oil Co., Res. and Dev. Dep.) Paulig. G 1810

David Kritchevsky und **Martha R. Kirk,** *Der Nachweis von Steroiden bei der Papierchromatographie.* (Vgl. C. **1952.** 3547.) Vff. stellten in einer Tabelle die Farb-Rkk. von 31 Steroiden (Mengen nicht über 10 γ auf ca. 3 cm^2) auf Whatman-Filtrierpapier Nr. 1 u. auf mit „*Quilon*" (Chromstearatchlorid) imprägniertem Papier mit üblichen Farbreagentien (UV-Licht, Jod, Pikrinsäure, $SbCl_5$; kurze Angaben zur Methodik) zusammen; mit „Quilon" imprägniertes Papier ist für UV-Licht undurchlässig, u. daher ist dieser Test hier nicht anwendbar. — Eine Farb-Rk. der 31 Steroide mit *Phosphomolybdänsäure* (I) wird neu angegeben u. die Rk. mit *Silicowolframsäure* (II) auf diese Verbb. ausgedehnt. Man besprüht die Papierstreifen mit einer 10%ig. alkoh. Lsg. von I u. trocknet 1 Min. bei 110°, wobei sich nahezu alle untersuchten Steroide als blaue Flecken von wechselnder Farbstärke auf grüngelbem Hintergrund zu erkennen geben. II wird in 25%ig. alkoh. Lsg. versprüht u. die Streifen werden ebenfalls 1 Min. bei 110° getrocknet. Die Flecken zeigen gelbe, braune, blaue oder violette Töne. In einigen Fällen traten die Flecken erst nach der 2. oder 3. Min. Erhitzen stark genug hervor; um ein Verkohlen zu vermeiden, läßt man das Papier zweckmäßig nach je 1 Min. erkalten. — Eine Anzahl von Nicht-Steroiden (8 Verbb.) wurde ebenfalls mit J_2, $SbCl_5$, I u. II getestet u. die Ergebnisse in einer Tabelle zusammengestellt. (Arch. Biochem. Biophysics **35.** 346—51. Febr. 1952. Berkeley, Calif., Univ. of California, Radiat. Labor.) Fruhstorfer. G 3700

Botho Kickhöfen und **Otto Westphal,** *Papierelektrophorese bei hohen Spannungen zur Trennung von Peptiden.* (Vgl. C. **1954.** 10545.) Unter Benutzung einer App., die in ihren Grundzügen der von Michl (C. **1953.** 9247) gleicht, u. durch Anlegen einer hohen Spannung (70 V/cm) konnten Vff. durch Papierelektrophorese auf Whatman Nr. 1 eine wirksame Trennung von *Aminosäuren* (AS) u. Peptiden (Pp.) erzielen. Es erwies sich als vorteilhaft, bei p_H-Werten weit unterhalb des isolektr. Punkte zu arbeiten, da hier die Dissoziation der Carboxylgruppen weitgehend zurückgedrängt ist. Durch weitere Senkung des p_H-Wertes von 2,3 auf 1,9 durch Zugabe von Ameisensäure zum essigsauren Elektrolyt konnte die Trennwrkg. noch verbessert werden. Da bei den Laufzeiten von ca. 3 Std. durch Flüssigkeitsströmungen von den Elektrolytbehältern her in die verhältnismäßig trockenen Streifen hinein Störungen auftraten, wurde die Elektrolyt-Fl. durch elektrolytgetränkten Filterpapierbrei ersetzt. Seine Feuchtigkeit entsprach etwa der des Streifens. Nachdem die Vorverss. mit AS befriedigende Trennergebnisse zeitigten, wurden verschied. Peptidgemische elektrophoret. getrennt. Hier erwies es sich teilweise als notwendig, längere Trennwege u. höhere Spannungsgefälle von 100 V/cm zu benutzen. Dabei gelang es, in einer Pp./AS-Fraktion aus Kaninchenurin 18 ninhydrinpositive Komponenten nachzuweisen, in einem HCl-sauren Partialhydrolysat von mit Perameisensäure behandeltem *Eialbumin* die sauren, zum Teil cysteinsäurehaltigen Pp. noch in 19 Fraktionen aufzutrennen. (Z. Naturforsch. **7b.** 655—59. Dez. 1952. Säckingen, Baden, Dr. A. Wander-Labors.) Endrass. G 4050

Hans G. Boman, *Eine „Doppelfront" in der Papierchromatographie von Proteinen.* Nach der absteigenden Arbeitsweise wurden auf einem Streifen Whatman Nr. 54 6 Flecke *Humanserumalbumin* auf einer zur Papierkante schrägen Linie aufgetragen, das Chromatogramm mit einer Lsg. von 30% A. u. 70% Phosphatpuffer vom p_H 7,7 entwickelt. Nach der Entw. lagen die 6 Flecke nicht auf einer schrägen Linie, sondern einer Parallelen zur Lösungsfront. Wurde der gleiche Vers. bald nach dem Start gestoppt, so zeigte das Chromatogramm ein Bild, als ob hinter der Lösungsfront eine

2. „unsichtbare" Lösungsfront folgte u. die hinter der 1. Front mehr u. mehr am Papier adsorbierten Proben Albumin wieder zur Wanderung anregte. In einem weiteren Vers. wurde das Chromatogramm ohne aufgetragene Proben gestartet, nach einer Wanderung der Lösungsfront um ca. 4 cm wurde die Entw. unterbrochen, die Albuminproben wurden aufgetragen u. die Entw. fortgesetzt. Das Ergebnis bestätigt das Bild der ersten beiden Versuche. Die ursprünglich ovalen Flecke wurden, wenn sie von der 2. Front aufgenommen waren, in ihrer längeren Achse mehr zusammengepreßt. Die Erscheinung ist wahrscheinlich einer Ladungsänderung zuzuschreiben, die sich auch auf die Adsorption auswirkt ,u. zwar so, daß die Adsorption zunimmt, je mehr der p_H-Wert sich dem isoelektr. Punkt nähert. Wird das Papier mindestens 8 Std. vorher der Atmosphäre des Chromatographiergefäßes ausgesetzt, so wird die Adsorption des Albumins so weit gemindert, daß es der Entwicklerfront folgt. (Nature [London] **170.** 703–04. 25/10. 1952. Uppsala, Inst. of Biochem.) Endrass. G 4050

d) Medizinische und toxikologische Analyse.

Georges Le Moan, *Halbmikrobestimmung des Blutkohlenoxyds.* Beschreibung einer Halbmikrometh. zur *CO*-Best. in Blut, wobei in Anlehnung an eine Meth. von Fabre, Truhaut u. Berrod (C. **1954.** 5588) *CO* unter Benutzung verd. H_2SO_4 freigesetzt wird u. in eine $PdCl_2$-Lsg. diffundiert. Das red. Pd wird nach Absaugen mittels einer Glasfritte in $PdCl_2$ übergeführt, mit KJ-Lsg. behandelt u. die Intensität der braunen PdJ_2-Lsg. colorimetr. gemessen (Grünfilter). Bei Verwendung von ca. 3 cm³ Blut lassen sich als untere Grenze noch ca. 6 cm³ CO/100 cm³ Blut bestimmen. Bei zersetztem Blut ist die Meth. infolge Störung durch H_2S nicht anwendbar. (Ann. pharmac. franç. **10.** 269—76. April 1952. Paris, Groupe Hospitalier Necker-Enfants Malades, Labor. de la Pharmacie.) K. Maier. 5727

E. F. Edson, *Bestimmung von Dinitro-o-kresol im Blut.* Angabe einer einfachen Meth. mit Comparator (Tintometer Ltd., Salisbury) enthaltend 9 Vergleichsproben mit 5—45 μg *Dinitroorthokresol* (**I**) zur Blutkontrolle von Personen, die mit **I** umgehen. 1 ml Blut wird mit 5 ml Methyläthylketon gemischt u. mit 1 g einer Mischung von 9 Teilen NaCl/1 Teil wasserfreiem Na_2CO_3 kräftig durchgeschüttelt. **I** wird von den Lösungsmitteln prakt. vollständig extrahiert; der **I**-Blutspiegel über 10 μg ist sichtbar gelb. Vgl. des gefilterten Lösungsmittelextraktes mit den Standardproben. Genauigkeit innerhalb 4—5 μg. Meth. ist schnell durchführbar u. auch zum Nachw. von *Dinitrobutylphenol* geeignet. (Lancet **266.** 981—82. 8/5. 1954. Cambridge, Pest Control Ltd.) Dossmann. 5727

D. Peters, *Zerschäumungsanalyse kristallisierter Serumalbumine.* Vf. unters. reine krist. Serumalbumine von Pferd, Rind u. Mensch mittels Zerschäumungsanalyse unter wechselnden Bedingungen hinsichtlich Proteinkonz. (0,001—1%), Ionenstärke, H-Ionenkonz. (p_H 2—8) u. Temp. (0—50°). Unabhängig von der Herkunft zeigten alle Präpp. bei allen Konzz. u. allen Tempp. eine zweigipflige Kurve, wenn auf der Abszisse die p_H-Werte u. auf der Ordinate die Schaumhöhen aufgetragen werden. Zwischen den Maxima bei p_H 4,6—4,8 u. 5,7—5,9 lag regelmäßig bei p_H 5,3—5,4 ein Minimum. Das Schaumvermögen des menschlichen Albumins war nur gering, was nach Ansicht des Vf. darauf hindeutet, daß dem Albumin selbst kaum eine Schaumfähigkeit zukommt, sondern gegebenenfalls den in den Präpp. enthaltenen Kohlenhydraten. Bei 50° traten beim Pferd sofort, beim Rind nach einigen Std. u. beim Menschen erst nach Tagen im Bereich des Schaumminimums Trübungen auf. (Naturwissenschaften **39.** 88—89. Febr. 1952. Hamburg, Tropeninst.) Nehring. 5728

L. I. Grebennik, *Eine Farbreaktion für die quantitative Bestimmung von Pachycarpin im Harn. Pachycarpin* (**I**) gibt noch in der Konz. 1 : 500000 eine Blaufärbung mit folgendem Reagens (**II**): 100 g Na_2WO_4 + 25 g Na_2MoO_4 + 750 cm³ W. + 50 cm³ 85%ig. H_3PO_4 + 100 cm³ konz. HCl werden 10 Std. bei mäßigem Sieden am Rückflußkühler erhitzt, dann mit 150 g Li_2SO_4, 50 cm³ W. u. einigen Tropfen Br_2 durchgeschüttelt, der Br_2-Überschuß abgetrieben (15 Min.), nach Abkühlen filtriert, mit W. auf 1 Liter aufgefüllt u. in dunkler Flasche aufbewahrt. 8 cm³ Harn werden mit 2 cm³ 10%ig. NaOH u. 40 cm³ PAe. 20 Min. geschüttelt, nach Entmischung 30 cm³ der PAe.-Schicht mit 10 cm³ 0,1 n H_2SO_4 5 Min. geschüttelt, wobei **I** in die Säure übergeht. 0,5—5 cm³ der sauren Lsg. (je nach **I**-Geh.) werden mit dest. W. auf 7 cm³ aufgefüllt u. mit 1 cm³ 10%ig. NaOH geschüttelt; nach Zugabe von 1 cm³ **II** (1 : 1 verd.) färbt sich die Lsg. beim Schütteln blau u. wird nach 5 Min. colorimetriert. Die Standardlsg. wird durch Lösen von 0,05, 0,1, 0,2, 0,3, 0,4 u. 0,6 mg **I** in 7 cm³ W. u. Zusatz von 1 cm³ 10%ig. NaOH + 1 cm³ **II** (1 : 1 verd.) hergestellt. Statt PAe. kann mit gleichem Erfolg Bzl. verwendet werden. Störung der Entmischung durch Eiweiß läßt sich durch dessen Entfernung mit Trichloressigsäure beheben. Subcutan eingeführtes I (Verss. mit Ratten; 5—15 mg je 100 g) wird zu 41—44% in 6 Std. mit dem Harn ausgeschieden, insgesamt in 24 Std. 35—52%. (Фармакология и Токсикология [Pharmakol. u. Toxikol.] **16.** Nr. 5. 63—65. Sept./Okt. 1953. Allunions Wiss. Ordshonikidse-Forsch.-Inst. für pharmaz. Chem., Pharmakol. Abt.) R. K. MÜLLER. 5732

F. P. Gorbenko, I. A. Budtschanow und **P. I. Welitschkowski,** *Mikrochemische Bestimmung der Gesamtacidität und der freien Salzsäure im Magensaft.* Zur Best. geringerer Mengen Magensaft (1 ml, filtriert) nach dem üblichen Titrationsverf. wird der Saft mit 5 ml dest. W. verd. u. die Titration mit 0,1nNaOH aus einer Mikrobürette vorgenommen: Man titriert zunächst unter Zusatz von 1 Tropfen 0,5%ig. alkoh. Dimethylaminoazobenzol-Lsg. bis gelblich-rot, dann nach Zusatz von 1 Tropfen 1%ig. Phenolphthaleinlsg. bis rosa; die erste Titration mal 100 ergibt die Menge freier HCl, die zweite mal 100 die Gesamtacidität. Bei geringen Aciditäten sind als Korrektur 0,05 (genauer 0,03) ml abzuziehen. (Клиническая Медицина [Klin. Med.] **31** (**34**). Nr. 10. 48—50. Okt. 1953. Morschin.) V. WILPERT. 5746

N. M. Iobaschwili, *Nachweisreaktionen für Disulfan bei gerichtschemischen Untersuchungen.* 1. Mitt. Das zu untersuchende Objekt wird mit Weinsäure angesäuert u. mit der 3fachen Menge A. extrahiert, das heiße Filtrat mit Tierkohle entfärbt u. wieder filtriert. In einzelnen Portionen des Filtrats wird Disulfan nach verschied. Farb- u. mkr. Rkk. nachgewiesen: 1. aceton. Lsg. + einige Tropfen SeO_2-Lsg. (3%ig.) in Porzellanschale auf dem Wasserbad erhitzt, gibt blauen Nd.; 2. nach Abkühlen u. Zusatz einiger Tropfen konz. H_2SO_4 stark ausgeprägte Grünfärbung; 3. mit 12%ig. statt 3%ig. SeO_2-Lsg. dunkelblaue Färbung; 4. mit HNO_3 statt H_2SO_4 dunkelviolette Färbung; 5. bei Zusatz von 0,5%ig. NH_4-Vanadatlsg. zur aceton. Lsg., dann einiger Tropfen konz. H_2SO_4 orangeroter Ring, in kirschrot übergehend. Es werden ferner mkr. Verff. mit 1%ig. SeO_2-Lsg., aceton. Norsulfazollsg., 10%ig. wss. NH_4OH u. wss. $NaNO_2$-Lsg. angegeben, wobei jeweils charakterist. Kristalle (Abb.) erhalten werden. (Аптечное Дело [Apotheken] **2.** Nr. 5. 42—44. Sept./Okt. 1953. Tbilissi.) R. K. MÜLLER. 5762

W. Alexejew, Kursus der qualitativen chemischen Mikroanalyse, 2. Auflage. Gosschimisdat. 1952. (500 S.) 10 Rbl. 70 Kop. [russ.]

Ludwig Kofler u. **Adelheid Kofler,** Thermo-Mikro-Methoden zur Kennzeichnung organischer Stoffe und Stoffgemische. Unter Mitarb. v. **Maria Brandstätter.** 3. verm. Aufl. Weinheim/Bergstr.: Verl. Chemie. 1954. (XI + 608 S. m. 247 Abb.) DM 39,80.

R. Van Peursem and **H. C. Imes,** Elementary quantitative analysis. London McGraw-Hill. 1953. (383 S. m. Abb.) 36 s.

Ir J. Verheus, Destillatie-handleiding. Beknopte inleiding tot theorie en practijk van het rectificerend destilleren in het laboratorium. 2e geh. herz. uitg. Amsterdam: H. J. Paris. (XII + 121 S.) fl 3,50.

H. Angewandte Chemie.

I. Allgemeine chemische Technologie.

N. V. de Bataafsche Petroleum Mij., Den Haag, Holland, übert. von: **Gerhard P. Pilz,** Alton, und **George Hugo von Fuchs,** Wood River, Ill., V. St. A., *Korrosionsschutzmittel,* bestehend aus einem Polymer oder Copolymer von Alkylenoxyden oder -glykolen (methyliertem Polymer des Propylenoxyds) u. 0,5—6% einer sauren organ. Verb., die wasserunlösl. Metallseifen bilden kann, als Inhibitor, z. B. Ölsäure, sulfurierte Ölsäure, Laurinsäure, Gemisch von Mono- u. Dilaurylphosphaten oder ein Gemisch von Octadecenylbernsteinsäuren. (**E. P. 643 034** vom 5/8. 1947, ausg. 15/9. 1950. A. Prior. 6/8. 1946.) GRÄGER. 5809

Shell Development Co., San Francisco, übert. von: **Aaron Wachter** und **Nathan Stillman,** Berkeley, Calif., V. St. A., *Korrosionsschutzmittel für Metalle,* bestehend aus Papier oder einem ähnlichen Fasermaterial, das mit 0,05—5,0 g pro sq.ft. Papieroberfläche eines Nitritsalzes einer N-haltigen Base oder einer Ammoniumbase (Diisopropyl- oder Dicyclohexylammoniumnitrit, Isopropyl- oder Butylaminnitrit, Dibenzylamin-, Trimethylamin-, Piperidin-, Piperazin- oder Morpholinnitrit) u. einer stabilisierend wirkenden Menge eines bas. reagierenden Stoffes imprägniert ist. Der Dampfdruck der Salze soll mindestens 0,00002 mm bei 21° betragen. (**A. P. 2 643 176** vom 28/10. 1946, ausg. 23/6. 1953.) GRÄGER. 5809

„Shell" Refining & Marketing Co. Ltd., London, England, *Korrosionsschutz.* Man überzieht die zu schützenden Metallflächen mit einer Benzol- oder Toluollsg. eines Al-Alkoholats oder -phenolats u. erhitzt. (**E. P. 708 488** vom 6/6. 1952, ausg. 5/5. 1954.) NEBELSIEK. 5809

Chemische Werke Hüls Akt.-Ges. (Erfinder: **Alfred Schmidt,** Marl), *Selbsthärtender Kitt,* enthaltend fl. Kondensationsprodd. des Furfurylalkohols, Füllstoffe u. saure Verbb., die eine Dissoziationskonstante größer als 10^{-2} besitzen, z. B. H_2SO_4, in Mengen, die eine Aushärtung bei gewöhnlicher Temp. erlauben. (**D. B. P. 912 731** Kl. 22i vom 22/2. 1951, ausg. 3/6. 1954. Anmeldung bekanntgemacht 17/7. 1952.) LÜTTGEN. 5811

Farbwerke Hoechst Akt.-Ges., vormals Meister Lucius & Brüning (Erfinder: **Walter Gutmann** und **Josef Monheim**), Frankfurt/M., *Steigerung der Leistung von Anschwemmfiltern,* dad. gek., daß beim Anschwemmen des Filters u./oder beim Filtrieren ein oberflächenaktives Mittel mitverwendet wird, z. B. Seifen, Fettalkoholsulfonate, Kondensationsprodd. aus Fettsäuren mit Oxy- bzw. Aminocarbon- bzw. -sulfonsäuren, Alkylarylsulfonate u. dergleichen, bes. oxäthyliertes, mit Dimethylsulfat alkyliertes Octodecylamin. (**D. B. P. 910 533** Kl. 12d vom 8/9. 1951, ausg. 3/5. 1954. Anmeldung bekanntgemacht 10/9. 1953.) DEMMLER. 5831

Pfälzische Chamotte- und Tonwerke (Schiffer und Kircher) Akt.-Ges., Eisenberg (Pfalz) (Erfinder: **Hans Rudolph**), Frankfurt/M., *Herstellung poröser Formkörper für Filterzwecke und Diaphragmen* aus polymeren Estern der α-Methacrylsäure mit einem niedrigwertigen aliphat. Alkohol, bes. mit CH_3OH, dad. gek., daß Körner dieser Polymerisate durch Erwärmen, z. B. auf ca. 70—120°, vor der Verformung oder in der Form oberflächlich erweicht u. durch gelinde Pressung miteinander verbunden werden. (**D. B. P. 910 288** Kl. 12d vom 27/8. 1936, ausg. 29/4. 1954. Anmeldung bekanntgemacht 12/12. 1940.) DEMMLER. 5831

Süddeutsche Laboratorien G. m. b. H. (Erfinder: **Karl Heinz Steigerwald**), Mosbach, *Kleine Kugeln aus hochschmelzenden Materialien,* z. B. Korund. Zur Herst. wird das Schmelzgut mit Ladungsträgerstrahlen erhitzt, z. B. mit elektronenopt. scharf gebündelten Elektronenstrahlen. (**D. B. P. 903 017** Kl. 21g vom 14/4. 1951, ausg. 1/2. 1954. Anmeldung bekanntgemacht 5/2. 1953.) KESSEL. 5839

Standard Oil Development Co., Elizabeth, N. J., V. St. A., *Adsorptionsmittel für Gase durch Aktivierung von Säureschlammkoks.* Man behandelt diesen bei 1300—2000° F mit einem oxydierenden Gas bei einem Partialdruck, der niedriger ist als Atmosphärendruck, während die Gesamtdrucke zwischen 2 mm Hg u. ca. 6 at liegen. Dabei bildet sich eine Kohle von guten Adsorptionseigenschaften. — Beispiele für Behandlungsgase: Dampf u. Stickstoff, CO_2 u. Stickstoff. — Zeichnung. (**E. P. 701 131** vom 1/10. 1951, ausg. 16/12. 1953. A. Prior. 22/3. 1951.) UNGER. 5849

Specialties Development Corp., Belleville, N. J., V. St. A., *Herstellung eines CO_2-Gemisches,* das bei —70°F nicht fest wird u. das bei der Entnahme aus dem Druckbehälter sich nicht verfestigt, bes. für die Verwendung in großen Höhen. Das Gemisch enthält neben CO_2 einen gesätt. Halogen-KW-stoff, dessen E. tief unter —70°F u. dessen Kp. bei 150 Pfund/Quadratzoll über —70°F liegt, in solcher Menge, daß CO_2 bei —70°F nicht fest wird. Das Gemisch steht in dem Behälter unter dem Druck eines gegen das Gemisch inerten Gases, wie Luft, N_2, CO, CF_4, He, H_2, Ne, O_2 oder Ar, der bei —80°F wenigstens 100 Pfund/Quadratzoll beträgt. Die Füllung des Behälters wird so gewählt, daß der Druck bei 160°F nicht zu groß wird. Das Gemisch besteht z. B. aus ca. 35 (Gewichtsteilen) CO_2, ca. 10 CF_3Br u. ca. 2 N_2, oder aus ca. 35 CO_2, ca. 5—10 CCl_2F_2 oder CH_2ClBr u. ca. 2 N_2. — Abbildung. (**E. P. 705 465** vom 20/5. 1952, ausg. 10/3. 1954. A. Prior. 26/10. 1951.) ZÜRN. 5857

General Motors Corp., Detroit, Mich., V. St. A. (Erfinder: **R. S. Gaugler**), *Überführung von Wärme.* Bei Kühlapparaten, in denen die Wärme in einem geschlossenen Syst. durch ein flüchtiges Wärmeübertragungsmittel übertragen wird, indem man dieses verdampft u. bei prakt. gleichem Druck wieder kondensiert u. wobei die Verdampfungsstelle höher liegt als die Kondensationsstelle, wird die Beförderung des kondensierten Übertragungsmittels zur Verdampfungsstelle durch Capillarwrkg. bewirkt. Hierzu läßt man die Fl. bes. durch eine poröse Metallschicht nach oben steigen. Hierzu eignet sich bes. gesintertes Eisenpulver, das an den Wänden der Capillarleitung mit Hilfe von Ferrophosphor gebunden ist. An Stelle von Fe-Pulver kann man auch Ni- oder Co-Pulver oder auch Ni- oder Co-Phosphorpulver verwenden. — Vorr., Zeichnung. (**Schwed. P. 135 037** vom 21/12. 1943, ausg. 1/4. 1952. A. Prior. 21/12. 1942.) JÜRGEN SCHMIDT. 5859

Anglo-Iranian Oil Co. Ltd., England, und **Oelwerke Julius Schindler G. m. b. H.,** *Extraktionskolonne.* Bes. zum Raffinieren von Mineralöl mit rauchender H_2SO_4 unter Bldg. von SO_2, das während des Prozesses durch Druck fl. gehalten wird, dient eine mehrstufige zylindr. Kolonne, die nach dem Gegenstromprinzip arbeitet. Oben wird die spezif. schwerere u. unten die spezif. leichtere Fl. eingeführt. In jede Stufe wird tangential am Umfang mit großer Geschwindigkeit ein Gemisch der aus der unteren Stufe kommenden leichteren u. der aus der höheren Stufe kommenden schwereren Fl., gegebenenfalls über eine Kühl- bzw. Heizvorr., eingepumpt. Beim Umlauf in der Stufe entmischt sich das Gemisch größtenteils, so daß in der Mitte die leichtere u. an der Peripherie die schwerere Fl. zur jeweils nächsten Stufe ableitbar sind. Am oberen bzw. unteren Ende der Kolonne wird die abfließende leichtere bzw. schwerere Fl. von Resten der anderen Fl. durch Zentrifugieren befreit u. abgeführt. Die Trennung des fl. SO_2 von der H_2SO_4 erfolgt gesondert nach der Extraktion. — Zeichnung. (**F. P. 1 042 430** vom 25/9. 1951, ausg. 2/11. 1953. D. Prior. 26/9. 1950.) B. SCHMIDT. 5863

Dearbon Chemical Co., Chicago, übert. von: **Lewis O. Gunderson**, Park Ridge, Ill., V. St. A., *Antischaummittel.* Durch Rk. von Stearinsäure (**I**) mit Äthylendiamin (**II**) bei maximal 290° stellt man zunächst 2-Heptadecylimidazolin her, das mit Stearoylchlorid (**III**) dann zu *1-Stearoyl-2-Heptadecylimidazolin*, F. 80—90°, acyliert wird. Ähnlich erhält man *1-Oleoylaminoäthylen-2-Heptadecylimidazolin*, wenn man statt **II** Diäthylentriamin u. statt **III** Ölsäure verwendet. Ersetzt man **I** durch Adipinsäure, so erhält man z. B. *μ.μ'-Tetramethylendi-(1-oleoylimidazolin)*. Ferner sind u. a. erwähnt: *μ.μ'-Oktamethylendi-(1-naphthenoylimidazolin)*; *symm.-Äthylendi-(1-stearoylimidazolin)*; ein Imidazolinderiv. des Tetraäthylenpentamins der Formel **IV**. (**A. P. 2 647 125** vom 7/1. 1949, ausg. 28/7. 1953.) BRÖSAMLE. 5865

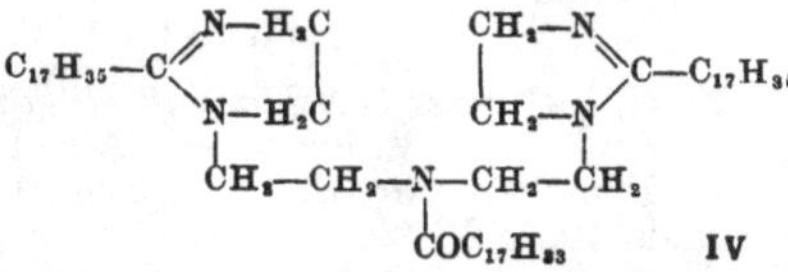
IV

General Electric Co. Ltd., London, übert. von: **Leonard Arthur Dannucey**, Wembley, Middlesex, England, *Verbesserungen bei der Handhabung von wachsenden Kristallen.* Um das Rissigwerden von Impfkristallen (**I**), das bei Temperaturschwankungen leicht auftritt, zu vermeiden, bringt man die Temp. der **I** allmählich auf die der Lsg., in der sie wachsen sollen. Zu diesem Zweck montiert man den **I** auf einen Halter u. setzt diesen in einen durch einen Thermostaten kontrollierten Raum, in dem die Temp. herrscht, die der **I** gerade hat. Dann steigert man allmählich die Temp. so, daß sie ebenso hoch ist, wie die in dem darunter stehenden Behälter mit übersätt. Lsg. u. läßt durch eine Öffnung im Boden des Raumes den Halter mit dem aufmontierten **I** in die Lsg. hinab. Hier wächst nun der **I** bis zu der gewünschten Größe u. wird auf dieselbe Weise in den darüber befindlichen Raum zurückbefördert, wobei man in diesem die Temp. allmählich senkt, bis die Außentemp. erreicht ist u. der **I** aus dem Halter gelöst werden kann. — Zeichnung. (**E. P. 707 977** vom 22/5. 1950, ausg. 28/4. 1954.) NEBELSIEK. 5869

Wilhelm Heinrich Steinhaus, Holland, übert. von: **Fördertechnik G. m. b. H.**, *Transportbänder und Treibriemen* aus mit Kautschuk oder Kunstharz überzogenem Gewebe. Das Gewebe enthält in der Kette Metallfäden oder -litze u. im Schuß Fäden oder Litze aus Polyamiden, Polyurethanen, Polyharnstoffen, Polyestern, nachchloriertem Polyvinylchlorid, Polyvinylidenchlorid, Polyacrylnitril, Polyacrylsäure- oder -methacrylsäureester, Polyäthylen, Polytetrafluoräthylen. Zwischen den Metallfäden können auch Fäden der genannten Kunstharze liegen. (**F. P. 1 045 104** vom 13/11. 1951, ausg. 24/11. 1953. D. Prior. 15/11. 1950.) PANKOW. 5893

Comp. des Métaux d'Overpelt-Lommel et de Corphalie, Soc. An., Belgien, *Durchführung von Umsetzungen zwischen Gasen und festen Stoffen.* Die feinverteilten festen Stoffe werden in die Reaktionskammern eingeführt, u. durch einen am Boden der Kammer angeordneten Rost wird Luft eingeblasen, wobei die feineren festen Teilchen, die vom Gas mitgerissen werden, durch eine am oberen Teil der Kammer befindliche Vorr. in die Reaktionszone zurückgeführt werden. (**F. P. 1 012 888** vom 15/2. 1950, ausg. 18/7. 1952. E. Prior. 3/3. 1949.) WITTHOLZ. 5897

Standard Oil Development Co., Inc., übert. von: **William W. Odell**, New York, N. Y., V. St. A., *Kontaktprozeß.* Man leitet einen Gasstrom (der einen Reaktionsteilnehmer enthält) aufwärts durch ein fluidisiertes Bett feinverteilter Festkörper (**I**), so daß diese in vibrierender Bewegung gehalten werden. Die **I** werden in dem Gasstrom fluidisiert, wobei man ihre Bewegungsfreiheit durch die Anwesenheit überwiegend fest angeordneter größerer Festkörper (**II**) eng begrenzt. Man läßt die chem. Rk. ablaufen, während der Strom durch das Bett zieht, so daß mindestens ein brauchbares Reaktionsprod. entsteht u. eine heiße Zwischenzone zwischen dem oberen u. unteren Ende des Bettes sich ausbildet; läßt fortlaufend die **II** von oben nach unten strömen u. zieht sie unten ab. Die **II** haben im Gasstrom einen geringeren Auftrieb als die **I**. — Zeichnung. (**A. P. 2 631 921** vom 24/2. 1949, ausg. 17/3. 1953.) UNGER. 5905

Farbenfabriken Bayer Akt.-Ges., Leverkusen, *Durchführung katalytischer Reaktionen mit organischen Verbindungen,* wobei als Katalysator Ionenaustauscher, die z. B. mit H-Ionen, katalyt. wirkenden Metallionen oder Hydroxylionen beladen sind, verwendet werden u. bei erhöhter Temp. u./oder Druck gearbeitet werden kann. Benutzt werden z. B. Kunstharzionenaustauscher, wie Kondensate aus Phenolen mit Na_2SO_3 u. HCHO. — Beispiele: Esterbldg. aus CH_3COOH u. A., Invertieren von Zuckerlsg., Esterverseifung, Aldolkondensation, Methylal-Bldg. aus p-Formaldehyd, Benzaldehyddiäthylacetal aus o-Ameisensäureester, Benzaldehyd u. A., Herst. fl. KW-stoffe aus gasförmigen Olefinen. (**Schwz. P. 295 649** vom 4/9. 1944, ausg. 16/3. 1954. D. Prior. 2/4. 1942.) ——— MATTHAES. 5905

Otto Auspitzer, Cómo se construyen y funcionan las fábricas químicas. Experiencias y consejos de 40 años de dirección general y técnica. Primera parte. Barcelona: Manuel Marin. 1952. (70 S. m. Abb.) ptas 34,—.

Helmuth Freytag, Cómo se construyen y funcionan las fábricas químicas. Los materiales de los aparatos químicos. Segunda parte. Barcelona: Manuel Marín. 1952. (79 S.) ptas 34,—.

II. Betriebsschutz. Feuerschutz.

K. G. Liebscher, *Schlagwetterbekämpfung im Südharz-Kalibergbau.* Beschreibung allg. techn. Maßnahmen. Auf Überwachungsmöglichkeiten wird hingewiesen u. die Ursachen für die Grubengasbildung werden besprochen. (Freiberger Forschungsh. **1954.** Nr. 20. 71—81. Erfurt.) EISENBARTH. 5936

W. A. K. de Schrevel, *Die Explosionsgefahr in der Chemie.* Übersicht über die Arten der explosionsgefährlichen Stoffe (Gase, Stäube, feste u. fl. Stoffe) u. die zu treffenden Sicherheitsmaßnahmen. So lange man keine genauen Angaben über die Empfindlichkeit der Explosionsgrenzen von Gasgemischen hat u. nicht weiß, wie diese Empfindlichkeit zustande kommt oder verhindert werden kann, können die Vorsichtsmaßnahmen gegen Explosionen nicht durch unmittelbare Ausscheidung der Gefahrursachen ersetzt werden. — 22 Literaturangaben. (Chem. Weekbl. **50.** 209—13, 20/3. 1954.) WESLY. 5936

R. G. McAllister, *Gefahr der Methanol-Vergiftung durch mit alkoholischen Lösungsmitteln bediente Vervielfältigungsmaschinen.* Vf. fand in der Atmungsluft von Räumen, in denen Vervielfältigungsmaschinen aufgestellt waren, die unter Verwendung von alkohol. Lösungsmitteln mit 65 bzw. 70% *Methanol* (**I**) arbeiteten, 400—800 p. p. m. **I**. Da diese Werte weit über den höchstzulässigen liegen, wird empfohlen, den Endbehälter der Maschinen, in welchem die frischen Kopien aufgefangen werden, mit einer geeigneten Haube abzudecken. (Amer. ind. Hyg. Assoc. Quart. **15.** 26—28. März 1954. Boston, Mass., Liberty Mutual Insur. Comp.) KRUSEN. 5936

—, ***Empfehlenswerte Maßnahmen beim Gebrauch von flüssigem Chlor in Wasser- und Abwasseranlagen.*** Sicherheitsvorschrift für den Umgang mit C_2 bei n. Betrieb u. bei Unglücksfällen. (Water Sewage Works **100.** 390—94. Okt. 457—60. Nov. 1953. Joint Comm. on Cl-Supply.) MÜHLMEISTER. 5936

Franz Hollmann, *Alkali oder Kalk für Regenerationspatronen von Sauerstoffschutzgeräten?* Vergleichsverss. mit Alkali- u. Kalkregenerationspatronen in Sauerstoffschutzgeräten zeigen, daß relative Feuchte u. Temp. der Einatemluft bei Geräten mit Alkalipatronen bei Benutzungszeiten zwischen 25 Min. u. 110 Min. u. schwerer Arbeit niedriger liegen, also günstiger sind (Vermeidung einer Wärmestauung bes. bei feuchter Raumluft höherer Temp.) als bei Geräten mit Kalkpatronen. Der Deutsche Ausschuß für das Grubenrettungswesen hat daher Kalkpatronen für Bergbaugeräte nicht zugelassen. Dagegen erscheint es möglich, Kalkpatronen in kleinen Sauerstoffschutzgeräten mit einer Gebrauchsdauer von 60 Min. bei schwerer Arbeit zu verwenden. (Draeger-Hefte **1954.** 4794—97. Jan./Juni.) EISENBARTH. 5936

A. Ss. Sserenko, *Der Staubgehalt der Luft in Abhängigkeit von der Feuchtigkeit der verarbeiteten Materialien.* Verss. mit *Quarzit, Schamotte, Magnesit, Chromit* u. *feuerfestem Ton* ergaben, daß ein Anfeuchten dieser Pulver zwar den Staubgeh. der Luft beim Umschütten beträchtlich senkt, jedoch bleibt dieser Staubgeh. bei 0,03—0,05% W. beträchtlich über der zulässigen Grenze. Der Luftstaub wurde nach Menge u. Korngrößenverteilung genauer untersucht. (Огнеупоры [Feuerfeste Mater.] **16.** 195—200. Mai 1951. Ukrain. Zentralinst. für Arbeitshyg. u. Berufskrankheiten.) v. WILPERT. 5940

B. Zilius, *Vom Zellhorn und Film. Alte und neue Erkenntnisse.* Aus Anlaß von Irrtümern berichtet Vf. zusammenfassend über die wichtigsten Erkenntnisse über die Beurteilung der brandtechn. Eigg. von Zellhorn u. Film. Durch neue Verss. des Vf. wurde festgestellt, daß hinsichtlich der Löschbarkeit von neuem Filmmaterial gewisse Befürchtungen bestehen. Es wird im einzelnen über die Ergebnisse der Verss.

berichtet, sowie zu den Löschmethoden krit. Stellung genommen. (Brandschutz **6.** 171–75. Juli 1952.) BRAUKMANN. 5944

Auergesellschaft Akt.-Ges., Berlin (Erfinder: **Max Friedrich Hirsch,** Sachsenhausen), *Herstellung einer Sauerstoff abgebenden Alkalisuperoxydmasse,* die zur Verwendung in *Atemschutzgeräten* geeignet ist. Feinpulveriges Alkalisuperoxyd wird in inerter Fl. (CCl_4) unter Kühlung eingetragen u. unter vorsichtiger Zugabe der für das Endprod. entsprechenden Mengen W. zum 2-Hydrat umgesetzt. Hieraus wird durch Zugabe von Alkalisuperoxyd u. CCl_4 zum 0,5-Hydrat herunterhydratisiert u. durch Erwärmen die Rk. eingeleitet. Dem Ansatz können nach Bldg. des 1-Hydrats Katalysatoren (Cu-, Mn- u. oder Co-Verbb.) zugemischt werden. (**D. B. P. 860 753** Kl. 61 b vom 14/2. 1945, ausg. 22/12. 1952.) STEIL. 5937

Établissements Phillips & Pain, Seine, Frankreich, *Feuerlöschmittel.* Bei der Herst. stark schäumender Fll. durch Hydrolyse eiweißhaltiger Abfälle (Horn, Sojabohnen, Erdnüsse) mit Kalk wird ein späteres störendes Ausfallen von Ca-Salz von vornherein durch Ausfällen von $CaCO_3$ vermieden. — Es werden z. B. 505 (Liter) einer durch die Hydrolyse erhaltenen u. neutralisierten Lsg. mit 328 einer 15%ig. Lsg. von Na_2CO_3 u. 21 NaOH von 36° Bé langsam in der Kälte verrührt. Der dabei entstandene Nd. von $CaCO_3$ wird abfiltriert, das klare Filtrat wird langsam mit 63 konz. HCl bis zu p_H 5 angesäuert u. darauf mit ca. 26 konz. NH_3 bis zu p_H 8 alkal. gemacht. Es entstehen 880 einer klaren Fl., die auf 538 eingedampft wird u. zusätzlich mit 10 Vol.-% einer Lsg. von 300 g/Liter $FeSO_4$ stabilisiert werden kann. (**F. P. 1 044 137** vom 25/10. 1951, ausg. 16/11. 1953.) B. SCHMIDT. 5945

Établissements Phillips & Pain, Seine, Frankreich, *Feuerlöschmittel.* Damit die fl. Löschmittel, die durch Hydrolyse von eiweißhaltigen Stoffen mit Kalk u. folgende Ausscheidung des Ca erhalten werden, sich bei guter Löschwrkg. auch für das Löschen von brennenden hydrophilen Fll. wie Alkoholen, Ketonen, Äthern u. Estern eignen, werden ihnen NH_3-Salze der Heptan- u. Caprylsäure sowie mit NH_4Cl stabilisierte komplexe Zn- oder Cu-Ammoniumverbb. zugesetzt. — Es werden z. B. 306 (Liter) 22%ig. NH_4OH langsam bei $< 60°$ mit Fe-freier $ZnCl_2$-Lsg. von der D. 1,679 verrührt. Zu dieser Fl. werden 510,2 der durch die Hydrolyse erhaltenen Lsg. von der D. 1,180, ein Gemisch von 30,6 Heptan mit 15,3 Caprylsäure u. 82 kg NH_4Cl unter Rühren hinzugefügt. Es entstehen 1000 eines Prod., das in 4%ig. wss. Lsg. das Feuerlöschmittel bildet. (**F. P. 1 044 138** vom 25/10. 1951, ausg. 16/11. 1953.) B. SCHMIDT. 5945

Cirine-Werk VEB (Erfinder: **Johannes Pfanner,** Chemnitz), *Feuerschutzmittel,* bestehend aus einer Mischung von Alkalicarbonaten u. Alkalichloriden, auch unter Zusatz von Harnstoff. — Zum Imprägnieren von Holz nimmt man z. B. eine Mischung aus 41 (Teilen) calcinierter Soda, 57 KCl u. 2 Fettalkoholsulfonat oder aus 28 Soda, 39 KCl, 31 Harnstoff u. 2 Pyridin. (**D. P. [DDR] 2839** Kl. 38h vom 4/2. 1944, ausg. 8/12. 1952 [Wirtschaftspatent].) PANKOW. 5945

Établissements Phillips & Pain, Seine, Frankreich, *Feuerlöschpulver.* Sie bestehen aus außerordentlich feinvermahlenen Substanzen (Korngröße ca. 0,01 mm), wie z. B. Nitraten, Chloraten, die doch an sich O_2 abgeben können, bes. aber $NaHCO_3$. Man kann z. B. mit 4 kg eines solchen Pulvers einen Ölbrand von 10 m² Oberfläche löschen. (**F. P. 1 046 273** vom 11/12. 1951, ausg. 4/12. 1953.) OPPERMANN. 5945

Allgemeine Feuerlöscher Akt.-Ges. in Liqu., Frankfurt/M. (Erfinder: **Rudolf Beythien,** Neuruppin), *Löschen von Bränden von Magnesium-, Magnesium–Aluminium-Legierungsspänen oder dergleichen.* Es wird eine Mischung aus Alkylbromiden (bes. Äthylen- u. Methylbromid) mit einem Mineralöl mit hohem Flammpunkt, wobei das Mineralöl mindestens 50% der Mischung beträgt, verwendet. (**D. B. P. 906 896** Kl. 61b vom 20/8. 1935, ausg. 18/3. 1954.) STEIL. 5945

James Burnet, Outlines of industrial medicine. 2nd. edn. London: J. Wright. 1953. (122 S.) 10 s. 6 d.

Raymond-Ange-Marie-Rémy Rouméas, L'Emploi de l'eau diffusée mouillante dans la lutte contre les feux d'hydrocarbures, rapport présente à la Semaine sociale de sécurité, 15 juin 1953. Paris: Shell chimie. 1953. (6 S. m. Abb.)

III. Elektrotechnik.

Allgemeine Elektricitäts-Gesellschaft, Berlin (Erfinder: **Paul Nowak,** Kassel), *Elektrische Leitung.* Die Isolation besteht aus einer oder mehreren Schichten von Celluloseestern, bes. einer ein- oder mehrlagigen Umspinnung mit dünnen Bändern aus Cellulosetriester, u. aus einer oder mehreren diese nahtlos abdeckenden Schichten eines thermoplast. verformbaren Kunststoffs, z. B. Polymerisaten von Acryl- oder Vinylverbb., mit oder ohne Zusatz von Füllstoffen oder Weichmachern. (**D. B. P. 903 102** Kl. 21c vom 17/7. 1935, ausg. 1/2. 1954. Anmeldung bekanntgemacht 21/5. 1953.) KESSEL. 5953

Allgemeine Elektricitäts-Gesellschaft, Berlin (Erfinder: **Ernst Kirch**, Niedermendig, Bez. Koblenz), *Hochspannungskabel*. Der an den Begrenzungsflächen der Isolierung dicht anschließende leitende oder halbleitende Glimmschutzschirm besteht aus einer durch Diffusion eines leitenden Stoffes, z. B. Graphit, in der Oberfläche der Isolierung entstandenen Schicht. Zur Herst. dient prakt. eine vor der Vulkanisation auf die Isolierung aufgebrachte koll. Graphit- oder Rußschicht. (**D. B. P. 903 225** Kl. 21c vom 27/5. 1943, ausg. 4/2. 1954. Anmeldung bekanntgemacht 21/5. 1953.) KESSEL. 5953

Allgemeine Elektricitäts-Gesellschaft, Berlin (Erfinder: **Paul Nowak**, Kassel), *Elektrische Kabel oder Leitungen*. Die aus polymerisierten Acrylsäurederivv. bestehende Ummantelung enthält zur Erhöhung der Wasserdichtigkeit hochpolymere synthet. KW-stoffe u. Wachse. — Beispiel: 120 (g) bis zur Unlöslichkeit in Aceton polymerisiertes Polyäthylacrylat, 120 Polyisobutylen, 120 Montanwachs, 5 β-Naphthol, 1,5 S, 1,3 Stearinsäure, 632,5 Talkum, 75 akt. Gasruß. (**D. B. P. 903 226** Kl. 21c vom 23/6. 1936, ausg. 4/2. 1954. Anmeldung bekanntgemacht 5/2. 1953. **Zusatz zu D. B. P. 887 964; C. 1954. 6559.**) KESSEL. 5953

Allgemeine Elektricitäts-Gesellschaft, Berlin (Erfinder: **Paul Nowak**, Kassel, und **Hermann Hofmeier**, Berlin), *Elektrische Kabel oder Leitungen*. Die Ummantelung enthält neben polymerisierten Acrylsäurederivv. 10—50% Chloropren. (**D. B. P. 903 227** Kl. 21c vom 11/12. 1936, ausg. 4/2. 1954. Anmeldung bekanntgemacht 5/2. 1953. **Zusatz zu D. B. P. 887 964; C. 1954. 6559.**) KESSEL. 5953

Felten & Guilleaume Carlswerk Akt.-Ges. (Erfinder: **Wolfgang Katzschner**), Köln. *Elektrische Leitungen*, bes. *papierluftraumisolierte Kabel*, werden durch einen Strahl eines hocherhitzten, nicht oxydierend wirkenden Gases, z. B. N_2, abisoliert, prakt. unter Verwendung einer Benzinlötkolbeneinrichtung, deren Lötkolben durch eine das Gas zuleitende hohle Cu-Schlange ersetzt ist. (**D. B. P. 903 355** Kl. 21c vom 22/1. 1952, ausg. 4/2. 1954. Anmeldung bekanntgemacht 3/6. 1953.) KESSEL. 5953

Otto Uebelmann, Wahn bei Köln, *Schichtwiderstand*. Ein Gemisch aus Glas- oder Glasurpulver, Graphit u. feinverteilten Leitern oder Halbleitern wird bis zur Sinterung erhitzt. Zur Verzögerung des Zusammenfließens u. zur Vermeidung der Glasurbldg. werden feinverteilte nichtleitende Stoffe, z. B. Porzellan, Ton oder Sillimanit, zugesetzt. Zur Erhöhung der Zähigkeit u. damit zur Vermeidung der Glasurbldg. können dem Glaspulver feinverteilte Metalloxyde, z. B. SnO_2 oder Al_2O_3, beigemischt werden. Zur Vergrößerung des Erweichungsintervalls dient prakt. ein Zusatz von koll. C. (**D. B. P. 902 272** Kl. 21c vom 31/3. 1942, ausg. 21/1. 1954. Anmeldung bekanntgemacht 11/12. 1952.) KESSEL. 5955

Siemens & Halske Akt.-Ges., Berlin und München, *Kondensatordielektrikum* oder *Isolierstoff*. Zur Herst. werden Metalloxyde, deren Leitfähigkeit mit sinkendem O_2-Druck abnimmt, mit reduzierenden Stoffen behandelt, ohne daß dabei eine Red. bis zur Metallphase erfolgt, z. B. durch Tempern in einer Gasatmosphäre aus Puffergemischen von $CO–CO_2$ oder $H_2–H_2O$. (**D. B. P. 901 443** Kl. 21g vom 24/9. 1935, ausg. 11/1. 1954. Anmeldung bekanntgemacht 7/5. 1953.) KESSEL. 5957

Siemens-Schuckertwerke Akt.-Ges., Berlin und Erlangen (Erfinder: **Erich Dittmar** und **Anton Mast**, Berlin), *Kleb- und Abdichtmassen*, bes. für metallmantellose Kabel, bestehen aus einer Mischung von 55—65 (%) Transformatorenöl, 10—20 niederpolymerem Polyisobutylen u. 15—25 harzartigen Körpern, z. B. Polyvinyläther, prakt. mit einem Zusatz von 20—30 Graphit. (**D. B. P. 901 667** Kl. 21c vom 20/1. 1943, ausg. 14/1. 1954. Anmeldung bekanntgemacht 13/5. 1953.) KESSEL. 5957

Siemens-Schuckertwerke Akt.-Ges., Berlin und Erlangen (Erfinder: **Carl Reimer**, Roth bei Nürnberg), *Kabel*. Zwischen einem Schutzmantel aus wärmebildsamem Stoff u. darüber angebrachten weiteren Umhüllungen oder Bewehrungen liegt eine Schutzschicht aus einem in unvulkanisiertem Zustand aufgebrachten, bei Raumtemp. selbst ausvulkanisierenden Gummi. (**D. B. P. 901 809** Kl. 21c vom 13/2. 1944, ausg. 14/1. 1954. Anmeldung bekanntgemacht 13/5. 1953.) KESSEL. 5957

Siemens-Schuckertwerke Akt.-Ges., Berlin und Erlangen (Erfinder: **Alfred Oldenburg**, Lübeck), *Wicklungen für Elektromaschinen* werden nach der Fertigstellung mit einem isolierenden leichtfl. KW-stoff, z. B. Bzl. oder Bzn., getränkt u. ohne vorherige Trocknung mit einem Nitrocelluloselack allseitig überzogen. (**D. B. P. 903 247** Kl. 21c[1] vom 1/5. 1941, ausg. 4/2. 1954. Anmeldung bekanntgemacht 7/5. 1953.) KESSEL. 5957

Aladdin Ind., Inc., übert. von: **Godshalk Berge**, Chicago, Ill., V. St. A., *Gewinnung von Schwermetallverbindungen*, die als *Magnetkerne* für Radiospulen verwendet werden, durch 1—4 std. Erhitzen von Ni_2O_3 oder Co_2O_3 oder deren Gemischen mit gleichen Mengen Fe_2O_3 bei 2000—2500° F. Zu dem erkalteten u. gemahlenen Reaktionsprod. fügt man <12 (Gew.-%) $MgZrO_3$, <15 ZnO, <10 V_2O_5 u. so viel Fe_2O_3, daß sich Zn- u. V-Ferrite bilden. Die M. erhitzt man dann 1 Std. auf 2100—2350° F u. kühlt langsam ab. (**A. P. 2 656 319** vom 3/1. 1949, ausg. 20/10. 1953.) NEBELSIEK. 5959

Akt.-Ges. für Unternehmungen der Eisen- und Stahlindustrie (Erfinder: **Hermann Fahlenbrach**), Essen, *Sintermagnete*. Zur Herst. dient durch mechan. Zerkleinerung gewonnenes Metall-, bes. Fe- oder Ni-Pulver, mit einer Korngröße <40 μ (prakt. <15 μ) u. einem auf den C-Geh. so abgestimmten O-Geh., daß nach dem Sintern ein möglichst geringer Restbetrag O (z. B. ca. 0,5%) verbleibt. (**D. B. P. 900 978** Kl. 21g vom 1/4. 1951, ausg. 4/1. 1954. Anmeldung bekanntgemacht 26/6. 1952.) KESSEL. 5959

Süddeutsche Apparate-Fabrik G. m. b. H., Nürnberg, *Piezoelement*. Die gleichzeitig zur Halterung des Kristalls dienenden Kontaktstifte werden durch eine organ. Klebmasse festgeklebt, die bei Zusatz eines Härters in der Kälte polymerisiert. (**D. B. P. 863 521** Kl. 21a[4] vom 11/1. 1951, ausg. 19/1. 1953. Anmeldung bekanntgemacht 24/4. 1952.) KESSEL. 5961

Soc. des Accumulateurs Fixes et de Traction, Romainville, übert. von: **Robert A. A. Jeannin** und **Pierre A. C. Jacquier**, Paris, Frankreich, *Herstellung gasdichter alkalischer Akkumulatoren*. Zwischen dünne Sintergerüstelektroden von ca. 0,6 mm Stärke werden ca. 0,15 mm dicke Separatoren, z. B. aus mercerisiertem Baumwollgewebe oder Cellophan, gelegt, das Elektrodenpaket wird um ca. $^1/_3$ des Vol. zusammengepreßt u. in das Gehäuse eingebaut. Durch das dichte Anliegen der Separatoren an den Unebenheiten der Elektroden wird erreicht, daß eine Gasentw. beim Laden u. Entladen nicht stattfindet. — Die Sintergerüste werden aus Pulver einer Fe–Ni-Legierung mit 20% Ni oder aus einem Pulvergemisch dieser Metalle, das man aus den Carbonylen oder durch Fällung aus wss. Lsg. erhält, hergestellt. Es kann auch aus Fe-Oxyden gewonnenes, poröses Fe-Pulver verwendet werden, welches durch Eintauchen in eine Lsg. von $NiSO_4$ u. $NiCl_2$ mit einem Ni-Überzug versehen ist. (**A. PP. 2 646 455** vom 23/10. 1951. F. Prior. 9/12. 1950, **2 646 456** vom 10/7. 1951 u. **2 646 457** vom 10/7. 1951. F. Prior. 30/6. 1950. Alle ausg. 21/7. 1953. **Belg. P. 507 667** vom 7/12. 1951, ausg. 8/5. 1953. F. Priorr. 9/12. 1950, 12/2. u. 28/2. 1951.) LAASS. 5971

Robert Henri Ogay de Roth, Genf, und **Philippe Nanzer**, Zürich, Schweiz, *Verhinderung des Sulfatierens der Elektroden von Bleiakkumulatoren*. Dem Elektrolyten wird pro Liter ein feingemahlenes Gemisch von 28 (g) $MgSO_4$ u. 3 Alaun hinzugefügt. (**Schwz. P. 287 359** vom 23/5. 1950, ausg. 1/4. 1953.) LAASS. 5971

Georg Giebler und **Herbert Gumprecht**, Idstein (Erfinder: **Georg Giebler**), *Trocknung von aktiver positiver Masse für alkalische Batterien*, bes. Nickelhydroxyd, gek. durch die Anwendung des an u. für sich bekannten Verf. der dielektr. Trocknung im Kondensatorfeld bei gleichzeitiger kontinuierlicher Beschickung mit dem zu trocknenden Gut. (**D. B. P. 912 353** Kl. 21b vom 7/6. 1951, ausg. 28/5. 1954. Anmeldung bekanntgemacht 8/10. 1953.) LAASS. 5971

Manganese Battery Corp., Riverdale, Md., übert. von: **Abraham L. Fox**, Washington, D. C., V. St. A., *Herstellung von positiven Elektroden für Trockenelemente*. Durch Umsetzen von $TiCl_4$ mit Mg wird feinverteiltes Ti erhalten, welches nach dem Auswaschen zur Elektrode gepreßt oder bei 750° im Vakuum gesintert wird. Das Ti wird mit einem Graphitüberzug versehen u. auf diesem bei 90° aus einer wss. Lsg von $MnSO_4$ u. H_2SO_4 MnO_2 elektrolyt. niedergeschlagen. Diese Elektrode gibt in einem LECLANCHÉ-Element gegen eine Zn-Elektrode 2,1 V Spannung. An Stelle von MnO_2 kann auch PbO_2 oder AgCl auf dem Ti niedergeschlagen werden. — Eine positive Elektrode, die einen negativen Temperaturkoeff. des elektr. Widerstandes besitzt, kann durch Pressen von MnO_2-Körnchen bei erhöhter Temp., z. B. bei 500—600° F, erhalten werden. (**A. PP. 2 631 115** vom 6/8. 1949 u. **2 631 116** vom 1/2. 1950, beide ausg. 10/3. 1953.) LAASS. 5971

Telefunken Ges. für drahtlose Telegraphie m. b. H. (Erfinder: **Alfred Zincke** und **Hanns Neumüller**), Berlin, *Herstellung von Glas–Glas-, Glas–Metall- und Glas–Keramik-Verbindungen, besonders für elektrische Entladungsgefäße*. Diese Teile werden mit Hilfe eines Glases verbunden, das 7—20 (%) SiO_2, 45—60 B_2O_3, 30—45 PbO, weniger als 10 P_2O_5 u. bis zu 10 ZnO + Al_2O_3 + CaO + SrO enthält. — Kurven, Zeichnung. (**D. R. P. 761 322** Kl. 32b vom 7/12. 1941, ausg. 15/3. 1954.) HANS HOFFMANN. 5975

Fernseh G. m. b. H., Darmstadt (Erfinder: **Rudolf Behne**, Eßlingen), *Leitende Beläge für elektrische Entladungsröhren.* Zur Herst. wird eine ölige Aufschlämmung von Ag-Pulver (Korngröße ca. 0,2 μ) aufgestrichen u. bei ca. 480° eingebrannt. (**D. B. P. 900 728** Kl. 21g vom 24/11. 1942, ausg. 4/1. 1954. Anmeldung bekanntgemacht 12/3. 1953.) KESSEL. 5975

Allgemeine Elektricitäts-Gesellschaft (Erfinder: **Wolfgang Ferrant**), Berlin, *Leuchtschirm.* Zum Sichtbarmachen von mittels Materie- oder Wellenstrahlung geschriebenen Aufzeichnungen dient eine Platte aus einem Phosphor, der aufleuchtet, wenn er sich während der Erregung durch Licht in einem elektr. Feld befindet, wobei das Leuchten beim Ausschalten des Feldes eintritt. Durch teilweisen Abbau des elektr. Feldes mit Hilfe der sichtbar zu machenden Strahlung wird in der Platte ein Feldstärkeprofil erzeugt. Nach erfolgter Erregung wird die Platte so ausgeleuchtet, daß die Ausleuchtung spätestens zu Beginn einer erneuten Erregung beendet ist. Zur Herst. geeigneter Phosphorplatten von hinreichend hoher Durchschlagsfestigkeit mischt man die pulverförmigen Phosphore mit durchsichtig erstarrenden Lacken oder schm. Harzen, oder man stellt emailleartige Schmelzen unter Beimischung von Phosphoren her. (**D.B.P. 901 567** Kl. 21g vom 3/7. 1937, ausg. 11/1. 1954. Anmeldung bekanntgemacht 26/3. 1953.) KESSEL. 5975

Süddeutsche Apparate-Fabrik G. m. b. H., Nürnberg (Erfinder: **Albin Kellermann**, Forth, Mfr.), *Se-Photoelement.* Das Se erhält einen geringen Zusatz (bes. 0,01%) Au, Ti, Si, Al, CdS oder ZrSe u. wird längere Zeit auf $<100°$, prakt. auf ca. 70°, erhitzt. (**D. B. P. 892 945** Kl. 21g vom 21/11. 1951, ausg. 12/10. 1953.) KESSEL. 5977

Westinghouse Brake & Signal Co. Ltd., London, England, *Se-Trockengleichrichter.* Das Se enthält 0,04—0,08 (%) S u. kann noch ca. 0,02 Fe enthalten. (**D. B. P. 903 125** Kl. 21g vom 21/9. 1950, ausg. 1/2. 1954. Anmeldung bekanntgemacht 11/10. 1951. E. Priorr. 31/1. u. 13/11. 1942.) KESSEL. 5977

IV. Wasser. Abwasser.

Ross A. Shafer, *Grundwasser und gebrauchtes Wasser in Becken überlasteter Flächen.* Vf. berichtet über Grundwasserveränderungen durch Gesteinsauslaugung, Abwasserzufuhr u. Zufluß von Meerwasser. Die Mineralsalzkonz. des W. in den Grundwasserbecken erhöht sich stetig. Eingehende Unterss. wurden durchgeführt über den Einfl salzhaltigen W. auf die Ernteerträge sowie über die Bewässerungsansprüche, um ein günstiges Salzgleichgewicht in der Wurzelzone der Pflanzen zu erhalten. Einige günstige Berichte liegen vor. Einzelheiten werden nicht mitgeteilt. (Ind. Engng. Chem. **45.** 2666—68. Dez. 1953.) KLOTTER. 6010

Eskel Nordell, *Wasseraufbereitung für Textilindustrie.* Beschreibung allg. Maßnahmen. (Amer. Dyestuff Reporter **42.** P371—78. 8/6. 1953. Permutit Co., Labor.) HANS THIELE. 6016

T. G. Bullen und **W. F. O'Connor,** *Radium als Leiter beim Messen der Abwasserströmung.* $RaBr_2$ von 1 mC wurde in 14 Liter W. gelöst u. nach Absaugen des Rn in 15—20 Min. der Sielströmung zugesetzt. In im Unterstrom aus dieser entnommenen Proben wurde in einer App. mit Ionisierungskammer das inzwischen entwickelte Rn bestimmt u. daraus die Strömungsgeschwindigkeit berechnet. Eingehende Beschreibung von App., Verf. u. Vorzügen gegenüber anderen Methoden; die nicht unerhebliche, bei Blindverss. gefundene Menge von im Boden u. Abwasser vorhandenem natürlichen Rn konnte bei der hohen Konz. der Versuchslsg. unberücksichtigt bleiben. (Sewage ind. Wastes **26.** 497—507. April 1954. Dounty of Westchester, N. Y., Dep. of Public Works.) MÜHLMEISTER. 6036

Bernard P. Skulte, *Landwirtschaftlicher Wert von häuslichen Abwässern.* Düngewert der Abwässer bzgl. der Zufuhr von N, S, K, Ca u. Spurenelementen zum Boden, der Humusbldg. u. des W., das durch die Bodenfilterung u. biochem. Reinigung zur Wiederverwendung geeignet wird. Vor der Bewässerung ist Vorklärung zweckmäßig. (Sewage ind. Wastes **25.** 1297—1303. Nov. 1953. Boston, Mass., Stone & Webster Engng. Corp.) MÜHLMEISTER. 6036

N. H. Sanborn, *Beseitigung von Abwässern der Nahrungsmittelindustrie durch Verregnung.* Vf. gibt einen Überblick über die Meth. der Abwasserbeseitigung durch Verregnung. (Sewage ind. Wastes **25.** 1034—43. Sept. 1953. Washington, D. C., Nat. Canners Assoc., Res. Labor.) NIEMITZ. 6036

Henry Stommel, *Berechnung der Verunreinigung in einem vertikal durchmischten Flußmündungsgebiet.* (Sewage ind. Wastes **25.** 1065—71. Sept. 1953. Woods Hole, Mass., Oceanographic Inst.) NIEMITZ. 6038

Paolo Armandola, *Behandlung industrieller Abwässer mit Ionenaustauschharzen.* Bericht über Verss. zur Reinigung von Abwässern verschied. Industrien mit den Kationenaustauschern *Amberlite IR 120* u. *IRC 50* u. den Anionenaustauschern *IRA 410* u. *IR 4B*, wobei in den einzelnen Fällen das jeweils geeignetste Mittel festgestellt wird. (Chimica [Milano] [N. S.] **9** (**30**). Nr. 1. 3–9. Jan. 1954.) R. K. MÜLLER. 6046

George S. Long, *Erfahrungen mit Schlammerhitzern in Ohio.* 3. Mitt. *Erfahrungen in Akron.* (2. vgl. CALIHAN, C. **1953**. 5721.) Die Schlammerwärmungsanlage in Akron von 8 Faulräumen wird beheizt durch je 4 in Reihe u. parallel geschaltete Erhitzer, die je zur Hälfte mit Gas bzw. Gas + Öl gefeuert u. so kombiniert werden, daß sie sowohl den frischen Schlamm als auch im Umlauf den Schlamm aus den Faulräumen aufheizen können. Nach Anlaufschwierigkeiten mit niedriger p_H, die durch eine Kalkgabe auf 8,4 eingestellt wurde, u. Betrieb bei $+28^0$ konnte nach 7 Monaten das erste brennbare Gas gewonnen werden. Mängel der Anlage werden geschildert. (Sewage ind. Wastes **24.** 1423–24. Nov. 1952. Akron, O., Sewage Treatm. Plant.) MÜHLMEISTER. 6048

R. Sijderius, *Bestimmung des Nitritgehaltes des Wassers mit dem photoelektrischen Colorimeter.* Die Nachprüfung des von SHINN vorgeschlagenen Verf. (Ind. Engng. Chem., analyt. Edit. **13.** [1941.] 33) ergibt dessen Brauchbarkeit. Die entstehende Rotfärbung wird gegen eine Blindprobe im photoelektr. Colorimeter gemessen. Fe^{3+}-Salze in Mengen über 1 mg Fe, Cl u. NH_4Cl stören. (Chem. Weekbl. **50.** 56–58. 23/1. 1954. Rotterdam, Labor. van de Drinkwaterleiding der Gemeente.) WESLY. 6060

Otto Deschler, *Schnellbestimmung der Wasserhärte mit Komplexon.* Vf. beschreibt ausführlich an Hand von Beispielen die Verwendung von Komplexon (Äthylendiamintetraessigsäure) sowie Farbstoffen, wie Chromogenschwarz oder Eriochromschwarz T, zur Schnellbest. der Wasserhärte. (Textil-Prax. **9.** 183–85. Febr. 1954. Reutlingen, Staatl. Technikum für Textilindustrie.) H. G. FRÖHLICH. 6062

R. D. Stuart, *Bakteriologische Prüfung von Wasser und ihre Beurteilung.* Für wissenschaftlich nicht vorgebildetes Wasserwerkspersonal bestimmte Übersicht über Geschichte, Ausführung u. Bewertung bakteriolog. Wasseruntersuchungen. (Munic. Utilities Mag. **92.** Nr. 2. 26. 40–45. Febr. 1954. Edmonton, Alta., Prov. Labor. of public Health.) MÜHLMEISTER. 6064

Clair N. Sawyer, *p_H-Einstellung für die Bestimmung von Ammoniakstickstoff.* Da Ca u. andere Ionen selbst in neutralisierten *Abwässern* die Pufferwrkg. von 0,5 mol. Phosphatpuffer (p_H 7,5) durch Bldg. unlösl. Phosphate blockieren u. den p_H-Wert je nach Geh. weit ins saure Gebiet verschieben können, schlägt Vf. vor, die Pufferlsg. den Abwässern vor der Neutralisation auf p_H 7,2–7,6 zuzusetzen. (Analytic. Chem. **25.** 816–17. Mai 1953. Cambridge, Mass., Massachusetts Inst. of Technol.) WEITBRECHT. 6068

V. Anorganische Industrie.

Frederick G. Sawyer, Rodney N. Hader, L. Kermit Herndon und **Eugene Morningstar,** *Schwefel aus sauren Gasen.* Ausführlicher Bericht über ein von der MATHIESON CHEMICAL CORPORATION ausgearbeitetes Verf. zur Entfernung von H_2S aus Naturgasen u. Raffinerieabgasen sowie zur katalyt. Überführung des H_2S in S. Der H_2S wird aus den Gasen durch Waschen mit Monoäthylamin abgetrennt u. in einem Kontaktofen mit aktiviertem Bauxit als Katalysator zu S oxydiert. — Schemat. Darst. des Verfahrens. (Ind. Engng. Chem. **42.** 1938–50. Okt. 1950.) DIETL. H 253

Nicolas G. Chorine, *Der Phosphor und seine Derivate, Erzeugung und Verwendung.* Überblick über Herstellungsverff. u. Verwendung von: P, P_2O_5, H_3PO_4, Orthophosphaten, Pyro-, Poly- u. Metaphosphaten u. sonstigen anorgan. u. organ. Phosphorverbindungen. (Bull. Soc. roy. belge Ing. Industriels **1954.** 159—72. April. Coignet, Serv. Dev. et Res., Soc. d. Prod. Chim.) H. ECKHARD. H 264

Reconstruction Finance Corp., Cleveland, übert. von: **Carl W. Schwenzfeier jr.,** Bay Village, und **Carl S. Pomelee,** Elyria, Ohio, V. St. A., *Reinigen von Ammoniumberylliumfluorid.* Man stellt sich durch Lösen von BeO in $(NH_4)HF_2$ eine $(NH_4)_2BeF_4$-Lsg. her u. fügt unter Erhitzen auf ca. 70^0 $CaCO_3$ zu, so daß ein p_H von 8,0—8,5 erreicht wird. Verunreinigungen werden durch Alkalien als Hydroxyde oder Carbonate abgeschieden. Sind Schwermetalle zugegen, so fällt man mit $(NH_4)_2S$. Dann filtriert man die Schlämme ab, wäscht nach u. säuert mit HF an. Durch Eindampfen u. Kühlen erhält man reine $(NH_4)_2BeF_4$-Kristalle. (**A. P. 2 660 515** vom 3/12. 1948, ausg. 24/11. 1953.) NEBELSIEK. H 246

Säurefabrik Schweizerhall, Schweizerhalle, übert. von: **Walter Frey,** Basel, Schweiz, *Wiedergewinnung von Chlor* aus Gasgemischen, die bei der Zers. von flüchtigen Metallchloriden, z. B. $TiCl_4$, durch Verbrennung von C-haltigen Substanzen in Ggw. von O_2-haltigen Gasen entstehen u. CO_2, Cl_2 u. überschüssiges O_2-haltiges Gas enthalten, indem die Gemische mit fl. wasserfreiem S_2Cl_2 als Absorptionsmittel für das zu gewinnende Cl_2 behandelt werden. — Zeichnung. (**A. P. 2 656 011** vom 5/4. 1949, ausg. 20/10. 1953. Schwz. Prior. 7/4. 1948.) DEMMLER. H 247

Mathieson Chemical Corp., New York, N. Y., V. St. A., übert. von: **Max Louis Audoynaud**, Oullin, Frankreich, *Herstellung von Chlordioxyd mit niedrigem Chlorgehalt.* In eine auf 55—60° erwärmte Lsg. eines Metallchlorates, z. B. $NaClO_3$, in einer konz. Mineralsäure (Schwefel- u. Phosphorsäuren) wird zwecks Entbindung des gebildeten ClO_2 ein Strom feinverteilten, inerten Gases, z. B. Luft, eingeleitet. — Zeichnung. (**A. P. 2 641 528** vom 27/7. 1949, ausg. 9/6. 1953. F. Prior. 7/8. 1948.) DEMMLER. H 247

Standard Oil Development Co., übert. von: **Richard C. Brandon**, Elizabeth, N. J., V. St. A., *Stabilisierung von Hypochloritlösungen.* Eine Lsg. von 2—12 g/Liter NaOCl u. 100—250 g/Liter NaOH enthält 0,01—1% K_2CrO_4, bezogen auf das Gewicht von NaOCl, K_2CrO_4 enthaltende Lsgg. sind stabiler als solche, die Na_2CrO_4 enthalten. Der Geh. an NaOCl einer 47,8 g/Liter NaOCl enthaltenden Lsg. war bei einer nicht stabilisierten Lsg. nach einer Woche auf 13,4 g/Liter, einer stabilisierten auf 22,5 g/Liter gesunken. (**A. P. 2 662 858** vom 10/11. 1949, ausg. 15/12. 1953.) STEIL. H 247

Farbwerke Hoechst Akt.-Ges., vormals Meister Lucius & Brüning (Erfinder: **Heinz Schmidt** und **Jürgen Schaafhausen**), Frankfurt/M., *Herstellung von Pyrosulfiten.* Man erhält prakt. sulfatfreie Pyrosulfite durch Einw. von SO_2 auf feinverteilte, alkal. reagierende Festsubstanzen, wie Alkalicarbonate, -bicarbonate, -sulfite oder andere feste Alkalisalze von Säuren, die schwächer als schweflige Säure sind, wenn man dauernd einen Überschuß an Pyrosulfit in der Reaktionsmasse aufrechterhält. Die Reaktionsmasse soll neben dem umzusetzenden Ausgangsstoff stets mehr fertig gebildetes Pyrosulfit enthalten, als aus dem Ausgangsstoff entstehen kann, so daß eine aus der Reaktionsmasse entnommene Probe stets sauer reagiert. Das SO_2 darf O_2 enthalten. Man kann z. B. in eine Reaktionsmasse, die aus Pyrosulfit u. alkal. reagierender Festsubstanz besteht, kontinuierlich oder diskontinuierlich alkal. reagierende Festsubstanz eintragen u. eine äquivalente Menge Pyrosulfit abführen. Die Rk. wird begünstigt, wenn Feuchtigkeit vorhanden ist, z. B. durch Verwendung kristallwasserhaltiger Alkalisalze oder von mit Wasserdampf gesätt. Gas. Man kann auch die Teilchen auflockern, indem man die Gase mit geeigneten Drucken oder Geschwindigkeiten zuführt, bes. unter Zusatz inerter Gase, wie CO_2. — Zeichnung. (**D. B. P. 878 198** Kl. 12i vom 2/12. 1950, ausg. 1/6. 1953.) ZÜRN. H 253

Nordengren & Co. A/B, Landskrona, Schweden, *Gewinnung von Phosphorsäure* durch Aufschluß von Rohphosphaten mit H_2SO_4. Man mischt die Rohphosphate mit so viel H_3PO_4 von >40 Gew.-% P_2O_5, daß das Verhältnis der zugefügten H_3PO_4 zu der aus den Rohphosphaten zu bildenden >2:1 beträgt. Das Gemisch trägt man allmählich in H_2SO_4 oder in ein Gemisch von H_2SO_4 u. H_3PO_4 ein u. hält die Temp. bei >80°. Der Gips fällt ohne Anwendung von Druck als leichtfiltrierbarer Anhydrit aus. Das Verf. liefert hohe Ausbeuten u. Konzz. der H_3PO_4 bei kurzer Reaktionszeit. (**E. P. 689 642** vom 19/6. 1950, ausg. 1/4. 1953. Schwed. Prior. 18/6. 1949.) ZÜRN. H 264

Solvay & Cie., Brüssel, Belgien (Erfinder: **Benjamin Woolf Hirsh**, Welwyn Garden City, Hertfordshire, und **Charles Carter**, Allerton, Liverpool, England), *Durchführung der Alkalichloridelektrolyse* in einer wesentlich längeren als breiten Zelle mit fl. Kathode (Hg) u. im wesentlichen parallel oberhalb dieser angeordneten, Gaskanäle aufweisenden Anoden (Kohle), deren untere Flächen mit der Kathode den vom Elektrolyten durchflossenen Zwischenraum begrenzen, dad. gek., daß eine Strömungsgeschwindigkeit(I) des Elektrolyten von mindestens 7,5 cm/Sek. aufrechterhalten wird u. diese I u. die anod. Stromdichte so aufeinander abgestimmt werden, daß das Verhältnis von Gasvol. zu Elektrolytvol. bei der jeweiligen Arbeitstemp. <1:4 ist, bes. zwischen 1:10 u. 1:20 liegt. Ferner soll der Unterschied im hydrostat. Druck zwischen der Lsg. am Eintritt u. am Auslaß auf mindestens 42, bes. zwischen 70 u. 130 mm pro m Zellenlänge gehalten werden. Dabei sollen die Abzugskanäle für das Cl_2 hinsichtlich ihrer Länge bis zum Hauptsammelrohr als den Elektrolytaustritt verhindernde Steigrohre ausgebildet sein. (**D. B. P. 874 599** Kl. 12l vom 12/2. 1949, ausg. 23/4. 1953. E. Prior. 27/8. 1941.) SCHREINER. H 272

United States of America, übert. von: **Samuel Leo Madorsky**, Chicago, Ill., V. St. A., *Trennung von Isotopenionen.* Wss. Salzlsgg., z. B. von K_2SO_4 oder Uransalzen, wie UO_2Cl_2, UO_2SO_4 oder $UO_2(NO_3)_2$, werden der Elektrolyse durch eine poröse Schicht aus z. B. Sand, gefrittetem Glas oder Ton, die die Anode von der Kathode trennt, unterworfen, wobei verd. H_2SO_4 der Kathodenzone zugeführt wird, um die dort durch die Elektrolyse hervorgerufene Alkalität zu vermindern, während der Anodenzone wss. KOH in einer Menge zugegeben wird, die geringer ist als die der in der Kathodenzone zugefügten H_2SO_4 entsprechende Menge. Dabei konz. sich ^{39}K-Ionen in der Kathodenzone u. können dort abgeführt werden, während die ^{41}K-Ionen zurückbleiben. So können z. B. ^{39}K-Ionen zu 93,44% neben 6,55% ^{41}K-Ionen angereichert werden. — Zeichnungen. (**A. P. 2 645 610** vom 25/2. 1942, ausg. 14/7. 1953.) MATTHAES. H 275

Hellmuth K. Keitel, Kassel, *Gewinnung von Magnesiumhydroxyd* aus einer gekühlten Mutterlauge, die Mg- u. NH_4-Salze enthält. Man bringt Lauge gleichzeitig mit überschüssigem NH_3 in einen anderen Teil Lauge, fällt $Mg(OH)_2$ aus u. unterbricht die Fällung, wenn ca. 66% der theoret. Menge $Mg(OH)_2$ ausgefällt sind. Dann filtriert man, treibt das überschüssige NH_3 ab, dampft die Lauge ein u. fällt daraus ein Mg–NH_4-Doppelsalz, welches man nach dem Abkühlen abtrennt. Die Mutterlauge führt man im Kreislauf. (**A. P. 2 659 661** vom 13/7. 1951, ausg. 17/11. 1953.) NEBELSIEK. H 282

Riedel-de Haën Akt.-Ges. (Erfinder: **Askan Hertwig**), Seelze, *Herstellung von Aluminiumwasserstofflösungen und Anlagerungsverbindungen des Aluminiumwasserstoffs an Aluminiumhalogenide* durch Rk. komplexer Hydride des Al, die ein Metall aus der 1. Hauptgruppe mit einer Ordnungszahl von 11—55 oder der 2. Hauptgruppe mit einer Ordnungszahl von 4—56 oder der 3. Hauptgruppe des Period. Syst. der Elemente mit einer Ordnungszahl von 31—81 enthalten, z. B. $Ca(AlH_4)_2$, mit jeweils der berechneten Menge Al-Halogenid in wasserfreien, organ. Flüssigkeiten. (**D. B. P. 911 131** Kl. 12m vom 17/5. 1952, ausg. 10/5. 1954. Anmeldung bekanntgemacht 1/10. 1953.) NEBELSIEK. H 294

Metal Hydrides, Inc., Beverly, übert. von: **Robert W. Bragdon,** Marblehead, Mass., V. St. A., *Herstellung und Stabilisierung von Alkali- oder Erdalkali–Aluminium-Hydriden.* Ein Alkali- oder Erdalkalihydrid wird mit einem Al-Halogenid, z. B. $AlCl_3$, in Ae. zu Alkali- bzw. Erdalkali–Al-Hydrid (**I**) u. Alkali- bzw. Erdalkalihalogenid (**II**) umgesetzt; nach Abfiltrieren des ausgeschiedenen **II** wird die Lsg. des **I** eingedampft u. **I** mit ca. 1—6% eines Äthers, z. B. Dimethyl- oder Diäthyl-„Cellosolve" stabilisiert. (**A. P. 2 656 243** vom 3/8. 1951, ausg. 20/10. 1953.) DEMMLER. H 294

United States of America, übert. von: **Eugene H. Huffman** und **Robert L. Oswalt,** Berkeley, Calif., V. St. A., *Trennung Seltener Erden durch Anionenaustausch.* Man trennt die Seltenen Erden voneinander, indem man aus einer sauren wss. Citratlsg. komplexe Seltene Erden–Citrate mittels eines stark bas., harzigen Anionenaustauschers adsorbiert u. selektiv jeden adsorbierten Komplex der Seltenen Erden entsprechend der steigenden Atomzahl mit einer citronensauren Lsg. mit einem p_H zwischen 1,5 u. 3,0 auswäscht. Auf diese Weise gelingt es z. B., ^{147}Pm von ^{154}Eu zu trennen. — Diagramme. (**A. P. 2 636 044** vom 22/6. 1951, ausg. 21/4. 1953.) W. HAUSWALD. H 303

E. I. du Pont de Nemours & Co., Wilmington, Del., übert. von: **Max Fredrick Bechtold,** Kennett Square, Pa., V. St. A., *Kolloide Dispersionen der Hydroxyde des Zn, Al, Sn und Nb.* Dispersionen dieser Metallhydroxyde, die SiO_2 als Stabilisierungsmittel enthalten, werden aus 1—4%ig. wss. Lsgg. von Alkalisilicat u. Alkalizinkaten, -stannaten, -aluminaten u. -niobaten mittels organ. oder anorgan. Ionenaustauscher, wie Zeolithe, säurebehandelte Kohle, Lignin, Phenol–Formaldehyd- u. Tannin–Formaldehyd-Austauscher, sulfonierte Polystyrolaustauscher, erhalten, wobei das Verhältnis SiO_2 zu Metalloxyd 1:1—99:1 sein kann. Beständigkeit der Dispersionen 24 Std. u. länger. (**A. P. 2 657 183** vom 9/8. 1949, ausg. 27/10. 1953.) MATTHAES. H 331

VI. Silicatchemie. Baustoffe.

A. Adam, *Herstellung von emaillierten Gußeisenstücken.* Die beim Emaillieren von Gußeisen auftretenden Fehler, wie Porosität, Verzug, Riß- u. Blasenbldg. sowie das Abblättern der Emaille nach dem Aufschmelzen, werden mit ihren Entstehungsursachen erörtert. Zur Vermeidung von Verzuß u. Rißbldg. wird neben geeigneter Formgebung der Gußstücke gefordert, daß ihr P-Geh. unter 1,2% liegt. Die durch große Graphitflocken, durch Rk. von C mit gelösten Oxyden, durch ungeeignete chem. Zus. des Gußeisens, durch Zementit, Stahlsandblasen u. durch Oberflächenverunreinigungen verursachte Blasenbldg. kann durch eine Emaillierbehandlung in einer reinen, trocknen N_2-Atmosphäre verbessert werden. Auch wird Blasenbldg. dadurch verringert, daß die Gußstücke so früh wie möglich vom Sand befreit, mit möglichst tiefer Temp. oder in eine Kokille vergossen werden. Der Vorgang der Blasenbldg. wird näher besprochen. (Foundry Trade J. **96.** 249—54. 4/3. 1954. R. & A. Main Ltd.) HOCHSTEIN. 6212

J. H. Keeler, Gordon P. K. Chu und **H. M. Davis,** *Eine Untersuchung über das Aufkochen von Emails.* Das Aufkochen von Emailüberzügen auf Stahl wird durch das Entweichen von H_2 aus dem Stahl beim Erhitzen erklärt. Verss. ergaben, daß das Aufkochen verursachende Gas nicht vom C-Geh. des Stahls u. auch nicht vom Wassergeh. des Emails herrührt. Auch ein N_2-Geh. verursacht diese Erscheinung nicht. Langsames Abkühlen u. Erhitzen des emaillierten Stahls verringert die Möglichkeit des Aufkochens; Diskussion der verschied. Theorien über diesen Emailfehler. — Schrifttumsüberblick. (Sheet Metal Ind. **31.** 233—40. März **1954.** Schenectady, Gen. Electr. Res. Labor., Rochester, N. Y., Pfandler Co., u. Pennsylvania State Univ.) MARKHOFF. 6212

E. E. Bryant, B. J. Sweo, G. E. Miller, und **M. L. Simmons** *Schuppigkeit von Emaillen durch Wasserstoffeinschlüsse im Eisen.* Schuppenbldg. durch mangelhafte Bindung zwischen Email u. Fe wird zum Problem, wenn die Bindung unmittelbar nach der Herst. scheinbar gut ist u. erst Tage oder Monate später fehlerhaft wird. Da dem Verh. des H_2 im Fe eine wesentliche Rolle bei der Schuppenbldg. zugeschrieben wird, schlägt Vf. Proben vor, um ein vorliegendes Fe-Email zu prüfen bzw. um verschied. Emailliermethoden miteinander zu vergleichen. Die gegenwärtigen Kenntnisse ermöglichen es jedoch noch nicht, festzulegen, welche Fe-Sorten gegebenenfalls gegen Schuppenbldg. bes. empfindlich sind. Bei der einfachsten Probe bringt man einseitig emaillierte Teile in kalte HCl oder heiße 6%ig. H_2SO_4. Die Zeit bis zum Auftreten der Schuppenbldg. sieht man als bestimmend für die Widerstandsfähigkeit an. Es werden verschied. Abänderungen des Vers. beschrieben. Durch Anwendung von Elektrolyse kann die Unters. verkürzt u. sicherer gemacht werden. Es ergab sich, daß die Schuppenbldg. gering wurde, wenn das Grundemail dünn war u. hoch eingebrannt wurde. Auch die Art des Deckemails hat einen gewissen Einfluß. Bestimmte Tonarten vermindern die Neigung zur Schuppenbildung. Die einfache Haftfestigkeitsmessung ist kein Kriterium für Schuppenbildung. Ein bestimmter Zusammenhang zwischen H_2-Geh. oder H_2-Durchlässigkeit des Fe u. der Schuppenbldg. war nicht festzustellen. (Amer. ceram. Soc. Bull. **32.** 248—52. 15/7. 1953.) KÜHNERT. 6212

Paul E. Cox, *Einige Angaben über den Nutzen von Wollastonit an Stelle von Schlämmkreide. Wollastonit* verbessert die Struktur von weißem Geschirrsteingut. (Ceram. Age **63.** Nr. 4. 31—32. April 1954.) W. SCHÜTZ. 6216

B. B. Besobrasow, R. M. Salonz und **L. D. Kokorin,** *Kanalisationsröhren aus leichtschmelzenden Tonen.* 4 leichtschm. Tone (Gebiet Jaroslawl u. Omsk) wurden zu Rohren verformt, bei 920° gebrannt, mit Bitumen (E. 52°) getränkt, auf Druck- u. Säurefestigkeit sowie Wasserdurchlässigkeit geprüft u. dadurch die Brauchbarkeit des Verf. zur Herst. von Kanalisationsröhren nachgewiesen. (Стекло и Керамика [Glas u. Keram.] **10.** Nr. 7. 20—23. Juli 1953. Wiss. Forschungsinst. für Baukeramik. v. WILPERT. 6216

—, *Die chemische Analyse des Sillimanits in Form gebrannter Steine. Bericht des Analysis Committee der Society of Glass Technology.* Es wird ein gewichtsanalyt. Analysengang zur Best. von SiO_2, Al_2O_3, CaO, MgO, Na_2O, K_2O u. Glührückstand beschrieben. Fe_2O_3 u. TiO_2 werden titrimetr. oder colorimetr., P_2O_5 in einer eigenen Probe in üblicher Weise bestimmt. Über eine direkte Meth. zur Best. von Al_2O_3 vgl. Trans. Brit. ceram. Soc. **1952. 483.** Der untersuchte Sillimanitstein hatte folgende Zus. in %: SiO_2 41,27; Al_2O_3 54,40; TiO_2 1,06; Fe ges. als Fe_2O_3 0,63; CaO 0,80; MgO 0,73; Na_2O 0,30; K_2O 0,55; P_2O_5 0,18; Glühverlust 0,32. (J. Soc. Glass Technol. **37.** Trans. 97—112. April 1953.) STEINER. 6216

Friedrich Zapp, Herwart Metzel, Siegfried Goller, Hermann Kerli und **Richard Seifert,** *Über die Wirkung von geringen Specksteinzusätzen in basischen, neutralen und sauren Kapselmassen.* 3—4% Speckstein verbessern neutrale, besser noch bas. Kapselmassen. Der Glattbrand soll SK 13 (1380°) nicht übersteigen. Austausch von 3—4% Schamotte durch feinsten Korund gibt zusätzliche Verbesserung. (Sprechsaal Keram., Glas, Email **87.** 97—100. 5/3. 121—25. 30/3. 1954. Selb, Staatl. Höhere Fachschule für Porzellan, Chem.-Techn. Abt.) W. SCHÜTZ. 6218

H. Ruelland und **J. Baron,** *Apparatur für den Kriechversuch feuerfester Tone.* Bei diesem Vers. wird die Formveränderung des Probekörpers bei einem bestimmten Druck in Abhängigkeit von der Zeit u. der bei der prakt. Anwendung herrschenden Temp. durch photograph. Registrierung verfolgt. In Abständen von 2 Min. erfolgt eine Aufnahme, die Temp. wird auf $\pm 2°$ konstant gehalten. Verf. wird zur Prüfung von Schamottewaren empfohlen. (Bull. Soc. franç. Céram. **1953.** Nr. 21. 24—28. Okt./Dez. Nancy, Inst. de Rech. de la Sidérurgie u. Ecole Nat. Supérieure de la Métallurgie et de l'Ind. des Mines.) H. FISCHER. 6218

William W. Coffeen, *Keramische und dielektrische Eigenschaften der Stannate.* Es werden folgende, auf nassem Wege dargestellte Stannate beschrieben u. röntgenograph. u. thermogravimetr. näher gek.: $BaSnO_3 \cdot 3H_2O$; $CaSnO_3 \cdot 3H_2O$; $SrSnO_3 \cdot 3H_2O$; $MgSnO_3 \cdot 3H_2O$; $PbSnO_3 \cdot 2H_2O$; $CoSnO_3 \cdot 2H_2O$; $CuSnO_3 \cdot 3H_2O$; $ZnSnO_3 \cdot 4H_2O$; $CdSnO_3 \cdot 3H_2O$; $FeSnO_3 \cdot 3H_2O$ u. $MnSnO_3 \cdot 3H_2O$; ferner die wasserfreien Stannate von Mg, Bi, Co, Ni, Zn, Cd. Auf Grund ihrer Fähigkeit, sich zu keram. Massen mit geringer Porosität brennen zu lassen u. der Werte ihrer DK. lassen sich folgende Schlüsse ziehen: Die Stannate von Ca, Mg, Bi u. Ni sind, abgesehen von ihrem Verlust an W., therm. stabil u. vermögen dichte keram. Massen zu bilden. Zn- u. Co-Stannat dissoziieren zwar unter Wasserabgabe, brennen jedoch bei weiterem Erhitzen zu dichten Massen mit der Zus. $ZnSnO_3$ bzw. $CoSnO_3$. Auch Ba- u. Sr-Stannat sind therm. sehr beständig u. erfordern zum Dichtbrennen sogar Tempp. über 1600°. $PbSnO_3$ zerfällt bei ca. 954° u. erfährt oberhalb 1066° raschen Gewichtsverlust durch Verdampfen von PbO; $CdSnO_3$ zers. sich bei ca. 1177°, die Stannate von Cu, Fe^{2+} u. Fe^{3+} u. Mn dissoziieren zwar, bilden aber trotzdem dichte Massen, die freies SnO_2 oder SnO_2 in teilweise fester Lsg. enthalten. Die Stannate von Ba, Ca, Sr, Mg, Pb, Bi u. Co zeigen eine DK. von 33 oder weniger bei 10^6 Hz (etwas niedriger bei 1 kHz) u. die Stannate von Ca, Ba u. Sr haben sehr niedrige dielektr. Verlustfaktoren. Gebrannte Massen aus den Stannaten von Zn, Cd, Fe^{2+}, Fe^{3+}, Mn u. Cu verhalten sich alle wie Halbleiter, während Ni-Stannat eine Mittelstellung zwischen einem Halbleiter u. einem Dielektrikum einzunehmen scheint, indem es eine verhältnismäßig hohe DK. u. auch einen hohen dielektr. Verlustfaktor besitzt. (J. Amer. ceram. Soc. **36.** 207—14. 1/7. 1953. Rahway, N. J., Metal & Thermit Corp.) HENTSCHEL. 6220

A. Stephenson, *Verwertung der Kalkrückstände von Calciumcarbid.* Der bei der Naßvergasung von CaC_2 anfallende Carbidkalk (I) ist ein dünnfl. Schlamm mit ca. 80% W.; durch Behandlung in Filterpressen kann der Wassergeh. auf 42—45%, durch Trocknen mit warmer Luft auf 2—3% erniedrigt werden. I wird als Ersatz für Weißkalk, vor allem in der Bau-, Eisen- u. Lederindustrie, verwendet. Der bei der Trockenvergasung anfallende I ist nicht so fein u. bindet schlechter ab als der bei der Naßvergasung anfallende I. (Soudure Techn. connexes **8.** 41—42. Jan./Febr. **1954.** London, British Oxygen Co.) STEINER. 6226

G. Hochdahl, *Betondachstein, Herstellung und Güteeigenschaften.* Allg. Ausführungen. (Betonstein-Ztg. **20.** 15—17. Jan. 1954.) H. FISCHER. 6228

K. K. Strelow, *Veränderungen von Chrysotil-Asbest beim Erhitzen im Temperaturgebiet von 500—1100°.* Die Probe enthielt 41 (%) SiO_2 (I), 0,60 Al_2O_3, 1,29 Fe_2O_3, 0,61 FeO, 0,10 CaO, 40,48 MgO (II), 0,06 MnO, 0,04 NiO, 15,58 Glühverlust. Bestimmt wurden I- u. II-Löslichkeit, Glühverlust, Hygroskopizität des geglühten Prod., Porosität, D., Schwund beim Pressen u. Dilatation. Die Hygroskopizitätskurve zeigt bei 700—800° einen steilen Anstieg. Das Maximum der I- u. II-Löslichkeit liegt bei 650°. Vf. schlägt folgendes Umwandlungsschema vor: $2(H_4Mg_3Si_2O_9) \rightarrow (MgSi_4O_9) + 5MgO + 4H_2O$ (mit einem Maximum bei 600—800°); $(MgSi_4O_9) + 5MgO \rightarrow 2(Mg_2 \cdot SiO_4) + 2(MgSiO_3)$. Diese Rk. beginnt bei 800° u. ist bei 1100—1300° beendet. (Журнал Прикладной Химии [J. angew. Chem.] **26.** Nr. 10. 1091—94. Okt. **1953.**) POLLAK V. EMHOFEN. 6234

A. Barthelt und **A. Lutsch,** *Zerstörungsfreie Prüfung von keramischen Isolatoren mit Ultraschall.* (Siemens-Z. **26.** 114—21. Apr.; Sprechsaal Keram., Glas, Email **85.** 173. 20/4. 1952.) SCHÜTZ. 6246

J. André, *An gleicher Probe festgestellte Streuungen in den aus verschiedenen Laboratorien stammenden Analysenergebnissen. Anwendung einer colorimetrischen Analysenmethode für feuerfeste Tone.* Vf. vergleicht die Genauigkeit von gravimetr. u. colorimetr. ausgeführten Al_2O_3-Bestimmungen in Tonen, wobei die colorimetr. der gravimetr. kaum nachsteht. Colorimetriert wurde mit einem lichtelektr. Colorimeter mit Aurintricarbonsäurereagens. Dieses Verf. wird wegen des geringeren Zeitaufwandes für Betriebsanalysen empfohlen. (Bull. Soc. franç. Céram. **1953.** Nr. 21. 12—23. Okt./Dez. Labor. Central des Établ. F. Labesse.) H. FISCHER. 6248

P. Janssens, *Über die Bestimmung der Schlacke in metallurgischen Zementen.* Die mkr. Meth. ist zur Best. des Schlackengeh. metallurg. Zemente anwendbar, bei denen die Best. einer chem. Eig. des Klinkers oder Zementbreies getrennt unmöglich ist. Soll ein genaues Ergebnis erzielt werden, dann muß die durch mkr. Zählung erhaltene Zahl einer Korrektur unterworfen werden, wobei der Gipsgeh. des Zements u. das Verhältnis des Schlackengeh. der analysierten Zwischenfraktion zum Geh. des Rohzementes in Betracht gezogen werden müssen. Die Ermittlung dieses Verhältnisses erfolgt experimentell durch Best. des Reduktionsvermögens eines jeden dieser Teile. Es kann auch ein Mittelfaktor angewandt werden. In diesem Falle erfordert die Best.

½ Std., u. die Genauigkeit schwankt zwischen ± 1%. Die Best. des Reduktionsvermögens mit $KMnO_4$ führt zu ausgezeichneten Ergebnissen, wenn das Reduktionsvermögen des Klinkers u. der Schlacke, die zur Mischung verwendet wurden oder verwendet werden sollen, bestimmt werden. Die Analysendauer beträgt 10 Min., u. die Genauigkeit schwankt zwischen ± 0,7%. (Silicates ind. **16.** 129—34. Mai 1951.) PISTOR. 6252

Shigeyuki Shinkai, *Über die Bestimmung von Magnesium und Calcium im Dolomit.* Nach einer etwas abgeänderten Meth. von SANE u. TELANG (Analytic. Chem. **21.** [1949.] 618) wurde $Ba(OH)_2$ an Stelle von $Ca(OH)_2$ zur Fällung von $Mg(OH)_2$ benutzt. Das Verf. zur Ca-Best. nach GREEAR u. WRIGHT (Analytic. Chem. **21.** [1949.] 596) wurde ebenfalls verbessert; $CaC_2O_4 \cdot H_2O$ wurde nach 2std. Stehen mit $KMnO_4$ titriert. (J. ceram. Assoc., Japan [Yogyo Kyokai Shi] **61.** 479—80. 28/10. 1953. [Orig.: japan.]) SCHULER. 6256

Soc. An. des Manufactures des Glaces et Produits Chimiques de Saint-Gobain, Chauny & Cirey, Paris, Frankreich, *Herstellung von Glas.* Man schm. das Glas in Wannenöfen, die mit Einbauten versehen sind, so daß ungeschmolzenes Gut nicht von der Schmelzzone in die weiteren Ofenzonen gelangen kann; geschmolzene Anteile werden oberhalb der Trennwand in die weiteren Ofenkammern geleitet. (**Finn. P. 26 815** vom 17/5. 1951, Auszug veröff. 27/2. 1954. F. Prior. 17/5. 1950.) JÜRGEN SCHMIDT. 6175

Alois Vogt, Vaduz, Liechtenstein, *Herstellung von Linienmustern, z. B. Skalen.* Auf der Unterlage (Glas, Metall, Kunstharz) wird eine höchstens eine Lichtwellenlänge dicke Hilfsschicht (Hi) z. B. durch Aufdampfen von Na- oder Al-Fluorid erzeugt, in diese die Linien eingraviert, dann eine zeichenbildende Haftschicht, z. B. eine Rh-Schicht ähnlicher Dicke wie die Hi, aufgedampft u. diese entfernt. Man erhält Linien, die auch unter dem Mikroskop scharfe Ränder zeigen. (**Schwz. P. 289 455** vom 8/4. 1950, ausg. 1/7. 1953.) E. WEISS. 6189

Deutsche Spiegelglas Akt.-Ges. (Erfinder: **Otto Gott**), Grünenplan über Alfeld/Leine, *Schutzglas für Schweißerarbeiten.* Das Glas, welches einen Geh. an Ferroeisen zur Herabsetzung der Durchlässigkeit der Strahlung im Bereich des infraroten u. ultravioletten Spektralgebietes enthält, soll zur Abschirmung der Na-Strahlung einen Geh. von mindestens 0,5 (%) Pr_2O_3 aufweisen. Pr_2O_3 kann in das Glas als Didymoxyd, das heißt als Gemisch aus Pr_2O_3 u. Nd_2O_3, eingeführt werden. — Beispiel für eine Glaszus.: 0,5 Pr_2O_3, 0,3 CaO, 3,6 FeO, 0,1 CoO, 0,3 Cr_2O_3, 18 Na_2O u. K_2O, bes. im Verhältnis 3:2, Rest SiO_2. (**D. B. P. 913 096** Kl. 32b vom 8/10. 1949, ausg. 8/6. 1954. Anmeldung bekanntgemacht 15/6. 1950.) HANS HOFFMANN. 6201

Paul Ochs, Lenglern, *Edelmetallisierung von Glaskörpern.* Zur Edelmetallisierung von Glasröhren, bes. solchen mit Wandstärken unter 1 mm, wird die innere Oberfläche des Glasrohres mit dest. W. bis zu 100° bespült, worauf die Emulsion des Edelmetalles eingefüllt wird, so daß sich eine geschlossene Metalloberfläche bildet. Das Glasrohr wird unter Rotation von der waagerechten in die vertikale Lage gebracht u. schließlich unter Luftverdünnung in einem warmen Gasstrom auf ca. 700° erhitzt. (**D. B. P. 910 582** Kl. 32b vom 13/1. 1951, ausg. 3/5. 1954. Anmeldung bekanntgemacht 3/9. 1953.) HANS HOFFMANN. 6203

Schultheis & Söhne, Wesseling (Erfinder: **Peter Schultheis,** Rondorf), *Herstellung haftfester Blechemails.* In die mit MoO_2, Bi_2O_3, HgO, Ag_2O oder sonstigen Oxydverbb. dieser Metalle hergestellten Blechemails werden S oder S-Verbb., bes. in leichtlösl. Art, z. B. als Na_2S, eingeführt, u. zwar in Mengen zwischen 0,1 u. 10%, je nach Art der S-Verbb. u. denEigg. des Emails. Solche Emails eignen sich als Deckemail. unmittelbar auf Blech. (**D. B. P. 909 277** Kl. 48c vom 25/1 1944, ausg. 15/4. 1954. Anmeldung bekanntgemacht 3/9. 1953.) MARKHOFF. 6213

Canadian Refractories Ltd., Montreal, Canada, *Lösliches Silicatbindemittel.* Dieses besteht aus Na-Silicat u. Na_3PO_4 u. wird zum Verkleben von schichtförmigen Stoffen, wie Asbest- oder ungeleimtem Papier, oder zum Einbinden körniger Stoffe aus feuerfestem Material zwecks Herst. von Ofenauskleidungen benutzt. (**D. B. P. 897 827** Kl. 80b vom 18/6. 1936, ausg. 23/11. 1953.) HANS HOFFMANN. 6219

Sterchamolwerke G. m. b. H., Dortmund (Erfinder: **Walter Stiemke,** Elze, Hann.), *Herstellung feuerfester Isolierkörper und -massen.* Exfoliierter Vermiculit wird vor dem Vereinigen mit einem Bindemittel, wie Ton, mit einem ausbrennbaren Mehl oder Staub, wie Sägemehl, feinem Kohlenstaub, vermischt, worauf die M. geformt u. gebrannt wird. (**D. B. P. 906 793** Kl. 80b vom 28/2. 1952, ausg. 18/3. 1954. Anmeldung bekanntgemacht 23/7. 1953.) HANS HOFFMANN. 6219

Sterchamolwerke G. m. b. H., Dortmund (Erfinder: **Walter Stiemke,** Elze, Hann.), *Herstellung von Isolierkörpern und -massen.* Exfoliierte Vermiculitteilchen werden bei red. Luftdruck mit W. oder einer wss. Fl. getränkt u. mit einem Bindemittel, z. B.

einem mageren Ton, vermischt. Die M. wird dann nach etwaigem Formen getrocknet u. gegebenenfalls gebrannt. Faserstoffe, wie Asbest oder schaum- oder gasbildende Stoffe, können der M. zugesetzt werden. (**D. B. P. 906 196** Kl. 80b vom 22/11. 1951, ausg. 11/3. 1954. Anmeldung bekanntgemacht 16/7. 1953.) HANS HOFFMANN. 6219

Österreichisch-Amerikanische Magnesit Akt.-Ges., Radenthein, Kärnten, Österreich (Erfinder: **Paul Lanser, Norbert Skalla** und **Maximilian Mack**), *Verfahren zur Herstellung von hydratationsbeständigen, feuerfesten, gebrannten, magnesiahaltigen Steinen und Massen.* In weiterer Ausbldg. des Verf. nach dem Hauptpatent werden auf die gebrannten Steine oder Massen an Stelle von CO_2 oder außerdem andere saure Gase oder mit festen sauren Bestandteilen beladene Rauche, zweckmäßig in Ggw. von W. u. unter Druck zur Einw. gebracht. — Z. B. finden SO_2, SO_3 oder HCl oder diese Verbb. enthaltende Gase Verwendung. (**Oe. P. 177 369** vom 4/11. 1951, ausg. 25/1. 1954. **Zusatz zu Oe. P. 174 570; C. 1954. 1331.**) BEWERSDORF. 6219

Shawinigan Chemicals Ltd., übert. von: **John H. Gibbs** und **Arthur H. Andersen**, Montreal, Quebec, Can., *Brikettieren* von feinpulverisiertem, nichtmetall., anorgan. Material mit einem F. von mindestens 1200°. Das Material, z. B. eine Mischung aus Metalloxyd u. Koks, wird auf Tempp. zwischen 100 u. 600° erhitzt u. ohne Zusatz von Bindemittel bei diesen Tempp. verpreßt. (**Can. P. 481 706** vom 29/10. 1948, ausg. 11/3. 1952. E. Prior. 19/11. 1947.) WITTHOLZ. 6221

Comp. Générale de Télégraphie sans Fil, Seine, Frankreich, *Keramische Körper mit einem Dehnungskoeffizienten zwischen $38—45 \cdot 10^{-7}$ und einem schwachen Verlustwinkel* mit einem Geh. an Al_2O_3 von 50—60% u. an SiO_2 von 33—38%. — Z. B. stellt man eine plast. M. aus 23,5 (Teilen) Al_2O_3, 4,8 Ton, 60,7 Kaolin, 5,57 Dolomit, 1,74 ZnO, 1,74 $BaCO_3$ u. 1,74 Pb_2O_3 in üblicher Weise her u. formt entsprechende Körper daraus, die dann bei ca. 1400° gebrannt werden, so daß eine gute Verglasung erreicht wird. Solche Körper widerstehen gut Wärmestößen. (**F. P. 1 019 986** vom 9/6. 1950, ausg. 30/1. 1953.) BEWERSDORF. 6221

Arno Zell, Düsseldorf, und **Paul Kittelberger,** Diepenthal, Post Pattscheid, *Wasserfest- und Wasserdichtmachen von Sorelzementmassen.* Die erhärteten Massen werden mit einer Öl-in-Wasser-Emulsion getränkt, die als ölige Phase verseifbare Wachse u./oder Seifen, wie z. B. Na- oder K-Oleat oder Palmitat oder Stearat oder K- oder (NH_4)- oder Na-Sulfonate der Ricinolsäure enthalten, die vorher in geeigneten Lösungsmitteln, wie z. B. aliphat. KW-stoffen, aromat. u. Chlor-KW-stoffen, gelöst wurden. Die wss. Phase kann aus der Lsg. eines Salzes der H_2SiF_6 bestehen. (**D. B. P. 905 834** Kl. 80b vom 20/12. 1951, ausg. 8/3. 1954. Anmeldung bekanntgemacht 25/6. 1953.) HANS HOFFMANN. 6223

Paul Kittelberger, Diepenthal bei Pattscheid, *Herstellung von Holzbeton.* Bei der Herst. von Holzbeton nach D. B. P. 808 690 werden die Sägespäne u. das Holzmehl vor dem Vermischen mit dem Bindemittel mit einer Lsg. eines anionakt. Netzmittels, z. B. von Seifen aus Fettsäuren, Tallöl, Harzen, Schwefelsäureester u. Sulfonsäure, allein oder zusammen mit einer Lsg. eines natürlichen oder künstlichen Leimes, u. anschließend einer wss. Lsg. einer Metallverb. zum Unlöslichmachen der Seife behandelt. (**D. B. P. 905 715** Kl. 80b vom 13/6. 1951, ausg. 4/3. 1954. Anmeldung bekanntgemacht 21/8. 1952. **Zusatz zu D. B. P. 808 690; C. 1951. II. 3507.**) HANS HOFFMANN. 6225

Soc. d'Études pour la Fabrication de Matériaux Nouveaux de Constructions et leurs Applications (S. E. F. A. M.), Seine, Frankreich, *Herstellung eines selbst erhärtenden Mörtels.* Man vermischt trockenen oder etwas angefeuchteten feingekörnten Dolomit (100—400 kg) mit 200 Liter einer wss. $MgCl_2$-Lsg. (18—25° Bé) gut. Als Zuschlagstoffe können noch Sand, Kies, Sägemehl, Torffasern, Stroh, Si-C-Körner, Fe- oder Stahlsplitter eingemischt werden. Für die Erhärtung kann eine Lsg. aus 3—5 mg Jod in 1 Liter A. zugesetzt werden, zur Erhöhung der Festigkeit können 2—8% gerösteter Dolomit, als Abbindebeschleuniger 2—15% Al_2O_3 u. zur Vermeidung von Ausblühungen 0,20—1 kg Borverbb. zugesetzt werden. Es werden Körper geformt die dann selbständig abbinden u. erhärten. (**F. P. 1 037 566** vom 26/1. 1951, ausg. 21/9. 1953.) BEWERSDORF. 6227

Oskar Friedrich Kaden, Hamburg, *Herstellung von formbeständigen Leichtbauplatten aus Rinden und Gips.* Ausgelaugte Rinden mit einem Feuchtigkeitsgeh. von 40—50% werden mit gebranntem Naturgips vorzugsweise in einem Volumenverhältnis 1:1 gemischt, worauf die M. verformt wird. (**D. B. P. 908 712** Kl. 80b vom 10/3. 1942, ausg. 8/4. 1954. Anmeldung bekanntgemacht 17/1. 1952.) HANS HOFFMANN. 6229

—, Glasschmelzen mit Natriumsulfat. Bericht erstattet von **Fritz Egeler**. Frankfurt/M.: Verl. d. Dt. Glastechn. Gesellschaft. 1952. (16 S. m. 2 Abb.) = Fachausschußbericht d. Dt. Glastechn. Gesellsch. Nr. 46. DM 10,—.

VII. Agrikulturchemie. Schädlingsbekämpfung.

John Grainger, *Schädigung von Gewächshauspflanzen durch Überdüngung.* Salatpflanzen, die mit N–P–K-Mischdünger in Mengen von 4 tons/acre u. darüber äquivalent gedüngt wurden, erlitten schwere Schäden (Blattverbrennung, Welken, Absterben). Durch Auslaugen bzw. Kalken wurde der Geh. des Bodens an lösl. Salzen vermindert bzw. neutralisiert, so daß auf ihm gesunder Salat gezogen werden konnte. Tomaten vertragen höhere Salzkonzz. besser als Salat. (J. Sci. Food Agric. **3.** 164—73. April 1952. Auchincruive, Ayr, West of Scotland Agric. Coll., Dep. of Plant Pathol.) RANG. 6304

H. E. Thompson, H. L. Ahlgren und **J. T. Medler,** *Einfluß verschiedenen Schnitts und der Bekämpfung schädlicher Insekten auf den Samenertrag von Ladinoklee (Trifolium repens L.).* Durch die Bekämpfung schädlicher Insekten mit Insekticiden wurde der Samenertrag von Ladinoklee im ersten Erntejahr gesteigert. Im zweiten Jahr war der Samenertrag allg. geringer. Mäßiger Regenfall wirkte günstiger als hoher Niederschlag. (Agronomy J. **44.** 411—14. Aug. 1952. Madison, Wis., Univ. of Wisconsin, Dep. of Agronomy and Entomology.) GRÜTZ. 6304

K. Wilson Jones, *Weitere Versuche zur Bekämpfung von Striga hermontheca Benth.* 1. Mitt. *Der Einfluß von Hormonunkrautbekämpfungsmitteln in verschiedenen Konzentrationen und zu verschiedenen Zeitpunkten bei bewässerten Durakulturen.* Nach Spritzen von mit Striga hermontheca Benth. befallenen Durakulturen [Sorghum vulgare (L.) Pers.] mit 0,5—2 lbs./acre *2.4-D* wurden die Erträge bzw. der Befall signifikant gesteigert bzw. gemindert, sofern die Anwendung in der 2.—3. Woche nach der Aussaat erfolgte. (Empire J. exp. Agric. **21.** 331—39. Okt. 1953. Sudan Government, Ministry of Agric., Res. Div.) RANG. 6312

Fritz Wagner, *Versuche zur Bekämpfung des Zwergbrandes an Weizen mit verschiedenen Bodenbehandlungsmitteln und Verfahren.* Bei Spritzverss. waren die *Spezialspritzmittel B* u. *C* (Zus. nicht angegeben; 1,8%ig. Konz.) gegen den Zwergbrand an Weizen wirksamer als 3% $CuSO_4$, 0,75% Kupferkalk u. 0,5% Hg-haltige Naßbeize; sie brachten auch noch bei 0,45%ig. Konz. ein prakt. ausreichendes Ergebnis. Als Streumittel waren *Brassicol* u. das *Spezialpräp. A* (Zus. nicht angegeben) noch bei Aufwandmenge von 50 kg/ha wirksam. Durch Verabreichung von 400 kg/ha Kalkstickstoff zur Saatzeit bzw. 10 Tage nach der Saat wurde eine deutliche Minderung des Befalles erzielt. (Z. Pflanzenbau Pflanzenschutz **4** (**48**). 145—51. 1953. Bayer. Landesanstalt für Pflanzenbau u. Pflanzenschutz, Außenstelle Bayreuth.) RANG. 6312

K. E. Hutton, *Bekämpfung der Schwarzfleckigkeit von Äpfeln und Birnen. Beobachtungen bei der Anwendung von Thiram. Thiram* (Tetramethylthiuramdisulfid) ist als 0,12%ig. Spritzmittel gegen den Erreger der Schwarzfleckigkeit von Äpfeln u. Birnen (Venturia inaequalis [Cooke] Wint.) ebenso wirksam wie Schwefelkalk u. mit den meisten Insekticiden verträglich. (Agric. Gaz. New South Wales **65.** **161**—62. März 1954.) RANG. 6312

J. Kundert, *Die Peronospora der Rebe und ihre Bekämpfung im Jahre 1953. Cu-Thiocarbamat, Flit 406* (Captanpräp.) sowie ein Cu-Captan- u. ein Cu–S-Captanpräp. haben sich experimentell bzgl. ihrer Wrkg. gegen Peronospora bewährt. In der Praxis wurde jedoch stärkeres Auftreten von Oidium u. Botrytis sowie vermehrte Essigbldg. verursacht. Haftfähigkeit u. Dauerwrkg. sind geringer als bei Bordeauxbrühe. (Schweiz. Z. Obst- u. Weinbau **63.** 47—53. 6/2. 1954. Wädenswil, Eidg. Versuchsanst.) RANG. 6312

K. Stoll, *Über die Wirkung von „Wofatox" auf Pollen und Narbe der Rapspflanze.* Es wurde festgestellt, daß *Wofatox* (**I**) auf lebensfähigen Rapspollen giftig wirkt (Beeinträchtigung der Keimung u. Pollenschlauchentw.). Als Dosis toxica wurde eine Konz. ermittelt, die einer **I**-Aufschwemmung von ca. 60 g/Liter W. entspricht. Unter natürlichen Bedingungen im Freiland treten derartige Konzz. nur ausnahmsweise auf. Die Behandlung bestäubungsfähiger Narben der Rapsblüte mit **I** führt nicht zu restloser Unterdrückung des Schotenansatzes. Die Gründe hierfür liegen u. a. in einer entgiftenden Wrkg. des Narbensekrets. (Nachrichtenbl. dtsch. Pflanzenschutzdienst [Berlin] [N. F.] **7** (**33**). 21—32. Febr. 1953.) WINIKER. 6312

H. W. Fuchs und **H. D. Kunz,** *Über die innertherapeutische Wirkung von Cyanamid. Cyanamid* (**I**) zeigt insekticide Wrkg. auf Bodenorganismen u. auf saugende u. stechende Schädlinge auf der Pflanze (verschied. Blattlausarten, Fritfliege, Kohlweißling, Getreidehähnchen u. Stockälchen). Vff. stellten mit Doralis fabae auf Vicia faba umfangreiche Verss. an. **I** wird durch Wurzel u. Sproßorgane aus wss. Lsg. aufgenommen u. wirkt bei Konzz. über 7,5 mg I-N/1000 cm^3 tox. auf die Blattläuse. Die Blattlaussterblichkeit kann als empfindlicher biol. Test für die I-Konz. in den Blättern angesehen werden. Einsetzen der insekticiden Wrkg. in den oberen Blättern der Pflanze erfolgt nach ca. 24 Std., dabei genügt eine 6std. Einw. von I. Nach 48std. Behandlung kann die Wrkg. ca. 6 Tage lang nachgewiesen werden. Der Wirkungsgrad ist von Art u. Alter der Pflanze, sowie von der Entwicklungsstufe der Schädlinge abhängig. Über die Bedeutung dieser Wrkg. des I für die Praxis kann noch nicht eindeutig entschieden werden. (Naturwissenschaften **41.** 20. Jan. 1954. Göttingen, Inst. für Pflanzenpathol. u. Pflanzenschutz.) HANS THIELE. 6312

Don R. Arthur, *Neuere Fortschritte auf dem Gebiet der Zeckenbekämpfung in Großbritannien.* Erfahrungsbericht über die Bekämpfung der verschied. Zeckenarten mit *DDT*, As_2O_3, *Derris-Präpp.*, *Pyrethrum* u. *chlorierten KW-stoffen.* — 30 Literaturangaben. (Empire J. exp. Agric. **21.** 321—30. Okt. 1953. London, Univ., King's Coll., Dep. of Zool.) RANG. 6312

H.-A. Kirchner, *Zwiebelfliegenbekämpfung durch Saatgutbehandlung.* Durch Sameninkrustierung mit *Spritzgesarol 50* (300 g/kg Zwiebelsamen) konnte der durch Zwiebelfliegen verursachte Schaden auf weniger als ein Viertel gegenüber unbehandelt herabgesetzt werden. *Gesaktiv* u. *Ruskalin* sind für die Sameninkrustierung nicht geeignet (geringere Wirksamkeit u. ungünstige Wrkg. auf die Samen). (Nachrichtenbl. dtsch. Pflanzenschutzdienst [Berlin] [N. F.] **7** (**33**). 234—35. Dez. 1953.) WINIKER. 6312

Dial F. Martin, *Bekämpfung von Sanninoidea exitiosa Say.* Einmalige Anwendung von *p-Dichlorbenzol-* bzw. *Äthylendichlorid*-Emulsion vernichtete 95,5 bzw. 97,5% der Schädlinge. Dreimalige Anwendung von *Lindan-* bzw. *DDT-* bzw. *Dieldrin*-Sprays entsprach der Wirksamkeit der erstgenannten Mittel. *Chlordan* u. *EPN* waren etwas weniger wirksam. (J. econ. Entomol. **46.** 704—05. Aug. 1953. Texas Agric. Exp. Stat.) WINIKER. 6312

L. P. Ditman und **G. W. Lloyd,** *Rechtzeitige Bekämpfung des Maiszünslers (Hbn.).* Die Verss. wurden mit *DDT*-Sprays durchgeführt. Die beste Bekämpfungszeit lag manchmal vor u. manchmal nach der Eiablage. (J. econ. Entomol. **44.** 564—66. Aug. 1951. College Park, Md.) LIEBNER. 6312

James A. Cox, *Bekämpfung von Conotrachelus nenuphar Herbst. an Pflaumenbäumen.* Pb-Arsenat befriedigte in Freilandverss. nicht. BHC-Präpp. mit 0,25 lbs. γ-Isomeren/gall. war zur Bekämpfung von C. nenuphar sehr geeignet, jedoch wenig für Adulten. Das Umgekehrte — hohe Toxizität für Adulten u. geringere für die Entwicklungsstadien — gilt für *Parathion* (0,25 lbs/100 gall.). *Äthyl-p-nitrophenylthiobenzolphosphonat* (0,27 lbs./100 gall.) zeigte hohe Anfangstoxizität für Adulten, jedoch für die Vorstadien noch geringere als BHC u. Parathion. Recht gute Wirksamkeit gegen alle Stadien des Schädlings zeigten *Dialkylnitroarylthiophosphate*, welche jedoch bei mehrfacher Anwendung die Früchte schädigten. (J. econ. Entomol. **44.** 499—504. Aug. 1951. State College, Pa., Pennsylvania Agric. Exp. Stat.) LIEBNER. 6312

Oliver I. Snapp, *Wirkung von zur Bekämpfung von Conotrachelus nenuphar (Hbst.) verwendeten Mitteln auf Grapholitha molesta (Busck).* Die zur Bekämpfung von Conotrachelus nenuphar geeigneten Mittel, *Parathion* (**I**), *EPN*, *Methoxychlor*, *Pb-Arsenat*, *Aldrin* u. *Dieldrin*, eignen sich auch zur Bekämpfung von Grapholitha molesta. I u. EPN sind am wirkungsvollsten. (J. econ. Entomol. **46.** 706. Aug. 1953.) WINIKER. 6312

M. I. Gretschka, *Die Anwendung von HCH und DDT gegen den Seidenspinner Melacosoma neustria L.* Die Raupen des Seidenspinners (Melacosoma neustria L.) werden durch Behandlung mit 7%ig. *Hexachloran*-Staub oder 5%ig. *DDT*-Staub entweder vernichtet oder, wenn sie sich im Ruhezustand befinden, verpuppen sich unter der Wrkg. des Staubes vorzeitig; aus ihnen bilden sich dann Schmetterlinge mit unentwickelten Flügeln u. Eieranlagen, die nur eine geringe Menge von Eiern ergeben. (Известия Тимирязевской Сельскохозяйственной Академии [Nachr. Landwirtsch. Timirjasew-Akad.] **1953.** Nr. 3. 233—34.) A. JACOB. 6312

Robert A. Hoffman und **Arthur W. Lindquist,** *Untersuchungen über die Behandlung von Fliegen mit radioaktivem Phosphor.* Stubenfliegen (*Musca domestica L.*) wurden mit Zuckerlsgg. gefüttert, die verschied. Mengen von ^{32}P enthielten, bzw. wurden Larven auf Nährböden aufgezogen, die ^{32}P enthielten. Die Verteilung von ^{32}P wurde mit dem GEIGER-Zähler bestimmt. Die von den gefütterten ♀ gelegten Eier waren zum größten Teil nicht entwicklungsfähig, jedoch waren die ♂ zeugungsfähig. Die Larven in den ^{32}P-haltigen Nährböden entwickelten sich normal. Es wurden keine Unregelmäßigkeiten bzgl. der Verpuppung u. des Schlüpfens festgestellt. Bei Messungen wurde festgestellt, daß ein Teil des ^{32}P beim Schlüpfen in der Exuvie verblieb. Ähnliche, nicht quantitative Verss. wurden mit den beiden Arten Phaenicia sericata (Meig) u. Callitroga americana ausgeführt. (J. econ. Entomol. **44.** 471—73. Aug. 1951. U. S. D. A., Agric. Res., Bur. of Entomol. and Plant Quarantine u. Oregon State Coll.) LÜPNITZ. 6312

W. A. Gersdorff und **Norman Mitlin,** *Gemeinsame Giftwirkung von Gemischen von Parathion und seinem Methylhomologen gegen Musca domestica L.* Gegen ausgewachsene Musca domestica L. wies das *Methylhomologe des Parathions* 68% der tox. Wrkg. des Parathions auf. Gemische von *Parathion* mit dem Methylhomologen im Verhältnis 1 : 4, 1 : 1, 4 : 1 zeigten 72 bzw. 88 bzw. 91% der Toxizität der Parathions. (J. econ. Entomol. **44.** 474—76. Aug. 1951. Agric. Res. Adm., U. S. D. A., Bur. of Entomol. and Plant Quarantine.) LIEBNER. 6312

W. W. Yates, *Ammoniumcarbonat als Köder für Stubenfliegen.* Der Zusatz von *Ammoniumcarbonat* (20%) zu Kleie, Hafer- u. Alfalfamehl sowie anderen eiweißhaltigen Futtermitteln erhöht deren Köderwrkg. gegenüber *Musca domestica L.* Fliegen, die älter als 5 Tage sind, u. Weibchen werden stärker angelockt als andere. Die Wrkg. der Köder wird durch Anfeuchten erhöht. (J. econ. Entomol. **44.** 1004—06. Dez. 1951.) LÜPNITZ. 6312

Elton J. Hansens, *Stomoxys calcitrans und ihr Einfluß auf den Badestrand.* Bei der Bekämpfung dieser bes. lästigen Fliegenart eigneten sich DDT, Methoxychlor u. TDE als Sprays auf Seetang. (J. econ. Entomol. **44.** 482—87. Aug. 1951. New Brunswick, N. J., New Jersey Agric. Exp. Stat.) LIEBNER. 6312

Je. M. Kedrowa, *Über die toxischen Eigenschaften von DDT.* Vf. weist an Hand der Literatur (8 Hinweise) nach, daß die pflanzlichen Nahrungsmittel nach ihrer Behandlung mit *DDT* stets eine gewisse Menge dieses Stoffes enthalten. Ebenso gelangt bei Behandlung von Nutztieren, z. B. Kühen, DDT ins Blut u. wird teilweise durch die Milch ausgeschieden bzw. in Organen u. Geweben gespeichert. Im Gemüse, Früchten, Milch u. Brot wird ein Geh. von nicht mehr als 2—3, in anderen Nahrungsmitteln bis zu 5 mg DDT/kg als zulässig erachtet. (Вопросы Питания [Fragen d. Ernähr.] **12.** Nr. 2. 62—67. März/April 1953. Moskau, Ernährungsinst. der Akad. der Med. Wiss. der UdSSR, Abt. für Nahrungsmittelhyg.) RENTZ. 6312

K. Scharrer und **H. Fast,** *Zur Methodik der Untersuchung von Pflanzennährstoffen in Niederschlagswässern.* Vff. bestimmen in einzeln über 18 Monate hin anfallenden Regenwasserproben die zur Pflanzenernährung dienenden Ionen Ca^{2+}, Mg^{2+}, K^+, NH_4^+, Cl^-, SO_4^{2-}, NO_3^-, NO_2^-, HCO_3^- u. PO_4^{3-} unter Angleichung der verschied. Methoden an die kleinen Proben. So werden das p_H mit der Chinhydronelektrode, Ca^{2+} u. Mg^{2+} nach WARTHA-PFEIFFER, K^+ flammenphotometr. u. NH_4^+ colorimetr. mit NESSLER-Reagens-Seignettesalz bestimmt, während Cl^- in modifizierter Weise nach WINKLER mit $AgNO_3$, HCO_3^- mit HCl u. freies CO_2 mit $NaHCO_3$ titriert werden. Bei der SO_4^{2-}-Best. nach LUPIN ergibt sich für Gehh. $>$ 150 mg/Liter SO_4^{2-} ein erhebliches Absinken der Genauigkeit. Schließlich werden NO_3^- u. NO_2^- mit Brucin bzw. mit m-Phenylendiamin, PO_4^{3-} mit Molybdat/$SnCl_2$ oder mit $NaHSO_3$/Hydrochinon u. Farbvertiefung mit Carbonatsulfitlsg. nach ZIMMERMANN colorimetr. bestimmt. Die Ergebnisse werden tabellar. als Monatsmittel u. Monatssummen mitgeteilt. (Z. analyt. Chem. **134.** 109—14. 1951. Gießen, Justus-Liebig-Hochschule, Agrikulturchem. Inst.) WEITBRECHT. 6324

D. J. Higgons, *Colorimetrische Schnellmethode zur Borbestimmung und ihre Anwendung auf Böden und Nutzpflanzen.* Zur Ausführung der Rk. werden folgende Reagentien gebraucht: 84% ig. H_2SO_4, 0,3% Waxoline Purpur AS in 77,5% ig. H_2SO_4 (I), verd. Farbstofflsg. (2,5 cm³ der Lsg. I mit 84% ig. H_2SO_4 auf 100 cm³ auffüllen), 20% ig. H_2SO_4, Standard-Na-Boratlsg. (1 cm³ = 40 μg B). Zur Herst. einer Standard B Skala werden 1—8 μg entsprechende Mengen der B-Lsg. in 20% ig. H_2SO_4 mit 8 cm³ verd. Farbstofflsg. gemischt u. über Nacht 17—19 Std. bei 2° gehalten, sodann Farbprüfung im Colorimeter. Färbung je nach Konz. Grün bis Blau. — Zur Analyse werden 0,5—1 g im Ofen getrocknetes Pflanzenmaterial mit 0,1 g geglühtem CaO 1 Std. lang geglüht, die Asche wird in 10 cm³ 20% ig. H_2SO_4 aufgenommen, die Lsg. 10 Min. zentrifugiert. Zur Farbbest. dient 1 cm³ Lösung. Von Böden werden 20 g lufttrockner Boden mit 40 cm³ W. 5 Min. lang unter Rückfluß ausgekocht, die Lsg. wird abgegossen u. nach Zusatz eines kleinen Kristalls $CaCl_2 \cdot 6\,H_2O$ abgekühlt u. 15 Min. lang zentrifugiert. 20 cm³ der klaren Lsg. werden mit 2 cm³ gesätt. $CaCl_2$-Lsg. abgedampft, der Rückstand wird 1 Std. bei 400° geglüht, in 5 cm³ 20% ig. H_2SO_4 aufgenommen, die Lsg. wird 10 Min. lang zentrifugiert; 1 cm³ dient zur colorimetr. Bestimmung. (J. Sci. Food Agric. **2.** 498—503. Nov. 1951. Nottingham.) GRIMME. 6324

Boyd L. Samuel, *Chromatographische Trennung und Bestimmung organischer Thiocyanate in Insekticiden.* Vf. untersucht die Möglichkeit der Trennung u. Best. von organ. Thiocyanaten mittels der von HARRIS (J. Assoc. off. agric. Chemists **32.** [1949.] 684) zur chromatograph. HCH-Best. entwickelten Methode. (J. Assoc. off. agric. Chemists **34.** 764—65. 15/8. 1951. Richmond, Va., Dep. of Agric., Div. of Chem.) GRIMME. 6328

Werner Gruch, *Über papierchromatographische Trennung von Kontaktinsekticiden (DDT, E 605, Hexachlorcyclohexan).* DDT, Hexachlorcyclohexan (HCH) u. E 605 lassen sich papierchromatograph. trennen. Die in Aceton gelösten Kontaktgifte (z. B. 1—50 mg in 0,1 oder 0,25 ml) werden auf Filterpapier, welches mit 2% Vaseline enthaltendem Ae. getränkt u. getrocknet worden war, auf je 10 cm lange Startlinien aufgesetzt. Anschließend wurde aufsteigend mit einem Lösungsm., bestehend aus 80 Teilen 96%ig. A., 15 Teilen dest. W. u. 5 Teilen Ammoniak (0,910), chromatographiert. Die Identifizierung der Kontaktinsekticide erfolgte durch Ermittlung der R_F-Werte im biol. Test mit Larven von Aedes aegypti. Es wurden folgende R_F-Werte erhalten: DDT: 0,63; HCH: 0,87; E 605; 0,95. Einwandfrei nachweisen ließen sich noch 5 mg der Handelspräpp.; bei Verwendung von 1 mg wird der Nachw. unsicher. Bei E 605 trat eine gelbe Bande ($R_F = 0{,}80$), die von hydrolyt. abgespaltenem Nitrophenol herrührt, auf. Auf dem trockenem Chromatogramm verschwindet sie, wird jedoch bei UV-Bestrahlung mit leuchtend gelber Fluorescenz wieder sichtbar. Durch Besprühen mit alkoh. Lauge läßt sich die Bande beständig machen. (Naturwissenschaften **41.** 39—40. 1954. Erlangen, Bayer. Landesanst. für Bienenzucht.) R. MATTNER. 6328

Pierre H. Martens und **Jean Henriet,** *Betrachtungen über die Meßzahl von Fischer.* Die Brauchbarkeit der Meßzahl von FISCHER (Nachrichtenbl. dtsch. Pflanzenschutzdienst [Berlin] **1938.** Nr. 11) für phytopharmazeut. Unterss., bes. Beurteilung von Suspensionen, wird diskutiert. Die Gründe für die beschränkte Bedeutung der Meth. werden zusammengestellt. (Meded. Landbouwhogeschool Opzoekingsstat. Staat Gent **18.** Nr. 2. 327—34. 1953. Sep. Gembloux, Inst. Agron. et Stat. de Phytopharm. de l'État. FRESENIUS. 6328

Montesanto Chemical Co, St. Louis, Mo., über: von **Arthur H. Schlesinger,** Dayton, O., V. St. A., *Unkrautvernichtungsmittel,* enthaltend eine Öl-in-W.-Emulsion eines Alkyl-m-xenylketons oder Alkyl-p-xenylketons, in denen die Alkylgruppe 1—4 C-Atome enthält. Man erhält diese Ketone durch Rk. eines Biphenyls mit einem Acylhalogenid oder Säureanhydrid in Ggw. eines FRIEDEL-CRAFTS-Katalysators oder durch Oxydation eines alkylsubstituierten Biphenyls. — Beispiele: Methyl-m-xenylketon, Methyl-p-xenylketon, Äthyl-m-xenylketon, Äthyl-p-xenylketon, Isopropyl-m-xenylketon, Isopropyl-p-xenylketon, Butyl-m-xenylketon oder deren Mischungen. (**A. P. 2 661 274** vom 23/8. 1952, ausg. 1/12. 1953.) NEBELSIEK. 6313

Monsanto Chemical Co., St. Louis, Mo., übert. von: **David T. Mowry** und **Arthur H. Schlesinger,** Dayton, Ohio, V. St. A., *Unkrautvernichtungsmittel,* bestehend aus wss. oder ölhaltigen oder Öl-in-W.-Emulsionen von Furfurylidencyanessigsäurealkylestern der allg. Formel I, in der R ein Alkyl mit einem Cyanessigsäurealkylester in Ggw. eines alkal. Kondensationsmittels. — Beispiele: Furfurylidencyanessigsäuremethylester, -isopropylester, -n-butylester. (**A. P. 2 661 275** vom 25/1. 1951, ausg. 1/12. 1953.) NEBELSIEK. 6313

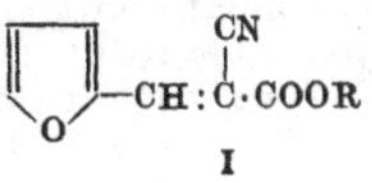

I

Monsanto Chemical Co., St. Louis, Mo., übert. von: **Arthur H. Schlesinger** und **David T. Mowry,** Dayton, O., V. St. A., *Unkrautvernichtungsmittel,* bestehend aus wss., ölhaltigen oder Öl-in-W.-Emulsionen von Chlornitrochinolinen. Verwendung finden Chinolinderivv. der allg. Formel I, in der R für Cl, H oder NO_2 steht, wobei wenigstens 1 R Cl u. 1 R ein NO_2-Rest ist, u. Y für H, Cl, NO_2 oder Alkyl mit 1—4 C-Atomen steht. Man erhält die I z. B. durch Rk. einer Oxynitrochinolinverb. mit PCl_5 oder durch Nitrieren von Chlorchinolinen. (**A. P. 2 661 276** vom 25/1. 1951, ausg. 1/12. 1953.) NEBELSIEK. 6313

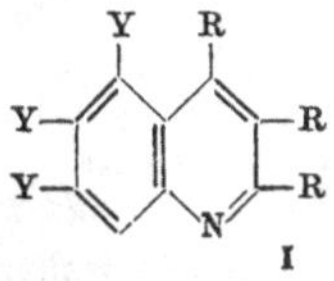

I

Aseptafabriek N. V. (Erfinder: **Werner Duijfjes**), Delft, Holland, *Herstellung von kolloidal löslichem Schwefel.* Eine konz. Lsg. eines Alkalipolysulfids setzt man in saurem Milieu u. in Ggw. eines Schutzkoll. mit einem oder mehreren Salzen um, die mit der anwesenden Säure SO_2 abspalten. Man läßt den S agglomerieren u. trennt ihn von der Fl., z. B. durch Filtrieren oder Abschleudern, ab. Man kann mit einer wss. Lsg. eines apolaren Stoffs, wie Melasse oder Dextrin, auswaschen u. dann mit W. verkneten. Man kann auch den agglomerierten S mit einer Lsg. eines Schutzkoll. vermischen u. das Gemisch zu einer Paste oder einem Pulver eindampfen. Die Prodd. werden im *Acker- u. Gartenbau* verwendet. (**D. B. P. 878 938** Kl. 12i vom 4/9. 1951, ausg. 8/6. 1953. Holl. Prior. 2/9. 1950.) ZÜRN. 6313

Gebr. Borchers Akt.-Ges., Deutschland, *Herstellung von Hexachlorcyclohexan und seinen Homologen.* Zur Herst. solcher Verbb., welche einen hohen Geh. an γ-Isomeren aufweisen, sowie zur Vermeidung der Bldg. von unangenehm riechenden Nebenprodd. chloriert man Bzl. oder Toluol mit 20—25% der theoret. erforderlichen Menge an Chlor bei 20—50° u. unter der Einw. von Tages-, Sonnen-, UV-Licht oder elektr. Licht in Ggw. von bis zu 1% einer metallorgan. Hg-Verb. (z. B. Dimethyl-, Diäthyl-, Diphenyl-, Dibenzyl-Hg, Cyclopentamethylen-Hg). — Z. B. löst man in 1000 g Bzl. 2 g Dimethyl-Hg u. leitet in das Bzl. in 10 Std. u. unter der Einw. von Sonnenlicht 550 g Chlor ein. Nach Abtreiben des Bzl. mit Wasserdampf erhält man einen Rückstand von ca. 350 g von nur schwach riechendem Hexachlorcyclohexan, welches nach dem Trocknen u. Umkristallisieren mit 80%ig. Essigsäure bei 115° schmilzt. Auf analoge Weise kann man in Ggw. von Dibenzyl-Hg u. unter Einw. von UV-Licht nur schwach riechendes *Hexachlormethylcyclohexan*, F. 110—124°, mit einem Geh. an γ-Isomerer von 43% herstellen. — *Insekticide.* (**F. P. 1 040 153** vom 27/7. 1951, ausg. 13/10. 1953.) OPPERMANN. 6313

VEB Cirine-Werk Chemnitz (Erfinder: **Johannes Pfanner**), *Spritzinsekticid.* Zur Bekämpfung von Insekten, wie Fliegen u. Moskitos, bes. Mückenlarven, werden Diphenylverbb. (**I**), die durch Cl, Br, NH_2 oder NO_2 substituiert sein können, in Chlor-KW-stoffen, wie CCl_4, $CHCl_3$, CH_2Cl_2, CH_2Cl-CH_2Cl, C_6H_5Cl, gelöst, wobei die Lösefähigkeit durch Zusatz von nicht chlorierten KW-stoffen, z. B. Testbenzin, Dekahydronaphthalin, Alkohole, Petroleum, erhöht werden kann. Als **I** kommen in Betracht: Diphenylenoxyd, -sulfid, Carbazol, Dichlordiphenylenoxyd in Form konz. Lösungen. (**D. P. [DDR] 2 989** Kl. 45 l vom 5/2. 1944, ausg. 16/2. 1953 [Wirtschaftspatent].) WITTHOLZ. 6313

VEB Fettchemie und Fewa-Werk, Chemnitz (Erfinder: **Gustav Lietz**), *Schädlingsbekämpfung.* Die an sich bekannten Verbb. der allg. Formel X_3C—CH(Y)(**Z**), worin X Fluor-, Chlor- oder Bromatome u. Y u. Z vorwiegend aromat. Radikale bedeuten, werden in Tetra- bzw. Dekahydronaphthalin gelöst u. zur Raumentwesung als Spritzmittel, bes. gegen Wanzen, angewendet. (**D. P. [DDR] 2 990** Kl. 45 l vom 8/8. 1944, ausg. 12/1. 1953 [Wirtschaftspatent].) WITTHOLZ. 6313

Murphy Chemical Co. Ltd., St. Albano, übert. von: **George Antonio Emery,** Harpenden, Hertfordshire, England, *Herstellung eines insekticiden Mittels.* Man stabilisiert eine wss. Dispersion eines Toxaphens (erhalten durch Chlorieren von Campher; enthält 67—69% Cl), indem man in ihr eine Suspension von feinsten Luftbläschen erzeugt. Um letztere in Suspension zu halten, setzt man ein Verdickungsmittel, z. B. Methylcellulose, zu. (**E. P. 702 952** vom 28/8. 1951, ausg. 27/1. 1954.) NEBELSIEK. 6313

J. R. Geigy Akt.-Ges., Basel, Schweiz, *2-Propyl-4-methylpyrimidyl-(6)-dimethylcarbamat,* $Kp._{0,2}$ 114—116°, erhält man durch Umsetzen des 2-Propyl-4-methylpyrimidons-(6) mit $COCl_2$ zum Chlorameisensäureester (**I**) des 2-Propyl-4-methyl-6-oxypyrimidins u. Rk. von **I** mit $(CH_3)_2NH$. — *Schädlingsbekämpfungsmittel.* (**Schwz. P. 296 582** vom 16/7. 1951, ausg. 1/5. 1954.) BRÖSAMLE. 6313

Rex Research Corp., Toledo, Ohio, V. St. A. (Erfinder: **Oscar Fred Hedenburg**), *Insekticide Mittel.* 1 (Mol) Safrol oder Isosafrol, ca. 1 eines Alkohols, z. B. Methoxyäthyl-, Äthoxyäthyl-, n-Butoxyäthyl- oder Butoxyäthoxyäthylalkohol, 2 Paraformaldehyd u. ca. 0,5 g einer starken, nicht flüchtigen Säure als Katalysator werden bei ca. 80—92° zur Rk. gebracht. Das Reaktionsprod. (**I**) wird in Petroleumdestillaten gelöst u. mit Pyrethrinextrakten (**II**) versetzt. Konz. an **I** ca. 0,3%, an **II** ca. 0,03%. **I** übt starke synergist. Wirkungen auf **II** aus. Die Mittel sind bes. zur *Abtötung von Fliegen* geeignet. (**E. P. 672 422** vom 18/4. 1950, ausg. 21/5. 1952.) KARST. 6313

Farbenfabriken Bayer Akt.-Ges, Leverkusen (Erfinder: **Gerhard Schrader,** Opladen *Thiophosphorsäurederivate* erhält man durch Kondensation von O.O-Dialkylthiophosphorsäuremonochloriden mit Alkaliaziden in einem inerten Lösungsm. (bes. Ketone) bei erhöhter Temperatur. — Aus O.O-Dimethylthiophosphorsäuremonochlorid + Na-Azid in Aceton bei 20std. Erhitzen auf dem Wasserbad → *O.O-Dimethylthiophosphorsäureazid,* $Kp._{0,5}$ 38—39°, in W. wenig lösl. Öl. — *O.O-Diäthylthiophosphorsäureazid,* $Kp._{1,5}$ 60°. — *O.O-Dipropylthiophosphorsäureazid,* $Kp._1$ 77—78° Die Verbb. verpuffen nur bei höherer Temperatur. — *Schädlingsbekämpfungsmittel,* bes. gegen *Blattläuse, rote Spinnen* u. *Mückenlarven.* (**D. B. P. 880 443** Kl. 12 o vom 11/8. 1951, ausg. 22/6. 1953.) KRAUSS. 6313

J. R. Geigy Akt.-Ges. (Erfinder: **Hans Gysin**), Basel, Schweiz, *Phosphorsäureester* der Formel **I** (R = gegebenenfalls alkylsubstituiertes $\Delta^{1,2}$-Cyclohexenonyl, X = O, oder S, u. Y u. Y' = Alkoxy, Alkoxyalkoxy, Halogenalkoxy, Alkylmercapto) erhält man durch Kondensation von aliphat. Phosphorsäureesterhalogeniden der Formel **II** (Hal = Cl, Br) mit gegebenenfalls alkylsubstituierten, enolisierbaren Cyclohexandionen-(1.2) oder -(1.3) (**IV**) oder deren Metallsalzen oder von aliphat. Phosphorigsäureesterhalogeniden der Formel **III** mit **IV** oder deren Metallsalzen. Die gebildeten Phosphorigsäureester werden dann mit S oder S-abgebenden Verbb. behandelt. — Dihydroresorcin gibt mit Diäthylthiophosphorsäurechlorid nach 10std. Erhitzen in Bzl. in Ggw. von wasserfreiem K_2CO_3 *Di-*

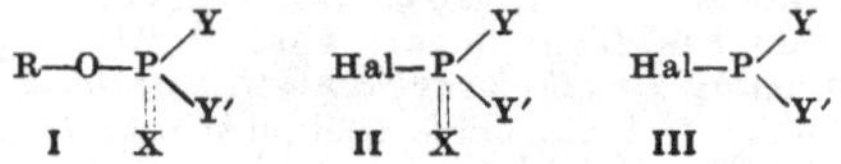

I II III

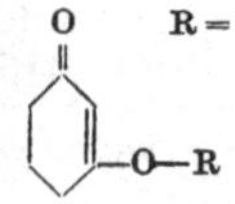

IV

R = $-P(=X)P(OCH_3)_2$ (V); $-P(=S)[OCH(CH_3)_2]_2$; $-P(=X)P(SCH_3)_2$; $-P(=O)(OCH_2CH_2CH_3)_2$; $-P(=O)(SC_2H_5)_2$

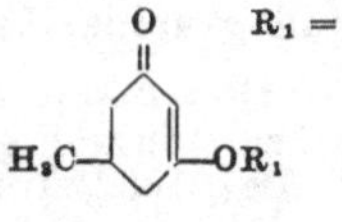

R_1 = V; $-P(=S)(OC_2H_5)_2$ (VI); $-P(=O)[OCH(CH_3)_2]_2$, $Kp._{0,05}$ 128—129°; $-P(=O)(OC_2H_5)_2$, $Kp._{0,07}$ 130—133° (VII)

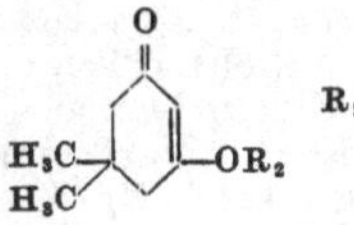

R_2 = V; $-P(=O)(OC_4H_9)_2$, $Kp._{0,15}$ 155—158°; VI; $-P(=O)(OCH_2CH=CH_2)_2$

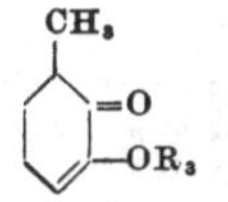

R_3 = V; VI; VII

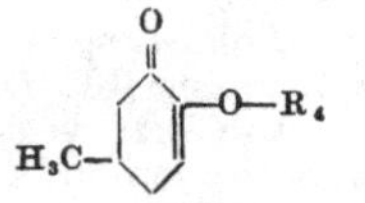

R_4 = V; VI; VII

hydroresorcyldiäthylthiophosphorsäureester. — Dimedon-Na + Diäthylphosphorsäurechlorid → [*5.5-Dimethylcyclohexen-$\Delta^{1,2}$-on-(3)-yl*]-*diäthylphosphorsäureester*, $Kp._{0,1}$ 127 bis 130°. Ferner werden obenst. Verbb. hergestellt. Verwendung als *Schädlingsbekämpfungsmittel* in Pulver-, Gas-, Nebel- oder Rauchform, bes. zur Bekämpfung von *Blattläusen* u. *Milben*. (**D. B. P. 864 252** Kl. 12o vom 6/5. 1951, ausg. 22/1. 1953. Schwz. Prior. 6/5. 1950.) KRAUSS. 6313

Pest Control Ltd., Bourn, Cambridgeshire, England, *Herstellung von Dimethylaminomonoisopropylaminofluorphosphinoxyd* (**I**) durch Umsetzung der entsprechenden, in einem inerten Lösungsm. gelösten Chlorverb. mit der Fluorwasserstoffverb. einer tert. Base, wie Methyldibutylamin, die mindestens die Stärke von Pyridin aufweist, entsprechend:

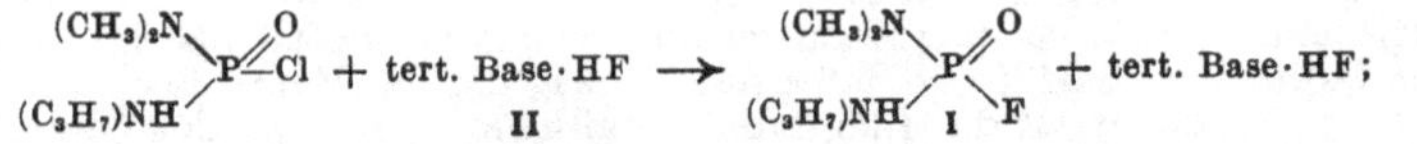

man kann auch das aus 1 (Mol) $POCl_3$, 1 $(CH_3)_2NH$ u. 3 $(C_3H_7)NH_2$ erhaltene Gemisch von **II** u. $(C_3H_7)NH_2 \cdot HCl$ (**III**) mit einer starken wss. Lsg. von Na- oder NH_4-Fluorid behandeln, oder man setzt das aus 1 Mol Dimethylaminodichlorphosphinoxyd (**IV**) mit 2 Mol Monoisopropylamin erhaltene Gemisch von **II** u. **III** mit einer starken wss. Lsg. von Na- oder NH_4-Fluorid um u. erhält **I**. — Zu 81 g **II** in 300 cm³ CCl_4 gibt man 60 g Isopropylamin unter Schütteln bei 35—40°. Nach 30 Min. dazu Lsg. von 40 g KF in 38 cm³ W. u. 2 Std. Erhitzen auf 60°. Nach Abkühlung auf 30° u. Zugabe von 50 W. scheidet sich die organ. Schicht ab u. wird fraktioniert destilliert. **I**, $Kp._{1,5}$ 90°. Verwendung als *Insekticid*. Beispiele zeigen Wrkg. auf verschied. Schädlinge. (**E. P. 700 322** vom 21/5. 1951, ausg. 25/11. 1953.) MÜHLEISEN. 6313

Dunlop Rubber Co. Ltd., London (Erfinder: **Albert Edward Toney Neale** und **Betty Doreen Hadley**, Erdington, Birmingham), England, *Schützen von Stoffen oder Gegenständen gegen Schädlingsbefall.* Es werden Salze der Dicarbonsäuren angewendet, die dadurch entstehen, daß ein Säureradikal durch das bas. Radikal einer mikrobenschädigenden, quaternären NH_4-Verb. u. das zweite Säureradikal entweder nicht oder durch ein nichtsubstituiertes NH_4-Radikal neutralisiert ist. Als Ausgangsprodd. dienen bes. Phenyldicarbonsäuren oder ein kernsubstituierter Cl- oder N-Abkömmling hiervon, bes. Salze der Dicarbonsäure mit einem bas. Radikal der Formel $R_1R_2R_3R_4N$—, in der R_1 ein Alkylradikal mit 10—20 C-Atomen, R_2 ein Alkyl- oder Arylradikal u. R_3 u. R_4 Alkylradikale, bzw. in denen R_2, R_3 u. R_4 Methylradikale sind. Ein Säureradikal kann durch ein Diisobutylphenoxyäthoxyäthyldimethylbenzyl–NH_4-Radikal neutralisiert sein u. die bas. Komponente von einem Pyridinradikal mit einer N-Alkylgruppe mit wenigstens 10 C-Atomen gebildet werden. Salze mit dem Cetylpyridinradikal als bas. Komponente sind ebenfalls geeignet. — Beispiele: *Diisobutylphenoxyäthoxyäthyldimethylbenzylammoniumchlorid* u. *-bromid*, sowie die entsprechenden *Hg-*, *Cd-* u. *Al-Salze*. Bes. geeignet zum *Imprägnieren* von Textilien, Papier oder ärztlicher Berufskleidung u. als Zusatz zu Gummimischungen für die Herst. von Gummiartikeln, bei denen *antisept.* Eigg. erforderlich sind. (**D. B. P. 863867** Kl. 451 vom 3/10. 1950, ausg. 19/1. 1953. E. Prior. 23/3. 1949.) KARST. 6313

Lester William Hanna, Hanna's handbook of agricultural chemicals. Forest Grove, Ore.: Author. 1952. (225 S. m. Abb.) $ 3,25.

VIII. Metallurgie. Metallographie. Metallverarbeitung.

H. U. Ross, *Untersuchung von geschürften Eisenerzen.* Übersicht über die verschied. Verff. zur Wertbest. von Eisenerzen bzgl. Zus., Eigg. u. Eignung zur Ausbeutung. (Canad. Mining J. **73.** Nr. 12. 47—51. Dez. 1952. Toronto, Univ.) WESLY. 6354

F. A. Forward, *Alkalische Verfahren der Druckextraktion.* Vf. erörtert die Vorteile der Anwendung erhöhten Druckes u. erhöhter Temp. bei der selektiven Lsg. von Ni, Co u. anderen Metallen aus kanad. Erzen, bes. geringere Anlage- u. Betriebskosten gegenüber drucklosen Verfahren. Kurze Verfahrensbeschreibungen u. geeignetes Konstruktionsmaterial. (Mining Congr. J. **40.** Nr. 5. 49—52. u. 77. Mai 1954. Univ. of British Columbia, Dep. of Mining and Metall.) H. ECKHARD. 6360

R. C. Walthew, *Eisenerz-Trocknung in Appleby-Frodingham.* Die Erze mit 15 bis 23(%) W. werden gebrochen u. gesiebt. Die Korngröße 20—70 mm wird direkt verhüttet, das Feine gesintert. Die Erze verkleben wegen des hohen Wassergeh. Siebe u. Transportvorrichtungen u. werden auf 12 W. getrocknet. Beschreibung feststehender u. rotierender Trockenapp., Betriebsangaben, Wärmebilanz. Beim Trocknen wird die durchschnittliche Korngröße kleiner, der Staubanfall wächst, bes. wenn zu scharf getrocknet wird. (Iron and Steel **24.** 157—59. Mai 1951. Appleby-Frodingham Steel Co., Fuel Dep.) K. STEIN. 6360

William R. Kerr, *Eine praktische Anwendung der Erzsichtung.* Beschreibung einer Erzsichtungsanlage. (Blast Furnace, Coke Oven, raw Mater. Comittee Iron Steel Divis., Amer. Inst. Mining metallurg. Engr., Proc. **11.** 229—41. 1952.) WESLY. 6360

Friedrich Wilhelm Morawa, *Bemerkungen zur Entwicklung des modernen Siemens-Martin-Ofens in Anlehnung an das System Maerz.* (Metallurgie u. Giessereitechn. **4.** 3—12. Jan. 1954. Freiberg/Sachsen.) HOCHSTEIN. 6370

Carl Wagner, *Der Vorgang der Reduktion von Oxyden und Sulfiden zu Metallen.* Die Red. von Oxyden u. Sulfiden zu Metallen wird durch die in nachfolgender Reihenfolge auftretenden Rkk. gedeutet: Entfernung von Nichtmetall überall an der Oberfläche des Oxyds oder Sulfids, so daß eine in bezug auf das Metall übersätt. feste Lsg. gebildet wird. Hierauf tritt die Bldg. von Metallkeimen, bes. an der Oberfläche, ein. Es tritt eine Diffusion von Metallionen u. Elektronen von der Oberfläche durch das Oxyd oder Sulfid zu den Metallkeimen oder eine Diffusion von Anionen von der Metallverbindungsgrenzschicht zu der äußeren Oberfläche u. eine Diffusion von Elektronen in umgekehrter Richtung auf. Es findet eine Übertragung der Metallionen u. Elektroden vom Oxyd oder Sulfid zum Metall statt. Die Wanderung von Metall über Distanzen von mehreren Millimetern wurde in folgenden Rkk. beobachtet: 1. Red. von Ag_2S durch Cu; 2. Red. von Cu_2S durch Fe u. 3. $Cu_2S + 2Cu_2O = 6Cu + SO_2$. — Schrifttumsangaben. (J. Metals **4.** Trans. AIME 214—16. Febr. 1179. Nov. 1952. Cambridge, Mass., Massachusetts Inst. of Technol.) HOCHSTEIN. 6380

W. Scheibe, *Über einige Probleme aus der Hochvakuummetallurgie.* Überblick über den derzeitigen Stand der Hochvakuumtechnik beim Glühen, Schmelzen, Sintern, Destillieren u. Sublimieren. Unter Erläuterung des Begriffs „chem. rein" wird die Herst. chem. reiner Metalle beschrieben u. angegeben, daß durch Umschmelzen im Hochvakuum die physikal. Konstanten, wie D., Duktilität, Härte, Dehnung, Löslichkeit, elektr. Leitfähigkeit, Koerzitivkraft u. magnet. Remanenz, merkbar geändert werden. Sodann wird auf die Bedeutung des Dampfdrucks eingegangen, der z. B. bei der fraktionierten Dest. im Vakuum u. bei der Herst. von Sinterkörpern in der Pulvermetallurgie eine Rolle spielt. Nach Streifung der an die Hochvakuumofenanlage zu stellenden Anforderungen wird auf die Gasempfindlichkeit der Metalle eingegangen, von denen das *Ti* bes. empfindlich ist, so daß dieses nur im Hochvakuum erschmolzen werden kann. Abschließend wird auf das tiegellose Schmelzen im Hochvakuumlichtbogenofen u. schließlich ausführlich auf Laboratoriumsverss. über das Schmelzen von Metallen in einem Syst. von Induktionsspulen eingegangen, wobei die Metalle elektromagnet. in der Schwebe gehalten u. induktiv aufgeschmolzen werden. — Schrifttumsangaben. (Metall **7.** 751—54. Okt. 1953. Hanau/M.) APEL. 6380

J. H. Moore, *Einige Gesichtspunkte über im Vakuum erschmolzenes Metall.* Als Vorzüge des Verf. u. der erschmolzenen Metalle werden behandelt: Einfacher Schutz gegen die Rk. mit atmosphär. Gasen, Dissoziation von gewissen Gas–Metall-Verbb., äußerste Verringerung von im Metall gelöstem Gas sowie Beschleunigung derjenigen Schmelzbad-Rkk., die ein gasförmiges Prod. bilden. Bes. wird auf die Verbesserung der Dauer- u. Bruchfestigkeit der vakuumerschmolzenen Metalle hingewiesen. (Metal Progr. **64.** Nr. 4. 103—05. Okt. 1953. Cambridge, Mass., Vacuum Metals Corp.) HOCHSTEIN. 6380

F. L. Cuthbert und **T. M. Dyer,** *Die Bindeeigenschaften des Bentonits beim Trocknen in Abhängigkeit vom Feuchtigkeitsgehalt.* Es wird die Eignung des Bentonits als Zusatz zum Formsand auf Grund von Druckfestigkeitsverss. vor u. nach dem Trocknen bei verschied. Tempp. u. verschieden langer Trocknungsdauer festgestellt. (Amer. Foundryman **19.** Nr. 6. 50—51. Juni 1951. Houston, Tex., Baroid Sales Div., National Lead Co.) K. SEIDEL. 6382

L. W. L. Smith, B. B. Bach und **J. V. Dawson,** *Bestimmung und Einfluß von gasförmigen Elementen im Gußeisen.* Überblick über Bestimmungsverff. u. den Einfl. von H_2, N_2, nitridbildenden Elementen, wie Al, B u. Ti u. O_2, auf die Bldg. von Warmrissen, die Stabilität der Carbide im festen Zustande, die Graphitisierungsglühung u. die verschiedenartige Graphitausbildung auf Grund von 28 Schrifttumsangaben. — Diskussion. (Foundry Trade J. **96.** 233—38. 4/3. 275—80. 11/3. 303—09. 18/3. 1954.) HOCHSTEIN. 6402

E. Piwowarsky, *Hochwertiges Gußeisen, besonders solches mit kompakter bis kugelförmiger Graphitausbildung.* Nach Erörterung deutscher u. ausländ. älterer Verff. zur Herst. von Gußeisen mit kompakter bis kugelförmiger Graphitausbldg. ohne Verwendung von Mg u. Ce, sowie der Theorie der Bldg. von Kugelgraphit wird nachgewiesen, daß bei sauberem Einsatz, richtiger Gattierung, Schmelzen auf bas. Futter unter bas. Schlacken, bes. im Zusammenhang mit einer ausreichenden Schmelzüberhitzung oder Behandlung der Schmelze mit reinigenden Gasen oder Mg-freien Ferrolegierungen hochfeste u. dabei gleichzeitig sehr zähe Gußeisensorten erhalten werden, in denen der Graphit zwangsläufig kompakt bis mehr oder weniger vollkommen kugelförmig ausgebildet ist. (Giesserei **40.** 477—82. 17/9. 1953. Aachen.) HOCHSTEIN. 6404

A. Wittmoser, *Bemerkungen zur Pfannenbehandlung des Gußeisens mit metallischem Magnesium.* Die Herst. von Gußeisen mit Kugelgraphit durch Mg-Behandlung wird mittels eines Einsatzes von Rein-Mg oder hoch Mg-haltigen Legierungen angestrebt. Es erwies sich als notwendig, die Einführung von Mg mittels spezieller an oder in der Behandlungspfanne fest angeordneten Vorr. vorzunehmen. Durch Einblasen von Mg in kleinstückiger Form wird in einem im sauren Kupolofen erschmolzenen Gußeisen der zur Kugelgraphitbldg. erforderliche Mg-Geh. in der Schmelze sichergestellt. (Giesserei **41.** 105—08. 4/3. 1954. Gelsenkirchen.) HOCHSTEIN. 6404

D. J. O. Brandt, *Neue Stahlerzeugungsverfahren im basischen Konverter.* Überblick. (Iron Coal Trades Rev. **168.** 511—16. 26/2. 1954.) HOCHSTEIN. 6408

G. Platon, *Verhalten der Schlacke im Hochofen.* Vf. diskutiert die Wechselwrkg. von Schlacke u. Schmelze im Hochofen, den Einfl. von Koks, vom F. u. von der Temp. der Schlacke, den Zusammenhang zwischen chem. Wärmetönung der Schmelze u. der Schlackentemp., die Zus. der Anfangs- u. Endschlacke u. die Bedeutung der Inerttemp. der Schlacke für das bas. u. saure THOMAS-Verfahren. (Doc. métallurg. **1952.** 93—97. Juli/Aug./Sept.) WEITBRECHT. 6408

G. Husson, *Sauerstoff in der Metallurgie.* Zusammenfassender Bericht über Herst. u. Einsatz von O_2 im Hochofen u. Niederschachtofen, bei der Vorreinigung Si-haltiger Schmelzen, im Konverter-, MARTIN- u. Elektrostahlwerk. — 31 Literaturhinweise. (Doc. métallurg. **1952.** 98—111. Juli/Aug./Sept. IRSID, Dep. „Aciéries".) WEITBRECHT. 6408

Bernhard Matuschka, *Der Windfrischprozeß; Vergleich mit anderen Stahlerzeugungsverfahren.* (Iron and Steel **24.** 251—53. 306—08. 15/6. 1951.) K. STEIN. 6408

—, *Entwicklung der Windfrischstahlerzeugung. Untersuchung über stickstoffarme Stähle.* Überblick. (Iron Coal Trades Rev. **165.** 1133—36. 21/11. 1952.) HOCHSTEIN. 6408

E. Marks, *Einige Gesichtspunkte für die Herstellung von Stahlblech für Emailliererzwecke.* Es werden Hinweise auf die gute Eignung von THOMAS-Stahl zum Emaillieren gegeben. Der Einfl. von *P* u. *Cu* auf die Löslichkeit von weichem Stahl in warmer verd. H_2SO_4 wird festgestellt u. durch Kurven mitgeteilt. (Sheet Metal Ind. **29.** 587—92. Juli 1952.) HOCHSTEIN. 6408

G. A. Knight, *Einige mit dem Pressen von Karosserieblechen verbundene Probleme.* Es wird die Verwendung von unberuhigt vergossenen *Stählen* u. bes. von nichtalternden Stählen empfohlen. (Sheet Metal Ind. **27.** 325—34. April 1950.) HOCHSTEIN. 6408

F. St. Vincent und **R. W. Rebholz,** *Verwendung von Titanlegierungen bei der Herstellung von nichtrostendem Stahl.* Zur Herst. von mit Ti stabilisierten nichtrostenden Stählen werden Ti-haltige *Ferrolegierungen* benutzt. Diese bestehen aus bis 0,10(%) *C*, 3,5—4,8 *Si*, 2—8 *Al* u. 20—43 *Ti*. Die Vorlegierungen werden zugesetzt nach der Desoxydation mit Si u./oder Al. Seltener erfolgt der Si-Zusatz gleichzeitig mit dem Zusatz von *Ferrotitan*. Von besonderer Bedeutung ist die Ti-Rückgewinnung aus seinen Oxyden. Wegen der schwierigen Red. von Ti aus seinen Oxyden wird die Oxydation soweit wie möglich verhindert. Unterss. an einem Induktionsschmelzofen ergaben, daß ein hoher Si-Geh. im Bade während der Ti-Zugabe die Ti-Rückgewinnung erleichtert. (J. Metals **4.** 245—46. März 1952. Pittsburgh, Pa., Vanadium Corp. of America.) HOCHSTEIN. 6410

George Burns, *Die Güte von Werkzeugstahl. — Letzte Entwicklungen und Voraussagen für die Zukunft.* Überblick. (Metal Progr. **65.** Nr. 3. 75—78. März 1954. Latrobe, Pa., Vanadium Alloys Steel Co.) HOCHSTEIN. 6410

R. W. Boring, *Billige Legierungen mit guter Hitzebeständigkeit.* Untersucht war der Einfl. der *C-*, *Si-*, *Mn-*, *Cr-* u. *Ni*-Gehh. bei hitzebeständigen *Cr–Ni-Stählen*. Eine besondere Bedeutung für die Hitzebeständigkeit kommt der Korngröße zu. Stahl mit bis 0,20(%) C, bis 2,0 Mn, 0,75—1,5 Si, 14,5—16,5 Cr u. 34,0—37,0 Ni eignet sich für Betriebstempp. von 815—1175°. Es werden Werte für Streckgrenze, Zugfestigkeit, Bruchdehnung, Brucheinschnürung, Härte, D., Wärmeausdehnung, Zunderbeständigkeit, F. u. Warmfestigkeit solcher Stähle mitgeteilt. (Iron Age **173.** Nr. 7. 137—41. 18/2. 1954. Detroit, Sales Rolled alloys Inc.) HOCHSTEIN. 6410

Carl A. Zapffe, *Bruchproben von bei 475° versprödetem nichtrostendem Stahl.* Die Brüche von künstlich bei 475° versprödeten austenit. Stählen mit 18% Cr u. 8% Ni waren sämtlich transgranular. Die Versprödung wird auf Ausscheidungen an den Korngrenzen zurückgeführt. (J. Metals **3.** Trans. AIME 247—48. März 1951. Baltimore.) HOCHSTEIN. 6410

S. Downs, *Kerbzähigkeit.* Bei 850° gehärtete u. bei 650° angelassene *Stähle* mit 0,33(%) *C*, 0,27 *Si*, 1,42 *Mn*, 0,34 *Mo* sowie mit 0,35 C, 0,18 Si, 0,77 Mn, 1,17 *Cr* u. 0,37 Mo zeigten bis herunter zu —80° die gleiche hohe Kerbschlagzähigkeit. (Iron and Steel **27.** 139—40. 144. April 1954.) HOCHSTEIN. 6410

R. Kühnel, *Die Bewertung der Gleitlagerstoffe nach dem heutigen Stand der Erkenntnis.* Überblick über die Entw. der Lagerwerkstoffe u. über Veröffentlichungen, welche die Einflüsse verschied. Faktoren auf die Eigg. der Lagerwerkstoffe betreffen u. Richtlinien für ihre Auswahl für Spezialverwendungszwecke enthalten. (Metall **7.** 759—66. Okt. 1953. Minden.) APEL. 6420

W. R. Bekebrede und **L. F. Yntema,** *Weniger gebräuchliche Metalle.* (Vgl. C. **1953.** 7392.) Es wird ein zusammenfassender Überblick über die Herst., Eigg., Verwendung u. Verarbeitung von *Ti*, *Zr*, *Mo* u. *Ta* u. ihren Legierungen gegeben. (Ind. Engng. Chem. **45.** 2261—69. Okt. 1953. North Chicago, Ill., Fansteel Metallurgical Corp.) GOTTFRIED. 6420

K. Horalek, *Kobalt aus Kiesabbränden.* Überblick über Verff. zur Co-Gewinnung aus Kiesabbränden u. Diskussion ihrer Bedeutung. — 10 Literaturhinweise. (Angew. Chem. **63.** 525—27. 21/11. 1951. Duisburg, Duisburger Kupferhütte.) WINIKER. 6434

Roger Simonet, *Das Beryllium.* Überblick über Gewinnung, Eigg. u. Anwendungen, bes. in Legierungen. (Usine nouv. **9.** Nr. 2. 31—33. 8/1. 1953.) WINIKER. 6442

W. Rosenkranz, *Festigkeitseigenschaften und Lösungsglühdauer von Profilen aus vergütbaren Aluminiumlegierungen.* Unterss. über die Festigkeitseigg. von Profilen verschied. Wandstärke aus vergütbaren Al-Legierungen (Al–Cu–Mg, Al–Zn–Cu–Mg u. Al–Mg–Si) u. über deren Abhängigkeit von der Lösungsglühdauer im Salzbad ergaben, daß die geringeren Festigkeitswerte dünnwandiger Profile gegenüber dickwandigen auf den bei dünner Wandstärke weniger stark ausgeprägten Preßeffekt zurückzuführen sind. Die schädliche Oberflächengrobkristallisation kann dadurch vermieden werden, daß beim Pressen nicht allzu niedrige Tempp. u. bei der Lösungsglühung nicht allzu lange Glühzeiten bei möglichst hohen Erwärmungsgeschwindigkeiten eingehalten werden. (Metall **8.** 177—79. März 1954. Meinerzhagen/Westf.) APEL. 6446

A. D. Merriman, *Zirkonium, einige Bemerkungen über seine Eigenschaften und industrielle Verwendung.* Nach Beschreibung der Warmverformung zu Blech wird auf den Einfl. von O_2 u. N_2 auf die Härte des Zr eingegangen u. werden die Faktoren angegeben, die die Kalt- u. Warmverformbarkeit beeinflussen, u. wird die Korrosionsbeständigkeit besprochen. Für einige Legierungen werden die Zuss. u. Verwendungszwecke genannt. (Sheet Metal Ind. **29.** 1003—05. 1008. Nov. 1952.) APEL. 6448

H. Hohn, *Quecksilber in der chemischen Metallurgie.* Eine Zusammenstellung der für die neue Amalgammetallurgie wichtigsten Eigg. der Amalgame. Es werden folgende Punkte behandelt: Affinität der Metalle zu Hg (3 Gruppen: Na-, Zn-, Fe-Typ); Löslichkeit der Metalle in Hg (wahre Lsg. u. metall. Suspension, Kaltlegierung); elektr. Potential der Amalgame (Normal- u. Halbwellenpotentiale, 3 Gesetze zur Regelung der Potentiale u. der Phasenänderung); Oberflächenspannung der Amalgame (Adhäsionskraft von Hg, Oberflächenwirbel, Amalgamfilme); spezielle Eigg. der Amalgame (Empfindlichkeit gegen Oxydation, Widerstandsfähigkeit gegen Säuren, Hg-Verdampfung aus fl. u. festen Amalgamen). (Research **3.** 16—23. Jan. 1950. Wien, Bundesminist. für Vermögenssicherung u. Wirtschaftsplanung.) KLEFFNER. 6456

· **Angelo Sabella,** *Ausbeutungsmöglichkeiten für die präglazialen goldführenden Lagerstätten der Dora Baltea.* Während der Au-Geh. des von Moränen überdeckten Alluviums des besprochenen Vork. kaum über 0,16 g/t beträgt, lassen sich im anstehenden Diluvium erheblich größere Gehh. erwarten, die eine Ausbeutung, etwa in der diluvialen Zone von Agliè, möglich erscheinen lassen. (Ind. mineraria **4.** 371—76. Aug. 1953. Rom.) R. K. MÜLLER. 6462

W. E. Kingston und **G. F. Huettig,** *Grundlegende Probleme des Sintervorganges.* In umfassender Darst. wird auf die wichtigsten Probleme beim Sintervorgang unter Berücksichtigung der bisher gewonnenen experimentellen Erkenntnisse eingegangen. Vff. behandeln die drei Hauptprobleme beim Sintern: Thermodynamik — Methoden des Atomtransportes — Kinetik. An Hand der Erkenntnisse wird der gegenwärtige Stand der Sintertheorie diskutiert u. Anregungen für zukünftige Bemühungen gegeben. — 26 Literaturzitate, Diskussion. (Physics Powder Metallurgy **1951.** 1—26. Graz, TH, u. Sylvania Electric Products.) CLASING. 6474

Conyers Herring, *Oberflächenspannung als ein Sinterungsantrieb.* In Ergänzung der früheren Arbeiten von KUCZYNSKI wird durch energet. Betrachtungen gezeigt, daß unter Umständen nicht nur Volumen- u. Oberflächendiffusion den Sintervorgang maßgeblich beeinflussen können, sondern die Oberflächenspannung der sinternden Teilchen berücksichtigt werden muß, vor allem dann, wenn ihre Oberflächen nicht glatt, sondern stark aufgerauht sind. Es werden die Beziehungen der chem. Potentiale zur Diffusion u. zum Dampfdruck der Substanz, sowie die Beziehungen der Oberflächenspannung zum durch sie erzeugten inneren Druck, als auch zum Vorgang des plast. Fließens näher erörtert. — 17 Literaturzitate. Diskussion. (Physics Powder Metallurgy **1951.** 143—79. Murray Hill, N. J. Bell Telephone Labors.) CLASING. 6474

Henry H. Hausner und **John H. Dedrick,** *Elektrische Eigenschaften als Indicatoren des Sintergrades.* Die Verfolgung des Sinterverlaufes von Metallpulvern mit Hilfe elektr. Widerstandsmessungen stützt sich auf die Vorstellung, daß Sinterkörper ein elektr. Netzwerk darstellen. Die Messungen sprechen schon im frühesten Sinterstadium an. Beziehungen zwischen Widerstand u. Preßdruck werden untersucht u. die Widerstands–D.-Beziehung an Hand von umfangreichem Kurvenmaterial als Funktion des Sintergrades besprochen. Der unterschiedliche Sinterverlauf im Vakuum, reduzierender, sowie Schutzgasatmosphäre kann mit Hilfe der Meth. gut erkannt werden. Durch Messung des Temperaturkoeff. des elektr. Widerstandes können Aussagen über die Kontaktstellen zwischen den Pulverteilchen gemacht werden. — 17 Literaturzitate. Diskussion. (Physics Powder Metallurgy **1951.** 320—43. Sylvania Electric Products, Inc.) CLASING. 6474

G. F. Huettig, K. Adlassnig und **O. Foglar,** *Beziehungen zwischen Eigenschaften und Struktur von aus einer Atomart gesinterten Materialien.* Vff. zeigen, daß man für alle aus einer Atomart aufgebauten Sinterkörper eine allgemeingültige Gesetzmäßigkeit über ihre verschied. Eigg. erhalten kann, wenn man sie in Form des Quotienten (= Eig. des gesinterten Materials/Eig. des Einzelkristalls) in Abhängigkeit des Raumerfüllungsgrades x (= Pulverdichte/D. des kompakten Materials) aufträgt, wobei $x = 1$ für das kompakte Material u. $x = 0$ für den leeren Raum ist. Mit dieser Art der Darst. werden als Beispiel für *Cu, W, Mo* der spezif. elektr. Widerstand u. der E-Modul wiedergegeben. (Physics Powder Metallurgy **1951.** 180—88. Graz, TH.) CLASING. 6474

Bernard Kopelman, *Die Natur der durch Oxydreduktion hergestellten Metallpulver.* Infolge ihrer Exposition in Wasserstoff bei höheren Tempp. u. der Entstehung aus einem Oxydgitter unterscheiden sich die aus den Oxyden durch Red. hergestellten Metallpulver grundsätzlich von anderen Pulvern, sie zeigen einheitlichere Eigg. auf Grund ihrer gleichmäßigen Porosität. Die Unterss. wurden an W u. seinen Oxyden durchgeführt. Es wird der Reduktionsgrad von WO_3 bei 900° für 4 verschied. H_2-Strömungsgeschwindigkeiten an Hand der Zeit/Atomradienverhältniskurven verfolgt. Im Gegensatz zur Red. bei Tempp. unter 900° zeigt sich der erste Knick bei höheren O_2-Gehh., als der Zus. WO_2 entspricht. Da die Wegnahme des Sauerstoffs schneller erfolgt als die Wiederordnung der WO_2-Atome gemäß der neuen Zus., zeigt das Material noch die Struktur des höheren Oxyds, obwohl es bereits niedrigeres Oxyd enthält, es besitzt daher viel Gitterfehlstellen. Diese, als auch die durch den Wasserdampf verursachten Poren bleiben bei 800° bestehen, da unterhalb dieser Temp. die Diffusion von WO_2 sehr gering ist. Die Schließung der atomaren Poren ist temperatur- u. zeitabhängig. Es läßt sich eine empir. Gleichung über den Zuwachsungsgrad der atomaren Poren angeben. Die nach erfolgter Red. einsetzende Teilchenagglomeration wird untersucht, sie ist unabhängig von der Sinterung, wird aber durch diese überdeckt. Experimentelle Einzelheiten u. graph. Darstellungen werden gegeben. — Diskussion. (Physics Powder Metallurgy **1951.** 303—10. Sylvania Electric Products, Inc., Metallurg. Labor.) CLASING. 6474

Claus G. Goetzel, *Prinzipien und gegenwärtiger Stand des Heißpressens.* Es wird ein Überblick über den gegenwärtigen Stand des Heißpressens gegeben u. an Hand von Gefügebildern u. zahlreichen graph. Darstellungen die Probleme des Verf. an *Cu* u. seinen Legierungen erläutert, wie z. B. Einfl. der Preßtemp., des Preßdruckes u. der Preßdauer auf die D., Härte, Walzbarkeit u. Festigkeit der resultierenden Sinterkörper. — 11 Literaturzitate. Diskussion. (Physics Powder Metallurgy **1951.** 256—77. New York, Sintercast Corp. of America.) CLASING. 6474

R. P. Seelig, *Grundlagen des Pressens von Metallpulvern.* Es wird ein umfassender Gesamtüberblick über alle beim Pressen von Metallpulvern beteiligten Vorgänge, sowie über den Preßmechanismus gegeben. Die Einflüsse von Teilchengröße, Temp., Preßdruck usw. werden diskutiert u. aus den zusammengefaßten Ergebnissen Schlußfolgerungen hinsichtlich der Bindungen in Metallpulverpreßkörpern gezogen, wobei als wichtigste Phänomene für die Bindungskräfte zwischen gepreßten Metallpulvern Kaltverschweißen, lokales Schmelzen, Bldg. von Kristallkeimen u. Selbstdiffusion sowie mechan. Auflockerung u. atomare Anziehungskräfte mit oder ohne durch sie bedingte Platzwechselvorgänge erkannt werden. — 18 Literaturzitate. Diskussion. (Physics Powder Metallurgy **1951.** 344—71. American Electro Metal Corp.) CLASING. 6474

A. W. Postlethwaite und **A. J. Shaler,** *Das Schrumpfen synthetischer Poren in Kupfer.* Es wird die Art des Fließens in Sinterkörpern untersucht, welches zur Verdichtung derselben bei höheren Tempp. führt. An exakt gearbeiteten Cu-Proben mit nur einer Pore bekannter Größe konnte festgestellt werden, daß die Verdichtung durch eine „spezif. Oberflächenspannung" hervorgerufen wird, unter deren Einfl. die gesamte Probe unter Verkleinerung der Pore schrumpft. Die Radiusveränderungen der Pore wird bei 1000 u. 1050° in Abhängigkeit von der Erhitzungsdauer verfolgt u. die Ergebnisse mit dem Verh. von Cu-Drähten im Vakuum bei hohen Tempp. verglichen. — 14 Literaturzitate. Diskussion. (Physics Powder Metallurgy **1951.** 189—201. Massachusetts, Inst. of Technol., Dep. Metallurgy.) CLASING. 6474

R. Irmann, *Gesintertes Aluminium mit hoher Festigkeit bei erhöhten Temperaturen.* (Vgl. C. **1953.** 920.) Al-Pulver in körniger Form kann durch Granulieren des fl. Metalls oder durch kräftiges Rühren des erstarrenden Metalls hergestellt werden. Feines Al-Pulver in Flocken erhält man durch Mahlen. An Luft bildet sich ein Oxydfilm von 0,00001 mm Dicke, mit abnehmender Teilchengröße steigt der Oxydgeh. des Pulvers. Die gepreßten Sinterkörper werden durch Warmpressen verdichtet; sie übertreffen Al u. seine Legierungen bei n. u. erhöhter Temperatur. Der Oxydfilm wird beim Pressen des Pulvers zerbrochen, so daß die Al-Teilchen metall. verschweißen können, die Oxydreste verhindern ein Kornwachstum bei erhöhter Temperatur. Mechan. Eigg. von gesintertem Al im Vgl. zu *Anticorodal* (Al–Si–Mg) u. *Avional* (Al–Cu–Mg). Anwendung bei Forderung nach geringer Wärmedehnung, hoher Wärmeleitfähigkeit u. Warmfestigkeit, z. B. bei Kolben. — Zahlentafeln, Abbildungen, Diagramme. (Metallurgia [Manchester] **46.** 125—33. Sept. 1952. Neuhausen am Rheinfall.) K. STEIN. 6474

R. Irmann, *Eigenschaften und Anwendungen von gesintertem Aluminium.* Überblick über die unter dem Namen „*SAP*" (Sinter-Aluminium-Pulver) verwendeten

Sinterkörper unter Berücksichtigung der Herst. u. Eigg. der Ausgangspulver, sowie der Herst. u. der mechan. u. physikal. Eigg. bes. der stat. Festigkeit, Dauerstandfestigkeit, Dauerwechselfestigkeit u. elektr. u. Wärmeleitfähigkeit der fertigen Formkörper. Die spanlose Verformbarkeit, Verbindungsarbeit, Korrosionsbeständigkeit u. Oberflächenbehandlung werden gestreift u. die Verwendungsmöglichkeiten erörtert. — 26 Schrifttumsangaben. (Aluminium Suisse **4.** 24—32. Jan. 1954. Neuhausen, Schweiz, Aluminium-Industrie Akt.-Ges.) APEL. 6474

A. D. Power und **I. M. Kakascik,** *Teilchengrößenverteilung von W- und Mo-Pulvern.* Mit Hilfe des Elektronenmikroskops wird die Teilchengrößenverteilung von W- u. Mo-Pulvern untersucht, um die zur Herst. gesinterter Heizfäden für Elektronenröhren günstigsten Pulver zu charakterisieren. Verteilungskurven werden aufgestellt. W-Pulver sind infolge ihrer Herst. stets sehr unterschiedlich in der Teilchengrößenzus., Pulver mit 60—80% Teilchen der Größe $< 0,5\ \mu$, der Rest $< 3\ \mu$, geben die besten Glühfäden. Mo-Pulver schwanken nicht so in ihrer Teilchenzus., am besten geeignet sind solche mit $\sim 1\ \mu$ Teilchengröße. Über Präparationstechnik wird berichtet u. Aufnahmematerial wiedergegeben. — Diskussion. (Physics Powder Metallurgy **1951.** 311—19. Harrison, N. J., Radio Corp. of America, Tube Dep.) CLASING. 6474

G. J. Comstock und **J. D. Shaw,** *Herstellung von Gegenständen aus völlig legierten Pulvern.* Die Herst. von legierten Sinterwerkstoffen erfolgt üblicherweise durch Pressen u. Sintern der reinen Pulverkomponenten, wobei die Legierungsbldg. während der Sinterung stattfindet. Das Verf. ist zeitraubend u. dadurch oft unwirtschaftlich, außerdem versagt es bei großem Überschuß einer Komponente. Vff. schlagen eine neue Meth. vor, die gleichzeitig in England u. Deutschland entwickelt wurde. Die Legierungsbldg. erfolgt nicht durch Diffusion während der Sinterung, sondern durch Zerteilung der völlig legierten Schmelze zu Pulver. Einzeldaten über die wichtigsten legierten Pulver auf Eisen- u. Nichteisenbasis werden gegeben. Besondere Bedeutung können die legierten Pulver für hochtemperaturbeständige Sinterwerkstoffe erlangen. Die Verfahrenstechnik des Heiß- u. Kaltpressens solcher legierter Pulver auf Eisenbasis wird untersucht. Infolge kürzerer Sinterzeit ist die Herst. legierter Sinterwerkstoffe über vollegierte Pulver wirtschaftlicher, ihre physikal. Eigg. sind wegen ihrer gleichmäßigen Durchlegierung zum Teil besser als die der durch Diffusion legierten Produkte. — Diskussion. (Physics Powder Metallurgy **1951.** 372—87. Stevens Inst. of Technol.) CLASING. 6474

Volmer Fattinger, *Experimentelle Herstellung von reinem TiC-Pulver unter Verwendung carbonisierender Gase.* Vf. zeigt eine neue Meth. zur Herst. von reinem TiC u. diskutiert sie im Vgl. zu bekannten Verfahren. Die Herst. basiert auf der techn. bisher benutzten Rk. $TiO_2 + 3C \rightarrow TiC + 2CO$, wobei aber eine katalysierende Gasphase verwendet wird, die fähig ist, mit dem festen Ausgangsmaterial gasförmige Zwischenprodd. einzugehen, welche miteinander zu reinem TiC reagieren. Am günstigsten erweist sich neben reinem H_2 eine Mischung von $H_2 + CCl_4$ im Verhältnis 14:1. Das über Zwischen-Rkk. gebildete TiC enthält bis zu 19,7% C. Die Zwischen-Rkk. werden besprochen u. die verwendete App. wiedergegeben. — Diskussion. (Physics Powder Metallurgy **1951.** 295—302. Graz, Univ.) CLASING. 6474

E. Börje Bergsman, *Einige neuere Untersuchungen über die Mikro-Härteprüfung.* (Vgl. C. **1954.** 2482.) Unterss. auf dem von Vf. entwickelten Mikrohärteprüfer u. einem Härteprüfer mit direkter Gewichtsbelastung von 500—5000 g. — 24 Literaturzitate. (ASTM Bull. **1951.** 37—43. Sept. Vasteras, Schweden, Svenska Metallverken.) BOENISCH. 6480

W. Rostoker, *Der Einfluß der verwendeten Last auf Mikro-Eindruck-Versuche.* Diskussion zu der C. **1950.** II. 813 referierten Arbeit. (J. Inst. Metals **77.** 621—29. 1950.) HABBEL. 6480

Louis Small und **G. Sevick,** *Härteprüfung bei Draht.* (Metal Progr. **65.** Nr. 4. 107—12. April 1954. Ferndale, Mich., Service Diamond Tool Co.) HOCHSTEIN. 6480

W. Thompson, *Die Kaltbildsamkeitsprüfung von Blechen aus Aluminium-Legierungen durch das konuslose Biegeverfahren.* Die näher beschriebene Prüfvorr. eignet sich zur Best. der Kaltbildsamkeit von Blechen bes. aus Al, Al-Legierungen u. aus mit Al plattierten Al-Legierungen, ist jedoch auch zur Prüfung anderer metall. u. nichtmetall. Bleche geeignet. (Sheet Metal Ind. **27.** 503—12. Juni 1950.) HOCHSTEIN. 6480

Eustace C. Larke, *Das Walzen von Metallen und Legierungen.* 1. Mitt. *Historische Entwicklung der Walzwerke.* Überblick mit 87 Schrifttumsangaben. (Sheet Metal Ind. **30.** 863—78. Okt. 989—98. Nov. 1081—91. Dez. 1953.) APEL. 6490

Marjorie Whitaker, *Das Tiefziehen von Nichteisen-Metallen.* Überblick mit 53 Schrifttumsangaben. (Sheet Metal Ind. **27.** 815—24. Sept. 1950.) HOCHSTEIN. 6490

Ernest S. Lanning jr., *Schutzgasatmosphären für die Wärmebehandlung von Metallen: Verfahren und Apparaturen.* Übersicht über Schutzgasatmosphären für die Wärmebehandlung von Cu, Ni, Al, Mg, Edelmetallen, Stahl u. ihren Legierungen. Rohstoffe u. Verbrennungs- bzw. Vergasungsverff. zur Herst. der Schutzgase. (Ind. Gas [New York] **32.** Nr. 9. 3—6. 19—24. März 1954. Elizabeth, N. J.) F. SCHUSTER. 6490

O. E. Cullen, *Erzeugung und Verwendung von Schutzgasen.* Oxydierende, reduzierende, aufkohlende u. entkohlende Gas–Metall-Umsetzungen bei der Wärmebehandlung von Metallen, bes. von *Eisen* u. Stahl, werden auf Grund physikal.-chem. Überlegungen erörtert. Die Erzeugung u. Zus. von nach verschied. exotherm oder endotherm betriebenen Verff. hergestellten Schutzgasen wird behandelt. Die Taupunktsbest. dient zur Überwachung des C-Geh. an der Stahloberfläche. (Metal Progr. **64.** Nr. 6. 101—06. Dez. 1953. Toledo, O., Surface Combustion Corp.) HOCHSTEIN. 6492

G. W. Seulen, *Induktive Oberflächenhärtung von Stahlguß.* Für die induktive Oberflächenhärtung von Stahlguß eignet sich am besten ein Werkstoff mit 0,4—0,5% C bei Wasserabschreckung. Die hierbei erreichte Oberflächenhärte beträgt 55—60 HRc. Das Verf. wird für Zahnräder, Umlenkrollen u. dgl. angewendet, wobei vielfach auch der Normstahl *46 MnSi 4* verwendet wird. (Giesserei **41.** 40—41. 21/1. 1954. Remscheid-Hasten.) HOCHSTEIN. 6492

Bruce E. Brennan, *Preßpassung verbessert gelötete Aluminium-Verbindungen.* Zwei Al-Rohre werden dadurch miteinander verbunden, daß ein Rohrende etwas aufgeweitet u. das nicht aufgeweitete Ende des anderen Rohres in dieses hineingepreßt u. diese Verb. danach verlötet wird. Die Verb. dichtet gegen das Eindringen von Flußmittel ab, hat eine große Festigkeit u. ist korrosionsbeständig. (Iron Age **172.** Nr. 24. 148—49. 10/12. 1953. Louisville, Reynolds Metals Co.) HOCHSTEIN. 6504

W. S. Simmie, *Ein Vergleich des Fortschritts in der Widerstands-Schweißung in England und Amerika.* Überblick. (Sheet Metal Ind. **27.** 723—26. Aug. 1950.) HOCHSTEIN. 6506

A. G. Thompson, *Aussichten für das metallische Lichtbogenschweißen von Metallblechen.* (Sheet Metal Ind. **27.** 879—83. Okt. 1950.) HOCHSTEIN. 6506

G. T. Colegate, *Die mechanische Oberflächenbehandlung von Metallen.* Überblick mit Schrifttumsangaben. (Sheet Metal Ind. **29.** 71—78. 82. Jan. 163—72. Febr. 257—68. März. 645—50. Juli. 941—48. Okt. 1952; **30.** 5—17. Jan. 303—05. 307. April 1953.) HABBEL. 6510

Paul de Lattre, *Eine Übersicht über die technischen und wirtschaftlichen Gesichtspunkte beim kontinuierlichen Beizen und über die gebräuchlichen Verfahren zur Aufarbeitung verbrauchter Beizflüssigkeiten.* (Sheet Metal Ind. **30.** 313—22. April. 365—70. Mai 1953.) MARKHOFF. 6512

T. R. E. Kressman, *Ionenaustauscher in den metallurgischen Industrien.* Berichtet wird über die Möglichkeiten der Reinigung von Beizlaugen mit Ionenaustauschern auf Kunstharzbasis. — Literaturübersicht. (Sheet Metal Ind. **30.** 371—74. Mai 1953.) MARKHOFF. 6512

H. Silman, *Die britische galvanotechnische Industrie.* Überblick über neuere Verff. u. Vorrichtungen. (Metal Ind. [London] **84.** 349—52. 30/4. 1954.) MARKHOFF. 6514

E. Bertorelle, *Rasche Kontrolle von zur Metallabscheidung bestimmten Elektrolyten.* Die Kontrolle wird mit Hilfe einer Dreieckzelle aus Plexiglas vorgenommen, in der gegenüber einer an einer Dreiecksseite angeordneten Anode eine Kathode angeordnet ist. Diese läuft von der einen Ecke des Dreiecks senkrecht auf die Anode zu, u. zwar bis zur Hälfte der Wanne. Die freien Kanten der Anode u. der Kathode sind abgeschirmt. Die Zelle ermöglicht eine sehr schnelle Kontrolle des Bades, auch hinsichtlich des Streuvermögens. So läßt sich der Einfl. von F-Ionen in $ZnSO_4$-Elektrolyten auf die Abscheidungsform des Zn mit einer solchen Zelle untersuchen. (Metalloberfläche, Ausg. B **6.** 2—5. Jan. 1954. Mailand, Univ., Inst. für Chem. Ind.) MARKHOFF. 6514

Herbert Chase, *Automatisches Hartverchromen.* Die Spindeln von Baumwollpflückmaschinen werden durch einen Hartchromüberzug gegen Abrieb durch Samenkapseln geschützt. (Iron Age **173.** Nr. 7. 150—51. 18/2. 1954.) VIER. 6518

Thomas A. Dickinson, *Stromloses Plattieren im Betrieb.* Durch Red. von Ni-Salzen in erhitzten Lsgg. mittels Hypophosphiten werden festhaftende *Ni*-Überzüge auf Metallen, wie *Fe* u. *Cu,* erzeugt. Das in den Grundzügen von BRENNER u. RIDDELL entwickelte Verf. arbeitet mit Lsgg. von $NiCl_2$, NaH_2PO_2, *Na-Hydroxyacetat* u. Glanzmittel. (Sheet Metal Ind. **31.** 19—21. 30. Jan. 1954.) MARKHOFF. 6520

J. M. Bryan, *Zinnüberzüge auf Aluminium.* Berichtet wird über Vergleichsverff. mit verschied. Lsgg. zur Eintauchverzinnung; bei Lsgg., die Sn als Kation enthalten,

gibt eine Lsg. mit $SnCl_2$, Rochelle-Salz u. NaOH die besten Resultate, bes. wenn man noch Kolloide, wie Leim oder Gelatine, zusetzt. Bei Lsgg., die Sn als Anion enthalten, gibt eine Lsg. von $K_2[Sn(OH)_6]$ die besten Niederschläge. Ferner wurde der Einfl. des Alkaligeh., eines Zusatzes von H_2SO_4, der Konz. der Stannatlsg. auf Haftung u. Aussehen des Sn-Nd. untersucht. — Diagramm, Tabellen, Literaturangaben. (Metal Ind. [London] **83.** 461—63. 4/12. 502—04. 18/12. 1953.)
MARKHOFF. 6524

W. Montgomery, *Einige Betrachtungen über die Korrosionsverhütung in der Praxis.* Behandelt werden die Erzeugung von oxyd. Schutzschichten nach dem Verf. von BARFF, von *Email*-Schichten u. von *Zn*-Überzügen sowie deren Fehler. (Sheet Metal Ind. **27.** 643—53. Juli 1950.) MARKHOFF. 6530

L. Mirčevová, *Der Einfluß von Inhibitoren auf die Löslichkeit von Messing und Eisen in verdünnter Säure.* Die akt. Bestandteile des FORMANschen Inhibitors (C. **1937.** I. 4289), der aus teilweise mit HCl aufgeschlossenen Rübenschnitzeln bestand, sind vermutlich hochmol. Pektine oder Dextrane, obwohl durch deren Einw. die Korrosion höchstens auf 10% u. nicht auf die von der Praxis geforderten 2% zurückgeht. (Listy Cukrovarnické **68.** 131—32. 15/6. 1952.) STEINER. 6538

L. Holik und **H. Nowotny,** *Ätzversuche an Elektrolytkondensator-Folien.* Die Verss. wurden an Al-Folien verschied. Reinheitsgrade mit HCl verschied. Konz. mit u. ohne Zusatz von $AlCl_3$ durchgeführt. Bei HCl-Lsgg. ohne Zusatz von $AlCl_3$ beeinflußt die Temp. nicht die Art des Angriffs, sondern allein die Auflösegeschwindigkeit. Oberflächenvergrößerung, gemessen an der spezif. Kapazität, geht mit Gewichtsverlust der Folie parallel. Die Art des Angriffs hängt von der Säurekonz. ab. Bei Ätzlsgg., die neben HCl Zusätze von $AlCl_3$ enthalten, wird die Oberflächenvergrößerung u. damit die Art des Angriffs sowohl von der Temp. wie auch von der Konz. von HCl u. $AlCl_3$ bestimmt. Es konnte festgestellt werden, daß das Gefüge (Korngröße, Textur) einen großen Einfl. auf die Art des Angriffs ausüben. Bei der elektrolyt. Ätzung mit 1—4%ig. Lsgg. konnte bei 50° u. hoher Stromdichte (10 A/dm^2) die gleichmäßigste Aufrauhung erzielt werden. — Schrifttumsangaben. (Metall **8.** 180—84. März 1954. Wien, TH, Inst. für Physikal. Chem.) VIER. 6538

General Electric Co., New York, N. Y., übert. von: **Robert D. Ahles,** Schenectady, V. St. A., *Gegossener Werkzeugstahl* enthält 1,5—2,25(%) *C*, 0,03—0,2 *Mg*, 0—5 *Cr*, 4—6 von jedem der Elemente *W*, *Mo*, *Co* u. *V*, Rest Eisen u. Verunreinigungen. Eine bevorzugte Zus. des Stahles ist: 2 C, 2—4 Cr, 5 W, 5 Mo, 5 Co, 5 V, 0,03—0,2 Mg, Rest Eisen u. Verunreinigungen. Der Stahl wird als Schnelldrehstahl oder zur Herst. von Ziehmatrizen verwendet. (**A. P. 2 662 010** vom 29/3. 1952, ausg. 8/12. 1953.)
HOCHSTEIN. 6411

Heinz Höfges und **Ernst Goebel,** Hamborn, *Herstellung von hochsilicierten Transformatoren- und Dynamostählen.* Roheisen mit ca. 1(%) *Mn* u. bis zu 0,12 *P* wird in einem BESSEMER-Konverter fl. eingesetzt u. die Schmelze bei einer Temp. von ca. 1650—1680° gefrischt, um einen Stahl mit ca. 0,02 *C*, unter 0,3 *Mn*, bis zu 0,12 *P* u. unter 0,05 *S* zu erhalten. Dieser Stahl wird in eine erste Pfanne gegossen u. hier durch Zusatz einer CaO- u. eisensilicathaltigen Schlacke bis auf 0,01 C, unter 0,20 Mn, unter 0,04 P u. unter 0,03 S gefeint. Anschließend wird der Stahl in eine zweite Pfanne übergeführt, wo er mit einem Gemisch aus *Al*, CaF_2 u. *CaSi* oder *FeSi* so lange behandelt wird, bis der erforderliche *Si*-Geh. des Stahles sowie eine Badtemp. von ca. 1680° erreicht sind. Darauf läßt man den Stahl 30 Min. abstehen u. vergießt ihn bei einer Temp. von ca. 1600°. (**A. P. 2 662 819** vom 23/6. 1951, ausg. 15/12. 1953. D. Prior. 28/2. 1949.) HOCHSTEIN. 6411

Ethyl Corp., übert. von: **Homer Maroni Tanner,** New York, N. Y., V. St. A., *Herstellung einer reaktionsfähigen Na—Pb-Legierung.* Man bringt eine dünne Schicht der geschmolzenen Legierung bei ca. 400° auf eine rotierende Kupfertrommel auf u. kühlt innerhalb 1—6 Sek. auf ca. 200° herunter. Dann trennt man die festgewordene, dünne Schicht von der Trommel ab u. zerkleinert sie zu Schuppen oder Blättchen der gewünschten Größe. (**E. P. 707 074** vom 15/6. 1951, ausg. 14/4. 1954. A. Prior. 4/10. 1950.) NEBELSIEK. 6431

Vereinigte Aluminium-Werke Akt.-Ges., Berlin und Bonn (Erfinder: **Winand Helten,** Grevenbroich/Ndrh.), *Entnehmen von Aluminium aus Elektrolyseöfen.* Durch Senken der Anoden in das Bad wird das fl. Al in ein in das Bad eingesetztes Rohr gedrückt, das im oberen Teil eine Ablaufrinne aufweist. Das im Rohr hochsteigende Al fließt dann über die Ablaufrinne in die Gußformen. — Abbildungen. (**D. B. P. 898 818** Kl. 40c vom 29/6. 1944, ausg. 3/12. 1953.) MARKHOFF. 6447

Soc. d'Électro-Chimie, d'Électro-Métallurgie & des Aciéries Électriques d'Ugine, Paris, Frankreich, *Gewinnung von Al-Legierungen* mit Alkalien oder Erdalkalien durch Elektrolyse eines Alkali- oder Erdalkalialuminates, das in einem Schmelzbad, z. B. aus Kryolith, gelöst ist. Letzterem ist als Flußmittel AlF_3 zugesetzt. (**E. P. 703 522** vom 15/2. 1952, ausg. 3/2. 1954. F. Prior. 6/3. 1951.) NEBELSIEK. 6447

British Thomson-Houston Co. Ltd., London, England, *Herstellung von Wolfram- und Molybdäncarbid* mit einer Teilchengröße von 0,5—10 μ. Feste Teilchen der entsprechenden Carbonyle mit 100—500 μ Durchmesser werden in eine Zone eingeführt, in der eine Temp. von 650—1000° herrscht. Das entstehende Gemisch von Metall, Carbid u. Oxyd wird bei 800—1850° in einer CO/CO_2-Atmosphäre in reines Carbid übergeführt. (**E. P. 703 437** vom 23/5. 1951, ausg. 3/2. 1954. A. Prior. 6/6. 1950.) ZÜRN. 6477

Deutsche Edelstahlwerke Akt.-Ges. (Erfinder: **Carl Ballhausen,** Krefeld), *Aufarbeiten von Schrott aus Werkstoffen, die Carbide hochschmelzender Metalle enthalten, besonders aus gesintertem oder geschmolzenem Hartmetall.* Die Schrottstücke werden in oxydierend wirkenden Säuren, wie HCl, in wss. oder alkoh. Lsg. elektrolysiert u. die entstehenden Metallsäuren abfiltriert. (**D. B. P. 912 634** Kl. 40c vom 1/8. 1952, ausg. 31/5. 1954. Anmeldung bekanntgemacht 15/10. 1953.) MARKHOFF. 6477

Diversey Corp., übert. von: **John R. Swihart,** Chicago Heights, Ill., V. St. A., *Bad zum chemischen Polieren von nichtrostenden Stählen* besteht aus einer 20—35%ig. Säurelsg. aus HNO_3 u. HCl sowie H_3PO_4 oder H_2SO_4 oder beiden Säuren. Von den 20—35% beträgt der Anteil an HNO_3 u. an HCl mindestens je 2% u. der Anteil an H_3PO_4 oder H_2SO_4 ca. 15—25%. Beispiel: 23,9 (Gewichtsteile) H_3PO_4, 2,7 HNO_3, 2,2 HCl u. 71,2 W.; Temp. der Lsg. 180° F (82° C). (**A. P. 2 662 814** vom 27/8. 1949, ausg. 15/12. 1953.) MARKHOFF. 6513

General Motors Corp., V. St. A., *Lösung zum Glänzen von Metallen, wie Aluminium, Kupfer und ihren Legierungen sowie von Stahl,* besteht aus einem Gemisch von 40 (Teilen) P_2O_5, 12—36 H_2SO_4 (100%ig.), 6—18 HNO_3 (100%ig.) u. 12—34 *W.*, bes. 40 P_2O_5, 25 H_2SO_4, 12 HNO_3 u. 23 Wasser. Behandlungstemp. 107°, 2—3 Minuten. Zweckmäßig sind der Lsg. geringe Mengen von lösl. Verbb. des *Cr, Al, Zn, Co, Mn, Ni* oder *Fe* zuzusetzen, die bewirken, daß die Lsg. von Anfang an befriedigende Resultate ergibt. (**F. P. 1 033 496** vom 6/3. 1951, ausg. 10/7. 1953. A. Prior. 7/3. 1950.) MARKHOFF. 6513

Deutsche Gold- & Silberscheideanstalt vormals Roessler, Frankfurt/M. (Erfinder: **Erich Kaufmann,** Oberursel/Taunus), *Herstellung metallischer Überzüge durch Aufspritzen.* Schmelzen von Metallen, die zur Entmischung neigen, wie *Cu* u. *Pb*, *Ag* u. *Ni* oder *Al* u. *Pb*, werden einer guten Durchmischung unterworfen u., bevor Entmischungen stattfinden, in bekannter Weise zerstäubt, z. B. durch Auffließenlassen der Schmelze in Form eines Strahles auf einen mit W. gekühlten, schnell umlaufenden Körper. Das so erhaltene feingepulverte Gut kann mit den üblichen Metallpulverspritzpistolen auf eine Unterlage aufgespritzt werden. Das Verf. eignet sich bes. zur Herst. von Lagern durch Auskleiden der Stützschale mittels homogener Gemische aus Cu oder Al oder Fe mit Pb. (**D. B. P. 906 530** Kl. 48b vom 5/7. 1939, ausg. 15/3. 1954. Anmeldung bekanntgemacht 9/7. 1953.) VIER. 6517

Dow Chemical Co., übert. von: **Herbert K. De Long,** Midland, Mich., V. St. A., *Elektrolytische Erzeugung von Überzügen aus Kupfer, Silber oder Gold auf Magnesium und seinen Legierungen.* Als Elektrolyt dient eine cyankal. Lsg. des abzuscheidenden Metalls mit einem Geh. an *Alkalicyanid* u. *Alkalifluorid* oder NH_4F, letztere in einer Menge von 5—100 g/Liter Badlösung. Vorteilhaft werden die Gegenstände vor der galvan. Behandlung in eine wss. Lsg. aus $Na_4P_2O_4$, $ZnSO_4$, KF u. K_2CO_3 von p_H-Wert 10,2 getaucht. Die Ndd. sind glänzend u. porenarm. (**A. P. 2 654 702** vom 3/9. 1948, ausg. 6/10. 1953.) MARKHOFF. 6517

Poor & Co., Chicago, übert. von: **Allan E. Chester,** Highland Park, Ill., V. St. A., *Erzeugen gleichmäßiger galvanischer Kupferüberzüge.* Bei der galvan. Abscheidung von Cu aus sauren Cu-Bädern wird ein asymmetr. Wechselstrom verwendet, der durch Überlagerung von Gleichstrom über n. Wechselstrom erzeugt wird. — Abbildung. (**A. P. 2 651 609** vom 17/7. 1950, ausg. 8/9. 1953.) MARKHOFF. 6517

Goetzewerke Friedrich Goetze Akt.-Ges. (Erfinder: **Job Denfeld,** Burscheid/Rhld.), *Kolbenring aus Gußeisen mit einem galvanischen Laufflächenüberzug aus anderen Werkstoffen.* Der Überzug besteht aus einer *Co–P-* oder *Ni–P*-Schicht mit bis zu 15% P. Co gibt dem Überzug die nötige Härte, P erhöht die Haftfähigkeit auf der Grundlage. Nach dem galvan. Aufbringen der Schicht werden die Ringe zweckmäßig bei Tempp.

von 300—500° gehärtet. Der Geh. an P kann ganz oder teilweise durch *As*, *Cd*, *Hg* oder *Bi* ersetzt werden. (**D. B. P. 898 838** Kl. 48a vom 24/2. 1951, ausg. 3/12. 1953.) MARKHOFF. 6517

Deutsche Edelstahlwerke Akt.-Ges., Krefeld (Erfinder: **Gottfried Becker**, Büderich bei Düsseldorf, **Robert Scherer**, Krefeld, **Gerhard Scheulen**, Remscheid, und **Fritz Steinberg**, Düsseldorf), *Aufschmelzen einer metallischen Auflage auf einen metallischen Träger durch induktive Erwärmung.* Die Auflage hat einen F. über 1100°, die Erwärmung wird so vorgenommen, daß sich der Träger nicht verflüssigt. Das Verf. eignet sich bes. zum Innenüberziehen von Rohren aus *Stahl* mit *austenit. Stählen* mit 18 (%) *Cr* u. 8 *Ni* oder mit *Fe–Si*-Legierungen. Das Überzugsmetall wird in Form von Drähten oder Blechstreifen in das Rohr gebracht. (**Schwz. P. 295 406** vom 8/8. 1950, ausg. 1/3. 1954. D. Priorr. 10/9. und 10/12. 1949.) VIER. 6517

Udilyte Corp., V. St. A., *Galvanisches Glanznickelbad* besteht aus einer sauren Ni-Salzlsg., die eine geringe Menge eines aliphat. Esters einer ungesätt. aliphat. Polycarbonsäure enthält, deren Ungesättigtsein nur auf Doppelbindungen beruht. Solche Ester sind z. B. *Dimethylfumarat, Di(2-methoxyäthyl)-maleat, Trimethylaconitat.* Dem Bad können außerdem noch Glanzmittel vom Typ der Sulfonamide, Sulfonimide oder der Sulfonsäure zugesetzt werden. (**F. P. 1 048 418** vom 9/8. 1951, ausg. 22/12. 1953. A. Prior. 16/8. 1950.) MARKHOFF. 6521

General American Transportation Corp., Chicago, übert. von: **Paul Talmey** Barrington, und **William J. Crehan**, Hinsdale, Ill., V. St. A., *Erzeugen von Nickelüberzügen auf chemischem Wege.* Gegenstände aus *Fe, Co, Ni, Al, Cu, Ag, Au, Pd* oder *Pt* werden mit einer Lsg. von *Ni-Salzen* u. *Hypophosphiten* behandelt, deren Konz. u. Temp. in der Weise konstant gehalten werden, daß die Lsg. im Kreislauf aus dem Behandlungsbehälter in einen Regenerierbehälter fließt u. von dort wieder dem Behandlungsbehälter zugeleitet wird. — Abbildung. (**A. P. 2 658 839** vom 21/4. 1951, ausg. 10/11. 1953.) MARKHOFF. 6521

General American Transportation Corp., Chicago, Ill., übert. von: **Gregoire Gutzeit**, Highland, und **Abraham Krieg**, Gary, Ind., V. St. A., *Vernickeln auf chemischem Wege.* Gegenstände aus *Cu, Ag, Au, Al, Fe, Co, Ni, Pd* u. *Pt* lassen sich durch Eintauchen in die wss. Lsg. eines Ni-Salzes u. eines *Hypophosphites* mit einer Ni-Schicht überziehen. Das Verhältnis zwischen Ni-Ionen u. Hypophosphitionen in Mol-Konzz. soll zwischen 0,25 u. 0,60 liegen. Die absolute Mol-Konz. der Hypophosphitionen soll 0,15—0,35 Mol/Liter betragen, der Anfangs-p_H-Wert 4,5—5,6. — Nach A. P. 2 658 842 wird der Lsg. noch eine gesätt. aliphat. Dicarbonsäure mit kurzer Kette zugesetzt. — Diagramme. (**A. PP. 2 658 841** vom 8/11. 1950 u. **2 658 842** vom 4/1. 1951, beide ausg. 10/11. 1953.) MARKHOFF. 6521

Siemens & Halske Akt.-Ges., Berlin und München (Erfinder: **Willi Gillwald**, Berlin), *Herstellung haftfester duktiler und hochglänzender galvanischer Nickel-, Kobalt- und Nickel–Kobalt-Überzüge.* Den üblichen Elektrolyten für die Abscheidung dieser Metalle wird die Kombination *Thioharnstoff/Cyclohexanon* zugesetzt. Es können auch Derivv. dieser Verbb. verwendet werden. (**D. B. P. 863 275** Kl. 48a vom 30/6. 1950, ausg. 15/1. 1953.) MARKHOFF. 6521

Farbwerke Hoechst Akt.-Ges., vormals Meister Lucius & Brüning, Frankfurt/M. (Erfinder: **Alois Wüstefeld**, Duderstadt, und **Heinrich Koch**, Frankfurt/M.), *Erzeugen von Oberflächenschichten aus Metallsalzen auf Metallen.* Die Metalle werden in alkal. Bädern von *Zinkaten* oder *Aluminaten* behandelt, denen solche Säuren zugesetzt sind, die mit den in den Anionen enthaltenen Metallen unlösl. Salze zu bilden vermögen, wie H_3PO_4, CO_2, *Oxal-*, *Phthal-* oder *Alkylsulfamidoessigsäure.* Die Überzüge erleichtern die spanlose Verformung u. schützen gegen Korrosion. (**D. B. P. 910 372** Kl. 48d vom 2/10. 1948, ausg. 3/5. 1954. Anmeldung bekanntgemacht 5/7. 1951.) MARKHOFF. 6529

Parker Rust Proof Co. (Erfinder: **John S. Thompson**), Detroit, Mich., V. St. A., *Herstellung eines korrosionsbeständigen Überzugs aus Oxyden und/oder Sulfiden auf Eisen oder Zink.* Die Oberfläche wird der Wrkg. einer sauren Lsg. ausgesetzt, die genügend *Sulfit* enthält, um Sulfid im Überzug zu bilden. (**D. B. P. 910 373** Kl. 48d vom 1/10. 1950, ausg. 3/5. 1954. Anmeldung bekanntgemacht 24/4. 1952. A. Prior. 26/5. 1941.) MARKHOFF. 6529

Vereinigte Deutsche Metallwerke Akt.-Ges., Deutschland, *Schutz von Metallen gegen Oxydation bei Temperaturen von mehr als 800°.* Auf die Metalloberflächen wird eine *Cr–Ni–Fe-* oder *Cr–Ni*-Legierungsschicht aufgespritzt u. auf diese eine Schicht aus *CaSi* oder Al_2Ca aufgebracht. Diese Verbb. werden zweckmäßig in einem Lack auf Bitumenbasis verteilt aufgestrichen. Auch eine Behandlung der aufgespritzten

Legierungsüberzüge mit einem Gemisch aus *MgO, Kalkmilch, Ton* u. W. oder mit einer Lsg. von *NaOH* oder *KOH* führt zu einer Erhöhung des Widerstandes gegen Oxydation bei Tempp. von 800—1100°. (**F. P. 1 043 592** vom 3/10. 1951, ausg. 10/11. 1953. D. Prior. 3/10. 1950.) MARKHOFF. 6529

W. A. Koldaschow, Metallurgie des Kupfers. Leipzig: Fachbuchverl. 1953. (215 S. m. 139 Bild.) DM 9,50.

Ward F. Simmons and Howard C. Cross, Report on the elevated-temperature properties of chromiummolybdenum steels. Philadelphia: Amer. Soc. for Testing Materials. 1953. (208 S.) $ 4,75.

Edmund Richard Thews, Metallurgie, Technologie und Anwendung der Weichlote. Berlin-Grunewald: Metall-Verl. 1953. (237 S. m. 58 Abb. u. 32 Zahlentaf.) DM 9,60.

—, Application de la soudure électrique à la fabrication des conduites forcées en tuyaux auto-frettés et surpressés. Grenoble: Impr. générale. 1953. (28 S. m. Abb.)

IX. Organische Industrie.

Mikes János, *Bemerkungen zu L. Beregis Artikel: Die heimischen Möglichkeiten der Furfurolaufarbeitung.* Zusätzlich zu den Angaben von BEREGI (vgl. C. **1954.** 5851) wird auf die Gewinnung von *Naphthalin* aus *Furfurol* (**I**) bei 500° über vanadinhaltigen Kontakt hingewiesen. Die aus **I** ableitbaren Kunststoffe sollen nicht nur als Ausgangsmaterial für die Kunstfaser dienen, sondern als Spritzgußmasse, Folien- u. Lackrohstoff Verwendung finden. Noch wichtiger für den heimischen Einsatz des **I** ist seine unmittelbare Verwendung ohne vorherige chem. Umformung. So zeigen die Kunststoffe mit **I** im Gegensatz zu den Formaldehydkunststoffen bessere elektr. Durchschlagfestigkeit u. leichtere Bearbeitbarkeit. Kondensationsprodd. des **I** mit *Phenolen* u. *Aminoplasten* zeigen wertvolle Spezialeigenschaften. Mit sauren Katalysatoren erzielbare Polymerisationsprodd. des **I** geben gießfähige Prodd. für die Elektroindustrie u. einen vielseitigen Werkstoff. (Magyar Kémikusok Lapja [Z. Ver. ung. Chemiker] **8.** 303. 5/10. 1953.) BIRTHLER. H 3061

Philip D. Caesar und **Peter D. Branton,** *Nebenprodukte der Thiophensynthese.* Die niedermol. Anteile des bei der Synth. von *Thiophen* aus n-Butan u. S als Nebenprod. entstehenden Teers (Kp. >170°), die 40—45% des Teers ausmachen, werden untersucht. Sie ändern im Gegensatz zu den höhermol. beim Lagern ihre Zus. u. können durch Dest. im Vakuum von 1—5 mm bei 80—160° („destruktive" Dest.) oder Wasserdampfdest. oder Extraktion mit Acetonitril isoliert u. durch Dest. in 2 Komponenten zerlegt werden. Von diesen ist die niedriger sd. instabil u. geht bei der Raffination durch Lösungsm. zum Teil verloren; durch Dest. oder Behandeln mit Zn + HCl wird sie regeneriert. Ihre Unbeständigkeit dürfte für die Schwankungen der Zus. beim Altern des Teers verantwortlich sein. Diese bei der „destruktiven" Dest. von gealtertem oder Wasserdampfdest. von frischem Teer zu 30% (bezogen auf den ursprünglichen Teer) anfallende Komponente, $(C_4H_3S)SH$, Kp. 171°, $Kp._2$ 40—45°, $D.^{25}$ 1,251, n_D^{20} 1,6201, löst sich in 30%ig. NaOH u. gibt die chem. Rkk. der Thiolgruppe, bes. Umwandlung in einen stabilen Thioessigester mit NaOH u. Acetanhydrid. Das Ultrarotspektr. bestätigt die Anwesenheit einer Thiolgruppe u. eines Thiophenringes. Die Verb. wird durch Synth. als *3-Thiophenthiol* (**II**) identifiziert: Die beiden möglichen Isomeren *2-Thiophenthiol* (**I**) bzw. **II** werden aus 2- bzw. 3-Jodthiophen über die GRIGNARD-Verbb., durch Rk. mit S u. Zers. mit HCl erhalten; Ausbeute 20—30% bzw. 21%; die Stellung des J im Kern wird durch Überführen der Thienyl-Mg-Jodide in *2-* bzw. *3-Thiophencarbonsäure* (F. 123—125° bzw. 137°) bestätigt. Das Prod. aus dem Teer bildet mit 2.4-Dinitrochlorbenzol das gleiche *2.4-Dinitrophenylsulfid* (F. 132,5—133,5°) wie synthet. **II** u. hat das gleiche Ultrarotspektr. (während zu **I** deutliche Unterschiede bestehen). — Die 2. Komponente (**III**), eine tiefrote, unangenehm riechende Fl., $Kp._2$ 120—125°, hat die Zus. $C_4H\,S_3$, enthält nach dem Ultrarotspektr. keinen Thiophenring u. keine Thiolgruppe, löst sich in wss. KOH u. reagiert in heißer alkoh. KOH mit 2 Mol KOH, bes. schnell in Ggw. eines Reduktionsmittels wie Zn oder $NaHSO_3$, unter Farbumschlag nach Purpurrot (die Rk. wird durch Zugabe eines milden Oxydationsmittels rückläufig); die Farbe verschwindet bei weiterer Red. bei 100° vollständig. Beim Ansäuern der purpurroten Lsg. wird annähernd 1 Mol-Äquivalent H_2S frei. Färbt man Wollgewebe mit der Lsg., so bleicht die Farbe schnell, taucht man es sofort in eine mild-oxydierende Lsg., so wird eine echte Khakifärbung erhalten. Durch abbauende Hydrierung von **III** mit RANEY-Ni nach MOZINGO entsteht als Hauptprod. *n-Butan.* Auf Grund der Eigg. wird **III** vorläufig die Struktur eines *Thiolandithions* zuerteilt (kann als tautomere Form von Thiophendithiol aufgefaßt werden). Da das UV-Spektr. außer spezif. Extinktionskoeff. bei 230, 250, 335 u. 415 mμ starke Absorption über 500 mμ hinaus zeigt, ist eine Struktur mit konjugiertem Syst. (das bei längeren Wellenlängen absorbiert), nämlich *Thiolandithion-(2.3)* oder *-(3.4)* am wahrscheinlichsten. — Ein

Mechanismus für die Bldg. von Thiophen, **II** u. **III** aus Butan u. S wird abgeleitet, bei dem Butadien als hauptsächlich reagierender KW-stoff u. Ersatz seiner H-Atome durch S in Stufen angenommen wird. (Ind. Engng. Chem. **44**. 122—25. Jan. 1952. Paulsboro, N. J., Socony Vacuum Labors., Socony Vacuum Oil Co., Inc., Res. and Development Dep.) ——————— v. DECHEND. H 3071

Imperial Chemical Industries Ltd., London (Erfinder: **Ronald Cooper Thomson** und **Peter William Reynolds**, Norton-on-Tees), England, *Katalytische Hydratisierung von C_2H_4 zu Äthanol*, dad. gek., daß eine Mischung von dampfförmigem C_2H_4 u. teilweise dampfförmigem W. mit einem Molverhältnis der Gesamtwassermenge zu C_2H_4 von mindestens 5 unter Anwendung eines Katalysators umgesetzt wird, welcher eine innige Mischung von TiO_2 u. Wolframoxyd der ungefähren Zus. W_2O_5 enthält, wobei diese Rk. bei erhöhten Tempp. u. Drücken durchgeführt wird. — Zeichnung. (**D. B. P. 902 377** Kl. 12o vom 2/6. 1950, ausg. 21/1. 1954. E. Prior. 1/6. 1949.) G. KÖNIG. H 560

Badische Anilin- & Soda-Fabrik Akt.-Ges., Ludwigshafen/Rh., *Herstellung von höhermolekularen Alkoholen* aus niedrigmol. Alkoholen durch Einw. von alkal. Katalysatoren bei erhöhten Tempp., dad. gek., daß man die niedrigmol. Alkohole in fl. Phase unter Zusatz geringer Mengen gelöster oder feinverteilter alkal. Mittel durch erhitzte Räume leitet. — Beispiel: Butanol → *Isooctanol*. (**D. B. P. 907 291** Kl. 12o vom 7/12. 1943, ausg. 22/3. 1954. Anmeldung bekanntgemacht 23/7. 1953.) G. KÖNIG. H 560

American Cyanamid Co., New York, N. Y., übert. von: **Harold S. Davis**, Riverside, Conn., V. St. A., *Äthylenglykol* (I) *und Äthylenchlorhydrin* (**II**) erhält man in unterschiedlichen Mengen aus Äthylenoxyd (**III**) u. wss. HCl bei 20—50° u. dest. aus dem Reaktionsgemisch **II** ab. Als Rückstand verbleibt **I**. Bei niedriger HCl-Konz. u. höherer Temp. (50°) überwiegt die Bldg. von **I**. **II** kann man mit Kalkmilch in **III** überführen. Die Bldg. von **I** kann durch die Ggw. lösl. Metallchloride ($MgCl_2$) in der wss. HCl-Lsg. fast vollständig unterdrückt werden. (**A. P. 2 636 906** vom 5/3. 1948, ausg. 28/4. 1953.) G. KÖNIG. H 570

E. I. du Pont de Nemours & Co., übert. von: **Carl E. Schweitzer**, Wilmington, Del., V. St. A., *Polyoxyverbindungen* gewinnt man durch Oxydation von monoolefin. Verbb. (**I**) mit 2—6 C-Atomen > 100° u. erhöhten Drucken in Ggw. einer KW-stoffmischung, lösl. Katalysatoren (**II**), oxydierenden Gasen u. Oxydationsprodd. einer vorausgegangenen Oxydation. Als **I** sind z. B. C_2H_4, C_3H_6, C_4H_8, C_5H_{10}, Allylalkohol, Acrolein, Methylvinylketon, Acrylsäure u. niedrigmol. Ester olefin. Carbonsäuren. Als **II** kommen z. B. lösl. Salze des Mn, Fe, Cr, Sn in Betracht. — Isobutylen ergibt *Isobutylenglykol*. (**A. P. 2 644 837** vom 27/4. 1951, ausg. 7/7. 1953.) G. KÖNIG. H 570

Pure Oil Co., Chicago, übert. von: **Robert J. Askevold**, Skokie, Ill., V. St. A., *Gewinnung von Mercaptanen* aus ihren Mischungen mit Alkoholen. Die Mischung wird über einem granulierten Adsorptionsmittel (Al_2O_3, Bauxit, Tonerde, Fullererde, Bentonit, MgO, Aktivkohle) perkoliert. Nach der Sättigung des Adsorptionsmittels wird es mit W. u. einem anderen niedrigmol. Alkohol regeneriert, vgl. Tabellen. (**A. P. 2 647 150** vom 10/3. 1948, ausg. 28/7. 1953.) KRAUSS. H 600

Pure Oil Co., Chicago, übert. von: **Richmond T. Bell**, Grays Lake, Ill., V. St. A., *Mercaptane*. *Methanthiol* entsteht aus Methanol u. H_2S in Ggw. von wenigstens 0,005 bis höchstens 0,2 Mol-% H_2 u. eines Th-Oxydkatalysators, zweckmäßig auf Bimsstein, Al_2O_3, Bauxit, Tonerde, Kohle, Silicagel bei 300—450°, Ausbeute vgl. Tabelle. (**A. P. 2 647 151** vom 22/10. 1949, ausg. 28/7. 1953.) KRAUSS. H 600

Farbenfabriken Bayer Akt.-Ges. (Erfinder: **Heinz Jonas**), Leverkusen, *Perchlormethylmercaptan* CCl_3SCl erhält man durch Rk. von CS_2 mit Cl_2 in der Kälte bei Ggw. von wss. SO_2 oder neutralen oder sauren Alkali- oder Erdalkalisulfiten unterhalb 10°. Das abgeschiedene Öl wird fraktioniert. Ausbeute 90%. Zwischenprod. zur Herst. von Farbstoffen, Schädlingsbekämpfungsmitteln u. Pharmazeutica. (**D. B. P. 910 297** Kl. 12o vom 29/6. 1952, ausg. 29/4. 1954. Anmeldung bekanntgemacht 10/9. 1953.) KRAUSS. H 600

General Mills, Inc. (Erfinder: **Donald T. Warner** und **Owen A. Moe**), Minneapolis, Minn., V. St. A., *Herstellung von Aldehyden*. Durch Rk. eines Cyanessigesters mit einem α.β-ungesätt. Aldehyd, z. B. Acrolein u. Methacrolein, in Ggw. eines alkal. Kondensationskatalysators u. eines organ. Verdünnungsmittels entstehen Aldehyde der Formel **I**, worin R_1 eine Alkylgruppe mit 1—4 C-Atomen u. R_2 gleich H oder CH_3 ist. Solche Verbb. sind z. B. der *γ-Cyano-γ-carbäthoxybutyraldehyd* u. der *γ-Cyano-γ-carbäthoxy-α-methylbutyraldehyd*. — Gemäß Can. P. 487 604 werden Nitroaldehyde der Formel **II** erhalten durch Rk. eines Nitroparaffins R_1—CH(NO_2)—R_2 mit Zimtaldehyd bei ca. 50° in Ggw. eines alkal. Mittels u. eines inerten Lösungsmittels. R_1 ist H oder eine niedermol. Alkylgruppe u. R_2 ist ein niedermol. Alkylrest. Man erhält danach z. B. das *β-Phenyl-γ-nitro-γ-methylpentanal.* — Gemäß Can. P. 487 605 wird ein Cyanessigester oder Malonester, welche mit einem aliphat. KW-stoffrest substituiert sind, mit Zimtaldehyd in Ggw. eines alkal. Katalysators umgesetzt. Man erhält Verbb. der Formel **III**. R_1 ist CN oder COOR u. R_2 ist ein aliphat. KW-stoffrest. Dazu gehören z. B. der *γ.γ-Dicarbäthoxy-γ-äthyl-β-phenylbutyraldehyd* u. der *γ-Carbäthoxy-γ-cyan-γ-butyl-β-phenylbutyraldehyd.* — Gemäß Can. P. 487 606 erhält man Aldehyde der Formel **IV** (R_2 ist eine N-Acylgruppe), z. B. *β-Phenyl-γ-acetamido-γ-cyano-γ-carbäthoxybutyraldehyd* u. *β-Phenyl-γ-acetamido-γ.γ-dicarbäthoxybutyraldehyd.* — Gemäß Can. P. 487 607 wird ein Aldehyd, wie Acrolein, Methacrolein oder Crotonaldehyd, mit HCN bei 50—100° in Ggw. eines niedermol. Alkohols als Lösungsm. u. eines alkal. Katalysators innerhalb 1—4 Std. umgesetzt. Aus Acrolein u. HCN in absol. A. in Ggw. von Triäthanolamin entsteht dabei *β-Cyanopropionaldehyd.* Vgl. A. PP. 2 520 666; C. **1951.** I. 2500, 2 523 746; C. **1951.** II. 2523, 2 546 958 u. 2 546960; C. **1952.** 7090, 2 575 375; C. **1953.** 928. (**Can. PP. 487 603** vom 14/3. 1949, **487 604, 487 605, 487 606** vom 16/5. 1949, u. **487 607** vom 9/12. 1949, alle ausg. 28/10. 1952.) M. F. MÜLLER. H 670

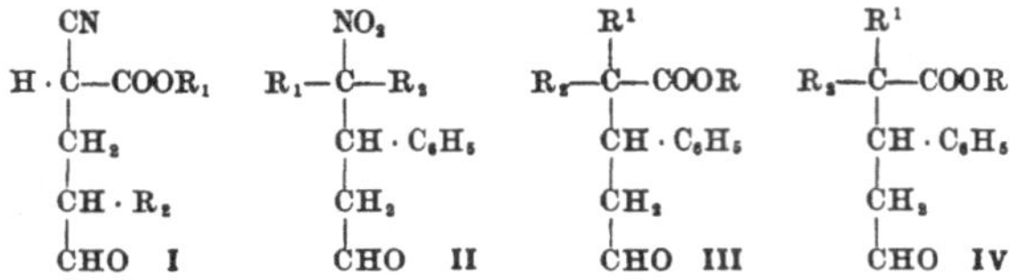

Walter Bochmann und **Rudolf Wehner,** Freital bei Dresden, *Herstellung von Rohfettsäuren aus anoxydiertem Paraffin* unter Verwendung eines Lösungsm., welches OH-, CO-, COOH-Gruppen oder Ester-Gruppen im Mol. enthält, z. B. eines Methanol-W.-Gemisches. — Es wird dabei in folgender Weise gearbeitet: Das Lösungsm. wird in Bodennähe des Paraffinbehälters in äußerst fein verteilter Form in die fl. anoxydierte Paraffinmenge geleitet, so daß die feinen Tröpfchen des Lösungsm. vom Boden her mit mäßiger Geschwindigkeit nach oben steigen u. sich dabei mit Fettsäure beladen. — Zeichnung. (**D.P. [DDR] 1683** Kl. 23d vom 21/1. 1949, ausg. 15/9. 1952. [Ausschließungspatent].) M. F. MÜLLER. H 810

Knapsack-Griesheim Akt.-Ges. (Erfinder: **Kurt Sennewald,** Knapsack, und **Arthur Wolfram,** Frankfurt/M.), *Enthalogenierung von Halogenessigsäuren* (**I**) durch Hydrierung, dad. gek., daß man die **I** im Dampfzustand in Ggw. von H_2 über Metalle der 8. Gruppe des Period. Syst., bes. der Pt-Gruppe einzeln oder in Mischung bzw. Legierung, die auf Silicagel aufgebracht sein können, bei 180—250° leitet. Die Katalysatoren können bes. im Kontaktraum selbst durch Luft oder verd. O_2 bei 200—250° regeneriert werden. (**D. B. P. 910 778** Kl. 12o vom 13/3. 1951, ausg. 6/5. 1954. Anmeldung bekanntgemacht 24/9. 1953.) MÜLLER-MEININGEN. H 810

Titan Co., Inc. (Erfinder: **Leonard Martin Kebrich** und **Adrian Richard Pitrot**), New York, N. Y., V. St. A., *Metallsalze von Fettsäuren* mit $>$ 6 C-Atomen erhält man, wenn man eine wss. Emulsion der geschmolzenen Säuren einer wss. Suspension von Oxyden bzw. Hydroxyden von Li, Ca, Sr, Ba, Mg, Al, Zn u. Pb in Ggw. von bes. 0,1—0,6 Gew.-% einer N-haltigen Base, wie NH_3, $OH\cdot CH_2\cdot CH_2\cdot NH_2$, $C_2H_3\cdot NH_2$, Morpholin u. dgl., die eine Wasserlöslichkeit von $>$ 500 g/Liter, eine Dissoziationskonstante $> 10^{-9}$ u. ein $p_H > 9{,}0$ in einer n/10 wss. Lsg. bei Raumtemp. besitzen, zusetzt. Beispiele zur Herst. von *Ca-Stearat, Zn-Laurat,* bas. *Pb-Stearat* $(C_{17}H_{35}COO)_2\cdot$ Pb. 2 PbO, *Ba-Ricinolat.* — Verwendung zur Herst. von Farben, Schmiermitteln, Klebstoffen, kosmet. Präparaten u. dgl. (**D. B. P. 860 210** Kl. 12o vom 10/4. 1951, ausg. 18/12. 1952. A. Prior. 13/4. 1950.) MÜLLER-MEININGEN. H 810

United States Rubber Co., New York, N. Y., übert. von: **Elbert C. Ladd,** Passaic, N. J., V. St. A., *Herstellung von Halogenalkannitrilen.* Man erhitzt z. B. 76 (Teile) $CCl_3\cdot CN$, 26 Octen-1 (**I**) 2,2 Benzoylperoxyd (**II**) 24 Std. auf 79°, gibt nochmals 2.2 **II** zu u. erhitzt weitere 24 Std. dest. in Vakuum unausgesetzt Ausgangsprodd. ab u. löst in 70 Ae., wäscht mit wss. $NaHCO_3$, trocknet u. erhält 39 *2.2.4-Trichlordekannitril,* $Kp._{0,15-0,5}$ 80—98°; n_D^{20} 1,4715. — 2.2.3-Trichlorpropionitril (**IV**) + **I** + **II** $\xrightarrow{79-80^\circ}$ *2.4-Dichlor-2-chlormethyldekannitril,* $Kp._{0,3-0,4}$ 116—124°. — $BrCH_2\cdot CN$ + **I** + **II** → *4-Bromdekannitril,* $Kp._{0,2}$ 96—98°; n_D^{20} 1,4722. — $CCl_3\cdot CN + C_2H_4$ + **II** $\xrightarrow[75^\circ]{600\ \text{lbs./sq.in.}}$ *2.2.4-Trichlorbutyronitril* ($Kp._{48}$ 94—97°; n_D^{20} 1,4778) u. *2.2.6-Trichlorhexannitril,* $Kp._{5,5}$ 98—99°, n_D^{20} 1,4784. — $CBr_2H\cdot CN$ + Allylacetat (**III**) + **II** → *5-Acetoxy-*

2.4-dibrompentannitril, Kp.$_{0,1-0,3}$ 110—115°; n_D^{20} 1,5123. — **IV** + **III** + **II** → *5-Acetoxy-2.4-dichlor-2-chlormethylpentannitril*, Kp.$_{2,2}$ 131—134°; n_D^{20} 1,4960. — (**A. P. 2 615 915** vom 25/9. 1948, ausg. 28/10. 1952.) MÜLLER-MEININGEN. H 810

United States Rubber Co., New York, N. Y., V. St. A., *Herstellung von ω-Trichlorpentylderivaten von Cyanessigsäure, Malonsäure und Acetessigestern* der allg. Zus. $CCl_3\cdot(CH_2)_4\cdot Z$ [Z = —CH(CN)—COO-Alkyl, —CH(COO-Alkyl)$_2$, —C-Alkyl (COO-Alkyl)$_2$, $CH_3CO\cdot CH$—COO-Alkyl]. — Zur Lsg. von 113,06 (Teilen) $CN\cdot CH_2\cdot COOC_2H_5$ in 200 Dioxan gibt man bei 70° innerhalb 10 Std. 23 Na u. dann 210 1.1.1.5-Tetrachlorpentan u. rührt bei dieser Temp. weitere 5 Std., kühlt, wäscht die filtrierte Lsg. mit 3 Voll. W. u. erhält durch Dest. 24,4 *α-Cyan-α-(5.5.5-trichlorpentyl)-essigsäureäthylester*, Kp.$_{0,5-0,6}$ 131—132°; n_D^{20} 1,4763. — *α-Äthyl-α-(trichlorpentyl)-malonsäurediäthylester*, n_D^{20} 1,4678. — Lösungsmittel u. Zwischenprodd. zur Herst. von Farbstoffen, Weichmachern, Polymerisaten, Schmierölzusätzen u. pharmazeut. Produkten. (**A. P. 2 618 498** vom 3/9. 1949, ausg. 25/11. 1952.) MÜLLER-MEININGEN. H 820

General Mills, Inc., übert. von: **Don E. Floyd**, Minneapolis, Minn., V. St. A., *Herstellung von Dicrotonsäureestern* durch Kondensation von niedrigmol. aliphat. Crotonsäureestern in fl. Phase bei 70—200° in Ggw. eines Alkalialkoholats als Katalysator. (**Can. P. 486 377** vom 23/12. 1948, ausg. 9/9. 1952.) M. F. MÜLLER. H 820

Wacker-Chemie G. m. b. H., München, *Herstellung von 2-Acetoxyalkylnitrilen* aus Alkalicyaniden u. Alkylidendiacetaten in Ggw. von 0,5—10 Teilen W. auf 1 Teil Diacetat bei Tempp. von 0—30°. Als Cyanidquelle werden Schmelzen aus Calciumcyanamid u. Alkalichloriden verwendet, wobei man die wss. Auszüge dieser Schmelzen verwendet. — Äthylidenacetat u. Na-Cyanid ergeben 2-Acetoxypropionitril, Kp.$_{25}$ 65—70°. — Butylidendiacetat u. NaCN bilden 2-Acetoxyvaleriannitril, Kp.$_{17}$ 80 bis 90°. (**Oe. P. 178 899** vom 13/12. 1952, ausg. 25/6. 1954. D. Prior. 7/3. 1952.) M. F. MÜLLER. H 850

American Cyanamid Co., New York, N. Y., übert. von: **Jack T. Thurston**, Riverside, Conn., und **Wilbur N. Oldham**, Monrovia, Calif., V. St. A., *Herstellung vonAlkylguanidinium-N-alkylcarbamaten* durch Rk. eines aliphat. Amins, welches 8—18 C-Atome enthält, mit CO_2 u. Einw. von Cyanamid auf das Umsetzungsprodukt. — Danach stellt man z. B. das *Octadecylguanidinium-N-octadecylcarbamat* her. (**Can. P. 486 313** vom 8/8. 1947, ausg. 9/9. 1952. A. Prior. 4/2. 1947.) M. F. MÜLLER. H 880

Bergwerksverband zur Verwertung von Schutzrechten der Kohlentechnik G. m. b. H. (Erfinder: **Konrad Keller**, Dortmund-Eving), *Additionsverbindungen des Thioharnstoffs.* Man läßt bes. $CHCl_3$ oder CCl_4 auf Thioharnstoff oder diesen enthaltende Lsgg. einwirken. Die Additionsverbb. (**I**) stellen weiße Pulver dar, die Schlemmkreide ähnlich sind, sich verformen lassen u. als Schreibkreide verwendbar sind. CCl_4 wird beim Lagern in 28 Std. wieder völlig abgegeben. Man kann die **I** auch verwenden, um $CHCl_3$ oder CCl_4 aus Gemischen mit anderen Fll. abzuscheiden oder auch aus Gasen oder Dämpfen herauszunehmen. Bes. läßt sich bei der Herst. von Thioharnstoff (durch Erhitzen von NH_4SCN) dieser aus dem noch unverändertes NH_4SCN enthaltenden Reaktionsgemisch mittels der **I** leicht abtrennen. (**D. B. P. 914 247** Kl. 12o vom 2/10. 1943, ausg. 28/6. 1954. Anmeldung bekanntgemacht 26/11. 1953.) BRÖSAMLE. H 880

Southern Production Co., Inc., Fort Worth, Tex., übert. von: **Robert M. Isham**, Okmulgee, Okla., V. St. A., *Trennung von Mono-* (**I**), *Di-* (**II**) und *Trimethylamin* (**III**). Man versetzt das Gemisch der 3 Amine mit 1 (Mol) wasserfreiem Tetramethylmethylendiamin (**IV**), bezogen auf das im Gemisch enthaltene **I**, wobei sich **I** mit **IV** zu **II** u. *Trimethyltrimethylentriamin* (**V**) umsetzt. Man trennt **V** von **II** u. **III** ab, versetzt das Gemisch der letzteren mit 0,5 CH_2O (bezogen auf das vorhandene **II**), wobei sich **II** mit CH_2O zu **IV** umsetzt, u. trennt **III** ab. Ein Teil von **IV** wird abgezweigt, im Gegenstromverf. mit einem wasserunlösl. Lösungsm. entwässert u. in den Prozeß zurückgeführt. Der Rest von **IV** wird zu **II** u. CH_2O verseift. — Zeichnungen. (**A. P. 2 657 237** vom 6/8. 1948, ausg. 27/10. 1953.) LANGER. H 910

Farbwerke Hoechst Akt.-Ges., vormals Meister Lucius & Brüning (Erfinder: **Ulrich Schwenk**, Frankfurt/M.), *Verwendung von konzentrierten wäßrigen Lösungen der Salze organischer Amine zum Trennen von Gemischen organischer Verbindungen* (**I**). Das Verf. eignet sich zum Trennen solcher **I**, die unterschiedliche Löslichkeit in den genannten Lsgg. besitzen. Stoffe, die sich mit den genannten Salzlsgg. ausschütteln lassen, sind z. B. prim. u. sek. Amine, Alkohole mit einer Kettenlänge bis C_6, Phenole, cycloaliphat. Alkohole u. Ketone sowie Carbonsäuren. — Eine Mischung von 8,5 g Dibutylamin u. 8,5 g Tributylamin wird 4mal mit je 100 cm³ 40%ig. Cyclohexylaminchlorhydratlsg. ausgeschüttelt. Es hinterbleiben 7 g prakt. von sek. Aminen freies *Tributylamin.* (**D. B. P. 899 353** Kl. 12o vom 28/10. 1951, ausg. 10/12. 1953.) SCHWECHTEN. H 910

A. Ch. J. Opfermann, Bergisch-Gladbach, *Herstellung von α-Amino-γ-butyrolacton oder dessen Hydrohalogeniden* aus α-Amino-γ-oxybuttersäureamid, dad. gek., daß man das α-Amino-γ-oxybuttersäureamid bzw. dessen Hydrohalogenid im Vakuum bes. auf 60—80° erhitzt, bis das durch Wärme abspaltbare NH_3 vollständig entfernt ist u. gegebenenfalls das erhaltene α-Amino-γ-butyrolactonhydrohalogenid durch Behandlung mit NH_3 in organ. Lösungsmitteln, bes. Trichloräthylen, in freies Lacton überführt. — α-Brom-γ-butyrolacton u. NH_3 bilden α-Amino-γ-butyrolactonhydrobromid. Dieses wird unter Eiskühlung mit 2%ig. ammoniakal. Trichloräthylenlsg. geschüttelt. Dabei scheidet sich NH_4Br ab. Das Filtrat wird im Vakuum eingedampft. Das erhaltene *α-Amino-γ-butyrolacton* wird aus A. umkristallisiert. (**Oe. P. 175 248** vom 10/8. 1951, ausg. 25/6. 1953.) M. F. MÜLLER. H 950

Shell Development Co., San Francisco, übert. von: **Denham Harman,** Berkeley, Calif., V. St. A., *Alkylmercaptoalkylphosphite* erhält man durch Kondensation eines Alkanthiols mit einem Alkenol in Ggw. eines organ. Peroxyds bei dessen Zersetzungstemp.; dann wird mit einem P-Halogenid in Ggw. einer organ. Base auf nicht über 50° erwärmt. — Die beim Erhitzen von 2-Methyl-1-buten-3-ol mit Isobutylmercaptan (=2-Methylpropan-1-thiol) in Ggw. von 1% Di-tert.-butylperoxyd durch 5std. Erhitzen auf 120° erhaltene Reaktionsmischung gibt nach Zusatz von A. u. Pyridin bei 5—10° mit PCl_3 *Tris-[3-(2-methylpropylmercapto)-1.2-dimethylpropyl]-phosphit* (im Orig.: . . . *-2.3-dimethylbutyl*] . . .) Analog: *Bis-(3-amylmercaptopropyl)-phosphit* $C_{16}H_{35}O_3PS_2$. — *Tris-(amylmercaptopropyl)-phosphit* $C_{24}H_{51}O_3PS_3$. — Allylalkohol + Cyclohexylmercaptan + PCl_3 → *Tris-(3-cyclohexylmercaptopropyl)-phosphit.* — Als Alkanthiole sind geeignet: 5.5-Dimethylhexan-1-thiol, 1-Eikosanthiol, 2-Hexanthiol, 1.3-Dimethylbutan-1-thiol, Cyclopentanthiol; 1.1.3-Trimethylbutan-1-thiol, Trimethylmethanthiol, Diäthylcyclohexylmethanthiol; als Alkenole: Methallylalkohol, 1-Oxymethyl-1-cyclohexen, 2-Hepten-1-ol; 2-Buten-1-ol; 2-Decen-1-ol; 1-Buten-3-ol; 1-Octen-3-ol; 2,3-Dimethyl-1-buten-3-ol, 2-Methyl-3-penten-2-ol. Verwendung als *Korrosionsschutzmittels, Zusatzmittel* für *Druckschmieröle, Reinigungsmittel, Weichmachungs-* u. *Plastifizierungsmittel* für Harze, bes. *Polyvinylchlorid* (Tabelle). (**A. P. 2 587 616** vom 13/7. 1948, ausg. 4/3. 1952.) KRAUSS. H 980

United States Rubber Co., New York, N. Y., übert. von: **Elbert C. Ladd,** Passaic, N. J., V. St. A., *Dialkylbicyclo-[2.2.1]-5-hepten-2-phosphonate* erhält man durch Erhitzen von Cyclopentadien (I) mit Äthenphosphorsäuredialkylestern $CH_2{=}CHP(=O)(O\text{-}Alkyl)_2$ auf ca. 50—250°, bes. 100—200°. — Aus Diäthyläthenphosphonat + I → *Diäthylbicyclo-[2.2.1]-5-hepten-2-phosphonat* $C_{11}H_{19}O_3P$, Kp.$_{0,2}$ 88—89°, n_D^{20} 1,4726. *Zusatzmittel* für *Schmieröle. Weichmacher*, bes. für *Polyvinylchlorid.* (**A. P. 2 611 784** vom 12/7. 1951, ausg. 23/9. 1952.) KRAUSS. H 980

Shell Development Co., San Francisco, übert. von: **Alan R. Stiles,** Berkeley, Calif., V. St. A., *α-Oxyphosphonate* entstehen beim Erhitzen eines Phosphorigsäureesters mit Aldehyden oder Ketonen auf 0—200°, zweckmäßig in Ggw. von freie Radikale bildenden Stoffen (organ. Peroxyde) oder unter Belichtung. — Dibutylphosphit gibt beim Erhitzen mit Heptaldehyd bei 126—135° *Dibutyl-1-oxyheptan-1-phosphonat.* — *Dipropyl-2-oxybutan-2-phosphonat.* — *Dipropylphenyloxymethanphosphonat* (Benzaldehyd + Dipropylphosphit) $C_{13}H_{21}O_4P$; n_D^{20} 1,4639—1,4908. — *Dipropyl-1-oxy-1-phenyläthan-1-phosphonat,* n_D^{20} 1,4627—1,4751. — Diphenylphosphit + Isovaleraldehyd → *Diphenyl-1-oxy-3-methylbutan-1-phosphonat.* Als Aldehyde u. Ketone sind geeignet: Croton-, Tiglinaldehyd, 5.5-Dimethylhexanal , Tetradecanal, 2-Methyl-1-cyclohexencarboxaldehyd, 3-Methylnonadecanal, Methyläthyl-, Octyldodecyl-, Pentylisopropyl-, Di-tert.-butyl-, 3-Pentenylbutyl-, Benzylbutyl-, 4-Phenyl-3-pentenylmethyl-, Phenylcyclohexylketon, Cyclohexylaceton, Isophoron, Tolyl-, Zimtaldehyd, Benzophenon; als Phosphite: Dioctyl-, Dieikosyl-, Propylpentyl-, Dicyclohexyl-, Di-2-cyclohexenyl-, 3-Pentylbutyl-, Dicrotyl-, Dibenzyl-, Ditolyl-, Diphenyl-, Di-p-crotylphenylphosphit. — Zwischenprodukte. (**A. P. 2 593 213** vom 26/10. 1948, ausg. 15/4. 1952.) KRAUSS. H 980

Dominion Rubber Co. Ltd., Montreal, Quebec, Canada, übert. von: **Richard H. F. Manske, Elwood B. Trickey** und **Gordon Sharp Myers,** Guelph, Ontario, Canada, *Kontinuierliche Herstellung von Chlorbenzol durch Hydrolyse von p-Chlorbenzolsulfonsäure.* Aus einem Gemisch, das zum großen Teil aus p-Chlorbenzolsulfonsäure, etwas H_2SO_4 u. wenig W. besteht, wird durch Sieden unterhalb 240° ununterbrochen W. u. Chlorbenzol entfernt, während gleichzeitig p-Chlorbenzolsulfonsäure zugeleitet wird. Außerdem wird während des Siedens ein Alkali, z. B. NaOH, zugesetzt, um einen Teil der H_2SO_4 zu binden. Es entsteht dabei eine wss. anorgan. Schicht, welche Alkalisulfat, H_2SO_4 u. W. enthält u. abgelassen wird. — Als Ausgangsmaterial verwendet man eine rohe p-Chlorbenzolsulfonsäure, welche erhalten wurde als Nebenprod. bei der Herst. von 2.2-Bis-(p-chlorphenyl)-1.1.1-trichloräthan aus Chlorbenzol u. Chloral in Ggw. von konz. H_2SO_4. — Nach Can. P. 490 957 wird zur Hydrolyse ein Alkalisalz der p-Chlorbenzolsulfonsäure statt der freien Säure verwendet. — Zeichnung. Vgl. F. P. 964 569; C. **1950.** II. 2853. (**Can. PP. 490 956** u. **490 957** vom 12/6. 1947, ausg. 3/3. 1953.) M. F. MÜLLER. H 1010

United States Rubber Co., New York, N. Y., übert. von: **Elbert C. Ladd,** Passaic, und **Lewis Y. Kiley,** Hasbrouck Heights, N. J., V. St. A., *Kondensationsprodukte* $R-CCl(R')-CH(R'')-CCl_3$ erhält man durch Erhitzen von 0,5—20 Mol.-Äquivalenten Trichlormethansulfonylchlorid (I) mit 1 Mol eines Alkenylaromaten $R-C(R')=CH(R'')$ (R = Phenyl, Naphthyl, Pyrryl, Thienyl, Furyl, die Heterocyclen enthalten konjugierte Doppelbindungen, R' = H, Alkyl, Phenyl, Chlorphenyl, Alkoxyphenyl, Thienyl, R'' = H, Phenyl, Halogenphenyl, Carboxy, Carbalkoxy, Alkoxy, Aryloxy, Alkoxymethyl, Methylol, Acyloxymethyl) auf ca. 25—125° unter Abspaltung von SO_2. — Aus I u. Styrol in Bzl. bei ca. 80° → *1.3.3.3-Tetrachlorpropylbenzol,* Kp.$_{0,2}$ 85—87°, n_D^{20} 1.5557. — *1.1.1.3-Tetrachlor-3-phenylbutan.* — (*1.1.1.3-Tetrachlor* = *Tc.*) *Tc-3-β-naphthylbutan.* — *Tc-3-p-chlorphenylbutan.* — *Tc-3-(2.5-dichlorphenyl)-propan.* — *Tc-3-p-fluor-* bzw. *-bromphenylpropan.* — *Tc-3-m-chlorphenylpropan.* — *Tc-3-p-methylphenylpropan.* — *Tc-3-o.p-dimethylphenylpropan.* — *Tc-3-p-methoxy-* bzw. *-phenoxyphenylpropan.* — *Tc-3-p-cyanphenylpropan.* — *Tc-α-p-vinylphenylpropan.* — *Tc-3-p-sulfoxyphenylpropan.* — *Tc-3-p-acetamidophenylpropan.* — *Tc-3-p-nitrophenylpropan.* — *Tc-3-p-trifluormethylphenylpropan.* — *Tc-3-α-thienylpropan.* — *Tc-3-α-furylpropan.* — *Tc-3-α-pyrrylpropan.* — *Tc-3.3-diphenylpropan.* — *Tc-3.3-bis-p-chlorphenylpropan.* — *Tc-3.3-bis-p-methoxyphenylpropan.* — *Tc-3.3-bis-α-thienylpropan.* — *Tc-3-phenylpentan.* — *Tc-3-phenylhexan.* — *Tc-3-phenylheptan.* — *Tc-3-phenyloctan.* — *Tc-3-phenyldecan.* — *Tc-3-phenylundecan.* — *Tc-3-phenyldodecan,* — *Tc-3-phenyltridecan.* — *Tc-3-phenyltetradecan.* — *Tc-3-phenylnonan.* — *Tc-2.3-diphenylpropan.* — *Tc-2.3-bis-p-chlorphenylpropan.* — *Tc-2-carboxy-3-phenylpropan.* — *Tc-2-carbäthoxy-3-phenylpropan.* — *Tc-2-methylol-3-phenylpropan.* — *Tc-2-acetoxymethyl-3-phenylpropan.* — *Tc-2-methoxy-3-phenylpropan.* — *Tc-2-äthoxy-3-phenylpropan.* — *Tc-2-phenoxy-3-phenylpropan.* — *Tc-2-methoxymethyl-3-phenylpropan.* — *Tc-2-phenyl-3-nitropropan.* — *1.1.1.2.3-Pentachlor-3-phenylpropan.* — (Vgl. A. P. 2 568 859; C. **1954.** 880.) (**A. P. 2 606 213** vom 2/1. 1948, ausg. 5/8. 1952.) KRAUSS. H 1010

Camille Dreyfus, New York, übert. von: **Edward F. Landau** und **Ernest P. Irany,** Summit, N. J., V. St. A., *Herstellung von vinylsubstituierten Sulfonen* der allg. Formel $R\cdot SO_2\cdot CH=CH_2$, worin R eine stabile einwertige Gruppe ist, durch Rk. eines Mercaptans R—SH mit Äthylenchlorhydrin (I) in alkoh. NaOH-Lsg., wobei zunächst die Verb. $R\cdot S\cdot CH_2\cdot CH_2\cdot OH$ gebildet wird. Diese wird mit konz. HCl behandelt u. dabei die OH-Gruppe durch Cl ersetzt. Mit H_2O_2 wird das Sulfid in das Sulfon übergeführt, welches mit wss. NaOH HCl abspaltet u. das Vinylsulfon bildet. — Aus Thiophenol u. I entsteht 2-Oxyäthylphenylsulfid, welches in das 2-Chloräthylphenylsulfid u. durch Oxydation in das 2-Chloräthylphenylsulfon übergeführt wird. Daraus entsteht durch HCl-Abspaltung *Phenylvinylsulfon.* (**Can. P. 491 434** vom 4/10. 1948, ausg. 17/3. 1953. A. Prior. 1/4. 1948.) M. F. MÜLLER. H 1090

Farbwerke Hoechst Akt.-Ges., vormals Meister Lucius & Brüning (Erfinder: **Otto Scherer** und **Helmut Hahn,** Frankfurt/M.), *Chlorierte Benzochinone,* die neben 1 oder 2 CF_3-Gruppen noch 3 oder 2 Cl-Atome als Substituenten enthalten, erhält man durch Einw. von Cl_2 auf eine Aufschlämmung von durch die CF_3-Gruppe substituierten p-Phenylendiaminen in konz. Salzsäure. Es werden dargestellt: *2-Trifluormethyl-3.5.6-trichlorbenzochinon,* F. 210°; *2.5-Bis-trifluormethyl-3.6-dichlor-1.4-benzochinon,* F. 188°. — Farbstoffzwischenprodd., Schädlingsbekämpfungsmittel. (**D. B. P. 912 210** Kl. 12o vom 26/4. 1952, ausg. 28/5. 1954. Anmeldung bekanntgemacht 15/10. 1953.) BRÖSAMLE. H 1190

Aktiebolaget Bofors, Bofors, Schweden, *Reinigung von Carbonsäuren,* die Nitroverbb. als Verunreinigungen enthalten u. z. B. durch katalyt. Oxydation oder mit HNO_3 gewonnen wurden, erfolgt durch Behandeln des Rohgemisches mit SO_2 in alkal. Lösung. Gereinigt werden: *Benzoe-* bzw. *Terephthalsäure* mit ca. 16 bzw. 7% Nitroverbindungen. Die Vorreinigung kann mit W., A. oder anderen Lösungsmitteln erfolgen. (**E. P. 695 170** vom 3/9. 1951, ausg. 5/8. 1953. Schwed. Prior. 7/9. 1950.) KRAUSS. H 1210

Allied Chemical & Dye Corp., New York, übert. von: **Maurice E. Bailey,** Orchard Park, N. Y., V. St. A., *Reinigung von Phthalsäureanhydrid* aus der Gasphasenoxydation von Naphthalin, das bes. Verunreinigungen von der Art des Naphthochinons enthält, erfolgt durch 2—12std. Erhitzen der Schmelze auf 200—305° mit 0,2—1 Gew.-% Na- oder K-Bisulfit, -Metabisulfit, -Hydrosulfit, -Sulfoxylat u. Absublimieren des gereinigten Produkts. (**A. P. 2 662 901** vom 11/3. 1949, ausg. 15/12. 1953.) MÜLLER-MEININGEN. H 1220

E. I. du Pont de Nemours & Co., Wilmington, übert. von: **Harry R. Billica**, Seaford, Del., V. St. A., *Herstellung von monomeren Terephthalsäureglykolestern*, z. B. *Bis-2-oxyäthylterephthalat*, erfolgt durch Umestern von Terephthal-C_1—C_4-Alkylestern, z. B. Dimethylester, mit Glykolen der allg. Zus. $HO(CH)_nOH$ (n = 2—10), z. B. Glykol, in Ggw. von Li-, Na- oder K-Hydrid bei 110—260° unter Abdest. des entsprechenden Alkanols, z. B. CH_3OH. — Kurven. (**A. P. 2 662 093** vom 28/9. 1951, ausg. 8/12. 1953.) MÜLLER-MEININGEN. H 1220

Celanese Corp. of America, übert. von: **Ronald Page** und **William Hunter**, Spondon, England, *Phthalsäure- oder Hydrophthalsäurealkylester* (Alkyl = C_1—C_2) erhält man durch Erhitzen einer Mischung aus dem Dicarbonsäureanhydrid (**I**), seinem entsprechenden Monoalkylester (35 Mol-% berechnet auf **I**) u. einem Alkanol (**II**) in Ggw. eines Katalysators, wie H_2SO_4, auf 90—100°, Steigerung der Temp. um 10—30°, Abdest. des W. u. von unverändertem **II**, langsame Zugabe von ca. 50% der ursprünglichen **II**-Menge u. wiederholtes Abdestillieren von W., wobei man ein Gemisch aus ca. 90% sehr reinem Dialkyl- u. ca. 60% Monoalkylester erhält, der für die nächste Charge verwendet werden kann. (**A. P. 2 618 651** vom 27/1. 1949, ausg. 18/11. 1952. E. Prior. 16/2. 1948.) MÜLLER-MEININGEN. H 1220

May & Baker Ltd., Dagenham, Essex, England, *Quaternäre Aryloxymethyl- und Arylmercaptomethylammoniumsalze* der Formel $R(X \cdot CH_2 \cdot N^+R_1R_2R_3A^-)_n$, worin X = O oder S, R einen Arylrest, R_1 Alkyl, Aralkyl oder Cycloalkyl, R_2 u. R_3 Alkyl, oder R_1, R_2, R_3 u. N, den Pyridinium- oder Chinoliniumrest, A ein Anion u. n = 1 oder 2 bedeuten, entstehen durch Rk. einer Verb. der Formel $R(X \cdot CH_2 \cdot Y)_n$, worin Y = Cl oder Br bedeutet, mit einem Amin der Formel $NR_1R_2R_3$. — *Phenoxymethyldimethylbenzylammoniumchlorid* (**I**), aus Phenoxymethylchlorid u. Dimethylbenzylamin in sd. Bzl.; F. 161—162°. — *4-Cyan-***I**, F. 166—167°. — *2-Nitro-***I**, F. 145—146°. — *4-Nitro-***I**, F. 159—160°. — *4-Brom-***I**, F. 105—108°. — *2-Chlor-***I**, F. 154—155°. — *4-Chlor-***I**, F. 111—113°. — *2.4-Dichlor-***I**, F. 139—140°. — *2.5-Dichlor-***I**, F. 163—165°. — *3.4-Dichlor-***I**, F. 152—153°. — *3.5-Dichlor-***I**, F. 156—157°. — *2.3.4-Trichlor-***I**, F. 129 bis 130°. — *2.4.5-Trichlor-***I**, F. 142—143°. — *2-Methyl-4-chlor-***I**, F. 71—73°. — *3-Methyl-4-chlor-***I**, F. 134—139°. — *4-Methyl-2-chlor-***I**, F. 110—111°. — *3.5-Dimethyl-4-chlor-***I**, F. 162—163°. — *α-Naphthoxymethyldimethylbenzylammoniumchlorid*, F. 155 bis 158°. — *β-Naphthoxymethyldimethylbenzylammoniumchlorid*, F. 160—161°. — *Phenylen-1.4-bis-(oxymethyldimethylbenzylammoniumchlorid)*, F. 170—171°. — (*-phenoxymethyldimethylbenzylammoniumpikrat* = **II**). — *4-Methoxy-***II**, F. 89—90°. — *4-Methyl-***II**, F. 113—114°. — *4-tert.-Octyl-***II**, F. 106—108°. — *3-Chlor-***II**, F. 118°. — *4-Methyl-3-chlor-***II**, F. 126—127°. — *2-Methoxy-4-chlor-***II**, F. 104—106°. — *3-Methoxy-4-chlor-***II**, F. 116—117°. — (*-phenoxymethyltriäthylammoniumchlorid* = **III**). — *2.4-Dichlor-***III**, F. 121—123°. — *2-Chlor-***III**, F. 77—78°. — *β-Naphthoxymethyltriäthylammoniumchlorid*, F. 92°. — *4-Methoxyphenoxymethyltrimethylammoniumpikrat*, F. 109 bis 110°. — (*-phenoxymethylpyridiniumchlorid* = **IV**). — *3-Methyl-4-chlor-***IV**, F. 168 bis 171°. — *4-Nitro-***IV**, F. 225°. — *2.4-Dichlor-***IV**, F. 107—108°. — *2.4-Dichlorphenoxymethylchinoliniumchlorid*, F. 156—159°. — (*3.5-Dimethyl-4-chlorphenoxymethyldimethyl-* = **V**). — **V**-*n-octylammoniumchlorid*, F. 162—163,5°. — **V**-*n-amylammoniumchlorid*, F. 149—150°. — **V**-*n-hexylammoniumchlorid*, F. 153—155°. — **V**-*iso-octylammoniumchlorid*, F. 117—125°. — **V**-*cyclooctylammoniumchlorid*, F. 122,5—123°. — **V**-*n-decylammoniumchlorid*, F. 152—153°. — **V**-*Laurylammoniumchlorid*, F. 143—144°. — **V**-*cetylammoniumchlorid*, F. 140—143°. — **V**-*stearylammoniumchlorid*, F. 144—147°. — (*2.4-Dichlorphenoxymethyldimethyl* = **VI**). — **VI**-*n-octylammoniumchlorid*, F. 145 bis 146°. — **VI**-*n-decylammoniumchlorid*, F. 135—136°. — **VI**-*stearylammoniumchlorid*, F. 129—131°. — *2-Nitro-4-chlorphenoxymethyldimethyl-n-octylammoniumchlorid*, F. 118 bis 125°. — (*Phenylen-1.4-bis-[oxymethyldimethyl-* = **VII**). — **VII**-*n-amylammoniumchlorid]*, F. 128—133°. — **VII**-*n-hexylammoniumchlorid]*, F. 148—149°. — **VII**-*n-octylammoniumchlorid]*, F. 159—160°. — **VII**-*stearylammoniumchlorid]*, F. 156—166°. — *(p-Nitrophenoxymethyl)-pyridiniumchlorid*, F. 225°. — *2.4-Dichlorphenylthiomethyldimethyl-n-octylammoniumchlorid*, F. 91—92°. — *4-Chlorphenylthiomethyldimethyl-n-octylammoniumchlorid*, F. 58—60°. — *4-Chlorphenylthiomethyldimethyl-n-decylammoniumchlorid*, F. 82—83°. — *2.5-Dichlorphenylthiomethyldimethyl-n-octylammoniumchlorid*, F. 148—149°. — *2.5-Dichlorphenylthiomethyldimethyl-n-decylammoniumchlorid*, F. 112—113°. — (*-phenylthiomethyldimethylbenzylammoniumchlorid* = **VIII**). —

4-Chlor-VIII, F. 137—139°. — *2.4-Dichlor*-VIII, F. 135—136°. — *3.4-Dichlor*-VIII, F. 117—119°. — *2.5-Dichlorphenylthiomethyldimethylbenzylammoniumpikrat*, F. 144 bis 145°. (**E. P. 672 708** vom 25/5. 1949, ausg. 28/5. 1952.) LANGER. H 1320

Badische Anilin-& Soda-Fabrik Akt.-Ges., Deutschland, *Herstellung von N-Oxoalkyl-p-aminosalicylsäuren.* Man erhält die Säuren oder ihre Salze dadurch, daß man p-Aminosalicylsäure (2-Oxy-4-aminobenzoesäure) oder ihre Salze mit in α.β-Stellung ungesätt. Ketonen [z. B. Methylvinylketon (**I**)] oder gesätt. β-halogenierten Ketonen (z. B. β-Chloräthylmethylketon) reagieren läßt. Oder man verwandelt die dreifache Bindung der N-3-Butinyl-p-aminosalicylsäure oder ihrer Salze in eine Ketogruppe. — Z. B. versetzt man eine Lsg. von 38 (Teilen) p-Aminosalicylsäure in 100 A. nach u. nach bei 60—65° mit 40 **I**, rührt das Ganze 3 Std. bei gleicher Temp., dest. den A. ab u. krist. den Rückstand aus Methanol um. Die gebildete *N-γ-Oxobutyl-p-aminosalicylsäure* (**II**) schm. bei 164—165°. Man kann die **II** z. B. auch durch Umsetzen von 53 (Teilen) Na-p-aminosalicylat in 100 A. mit 40 **I** bei 60—65° erhalten. Das gebildete feste Reaktionsprod. löst man in W. u. fällt die **II** mit Ameisensäure. Durch Anwendung von ungesätt. Ketonen im Überschuß entstehen zweifach am N substituierte p-Aminosalicylsäuren, z. B. *N.N-Di-(γ-oxobutyl)-p-aminosalicylsäure.* (**F. P. 1 040 826** vom 6/7. 1951, ausg. 19/10. 1953. D. Priorr. 1/8. u. 15/12. 1950.) OPPERMANN. H 1350

American Cyanamid Co., New York, N. Y., V. St. A., *Herstellung von organischen Phosphaten* der Zus. $C_6H_5 \cdot O \cdot PZ(OR_1)(OR_2)$, worin Z = S oder O, R_1 u. R_2 organ. Reste sind. Der Benzolring ist höchstens mit 3 Nitrogruppen besetzt. Eine Verb. $Cl \cdot PZ \cdot (OR_1)(OR_2)$, wird mit einem Metallsalz eines Phenols umgesetzt, welches im Benzolring nicht mehr als 3 Nitrogruppen enthält. Als Lösungsm. dient ein Keton, z. B. Aceton, Methyäthylketon, Methylbenzylketon, Cyclohexanon, Acetophenon. — 441 (g) Diäthylchlorthiophosphat u. 377 4-Nitro-Na-phenolat werden in 1000 cm^3 Methyläthylketon bei 65—85° innerhalb 14 Std. umgesetzt. Es entsteht dabei *4-Nitrophenyldiäthylthiophosphat.* Mit Dimethylchlorthiophosphat erhält man *4-Nitrophenyldimethylthiophosphat.* Weiter sind genannt: *4-Nitrophenyldiisopropylthiophosphat,* ferner Dibutyl-, die Di-(2-äthylhexyl)-, die Didecyl-, Diphenylverbindung. Die erhaltenen Prodd. dienen als Insekticide u. Fungicide. Thiophosphate mit einem höhermol. Alkylrest (R_1 u. R_2) werden in der Flotation, als Zusatzmittel für Hochdruckschmiermittel u. als Korrosionsschutzmittel verwendet. Vgl. A. P. 2 482 063; C. **1949.** E. 1580, A. P. 2 520 393; C. **1951.** I. 2503, Schwed. P. 130 848; C. **1952.** 2246, Can. P. 486 848; C. **1954.** 2496. (**Schwz. P. 286 110** vom 19/2. 1948, ausg. 2/2. 1953. A. Priorr. 10/4. u. 26/7. 1947.) M. F. MÜLLER. H 1380

Distillers Co. Ltd., Edinburgh, Schottland (Erfinder: **Godfrey Paul Armstrong),** *Ungesättigte Nitrile* erhält man durch Alkoholabspaltung aus Alkoxynitrilen oder durch Alkohol- u. Wasserabspaltung aus Alkoxyamiden nach dem Reaktionsschema: $(R_3)(R_2) \cdot (R_4O)C{-}CH(R_1){-}Z \rightarrow R_3R_2C{=}CR_1{-}CN + R_4OH\ (+\ H_2O)$ (R_1, R_2, R_3 = H, Alkyl, Cycloalkyl, Aralkyl, Aryl, R_4 = Alkyl, Z = CN oder $-CONH_2$) bei 250—550°, bes. 350—400°, in der Gasphase in Ggw. von N_2 oder CO_2 oder einer flüchtigen Säure u. bes. eines Katalysators (Al_2O_3, Bauxit, Silicagel, Aktiverden, H_2SO_4, H_3PO_4, Isopropylsulfat, Metalloxyde). — Aus 3-Methoxypropionamid u. 25%ig. Essigsäure in Ggw. von Fullererde bei ca. 350° → *Acrylnitril* (**I**) in 40%ig. Ausbeute. — 3-Methoxypropionitril → **I**. — α-Phenyl-β-methoxypropionitril → *Atroponitril.* — β-Phenyl-β-methoxypropionitril → *Cinnamonitril.* — 3-Methoxyisobutyronitril → *Methacrylnitril.* Auch die entsprechenden Amide sind verwendbar. (**E. PP. 703 398** u. **703 399** vom 15/4. 1950, ausg. 3/2. 1954.) KRAUSS. H 1610

Allied Chemical & Dye Corp., übert. von: **Everett E. Gilbert,** New York, N. Y., V. St. A., *Diphenylpolysulfide* erhält man durch Erhitzen von Diphenylsulfon mit wenigstens 3 Äquivalenten S auf 260—350°. Die gebildete Mischung kann durch Dest. in Diphenylmonosulfid u. Diphenyldisulfid, F. 53—56°, zerlegt werden. Durch Red. entsteht Thiophenol. Vgl. Can. P. 479 439; C. **1953.** 5107. (**A. P. 2 629 742** vom 29/10. 1946, ausg. 24/2. 1953.) KRAUSS. H 2290

Kemisk Vaerk Køge A/S, Kopenhagen, Dänemark, *Herstellung von 2.5-Diacyloxy-2.5-dihydrofuranen.* Man mischt eine organ. Säure u. ihr Anhydrid, z. B. Eisessig u. Acetanhydrid, mit einem Stoff, der HBr binden kann, z. B. Na-Acetat, versetzt mit Br_2 u. dann mit der gesamten Menge Furan, die reagieren soll. Das Reaktionsprod., z. B. *2.5-Diacetoxy-2.5-dihydrofuran,* läßt sich ohne Zers. dest. u. lagern. (**E. P. 703 297** vom 1/11. 1951, ausg. 3/2. 1954. Dän. Prior. 2/11. 1950. **Zusatz zu E. P. 642 277; C. 1953. 9714.**) FABEL. H 3061

Sterling Drug, Inc., New York, übert. von: **Frederick F. Blicke,** Ann Arbor, Mich., V. St. A., *Herstellung von Hydrohalogeniden eines Aminoalkanolesters der α-Thienylaliphat.-monocarbonsäure* der allg. Formel **I**, worin R = H oder KW-stoffrest,

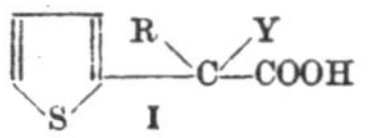

Y H oder OH ist, welche mit einem Aminoalkylhalogenid Hal—X—Z umgesetzt wird. X ist ein aliphat. KW-stoffrest mit höchstens 8 C-Atomen; Z ist eine Dialkylaminogruppe, welche in jeder Alkylgruppe höchstens 8 C-Atome enthält oder mit einem Piperidino-, Morpholino-, Piperazino- oder p-Thiazinrest besetzt ist. (**Can. P. 491 402** vom 5/7. 1945, ausg. 17/3. 1953. A. Prior. 2/2. 1945.) M. F. MÜLLER. H 3071

American Cyanamid Co., New York, übert. von: **Elmore H. Northey**, Bound Brook, N. J., V. St. A., *Herstellung von Alkalisalzen des Formylessigsäureesters* u. deren Rk. mit Guanidinsalzen. Ein Essigsäureester wird mit einem Ameisensäureester u. einem Alkalialkoholat unter Druck bei erhöhten Tempp. in einer CO-Atmosphäre umgesetzt. — Das Na-Salz des Formylessigesters wird mit einem Guanidinsalz kondensiert. Es entsteht dabei *Isocytosin.* (**Can. P. 491 288** vom 17/3. 1943, ausg. 17/3. 1953. A. Prior. 7/4. 1942.) M. F. MÜLLER. H 3272

American Cyanamid Co., New York, *Melamin.* Man erhitzt eine melaminbildende Substanz, z. B. Dicyandiamid oder Harnstoff, in einem Reaktionsgefäß, z. B. in einem Reaktionsrohr, dessen innere Wandungen aus Titan bestehen, auf 275—600° unter einem Druck von mindestens 7 at, z. B. unter Durchleiten bei 53—350 at. (**Oe. P. 177 420** vom 12/12. 1951, ausg. 25/1. 1954. A. Prior. 15/12. 1950.) M. F. MÜLLER. H 3313

Badische Anilin- & Soda-Fabrik Akt.-Ges., Ludwigshafen/Rh., *Herstellung von ε-Lactamen aus ε-Aminocarbonsäuren oder aus Polyamiden,* die ganz oder überwiegend aus Resten der ε-Aminocapronsäure aufgebaut sind. Die Ausgangsstoffe werden in Ggw. von Säuren (HCl, Eisessig, H_2CO_3, $AlCl_3$, Phthalsäure, aber nicht H_3PO_4) bzw. Stoffen, die beim Erhitzen Säuren bilden, unter Abdestillieren des Lactams erhitzt. (**D. B. P. 910 056** Kl. 12p vom 1/1. 1944, ausg. 29/4. 1954. Anmeldung bekanntgemacht 17/9. 1953.) FABEL. H 3370

X. Färberei. Organische Farbstoffe.

—, *Neue Farbstoffe und Hilfsmittel.* Prodd. der DURAND & HUGUENIN AG., Basel: *Indigosolgrau I 3 F* für Druck besitzt eine bes. gute Seif- u. Sodaechtheit, eine gute Chlorechtheit, eine Lichtechtheit von 6—7 u. läßt sich weiß reservieren u. ätzen (Zirkular Sol 107). — Prodd. der IMPERIAL CHEMICAL INDUSTRIES: *Dispersolechtgelb GRS* für Acetatreyon u. Nylon. Der Farbstoff besitzt ausgezeichnete Lichtechtheitseigg. u. bei Nylon bemerkenswerte Waschechtheit. Das Egalisiervermögen des Farbstoffs ist sehr gut (Zirkular SC 521). — Prodd. der BADISCHEN ANILIN- & SODA-FABRIK AG., Ludwigshafen/Rh.: *Blankit I A* ist eine Kombination eines Reduktionsmittels mit einem opt. Aufheller. — *Kaurit-Marken-Fixapret flüssig* für die Hochveredlung. Es lassen sich damit Chintze u. Prägeeffekte herstellen. — *Kaurit 140* fixiert bei Baumwolle die an u. für sich nicht feste Stärkeappretur. (Textil-Rdsch. [St. Gallen] **9**. 327. Juni 1954.) P. ECKERT. 7018

F. O. Stone, *Bemerkungen über „Tub-fast“-Farbstoffe.* 4. Mitt. (3 vgl. C. **1954**. 9630.) Nähere Beschreibung über das Auflösen der Naphthole, über den Mechanismus beim Kuppeln sowie das eigentliche Färben mit Naphtholfarbstoffen auf Baumwolle. (Textile Bull. **80**. Nr. 1. 75—77. Jan. 1954.) H. G. FRÖHLICH. 7020

E. R. Wiltshire, *Kupplung- und andere echte Färbungen auf gewirkten Baumwollwaren.* Methoden zur Färbung mit Kupplungsfarbstoffen auf gewirkten Baumwollwaren auf der Haspel werden beschrieben. Nur wenige Entwicklungslsgg. (Diazoniumverbb.) lassen sich auf der Haspel zufriedenstellend verarbeiten. Das Gewirke sollte nach dem Aufbringen der Kupplungskomponente getrocknet werden. Die letzte Nachbehandlung der Ware läßt sich sehr wirkungsvoll auf der Haspel durchführen. Blasse Töne lassen sich auf der Haspel mit Küpenfarbstoffen erzielen, falls man *Dispersol VL* als Hilfsmittel in der Küpe verwendet. (J. Soc. Dyers Colourists **70**. **41**—**46**. Febr. 1954. Manchester, Hexagon House, I. C. I. Dyestuffs Div.) ZAHN. 7020

Anantha K. Setty, *Die Form der unteren Wollschicht beim Färben.* Durch Färbeverss. an Wolle in Faserform, als Garn u. im Stück sollte ermittelt werden, wie weit die unterschiedliche Form des Materials die Geschwindigkeit beim Aufziehen des Farbstoffs beeinflußt. Es wurde festgestellt: Die Zeit, in der die Hälfte des Farbstoffs (bezogen auf das Gleichgewicht zwischen Faser u. Farbbad) aufgezogen ist, nimmt in der Reihenfolge Stück, Garn, Faser ab. Die anfängliche Geschwindigkeit des Aufziehens u. somit auch die des ganzen Färbevorganges ist von der vorliegenden Form des Materials abhängig. In der sogenannten „anfänglichen Durchdringungszeit“ ist das Farbaufnahmevermögen bezogen auf den berechneten Wert für den Idealfall geringer, u. zwar wieder in der genannten Reihenfolge Stück—Faser. Dieses Verh. soll noch durch Entw. geeigneter Meßmethoden geklärt werden. (Amer. Dyestuff Reporter **43.** 98—100. 15/2. 1954. Lowell, Technol. Inst.) SCHOENMANN. 7020

Harry F. Clapham, *Das Färben von Wollmischungen und anderen Fasern für Teppiche.* Neben der Besprechung über das Färben von Wolle in Mischung mit Baumwolle, Reyon u. Nylon weist Vf. darauf hin, daß durch die Anwendung neuer Färbeweisen für Wolle, wie Hochtemperaturfärbung u. das Färben mit den neutralen Chromkomplexfarbstoffen, höhere Echtheiten erzielt werden können. (Amer. Dyestuff Reporter **43.** P 141—42. 1/3. 1954.) H. G. FRÖHLICH. 7020

—, *Untersuchungen über die Schweißechtheit.* 2. Mitt. (1. vgl. C. **1953.** 2679.) Es wurde geprüft, ob die früher (l. c.) gefundene Abspaltung von Cu u. damit verringerte Lichtechtheit aus kupferhaltigen Baumwollfärbungen durch das im Naturschweiß enthaltene Histidin auch für chromhaltige Färbungen auf Wolle gilt u. ein allg. Phänomen ist. Der ausgeprägte Effekt von Naturschweiß auf gewisse Baumwollfärbungen ließ sich bei Wolle nicht reproduzieren. Zahlreiche nachgekupferte Direktfarbstoffärbungen auf Baumwolle wurden auf Farbton- u. Lichtechtheitsänderungen nach Einw. von Naturschweiß u. künstlicher Prüflsgg. geprüft. Bisher kann keine künstliche Prüfmeth. die natürliche Prüfung der Färbungen auf der Haut ersetzen. (J. Soc. Dyers Colourists **70.** 63—68. Febr. 1954.) ZAHN. 7028

W. Bradley, *Versuche über die Chemie von Anthrachinonderivaten.* Die Arbeiten des Instituts in den letzten 5 Jahren über die Chemie der Anthrachinonküpenfarbstoffe werden zusammengefaßt. Folgende Ergebnisse waren noch nicht publiziert: Anthanthron (I) reagiert mit KOH u. MnO_2 zu 3.8-Dioxy-I. Dieses Deriv. entsteht auch aus 4.9-Dibrom-I u. 2.7-Dibrom-I beim Erhitzen mit Alkalien. — Chinoxalin wird leicht im Kern substituiert bei Einw. von $NaNH_2$ u. einem Amin. Die Konst. des braunen Küpenfarbstoffs aus 4.5'-Dibenzamido-1.1'-dianthrachinonylamin u. H_2SO_4 wurde aufgeklärt u. die nebenst. Carbazolstruktur dadurch bewiesen, daß die beiden Benzoyl- u. dann die Aminogruppen entfernt wurden u. die Bldg. von Diphthaloylcarbazol gezeigt wurde.

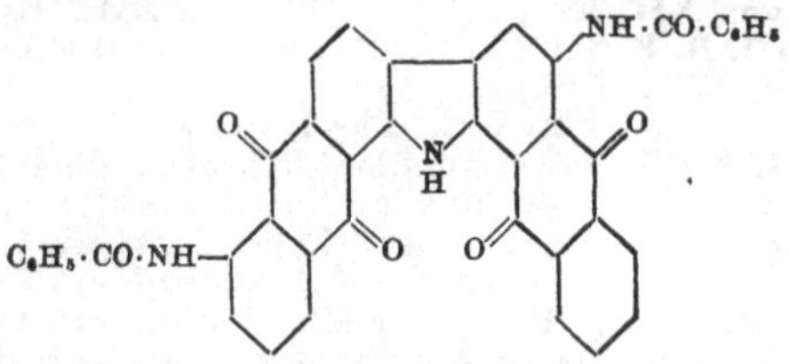

(J. Soc. Dyers Colourists **70.** 57—63. Febr. 1954. Leeds England, Univ., Dep. Colour Chem. and Dyeing.) ZAHN. 7058

Farbwerke Hoechst Akt.-Ges. vormals Meister Lucius & Brüning, Frankfurt/M. (Erfinder: **Ernst Fischer,** Offenbach/M.), *Herstellung überfärbeechter Färbungen auf Acetylcellulose sowie linearen Polyamiden oder Polyurethanen.* Man behandelt das Material in wss. Lsg. mit Aminoverbb. der allg. Formel **A**, worin der Benzolrest a noch weiter durch Alkyl- (**I**), Alkoxy- (**II**), Aryloxygruppen oder Halogenatome (**III**) substituiert sein kann, R_1 = H oder einen Alkylrest u. R_2 einen Alkyl-, Aralkyl-, Arylrest oder einen hydroaromat. Rest bedeutet, mit der Maßgabe, daß R_1 kein H sein soll, wenn die Gruppe $—SO_2N<^{R_1}_{R_2}$

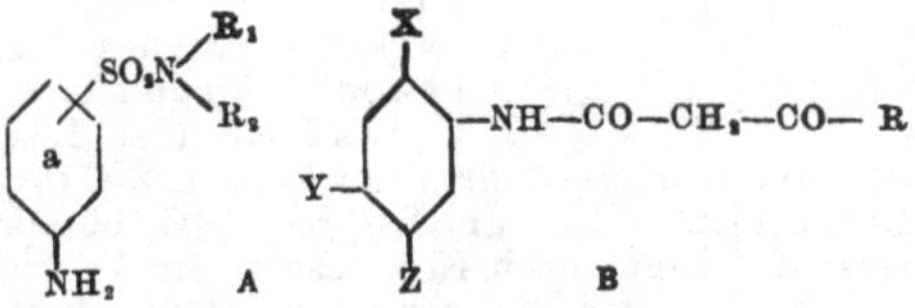

in o-Stellung zur Aminogruppe steht oder R_2 einen Alkylrest mit weniger als 3 C-Atomen darstellt, u. den Alkaliverbb. von Acylessigsäurearylamiden der allg. Formel **B**, worin R_3 eine **I** oder Phenylgruppe, X eine **I** oder **II**, Y eine **II** oder ein **III** bedeutet u. Z **I**, **II** oder **III** bedeutet mit der Maßgabe, daß Y **III** u. Z **I** oder **II** oder Y **II** u. Z **III** bedeutet, wenn X für **II** steht, u. daß Y **III** u. Z **II** bedeutet, wenn X für **I** steht, diazotiert auf der Faser u. entwickelt anschließend in einem heißen Bad. Als Diazokomponente wird z. B. 1-Amino-2.5-dimethoxybenzol-4-sulfonsäure-di-n-butylamid oder -N-äthylcyclohexylamid u. als Azokomponente 1-Acetoacetylamino-2.5-dimethoxy-4-chlorbenzol oder 1-Benzoacetylamino-2.5-diäthoxy-4-chlorbenzol verwendet. — Tabelle der Komponenten. (**D. B. P. 904 886** Kl. 8m vom 8/9. 1951, ausg. 22/2. 1954.) v. SCHILLER. 7021

American Cyanamid Co., New York, N. Y., übert. von: **Jerry M. Mecco,** Somerville, N. J., V. St. A., *Bedrucken von Textilien mit Küpenfarbstoffen.* Man verwendet eine Druckpaste, die außer einem Verdickungsmittel, Alkali, Reduktionsmittel u. Farbstoff noch ein Zr-Salz (I) enthält, u. entwickelt durch Dämpfen in üblicher Weise. Der Zusatz von I bewirkt farbkräftigere Drucke, bes. wenn diese vor dem Dämpfen gelagert werden müssen. (**A. P. 2 650 152** vom 21/7. 1951, ausg. 25/8. 1953.) v. SCHILLER. 7023

Ciba Akt.-Ges., Basel (Erfinder: **Charles Graenacher**, Riehen, **Eduard Usteri**, Basel, und **Max Geiger**, Riehen), Schweiz, *Herstellung von Dichlorvinyläthern*, dad. gek., daß Verbb. der allg. Formel R·O·A, worin R einen aromat. Rest bedeutet u. A für ein Alkalimetall steht, mit Trichloräthylen in Ggw. von Lösungsmitteln, wie W., Alkoholen oder Phenolen, bei erhöhten Tempp. umgesetzt werden. — Die Prodd. sind hochsd. fl. oder feste krist. Verbb., die gegen sd. W., sd. verd. wss.-alkoh. HCl oder verd. alkoh. Alkalilaugen beständig sind u. z. B. als Zwischenprodd. für die Farbstoffindustrie verwendet werden können. Z. B. wird ein Gemisch aus 20 (Teilen) Phenol, einer Lsg. von 4,6 Na in 80 Volumenteilen absol. A. u. 30 Trichloräthylen (**I**) 25 Std. auf 120—130° erhitzt, die Reaktionslsg. mit W. u. Ae. verrührt, die Ätherschicht mit verd. Lauge u. W. gewaschen, mit Na_2SO_4 getrocknet u. der Ae. abdest., aus dem Rückstand *Dichlorvinylphenyläther*, $Kp._{14}$ 101—102°, farbloses Öl. Entsprechend aus p-Chlorphenol u. **I** *p-Chlorphenyldichlorvinyläther* (farbloses Öl, $Kp._{13}$ 124—126°), aus 2.4-Dichlorphenol u. **I** *2.4-Dichlorphenyldichlorvinyläther* ($Kp._{15}$ 151—154°), aus *2.5-Dichlorphenol* (**II**) oder *Trichlorphenol* (**III**) oder *Tetrachlorphenol* (**IV**) oder *Pentachlorphenol* (**V**) oder *o-Cyclohexyl-p-chlorphenol* (**II**) oder *2-Oxy-5.4'-dichlordiphenylmethan* (**VII**) oder *4.4'-Dioxydiphenyldimethylmethan* (**VIII**) oder *4-Oxytriphenylmethan* (**IX**) oder *4'.4''-Dichlor-4-oxytriphenylmethan* (**X**) oder *p-Oxydiphenyl* (**XI**) oder *p-Nitrophenol* (**XII**) oder *β-Naphthol* (**XIII**) oder *1.4-Chlornaphthol* (**XIV**) u. **I** die *Dichlorvinyläther* von **II**, $Kp._{12}$ 143°; von **III**, $Kp._{12}$ 181—183°; von **IV**, $Kp._{12}$ 178—181°; von **V**, $Kp._{12}$ 194—195°; von **VI**, $Kp._{0,02}$ 148—153°; von **VII**, $Kp._{0,005}$ 159—161°; von **VIII**, $Kp._{0,01}$ 216—218°; von **IX**, $Kp._{0,02}$ 204—208°; von **X**, $Kp._{0,02}$ 220—224°; von **XI**, $Kp._{0,02}$ 147—151°, F. 50—51°; von **XII**, $Kp._{0,07}$ 136—138°; von **XIII**, $Kp._{0,1}$ 141—142°; von **XIV**, $Kp._{0,1}$ 147—149°. (**D. B. P. 841 143** Kl. 12o vom 19/2. 1949, ausg. 13/6. 1952. Schwz. Priorr. 19/10. 1945 u. 12/9. 1946.) HERBST. 7049

Ciba Akt.-Ges., Basel, Schweiz, *Pyrazolone* erhält man z. B. aus einer Lsg. von 45,8 (Teilen) 4-Amino-4'-hydrazinstilben-2.2'-disulfonsäuredihydrochlorid in 200 W., welche mit 46 30%ig. NaOH versetzt u. darauf mit 100 Raumteilen einer 10%ig. Acetessigsäureamidlsg. (**I**) beschickt wird. Nach Zugabe von 10 (Teilen) Eisessig rührt man 2—3 Stunden. Das *4-Aminostilben-2.2'-disulfonsäure-4'-(3-methyl-5-pyrazolon)* wird mit 30%ig. HCl ausgefällt. Analog erhält man durch Kondensation in neutralem wss. Medium aus 4-Aminodiphenyl-4'-hydrazindihydrochlorid u. **I** das *4-Aminodiphenyl-4'-(3-methyl-5-pyrazolon)*. — Zwischenprodd. für *Azofarbstoffe*. (**Schwz. PP. 288 949** u. **288 948** vom 8/11. 1949, ausg. 1/6. 1953. **Zusätze zu Schwz. P. 283 421**; **C. 1953. 4771**.) LIPPOLD. 7049

Ciba Akt.-Ges., Basel (Erfinder: **Willi Widmer**, Bottmingen), Schweiz, *Chromierte Azofarbstoffe*. o-Oxyazofarbstoffe der allg. Formel **I** werden in Substanz in wss. Lsg. mit den üblichen Cr-abgebenden Mitteln behandelt. Hierbei bedeutet R einen SO_3H-freien Naphthalinrest, der in 1-Stellung die N_2- u. in 2-Stellung die OH-Gruppe trägt u. noch weiter substituiert sein kann. Die Reaktionsprodd. eignen sich zum Färben u. Bedrucken von tier. u. synthet. Fasern. — Beispiel: 46,8 (Teile) des Farbstoffes aus 2-Amino-1-oxybenzol-4.6-disulfonsäure u. 2-Oxynaphthalin werden in 500 W. mit 100 einer Lsg. erhitzt, deren Cr-Geh. 8,4 Cr_2O_3 entspricht. Der Farbstoff wird nach Neutralisierung der Lsg. durch Eindampfen im Vakuum gewonnen. In W. u. Na_2CO_3 rotviolett lösl. Pulver, das Wolle aus dem H_2SO_4-Bad rotviolett färbt. (**D. B. P. 842 982** Kl. 22a vom 27/2. 1949, ausg. 3/7. 1952. Schwz. Prior. 8/10. 1946.) KALIX. 7053

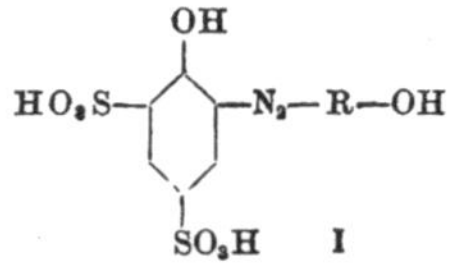

I

Badische Anilin- & Soda-Fabrik (Erfinder: **Helmut Pfitzner** und **Otto Kaufmann**), Ludwigshafen/Rh., *Wasserlösliche, chromhaltige Farbstoffe*. In W. schwer bis unlösl., chromierte, SO_3H-freie Azo-(**I**)- oder Azomethin- (**II**) Farbstoffe, die auf 1 Mol **I** oder **II** 1 Cr-Atom enthalten, werden wasserlösl. gemacht, indem man sie mit Lsgg. von solchen organ. Verbb. (**III**) behandelt, die selbst komplexe Cr-Verbb. bilden können, aber keine Farbstoffe sind u. keine langkettigen Alkylreste enthalten. Als **I** u. **II** kommen bes. solche Verbb. in Frage, die in o- oder o'-Stellung zur N_2 oder Azomethinbrücke metallisierbare Gruppen, wie OH oder COOH, enthalten, oder an beliebiger Stelle des Mol. in o-Stellung zueinander eine OH- u. eine COOH-Gruppe; SO_3H-Gruppen dürfen nicht vorhanden sein. — Beispiele für **III** sind aromat. Verbb. mit OH-, COOH- oder SO_3H-Gruppen, z. B. 2-Oxybenzoesäure, 1.2-Dioxybenzol, o- oder peri-Dioxynaphthaline, o-Oxynaphthoesäure, Phthal-, Oxal-, Wein-, Citronen- u. Apfelsäure, Polyglykole, Äthanolamine, Pyridinsulfon- u. -carbonsäure. Die Reaktionsprodd. färben tier. Fasern, Leder u. Caseinwolle aus neutralen u. schwachsauren Bädern. — Beispiel: 21 (Teile) des Cr-haltigen Farbstoffs aus 1-Oxy-2-amino-5-nitrobenzol u. 1-Phenyl-3-methyl-5-pyrazolon, der im Mol 1 Atom Cr enthält, werden in 500 A. mit 7 2-Oxybenzoesäure in Ggw. von 14 Na-Acetat 3 Std. am Rückflußkühler gekocht. Wasserlösl. Farbstoff, der Wolle aus schwachsaurem Bade blaustichig rot färbt. (**D. B. P. 846 142** Kl. 22a vom 30/6. 1950, ausg. 11/8. 1952.) KALIX. 7053

J. R. Geigy Akt.-Ges., Basel (Erfinder: **Werner Bossard**, Riehen, und **Marcel Reding**, Basel), Schweiz, *Polyazofarbstoffe* mit guter Affinität zur natürlichen u. regenerierten Cellulosefasern erhält man durch Kuppeln von 1 Mol einer tetrazotierten Diaminoverb. der allg. Formel I in beliebiger Reihenfolge mit 1 Mol eines Monoazofarbstoffs der allg. Formel II u. 1 Mol eines 3-Methyl-5-pyrazolons der allg. Formel III. Hierbei bedeutet X eine direkte Bindung, eine —NHCO-, —CONH- oder —NHCONH-Brücke, Y eine OH- oder in OH überführbare Gruppe, R ein H-Atom, eine Alkylgruppe oder einen beliebig

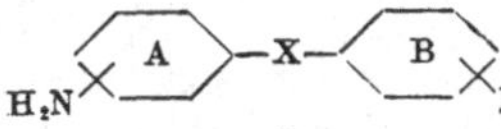
I

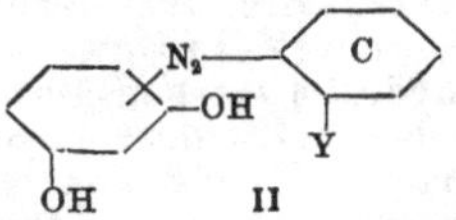
II

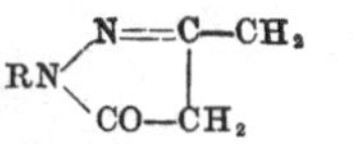
III

substituierten Arylrest, A, B u. C können noch weitere Substituenten tragen, u. das Endprod. soll mindestens eine SO_3H-Gruppe besitzen. Die Herst. erfolgt nach bekannten Verff., die Farbstoffe färben Cellulose gelb bis rotstichig braun, Nachkupfern erhöht die Naß- u. Lichtechtheit ohne Änderung des Farbtons. — Beispiel: 18,4 (Teile) 4.4'-Diaminodiphenyl werden zunächst mit dem Monoazofarbstoff aus 6-Chlor-2-amino-1-oxybenzol-4-sulfonsäure u. 1.3-Dioxybenzol gekuppelt. Diese Diazodisazoverb. wird dann mit 17,5 1-Phenyl-3-methyl-5-pyrazolon gekuppelt. Der erhaltene Trisazofarbstoff färbt Cellulose rotstichig braun. (**D. B. P. 842100** Kl. 22a vom 19/10. 1948, ausg. 23/6. 1952. Schwz. Prior. 16/5. 1945.) KALIX. 7055

Cassella Farbwerke Mainkur Akt.-Ges. (Erfinder: **Richard Fleischhauer**), Frankfurt/M., *Triazofarbstoffe*. Man vereinigt die Diazoverbb. von Aminodiazofarbstoffen der Zus. $R_1—N=N—R_2—N=N—R_3—NH_2$ (R_1 = Rest der Benzolreihe mit einer OH- u. einer dazu o-ständigen COOH-Gruppe; R_2 u. R_3 = Reste von aromat. diazotierbaren Aminoverbb., die in p-Stellung zur NH_2-Gruppe kuppeln, von denen einer der Rest eines Aminohydrochinonäthers sein muß; einer der Reste R_1, R_2 u. R_3 trägt eine $—SO_3H$-Gruppe) mit N-Alkyl-, N-Cycloalkyl- oder N-Aralkylderivv. von Aminooxynaphthalinsulfonsäuren. — 1-Amino-4-oxybenzol-3-carbonsäure → 1-Aminonaphthalin-7-sulfonsäure (als Na-Salz) $\xrightarrow{\text{sauer}}$ 1-Amino-2.5-dimethoxybenzol $\xrightarrow{\text{alkal.}}$ 2-Methylamino-5-oxynaphthalin-7-sulfonsäure (**I**). Färbt Baumwolle (**A**) lebhaft grünstichig blau, nachchromiert oder nachgekupfert ohne Tonänderung sehr waschecht. Ersetzt man **I** durch 2-Methylamino-8-oxynaphthalin-6-sulfonsäure, so erhält man auf **A** lichtechte graue Färbungen, nachchromiert etwas blaustichiger, nachgekupfert im Ton kaum verändert, jedoch besser waschecht. (**D. B. P. 894 424** Kl. 22a vom 3/6. 1942, ausg. 26/10. 1953. **Zusatz zu D. B. P. 888 291.**) SIEVERS. 7055

Farbwerke Hoechst Akt.-Ges., vormals Meister Lucius & Brüning (Erfinder: **Gustav Schäfer** und **Ferdinand Quint**), Frankfurt/M., *Triphenylmethanfarbstoffe*, die Wolle oder Seide in roten bis blauen, bes. licht- u. alkaliechten Tönen färben, die ein gutes Egalisiervermögen sowie gute Carbonisier- u. Dekaturechtheiten besitzen u. den analog gebauten Farbstoffen der Violaminreihe in der Licht- u. Waschechtheit überlegen sind, erhält man dadurch, daß man solche Resorcinsulfophthaleine, die in dem die Sulfonsäuregruppe tragenden Benzolkern noch Substituenten enthalten, nach Ersatz der zum Zentralkohlenstoffatom p-ständigen OH-Gruppen durch austauschfähige Atome oder Gruppen mit prim. oder sek. Aminen umsetzt u. die erhaltenen Farbstoffe gegebenenfalls sulfoniert. — Man erhält so Farbstoffe der allg. Zus. **I**, worin R_1 H, einen aliphat. oder aromat. Rest, R_2 einen aliphat. oder aromat. Rest bedeutet, wobei R_1 u. R_2 auch unter Bldg. eines cycl. Ringsyst. verbunden sein können u. der Benzolkern A auch gleichzeitig OH- u. COOH-Gruppen (also eine chromierfähige Gruppierung) enthalten kann. — So können Farbstoffe erhalten werden (Färbung auf Wolle = **F**) durch ca. 8std. Verschmelzen des nach D. B. P. 870 270; C. **1954.** 4729 erhältlichen inneren Salzes der 3.6-Dichlor-9-phenylxanthydrol-2'.4'-disulfonsäure der Zus. **II** mit 1-Amino-2-methylbenzol (**III**) bei 120°, **F** violett (Löslichkeit wird durch

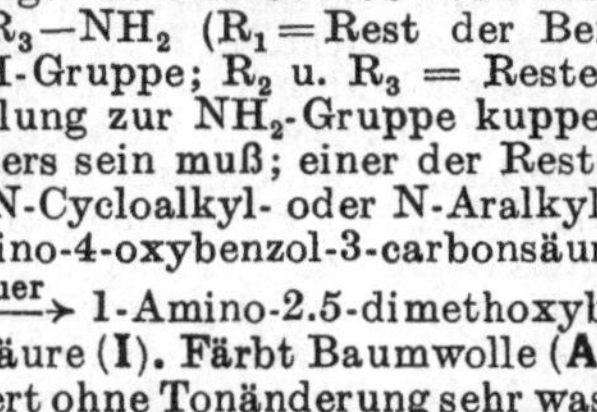
I

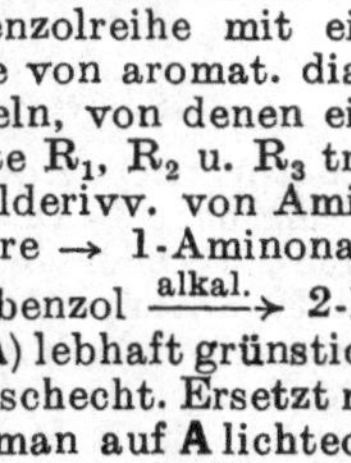
II

nachfolgende Sulfonierung in konz. H_2SO_4 verbessert); ferner aus **II** u.: 1-Amino-3-methylbenzol (**IV**), **F** marineblau; (dimethylbenzol = **b**) 2-Amino-1.3-**b**, **F** rotviolett; 3-Amino-1.2-**b**, **F** rotviolett; 4-Amino-1.2-**b**, **F** blaustichiges Violett; 4-Amino-1.3-**b**, **F** rotstichiges Violett; 5-Amino-1.3-**b**, **F** marineblau; 2-Amino-1.4-**b**, **F** violett; 1-Amino-2-chlorbenzol, **F** violett; 5-Amino-2-oxybenzol-1-carbonsaurem Na (3—4std. Umsetzung in Diglykol bei 115—120°), **F** blau, nachchromiert sehr echt; 3-Amino-2-oxybenzol-1-carbonsäure, **F** grünstichig blau; 2-Amino-1.4-**b**-5-sulfonsaurem Na, **F** violett; 4-Chlor-2-aminodiphenyläther, **F** violett; 4-Chlor-2-aminobenzotrifluorid, **F** rot; α-Naphthylamin, **F** violett; β-Naphthylamin, **F** grünstichig blau; 1-Amino-2-äthyl-5.6.7.8-tetrahydronaphthalin, **F** marineblau. Ferner können Farbstoffe erhalten werden durch Umsetzen des aus 2-Sulfobenzoesäureanhydrid-4-carbonsäurechlorid ($Kp._{10}$ 210°) u. Resorcin (**V**) in Ggw. von $POCl_3$ erhältlichen inneren Salzes der 3.6-Dichlor-9-phenylxanthydrol-4′-carbonsäure-2′-sulfonsäure (in W. gelb ohne Fluorescenz lösl.) u.: 1-Methylamino-2- oder -4-methylbenzol, **F** rot- bzw. blauviolett; 1-Amino-2.4.6-trimethylbenzol, **F** violettstichigrot; 4-Amino-1.3-**b**-5-sulfonsaurem Na, **F** violett; **III**, **F** rotviolett; **IV**, **F** blau; 1-Äthylamino-2- bzw. 3- bzw. 4-methylbenzol, **F** violettstichigrot, blau bzw. blauviolett. Ferner aus dem aus 4-Äthoxysulfobenzoesäureanhydrid (farblose lange Nadeln, F. 123—125°) u. **V** erhältlichen Kondensationsprod. der Zus. **VI** u.: 1-Amino-4-äthoxybenzol, **F** violett; 1-Methylamino-4-methylbenzol, **F** violett; 1-n-Butylamino-3-methylbenzol, **F** blau; 1-Äthylamino-2-methyl- oder 5-Chlor-2-amino-1-methylbenzol, **F** rotviolett. Ferner aus dem inneren Salz der 3.6-Dichlor-9-(4′-chlorphenyl)-xanthydrol-2′-sulfonsäure u.: 3-Amino-2-oxy-5-sulfonbenzoesaurem Na, **F** rotstichig marineblau, nachchromierbar; 1-Amino-2.6-**b**, **F** rot; N-Methylbenzylaminsulfonsäure, Farbstoff der Sulforhodaminklasse, **F** leuchtend rot; 1-benzylaminobenzol-4-sulfonsaurem Na, **F** rotviolett; 2-Methylamino-5.6.7.8-tetrahydronaphthalin, **F** violett. Ferner aus der aus 4-Oxyisophthalsäure-6-sulfonsaurem Na u. **V** erhältlichen Xanthydrolsulfonsäure u.: 1-Methylamino-2-methylbenzol, **F** leuchtend blaustichigrot, nachchromierbar; 1-aminobenzol-4-sulfonsaurem Na, **F** blaustichigrot, nachchromierbar; 2-Amino-1.3-**b**, **F** rot, nachchromiert bes. naßecht; 4-Amino-1.3-, 5-Amino-1.3- oder 3-Amino-1.4- **b**, **F** blaue Farbtöne; 1-Amino-2-methoxybenzol, **F** violett; 1-Amino-4-methoxy- oder 1-Amino-4-äthoxybenzol oder p-Aminodiphenyläther, rotstichigblaue chromierfähige Farbstoffe; Dihydro-2-methylindol, **F** grünstichigblau; Diäthylamin, leuchtend roter chromierfähiger Farbstoff der Sulforhodaminreihe. (**D. B. P. 895 041** Kl. 22b vom 10/2. 1951, ausg. 29/10. 1953. Anmeldung bekanntgemacht 16/10. 1952. **Zusatz zu D. B. P. 848 231; C. 1954. 427.**) ROICK. 7057

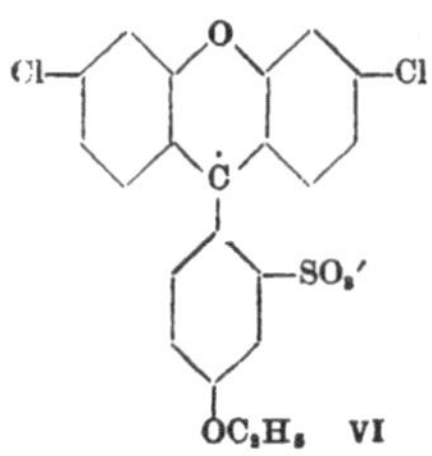

VI

Badische Anilin- & Soda-Fabrik Akt.-Ges., Deutschland, *Herstellung von halogenierten Aminoanthrachinonen.* Man löst in geschmolzenem $AlCl_3$, welchem man zur Erniedrigung des F. z. B. NaCl, KCl, Na_2SO_3 oder deren Gemische zugesetzt hat, Mono- oder -Polyaminoanthrachinone, welche am N oder am Kern z. B. durch Oxy-, Alkoxy-, Alkyl- oder Acylgruppen substituiert sein können u. welche noch freie Stellen zur Einführung von Halogen besitzen, u. leitet in diese Lsg. bei 60—130° Halogen, bes. Cl_2 oder Br, ein. — Z. B. erhitzt man 400 (Teile) wasserfreies $AlCl_3$ u. 60 wasserfreies Na_2SO_3 bis zur Bldg. einer homogenen geschmolzenen Masse. Dann versetzt man die M. langsam bei 80—85° mit 50 1.4-Diaminoanthrachinon u. leitet bei gleicher Temp. in einigen Std. 37 Br ein. Die geschmolzene M. gießt man in W., saugt den Nd. ab, wäscht ihn mit W. u. trocknet ihn. Man erhält 66,6 Teile eines dunkelvioletten Pulvers von *1.4-Diamino-6-bromanthrachinon*, F. 264—266°, welches sich in konz. H_2SO_4 mit gelber, in warmem o-Dichlorbenzol mit violetter Farbe löst u. Acetatreyon kräftig blauviolett färbt. Das *Dibenzoylderiv.* schm. bei 300°. Mit 74 Teilen Br erhält man 83,2 Teile dunkelviolettes *1.4-Diaminodibromanthrachinon*, F. 290°. Es löst sich in konz. H_2SO_4 mit gelber, in o-Dichlorbenzol mit violettroter, in alkal. Na-Hydrosulfitlsg. mit orangeroter Farbe u. färbt Acetatreyon blau. Mit 50 Teilen 1.2-Diaminoanthrachinon erhält man in theoret. Ausbeute *1.2-Diaminomonobromanthrachinon*, F. 253°. Ferner werden noch folgende Anthrachinone (**A**) angegeben: *2-Amino-3-brom-***A**; *1-Amino-2-brom-***A**; *1.4-Dimethylaminodibrom-***A**; *1-Amino-4-benzoylamino-***A**; *1.5-Diamino-2.6-dibrom-***A**, F. 274°; *1.8-Diaminodibrom-***A**, F. 223°; *Monobrom-1-amino-4-oxy-***A**, welches Acetatreyon hell violettrot färbt. (**F. P. 1 040 901** vom 20/7. 1951, ausg. 20/10. 1953. D. Prior. 31/7. 1950.) OPPERMANN. 7059

Imperial Chemical Industries Ltd., London (Erfinder: **Harold France**, Manchester, und **William Owen Jones**, Morden Park), England, *Tetraazaporphinfarbstoffe*, die das einfache Tetraazaporphinsyst. enthalten, erhält man, wenn man einen Teil der Phthal-

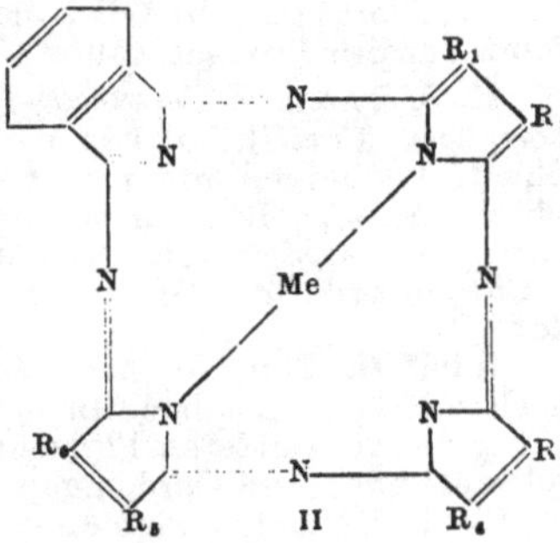

II

säurederivv., die üblicherweise zur Synth. verwendet werden, durch (gegebenenfalls alkyl- oder cycloalkylsubstituierte) Maleinsäurederivv. (I) ersetzt u. diese mit Harnstoff oder einem Wärmezersetzungsprod. davon u. einem Metall der Ordnungszahl 24—29, bes. Cr, Mn, Fe, Co, Ni oder einer Verb. davon auf 130—150° erwärmt. An Stelle von I können auch die entsprechenden Fumarsäurederivv. verwendet u. die Rk. in Ggw. von Mo oder Wo als Katalysator ausgeführt werden. Hierbei entstehen blaue bis violette Farbstoffe der allg. Formel II. Hierin bedeutet Me ein Metall oder 2 H-Atome, R_1—R_6 H-Atome oder (gegebenenfalls substituierte) Alkyl- oder Cycloalkylgruppen, ferner können 2 der Substituenten $R_1 + R_2$, $R_3 + R_4$, $R_5 + R_6$ zu einem aromat. oder chinoiden Ring verbunden sein. — Beispiel: 2,52 (Teile) Dimethylmaleinsäureanhydrid, 2,96 Phthalsäureanhydrid, 24 Harnstoff, 2 wasserfreies Nickelchlorid (oder 2,68 $CoCl_2 \cdot 6H_2O$) u. 0,8 Ammonmolybdat werden in 25 Nitrobenzol 4 Std. auf 140° erhitzt. (**D. B. P. 908 288** Kl. 22e vom 11/1. 1951, ausg. 5/4. 1954. Anmeldung bekanntgemacht 13/8. 1953. E. Prior. 12/1. 1950.) KALIX. 7063

Fred F. Jacobs, Textile printing: materials, methods, and formulae. New York: Chartwell House. 1952. (229 S. m. Abb.) $ 5,—.

XIa. Farben. Anstriche. Lacke. Naturharze.

N. J. Timmons, *Neue Acrylharzdispersionen.* Besprochen werden Acrylharzdispersionen von relativ hoher Stabilität, Kältebeständigkeit u. Viscosität, die keine Verdickungs- bzw. Schutzkolloide erfordern. Günstig sind ferner ihre Wasserbeständigkeit, Abriebfestigkeit, Reißfestigkeit, Dehnung, Ölbeständigkeit u. Wetterresistenz. (Off. Digest Federat. Paint Varnish Product. Clubs **1953.** 921—26. Dez. Philadelphia, Pa., Rohm & Haas Co.) SCHEIFELE. 7096

Joseph J. F. O'Neill und **Robert D. Fremgen**, *Untersuchungen über die günstigsten Anreibungs- und Mahlbedingungen von Pasten, die Pliolite S 5 enthalten, in der Kugelmühle.* Pliolite S 5 ist zwar ein unpolares Styrol-Butadienpolymerisat, übertrifft aber bei weitem hochpolare Harze bei der Entflockung von Pigmenten u. ermöglicht daher die Herst. außerordentlich günstiger Pastenkompositionen. Die Entflockung wird noch verbessert, wenn ein Lösungsm. von schwacher Oberflächenspannung verwendet wird. Die günstigste Kugelbeschickung bei Kugelmühlendispersion von Pliolite S 5-Paste bei üblicher Tourenzahl beträgt 37 Vol.-% der gesamten Mühlenkapazität. Die günstigste Beschickung ist entweder 100% des inneren Mühlenraumes oder 66% desselben, je nach den Viscositätseigg. der Pasten beim Erweichungspunkt. Eine genaue Meth. zur Entscheidung hierüber wurde entwickelt. — 22 Diagramme, 12 Tabellen, 8 Literaturhinweise. (Off. Digest Federat. Paint Varnish Product. Clubs **1953.** 713—40. Okt. Akron, O., Goodyear Tire & Rubber Co., Inc., Chem. Products Development Div.) THEURER. 7096

Ray L. McCleary und **Paul E. Kummer**, *Mit Calciumcarbonat verschnittene Pigmente für Gebäude-Außenanstriche.* Mit Calciumcarbonat verschnittene Pigmente können mit Erfolg für Außenanstriche an Gebäuden verwendet werden. Beste Ergebnisse erzielt man mit solchen Pigmenten, welche nur wenig Teilchen enthalten, die größer als 27 μ sind u. die außerdem nur geringe Absorptionsfähigkeit aufweisen. Calciumcarbonat als Hauptbestandteil oder alleiniger Bestandteil des Verschnittmittels macht den Gebrauch von Blei–Zinkoxyd oder Zinkoxydpigmenten zur Erzielung eines genügenden Schutzes gegen Fäulnis überflüssig. — 16 Tabellen, 21 Aufnahmen von Probeanstrichen. (Off. Digest Federat. Paint Varnish Product. Clubs **1953.** 660—700. Okt. Montclair, N. J., Thompson, Weinman and Co., Research Lab.) THEURER. 7096

Charles M. Jackson, *Untersuchung der Neigung von Anstrichbindemitteln zur Selbstentzündung.* Im allg. wird festgestellt, daß die unverdickten Öle, für sich geprüft, in höherem Maße therm. reagieren als solche Öle, die im Kessel polymerisiert oder in Alkydharze oder -lacke eingebaut sind. Die Trockner haben auf die Neigung zur Selbstentzündung merklichen Einfluß. Das wichtigste Ergebnis ist die Tatsache, daß Verschnittmaterial in äußerst geringen Mengen, z. B. 60 g auf 100 g Festkörper im Bindemittel, eine Neigung zur Selbstentzündung besitzt u. in vielen Fällen auch dazu führt. Äußerste Sorgfalt bei der Hantierung mit allen Abfällen von Lackfabriken ist im Interesse der Verhütung von Bränden angezeigt. — 7 Diagramme. (Off. Digest Federat. Paint Varnish Product. Clubs **1953.** 781—86. Nov.) THEURER. 7096

H. C. Owens, *Untersuchung von Pigmenten und Bindemitteln in hitzebeständigen Überzügen.* Der Vf. hat das Verh. von Anstrichfarben auf Basis Siliconharz mit verschied. Pigmenten untersucht. Es verändert sich gefälltes Eisenoxyd, rotes oder schwarzes, nach Rot hin bei 500° F. Cadmiumgelb verfärbt sich nach Bronzerot bei 400° F. Außergewöhnlich beständig gegenüber hohen Tempp. sind Cadmiumselenrot u. Chromoxydgrün. (Off. Digest Federat. Paint Varnish Product. Clubs **1953.** 810—13. Nov.) THEURER. 7106

Adolf C. Elm, *Mechanische Eigenschaften von Anstrichfilmen.* Unterss. über mechan. Eigg. von Farbfilmen; Beziehungen zwischen diesen mechan. Eigg. u. der Natur der verwendeten Pigmente; Verss. mit konstanter u. veränderlicher Dehnung. Folgende Einflüsse wurden geprüft: Größe der Belastung, Temp., Feuchtigkeit, Alter des Films, Konz. der Pigmente, Form, Durchmesser u. Oberflächeneigg. der Pigmentteilchen. Graph. Darstellungen der Beziehungen zwischen Ausdehnungsprozenten u. Dehnungszeit unter verschied. Bedingungen; Ausdehnungsprozenten u. Belastung; Ausdehnungsprozenten u. Temp.; Belastung u. relativer Feuchtigkeit in %; Ausdehnung u. Alter des Films unter konstanter Belastung; über den Einfl. der Pigmentkonz. unter verschied. Bedingungen; Filmaufnahmen, Einfl. der Form der Pigmentteilchen in bezug auf Ausdehnung u. Belastung, Einflüsse inakt. sowie akt. Pigmente auf die Dehnung bei verschied. Belastung. Ferner Modelle verschied. Fettsäuren usw. — 13 Literaturhinweise. (Off. Digest Federat. Paint Varnish Product. Clubs **1953.** 751—74. Nov. Palmerton, Pa., The New Jersey Zinc Company. The Joseph J. Matiello Lecture 1953.) THEURER. 7106

John Emmerling, *Vergleich von Alkyd-Mattfarben, Latex- und anderen Innenwandanstrichen.* Es werden handelsübliche Alkyd-Mattlacke, verbesserte alkydmodifizierte Latex-Emulsionsfarben u. Halbglanz-Alkydfarben nach FEDERAL SPECIFICATION TTE 508 miteinander verglichen. Verss. über Haltbarkeit, Anwendungsmöglichkeiten, Verh. der getrockneten Filme, Haftfähigkeit u. Abwaschbarkeit werden beschrieben. 6 Tabellen über Zus., Absetzen nach dem Zentrifugieren sowie beim Stehen im Behälter, Haltbarkeit, Abwaschbarkeit u. Aussehen der getrockneten Filme sind beigefügt. (Off. Digest Federat. Paint Varnish Product. Clubs **1953.** 804—09. Nov.) THEURER. 7106

B. M. Letsky, *Probleme bei der Anwendung und Zusammensetzung von Holzanstrichen.* Allg. Ausführungen über Holzbeizen, Füllstoffe, Grundiermittel, über Spritzen u. Trocknen von Holzlacken, über Lösungs- u. Bindemittel. (Paint Varnish Product. **43.** Nr. 8. 28—30. 54. Aug. 1953.) STEINER. 7106

Anthony Figliolino, *Verschiedenartige Maueranstriche und ihre Verwendung.* Als Schutzanstriche werden Zement, Wasserglas, Kunstkautschuk, Chlorkautschuk, Öl u. Bitumen empfohlen. Durchsichtige Maueranstriche enthalten dispergiertes Al-Stearat oder Silicone. (Paint Varnish Product. **43.** Nr. 8. 31—33. 58. Aug. 1953.) STEINER. 7106

Roger David, *Der durch Anregung des Harzflusses von Pinus maritima auf die Struktur der Zellkerne im Stamm des Baumes ausgeübte Einfluß.* Bei der Harzung auf die Anhiebe von *Pinus maritima* (Typ bark.-chipping) zerstäubte 60%ig. H_2SO_4, die eine Steigerung des Harzflusses um ca. 35% bewirkt, läßt sich durch chem. Rk. nur 6—8 mm tief im Holz nachweisen. Eine Beeinflussung der Zellkerne im Gewebe ist 10—15 mm tief u. höchstens 4 cm von der behandelten Stelle entfernt zu beobachten. (C. R. hebd. Séances Acad. Sci. **236.** 2335—37. 15/6. 1953.) v. GIZYCKI. 7140

William J. Kissel, George W. Blum und **Edward G. Bobalek,** *Analytische Kontrolle der Dehydratisierung von Ricinusöl.* Die Dehydratisierung des Ricinusöls wurde in einer N_2-Atmosphäre ohne Katalysator oder mit 0,1% eines aus Alkansulfonsäuren bestehenden Katalysators in N_2 oder Luft bei 250° durchgeführt; in Zeitabständen von je 20 Min. wurden Proben entnommen u. die JZ. nach ROSENMUND-KUHNHENN, das Ausmaß der konjugierten Doppelbindungen nach der Dien-Meth. von OVERHOLT u. ELM (vgl. C. **1942.** I. 1815), die UV-Absorption in einem BECKMANschen Quarz-Spektrophotometer u. die Menge der OH-Gruppen bei 2,9 μ in einem PERKIN-ELMER-Spektrometer bestimmt. Die chem. bestimmten JZZ. zeigten eine etwas geringere Dehydratation an. Auch zwischen chem. u. physikal. bestimmter Dienzahl traten Unterschiede auf. Das Auftreten konjugierter Doppelbindungen ist am geringsten bei Dehydratisierung in N_2 ohne Katalysator. (Off. Digest Federat. Paint Varnish Product. Clubs **26.** 59—74. Jan. 1954. Cleveland, O., Univ. Circle, Case Inst. of Technology.) STEINER. 7154

W. A. Gloger und **J. W. Prane,** *Messung der Absorptionsfähigkeit von Oberflächen.* Beschrieben wird ein Gerät zur Messung der Absorptionsfähigkeit von verschied. Anstrichflächen; das Gerät besteht aus einer Glasglocke, die mit dem geschliffenen Rand auf die Oberfläche gesetzt u. mit Fl. gefüllt wird. Der Flüssigkeitsstand wird an einem Seitenarm abgelesen (Abb.). Untersucht wurde die Absorptionsfähigkeit verschied. ungestrichener u. gestrichener Materialien gegenüber Lackbenzin, Hexan, Kerosin, W. usw. Die Resultate sind gut reproduzierbar. Der Absorptionstest eignet sich zur Unters. von Pigmentvolumenkonzz. in Anstrichfarben, Binde- u. Verdünnungsmitteln, Filmdicke, Trockengeschwindigkeit, Resistenz von Anstrichfilmen gegen Verfärbung u. Lösungsmittel sowie der Einflüsse von Verdickungsmitteln u. Oberflächenspannung von Lacklösungen. (Off. Digest Federat. Paint Varnish Product. Clubs **1953.** 618—34. Sept. Brooklyn, N. Y., National Lead Co., Res. Labors.) SCHEIFELE. 7158

Henry L. Beakes, *Bemerkungen über das Abtönen von Anstrichfarben.* Behandelt werden: Farbstandards, Beleuchtung, Genauigkeitstoleranzen. (Off. Digest Federat. Paint Varnish Product. Clubs **1953.** 555—70. Sept. Louisville, Ky., Kentucky Color & Chemical Co.) SCHEIFELE. 7158

E. J. Dunn jr., *Trockendeckfähigkeit von Anstrichen.* 3. Mitt. (2. vgl. C. **1954.** 2504.) Zur Best. des Deckvermögens wurde die Dicke des feuchten Filmes gemessen, u. mit Hilfe von weißen u. schwarzen Glasplatten, welche dem Film die Möglichkeit gaben, sich gleichförmig auszudehnen, konnte die Deckfähigkeit in einem Viertel der Zeit gegenüber dem früheren Verf. bestimmt werden. Die Deckfähigkeit wurde mit einem geeichten Reflektometer gemessen unter Gebrauch einer Standardtafel. — 9 Diagramme, 4 Tabellen. (Off. Digest Federat. Paint Varnish Product. Clubs **1953.** 793—803. Nov.) THEURER. 7158

A. D. Newell, *Glanzmesser-Konstruktionen und Glanznormen.* Neuzeitliche Glanzmesser messen die Intensität eines reflektierten Lichtstrahls u. werden dabei deutlich beeinflußt durch den Farbton, obgleich diese Einw. nicht immer mit Hilfe des Instruments meßbar ist. Die Schärfe des Bildglanzes konnte nicht mit Erfolg gemessen werden, obgleich diese Eig. von größerer Bedeutung ist als die übrigen Glanzarten. Der Stromverbrauch muß sehr sorgfältig geregelt werden, um Auswirkungen von Spannungsschwankungen im Netz auszuschalten. Mit polarisiertem Licht hat man bei Glanzmessungen von organ. Überzügen noch keinen Erfolg gehabt. Diffusionsvergleiche bei der Glanzmessung konnten nicht als brauchbar angesehen werden mit Ausnahme von sehr beschränkten Glanzbereichen; die Verkleinerung des Einfallswinkels blieb ohne jede Wirkung. Die Verwendung metall. oder keram. Tafeln als Musterplatten für plast. Prägungen ist nicht gangbar, da gleichförmige Verminderung des Spiegelglanzes durch Variationen bei der Anwendung nicht erreicht werden kann. Ofengetrocknete phenol. Bindemittel, die wechselnde Anteile an inerten Stoffen enthalten, sind als Standardgrößen verwendbar, wenn der Glanzgrad irgendwie nach Wunsch verdoppelt werden kann. — 4 Zeichnungen. (Off. Digest Federat. Paint Varnish Product. Clubs **1953.** 775—80. Nov.) THEURER. 7158

Monsanto Chemical Co., St. Louis, Mo., übert. von: **Frank J. Hahn,** Springfield, Mass., V. St. A., *Wässerige Pigmentpasten für Anstriche* erhält man aus wss. Pigmentaufschwämmungen (z. B. 350 [Teile] Lithopone, 25 Bentonit u. 150 Glimmer), die mit 20 eines pulvrigen Mischpolymerisats aus Styrol u. dem Methyl (25 Mol-%)-sek.-Butyl (75 Mol-%)-Ester der Maleinsäure in 400 W. angerührt u. durch Zugabe von NH_4OH, Morpholin oder Alkylamin in Lsg. gebracht werden. Die Paste kann mit ölmodifizierten Alkydharzen, trocknenden Ölen oder Kunstharzen verarbeitet werden u. gibt wasserfeste Überzüge. (**A. P. 2 647 094** vom 19/8. 1950, ausg. 28/7. 1953.) SALZMANN. 7097

B. F. Goodrich Co., New York, übert. von: **Vincent C. Vesce,** Bergen County, N. J., V. St. A., *Pigmenthaltige plastische Masse.* 1—95% organ. Farbpigment werden in einer Mischung von W. u. einem damit mischbaren, das Hochpolymere zumindestens anlösenden Lösungsm., z. B. Aceton, Dioxan, A. oder Äthylacetat, angerührt, mit Cellulosederivv., Vinylharzen, Pheno- oder Aminoplasten sowie Naturharzen verrieben, filtriert, getrocknet, gemahlen u. einem *Nitrocelluloselack* zugegeben. Das Hochpolymere kann auch erst gelöst, mit W. ausgefällt u. mit dem Pigment verrieben werden. Der Zusatz eines Netzmittels ist vorteilhaft. (**A. P. 2 649 382** vom 3/8. 1949, ausg. 18/8. 1953.) SALZMANN. 7097

Chemische Werke Hüls G. m. b. H. (Erfinder: **Wilhelm Dietrich** und **Hubert Rath**), Marl, Kr. Recklinghausen, *Herstellung von Harzen.* Fettaromat. Ketone u. CH_2O oder solchen abspaltende Mittel werden in Ggw. alkal. Kondensationsmittel in einer Menge von mindestens ca. 0,2 (Mol), berechnet auf 1 Keton, so lange zur Rk. gebracht, wie die entstandenen Prodd. noch schmelzbar sind. Die erhaltenen Kondensationsprodd. sind helle springharte, schmelzbare Harze, lösl. in Aceton, Essigester, Äthylenglykolmonoäthyläther, Methylenchlorid u. Cyclohexanon, verträglich mit Nitrocellulose, Celluloseäthern, Alkydharzen, Chlorkautschuk u. polymeren Vinylverbb.; verarbeitbar zu *Lacken*. — Z. B. werden zu 1200 (Teilen) Acetophenon u. 240 konz. KOH allmählich 1160 CH_2O (30%) gegeben, wobei die Temp. auf 90° gesteigert wird. Sodann wird 10 Std. unter Rückfluß gekocht, dann mit H_2SO_4 angesäuert u. das entstandene Harz mit heißem W. gewaschen, geschmolzen u. im Vakuum entwässert. Helles, durchsichtiges Harz vom Erweichungspunkt 69°. (**D. B. P. 892 975** Kl. 39c vom 13/10. 1940, ausg. 12/10. 1953.) HERBST. 7097

Soc. Française Duco, Paris, *Herstellung von linearem, hochpolymerem Polyacetaldehyd* (**II**). Peroxydhaltiger Acetaldehyd (**I**) wird bis zum E. abgekühlt u. dabei die Erstarrungsgeschwindigkeit so eingestellt, daß ein Optimum an Ausbeute erzielt wird, wobei diese durch Temperatureinstellung zu regelnde optimale Erstarrungsgeschwindigkeit aus dem Kurvenbild zu nehmen ist, das die Beziehungen zwischen Erstarrungsgeschwindigkeit u. Ausbeute wiedergibt u. durch entsprechende systemat. Vorverss. aufzunehmen ist. Die Beladung des **I** mit Peroxyden kann in der Weise erfolgen, daß **I** in einer O_2-Atmosphäre dest. oder/u. bei —80 bis —123° unter O_2 mit UV-Licht bestrahlt wird. **II** kann durch Zugabe von Antioxydantien, wie Hydrochinon, α-Naphthylamin oder β-Naphthylamin, stabilisiert werden. **II** ist ein Stoff von elast. Konsistenz, lösl. in üblichen Lösungsmitteln außer PAe., gut lösl. in Bzl. u. Aceton, verwendbar für *Lacke*, der Lackfilm bleibt elast. auch bei tiefer Temp.; ungewöhnliche Hafteigg., daher auch für Klebbänder verwendbar. (**E. P. 696 105** vom 4/6. 1951, ausg. 26/8. 1953. F. Prior. 17/6. 1950.) HERBST. 7097

Engelbert & Co. G. m. b. H. (Erfinder: **Erwin Höß**), Aachen, *Weichmacher für Lacke und Kunststoffe*, wie Nitrocellulose, Chlorkautschuk u. Polyvinylchlorid, werden hergestellt durch Chlorierung der zwischen 160 u. 250° sd. Anteile der aus Altkautschuk gewonnenen Schwelöle. Cl-Geh. = 40%. Der Vorlauf kann als Lösungsm. verwendet werden. (**D. B. P. 883 637** Kl. 39b vom 4/8. 1951, ausg. 20/7. 1953.) OVERBECK. 7097

Soc. pour la Fabrication d'Isolants et Revêtements Ligneux „Isorel", Frankreich, *Feuerschutzüberzugsmittel für Gegenstände aus Holz aller Art*, bestehend aus einem Gemisch, welches beim Erhitzen ein flammenlöschendes Gas u. gleichzeitig W. bildet, welches sich auf den zu schützenden Flächen als Kondensat niederschlägt. Das Gemisch enthält Erdalkalicarbonate, ein Erdalkalisilicat, ein Alkalisilicat als Verdünnungs- u. Bindemittel, ein Fluorsilicat, welches beim Erhitzen Siliciumfluorid, CO_2 u. W. liefert, ferner ein Plastizierungsmittel, wie Glykol oder Glycerin, u. ein Pigment. (**F. P. 1 049 068** vom 12/1. 1952, ausg. 28/12. 1953.) M. F. MÜLLER. 7107

XIb. Plaste (Kunstharze. Plastische Massen).

F. F. Jaray, *Verwendung von Polyvinylchlorid in der chemischen Industrie.* (Vortrag.) Die Verwendung von hartem u. weichgemachtem Polyvinylchlorid als Werkstoff, Organosole u. Pasten wird besprochen. — Diskussionsbemerkungen. (Plast. Inst., Trans. **21.** Nr. 46. 27—45. Okt. 1953.) SCHÄFF. 7172

Edwin G. Fisher, *Strangpressen von Hart-PVC-Rohren.* 2. Mitt. (1. vgl. C. **1954.** 6841.) Es werden die Spritzwerkzeuge, die Spritzdüsenanordnung u. die Abzugsvorr. im einzelnen besprochen. (Kunststoffe **44.** P 64—68. Juli 1954. London.) WINIKER. 7172

D. N. Buttrey, *Entwicklungstendenzen bei der Anwendung von Phenolharzen.* (Vortrag.) Überblick. Diskussion. (Plast. Inst. Trans. **21.** Nr. 45. 7—30. Juli 1953. Imp. Chem. Ind. Ltd., Plastics Div.) STEINER. 7176

Benjamin Farber, *Entwicklungstendenzen der Alkydharzherstellung.* Besprechung der wesentlichen Entwicklungstendenzen auf dem Gebiet der ölmodifizierten Alkydharze. Als Konstruktionsmaterial für Reaktionsgefäße werden rostfreie Stähle empfohlen. (Paint Varnish Product. **43.** Nr. 4. 34—36. 56. April 1953.) STEINER. 7176

—, *Inerte Gase bei der Alkydharzfabrikation.* Ein durch unvollkommene Verbrennung eines Brenngases in einem Generator gewonnenes inertes Gas mit 87,3% N_2 u. 11,5% CO_2 wird nach Wärmeabgabe u. Trocknung zum Durchmischen, zur Wasserdampfabfuhr u. als Schutzgas bei der Herst. von Alkydharzen verwendet. (Paint Varnish Product. **43.** Nr. 8. 21—23. Aug. 1953.) SCHÄFF. 7176

B. T. A. Holland, *Die Bedeutung der Cellulosekunststoffe auf dem Gebiet des Strangpressens.* Schneckenspritzmaschinen für Cellulose (**I**)-Kunststoffe (**I**-Nitrat, **I**-Acetat, gemischte I-Ester, Äthyl-I), die neueren Anwendungsgebiete für kontinuierlich gespritzte I-Materialien u. die zukünftige Entw. werden besprochen. (Plast. Inst., Trans. **21.** Nr. 45. 86—109. Juli 1953. Kodak Ltd.) SCHÄFF. 7198

British Resin Products Ltd., London, England, *Härtbare Harze für Form- und Verbundkörper*, sowie Bremsbelag. Nadelholzharz wird mit Anacardsäure oder Cardanol (aus Cashewnußschalenöl) u. einem Aldehyd, wie CH_2O oder Furfurol, in schwach saurem oder alkal. Medium bei 93—315° umgesetzt. Das Harz kann chloriert oder sulfuriert u. anschließend nochmals mit einem Aldehyd behandelt werden. Verarbeitung mit Natur- oder Kunstkautschuk ist möglich. (**E. P. 690 565** vom 19/6. 1950, ausg. 22/4. 1953. A. Priorr. 17/6. u. 17/12. 1949.) SALZMANN. 7149

Monsanto Chemical Co., St. Louis, Mo., übert. von: **Thomas Boyd**, Springfield, Mass., V. St. A., *Polymerisationskatalysator für O_2-freies Äthylen* ist bei 260—300° *2.2-Bis-(tert.-butylperoxy)-butan.* Es liefert, in Mengen von 0,01—0,1% angewendet, Polymerisatausbeuten von 60—75%. (**A. P. 2 650 913** vom 23/3. 1950, ausg. 1/9. 1953.) MÖLLERING. 7173

E. I. du Pont de Nemours & Co., Wilmington, übert. von: **James E. Carnahan**, New Castle, Del., V. St. A., *Polymerisationskatalysatoren* für olefin. Verbb. sind in Ggw. von Peroxyden Molybdite von Metallen, deren Ionen in überschüssigem NH_4OH lösl. sind, bes. $NiMoO_2$, $CoMoO_2$, $CoMoO_3$, $CuMoO_3$ u. $ZnMoO_3$. — Zur Herst. werden z. B. 1766 (g) $(NH_4)_6Mo_7O_{24}\cdot 4\ H_2O$ in 5000 dest. W. gelöst u. mit 900 cm³ wss. NH_4OH-Lsg. (28% ig.) versetzt. Die erhaltene Lsg. von $(NH_4)_2MoO_4$ wird mit einer Lsg. von 2908 $Ni(NO_3)_2\cdot 6\ H_2O$ in 5000 W. verrührt. Der schwach grüne Nd. wird auf p_H 7 eingestellt, filtriert u. 18 Std. bei 400° getrocknet, worauf man in 25 Std. bei 550° in Ggw. von H_2 zu dem pyrophoren Katalysator reduziert. — Polymerisation von z. B. Isobutylen. (**A. P. 2 634 260** vom 18/11. 1949, ausg. 7/4. 1953.) MÖLLERING. 7173

E. I. du Pont de Nemours & Co., Wilmington, Del., V. St. A., *Formen von Polytetrafluoräthylen.* Als Gleitmittel, das der wss. Dispersion zugefügt werden kann, werden 5—50% in der Hauptsache aus gesätt., aliphat. oder cycloaliphat. KW-stoffen bestehende, bei der Spritztemp. fl. Stoffe (Viscosität 0,45 cp/25°, F. < 100°), z.B. ein Mineralölprod., n-Decan, n-Hexan, n-Octan, n-Tridecan, Dipropylhexylmethan, Paraffinöl bzw. -wachs, Chlordiphenyl, Chlornaphthalin oder auch Polymethylsiloxan, Methylbenzoat, Butylacetat, Dibutylphthalat, tert.-Butanol, Äther, Amine, Ketone, Bzl., Tetrahydronaphthalin u. dgl. verwendet. Die M. wird bei 65—110° unter 7 bis 14 at in Form von Röhren, Bändern, Fäden oder über Leitungsdraht ausgepreßt, der KW-stoff mit Hexan, Naphtha oder Toluol extrahiert u. die Gebilde bei 327—450° gehärtet. (**E. P. 686 438** vom 1/6. 1951, ausg. 21/1. 1953. A. Prior. 30/6. 1950.) SALZMANN. 7173

Chemstrand Corp., übert. von: **David T. Mowry** und **Eugene L. Ringwald**, Dayton, O., V. St. A., *Quaternäre Ammoniumvinylester* $[CH_2{=}CHOOC{-}CH_2{-}\overset{+}{N}(CH_2{-}X)_3]Y^-$ (X = Alkyl oder Oxyalkyl, bis zu 4 C-Atomen, H; Y = Cl, Br, J). Halogenessigsäure wird mit Acetylen vinyliert u. der Vinylester mit tert. Alkyl- oder Alkanolaminen in Ggw. eines Lösungsm. umgesetzt. — Vinylchloracetat u. Trimethylamin in trockenem Bzl. → *(Carbovinyloxymethyl)-trimethylammoniumchlorid.* — *(Carbovinyloxymethyl)-triäthylammoniumchlorid.* — *(Carbovinyloxymethyl)-dimethyl-β-oxyäthylammoniumchlorid.* Die Verbb. lassen sich zu *färbbaren Polymeren* polymerisieren, auch in Mischung mit Acrylnitrilen, Acrylsäureestern, Vinylchlorid, Vinylidenchlorid u. Vinylacetat. (**A. P. 2 653 166** vom 25/10. 1949, ausg. 22/9. 1953.) KRAUSS. 7173

General Aniline & Film Corp., New York, übert. von: **Donald E. Sargent**, Easton, und **William F. Amon jr.**, Riegelsville, Pa., V. St. A., *Reversibles Polyvinylalkoholgel* vom F. 40—60°, bestehend aus einer wss. Dispersion von 7—10 (%) Polyvinylalkohol u. 1—5 eines β-Ketoamids, z. B. 4.4'-Bis-(benzoylacetamid)-N.N'-diphenylharnstoff-3.3'-dicarbonsäure, Acetoacetanilid, Benzoyl- bzw. Terephthaloylacetanilid, Benzoylacetnaphthalid, 7-Benzoylacetamido-2-naphthoxyessigsäure, Bis-(acetoacetbenzidid), 2.4-Bis-(acetoacetamido)-toluol oder 2.4-Bis-(acetoacetamido)-benzolsulfonsäure. Das Gel kann an Stelle von Gelatine mit KBr für photograph. Papiere, als Verdickungsmittel für wss. Anstriche, Kosmetika, Druckfarben u. dgl. verwendet werden. (**A. P. 2 646 411** vom 23/12. 1948, ausg. 21/7. 1953.) SALZMANN. 7173

Socony-Vacuum Oil Co., Inc., New York, übert. von: **Paul F. Bruins**, Douglaston, **Edwin P. Wilkinson**, Dallas, und **Ernst P. Rittershausen**, Hempstead, N. Y., V. St. A., *Weichmacher für Vinylharze*, bestehend aus Estern aus aromat. KW-stoffen. Man geht von Mineralöl- oder Teer-KW-stoffen, bes. auch von solchen aus gecracktem Petroleum

aus, die mehr als 4 (%) ungesätt. bzw. methylsubstituierte KW-stoffe u. mehr als 70 Aromaten, z. B. mono- oder polyalkyliertes Naphthalin, Anthracen u. dgl., aufweisen (Kp. 232—427°); diese werden mit einer 0,25—1 mol. Menge (bezogen auf die Aromaten) an Fumar-, Malein-, Itacon-, Glutacon- oder Aconitsäure in Ggw. von $AlCl_3$, HCl oder BF_3 bei 93—315° umgesetzt. Die Veresterung geschieht mit einem gesätt. oder ungesätt. Alkohol von 2—12 C-Atomen. (**A. P. 2 642 407** vom 8/7. 1949, ausg. 16/6. 1953.)
SALZMANN. 7173

Monsanto Chemical Co., St. Louis, Mo., übert. von: **Joachim Dazzi,** Dayton, O., V. St. A., *Herstellung von Phthalsäure-2-(2-äthylhexyloxy)-äthyl-n-butylester* (**I**). Man kühlt ein Gemisch aus 52,2 (g) 2-(2-Äthylhexyloxy)-äthanol, 30,8 absol. Pyridin u. 120 absol. Ae. unter Rühren auf 0°, gibt innerhalb 38 Min. 0,3 Mol n-Butylphthalylmonochlorid zu, hält 3 Std. bei 0° u. verd. dann mit Ae., wäscht das erhaltene Pyridinsalz heraus u. erhält durch Dest. des Rückstands **I**, $Kp._{1-2}$ 200—210°; n_D^{15} 1,4835; VZ. 181,3 gefunden, 189 berechnet. — *Weichmacher für Polyvinylchlorid.* (**A. P. 2 661 367** vom 25/8. 1951, ausg. 1/12. 1953.) MÜLLER-MEININGEN. 7173

Radio Corp. of America, Del., übert. von: **George P. Humfeld** und **Donald Augustus de Tartas,** Indianapolis, Ind., V. St. A., *Plastische Masse aus Polyvinylchlorid* oder seinen Mischpolymerisaten für Formkörper, gek. durch einen Geh. von 5—10 (%) eines in Ggw. von BF_3 hergestellten Harzes aus einem Terpen u. Phenol (F. 93—95°), 50 bis 60 Füllstoff, 1—3 Ruß, 0,75—1,5 Wachs u. einem KW-stoffgemisch (Kp. 182°) als Weichmacher, wie es durch SO_2-Extraktion der Mittelfraktion eines bei 99° sd. aromat. Rohöls gewonnen wird. — Herst. von Schallplatten. (**A. P. 2 647 097** vom 20/7. 1951, ausg. 28/7. 1953.) SALZMANN. 7173

Interchemical Corp., New York, übert. von: **Lino J. Radi,** Somerville, N. J., V. St. A., *Plastische Masse aus Polyvinylchlorid,* gek. durch einen Geh. von 5—25% eines aus C u. H bestehenden Harzes (Mol.-Gew. 1000; D. 1,03; Erweichungspunkt 160°; Brechungsindex 1,544), wie es durch wss. Flotation von Utah-Kohle u. Extraktion mit Äthern, Petroleum, Teer-KW-stoffen oder pflanzlichen Ölen gewonnen wird. Die M. wird 25 Min. bei 280° vermahlen. (**A. P. 2 647 096** vom 6/12. 1951, ausg. 28/7. 1953.) SALZMANN. 7173

Argus Chemical Laboratory, Inc., New York, übert. von: **William E. Leistner** und **Olga H. Knoepke,** Brooklyn, N. Y., V. St. A., *Stabilisieren von Vinylharzen.* Als Stabilisierungsmittel eignen sich Verbb. der Formel $R'—Sn—X_{4-n}$, worin R' Alkyl, Aryl, Oxyalkyl, Oxyaryl, Furfuryl oder Tetrahydrofurfuryl, X einen Esterrest einer Mercaptosäure (mit 2—6 C-Atomen), deren S-Atom an Sn gebunden ist, u. n eine ganze Zahl von 1—3 bedeuten, z. B. Dibutylzinndithioglykolsäurecyclohexylester bzw. -tetrahydroabietylester oder -dithiobutyramylester, Monobutylzinntrithiopropionsäurehexylester, Triphenylzinnthioglykolsäurebenzylester, Dilaurylzinndithiobutyrbutylester oder Dipropylzinndithiovaleriantetrahydrofurfurylester. (**A. P. 2 641 588** vom 7/2. 1952, ausg. 9/6. 1953.) SALZMANN. 7173

Imperial Chemical Industries Ltd., England, *Verringerung der elektrostatischen Aufladung von Polymeren* oder Mischpolymeren aus Verbb. mit der $CH_2:C\langle$-Gruppe durch Behandlung mit einem langkettigen Alkoholsulfat mit 10—32 C-Atomen im Mol. oder dessen Salz. Man kann diese Stoffe in Lsg. oder wss. Mischung bis zu 10 Gew.-% in das Polymer, wie Polyvinylchlorid, einmischen oder es auf den fertigen Gegenstand, bes. Schallplatten, aufstreichen. Genannt sind Triäthanolaminlaurylsulfat u. Na-Walratalkoholsulfat. (**F. P. 1 040 860** vom 13/7. 1951, ausg. 19/10. 1953. E. Prior. 4/8. 1950.)
PANKOW. 7173

E. I. du Pont de Nemours & Co., übert. von: **William F. Gresham,** Wilmington, Del., V. St. A., *Herstellung hochmolekularer Kohlenwasserstoffe* vom Mol.-Gew. 2000 oder höher, die zur Herst. von Kaugummi, zum Imprägnieren von Papier, zur Herst. chlorsulfurierter oder chlorierter Polymethylene (**I**) u. dgl. geeignet sind. Ein Gemisch aus CO u. H_2 im Mol-Verhältnis 2 : 1 bis 12,5 : 1 wird diskontinuierlich oder kontinuierlich bei 180—225° u. 200—800 at in Ggw. von W. u. einer Säure, welche den p_H-Wert während der Rk. unter 1 hält, bes. H_3PO_4, u. einer Ru enthaltenden Substanz umgesetzt. Ru kann als Metall, Oxyd, Carbonyl, Hydrocarbonyl oder als zur Carbonylbldg. fähiges Salz einer organ. Säure vorliegen. Die Erhaltung eines p_H unter 1 durch geeignete Puffer ist bes. wichtig. Die erzeugten **I** haben F. von 126—129° u. eine Eigenviscosität von 0,33—0,36 (in 0,25%ig. Lsg. in Tetralin bei 125°). (**A. P. 2 632 014** vom 3/11. 1951, ausg. 17/3. 1953.) W. HEROLD. 7173

Eastman Kodak Co., übert. von: **Joseph Benjamin Dickey** und **Harry Wesley Coover jr.,** Rochester, N. Y., V. St. A., *Polymerisationskatalysatoren* für ungesätt. organ. Verbb.; bes. fluorierte ungesätt. Monomere sind Trialkyl- u. saure Dialkylphosphite. — Z. B. wird Methyläthylhydrogenphosphit, Kp.$_8$ 67°, durch Rk. von in Ae. gelöstem Dichlormethylphosphin mit von W. freiem A. gewonnen. — Difluor- oder Trifluormethylacrylnitril wird bei —50° in Ggw. von 1—10% Triäthylphosphit polymerisiert. (**A. P. 2 652 393** vom 21/5. 1949, ausg. 15/9. 1953.) MÖLLERING. 7173

Eastman Kodak Co., Rochester, N. Y., übert. von: **John R. Caldwell,** Kingsport, Tenn., V. St. A., *Binäre Mischpolymerisate,* die sich zur Herst. von Überzügen u. hochwertigen Fäden eignen, enthalten 65—95 (%) Acrylnitril u. 35—5 2-Methallylchlorid. Die Polymerisation erfolgt z. B. in wss. Emulsion mit Na-Laurylsulfat u. $K_2S_2O_8$. (**A. P. 2 656 337** vom 28/12. 1949, ausg. 20/10. 1953.) MÖLLERING. 7173

Monsanto Chemical Co., St. Louis, Mo., übert. von: **Forrest H. Norris,** Springfield, Mass., V. St. A., *Emulsionspolymerisation.* Das Emulgiermittel, z. B. Dioctylsulfosuccinat oder Salze der Mahoganysulfonsäuren, wird in dem (den) zu emulgierenden Monomeren gelöst u. in das katalysatorhaltige W. eingerührt. Das Konzentrationsverhältnis soll 60 : 40 bis 40 : 60 sein. Das Verf. eignet sich zur Polymerisation von z. B. Styrol u./oder Methacrylsäure, wobei auch Weichmachungsmittel, z. B. Butylbenzylphthalat, dem Monomeren zugesetzt werden können. (**A. P. 2 635 086** vom 12/4. 1951, ausg. 14/4. 1953.) MÖLLERING. 7173

Monsanto Chemical Co., St. Louis, Mo., übert. von: **Harold F. Park,** Longmeadow, Mass., V. St. A., *Massepolymerisation von Styrol oder Vinylhalogeniden* erfolgt bei 100—400° u. 1—500 atü in Ggw. von 0,01—5% eines äquimol. Gemisches von 4.4'-Dioxybenzoylperoxyd u. Adipinsäureperoxyd, das durch Rk. von 1 (Mol) Adipinsäuredichlorid mit 0,5 Na_2O_2 in wss. Lsg. bei 0° erhalten ist. (**A. P. 2 658 057** vom 24/10. 1952, ausg. 3/11. 1953.) MÖLLERING. 7173

Monsanto Chemical Co., St. Louis, Mo., übert. von: **John Mann Butler,** Dayton, O., V. St. A., *Acylierung von Polystyrolen* mit Mol.-Gew. 3000—1 000 000 erfolgt mit Monocarbonsäurechloriden (8—20 C), z. B. Lauryl- oder Myristylchlorid, in Ggw. von $AlCl_3$. Es sollen 0,1—1 Mol Acylrest auf jede wiederkehrende I-Einheit aufgenommen werden. Hochschm. *Überzüge, Klebmittel* u. *Zusätze zu Schmiermitteln.* (**A. P. 2 642 398** vom 26/2. 1947, ausg. 16/6. 1953.) MÖLLERING. 7173

Dow Chemical Co., übert. von: **Glenn C. Wiggins,** Midland, Mich., V. St. A., *Methylcyclohexylindane* erhält man durch katalyt. Hydrierung von Methylphenylindanen in Ggw. von Ni, Pt oder Pd mit H_2 bei 150—350° u. 150—600 lbs./sq.in. — Aus 1.1.3-Trimethyl-3-phenylindan, F. 52°, in Ggw. von 35% Ni auf Diatomeenerde nach 3 Std. bei 250° u. 375 lbs./sq.in. → *1.1.3-Trimethyl-3-cyclohexylindan,* Kp.$_{0,5}$ 108 bis 110°, $n_D^{27,5}$ 1,5215, D.^{27} 0,951. Bei weiterer Hydrierung entsteht *1.1.3-Trimethyl-3-cyclohexylhexahydroindan,* Kp.$_{1,5}$ 110—115°. *Weichmacher* u. *Flußmittel* für *Polystyrolharze* u. *Imprägniermittel* für *Kabelpapier.* (**A. P. 2 629 751** vom 26/1. 1950, ausg. 24/2. 1953.) KRAUSS. 7173

Koppers Co., Inc., Pittsburgh, übert. von: **Robert L. Iverson,** Beaver Falls, Pa., V. St. A., *Dauerhafte Verbindung von Polystyrol mit anderen Stoffen* (Metall, Glas, Holz) oder mit sich selbst, dad. gek., daß als *Klebmittel* eine Mischung von 80—99 (Teilen) Styrol, 1—20 Butoxyäthylstearat u. 0,02—0,05% eines Verzögerers (tert.-Butylbrenzcatechin, 2.4-Dichlor-6-nitrophenol, Hydrochinon) verwendet wird, die überdies noch Farb- u. Füllstoffe (Verwendung als Porenfüller) enthalten kann u. in 2 Std. härtet. (**A. P. 2 628 180** vom 5/8. 1948, ausg. 10/2. 1953.) SALZMANN. 7173

Eastman Kodak Co., Rochester, N. Y., übert. von: **Roger M. Schulken jr.** und **Ralph E. Boy jr.,** Kingsport, Tenn., V. St. A., *Mischpolymerisate.* In wss. Emulsion u. in Ggw. eines Redoxkatalysatorgemisches, bes. aus $K_2S_2O_8$ u. $NaHSO_3$, wird ein Gemisch aus 0,4—0,6 (Mol) α-Methylstyrol u. 0,6—0,4 α-Methacrylnitril zu Polymerisaten vom Mol.-Gew. 90000—250000 umgesetzt. Die klaren u. farblosen Harze eignen sich für *Spritzguß,* z. B. für *elektr. Isolierungen, Küchengeräte* usw., sie sind formbeständig u. gegen häufige Behandlung mit kochendem W. unempfindlich. (**A. P. 2 652 391** vom 22/8. 1951, ausg. 15/9. 1953.) MÖLLERING. 7173

N. V. de Bataafsche Petroleum Mij., Holland, *Herstellung von niedrigmolekularen Mischpolymerisaten* aus ungesätt. Estern aliphat. Säuren u. Alkenen, wobei Ester u./oder Alkene Homologe enthalten können. Man hält das Verhältnis zwischen den genannten Monomeren so, daß das sich bildende Mischpolymerisat im Mittel wenigstens 5 u. höchstens 14, bes. 8—13 C-Atome pro COOH-Gruppe enthält. — Man emulgiert äquimol. Mengen Allylchlorid (I) u. Allylacetat in der gleichen Menge W., die 2% $K_2S_2O_8$, 1,2% $Na_2SO_3 \cdot 7\,H_2O$ u. 4% Na-Mersolat enthält, hält 72 Std. bei 50°, trennt nach Absitzenlassen u. erhält eine viscose Fl. vom Mol.-Gew. 605, die sich ebenso wie andere Mischpolymerisate dieser Art als Weichmacher für Vinylchloridpolymere oder

-mischpolymere eignet. Weitere Beispiele behandeln die Mischpolymerisation von I mit Vinylacetat, von Methallylchlorid mit Allyl- oder Vinylacetat, von Octen-(1) mit Allylacetat, von tetramerem Propen mit Vinylacetat. (**F. P. 1 023 874** vom 26/7. 1950, ausg. 25/3. 1953. Holl. Prior. 26/7. 1949.) PANKOW. 7173

E. I. du Pont de Nemours & Co., Wilmington, übert. von: **Harry R. Billica**, Seaford, Del., V. St. A., *Katalysator für die Herstellung film- und fädenbildender Polyäthylenterephthalate.* Äthylenglykolterepthalat, das durch Umesterung von Dialkyl-, z. B. Dimethylterephthalat, mit Äthylenglykol erhalten ist, wird in Ggw. von 0,01 bis 0,1% Sb_2O_3 polymerisiert. Umesterung u. Polymerisation können auch in einer Rk. erfolgen. (**A. P. 2 647 885** vom 28/9. 1951, ausg. 4/8. 1953.) MÖLLERING. 7177

Rohm & Haas Co., übert. von: **Newman M. Bortnick**, Philadelphia, Pa., V. St. A., *2.5-Diamino-2.5-dimethylhexan*, aus Dimethallyl, HCN u. H_2SO_4, Kp. 184—186°. — Zwischenprod. für *Linearpolymere.* (**A. P. 2 632 023** vom 7/7. 1950, ausg. 17/3. 1953.) LANGER. 7181

Chemische Werke Albert, Deutschland, *Herstellung von gegen chemische Einwirkungen festen Harnstoff–Formaldehyd-Kondensationsprodukten* durch Zusatz geringerer Mengen von Verbb. mit 2 Epoxygruppen im Mol. (Äthoxyharze aus 2 wertigen Phenolen u. Epichlorhydrin oder α-Dichlorhydrin) u. gegebenenfalls geringen Mengen organ. Basen als Härtungsbeschleuniger, wie Aminoalkohole mit tert. Aminogruppen. — Man gibt zu 100 (Teilen) einer 65%ig. Harnstoff–CH_2O–Harz-Lsg. in Butanol 4 Epichlorhydrin-p.p'-dichlordiphenyldimethylmethanharz, 4 einer 1%ig. Benzollsg. von 1.3-Bis-dimethylaminoisopropanol u. heizt 1 Std. auf 180°. Verwendung für Überzüge, Klebmittel, Imprägnierungsmittel. (**F. P. 1 036 376** vom 30/4. 1951, ausg. 7/9. 1953. D. Prior. 3/7. 1950.) PANKOW. 7181

American Cyanamid Co., New York, N. Y., übert. von: **John A. Price**, Stamford, Conn., V. St. A., *Herstellung von Kunstharzen.* Ein Gemisch aus 1—75% N-Alkenyl-O-alkylisoharnstoff der Formel R(R'')N—C(=NH)OR', in der R einen Alkyl- oder Arylrest, R'' einen Alkylrest u. R' einen Alkenylrest mit 2—10, bes. 2—4 C-Atomen darstellen, u. 25—99% einer olefin. polymerisierbaren Verb., z. B. Styrol, Acrylnitril (**I**), Vinylacetat oder Diallylphthalat, wird in wss. Emulsion in Ggw. von einem Redoxsyst. u. Benzoylperoxyd polymerisiert. — Nach A. P. 2 655 493 werden O-Allylisoharnstoffe, bei denen nach obiger Formel R u. R'' Alkyl-, Arylrest oder H u. R' den Allylrest darstellen, in gleichen Mischungsverhältnissen polymerisiert. — Die erhaltenen Harze sind für Preßmassen, Überzüge, elektr. Isolierungen oder als Klebmittel geeignet. — Z. B. werden 47,7 (Teile) **I** u. 5,3 N-Vinyl-N.O-diäthylisoharnstoff oder 5,3 N-Vinyl-N.O-dicyclohexylisoharnstoff in wss. H_2SO_4-Lsg. bei p_H 3 polymerisiert. — Nach A. P. 2 655 493 werden analog 50,35 **I** u. 2,65 N.N-Dimethyl-O-allylisoharnstoff in 900 W. u. 1 H_2SO_4 in N_2-Atmosphäre mit $(NH_4)_2S_2O_8$ polymerisiert. (**A. PP. 2 654 725** vom 24/10. 1951, ausg. 6/10. 1953, u. **2 655 493** vom 24/10. 1951, ausg. 13/10. 1953.) MÖLLERING. 7181

E. I. du Pont de Nemours & Co., Wilmington, Del., übert. von: **Harold R. Mighton**, Kenmore, N. Y., V. St. A., *Schnellpolymerisation von ε-Caprolactam* zu Film u. Fäden bildenden Harzen erfolgt durch Zusatz katalyt. Mengen von Alkalimetallhydriden in inerter Atmosphäre u. bei Tempp. über dem F. des Polymerisates. Geeignet sind 0,3—0,5 Mol-% NaH, LiH oder KH. (**A. P. 2 647 105** vom 26/9. 1951, ausg. 28/7. 1953.) MÖLLERING. 7181

— (Erfinder: **Emil Hubert**, Dessau, und **Hermann Ludewig**, Jeßnitz/Anh.), *Herstellung von Polyamiden* durch Kondensation von äquimol. Mengen von Naphthalindicarbonsäuren oder deren amidbildenden Derivv. (1.4- oder 1.8-Naphthalindicarbonsäure) mit α.ω-Diaminen mit mindestens 1 H an jedem N (Äthylen-, Tetra-, Penta-, Hexamethylendiamin, Diaminodiäthylsulfid). Zur Herst. glasklarer Prodd. kann man sie auch mit anderen polyamidbildenden Stoffen kondensieren. Verwendung der Polyamide zur Herst. von Fasern, Folien, Platten, Filmen, Bändern, Überzügen, Klebemassen, Verbundschichten in splitterfreiem Glas. — In eisgekühlter methanol. Lsg. von 216 g Naphthalin-1.4-dicarbonsäure u. 120 Hexamethylendiamin erhält man das Salz vom F. 245—247°; 10 g des Salzes, 0,2 Hexamethylendiamin u. 2 cm³ W. werden unter O_2-Ausschluß je 2 Std. bei 200, 240 u. 260° u. anschließend 6 Std. bei 280° erhitzt. Hellgelb gefärbter harter Kunststoff. (**D. P. [DDR] 2 322** Kl. 12o vom 31/5. 1939, ausg. 28/9. 1953 [Ausschließungspatent].) PANKOW. 7181

—, *Herstellung von schmelzbaren, hochpolymeren, linearen Polyamiden.* Man erhitzt Mischungen aus hochpolymeren, linearen, verformbaren Polyamiden mit zur Polyamidherst. geeigneten Ausgangsstoffen oder mit in der Schmelze niedrigviscosen, niedrigmol. Polyamiden bis zur Bldg. einer homogenen, aus dem Schmelzfluß verformbaren hochmol. Masse. — Man löst 25 (Teile) ε-Caprolactampolyamid in 75 ε-Caprolactam mit 0,5% 2-Aminocapronsäurehydrochlorid u. $^1/_{50}$ Mol W. (bezogen auf 1 Mol Lactam) u. heizt 1 Tag unter N_2 auf 250° im geschlossenen Gefäß u. 12 Std. bei 1 at unter O_2-Ausschluß bei 255°. — Das durch Kondensation in 1 Std. bei 220° aus Sebacinsäure u. Oktamethylendiamin erhaltene Polyamid wird mit $^1/_3$ des Gewichtes eines hochkondensierten ε-Caprolactampolyamids gemischt u. 6 Std. bei 230° kondensiert. Verarbeitung von Polyamidabfällen. (**D. P.** [**DDR**] **2295** Kl. 12o vom 29/11. 1938, ausg. 24/1. 1953 [Ausschließungspatent].) PANKOW. 7181

E. I. du Pont de Nemours & Co., übert. von: **Eugene Edward Magat**, Wilmington, Del., V. St. A., *Herstellung linearer Polyamide* durch Rk. von organ. Dinitrilen (I), die frei von anderen reaktionsfähigen Gruppen sind, z. B. Adipinsäurenitril, Terephthalsäurenitril, 1.4-Dicyanbuten-(2) oder p-Xylylencyanid, mit disek. oder ditert. Alkoholen oder deren Estern oder ditert. Diolefinen, bes. 1.10-Dimethyldecandiol-(1.10), 1.4-Bis-(3'-oxybutyl)-benzol, 2.11-Dimethyldodecandiol-(2.11), 2.11-Dimethyldodecandien-(1.11) oder 2.10-Dimethylundecandien-(1.10), bei —20 bis 80°, bes. 20—40°, in möglichst wasserfreiem, stark saurem Medium, bes. H_2SO_4, H_3PO_4 oder Alkylsulfonsäure. Die Konz. der Reaktionsteilnehmer soll 10—20% betragen. Die Rk. wird unterbrochen, wenn die gewünschte Viscosität erreicht ist. (**A. PP. 2 628 216, 2 628 218** u. **2 628 219** vom 25/1. 1949, ausg. 10/2. 1953.) LÜTTGEN. 7181

E. I. du Pont de Nemours & Co., Wilmington, übert. von: **Robert Neal MacDonald** New Castle, und **Charles William Tullock**, Wilmington, Del., V. St. A., *N-Carboanhydride und Polyamide. ε-Acetoxy-dl-α-amino-n-capronsäure* (I). Aus ε-Oxy-dl-α-amino-n-capronsäure u. Acetylchlorid, F. 222—226°; *Hydrochlorid*, F. 124,0 bis 125,5°. — *ε-Acetoxy-dl-α-amino-n-capronsäure-N-carboanhydrid.* Aus I u. $COCl_2$, F. 53—55°. Geht beim Erhitzen in Chlorbenzol in ein Polyamid über. Mischpolymerisat mit *dl-Leucin-N-carboanhydrid.* — Analog: *β-Acetoxy-dl-α-aminopropionsäure* (II), F. 152—153°; *Hydrochlorid*, F. 155—158°. — II-*N-Carboanhydrid*, F. 53—56°. Polyamid u. Mischpolymerisat mit *dl-Alanin-N-carboanhydrid.* — *ε-Formyloxy-dl-α-amino-n-capronsäure* (III), F. 174—177°; *Hydrochlorid*, F. 98—110°. III-*N-Carboanhydrid*, F. 45—47°. Polyamid. (**A. P. 2 630 423** vom 6/1. 1950, ausg. 3/3. 1953.) LANGER. 7181

Shell Development Co., San Francisco, übert. von: **Harry J. Sommer**, Lafayette, **Tom B. Albin**, Oakland, und **Paul H. Williams**, Berkeley, Calif., V. St. A., *Fettsäureamide von Polyaminen*, die sich als *Fettungsmittel, u. a. für Textilien*, als *Überzugs-* u. als Modifizierungsmittel für Asphaltmischungen eignen, erhält man durch Rk. von Fettsäuren mit 12—20 C-Atomen mit Polyaminen, die durch Kondensation von 1 (Mol) Epichlorhydrin mit 5—10 wss. NH_4OH-Lsg. (mindestens 15%ig) erhalten sind. — Z. B. setzt man zu pro 1 (Mol) NH_3 in wss. 28%ig. Lsg. 0,1 1.2-Epoxy-3-chlorpropan, erhitzt unter Rückfluß u. dann mit Wasserdampf, bis der Überschuß an NH_3 entfernt ist. Nach Zusatz von 0,96 NaOH erhitzt man den Ansatz auf 175° u. setzt $^1/_3$ Mol-Äquivalent zu dem im Prod. enthaltenen N an Talgfettsäure zu. Das gebildete NaCl wird abgetrennt. F. des Amids 103°. Auch Tallölfettsäure ist verwendbar. Beispiel für die Verwendung in *Straßenasphaltemulsionen.* (**A. P. 2 636 028** vom 24/3. 1950, ausg. 21/4. 1953.) MÖLLERING. 7181

Soc. Organico, Paris, Frankreich, übert. von: **René Aelion**, Brooklyn, N. Y., V. St. A., *Polymerisate von Oxyaminosäuren* (I). Aus chlorierten Carbonsäuren u, Aminoalkoholen (z. B. Mono- oder Diäthanolamin oder Dipropanolamin) erhaltene I werden durch mehrstufiges Erhitzen unter Bldg. innerer Ester zu linearen oder vernetzten thermoplast. Prodd. polymerisiert, die zur Herst. von Lacken, Kunstleder, Bindemitteln, Kunstfasern u. dgl. dienen. — N-Äthanolamin-11-undecansäure wird in 4 Std. bei 130—160° zu einem noch in W. lösl. Harz, nach weiteren 80 Min. zu einem von selbst nachhärtenden Harz u. nach längerem Erhitzen zu einem elast., nach CH_2O riechenden Harz polymerisiert. — Die Polymerisation kann auch in Gemisch mit z. B. Adipinsäure erfolgen. (**A. P. 2 600 953** vom 18/4. 1949, ausg. 17/6. 1952. **Schwz. P. 287 880** vom 19/4. 1949, ausg. 16/4. 1953. Beide F. Prior. 19/4. 1948.) MÖLLERING. 7181

Kurt Thinius, Magdeburg-N, *Formlinge aus stickstoffhaltigen Linearpolykondensaten* (Polyamide, Polyurethane). Als Weichmacher nimmt man Ester der γ.γ.γ-Trichlor-β-oxybuttersäure (I), wie I-Amylester (F. 30°) oder -Butylester (F. 28°) oder -Methylester. (**D. P.** [**DDR**] **32** Kl. 39b vom 8/4. 1949, ausg. 16/11. 1953 [Wirtschaftspatent].) PANKOW. 7181

— (Erfinder: **Paul Schlack**, Berlin), *Herstellung von Polyurethanen.* Man kondensiert Kohlensäureverbb. von Aminoalkoholen oder -mercaptanen, die an gesätt.

C-Atome gebundene Amino-, OH- oder SH-Gruppen enthalten u. eine Kette von mindestens 4, auch durch O, S, SO_2 oder Amidgruppen unterbrochenen C-Atomen zwischen endständigen Amino-N- u. OH- oder SH-Gruppen aufweisen, wobei der Kohlensäurerest amidartig an N oder esterartig an den O des Aminoalkohols gebunden ist (Urethane, Harnstoffe oder Aminoalkylkohlensäureester), intermolekular. Als Ausgangsmaterial sind z. B. genannt: N-Carbomethoxy- oder -phenoxy-4-aminobutanol-(1), N-Carbomethoxy- oder -isopropoxy-5-aminopentanol-(1), N-Carbomethoxy- oder -phenoxy-6-aminohexanol-(1), N-Carbo-[4-methylphenoxy]-6-aminohexanol-(1), N-Carbomethoxy-4-aminobutanthiol-(1) oder -6-aminohexanthiol-(1), 6-Ureidohexanol-(1), N.N-Dimethylcarbaminyl-5-aminopentanol-(1) oder -6-aminohexanol-(1), $H_2N\cdot(CH_2)_6\cdot O\cdot COOCH_3$, $CH_3OOC\cdot NH\cdot(CH_2)_5\cdot CO\cdot NH\cdot(CH_2)_4\cdot OH$ (I). Als Katalysatoren sind Alkalicarbonat, Alkoholat, Toluolsulfonsäure, Camphersulfonsäure, $ZnCl_2$, $SnCl_2$ genannt. — N-Carbomethoxy-ε-aminocapronsäurechlorid wird in Benzollsg. mit einer wss. Lsg. von 1.4-Aminobutanol in Ggw. von Alkali unter Kühlung zu **I** umgesetzt. **I** kondensiert sich beim Erhitzen in Ggw. von $^1/_{200}$ Mol Toluolsulfonsäure unter Abspaltung von Methanol zu einem harten Kunststoff. Verarbeitung der Kunststoffe zu Fasern, Bändchen, Folien, Lackrohstoffen, Austauschstoffen für Wachs, Hilfsmittel in der Textil- u. Lederindustrie, zur Fixierung von Pigmenten u. Farbstoffen. (**D. P.** [**DDR**] **2297** Kl. 12o vom 13/6. 1939, ausg. 28/3. 1953 [Ausschließungspatent].) PANKOW. 7181

Farbenfabriken Bayer Akt.-Ges., Leverkusen (Erfinder: **Karl Hamann, Hermann Schirmer** und **Willi Geilenkirchen**, Krefeld), *Herstellung von Kondensationsprodukten*, dad. gek., daß ein Sulfonamid, das mindestens ein substituierbares H-Atom aufweist, mit einem Aldehyd oder diesen abgebenden Stoff sowie einer solchen Verb. kondensiert wird, die mit Aldehyden kondensierbar ist. Nach den Beispielen wird Sulfondiamid mit Harnstoff u. CH_2O oder mit A. u. Paraformaldehyd kondensiert. Weitere Reaktionsgruppen sind: Piperidyl-N-sulfamid, Phenol u. CH_2O; Butylsulfamid, Kresol u. CH_2O. *Harze* dienen zum *Imprägnieren* von Holz, Papier u. Textilien. (**D. B. P. 899418** Kl 39c vom 2/4. 1943, ausg. 10/12. 1953.) SCHINDLER. 7185

Soc. des Usines Chimiques Rhône-Poulenc, Paris, übert. von: **Pierre Jean Chevalier**, Lyon, Frankreich, *Wasserfeste Bindemittel aus Siloxanen*, bestehend aus einer Mischung von fl. Methylpolysiloxanen (CH_3: Si = 1,4) mit 8—20 SiO-Gruppen u. einem $Kp._8$ 250°, 60 (%) $BaSO_4$ (Füllstoff) u. 0,1—5 Pb- oder Li-Acetat, -Naphthenat oder -Stearat, gelöst in Benzol. Die M. erhärtet bei Raumtemp. nach 16 Stunden. (**A. P. 2635084** vom 28/11. 1949, ausg. 14/4. 1953. F. Prior. 7/12. 1948.) SALZMANN. 7189

I/S Anitil, Kopenhagen, *Zur Kunstmassenherstellung geeignete Keratinbestandteile* erhält man durch Zerlegen von Keratinsubstanzen (**I**), z. B. Haaren, in ihre Einzelbestandteile, wie Schuppen, Spindelzellen u. Pigmentkörperchen, worauf man diese weiter zerkleinern kann. Die **I** können mechan. oder chem., z. B. mit alkal. wss. Lsgg., in der Wärme u. danach in geeigneten Mahlvorr. aufgeschlossen werden. (**D. B. P. 887946** Kl. 12p vom 29/8. 1951, ausg. 27/8. 1953.) MÜLLER-MEININGEN. 7199

Institut International Financier, Eschen, Liechtenstein, *Gewinnung von Ligninharz aus Sulfitablaugen*. Die Ablauge wird zwecks Spaltung der Ligninsulfonsäure mit so viel Alkalihydroxyd behandelt, daß das Lignin vollständig u. in sd. W. schmelzbarem Zustand fällbar wird, ohne daß die Fällbarkeit durch Ligninabbau behindert wird. Die alkal. entsulfonierte Ligninlsg. wird mit so viel SO_2 behandelt, daß nach Abtrennung des Ligninharzes mit H_2SO_4 organ. Substanz nicht mehr ausfällt. Mindestens 1 chem. Agens wird in den Vorgang zurückgeführt. — Beispiel: 2 (kg) nichtentkalkte 50%ig. Sulfitablauge werden kalt langsam mit einer Lsg. von 0,5 NaOH in 0,5 W. versetzt u. unter Druck 5 Std. auf 165° erhitzt. In die 80° warme Lsg. wird SO_2 bis zur neutralen Rk. eingeleitet u. das gefällte Harz abgetrennt. In die auf 15° gekühlte Restlsg. wird nochmals SO_2 bis zu p_H 3 eingeleitet. Dabei fällt ein dünnfl. Harz aus. Die helle Restlsg. wird mit W. auf einen $NaHSO_3$-Geh. von 15% verd. u. mit NaOH bis zu p_H 4 versetzt. Mit der erhaltenen Lsg. werden Holzschnitzel bei 150—160° aufgeschlossen. Um ein Bindemittel zu erhalten, wird die gesamte Ligninfällung mit 0,25 W. fein suspendiert, mit verd. H_2SO_4 bis zu saurer Rk. versetzt u. das Harz durch Erhitzen der Suspension zusammengeschmolzen. Das Harz wird dann in 0,25 W. nochmals suspendiert u. die Suspension kalt mit undest. Kresolharz (aus 0,2 Rohkresol, 0,205 30%ig. CH_2O u. 0,0005 NaOH durch 0,5 std. Kochen hergestellt) versetzt. Die Mischung wird unter Rühren erwärmt u. das zusammengeschmolzene Harz abgetrennt. Das Ligninharz kann, z. B. durch Verkneten in der Wärme mit 0,8 Holzmehl u. 0,02 gebranntem Kalk, zu *Preßmasse* verarbeitet werden. (**Schwz. P. 289696** vom 1/6. 1949, ausg. 1/7. 1953.) G. VOGEL. 7199

Armstrong Cork Co., Lancaster, übert. von: **George E. Gard**, East Hempfield Township, Pa., V. St. A., *Aufheizen einer Masse.* Die Form besteht aus 2 gegenüberliegenden Elektrodenplatten, von denen die Deckplatte beweglich ist u. zwischen denen eine M. aus 100 (Teilen) Kork, 6,5 Leim, 20 Glycerin, 2,5 W. u. 0,52 CH_2O einem Hochfrequenzstrom ausgesetzt wird. Der Widerstand wird mit ansteigender Temp. der M. geringer. — Zeichnung. (**A. P. 2 638 529** vom 21/7. 1952, ausg. 12/5. 1953.) SALZMANN. 7199

Curt Blankenstein, Gersfeld, Rhön, *Herstellung von Faserwerkstoffen.* Anorgan. Fasern, wie Mineral- oder Glasfasern, werden in Form eines zu verpressenden Paketes mit einer hochviscosen, hochkonz. Kunstharzlsg. u. bei möglichst hoher Temp. durch Pressen verformt, die jedoch unter dem Kp. des Lösungsm. liegen soll. (**D. B. P. 882 974** Kl. 80b vom 13/7. 1951, ausg. 13/7. 1953.) HANS HOFFMANN. 7205

Upjohn Co., übert. von: **Walter P. Ericks**, Lockport, N. Y., V. St. A., *Klebstoff* zur Herst. von *Celluloseschichtkörpern*, bestehend aus einer gekochten wss. Dispersion von 35—45 (%) Säuredextrin (I) u. 0,1—0,3 (auf I bezogen) $Al_2(SO_4)_3$, deren p_H-Wert 4,5—5,2 u. deren Viscosität (bei 67°) 700—7000 cp beträgt, u. gegebenenfalls 1—2 (auf I bezogen) Na-Pentachlorphenolat. (**A. P. 2 657 163** vom 6/3. 1951, ausg. 27/10. 1953.) LÜTTGEN. 7205

E. I. du Pont de Nemours & Co., übert. von: **Richard E. Brooks, Franklin S. Chance, Thomas H. Crim jr.** und **Daniel E. Strain**, Wilmington, Del., V. St. A., *Bindemittel für geschichtete Gewebe, Papiere, Sperrholz* oder dgl., bestehend aus 100 (Teilen) chlorsulfonierten Polymethylenen, -äthylenen, -butylenen oder diese enthaltenden Mischpolymerisaten, die 15—45 (%) Cl u. 0,2—2,5 S enthalten, 30—60 Mennige, 2—10 Harz u. 0,5—2 Kautschukantioxydationsmittel, z. B. Mercaptobenzothiazol. Nach Aufbringen des Gemisches zwischen z. B. Gewebeschichten preßt man 10—60 Min. bei 100—160°, worauf das Bindemittel auch nach 160 000 Biegungen noch haftet. (**A. P. 2 630 398** vom 15/3. 1946, ausg. 3/3. 1953.) MÖLLERING. 7205

United States of America Secretary of Agriculture, übert. von: **Robert V. Williamson**, Peoria, Ill., V. St. A., *Lignocelluloseformkörper.* 75—90% Reis-, Erdnuß- oder Getreideschalen u. modifiziertes Kolophoniumharz („Vinsol" bzw. chines. Holzöl oder Polyamide) werden in Abwesenheit von O_2 bis zum Nachlassen des Rauches bei 200—300° erhitzt (Gewichtsverlust 10—20%) u. dann z. B. zu dünnen Platten, die mit Folien (aus Cellulosehydrat) überzogen werden können, verpreßt. (**A. P. 2 645 587** vom 25/7. 1950, ausg. 14/7. 1953.) SALZMANN. 7205

Fairchild Engine & Airplane Corp., New York, übert. von: **George B. Parsons**, Baldwin, und **Daniel Depew**, Wyandanch, N. Y., V. St. A., *Verbundkörper*, wie sie z. B. durch Verkleiden von schnell fliegenden Flugzeugen benötigt werden, erhält man aus Glasfasergewebe (I), das einseitig mit einer gegebenenfalls 50% Polyisobutylen enthaltenden (halogenierten) Polyäthylenfolie soweit verpreßt worden ist, daß das Polyäthylen zu $^2/_3$ in das Gewebe dringt, u. dann mit einem ebenfalls imprägnierten I unter Verwendung von Styrol-, Polyester- oder Vinylharz als Bindemittel verpreßt wird. (**A. P. 2 642 370** vom 18/10. 1949, ausg. 16/6. 1953.) SALZMANN. 7205

Montclair Research Corp. und **Ellis-Foster Co.**, übert. von: **John B. Rust**, Verona, und **William B. Canfield**, Montclair, N. J., V. St. A., *Lagerfähige und härtbare Kunstharzmischung für Preßmassen, Überzüge und Klebmittel*, bestehend aus einem polymerisierbaren ungesätt. Alkydharz, einem Härtungskatalysator u. 1—50% eines festen N-Vinylimids der Formel I, wobei R ein divalenter Alkylen- oder Arylenrest ist. — 40 (Teile) Alkydharz aus Maleinsäureanhydrid u. Diäthylenglykol werden mit 10 N-Vinylphthalimid, 1 Benzoylperoxyd u. 50 α-Cellulose im gekühlten Mischwerk zu einem weichen Pulver gemischt, das bei 150° u. 210 at zu gut glänzenden Gegenständen verpreßt wird. Die Wasseradsorption des Preßgutes beträgt nur 1%. (**A. P. 2 650 207** vom 17/11. 1949, ausg. 25/8. 1953.) MÖLLERING. 7205

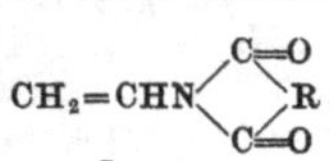

I

Armstrong Cork Co., Lancaster, Pa., übert. von: **Irving I. Bezmann**, Pittsburgh, Pa., V. St. A., *Biegsamer Fußbodenbelag* mit harter Oberfläche. Er besteht aus einem Filz, der zuerst mit einer wss. Dispersion überzogen wird, die 60—70% feste Bestandteile enthält, u. zwar 4 (Teile) Füller u. 1 Binder, bestehend aus Polyvinylchlorid, u. dann mit einem zweiten Überzug versehen wird, der aus einer wss. Dispersion mit 50—75% festen Bestandteilen besteht, die 25—35% Füller u. einen Binder aus 20—50% Butadien-Acrylnitril-Polymerisat u. 80—50% eines Vinylharzes, z. B. Polyvinylchlorid u. Polystyrol enthalten. (**A. P. 2 624 683** vom 24/1. 1951, ausg. 6/1. 1953.) v. SCHILLER. 7205

Soc. An. des Pneumatiques Dunlop, Seine, Frankreich, übert. von: **Sempex Ltd., Walter Saul** und **Frank Sharp,** *Massen für Fußböden oder Wände* aus Füllstoffen, einem oder mehreren lösl. Harzen (Cumaron–Inden- oder Cumaron–Styrol-Harze, auch zusammen mit anderen schmelzbaren Harzen, wie Naphthalin–CH_2O-Harzen), geblasenem Öl u. einer thermoplast. filmbildenden Substanz, die eine besondere netzartige Phase bildet (Polyvinylchlorid, dessen Mischpolymere mit Vinylidenchlorid oder Vinylacetat). — Man mischt 11 (Gewichtsteile) Cumaron–Inden-Harz, 11 Naphthalin–CH_2O-Harz, 1 Vinylchlorid–Vinylidenchlorid (80:20)-Mischpolymerisat, 1 Trikresylphosphat, 1,5 geblasenes Ricinusöl, 2 Dutrex (aromat. Erdölextrakt), 38 Asbest, 28,5 Kalksteinpulver, 6 Pigment u. erhitzt im Banbury 5 Min. bei 130—140°, worauf zu Platten ausgewalzt wird. (**F. P. 1 032 978** vom 21/2. 1951, ausg. 7/7. 1953. E. Priorr. 25/2. u. 29/9. 1950.) PANKOW. 7205

Radio Corp. of America, Del., übert. von: **George P. Humfeld,** Indianapolis, Ind., V. St. A., *Plastische Masse,* bestehend aus 27 (%) eines Gemisches von *Polystyrol* u. *Styrol–Butadien*-Mischpolymerisat, 2—10 Chlorparaffin (F. 90°), 0,5—2 Carnaubawachs, 1—3 Pb-Stearat, 4 Nadelholzharzextrakt (hergestellt mit PAe.) u. 61 Füllstoff (Ruß, Kalk, Tonerde, Holzmehl, Walnußschalenmehl). — Herst. von Schallplatten. (**A. P. 2 636 867** vom 27/4. 1950, ausg. 28/4. 1953.) SALZMANN. 7205

Radio Corp. of America, Del., übert. von: **Donald A. de Tartas,** Indianapolis, Ind., V. St. A., *Plastische formbare Masse,* bes. für Schallplatten, bestehend aus 55—65 (%) *Polyvinylchlorid* oder seinem Mischpolymerisat mit 5—15 Vinylidenchlorid oder Vinylacetat, 10—20 Chlorparaffin (70% Cl), 3—7,5 eines Harzes aus Terpen u. Phenol (BF_3-Katalysator), zweibas. Pb-Stearat, Ruß u. $CaCO_3$. (**A. P. 2 636 869** vom 4/5. 1951, ausg. 28/4. 1953.) SALZMANN. 7205

Pabco Products, Inc., Del., übert. von: **William A. Kaye,** Berkeley, Calif., V. St. A., *Dachpappe oder Verkleidungsmaterial.* Glimmerblättchen, feine Gesteinsteilchen u. dgl. werden mit Monostyrol, Metallflittern (Al, Fe_2O_3, Bronze, Cr_2O_3, TiO_2), trocknem Al_2O_3 (Beschleuniger), Stearinpech u. Farbstoffen verrührt u. die M. nach dem Abdampfen des nichtgebundenen Monomeren u. Auftragen auf Filz oder Gewebe polymerisiert. (**A. P. 2 644 772** vom 1/3. 1949, ausg. 7/7. 1953.) SALZMANN. 7205

Bixby Box Toe Co., Inc., übert. von: **Earl H. G. Gauthier,** Haverhill, Mass., V. St. A., *Schuhkappensteife,* bestehend aus einem mit Polyvinylalkohol getränkten Faserstofffilz, der z. B. mit 60 (%) geblasenem Asphalt, 30 Harz u. 10 Montanwachs (bzw. 85 Polystyrol u. 15 festem Paraffin fest) imprägniert worden ist; das Prod. ist bei 50° steif, bei 83° lappig. (**A. P. 2 648 616** vom 20/10. 1950, ausg. 11/8. 1953.) SALZMANN. 7205

Pittsburgh Plate Glass Co., Allegheny County, Pa., übert. von: **Carl Robert Faelten,** Milwaukee, Wis., V. St. A., *Feuchtigkeitsfeste elektrische Isolierflächen.* Mehrere Gewebeschichten (z. B. aus plast. Fasern) werden mit Polystyrol oberflächlich überzogen u. dann mit einem Kunstharzgemisch aus dem Polyglykolester einer $\alpha.\beta$-äthylen. $\alpha.\beta$-Dicarbonsäure u. einer damit polymerisierbaren monomeren Äthylenverb. imprägniert, worauf die Schichten unter Druck u. Erwärmung verdichtet werden u. die Polymerisation zu Ende geführt wird. — Als Imprägnierharz eignet sich z. B. ein Ansatz aus 45 (Teilen) Styrol, 115 Polyester aus Propylenglykol u. Maleinsäure u. 1,6 Benzoylperoxyd als Katalysator. (**A. P. 2 627 297** vom 18/5. 1946, ausg. 3/2. 1953.) MÖLLERING. 7205

Telegraph Construction and Maintenance Co. Ltd., London, England, *Röhren und Schichten aus Kunststoffen,* bes. Vinylharzen, Methacrylharzen, Polyäthylen u. Polyamiden, die in der Medizin als Katheter in Verbindung mit Röntgenstrahlen benutzt werden, erhalten einen Zusatz von 5—25% $Bi_2(CO_3)_3$. (**E. P. 686 445** vom 22/12. 1948, ausg. 28/1. 1953.) SALZMANN. 7205

José Manuel Ganzer Miralles, Spanien, *Herstellung optischer Linsen aus plastischen Massen* durch Heißpressen in Formen. Die Formen bestehen aus Kristall, Glas oder Quarz u. sind an der Innenfläche wie Linsen geschliffen u. poliert. Metallformen sind ungeeignet, da die in der Oberfläche immer vorhandenen Poren keine einwandfreien Preßkörper liefern. (**F. P. 1 036 954** vom 10/5. 1951, ausg. 14/9. 1953. Span. Prior. 27/5. 1950.) PANKOW. 7205

Soc. An. Manufacture de Caoutchouc Industriel P. Lacollonge, Rhône, Frankreich (Erfinder: **Gabriel Dominique Georges Simonin**), *Herstellung von Gegenständen für chemische Reaktionen und sanitäre Anlagen.* Man bildet die Gegenstände aus Kunstharzfolien oder Folien aus plast. Massen u. gießt sie in Formen mit Beton aus, so daß sie ein- oder beidseitig mit Kunstharz überzogen sind. (**F. P. 1 030 138** vom 27/12. 1950, ausg. 10/6. 1953.) PANKOW. 7205

Deutsche Gold- & Silberscheideanstalt vormals Roessler, Deutschland, *Herstellung plastischer Massen.* (Nachtrag zu D. B. P. 853 482; C. **1953.** 1888.) Die Vinylharze enthalten außer den Aminoplasten noch sehr feingepulverte anorgan. Füllstoffe, bes. Quarzpulver; man kann dabei den auf Unterlagen schichtweise aufgetragenen Vinylharzen in den verschied. Schichten verschied. Füllstoffmengen zusetzen. (**F. P. 1 040 305** vom 2/8. 1951, ausg. 14/10. 1953. D. Prior. 13/9. 1950.) PANKOW. 7205

Valite Corp., New Orleans, übert. von: **Thomas R. McElhinney** und **Thomas D. Woodruff,** Lockport, La., V. St. A., *Thermoplastisches Harz aus Nadelholzpech.* Aus Stockholz werden mittels Dampf flüchtige Öle, Terpentinharz u. -öl abgetrieben u. mit heißem Mineralöl extrahiert. Nach dem Abkühlen u. Abtrennen von dem ausgefallenen Harz verbleibt nach der Dest. ein abietinsäurearmes Pech aus Polyphenolen u. Terpenen. Dies wird mit Furfurol, Leinöl u. Bienenwachs verschmolzen bzw. auf 232° erhitzt u. kann mit Gleitmitteln sowie Füllstoffen zu *Schallplatten* verpreßt werden. (**A. P. 2 628 917** vom 11/10. 1949, ausg. 17/2. 1953.) SALZMANN. 7205

Walter Reppe, Polyvinylpyrrolidon. Weinheim/Bergstr.: Verlag Chemie. 1954. (72 S. m. 12 Abb. i. Text) = Monographien zu „Angewandte Chemie" und „Chemie-Ingenieur-Technik". Nr. 66. DM 9,80.

XII. Kautschuk. Guttapercha. Balata.

W. F. Watson und **D. Wilson,** *Ein kleines Mastizierungsgerät zum Plastizieren von Kautschuk.* Vff. beschreiben ein Laboratoriumsgerät zum Plastizieren kleiner Mengen von Elastomeren (2—15 cm³). Die Konstruktion unterscheidet sich von der üblichen dadurch, daß die Probe zwischen zwei mit spiralförmig eingefrästem Profil versehenen Scherköpfen mastiziert wird, wobei sich nur der eine dieser Köpfe dreht (75—300 U./Min.). Der App. ist mit W. kühlbar. Mastikation unter N_2, CO_2 oder anderen Gasen ist möglich. Vff. demonstrieren den Einfl. der Gasatmosphäre am Beispiel von Neopren. Beim Mastizieren unter Luft wird dies fortschreitend weicher, während es unter N_2 härter wird. (J. sci. Instruments **31.** 98—99. März 1954. Welwyn Garden City, Herts., Brit. Rubber Prod. Res. Assoc.) CANTOW. 7220

H. Luttropp, *Das Verhalten von Weichgummi aus verschiedenen Kautschuksorten in der Kälte.* Bericht über Unterss. des elast. Verh. von verschied. Bunaarten u. Naturkautschuk bei tiefen Tempp. in mehreren Mischungstypen. Die Tempp., bei denen sich gewisse Eigg. (Rückprallelastizität, prozentuale Dämpfung, E-Modul, Verh. bei der Biegeprüfung) veränderten, dienten zur Aufstellung folgender Rangfolge: *Buna SW 11* (bestes Prod.), *Buna 85, Naturkautschuk, Buna S 1, Buna S 3, Buna S 4, Perbunan, Perbunan extra, Buna SS.* Der Einfl. von Prüfart u. -meth. auf die Untersuchungsergebnisse wird diskutiert. (Kautschuk u. Gummi **4.** 165—69. Mai 1951. Schkopau.) WINIKER. 7224

R. B. Noad, *Siliconkautschuke.* (Vortrag.) Überblick über Struktur, Verarbeitung, Eigg. u. Anwendungen der Siliconkautschuke. — Diskussion. (Trans. Proc. Instn. Rubber Ind., Proc. **1.** P116—24. Aug. 1954. Manchester, Dunlop Rubber Comp. Ltd.) WINIKER. 7224

A. Wolstenholme und **C. J. Baker,** *Silicone in der Kunststoff- und Kautschukindustrie.* Eigg. u. Verwendung der verschied. Silicontypen u. ihre Bedeutung für die Kunststoff- u. Kautschukindustrie, z. B. als Trennmittel oder Gummi, werden beschrieben. — Diskussionsbemerkungen. (Plast. Inst., Trans. **21.** Nr. 44. 61—76. April 1953. Midland Silicones Ltd.) SCHÄFF. 7224

A. Boettcher, *Elektronenmikroskopische Untersuchungen in Kautschuk verarbeiteter Füllstoffe.* Bei der elektronenmkr. Unters. der Verteilung von Füllstoffen (I) im Batch bzw. im fertigen Vulkanisat werden die I aus der Mischung auf chem. Wege herausgelöst u. dann elektronenopt. untersucht, oder es wurden Mikroatomschnitte bzw. sehr dünne Vulkanisate unmittelbar abgebildet. Vf. beschreibt die verschied. Untersuchungsmethoden u. diskutiert ihre Leistungsfähigkeit an Hand von Beispielen. (Kautschuk u. Gummi **4.** 123—28. April 1951. Kalscheuren.) WINIKER. 7248

J. Royo, *Bemerkungen zur Messung der Härte von Vulkanisaten.* Übersicht über die die Messung beeinflussenden Faktoren u. die gebräuchlichsten Methoden u. Apparate. — 24 Literaturhinweise. (Rev. Plásticos **4.** 400—07. 414. Nov./Dez. 1953.) R. K. MÜLLER. 7248

Walter Scheele und **Karl-Heinz Hillmer,** *Studien über den Verschleiß von Vulkanisaten.* 1. Mitt. Bei Großzahlverss. an einer Reihe verschied. Vulkanisate mit der Abriebmaschine nach SCHLOBACH u. BUSSEN (Kautschuk [1939.] **15.** 28 u. 55; DIN-Vornorm 53516) kamen Vff. zu folgenden Ergebnissen: Da die Abriebeinzelwerte erheblichen u. je nach Material verschieden großen Streuungen unterworfen sind, reichen 3—5 Einzelbestimmungen zur Bldg. eines zuverlässigen Abriebmittelwerts nicht aus. Hierzu genügen ca. 30 Bestimmungen, während zur Erfassung der auftretenden Streuungen mittels einer Konstanten h (= Streuungszahl) ca. 150 Bestimmungen erforderlich sind. Testvulkanisate sind nur mit einer gewissen Toleranz herstellbar u. weisen Unterschiede in den h-Werten auf, sind also bzgl. des Abriebs von unterschiedlicher Gleichmäßigkeit. Unverkennbar war eine gewisse Zunahme der h-Werte von den Schuhsohlen (hoher Abrieb) über die Testvulkanisate (mittlerer Abrieb) zu den Laufflächenvulkanisaten (geringer Abrieb). Bei letzteren bes. spiegelten sich (bei gleicher Zus. u. gleichen Vulkanisationsbedingungen) die verschied. Maßnahmen der Kautschukverarbeitung in dem Abriebmittelwert u. dem h-Wert wider. Abschließend versuchen Vff., die Ergebnisse mit dem übermol. Aufbau der Vulkanisate in Zusammenhang zu bringen. (Kautschuk u. Gummi 7. WT71—82. April 1954. Hannover, TH, Kautschukinst.) ——— WINIKER. 7248

Standard Oil Development Co., übert. von: **Joseph F. Nelson, Clark Township,** Union County, und **Lester Marshall Welch,** Madison, N. J., V. St. A., *Tieftemperaturpolymerisation.* Ein Gemisch aus 91 (Gewichtsteilen) Butadien, 9 Isobutylen u. 2,5 (Volumenteilen) n-Butan auf 1 Isobutylen wird auf —103° gekühlt u. mit einer Lsg. von ca. 0,2 g $AlCl_3$ in 100 cm³ Methylchlorid versetzt. Man erhält ein Mischpolymerisat mit einer Viscosität von 25 bei 100° im 8'-MOONEY-Viscosimeter. Das Mischungsverhältnis der Monomeren kann 10—70 (%) Butadien u. 90—30 Isobutylen im Polymerisat sein bei einer JZ. 60—165 u. einem Mol.-Gew. 30000—100000. Die Polymerisate werden bes. zusammen mit Ruß verarbeitet. — 2 Diagramme. (**A. P. 2 607 764** vom 28/11. 1947, ausg. 19/8. 1952.) OVERBECK. 7225

Standard Oil Development Co., übert. von: **George F. Leyonmark,** Avenel, und **Erving Arundale,** Westfield, N. J., V. St. A., *Wässerige Dispersionen von Polymerisaten,* bes. natürlichem oder synthet. *Kautschuk,* werden hergestellt, indem man das Polymerisat in einem wasserunlösl. organ. Lösungsm. vom Kp. <38° löst, unter Druck die Lsg. bei 21—38° in Ggw. von 2—6% eines oberflächenakt. Mittels in W. dispergiert u. bei n. Druck das Lösungsm. bei 21—38° verdampft. (**A. P. 2 595 797** vom 11/6. 1949, ausg. 6/5. 1952.) OVERBECK. 7225

Standard Oil Development Co., Elizabeth, New Jersey, N. J., V. St. A., *Alterungsschutzmittel für Kautschuk,* bestehend aus einem 2.4.6-Trialkylphenol, in dem die 4-Alkylgruppe Methyl, Äthyl oder Butyl ist u. die 2- u. 6-Alkylgruppen Propyl, Butyl oder Amyl sind, bes. 2.6-Dibutyl-4-methylphenol oder 2.4.6-Tributylphenol. (**E. P. 650 610** vom 21/12. 1948, ausg. 28/2. 1951. A. Prior. 9/6. 1948.) OVERBECK. 7227

Standard Oil Co., Chicago, Ill., V. St. A., *Sonnenschutzmittel für Kautschuk,* bestehend aus einer Mischung von KW-stoffen u. oxydierten Verbb. vom F. >50°, die als >200° sd. Fraktion eines polymeren Rückstandes erhalten wird, der aus der KW-stoffsynth. aus CO u. H in Ggw. eines alkal. Fe-Katalysators erhalten wird. (**E. P. 676 717** vom 22/2. 1950, ausg. 30/7. 1952. A. Prior. 26/2. 1949.) OVERBECK. 7227

Wingfoot Corp., übert. von: **Thomas H. Rogers jr.** und **Harold H. Heinemann,** Akron, O., V. St. A., *Nachbehandeln von Schwämmen aus Kautschukmilchschaum* mit Erdalkalihydroxyd, -oxyd oder -salz. (**A. P. 2 635 971** vom 16/3. 1951, ausg. 21/4. 1953.) OVERBECK. 7231

Dunlop Rubber Co. Ltd., England, übert. von: **Albert Nelson Ward, Evelyn William Madge** und **Frank Theodore Purkis,** *Herstellung von Folien aus mikroporösem Kautschuk.* Man überzieht eine glatte Unterlage mit einer koagulierenden Lsg. u. danach mit einem Gelbildungs- u. Vulkanisiermittel (2—3% Ca-Formiat u. 30—40% S, berechnet auf Kautschuk) enthaltenden 30—45%ig. Kautschukmilch, führt die Kautschukmilch unter Erhaltung des W. in der Folie in das Gel über, das auf eine poröse Unterlage gebracht u. unter Bedingungen vulkanisiert wird, unter denen kein W. entweichen kann. Verwendung des Fertigprod. für mikroporöse Scheider in Batterien oder als Filtermembrane. — Vorrichtung. (**F. P. 1 032 718** vom 12/1. 1951, ausg. 3/7. 1953. E. Priorr. 13/1. u. 5/12. 1950.) PANKOW. 7231

Alfred Schindler, Schweiz, *Wandbelag.* Man mischt 100 (Gew.-Teile) W., 0,6 calcinierte Soda, 4 Borax, 1,7 Na_2F_2, 20 W. u. 4 $B(OH)_3$ u. 0,1 A. u. 0,25 β-Naphthol; 1000 dieser Mischung (I) mischt man mit 1000 W., 1000 Latex, 100 25%ig. NH_3 u. gibt diese Mischung zu einer solchen aus 10000 Olein, 2500 **I**, 100 25%ig. NH_3, 2000 W. u. 400 Trioleat u. erhält die Mischung **II**. Endlich werden 2140 **I**, 2000 W., 600 **II**, 20 β-Naphthol, 40 A., 10000 60%ig. Latex u. 200 25%ig. NH_3 sowie Füllstoffe, wie

Holzmehl, Cellulosefasern, Lithopone bis zur gewünschten Konsistenz gemischt, oder man stellt durch eine etwas andere Verteilung eine flüssigere Mischung her. (**F. P. 1 037 890** vom 30/5. 1951, ausg. 23/9. 1953. Schwz. Prior. 10/4. 1951.) PANKOW. 7231

XIII. Ätherische Öle. Parfümerie. Kosmetik.

P. Crabbe, *Untersuchung eines ätherischen Öls von Mentha piperita.* Ein in Kivu, Belg. Kongo, gewonnenes äther. Öl von $D.^{20}_{4}$ 0,9127, $[\alpha]_D^{20}$ —21° 54′, n_D^{20} 1,4612 wurde bei $Kp._{17}$ 37—157° in 35 Fraktionen zerlegt, deren Konstanten in einer Tabelle angegeben werden. Ihre Unters., bei der auch das RAMAN-Spektr. ausgewertet wurde, ergab 46,1 (%) freies l-Menthol, 26,7 Menthylacetat, 18,8 l-Menthon, 3—3,5 Menthofuran, davon 2,5 als autoxydiertes Deriv., u. 0,4—0,5 l-Limonen. (Ing. Chimiste [Bruxelles] **36.** 2—11. März 1954. Bruxelles.) MÜHLMEISTER. 7262

S. Dutt, *Chemische Eigenschaften von Riechstoffen.* Behandelt werden die wichtigsten Geruchsnoten, ihre Einteilung, Bedeutung, Vork., HENNINGs Geruchsprisma. (Indian Soap J. **19.** 228—36. März 1954. Delhi.) MÜHLMEISTER. 7276

Werner Pfützner, *Völlig neue Wege in der Kosmetik.* Ein von JAUDAS biosynthet. hergestellter Wirkstoff aus Antiautolysinen mit angelagerten Aufbaufermenten wurde physiolog. u. bakteriolog. sowie durch Verss. in vitro u. vivo eingehend geprüft. Er ist für den lebenden Organismus voll verträglich, wirkt allmählich bakterieid durch Entzug der Nahrungszufuhr für die Bakterien, desodorierend durch Antifermente u. Schutzkolloide, fördert die physiolog. Vorgänge auf der Haut, vermeidet die Zellgewebsschädigungen durch körperfremde Chemikalien u. erzielt Verträglichkeit für Fettcreme bei Personen, die gegen solche überempfindlich sind. (Seifen-Öle-Fette-Wachse **79.** 423—25. 5/8. 1953.) MÜHLMEISTER. 7284

W. W. Myddleton, *Stabilität von Mineralölen in Toiletten- und kosmetischen Präparaten.* Werden Weißöle in Ggw. von Luft dem Licht ausgesetzt, so zeigen sie im Laufe der Lagerung eine Veränderung des Geruches, der Farbe u. der Trübungsneigung, Vorgänge, die in gewisser Hinsicht vom Anilinpunkt u. der Fluorescenz des Öles abhängig sind. Während der Lagerung können auch Peroxyde u. Säuren gebildet werden. Öle mit einer niederen D. u. einer geringen Viscosität verändern sich schneller. Werden aus den Weißölen Emulsionen gefertigt u. diese den gleichen Versuchsbedingungen unterworfen, so treten ebenfalls Veränderungen auf, die bes. dann deutlich sind, wenn die Emulsion nur eine geringe Homogenität aufweist. Auch hier verändern sich Farbe u. Geruch; die Emulsionströpfchen werden allmählich größer, um schließlich in eine Trennung der beiden Phasen überzugehen. Auch die Stabilität der Emulsion hängt von dem Anilinpunkt bzw. der Fluorescenz des Öles ab. Ein Weißöl mit $D.^{15}_{15}$ 0,885 bis 0,875 u. einer Viscosität von 155 REDWOOD-Sek. (20°) soll einen Anilinpunkt >98° u. im gefilterten UV-Licht nur eine schwachgrüne Fluorescenz zeigen. (Chem. Products chem. News [N. S.] **15.** 135—40. April 1952.) H. P. FIEDLER. 7284

R. Fischer und **H. Resch,** *Ein Mikroverfahren zur Wertbestimmung des genuinen ätherischen Öls in einzelnen pflanzlichen Ölbehältern.* Die Mikrobest. der krit. Mischungstemp. (MTk) ermöglicht die Analyse kleinster bin. Flüssigkeitsgemische. Das äther. Öl wird mit Capillaren aus Jenaer Glas von 0,1—0,4 mm Durchmesser direkt aus den pflanzlichen Ölbehältern entnommen, bei dem angegebenen Lumen der Capillare ca. 1—50 γ Öl. Hierauf wird Glykol, das als Testsubstanz dient, nachgesaugt (redest. bei 100° u. 16 mm Hg; n_D^{20} 1,4302) u. mit dem KOFLERschen Heiztisch die MTk des Gemisches bestimmt. Aus der gefundenen MTk läßt sich an Hand einer vorher aufgestellten Eichkurve der Ölgeh. ablesen. Fehlergrenze 0,3—1%. (Naturwissenschaften **39.** 404. 1. Septemberheft 1952. Graz, Univ., Pharmakognost. Inst.) I. WEINMANN. 7286

E. Lederer, *Chromatographische und chemische Studien über die in der Kosmetik und Parfümerie verwendeten Rohstoffe.* Der Vf. gibt eine zusammenfassende Darst. der Anwendung der Chromatographie bei seinen Arbeiten über die *Isomeren des Carotins,* den Nachw. von *Lutein* u. *Zeaxanthin, Folliculin* u. *Equilenin,* Isolierung von *Cholesterin* u. *Isocholesterin,* die Trennung des Unverseifbaren des Lanolins in 5 opt. Isomere, die Feststellung von *$\Delta^{3,5}$-Cholestadien-7-on* sowie die colorimetr. Best. von *Lanosterin* u. Cholesterin mittels der Rk. von LIEBERMANN-BURCHARD. Im Cholesterin ist so 1% Lanosterin feststellbar. Die Unterss. über den Bibergeil (I) führten zur Isolierung des *Glykols* $C_{13}H_{26}O_2$ u. des Diketons $C_{13}H_{22}O_2$, die später von PRELOG im Harn trächtiger Stuten gefunden wurden. Ebenso gelang der Nachw. von *p-Äthyl-*

phenol im Harn von Wirbeltieren (trächtige Stuten), ident. mit dem aus I gewonnenen, sowie der Tatsache, daß es ein Stoffwechselprod. von Darmbakterien ist. So ist bestätigt, daß zwischen den Bestandteilen von I u. denen von Baumrinden u. -knospen einerseits sowie Biberharn andererseits zahlreiche Analogien bestehen. — Die Aufarbeitung der Grauen Ambra lieferte *Coprostan-3-on* neben *Epicoprosterin* u. *Coprosterin*. Die Oxydation des *Ambrein* führt zu *Ambreinolid* u. einem ungesätt. Keton (*γ-Dihydrojonon*), das durch Wasserentzug in $C_{30}H_{50}$, *Ambratrien*, übergeführt wird. Die Ambratrienformel läßt Beziehungen zum *Squalen* vermuten. (Parfumerie mod. **43.** 33—39. Nov./Dez. 1951.) ——————— FREYTAG. 7294

Sébastien Sabetay, Frankreich, *Fixieren von Parfüms, ätherischen Ölen, Eaux de Cologne, Lotions und dergleichen* unter Verwendung von 1—5% eines Kondensationsprod. eines Glykols mit Äthylenoxyd vom Mol.-Gew. 3000—5000, F. ca. 50°, als Fixierungsmittel. (**F. P. 1 012 568** vom 29/11. 1949, ausg. 15/7. 1952.) M. F. MÜLLER. 7277

Sébastien Sabetay, Frankreich, *Löslichmachen von ätherischen Ölen und von natürlichen oder künstlichen Parfüms* in einem wss. Medium unter Verwendung von ricinolsaurem Triäthanolamin. (**F. P. 1 012 569** vom 29/11. 1949, ausg. 15/7. 1952.) M. F. MÜLLER. 7277

Norma B. Gallenkamp, Houston, Tex., V. St. A., *Behandeln des Haares vor dem Dauerwellen.* Man weicht das Haar mit warmem W. ein, in dem ein Gemisch aus 35 (Teilen) Stärke, 6,7 Lanolin, 53,3 neutralem synthet. Waschmittel (p_H 6—8), z. B. einem Fettalkoholsulfonat oder Alkylaryl- bzw. einem Arylsulfonat, 5 Wachs u. 330 W. verteilt ist, spült u. trocknet. Dabei bleibt auf dem Haar ein fettfreier Überzug zurück, der eine gute Dauerwelle ermöglicht. (**A. P. 2 655 923** vom 20/7. 1950, ausg. 20/10. 1953.) E. PETERSEN. 7285

Procter& Gamble Co., Cincinnati, O., V. St. A., *Fixiermittel für Kaltdauerwellen,* bestehend aus 10 (Teilen) K- oder Na-Bromat, 2 Na-Perborat·1 H_2O oder Na-Perpyrophosphat oder Na-Percarbonat u. 5 Na-Tripolyphosphat. Zum Gebrauch wird eine wss. Lsg. des Mittels hergestellt, die 0,03—1,4 Gewichtsteile H_2O_2, die aus der Perverb. in Freiheit gesetzt werden, enthält. (**E. P. 699 997** vom 11/1. 1952, ausg. 18/11. 1953. A. Prior. 26/2. 1951.) E. PETERSEN. 7285

Istituto Ricerche Industriali, S. r. l., Mailand, Italien, *Dauerwellenpräparate* bilden mit SO_2 neutralisierte organ. Basen, die mindestens 1 N-Atom u. nicht mehr als 12 C-Atome enthalten, z. B. Alkyl- u. Alkylolamine. Die Verbb. werden bei n. oder erhöhter Temp., gegebenenfalls in Ggw. eines Oxydationsmittels wie SO_2, aufgetragen. (**Schwz. P. 283 247** vom 4/4. 1950, ausg. 16/9. 1952. It. Prior. 16/2. 1950.) ——————— KALIX. 7285

Muñoz de Cuerva y M. Ramos, El linalol. La separación del aceite esencial de espliego y preparación de su ester acético. Madrid: Ministerio de Agricultura. 1952. (35 S. m. Abb.) ptas 10,—.

XIV. Zucker. Kohlenhydrate. Stärke.

Zink, *Die praktische Anwendung von Reglern in der Zuckerindustrie.* (Vortrag.) Vf. behandelt die automat. Regelung von Vorscheidung u. Saturation. — 2 Skizzen. (Zucker **7.** 333—34. 1/8. 1954. Berlin-Friedenau, Askania-Werke.) M. WINIKER. 7412

Erhard Kinder, *Regelung des p_H-Wertes in der I. Saturation.* Vortrag. (Zucker **7.** 334—37. 1/8. 1954. Frankfurt/Main, Hartmann & Braun A.G.) M. WINIKER. 7412

C. J. Asselbergs, M. L. A. Verhaart, L. A. Stierman, H. I. Waterman und **Mej. M. A. van Weele,** *Die Verhinderung des Verlustes von reduzierenden Zuckerarten (Glucose und Fructose) und von Saccharose während der Saftreinigung und der Verdampfung in der Rübenzuckerindustrie.* Die Wichtigkeit der Einhaltung relativ tiefer Tempp. in manchen chem. u. physikal. Verff. zur Verhinderung der Zers. der behandelten Stoffe wird an einigen Beispielen gezeigt. Das von WATERMAN u. ASSELBERGS (C. **1952.** 2935) beschriebene Verf. der Kaltdiffusion führt zu sehr reinem Rübenzuckerrohsaft mit geringen Gehh. an koll. Stoffen u. vermeidet die Zers. von Glucose u. Fructose bei der Saftreinigung u. der Verdampfung des gereinigten Saftes bei niedriger Temperatur. Die Vorteile des Verf. wiegen die höheren Kosten auf. (Ingenieur ['s-Gravenhage] **65.** Ch 111—13. 18/12. 1953. Delft, T. H., Inst. voor Chem. Technologie.) WESLY. 7412

W. L. Deatherage, M. M. MacMasters, M. L. Vineyard und **Robert P. Bear,** *Notiz über amylosereiche Stärke aus Mais von hohem Stärkegehalt.* Züchtung stärkereicher Maissorten mit hohem Amylosegehalt. Beim Kochen in wss. Suspension erfolgt nur teilweise Verkleisterung. (Cereal Chem. **31.** 50—52. Jan. 1954. Peoria, Ill., Northern Reg. Res. Labor., Bureau of Agricultural and Ind. Chemistry.) M. W. ROTHE. 7448

Evi Pärnoja, *Methoden zur Bestimmung von Aminosäuren in Zuckerrüben.* Vf. beschreibt Verff. zur Best. von Gesamt-N, NH_3-N, Amido-N, Betain, sowie zur papierchromatograph. u. elektrophoret. Ermittlung von Aminosäuren in Zuckerrüben. — 77 Literaturangaben. (Socker, Handl. II **8.** 71—84. 1954. Lund, Schweden, Botan. Labor.) KRUSEN. 7472

P. Morizot, *Verwendung der α-Naphthol-Reaktion in Zuckersiedereien und Brennereien.* Die Farbrk. mit *α-Naphthol* in schwefelsaurer Lsg. auf Zucker wird abgewandelt durch Verwendung einer weißen Porzellanschale von 4—5 cm Durchmesser, in der die Farbentwicklung vorgenommen wird. (Ind. agric. aliment. **70.** 41—42. Jan. 1953.) RUTKOWSKI. 7488

Stanisław Nikiel, *Bestimmung der Brauchbarkeit von Rohzucker zur Verarbeitung auf Weißzucker nach der Affinationsmethode.* Da sowohl das abgekürzte als auch das vollständige Verf. der üblichen Best. der Weißzuckerausbeute andere Werte liefern, als sie im prakt. Betrieb erreicht werden, wird eine Meth. beschrieben, die durch geregelte Bedingungen der Temp., der Wassermenge u. der Zentrifugierung den wirklichen Verhältnissen näherkommt. (Gaz. Cukrownicza **54.** 254—56. Nov. 1952.) R. K. MÜLLER. 7488

XV. Gärungsindustrie.

William D. Maxon und **Marvin J. Johnson,** *Belüftungsstudien bei der Vermehrung von Bäckerhefe.* Beschreibung einer App. zur kontinuierlichen Vermehrung von Bäckerhefe aus Glucoselsg., enthaltend die notwendigen Nährbegleitstoffe, unter ständiger Belüftung. Vff. geben Analysentabellen u. Diagramme über Hefeausbeuten bei verschied. starker Belüftung, Glucoseverbrauch u. CO_2-Entwicklung. (Ind. Engng. Chem. **45.** 2554—60. Nov. 1953. Madison, Wis., Univ. of Wisconsin.) HAEVECKER. 7506

K. J. Goering und **Victor C. Bruski,** *Reinigung von α-Amylase aus submersen Kulturen von Aspergillus oryzae.* Nach Erreichen eines Maximums an amylolyt. Aktivität wird das Pilzmycel durch Filtration entfernt, gewaschen u. zum Teil der rohen Enzymlösung wieder zugesetzt. Bei p_H 5 u. 37° erfolgt rasche Adsorption der α-Amylase. Extraktion des adsorbierten Enzyms vom Mycel durch Behandlung mit NaCl-haltigem Boratpuffer bei p_H 8,5. 37fache Anreicherung. α-Amylase von Aspergillus niger wird vom Mycel des Aspergillus oryzae nicht adsorbiert. (Cereal Chem. **31.** 7—14. Jan. 1954. Bozeman, Montana, Dep. of Chemistry, Montana State Coll.) M. W. ROTHE. 7508

R. M. Thomson, *Die Qualität der Getreide und ihre industrielle Verwendung. Einige Mälzverfahren.* Beschreibung der Malzfabrikation. (Chem. and Ind. **1953.** 112—16. 7/2. Alfred Jørgensen Labor. of Fermentology, Copenhagen.) HAEVECKER. 7544

A. E. Wiles, *Die praktische Bedeutung einiger neuerer Hefeforschungen.* (Brewers Digest **28.** Nr. 12. 44—47. Dez. 1953. — C. **1954.** 3825.) HAEVECKER. 7544

Sigmund F. Lingelbach, *Zumischer für Aktivkohle in der Brauerei.* Beschreibung einer App., die die Aktivkohle mit CO_2 aufwirbelt u. dem Filter zuführt. (Amer. Brewer **87.** Nr. 3. 48. März 1954. Milwaukee, Wis., A. Hetteman Brewing Co.) HAEVECKER. 7544

Paul S. Roller, *Neue Wasserbehandlung für die Brauindustrie.* Mit 0,008 kWh u. einem anod. Verbrauch von 0,5 g Al/m³ W. wird in einer elektrolyt. Batterie $Al(OH)_3$ in gel-ähnlicher hochdisperser Form hergestellt, welches dem mit $Ca(OH)_2$ enthärteten u. vorgeklärten W. vor einem Sandfilter zugesetzt wird u. durch Koagulierung der feinen Trübung ein Filtrat mit 0,73 p. p. m. Trübstoffen erzielt. Durch Erhöhung des Zusatzes kann die Klärung auf 0,5 p. p. m. verbessert werden. Auch für die Filterung der Würze, des gegorenen Bieres u. die Klarfilterung vor dem Versand ist das Verf. anwendbar, dessen Vorzug es ist, daß ein Überschuß im Vgl. mit der chem. Fällung durch lösl. Al-Verbb. keine Nach-Rk. u. Geschmacksverschlechterung bedingt. (Brewers Digest **29.** Nr. 3. 59—60. März 1954. Washington, D. C., General Hydro Comp.) MÜHLMEISTER. 7544

J. Steenbergen, *Die sekundären Kohlenhydrate und der Lambicbrauer.* Es wird der Brauvorgang zur Herst. von Lambicbier, die Eigg. der Rohmaterialien, Gärverlauf, Filtration u. Endbehandlung beschrieben. (Bull. Assoc. anciens Étudiants Brasserie Univ. Louvain **50.** 15—28. März 1954.) HAEVECKER. 7550

H. F. P. Webber und **L. Taylor,** *Diatomeenerde, ihre Bewertung und experimentelle Regenerierung.* Inhaltlich ident. mit den C. **1954.** 6121 referierten Arbeiten. (Brewers Digest **29.** Nr. 2. 61—64. Febr. 1954.) HAEVECKER. 7550

R. Laneau, *Zwischenfälle bei der Fabrikation.* Vf. bespricht Vorgänge in der Brauerei, die zu einer Beeinträchtigung der Klarheit u. des Schaumes von Bier führen. (Bull. Assoc. anciens Étudiants Brasserie Univ. Louvain **50.** 1—13. März 1954.) HAEVECKER. 7550

M. A. Gerassimow und **M. G. Ciljadow,** *Eine Methode zur kontinuierlichen Gärung bei der Weinbereitung.* Vff. machen detaillierte Vorschläge, um bei der Bereitung von Weiß-, Rot- oder Dessertweinen das Einbringen von Most bzw. Maische in die Gärbehälter, die Entfernung des Vergorenen u. das Aufbringen der Trester auf die Pressen kontinuierlich zu gestalten. Es werden Vorrichtungen beschrieben, mit denen der Gärungsverlauf zentral verfolgt u. gesteuert werden kann. (Виноделие и Виноградарство СССР [Weinbereit. Weinbau UdSSR] **13.** Nr. 3. 15—19. März 1953.) SCHMEISS. 7554

P. Weiersmüller, *Die Bestimmung des Schwefelgehaltes von Brauereistoffen.* Vf. bestimmte den S jeglicher Bindungsart durch Oxydation mit Na_2O_2 nach WURZSCHMITT, Red. des Sulfat-S mittels eines Gemisches von HJ u. Ameisensäure zu H_2S, der jodometr. bestimmt wurde. Es wurden Gersten-, Malz- u. Hopfenproben analysiert. Die S-Bilanz einer Vermälzung ergab, daß 81% des Gesamt-S der Gerste in das Malz übergehen. (Schweiz. Brauerei-Rdsch. **65.** 71—76. Mai **1954.** Zürich, Versuchsstat. schweiz. Brauereien.) HAEVECKER. 7598

Joern J. Olshausen, *Beurteilung von Bierzwischenprodukten.* Vf. bespricht die Kontrollmöglichkeiten der Bierzwischenprodd. bzgl. Geschmack, Geh. an Hefe, Prüfung auf Säure, p_H, Fe-Geh., Luftgeh. u. Oxydation. (Brewers Digest **28.** Nr. **9.** 84—90. Sept. 1953. J. E. Siebel Sons' Co., Inc.) HAEVECKER. 7600

—, *Das elektronische Ultraphotometer. Ein neues Kontrollinstrument für die Brauerei.* Es wird das Ultraphotometer von BUHLER BROTHERS beschrieben, mit welchem die Meßwerte (bei der Kontrolle der Trübung von Bier) kontinuierlich auf einer Trommel aufgezeichnet werden. (Brewers Digest **29.** Nr. 2. 59—60. Febr. 1954.) HAEVECKER. 7600

XVI. Nahrungs-, Genuß- und Futtermittel.

H. R. Kraybill und **L. R. Dugan jr.,** *Antioxydantien. Neue Entwicklungen in der Anwendung für Lebensmittel.* Übersicht mit besonderer Berücksichtigung natürlich vorkommender antioxygener Stoffe u. von *Butoxyanisol* u. *2.6-Di-tert.-butyl-p-kresol* u. deren prakt. Anwendung. — 67 Literaturangaben. (J. agric. Food Chem. **2.** 81—84. 20/1. 1954. Chicago, Ill., Univ., Dep. of Biochem.; American Meat Inst. Found.) KRUSEN. 7634

Werner Schäfer, *Über die Mahl- und Backfähigkeit von Tetraroggen.* Analyt. Unterschiede zwischen Tetra- u. Normalroggen bestehen weniger im Schalen- u. Aschegeh. als in Eiweiß- u. Maltosemenge, die beim Tetraroggen rund 1% höher sind. Hektolitergewicht von Tetraroggen liegt 3—4 kg niedriger. Läßt sich leicht aufschroten, Grießanfall u. Mehlausbeute wie bei Normalroggen. Schwierigkeiten bestehen bei Quetsche u. Reinigung. Gemeinsame Vermahlung gilt als Notbehelf. Backtechn. Verh. läßt Wünsche offen ohne Vorhandensein wesentlicher Qualitätsdifferenzen. Besondere Auswuchsneigung vorhanden, da Fermenthaushalt akt. u. lebhaft. Bedenklich ist Neigung zur Mutterkornbldg., da Mutterkorn bei gleicher Größe wie Tetrakorn eine Abtrennung problemat. macht. (Mühle **91.** 197—98. 22/4. 1954.) HOFER. 7664

E. Martel, *Versuch einer Klassifizierung der Müllereinachprodukte.* Besprochen werden: Chem. Zus., Ausmahlungsgrad u. Nährwert von Nachmehlen, Kleien u. Keimlingen. (Bull. anciens Élèves École franç. Meunerie **1953.** 256—59. Nov./Dez.) HAEVECKER. 7670

M. Rohrlich und **W. Essner,** *Einfluß des Penicillins auf die Sauerteiggärung.* 2. Mitt. *Der Gärungsverlauf im Sauerteig in Gegenwart von Penicillin.* (1. vgl. C. **1954.** **8241.**) Der Zusatz von *Penicillin* (**I**; 140 I.E./100 g Mehl) zu Sauerteig bewirkt eine ca. 50%ig. Hemmung des Bakterienwachstums u. eine etwa ebenso hohe Verminderung der *Essigsäure* (**II**)-Bldg., ohne aber die *Milchsäure* (**III**)-Bldg. zu beeinflussen. Der Zusatz von Glucose kann diese Entw. nicht beeinflussen. Andererseits bewirkt ein Zusatz von 0,002 Mol NaF zum Sauerteig weitgehende Hemmung der **III**-Bldg., während die **II**-Gärung nur wenig beeinflußt wird. Die Bakterien des „Edelsauer" nach BECCARD verhalten sich resistenter gegenüber **I**, ein aus diesem Edelsauer hergestellter Sauerteig wird durch 140 I.E. in Bakterienwachstum u. Säurebldg. nicht wesentlich beeinflußt. Aus den Ergebnissen schließen Vff., daß im natürlichen Sauerteig reine **III**-Bildner, Bakterien, die **II** u. **III** im Verhältnis ca. 1:1 erzeugen, u. vermutlich noch andere Organismen wirksam sind. (Dtsch. Lebensmittel-Rdsch. **50.** 94—97. April 1954.) KRUSEN. 7674

A. L. Gordon, Robert Jenness und **W. F. Geddes,** *Backeigenschaften von Casein und Molke, die nach verschiedenen Verfahren aus Magermilch gewonnen wurden.* Die Verminderung des Brotvol. bei Zusatz von Casein oder Molke zum Teig ist unabhängig vom Herstellungsverf. der Zusätze (Säurefällung, Labfällung oder Ultrazentrifugierung). (Cereal Chem. **31.** 1—6. Jan. 1954. St. Paul, Minn., Univ.) M. W. ROTHE. 7674

O. Doose und **K. Wolter,** *Backtechnische Untersuchungen über die Wirkung von Kaliumbromat und Ammoniumpersulfat.* Inhaltlich ident. mit der C. **1954.** 4968 referierten Arbeit. (Mühle **91.** 238—40. 13/5. 249—51. 20/5. 274—75. 3/6. 1954. Detmold, Bundesforschungsanst. für Getreideverarbeitung.) HOFER. 7674

R. M. Sandstedt, Lorene Schaumburg und **James Fleming,** *Die mikroskopische Struktur von Brot und Teig.* Während des Backprozesses werden die Stärkekörner deformiert, jedoch trotz der Verkleisterung nicht zerstört. Lediglich eine durch die Gasentw. verursachte Ausrichtung ist in mkr. Querschnitten festzustellen. Im Brot ist jedes Stärkekorn von einem Proteinfilm umgeben. (Cereal Chem. **31.** 43—49. Jan. 1954. Univ. of Nebraska, Dep. of Agricult. Chem.) M. W. ROTHE. 7674

M. I. Knjaginitschew, P. M. Plotnikow, Ju. R. Bolchowitina, K. G. Basowskaja und **O. W. Prosskurina,** *Der Säuregehalt in auf verschiedene Arten hergestelltem Roggenmehlteig und Roggenbrot.* Durch Verss. bei 28—30 u. 34—36° wurde nachgewiesen, daß die Gärung des Roggenmehlteiges bei erhöhter Temp. zu einer stärkeren Anreicherung an Milchsäure (**I**) u. zu einer etwas geringeren Anreicherung von flüchtigen Säuren (**II**) führt. Im ausgebackenen Brot setzt sich die Acidität zu ca. 60% aus **I**, zu 32% aus **II**, zu 4% aus Bernstein- (**III**) u. Äpfelsäure (**IV**) u. zu 4% aus Wein- (**V**) u. Citronensäure (**VI**) zusammen. Während der Gärung bei 34—36° ist der Verlust an Trockensubstanz geringer als bei der bisher üblichen Gärtemp. von 28—30°. Die geringen Schwankungen u. der geringe Geh. an **III, IV, V** u. **VI** im Teig u. Brot zeigen, daß die Säuerung bei erhöhter Temp. nicht zu ihrer Anreicherung u. damit zur Geschmacksverschlechterung des Brotes führt. (Биохимия [Biochemie] **19.** 96—99. Jan./Febr. 1954. Leningrad, Technol. Inst. der Lebensmittelind.) LEBTAG. 7674

Douglas J. Kirk, *Einfluß von Wasserhärte und -acidität auf die Teigfermentation.* Behandelt wird der Einfl. von Wasserhärte u. -acidität auf Backprozeß u. Backwarenqualität. (Bakers Digest **25.** 28—30. 34. Dez. 1951. Chicago, Ill., W. E. Long Co.) M.-D. LAUBSCHAT. 7674

W. Upmann, *Das Tapiokawurzelmehl, seine Herkunft, Eigenschaften und Verwendung als Nahrungs- und Futtermittel.* Es wird aus den Wurzelknollen des Maniok- oder Kassavestrauches hergestellt, der in Brasilien, Argentinien u. Mexiko seine Heimat hat u. sich heute in allen trop. u. subtrop. Ländern vorfindet. Die möhrenförmigen, 30—45 cm langen u. bis zu 10 kg schweren Wurzelknollen liefern das Tapiokawurzelmehl, das bis zu 83% Stärke enthält. Das Mehl ist leicht verdaulich u. dient zur Herst. feiner Speisen u. Backwaren sowie als Kinder- u. Krankenkost. Seiner Verwendung als Viehfutter steht seine Vitaminarmut u. sein geringer Phosphor- u. Eiweißgeh. entgegen. (Müllerei **7.** 249—50. 15/5. 1954.) HOFER. 7696

Frank Perry, *Gummi-Tragant und seine Verwendung.* Vf. beschreibt kurz Herkunft u. Gewinnung von *Tragant* (**I**) u. gibt 3 Rezepte zur Herst. sogenannter Lozenges (Gummibonbons) unter Verwendung von **I.** (Zucker- u. Süßwaren-Wirtsch. **6.** 742—43. 5/9. 1953.) KRUSEN. 7704

Mary T. Swickard, Alice M. Harkin und **Stanley J. Marsden,** *Schmackhaftigkeit von Truthühnern nach Fütterung mit einer Versuchsdiät mit Aureomycin und Fischprodukten.* Die Zugabe von Aureomycinhydrochlorid u. Fischprodd. zum Futter für Truthühner beeinflußte die Speisequalität von Truthühnern im Alter von 14—26 Wochen nicht wesentlich. (Poultry Sci. **32.** 726—29. Juli 1953. Washington, D. C., U. S. Dep. of Agricult., Bureau of Animal Ind.) FRESENIUS. 7750

L. O. Schnaidman, *Über vollwertige Eiweiß-Vitamin-Konserven.* Angabe von Rezepturen für Fleisch-Gemüse- u. Fisch-Gemüse-Konserven, denen bestimmte Mengen der *Vitamine* B_1, B_2, *PP* u. *D* hinzugefügt wurden. Nach 1 Jahr Lagerung erwiesen sich die Konserven noch als vollwertig. (Вопросы Питания [Fragen d. Ernähr.] **12.** Nr. 5. 57—58. Sept./Okt. 1953. Moskau, Allunions Wiss. Vitaminforschungsinst.) ULMANN. 7750

G. A. Maximow, *Über die Möglichkeit der Herstellung nicht gefrierender Fischkonserven.* Trotz des niedrigen E. des Öls gefrieren Fischkonserven mit hohem Wassergeh. (50—70%) schon bei —3 bis —4°. Eine Entwässerung frischer Fische von 85 auf 45% erniedrigt den E. nur von —1 auf —5°, während er bei weiterer Entwässerung steil abfällt, z. B. bei 35% W. auf —19°. Das adsorptiv gebundene W. gefriert auch bei sehr niedrigen Tempp. nicht. Aus dem E. kann nach der Gleichung W = 62/t + 32

der Wassergeh. berechnet werden. Ein Zusatz von 2% NaCl hat bei hohem Wassergeh. nur eine E.-Abnahme um 1—2° zur Folge. Entwässerte Fische in Öl (unter 35% W.) eignen sich für geschmacklich hochwertige Konserven, die bis —22° nicht gefrieren u. infolge des Fehlens von Eiskristallen keine Kälteempfindung im Mund hervorrufen. (Рыбное Хозяйство [Fischerei-Wirtsch.] **29.** Nr. 10. 52—54. Okt. 1953.)
SCHMELZ. 7752

Haeseler, *Eigelbkonservierung durch Tiefkühlung.* Bei der Tiefkühlung ganzer Eier ist ein sehr hoher Bedarf an Kühlraum erforderlich. Die Eischale springt leicht u. das Eigelb kann beim Auftauen nicht einwandfrei vom Eiweiß getrennt werden. Hier bietet die Tiefkühlung des abgetrennten Eigelb aussichtsreiche Möglichkeiten. (Branntweinwirtschaft **75.** 339—40. 25/9. 1953.) HAEVECKER. 7754

Ss. Kiwenko und **A. Titow,** *Die Anreicherung der Milch mit Vitamin D.* Vff. besprechen die Anreicherung von Milch mit Vitamin D (**I**) durch **I**-reiche Fütterung, UV-Bestrahlen der Milch u. folgendes Verf.: 5 Vol.-% eines 175000 I.E./ml **I** enthaltenden Konzentrates in Form einer bestrahlten Lsg. von Ergosterin in Pflanzenöl werden mit 95% Milch bei 65° voremulgiert, dann mit Milch auf 1000 I.E./Liter **I** verdünnt u. pasteurisiert. Das Verf. eignet sich auch für Trockenvollmilch. (Молочная Промышленность [Milch-Ind.] **14.** Nr. 8. 30—33. Aug. 1953. Allunions Wiss. Forschungsinst. für Milch-Ind.) SCHMEISS. 7756

Robert Jenness, *Milchproteine. Wirkungen von Hitzebehandlung auf Serumproteine.* Vf. gibt eine zusammengefaßte Darst. bisheriger Unterss. über die Hitzebeeinflussung der *Milchserumproteine* (**I**). Erhitzung auf 90° für 30 Min. denaturiert die **I** so, daß sie zu 80% durch Säure oder NaCl fällbar werden. Die Denaturierung ist auch im elektrophoret. Bild der **I** nachweisbar u. betrifft bes. die β-Lactoglobulinfraktion, bei der in nachweisbarer Menge freie SH-Gruppen gebildet werden. Die Aktivierung der freien SH-Gruppen ist eine Rk. erster Ordnung, die Aktivierungsenergie beträgt 80 kcal/Mol. — 28 Literaturangaben. (J. agric. Food Chem. **2.** 75—81. 20/1. 1954. St. Paul, Minn., Univ. of Minnesota, Dep. of Agric. Chem.) KRUSEN. 7756

Morris B. Jacobs, *Schokoladen–Milchgetränk-Pulver.* Zus., Aromatisierung, Stabilisatoren u. Emulgatoren. (Amer. Perfumer essent. Oil Rev. **60.** 291—92. Okt. 1952.)
M. W. ROTHE. 7756

Truman F. Graf, *Grassilage und Qualität von Schweizer Käse.* Eingehende Unterss. in 20 Schweizer Käse produzierenden Betrieben ergaben, daß entgegen allg. Annahme die Verwendung von Milch von Kühen, die zum Teil mit Grassilage gefüttert wurden, keinen nachteiligen Einfl. auf die Qualität des Käses hat, sondern im Gegenteil eine günstige Wrkg. zu haben scheint, wenn die Silage sachgemäß bereitet u. nach dem Melken verfüttert wurde. (Milk Products J. **45.** Nr. 4. 33—37. April 1954. Madison, Wis., Univ. of Wisconsin, Dep. of Agric. Econ.) KRUSEN. 7760

A. J. G. Barnett und **R. E. B. Duncan,** *Die Bildung flüchtiger Fettsäuren in laboratoriumsmäßig hergestellten Aufschlämmungen gehackter Ernteerzeugnisse und das Vorkommen dieser Säuren in Feldsilagen.* Essigsäure wird vorherrschend auf einer frühen Fermentationsstufe gebildet, Buttersäure (**I**) bei $p_H < 4$, Propionsäure bei Raumtemp. u. bei 37°, während Valeriansäure (**II**) u. Capronsäure häufig bei hohem p_H vorkommen. Geradkettige Fettsäuren (C_1—C_8) sind in einer großen Anzahl Feldsilageproben gefunden worden, u. C_5—C_8-Säuren in Silagen mit $p_H \approx 5$. **I** u. **II** werden bei p_H 3,77 angetroffen. Die einzige verzweigte Säure war Isovaleriansäure. (Biochem. J. **55.** XIX—XX. Sept. 1953. Aberdeen, Univ., Div. of Agricult. Biochem., Dep. of Biol. Chem.) BENISCHKE. 7782

E. Rathenasinkam, *Bestimmung von Benzoesäure in Nahrungsmitteln.* Es wird nach Schilderung einer einfachen Meth. zur Darst. von reinem benzoesaurem Ammonium (Variante nach LEATHER, Analyst **56.** [1931.] 299) über eine Farb-Rk. berichtet, die sich bei der Einw. von Alkali auf nitriertes benzoesaures Natrium bzw. Ammonium in einer Mischung von 2 Teilen Aceton u. 1 Teil absol. A. zeigt (langsamer Farbumschlag von Rot nach Violett). Dieser im wesentlichen nach JANOVSKY [1891] durchgeführte Vers. wird entsprechend mit folgendem Ergebnis mit nachstehenden Substanzen durchgeführt: *p-Oxybenzoesäure* (keine Färbung), *p-Chlorbenzoesäure* (rötliche, sich langsam entwickelnde Färbung), *Salicylsäure* (keine Färbung), *Zimtsäure* (schmutzigviolette, nach braun umschlagende Färbung); *Phenylessigsäure* (grün), *Saccharin* (keine Färbung). Um Zimt- neben Benzoesäure nachweisen zu können, verwendet Vf. HNO_3 (D. 1,42) statt KNO_3–H_2SO_4-Gemisch; es wird wie oben beschrieben gearbeitet, es tritt eine schmutzigviolette, nach braun übergehende Färbung ein. Wird Benzoesäure allein verwendet, erhält man im Gegensatz zum ersten Vers. keine Färbung. (Analyst **77.** 101—02. Febr. 1952. Colombo, Government Analyst's Labor.)
WANDREY. 7788

S. O. Nelson, L. H. Soderholm und **F. D. Yung,** *Bestimmung der dielektrischen Eigenschaften von Korn.* Beschreibung der BOONFON-Q-Meßapp. mit koaxialem zylindr. Testkondensator zur Best. der dielektr. Eigg. von Getreide, bes. von Gerste. (Agric. Engng. **34.** 608—10. Sept. 1953.) HAEVECKER. 7796

James W. Pence, N. E. Weinstein und **Dale K. Mecham,** *Methode zur quantitativen Bestimmung von Albuminen und Globulinen in Weizenmehl.* Eine annähernd quantitative Best. der Albumine u. Globuline im Weizenmehl ist aus dem Geh. an Gesamtprotein, Aminostickstoff u. Tryptophan möglich. Von den 3 lösl. Proteinen des Weizens sind die Albumine durch hohen Tryptophan-, Gliadin durch hohen Aminostickstoffgeh. ausgezeichnet. Die rechner. Auswertung gestattet die Best. mit einem Fehler von +10%. Zur Extraktion ist NaCl am besten geeignet. (Cereal Chem. **31.** 29—37. Jan. 1954. Albany, Calif., Western Reg. Res. Labor., Bureau of Agricult. and Ind. Chem.) M. W. ROTHE. 7798

F. J. McArdle und **N. W. Desrosier,** *Bestimmung des Pericarp-Gehaltes von Süßmais.* 100 g Maiskörner werden mit der 2fachen Menge W. im WARING-Blender zerkleinert, das Material wird auf ein gewogenes kleines 30-Maschensieb übergeführt u. so lange ausgewaschen, bis nur das zerkleinerte Pericarp zurückbleibt. Das Sieb wird nach äußerlichem Abtrocknen in Aceton getaucht, dieses unter Erwärmen abgedampft u. der so getrocknete Rückstand gewogen. (Canner **118.** Nr. 22. 9—11. 31/5. 1954. Lafayette, Ind., Purdue Univ., Agric. Exp. Stat.) KRUSEN. 7806

L. Hartman, C. N. Hooker und **Hannah E. Watt,** *Colorimetrische Bestimmung von Fettperoxyden in Fleisch.* 2 g feinzerschnittenes Fleisch werden in einem großen Reagensglas mit 20 ml einer Mischung von n-Propanol u. Xylol (1:1) übergossen, 10 Min. unter Schütteln bei 60° gehalten, abgekühlt, 10 g wasserfreies Na_2SO_4 zugesetzt, 2 Min. geschüttelt u. filtriert. 10 ml Filtrat werden mit 0,2 ml einer 1%ig. alkoh. Lsg. der Leukobase von 2.6-Dichlorphenolindophenol-Leukobase u. 0,5 ml Eisessig versetzt, 10 Min. in ein sd. Wasserbad gehalten, abgekühlt, wieder auf 10 ml gebracht u. der Extinktionskoeff. bestimmt. Die Lsg. der Leukobase wird durch Doppelbest. mehrerer Proben unter Vgl. mit dem $Fe(SCN)_3$-Verf. nach SMITH (C. **1953.** **146**) geeicht. (New Zealand J. Sci. Technol., Sect. B **35.** 307—10. Jan. 1954. Wellington, Dep. of Sci. and Ind. Res.) KRUSEN. 7850

H. Mengebier, *Die Einstellung der Kesselmilch auf den Fettgehalt.* Vf. empfiehlt zur Berechnung des einzustellenden Fettgeh. in Käsereimilch zur Erzielung eines besonderen Fettgeh. des Käses den Rechenschieber von ACKERMANN u. beschreibt dessen Handhabung. (Molkerei-Ztg. **8.** 655—56. 27/5. 1954. Hameln, MLUA.) KRUSEN. 7860

Lloyd Bryan Jensen, Microbiology of meats. 3rd ed. Champaign, Ill.: Garrard Press. 1954. (438 S., Diagr.) $ 6,—.

A. A. Ssokolow, Technisch-chemische Kontrolle in der fleischverarbeitenden Industrie. Pischtschepromisdat, 7 Rbl. 40 Kop. [russ.]

XVII. Fette. Seifen. Wasch- u. Reinigungsmittel. Wachse. Bohnermassen usw.

M. M. Piskur, *Jährliche Literaturübersicht über Fette, Öle und Seifen.* 2. Mitt. (1. vgl. C. **1954.** 8697.) (J. Amer. Oil Chemists' Soc. **31.** 236—53. Juni 1954.) P. ECKERT. 7870

Paul I. Smith, *Die Umkehrreaktion von Sojabohnenöl.* Die durch den Lecithingeh. bewirkte Umkehr-Rk. u. dadurch bedingte Entwertung des Öls wird verhindert durch zweimaliges Waschen mit heißem W. u. eine dritte mit schwacher Säure. 100 g Citronensäure auf 5 t Öl verbessern die Wirkung. Auch eine Vorbehandlung der Bohnen durch schnelles Erhöhen des Wassergeh. um 4% u. anschließendes schnelles Trocknen mit Waschen u. Erhitzen des Öles auf 240° hat sich bewährt. (Amer. Perfumer essent. Oil Rev. **61.** 72. Jan. 1953.) MÜHLMEISTER. 7894

M. K. Jakubow und **L. M. Chramuschina-Puschkar,** *Die Raffination des schwarzen Baumwollsamenöls mit chemischen Bleichmitteln.* Bei der Raffination von schwarzem Baumwollsamenöl mit Na_2CO_3 (**I**) + Sulfit erhält man einen hellen u. wenig Neutralfett enthaltenden Soapstock. Es können $Na_2S_2O_4$, Na_2SO_3 (**II**), $Na_2S_2O_5$ u. $NaHSO_3$ verwendet werden. Die Raffination wird in 2 Stufen durchgeführt: 1. 100—200%ig. Überschuß an 35%ig. **I** + 2% **II** (bezogen auf das Rohöl); 4—6 Std. bei 50—55°. 2. 50—100%ig. Überschuß 12%ig. NaOH + 1% **II**; 30—35 Min. bei 30—35°, dann 4—5 Std. bei 50—55°. Die 2. Stufe kann unter Umständen auch ohne **II** durchgeführt werden. Der Soapstock der 1. Stufe ist hell, der der 2. Stufe dunkel. Ausbeute an raffiniertem Öl 80—90%, ohne Berücksichtigung des aus dem Soapstock noch zu gewinnenden Öles. Wegen der Eig. von Na_2O_2 (**III**) in NaOH + H_2O_2 zu zerfallen, kann III ebenfalls für die Raffination von minderwertigem schwarzem Baumwollsamenöl verwendet werden. Das NaOH bewirkt hierbei die Entsäuerung, das H_2O_2 red. das Gossypol u. andere Pigmente des Rohöles. Gearbeitet wird mit der 2fachen theoret. Menge 12—12,5%ig. III-Lsg. (berechnet auf die Acidität), 30—40 Min. bei 30—35° u. 1—2 Std. bei 50—55° unter Rühren. Der Soapstock wird abgelassen u., ohne zu rühren, auf 85—90° erhitzt, worauf das Fett sich von der Seife trennt. Letztere ist hellgelb u. enthält 4—8% Neutralfett bei einem Gesamtfettgeh. von 42—45%. Die Ausbeute an raffiniertem Öl beträgt, je nach dem Anfangsgeh. an freien Fettsäuren, 85—92%. Nach diesem Verf. raffiniertes Öl ist sehr hell u. entspricht in der Färbung höchstwertigem Öl. Die III-Meth. kann auch als 2. Stufe der oben beschriebenen Sulfitmeth. Verwendung finden. Hierbei werden nur ca. 1,5—2,0 kg III pro Tonne Rohöl verbraucht. (Маслобойно-Жировая Промышленность [Öl- u. Fett-Ind.] **17.** Nr. 7. 17—18. Juli 1952. Charkow, Polytechn. Inst.) H. V. PEZOLD. 7894

Hans-Dietrich Weckener, *Die Entwicklung der Margarineindustrie in wirtschaftlicher und technischer Hinsicht.* Die Entstehung u. Entw. der Margarinefabrikation (sie deckt heute den größten Teil des Fettbedarfs) werden geschildert. Die Arbeitsweise moderner Fabriken sowie ihre Rohstoffe (heute überwiegend gehärtetes Walöl) u. Zusatzstoffe (Aromastoffe, Emulgatoren, Farbstoffe, Vitamine, Konservierungsmittel, Nachweisstoffe) werden behandelt. (Dtsch. Chemiker-Z. **2.** 206—07. Mai/Juni 1950. Berlin.) SEIFERT. 7900

R. S. Shumard, D. J. Beaver und **M. C. Hunter,** *Ein neues Bacteriostaticum für Seifen. Beurteilung der biologischen und chemischen Eigenschaften von „Actamer", 2.2'-Thio-bis-(4.6-dichlorphenol).* Eine neu entwickelte, bakteriostat. wirksame Verb. [*Actamer,* 2.2'-Thio-bis-(4.6-dichlorphenol), I] wird beschrieben: F. 188°; $D.^{25}$ 1,73; n 1,66—1,71; farb-, geschmack- u. geruchloses, krist. Pulver, in W. sehr wenig lösl., in einigen organ. Lösungsmitteln leicht löslich. Die Verb. ist ungewöhnlich haltbar, ihr Dampfdruck sehr niedrig. I besitzt eine hohe Wirksamkeit gegen Mikroben; bes. akt. ist es gegen grampositive Bakterien, spezif. wirksam gegen grampositive Kokken, die einen großen Teil der ständigen Bakterienflora der Haut bilden u. zum Teil für den Körpergeruch verantwortlich gemacht werden. Nach einem 12tägigen Gebrauch von zu 2% in Seife verarbeitetem I wurde bei 12 Versuchspersonen die Zahl der Hautbakterien um durchschnittlich 97,4% herabgesetzt, bei 1% I-Geh. der Seife um 92%. I verhält sich pharmakol. günstig; es erzeugt keine Hautreizungen u. ist, im Tiervers. oral verabreicht, von geringer Toxizität. Die guten Eigg. der Verb. weisen auf seine Eignung als Bestandteil von Präpp. der persönlichen Hygiene (Seifen, Kosmetica) u. für besondere medizin. Anwendung hin. (Soap Sanit. Chemicals **29.** Nr. 1. 34—37. 90. Jan. 1953. St. Louis, Mo., Monsanto Chemical Co., Abt. Organ. Chemikalien.) SEIFERT. 7910

K. H. Martens, *Darstellung und Eigenschaften von Alkylsulfaten.* Ausführliche Übersicht über Herst., Reinigung u. Eigg. von Alkylsulfaten ($R \cdot O \cdot SO_3H$). Ausgangsprod. sind Fettalkohole mit 10—18 C-Atomen. Herst. durch Veresterung von gesätt. u. ungesätt. Alkoholen, Oxoalkoholen u. aus Olefinen. (Seifen-Öle-Fette-Wachse **79.** 49—51. 4/2. 78—79. 18/2. 1953.) BÖSS. 7912

—, *Gluconsäure in Reinigungsmitteln.* Na-Gluconat verhindert die Bldg. von Ndd. in Lsgg. von Soda in hartem W., wobei im allg. 5—10% Gluconat, berechnet auf Soda, erforderlich sind. Na-Gluconat findet daher Anwendung beim Reinigen von Flaschen u. Metallbehältern in der Milchwirtschaft u. in der Lebensmittelindustrie. Die Reinigung von Gefäßen mit Gluconsäure in Verbindung mit Dampf beschreibt A. P. 2 424 049. Angewendet wird das Na-Salz noch in der Textilindustrie, um Kalkablagerungen auf den Geweben zu verhindern. Die Gewinnung der Gluconsäure erfolgt meist durch Oxydation von Glucose u. anderen Kohlenhydraten auf fermentativem Wege (Aspergillus niger). Die Ungiftigkeit u. geringe Korrosionswrkg. sind die wichtigsten Eigg. der Gluconsäure. (Soap Sanit. Chemicals **29.** Nr. 1. 71—73. Jan. 1953.) SEIFERT. 7916

T. R. Kasturi, N. L. Narayana Murthy und **B. H. Iyer,** *Mikrobestimmung der Jodzahl in pflanzlichen Ölen durch Hydrierung.* Von zehn pflanzlichen Ölen, Maleinsäure, Monomethylfumaraten u. Methyloleaten wurden die JZZ. in der „Tower"-Hydrierungsapp. bestimmt. Nach Sättigung des Katalysators (10—15 mg) in 5 ml Eisessig wird die Substanz (10—20 mg) mit H_2 bei Zimmertemp. hydriert, bei dunklen Ölen bei 50—60°. Der Vgl. der JZZ. durch Hydrierung mit den Werten nach den HÜBL- u. WIJS-Methoden zeigte, daß bei Verwendung dunkler Öle nur die niedrigen Werte vergleichbar sind. (Current Sci. **22.** 174. Juni 1953. Bangalore, Indian Inst. of Sci., Dep. of Organ. Chem.) KIESSIG. 7932

N. A. Kaminski, *Eine Methode zur Margarineanalyse.* 1. Mitt. Man schüttelt 50—100 g Margarine (30—35°) 5 Min. auf einem Spezialmischapp., bestimmt in einem Teil den Wassergeh., zentrifugiert einen weiteren Anteil bei 60—65° u. ermittelt im Serum mittels eines Zuckerrefraktometers die Trockensubstanz, den NaCl-Geh. durch Titration mit $AgNO_3$. Man berechnet den Zucker- u. Fettgeh. nach Formeln u. Tabellen, welche Korrekturbeträge für die Fehler enthalten, die durch die Ablesung an der für die Saccharosebest. geeichten Refraktometerskala entstehen. (Маслобойно-Жировая Промышленность [Öl- u. Fett-Ind.] **18.** Nr. 6. 22—24. Juni 1953. Saporoshje, Fettkombinat.) SCHMEISS. 7934

N. A. Kaminski, *Eine Methode zur Margarineanalyse.* 2. Mitt. *Die Bestimmung des prozentualen Fettgehaltes in den Retouren von Margarine und in Butter.* (1. vgl. vorst. Ref.) Wenn der Wassergeh. von Retourmargarine für die Anwendung der Komplexmeth. (vgl. vorst. Ref.) zu gering ist, setzt man auf der Spezialmischmaschine einer Probe von 80—120 g eine passende Menge W. zu. Die Ergebnisse werden nach Formeln berechnet, welche die je nach der Zus. des Materials entstehenden systemat. Fehler empir. korrigieren. (Маслобойно-Жировая Промышленность [Öl- u. Fett-Ind.] **18.** Nr. 6. 24—25. Juni 1953.) SCHMEISS. 7934

N. A. Kaminski, *Eine Methode zur Margarineanalyse.* 3. Mitt. *Die Bestimmung von Zucker und Salz in Lösungen, die für die Gewinnung von Margarine verwandt werden.* (2. vgl. vorst. Ref.) Der Zuckergeh. wird polarimetr. ermittelt, der Salzgeh. refraktometrisch. Der auf den Zucker entfallende Anteil des Brechungsindex wird einer Tabelle entnommen. (Маслобойно-Жировая Промышленность [Öl- u. Fett-Ind.] **18.** Nr. 6. 25. Juni 1953.) SCHMEISS. 7934

Sidney Daniel Chaloner, The Bache, **David McNicoll,** Dee Banks, und **Hugh Thomas Noble,** Upton Lane, England, *Entölen gebrauchter Bleicherden.* Man erhitzt die Erden in Ggw. von Seife (I) oder synthet. Waschmitteln mit Alkalien, wobei die I auch erst während des Erhitzens aus dem Öl der Erden entstehen kann. (**E. P. 707 224** vom 25/3. 1950, ausg. 14/4. 1954.) LÜTTGEN. 7873

Kraft Foods Co., Chicago, Ill., V. St. A., *Desodorisieren fetter Öle.* Man erhitzt die Öle, bes. stark ungesätt. Öle, wie Sojaöl oder Tran, unter Vakuum, bes. unterhalb 5 mm Hg, partieweise unter gleichzeitigem Einleiten von Dampf schnell auf 500 bis 600° F, wobei die Behandlungsdauer zur Vermeidung von Zerss. möglichst kurz gehalten wird, u. erniedrigt die Temp. allmählich auf ca. 350° F. Die jeweils aufgefangenen Kondensate enthalten wertvolle Begleitstoffe der Öle, z. B. *Tocopherole.* Die Öle können vorteilhaft noch warm hydriert werden. Man erhält in jedem Falle Prodd., die keinen Geruch reversibel entwickeln. — Zeichnungen u. Diagramme. (**E. PP. 701 631, 701 632** u. **701 633** vom 17/10. 1949, ausg. 30/12. 1953.) LÜTTGEN. 7875

National Cylinder Gas Co., Chicago, Ill., V. St. A., *Desodorisieren von Ölen und Fetten.* Die Behandlung erfolgt in einer Kolonne mit mehreren übereinander angeordneten Kammern, deren jede spezielle Heiz- u. Dampfvorrichtungen aufweisen. — Zeichnung. (**E. P. 704 298** vom 10/10. 1949, ausg. 17/2. 1954. A. Prior. 16/10. 1948.) LÜTTGEN. 7875

Girdler Corp., Louisville Ky., V. St. A. (Erfinder: **Alton Edward Bailey**), *Bleichen von fetten Ölen oder Petroleum.* Das zu bleichende Material wird in der 1. Stufe durch Leiten über aus der 2. Stufe stammende, teilweise verbrauchte Bleicherde vorgebleicht u. in der 2. Stufe mit frischer Bleicherde fertiggebleicht. — Zeichnung. (**E. P. 700 234** vom 24/8. 1949, ausg. 25/11. 1953. A. Prior. 4/11. 1948.) LÜTTGEN. 7887

Colgate-Palmolive-Peet Co., Jersey City, N. J., übert. von: **Henry Arnold Goldsmith,** Long Island City, N. Y., V. St. A., *Trennung von Mono- und Diglyceriden* erfolgt durch Fl.-Fl.-Extraktion mit W., einem 1 wertigen aliphat. Alkohol C_1—C_4 u. einem niedrigsd. aliphat. KW-stoff, wie n-Heptan, Octan u. dergleichen. (**A. P. 2 651 646** vom 4/3. 1950, ausg. 8/9. 1953.) MÜLLER-MEININGEN. 7889

Gordon Wilson MacIlwaine, Southwold, England, *Entölen von Ölsaaten.* Die zerkleinerte Saat wird mit Hilfe von zwei koaxialen, senkrechten Rohren, die gegenläufig rotieren, ausgepreßt. Man erhält lockere, für Verfütterungszwecke geeignetere Rückstände als bei Extraktion mit Schneckenpressen. — Zeichnung. (**E. P. 706 683** vom 23/12. 1949, ausg. 7/4. 1954.) LÜTTGEN. 7895

J. E. Stroschein, Chemische Fabrik, Bad Ems (Erfinder: **Ernst Kofranyi,** Dortmund), *Desodorieren von Fischleberölen,* dad. gek., daß man das Öl in Ggw. von Glycerin (I) einer Vakuumdest. bei möglichst niederer Temp. unter Luftausschluß so lange unterwirft, bis das I vollständig abdest. ist. (**D. B. P. 913 569** Kl. 23a vom 6/3. 1952, ausg. 14/6. 1954. Anmeldung bekanntgemacht 17/9. 1953.) LÜTTGEN. 7899

E. F. Drew & Co., Inc., New York, N. Y., V. St. A. (Erfinder: **George Barsky**). *Härten von Ölen durch Umestern.* Man tauscht die in den Ölen, bes. Cocosöl, als Glyceride vorliegenden niederen Fettsäuren gegen C_{12}—C_{18}-Säuren aus, indem man ein Gemisch der beiden Komponenten unter Zusatz von 0,1—9,5% ZnO oder Borsäure unter Vakuum erhitzt u. die freiwerdenden niederen Säuren abdestilliert. Das umgeesterte Fett kann durch Hydrieren noch weiter gehärtet werden. — Zeichnung. (**E. P. 706 562** vom 17/4. 1951, ausg. 31/3. 1954.) LÜTTGEN. 7903

Roger V. T. Grignard, Frankreich, *Hautreinigungsmittel* für Verwendung ohne W., bestehend aus einer Emulsion oder Suspension einer plast. Masse. — Man verwendet z. B. 53 (Gewichtsteile) Latex (75%ig), 43 W., 3,5 Dickungsmittel u. 0,5 Parfüm. (**F. P. 1 014 816** vom 20/3. 1950, ausg. 22/8. 1952.) M. F. MÜLLER. 7911

VEB Fettchemie und Fewa-Werk, Karl-Marx-Stadt (Erfinder: **Fritz Püschel** und **Herbert Frotscher,** Karl-Marx-Stadt, und **Kurt Burgdorf,** Siegmar-Schönau), *Herstellung von oberflächenaktiven Sulfonierungserzeugnissen.* Polymethylenoxyde sowie deren Substitutionsprodd., soweit sie keine freien OH- oder NH_2-Gruppen enthalten, werden zusammen mit Sulfonsäuren bzw. deren Ester mit sulfonierenden Mitteln, welche wasserbindende Zusätze enthalten können, behandelt u. danach mit anorgan. oder organ. Basen neutralisiert. — In ein Gemisch von 1 Mol Paraffincarbonsäure mit einer mittleren Kettenlänge von C_{12} u. 1,1 Mol Pentamethylenoxyd werden 1,1 Mol $ClSO_3H$ nach u. nach eingetragen, wobei man die Temp. bis ca. 80° steigen läßt. Es wird neutralisiert. Man erhält ein klar lösl. Erzeugnis mit oberflächenakt. Eigenschaften. Dispergier-, Netz-, Reinigungs- u. Waschmittel. (**D. P. [DDR] 2 833** Kl. 12q vom 21/9. 1943, ausg. 12/8. 1953 [Wirtschaftspatent].) M. F. MÜLLER. 7913

Koppers Co., Inc., übert. von: **William H. Hill,** Pittsburgh, Pa., V. St. A., *Reinigungs- und Schutzmittel für Metalle,* bes. zum Entfernen von Oxyden u. anderen Korrosionsprodd. von den Metalloberflächen. Den üblichen sauren Reinigungslsgg. werden geringe Mengen eines Reaktionsprod. eines Aldehyds (CH_2O, Acet-, Butyr-, Croton-, Salicyl-, Benz- oder Zimtaldehyd, Acrolein, Furfurol oder Glyoxal) mit einem Aminsalz der Rhodanwasserstoffsäure, dessen Amin-N Teil eines heterocycl. Ringes ist. Zur Herst. dieses Prod. wird z. B. ein Thiocyanat von Pyridin, α-Picolin, 2.6-Lutidin, Chinolin, Chinaldin, Nicotin, Piperidin, Morpholin, Morpholinbiguanid, Phenylmorpholin, Phenylmethylpyrazolon oder cycl. Amiden, wie Melamin, Formoguanamin, Acetoguanamin, Melam, Melem oder 2.4.6-Trihydrazino-1.3.5-triazin zu 1 Mol mit 2 Mol Aldehyd 2—5 Std. unter Rückfluß erhitzt. (**A. P. 2 606 155** vom 26/11. 1946, ausg. 5/8. 1952.) GRÄGER. 7917

Edmund Forster, Wien, Österreich, *Illuminationslichter.* Man trägt mit Fettstoffen getränkte Cellulose (**I**) oder Stärke (**II**) oder **I**- oder **II**-Prodd. in eine mindestens 90° heiße Schmelze ein, die aus mindestens 50(%) NH_4NO_3, <10 dieFlamme färbenden Stoffen (bei Sr-Verbb. bis zu 15) u. 2—5 W. besteht, kühlt unter Rühren bis zum Erstarren, granuliert u. preßt in die gewünschte Form. (**E. P. 705 109** vom **12/11. 1951**, ausg. 10/3. 1954. Oe. Prior. 24/11. 1950.) LÜTTGEN. 7921

Pierre Bugard, Paris, Frankreich, *Gewinnung von Wollfett.* Man leitet Luft durch das Wollwaschwasser, trennt den entstandenen Schaum ab, verflüssigt ihn durch Erhitzen auf 80—90° u. trennt das Wollfett, z. B. durch Zentrifugieren, ab. — Zeichnung. (**E. P. 709 567** vom 12/6. 1951, ausg. 26/5. 1954. F. Prior. 29/6. 1950.) LÜTTGEN. 7925

Herbert Manneck, Moderne Wasch- & Reinigungsmittel. H. 5. 6. Garmisch-Partenkirchen: Fachliteratur-Ermittlungs- u. Berichtsdienst f. Industrie u. Forschung 1953—1954. 5. Fettsäurekondensationsprodukte und nichtionogene Waschrohstoffe. 1953. (62 gez. Bl.) 6. Alkylaryl-Sulfosäuren und -Sulfonate. 1954. (50 gez. Bl.) je DM 20,—.

XVIIIa. Holz. Cellulose. Zellstoff. Papier. Papierdruck. Celluloid. Linoleum.

W. I. Scharkow, W. A. Jefimow, W. Ss. Muromzewa und **A. W. Zalikowa,** *Zur Frage der chemischen Uneinheitlichkeit des Stammholzes der Kiefer und der Tanne.* Die Unters. von Holzproben aus verschied. Höhe u. verschied. Entfernung von der Peripherie des Stammes von 120jährigen Bäumen von Pinus silvestris u. Picea excelsa ergab bei Kiefer ein kontinuierliches Absinken des *Harz*-Geh. mit der Höhe u. nach der Peripherie hin. Bei Tanne sind die Verhältnisse unübersichtlicher. Die Menge an flüchtigen Säuren, die zu 96,5—98% aus *Essigsäure* u. zu 2,0—3,5 aus *Ameisensäure* bestehen, steigt vom Zentrum zur Peripherie an. Dagegen fällt der Geh. an *Pentosanen* u. *Xylan* vom Zentrum zur Peripherie, ihre Menge nimmt nach oben hin zu. Die *Mannan*-Menge steigt mit der Baumhöhe u. beim Übergang vom Zentrum zur Peripherie an. (Журнал Прикладной Химии [J. angew. Chem.] **26.** 626—39. Juni 1953.) ULMANN. 7952

W. I. Scharkow, W. A. Jefimow und **W. Ss. Muromzewa,** *Über den Einfluß der Wuchsbedingungen auf die chemische Zusammensetzung von Tannenholz.* (Vgl. vorst. Ref.) Die Unters. des Holzes von 100jährigen Tannen, die unter verschied. Lichtverhältnissen gestanden hatten, ergab, daß die verschieden günstigen Wuchsverhältnisse auf den Geh. des Holzes an *Pentosanen* (I), *Methylpentosanen* (II) u. *Mannan* (III) kaum von Einfl. sind; dagegen ändert sich die Menge dieser Stoffe mit dem Ort der Probenahme im Stamm. Beim Übergang vom Zentrum zur Peripherie verringert sich kontinuierlich der Geh. an I u. steigt der Geh. an II u. III. Der I-Geh. steigt kontinuierlich zum Baumwipfel hin, der Geh. an II u. an III fällt hingegen ab. Jedem Jahresring entspricht eine bestimmte chem. Zusammensetzung. (Журнал Прикладной Химии [J. angew. Chem.] **27.** 92—96. Jan. 1954.) ULMANN. 7952

Leopold Vorreiter, *Holzkonstituenten und Raumquellung des Holzes.* Versucht man, die Raumquellung des Holzes mit dem Cellulose- oder Ligningeh. in Zusammenhang zu bringen, so stellt sich eine völlige Unabhängigkeit heraus. Anders steht es mit dem Anteil an Polyosen. Für die Raumquellung in Abhängigkeit vom Polyosengeh. ergibt sich ein parabol. Verlauf von der Form $a_{v\,max} = a + b \cdot p^x$. Zur näheren Klärung der Zusammenhänge wurden Extraktionsverss. durchgeführt, über die berichtet wird. Nach der alkal. Kochung wiesen die Holzproben eine wesentlich höhere Quellung auf als die unbehandelten Proben. Allerdings ergab sich ein Widerspruch zwischen den Ergebnissen der statist. Unterss. u. den Verss. bei der Frage des Einfl. des Polyosengeh. auf die Raumquellung. Im ersteren Falle ergab sich eine Zunahme der Raumquellung mit dem Polyosengeh., während im zweiten Falle ein deutliches Absinken der Raumquellung beobachtet wurde. — 18 Literaturnachweise. (Holz als Roh- u. Werkstoff **12.** 223—26. Juni 1954.) P. ECKERT. 7952

Roland O. H. Runkel, *Die Sorption der Holzfaser in morphologisch-chemischer Betrachtung.* Die Bedeutung des chem. Aufbaues der Hölzer für die Sorption u. Quellung in W. wird diskutiert u. neben der Cellulose den Hemicellulosen (Holzpolyosen) eine wichtige Rolle bei der sorptiven Wasserbindung zugewiesen. In gleicher Weise kommt in Faserpräpp. (z. B. Holocellulose) u. techn. Faserprodd. (Halbzellstoffen u. Zellstoffen) den sorptiven Kräften der Hemicellulose erhebliche Bedeutung zu. Die Ablagerung der chem. Inhaltsstoffe in den natürlichen Faserzellwänden u. in den mehr oder weniger denaturierten Faserprodd. beeinflußt in hohem Maße im morpholog. heterogenen, retikulardispersen Syst. wirksam werdende Kräfte der Quellung u. Schwindung. — 34 Literaturnachweise. (Holz als Roh- u. Werkstoff **12.** 223—26. 226—32. Juni 1954.) P. ECKERT. 7952

H. F. Rance, *Fortschritt der Zellstoff- und Papiertechnologie im Jahre 1952.* Zusammenfassung der Herst. von Zellstoff aus Bagasse, Rinde u. Sägemehl, von Holzschliff u. Papier, von Verff. des Bleichens u. Mahlens sowie der Erforschung der Cellulosefeinstruktur u. der Zellstoffaserstruktur u. der Papierprüfung. — 83 Literaturangaben. (Paper-Maker Brit. Paper Trade J. **126.** 34—44. Juli 1953. Wiggings Teape & Co. (1919), Ltd.) H. BECKER. 7956

Joseph E. Atchison, *Verwendung der Zuckerrohrbagasse in der Zellstoff- und Papierindustrie.* Ident. mit der C. **1953.** 3169 referierten Arbeit. (Int. Sugar J. **56.** 42—44. Febr. 1954.) ULMANN. 7956

R. F. Burdinsky und **K. A. Kobe,** *Alphacellulose aus Baumwollinters nach Lösungsmittelextraktion.* Die nichtcellulos. Bestandteile von Baumwollinters (I) sind hauptsächlich Fette u. Wachse. In einer beschriebenen halbtechn. Versuchsanlage wurde untersucht, wie sich eine Extraktion mit Isopropylalkohol auf die anschließende Reinigung von I durch Kochen mit Na_2CO_3-Lsg. auswirkt. Vff. stellen fest, daß bei vorheriger Lösungsmittelextraktion der Wachse der Kochprozeß schneller u. einheitlicher abläuft, außerdem genügen dann niedrigere Tempp. u. geringere Na_2CO_3-Konzentration. Die extrahierten Wachse können bei Rückgewinnung des Lösungsm. als wertvolle Nebenprodd. gewonnen werden. Vergleichskochungen von vorher extrahiertem u. rohem Lintersmaterial erwiesen erhebliche Qualitätsverbesserungen des Endprod. nach vorheriger Extraktion bzgl. Viscosität u. *DP*, da zum Erzielen des gleichen Reinheitsgrades mildere Kochbedingungen angewandt werden können. (Tappi **36.** Nr. 6. 248. 1953; referiert nach: Papier **8.** L57—58. Juni 1954.) P. ECKERT. 7956

B. D. Grubstein, *Die Gewinnung von Strohhalbstoff und Strohcellulose.* Zur besseren Ausnutzung von Stroh schlägt Vf. vor, an Stelle der üblichen Kalkkochung dem alkal. Aufschluß eine schwache Hydrolyse (H_2SO_4 oder H_2SO_3) vorauszuschicken, um einen Teil der Hemicellulosen zu entfernen. Das Hydrolysat kann zu Futterhefe weiterverarbeitet werden. Man erhält nach der Hydrolyse 60—65% an faseriger M., aus welcher nach dem Aufschließen 32—35% vom Ausgangsstroh an ungebleichter Cellulose erhalten werden. 1 t Stroh gibt bis zu 140 kg Hefe u. 600 kg Strohhalbstoff für Pappe oder 300 kg gebleichte Cellulose für bessere Papiere. Es werden die verschied. Schemata für die Durchführung der vorgeschlagenen technolog. Prozesse gebracht. (Бумажная Промышленность [Papier-Ind.] **29.** Nr. 2. 15—18. März 1954.) ULMANN. 7958

R. I. Hirvin und **W. T. Brown**, *Spezifische Wärme von Sulfat-Schwarzlauge.* Durch Messung der Aufheizungs- u. Abkühlungsgeschwindigkeit einer Probe in einem DEWAR-Gefäß während wechselnder Heiz- u. Kühlperioden bestimmten Vff. die spezif. Wärme von Schwarzlauge (I) im Temperaturbereich von 38—93°. Der Faserstoffgeh. der untersuchten Laugen mit durchschnittlich 70,8% organ. Substanz schwankte zwischen 4,9 u. 52,6%. Die Versuchsergebnisse zeigen, daß die spezif. Wärme bei Erhöhung der Temp. anwächst u. mit steigendem Faserstoffgeh. fällt. Diese Tendenzen hatten in Übereinstimmung mit der Natur u. dem Verh. aller organ. u. anorgan. Bestandteile der I für alle untersuchten Variationsbereiche Gültigkeit. Es wird eine empir. Gleichung entwickelt, die es gestattet, die spezif. Wärme bei bestimmter Temp. u. gegebenem Faserstoffgeh. zu berechnen. Die erhaltenen Daten können zu Tempp. u. Konzz. extrapoliert werden, die in der verwendeten App. bei Atmosphärendruck nicht realisierbar sind. Die Extrapolation ermöglicht die Aufstellung einer vereinfachten empir. Gleichung, in der die spezif. Wärme als Funktion der Konz. allein wiedergegeben wird u. bei der die Temp. in den Wert der Konstanten eingeht. Die Meßergebnisse sind tabellar. zusammengefaßt u. graph. ausgewertet. In einer Abb. wird die Versuchsapp. wiedergegeben. Die Ausführung der Best. wird genau beschrieben, u. in einem Beispiel wird die rechner. Auswertung der Meßergebnisse erläutert. (Tappi **36.** Nr. 6. 270. 1953; referiert nach: Papier **8.** L 55—56. Juni 1954.) P. ECKERT. 7960

I. Ss. Chutorschtschikow, *Das Kochen von Birkenholz nach dem Sulfatverfahren.* Im Laboratoriumsvers. mit jeweils 400 g Birkenholzspänen (14,5% Feuchtigkeit) wird festgestellt, daß sich das Sulfatkochverf. auch für Birke eignet. Bei einem Alkaliverbrauch von 18—21% u. einer Kochdauer von ca. 3 Std. bei 170—175° wird ein Zellstoff von mittlerer Härte mit guten mechan. Eigg. in einer Ausbeute von ca. 50% erhalten. Auch in Mischung mit an derenLaubhölzern u. sogar Nadelhölzern ist eine erfolgreiche Sulfatkochung durchführbar. (Бумажная Промышленность [Papier-Ind.] **28.** Nr. 12. 22—25. Dez. 1953. Kirow-Forst-Akad.) ULMANN. 7960

Olavi Perilä, *Über den Einfluß der Kochbedingungen auf die Eignung eines Birkensulfitzellstoffes für Viscose.* Nach einer Literaturübersicht über den Einfl. der Zellstoffeigg. auf die Filtrierbarkeit von Viscose u. die Güte der daraus erzeugten Kunstfasern wird über Kochverss. von Birke (I) mit Variierung des Geh. der Kochsäure an SO_2 u. CaO berichtet, weiter über den Einfl. der Verwendung von solchem I, das von Schwarzfäule befallen ist. Dann werden Verss. über den Einfl. der Veredelung des Stoffes mit heißer NaOH sowie der Absiebung der kurzen Fasern auf die Qualität des gebleichten Stoffes aus I mitgeteilt. Es ergab sich u. a., daß bei höherem SO_2-Geh. der Kochsäure, bei gleichem CaO-Geh. u. höherer Kochtemp. eine höhere Ausbeute an α-Cellulose, bezogen auf Holz, u. bessere Filtrierbarkeit der Viscose erzielt werden. Wird dagegen bei gleichem SO_2-Geh. der CaO-Geh. verringert, so erhält man zwar auch Stoff mit höherem α-Geh., aber die Ausbeute an α-Cellulose, bezogen auf Holz, ist dann geringer. Stärker befallenes I gibt Zellstoffe mit schlechteren chem. Daten. Die Absiebung von 12,6 Gew.-% kurzer Fasern verringerte den Cl-Bedarf des Stoffes bei der Chlorierung vor der Bleiche von 1,2 auf 0,2% u. verringerte die Trübung der Viscose. — 9 Tabellen, 69 Schrifttumshinweise. (Paperi ja Puu **35.** 139—54. 1953. Helsinki, Finnland-Inst. für Technol., Labor. für Holzchem.) BORCHERS. 7962

W. J. Darmstadt und **F. H. Richter**, *Einige wirtschaftliche Gesichtspunkte bei der Verbrennung von Sulfitablauge.* Einleitend wird ein kurzer Überblick über die techn. Verwendungsmöglichkeiten der Sulfitablauge gegeben. Eingehend betrachtet wird dann die Ablaugeverbrennung. Unter gegebenen Bedingungen liefert diese beträchtliche Wärmemengen. Die verschied. Operationen zur Wärmegewinnung werden beschrieben. Bzgl. der Rückgewinnung der Chemikalien wird auf das Mg-Bisulfitverf. hingewiesen, wofür Daten angeführt werden. (Tappi **36.** Nr. 6. 171 A. 1953; referiert nach: Papier **8.** L 55. Juni 1954.) P. ECKERT. 7962

J. B. Martin, *Die Nutzung von Ammonbisulfitablauge.* Es wird über die verschied. Verwendungsmöglichkeiten eingeengter Ammoniumsulfitablauge berichtet. Die Ablauge besteht im wesentlichen aus 50—60% Ammoniumligninsulfonaten u. 25—30% Zuckern bei einem N-Geh. von ca. 3,5%. Es werden eine große Anzahl industrieller Anwendungsmöglichkeiten der Ablauge in hochkonz. (ca. 45% Faserstoffe) u. in trockener Form angeführt. (Tappi **36.** Nr. 6. 175 A. 1953; referiert nach: Papier **8.** L 55. Juni 1954.) P. ECKERT. 7962

Hans Hebberling, *Die Emulgierkraft der Celluloseäther.* Im Gegensatz zu den Äthyl- u. Benzyläthern der Cellulose, die Lackrohstoffe darstellen, gewinnen Methylcellulose (durch Methylieren von Alkalicellulose unter Druck gewonnen) u. Celluloseglykolate (hergestellt durch Einw. von z. B. chloressigsaurem Na auf Alkalicellulose ohne Druck) immer mehr techn. Bedeutung als Leimbindemittel, Klebstoffe u. Emulgatoren. Bes. der Cellulosemethyläther ist durch hohes Dispergierungsvermögen ausgezeichnet. Letzthin werden „hochakt.", granulierte Methylcellulosen hergestellt, die sich bereits in 20 Min. auflösen, während gewöhnliche Ware (in Flockenform) zur Lsg. ca. 4 Std. benötigt. (Seifen-Öle-Fette-Wachse **79.** 313—14. 10/6. 1953. Oberschondorf/Ammersee.) SEIFERT. 7970

B. D. Smith und **L. B. Rogers,** *Bestimmungen von Pentosanen in hochveredelten Holzzellstoffen. Furfurolanalysenmethoden.* Pentosan (**I**)-Bestimmungsmethoden sind ungenau bei der Anwendung auf hochveredelte Zellstoffe u. einen **I**-Geh. von 1% oder darunter, da sie makroanalyt. Methoden auf die Best. von Mikroanteilen an Furfurol (**II**) verwenden, die bei der sauren Dest. entstehen. Lediglich die Anilinacetatmeth. (colorimetr.) kann gegenwärtig als Mikrometh. gelten, die auch spezif. für **II** ist, da sie Oxymethyl- u. Methylfurfurol nicht mit erfaßt. Die polarograph. Meth. ist in ihrer Empfindlichkeit geringer, doch auch noch weit günstiger als die TAPPI-Meth. für derartig niedrige **I**-Gehh., wie in einer Vergleichstabelle dargestellt wird. Vff. untersuchten als einfachste u. empfindlichste Meth. die UV-Absorption unter Anwendung des BECKMANN-DU-Spektrophotometers. Die Eichung der UV-Meth. wurde mit Standardlsgg. frisch dest. **II** in W. vorgenommen, deren Extinktionskoeffizienten gegen klares W. bestimmt wurden. Aus den erhaltenen Werten ist ersichtlich, daß 1 ml Destillat für die Best. ausreicht u. die HCl-Konz. die UV-Absorption nicht beeinflußt. Die Ergebnisse dieses Verf. werden verglichen mit solchen Werten, die nach der TAPPI–Br-Titrationsmeth. erhalten werden. Im Bereich von 1—3% **I**-Geh. betragen die Abweichungen der Parallelbestimmungen nach der TAPPI-Meth. 26% **I**, nach der UV-Meth. dagegen 0,05%. Bei einem **I**-Geh. von unter 1% ist ohnehin letztere vorteilhafter. Damit werden sowohl **II** als auch Oxymethyl-**II**, deren Absorptionskurven dicht beieinander liegen, zusammen erfaßt. Die Differenz zwischen einer colorimetr. Best. von **II** allein u. der UV-Best. kann damit auch mit genügender Genauigkeit eine Erfassung von fremden Aldehyden neben **II** ermöglichen. (Tappi **36.** 390. 1953; referiert nach: Papier **8.** L 57. Juni 1954.) P. ECKERT. 8006

Pechiney Comp. de Produits Chimiques et Électrométallurgiques, Paris, und **Progil Soc. An.,** Lyon, Frankreich, *Imprägnierung von trockenem Holz zum Schutz gegen Kryptogamen- und Insektenbefall.* Die zu imprägnierenden Hölzer werden in geschlossenen Behältern mit ca. 0,5—10%ig. Lsgg. von Alkalipolychlorphenolaten, bes. Alkalidi-, -tri-, -tetra- oder -pentachlorphenolaten, behandelt, die Alkaliortho-, -meta- oder -polymetaphosphate u. gegebenenfalls noch Farbstoffe enthalten. Zur Herst. der Lsgg. kann n. Leitungswasser verwendet werden, wobei Fällungen von Erdalkaliphenolaten verzögert werden. Die Eindringtiefe der Lsgg. in das Holz wird erhöht. (**Schwz. P. 295 456** vom 9/1. 1952, ausg. 1/3. 1954. F. Prior. 25/1. 1951.) KARST. 7953

Chadeloid Corp., Wilmington, Del., übert. von: **John W. Mayers,** Grosse Ile, Mich., V. St. A., *Gemisch zum Beizen und Füllen von Holz.* Das Gemisch besteht aus 40 (Teilen) Manilagummi, 8 Diäthylenglykolmonoäthyläther, 4 Farbstofflsg. aus einem wasserlösl. Anilinfarbstoff in Tetrahydrofurfurylalkohol dispergiert, 30 $CaCO_3$, das mit Harz überzogen ist, 4 weißem Holzmehl, 2 gebrannter Umbra, 4 akt. Kohle, 13 Methanol, 33 Toluol u. einem als Verdünnungsmittel dienenden Gemisch aus 5 Methanol u. 12 Toluol. Die M. kann in einem Arbeitsgang auf das Holz aufgetragen werden, zeichnet sich durch große Farbstabilität u. hohen Glanz aus u. dringt tief in die Poren des Holzes ein. (**A. P. 2 632 710** vom 21/7. 1949, ausg. 24/3. 1953.) KARST. 7953

Phrix-Werke Akt.-Ges., Deutschland, *Gleichzeitige Herstellung von Furfurol und Cellulose.* Man behandelt das vegetabil. Ausgangsmaterial zur Entfernung von Wachsen, Harzen u. Fetten mit Wasserdampf oder Lösungsmitteln u. hydrolysiert die Pentosane u. Hemicellulosen bei 75—140° unter möglichster Vermeidung von Wasserdampfbldg. mit verd. HCl oder H_2SO_4 in Ggw. eines nur Furfurol lösenden Lösungsm. (z. B. Tetralin, Dekalin, „Perhydrid", 1-Methyl-4-isopropylcyclohexan). Nach beendeter Rk. trennt man die Furfurollsg. vom Rückstand, den man z. B. mit verd. NaOH bei 180° auf Cellulose verarbeitet. (**F. P. 1 000 442** vom 29/11. 1949, ausg. 12/2. 1952. D. Prior. 8/8. 1949.) OPPERMANN. 7955

Georg Jayme (Erfinder: **Georg Jayme,** Darmstadt, und **Günther Wörner,** Reinheim/Odenwald), *Alkalischer Aufschluß von Pflanzenstoffen* mit Natronlauge, die noch andere Na-Verbb., wie Na-Sulfid, -Carbonat, -Sulfit usw. enthalten kann, bei erhöhter Temp. u. Druck, dad. gek., daß die Lauge auch noch das stark reduzierende Natriumdithionit (I) enthält. Es kann eine Hydrolyse des Stoffes vorangehen u. eine Bleiche nachfolgen. — Beispiel: Fichtenholzschnitzel werden mit der 7,5fachen Menge Sulfatlauge, die 2 (%) Na, davon 65 als NaOH, 25 als Na_2S u. 10 als Na_2CO_3 enthält, nach 2std. Aufheizen 4 Std. bei Höchsttemp. 170° aufgeschlossen. Das Prod. hat bei 48,5 Ausbeute 4,91 Lignin u. 30,7 Weißgeh., unter gleichen Bedingungen, jedoch bei gleichzeitigem Zusatz von 0,48 g I/100 cm³ Lauge bei 49,6 Ausbeute 5,05 Lignin u. 37,8 Weißgehalt. (**D. B. P. 912 169** Kl. 55b vom 22/2. 1952, ausg. 24/5. 1954. Anmeldung bekanntgemacht 8/10. 1953.) G. VOGEL. 7959

Courtaulds Ltd., London (Erfinder: **Fred Crowther Aldred** und **Geoffrey Burdett Turner**), England, *Herstellung von Holzzellstoff nach dem sauren Bisulfitverfahren* mit überschüssigem SO_2, dad. gek., daß die Kochsäure in einem kontinuierlichen Kreislauf vom Kocher abgezogen u. über einen oder mehrere Erhitzer, ein Cu, z. B. Cu-Gaze, enthaltendes Gefäß, u. ein Gefäß zur Abscheidung von CuS aus der Säure in den Kocher zurückgeführt wird. — Beispiel: Kochsäure mit 6% Gesamt- u. 1,2% an Na_2O gebundenem SO_2 (Laugenverhältnis 4,5:1) wird im Erhitzer in 1½ (Std.) auf 110° gebracht u. 2½ bei dieser Temp. gehalten, dann in 1¼ auf 150° gebracht u. noch 100 Min. gehalten. Durch die Verwendung von Cu wurde die Zellstoffausbeute auf 47% erhöht u. der Sulfatgeh. der Ablauge auf 0,2% herabgesetzt. (**E. P. 703 102** vom 20/6. 1952, ausg. 27/1. 1954.) G. VOGEL. 7963

Robert Sancier Aries und **Arthur Pollak,** New York, N. Y., V. St. A., *Wiedergewinnung von Natriumsulfid und Soda aus den Ablaugen der Natriumsulfat- und Natriumsulfitkochung.* Die bei der Kochung von pflanzlichen Faserstoffen mit Na_2SO_4 oder Na_2SO_3 erhaltenen Ablaugen, bes. diejenigen der Papierherst., werden eingedampft, die festen Prodd. in Öfen verbrannt, die Rückstände geschmolzen u. die Schmelzen kontinuierlich mit einer im Kreislauf geführten heißen konz. Na_2S-Lsg., die Na_2CO_3 in Suspension enthält, behandelt. Das erhaltene Gemisch wird dann kontinuierlich mit W. versetzt, um das in den Verbrennungsrückständen enthaltene Na_2S zu lösen, worauf von dem Gemisch ein Teil der konz. Sulfidlsg. abgetrennt u. nach Abscheidung des festen Na_2CO_3 in das Verf. zurückgeführt wird. (**Schwz. P. 295 407** vom 14/6. 1951, ausg. 1/3. 1954.) KARST. 7963

Kurt af Schultén, Nagu, Finnland, *Herstellung von Zellstoff.* Holz oder ähnliche Faserstoffe werden unvollständig aufgeschlossen u. dann mit Alkali u. einem Oxydationsmittel behandelt, wobei die Temp. niedrig gehalten werden muß, aber das O_2 des Oxydationsmittels voll verbraucht wird, worauf dann höchstens 1 Std. auf höhere Temp. erhitzt wird. Anschließend wird die M. vermahlen. (**Finn. P. 26 845** vom 19/10. 1951, Auszug veröff. 27/2. 1954.) JÜRGEN SCHMIDT. 7965

Rudolf Trümpler, Dietikon, Schweiz, *Herstellung von aktiviertem Lignin aus Sulfitablauge.* Man treibt aus der Lauge zunächst durch Einblasen von Luft freies SO_2 ab, fällt dann die Ligninsulfonsäure, behandelt die erhaltenen Ligninsulfonate mit H_2SO_4, wobei das unlösl. Sulfat entfernt wird, treibt SO_2 ab u. fällt erneut mit Salzsäure. Das Prod. dient bes. zur Herst. von in der Wärme zu behandelnden Kunstharzen. (**Finn. P. 26 635** vom 12/3. 1951, Auszug veröff. 30/11. 1953. Schwz. Prior. 20/4. 1950.) JÜRGEN SCHMIDT. 7967

W. J. Clark and Partners Ltd., England, übert. von: **Walther Eduard Asmus Simon,** *Stabilisieren von Cellulosederivaten,* bes. Benzylcellulose, gegen die Entw. von Benzaldehyd (I) durch Zusatz eines mit I reagierenden Stoffes bei 155—175°, bes. 160—170°. Solche Stoffe sind Harnstoff, Thioharnstoff, Aldehyde, Ketone, Verbb. mit akt. Methyl- oder Methylengruppe, Anhydride, etwa aus der PERKIN-Rk., HCN, Cyanide, Na-Äthylat, Amygdalonitril, Stoffe aus der CANNIZARO-Rk., Oxydationsmittel, P-Chloride, -Sulfide, H_2S, Mg_2Si, $Si(NH_2)_2NH$, $Na_2S_2O_5$, NH_3, Amine wie Pyridin, Hydrazin, Hydroxylamin, Isocyanate, $SiCl_4$, Si-Eester, Säuren. Die Reaktionsprodd. sind zum Teil gleichzeitig Plastiziermittel. (**F. P. 1 032 031** vom 3/2. 1951, ausg. 29/6. 1953. E. Prior. 3/2. 1950.) PANKOW. 7971

Deutsche Shell Akt.-Ges. (Erfinder: **Carl Zerbe**), Hamburg, *Leimen und Imprägnieren von Papierstoff,* dad. gek., daß dem Stoffbrei eine wss. Emulsion von Erdölharzbildnern u. Erdölharzen zugesetzt wird, die aus Erdölen, bes. deren durch Behandeln mit selektiven Lösungsmitteln (SO_2, Bzl. + SO_2, Furfurol, Phenol) gewonnenen Extrakten, dad. erhalten wurden, daß man Erdöl bzw. dessen Extrakt mit einem Adsorptionsmittel, z. B. Bleicherde, behandelt, durch Extraktion des Adsorptionsmittels mit unpolaren Lösungsmitteln, z. B. Bzn., die Nichtharze (Ölbestandteile) entfernt u. dann die Harzbildner u. Harze mit organ., polaren Lösungsmitteln (Alkohole, Ketone, Aldehyde, Cl–KW-stoffe) allein oder im Gemisch mit unpolaren Lösungsmitteln eluiert. Als Emulgator dient Harzleim. Die Harzgemische können durch Dest., Raffination usw. gereinigt sein. Die Fällung der Harze erfolgt im Stoff, dem zur Herst. von *Lederpappen* Lederfasern zugesetzt werden. Das Papier kann mit den Harzstoffen nachimprägniert werden. (**D. B. P. 905 572** Kl. 55f vom 14/2. 1943, ausg. 4/3. 1954. Anmeldung bekanntgemacht 28/5. 1953.) G. VOGEL. 7979

XVIIIb. Textilfasern.

J. S. Schofield, *Neuzeitliches Ausrüsten.* Neben der in großen Zügen beschriebenen Entw. der Ausrüstmethoden werden die theoret. Grundlagen zum Ausrüsten (falten- u. schrumpffest machen, Beschweren, Fixieren mechan. Effekte) von Baumwolle u. Viscoseseide gegeben. (Textile Weekly **53.** 1203—14. 23/4. 1954.) SCHOENMANN. 8032

James H. Hunter, *Die Verwendung von überhitztem Dampf als Trocknungsmedium.* An Hand von 2 Abb. wird der Vapojet Dryer der Fa. J. HUNTER, der unter Verwendung von überhitztem Wasserdampf arbeitet, beschrieben. Die Vorteile des Verf. werden besprochen. (Amer. Dyestuff Reporter **43.** P 236—P 238. 12/4. 1954. North Adams, Mass; James Hunter Mashine Co.) H. G. FRÖHLICH. 8038

J. W. Ballou, *Statische Elektrizität bei Textilien.* Die Grundlagen der elektrostat. Aufladung von Textilien werden behandelt u. der „Modulator" beschrieben, ein Gerät, welches das durch eine stat. Ladung erzeugte elektr. Feld moduliert, so daß Wechselstromverstärker verwendet werden können. Das Gerät eignet sich zur Messung von Größe, Vorzeichen u. Abfall der stat. Ladung auf Geweben. Ferner wird ein Meßgerät für Garne beschrieben. Meßdaten betreffen *Dacron, Orlon, Nylon* (I), *Acetat, Cordura.* Durch Reibungsverss. an Garn in jeder möglichen Kontaktkombination konnte eine elektrostat. Reihe aufgestellt werden. Positives Ende *Wolle* (**IV**), **I**, *Seide, Viscosereyon, Cordura, Baumwolle* (**III**), *Glasfaser, Ramie, Acetat, Dacron* (**II**), *Orlon, Polyäthylen, Saran* = negat. Ende (bei 15% relativer Feuchte). Mischgarne aus **I** u. **II**-Stapelfaser ergaben bei einem Anteil von 40% **I** beim Reiben auf einer chromierten Fläche keine Aufladung mehr. Für **III** liegt der Nullpunkt bei 70% **I**-Anteil. In Mischungen aus **IV** u. **II** wurde eine gegen eine chromierte Oberfläche elektrostat. neutrale Zus. bei 15% **IV** gefunden. Diese Meth. der Bekämpfung der elektrostat. Aufladung durch Mischung von Stapelfasern ist dadurch begrenzt, daß die optimale Zus. von der reibenden Oberfläche abhängt. Zum Schluß werden Zahlen über die Leitfähigkeit von Geweben aus den genannten Fasern bei Feuchten zwischen 15 u. 65% angegeben. (Textile Res. J. **24.** 146—55. Febr. 1954. Wilmington, Del., E. I. du Pont de Nemours, Textile Fibers Dep.) ZAHN. 8040

P. B. Marsh, K. Bollenbacher, M. L. Butler und **G. V. Merola,** *Das relative Ansprechen gewisser Eigenschaften der Baumwollfaser auf mikrobiologische Einwirkung.* Rohbaumwolle (**I**) u. ungebleichtes Baumwollgewebe wurden bis zu 28 Tage lang in einer mit Wasserdampf gesätt. Atmosphäre mit Pilzkulturen (Cladosporium, Fusarium monoliforme, Alternaria) gehalten u. anschließend die Fasereigg. gemessen. Die p_H-Werte der wss. Extrakte von **I** (Zunahme) u. der Geh. an Cu reduzierenden Substanzen (Abnahme) änderten sich rasch u. deutlich. Der Quellungsgrad in 18%ig. NaOH u. die Kongorotwerte änderten sich während der ersten Tage wenig, nahmen dann progressiv zu. Die Adsorption des Direktfarbstoffs Chlorantinechtgrün eines mit Cladosporium beimpften u. anschließend mercerisierten **I**-Gewebes war stark erhöht. Dagegen zeigte die Einzelfaser- u. Gewebestreifenfestigkeit keine bzw. in einem Falle nur eine geringe Abnahme im Gegensatz zu früheren Literaturangaben. (Textile Res. J. **24.** 31—38. Jan. 1954. Beltsville, Md., U. S. Bureau of Plant Ind., Soils and Agric. Engng.) ZAHN. 8044

Je. D. Kawersnewa, W. I. Iwanow und **S. I. Kusnetzowa,** *Über chemische Umwandlungen der Cellulose bei der Peroxydbleiche.* Gegenüber der Oxydation mit *Hypochlorit* (**I**) findet man bei Anwendung von H_2O_2 (**II**) für die Baumwollbleiche einen viel geringeren Geh. an oxydierten Gruppen. **II** ergibt bei p_H 4,6 oder 7,0 einen höheren Geh. an Aldehyd- u. Ketogruppen als bei p_H 11. In alkal. Medium werden Aldehydgruppen schneller oxydiert, gleichzeitig finden Polymerisationsprozesse statt, welche zu weiteren chem. Veränderungen der Cellulose führen. Bei höheren Tempp. tritt beim Arbeiten mit **II** im Gegensatz zur **I**-Bleiche die Oxydation der Glykolgruppierung bei $C_{(2)}$ u. $C_{(3)}$ unter Sprengung des Pyranringes hervor. Den bei p_H über 10,5 zu beobachtenden starken Viscositätsabfall führen Vff. auf Endiolisierung von Oxyketon- u. Oxyaldehydgruppen zurück, bei gleichzeitigem Zerfall der Makromoleküle. In der Praxis ist bei Anwendung von **II** entweder kurz bei höherer Temp. oder länger bei 40°

zu bleichen, wobei in letzterem Fall sogar in neutralem Medium gearbeitet werden kann, bei höheren Tempp. (90°) ist das p_H bis auf 10 zu erhöhen. (Текстильная Промышленность [Textil-Ind.] **14.** Nr. 3. 31—34. März 1954. Inst. für organ. Chem. der Akad. der Wiss. der UdSSR, Labor. für Cellulose u. Lignin.) ULMANN. 8044

E. H. Mercer, *Die Beziehung zwischen äußerer Gestalt und innerer Struktur von Wolle.* Im Zusammenhang mit der Entdeckung der bilateralen Struktur der Wolle (I) durch HORIO u. KONDO (C. **1953.** 8750) werden Beziehungen zwischen der verzwirnten bilateralen Struktur der Spindelzellschicht (Cortex) der Wollfasern u. ihrer äußeren Gestalt diskutiert. Die gekräuselte Form von I u. die ellipt. Querschnittsgestalt folgen der verzwirnten inneren Struktur. Änderungen in der Kräuselungsform werden hypothet. auf ungleichmäßige Ausdehnung des Ortho- u. Paracortex zurückgeführt. Zusammenhänge mit der Verhornung werden aufgezeigt. (Textile Res. J. **24.** 39—43. Jan. 1954. Princeton, N. J., Textile Res. Inst.) ZAHN. 8060

A. J. Hall, *Neuer Finish für nicht schrumpfende Wolle. Australisches Verfahren unter Benutzung von Nylon.* (Vgl. C. **1953. 4625.**) Die Imprägnierung von Wollfasern mit modifiziertem Nylon zur Verminderung der Filzfähigkeit wird besprochen. Durch Behandeln von Nylon mit CH_2O u. anschließend mit Methanol wird ein N-Methoxymethylderiv. hergestellt. Mit einer Lsg. dieses Prod. in 95%ig. A. wird die Wolle 2 Min. bei 30° imprägniert. Nach Entfernung des Flüssigkeitsüberschusses wird bei mäßiger Temp. getrocknet. Durch anschließende Behandlung mit 7,3%ig. HCl werden die Methoxymethylgruppen wieder abgespalten u. das Nylon auf der Faser regeneriert. Durch Kombination des Verf. mit einer Alkalibehandlung kann neben der Filzfähigkeit auch das Schrumpfen der Wolle beim Waschen stark herabgesetzt werden. (Textile Mercury Argus **129.** 561—63. 25/9. 1953.) O. ENGEL. 8060

E. H. Mercer, *Untersuchungen über die löslichen Proteine der Seidendrüse der Seidenraupe Bombyx mori.* Die Vorläufer von Seidenfibroin I wurden aus der Drüse der Seidenraupe *Bombyx mori* mit 1%ig. $NaHCO_3$-Lsg. extrahiert, wobei das schon in der Drüse im Vorratsgefäß als klar abgegrenzte Hüllschicht vorliegende Sericin nicht in Lsg. geht. In der Ultrazentrifuge wurden im filtrierten u. bei 3000 Umdrehungen/Min. 15 Min. zentrifugierten, an Protein 1—2%ig. Extrakt 3 Komponenten (Sedimentation-Konstante) $\sim$ 1,8, 1,5 u. 1) nachgewiesen. Die Frage, ob es sich um verschied. Proteine oder in der Konfiguration verschied. Formen desselben Proteins oder Proteinaggregate handelt, wird diskutiert, ohne entschieden zu werden. Bei Harnstoff enthaltenden Lsgg. wurde nur eine Komponente festgestellt. Der Drüsenextrakt bildet beim Stehenlassen ein faseriges Gel. Während dieser Veränderung nahmen die Sedimentationsgeschwindigkeiten ab u. die Polydispersität zu. Der sorgfältig getrocknete Drüsenextrakt gab zuerst ein Seiden I-Röntgenogramm u. nach dem Altern ein Seiden II-Diagramm. (Textile Res. J. **24.** 135—45. Febr. 1954. Princeton, N. J., Textile Res. Inst.) ZAHN. 8068

H. Wenderoth, *Mechanismus der Kaltverstreckung von Polyamiden, Polyurethanen und Polyestern.* Stellungsnahme zu der C. **1953.** 227 referierten Arbeit von KAST. (Kolloid-Z. **124.** 116. Nov. 1951.) P. ECKERT. 8080

Heinz Anders, *Über das Verhalten von Perlon in chemischen Agentien.* Vf. berichtet über das Verh. von *Bobinaperlon* gegenüber Laugen, Säuren u. Lösungsmitteln in Abhängigkeit von Temp. u. Konzentration. (Textil-Prax. **9.** 174—75. Febr. 1954.) H. G. FRÖHLICH. 8080

Ralph T. Brannan, *Ein weiterer Beweis gegen die Orientierung der Struktur in Glasfasern.* Glasfäden mit einem Durchmesser von ca. 50 μ u. hoher Zugfestigkeit zeigen mit 0,18 $\pm$ 0,02 einen n. Wert für die POISSONsche Zahl, der damit ebenso groß wie bei einem Glasblock ist u. sich auch nach 2½ std. Erhitzen auf 510° nicht ändert. Damit geben die elast. Eigg. keinen Anhalt für die Auffassung, daß in den Glasfasern die starken Bindungen bevorzugt orientiert sind, u. bestätigen frühere von OTTO u. PRESTON erhobene Schlußfolgerungen. (J. Amer. ceram. Soc. **36.** 230—31. 1/7. 1953. Newark, O., Owens-Corning Fiberglass Corp.) HENTSCHEL. 8082

H. Stein, *Veränderungen der Dehnungseigenschaften durch auftretende Fadenspannungen.* Mittels geeigneter Meßeinrichtungen wird der Einfl. von Vorbelastung (Fadenspannungen) auf die Dehnungseigg. von Fäden, Zwirnen u. Gespinsten studiert. An Hand von 8 Abbildungen werden die in prakt. Betrieb aufgefundenen Beobachtungen sowie die Meßwerte u. die Zusammenhänge näher erläutert. (Textil-Prax. **9.** 131—33. Febr. 1954. Labor. für textile Meßtechnik.) H. G. FRÖHLICH. 8096

W. J. Thorsen, *Gerät für die rasche Bestimmung von Tangenten an Spannungs-Erschlaffungs-Kurven von einzelnen Wollfasern.* Zur Beschleunigung von Tangensmessungen wird ein mit Tangenswerten beschrifteter Winkelmesser („Tangentometer") beschrieben. (Textile Res. J. **24.** 130—31. Febr. 1954. Albany, Calif., Western Reg. Res. Labor.) ZAHN. 8108

Badische Anilin- & Soda-Fabrik Akt.-Ges. (Erfinder: **Josef Stadler** und **Heinrich Hopff,** Ludwigshafen/Rh.), *Veredlung von Textilien, Papier oder Leder* erfolgt mit in W. lösl. oder dispergierbaren Oxalkylierungsprodd. von (Super-) Polyamiden. Geeignet sind z. B. Oxäthylierungsprodd. der aus ε-Aminocaprolactam oder Adipinsäure u. ω.ω'-Diaminooctan erhaltenen Polyamide. Beispiele betreffen die Präparation von Viscoseseide, Färben von Baumwollstoffen u. das Verhindern von Ca-Seifenbldg. in Seifenbädern. (**D. B. P. 912 926** Kl. 8k vom 22/5. 1940, ausg. 3/6. 1954. Anmeldung bekanntgemacht 27/8. 1953) MÖLLERING. 8029

Farbenfabriken Bayer Akt.-Ges., Leverkusen (Erfinder: **Johannes Nelles,** Schkopau, und **Herbert Gensel,** Leverkusen), *Schlichten von Textilfasern* erfolgt mit Lsgg. oder Emulsionen von Polyestern, die ganz oder teilweise aus Maleinsäure (I) u./oder Fumarsäure u. Di- oder Polyäthylenglykol aufgebaut sind. Trockenstoffe oder andere Verbb. können zugesetzt werden. — Viscosestränge werden mit einer wss. 20%ig. Lsg. des Kondensats aus 96 (Teilen) I-Anhydrid u. 460 Dekaäthylenglykol bei 30° imprägniert u. bei 50° getrocknet. (**D. B. P. 912 925** Kl. 8k vom 10/10. 1940, ausg. 3/6. 1954. Anmeldung bekanntgemacht 29/10. 1953.) MÖLLERING. 8031

VEB Farbenfabrik Wolfen, Wolfen, Kr. Bitterfeld (Erfinder: **Karl Brodersen,** Wolfen, Kr. Bitterfeld, **Matthias Quaedvlieg** und **Max Zabel,** Dessau/Anh.), *Mattierungs- und Ausrüstungsmittel für Textilien.* Man verwendet wss. Dispersionen von TiO_2 oder anderen bekannten Mattierungsmitteln (z. B. ZnS, China-Clay, Kaolin), welche mittels Tonerde- oder Zr-Erdesolen angemacht werden, u. welche außerdem noch wasserabstoßendmachende Imprägnierungsmittel, Weichmachungsmittel, Appretur- u. Dispersionsmittel sowie bas. Zr-Salze enthalten können. — Z. B. vermischt man eine Lsg. von 1 (Teil) eines Prod. gemäß Beispiel 1 des D. R. P. 762 124 in 500 W. innig mit 500 TiO_2, läßt langsam 50 Tonerdesol (50% Al_2O_3), in 200 W. gelöst, zulaufen u. rührt, bis die vorübergehend fest werdende M. sich wieder verflüssigt. 10 Teile dieser Paste verd. man mit der 3—5fachenMenge W. von ca. 35° u. setzt sie einer handelsüblichen wasserabstoßendmachenden Paraffindispersion zu. Behandelt man z. B. Zellwollgewebe mit dieser Suspension, so wird der Glanz gedeckt, ohne daß der mit dem Imprägnierungsmittel erzielte Wasserabperleffekt beeinträchtigt wird. Die Mattierung ist gegen mehrere leichte Seifenwäschen beständig. (**D. PP.** [DDR] **2 427** Kl. 8k vom 6/11. 1938 u. **2 428** [Zusatzpatent] Kl. 8k vom 7/6. 1939, beide ausg. 17/12. 1952 [Wirtschaftspatente].) OPPERMANN. 8033

British Thomson-Houston Co. Ltd., London, England, *Mittel zum Wasserabstoßendmachen von Textilien,* bestehend aus einem Harnstoff–Aldehyd- oder Melamin–Aldehyd-Kondensationsprod., einem fl. (keine an Si gebundene H-Atome aufweisenden) Organopolysiloxan, z. B. Methylpolysiloxan, u. einem fl. Hydrolyseprod. eines Methylhalogensilans der allg. Formel CH_3SiHX_2, worin X Halogen bedeutet. (**E. P. 705 277** vom 28/2. 1951, ausg. 10/3. 1954. A. Prior. 17/3. 1950.) HERBST. 8037

Dixie Mercerizing Co., übert. von: **William F. Luther,** Chattanooga, Tenn., V. St. A., *Mercerisierverfahren. Baumwollgarn* wird von einer kon. Spule fortlaufend einem Paar parallel, horizontal nebeneinanderliegender angetriebener Walzen zugeführt, über die es schneckenförmig unter Spannung mit einer Geschwindigkeit von $>$365 m/Min. geführt u. zugleich mit einer 23,5%ig., Netzmittel u. Antischaummittel (Octylalkohol) enthaltenden NaOH besprüht wird. Das Garn wird auf einer gesonderten Walze gewaschen. — Zeichung. (**A. P. 2 647 037** vom 2/1. 1948, ausg. 28/7. 1953.) SALZMANN. 8045

Soc. d'Exploitation des Procédés Lourd S. E. P. L., Paris, und **Jacques Lucien Jean Lourd,** Ver-sur-Launette, Frankreich, *Rösten von Ramie, Hanf, Jute, Flachs* u. dgl. erfolgt mit einer wss. Alkalilsg. mit einem Zusatz von Morpholin-, Propanolamin- oder Tetramethylammoniumpalmitat. (**E. P. 703 666** vom 9/8. 1951, ausg. 10/2. 1954 F. Prior. 27/12. 1950.) MÖLLERING. 8049

Ciba Soc. An., Schweiz, *Chlorieren von Wolle* mit einer wss., akt. Cl_2 enthaltenden Lsg., wie NaOCl, in Ggw. einer wasserlösl. Methylolverb. eines Diamino-1.3.5-triazins, wie Methylolbenzoguanamin, das man aus CH_2O u. 4.6-Diamino-2-phenyl-1.3.5-triazin erhält, oder der Reaktionsprodd. von CH_2O mit 4.6-Diamino-1.3.5-triazin oder 4.6-Diamino-2-methyl-1.3.5-triazin. (**F. P. 1 047 194** vom 12/7. 1951, ausg. 11/12. 1953. Schwz. Priorr 12/7. 1950 u. 11/5. 1951.) PANKOW. 8061

Badische Anilin- & Soda-Fabrik Akt.-Ges. (Erfinder: **Hans Haußmann** und **Fritz Fürhäuser,** Ludwigshafen/Rh.), *Herstellung von wasserlöslichen höhermolekularen*

Erzeugnissen mit weichmachenden Eigg., *bes. für Viscosestrangware*, durch Einführung von wasserlöslichmachenden Gruppen in höhermol., Oxygruppen enthaltende Verbb., dad. gek., daß man als Ausgangsstoffe bei 10 mm Druck bis ca. 150° nicht überdestillierende Anteile der Hydrierungserzeugnisse von in an sich bekannter Weise in Ggw. von Katalysatoren hergestellten u. gegebenenfalls mit bas. Kondensationsmitteln nachbehandelten Einwirkungsprodd. von CO u. H_2 auf Gemische von paraffin. u olefin. KW-stoffen mit mehr als 6 C-Atomen oder Fraktionen dieser Anteile verwendet. (**D. B. P. 899 797** Kl. 12o vom 20/12. 1940, ausg. 17/12. 1953.) G. KÖNIG. 8075

British Celanese Ltd., London, England (Erfinder: **James Gordon Napier Drewitt** und **James Lincoln**), *Herstellung von linearen Polyestern.* Eine freie Dicarbonsäure wird mit einem cycl. Glykolcarbonat, wie einem cycl. Carbonat des Äthylenglykols (II) oder Propylenglykols, polykondensiert. Als Dicarbonsäuren kommen in Betracht Terephthalsäure (I), Diphenyl-4.4'-dicarbonsäure, 1.5-, 2.6- oder 2.7-Naphthalindicarbonsäure. — Z. B. werden 24,9 (Teile) I u. 14,5 II auf 270° unter Rückfluß u. in Stickstoffatmosphäre erhitzt, wobei I in Lsg. geht u. CO_2 abgespalten wird. Alsdann wird nach Zufügung von Magnesiumband als Kondensationskatalysator die Temp. auf 280° erhöht u. unter red. Druck weitererhitzt, ca. 6 Std., bis das Prod. fadenziehend ist. Weißes kristallines Polykondensationsprod., das zu *Textilfäden* versponnen werden kann, die sich kalt strecken lassen. (**E. P. 707 913** vom 20/8. 1951, ausg. 28/4. 1954.) HERBST. 8081

Akt.-Ges. der Gerresheimer Glashüttenwerke vormals Ferd. Heye (Erfinder: **Hans Steinbock**, Düsseldorf), *Glas zur Herstellung feinster Fasern und Fäden.* Das Glas enthält prakt. keine Alkalien, nicht mehr als 60 (%) SiO_2, ca. 20—30 Erdalkalien, nicht mehr als 15 B_2O_3 u. 1—5 ZnO u./oder CdO. Außerdem kann es 2—10 Fe_2O_3 u./oder MnO sowie bis 1 F_2 enthalten. — Beispiel für eine Glaszus.: 53,5 SiO_2, 13 B_2O_3, 5 Al_2O_3, 1,7 Fe_2O_3, 0,8 MnO, 2 ZnO, 19 BaO, 3 CaO, 2 MgO u. Spuren von F_2. (**D. R. P. 763 108** Kl. 32b vom 13/7. 1938, ausg. 17/5. 1954.) HANS HOFFMANN. 8083

Brittain B. Robinson and Falba L. Johnson, Abaca, a cordage fiber. Washington: D. C. Govt. Pr. Off. Supt. of Doc. 1953. (135 S. m. Abb., Mappen u. Diagr.) $ —,65.

— Textilforschungsanstalt Krefeld, Die Kettenlängenverteilung von hochpolymeren Faserstoffen. Über d. fraktionierte Fällung von Polyamiden. Als Ms. gedr. Köln u. Opladen: Westdt. Verlag. 1954. (33 S.) = Forschungsberichte des Wirtschafts- und Verkehrsministeriums Nordrhein-Westfalen. Nr. 64. DM 8,60.

XIX. Brennstoffe. Erdöl. Mineralöle.

W. I. Kassatotschkin, *Über die Struktur carbonisierter Substanzen.* Die carbonilierten Substanzen (synthet. Kohle, C-Substanz der Steinkohle u. des Koksses, Huminstoffe von Torf u. Boden, Ruß, Graphit) sind durch den Bau des Strukturelements charakterisiert, das aus einem ebenen Atomnetz von cycl. polymerisiertem C mit seitlichen Radikalen in Form verzweigter Ketten linear polymerisierter C-Atome besteht. Die freien Valenzen in der seitlichen C-Kette können durch verschied. Atome (H, O, S, N) oder Atomgruppen substituiert sein. Die Moll. der Huminsäuren, die an verwitterten oder künstlich oxydierten Steinkohlen ausgeschieden wurden, sind Beispiele freier individueller Strukturelemente, die in den Seitenketten verschied. funktionelle Gruppen besitzen, darunter Carboxylgruppen. (Известия Академии Наук СССР, Отделение Технических Наук [Nachr. Akad. Wiss. UdSSR, Abt. techn. Wiss.] **1953.** Nr. 10. 1401—15. Okt.) R. RICHTER. 8120

Enrico Abbolito, *Petrographische Beobachtungen an Anthraziten von Seui (Sardinien).* Die untersuchten Anthrazite gehören zu den Lignocellulosekohlen mit verändertem Holzgewebe u. beginnender Graphitisierung, vermutlich infolge metamorpher Einww. vorwiegend dynam. Charakters seitens porphyr. Eruptionen auf Binnenseebecken verhältnismäßig geringer Tiefe. Der in winzigen Kristallen im Vitrit u. Clarit verteilte Pyrit ist sedimentären, jüngeren Ursprungs, in Adern u. größeren Massen verteilter Pyrit dürfte hydrothermalen Ursprungs sein. (Periodico Mineralog. **22.** 149—66. 3 Tafeln. 1953. Rom, Univ., Centro di Mineralog. e Petrogr.) R. K. MÜLLER. 8126

James A. Biehl, *Wie kann man den Phenolgehalt der Abwässer der katalytischen Erdölverfahren herabsetzen? Eingehende Studien ergaben eine wirkungsvolle Extraktion des angereicherten Wassers mit Lösungsmitteln.* Als Lösungsm. kommt Bzl. in Frage. Mit Hilfe eines fünfstufigen Extraktors konnten 99,9% der Phenole entfernt werden. Der Geh. des W. betrug 200 mg Phenole im Liter. Die Phenole werden mit Hilfe von NaOH aus dem Lösungsm. entfernt, so daß das Lösungsm. im Kreislauf geführt werden kann. (Petroleum Refiner **31.** Nr. 8. 88—90. Aug. 1952.) ROSENDAHL. 8134

Eduardo Rodriguez Santos, *Tieftemperaturverkokung von Lignincelluloserückständen.* Landwirtschaftliche Abfälle, wie Olivenpreßrückstände, Weintrester, Weinranken, Stengel von Mais u. Baumwolle, Getreidestroh u. deren Gemische werden laboratoriumsmäßig, teilweise nach Verzuckerung mit 2%ig. H_2SO_4, mit u. ohne Bindemittel, wie Asphaltpech, Pech-CaO, Pech aus eigenem Teer u. Verdampfungsrückstand der Destillationswässer, auch nach Zusatz von Steinkohlengrus, brikettiert u. in der FISCHER-Retorte verschwelt. Die Ergebnisse werden in halbtechn. Brikettierungs- u. Tieftemperaturschwelanlage weitgehend bestätigt. Es ergeben sich Schwierigkeiten bei der Zerkleinerung durch Abrasion. Ausbeutezahlen bei der Verarbeitung von 100 000 t Olivenpreßrückständen werden errechnet. (Combustibles [Zaragoza] **13.** 243—61. Juli/Aug. 323—46. Sept./Okt. 1953. Calvo Sotelo, Centro de Investigación de la Enpresa Nacional.) MONTFORT. 8140

Wataru Hunasaka, Shigeru Kajiyama und **Sohei Suga,** *Neueste Forschungen in der Kohlenchemie.* 2. Mitt. (1. vgl. C. **1954.** 6138.) Übersicht nach 160 nichtjapan. Literaturangaben bzgl. Pyrolyse u. Verkohlung, Oxydation, Hydrierung usw. u. weitere Einzelfragen. (J. Fuel Soc. Japan **32.** 218—38. April 1953. Kyoto, Univ. [Orig.: japan., Auszug: engl.]) SCHULER. 8142

A. B. Tschernyschew, W. Ss. Altschuler und **G. A. Schafir,** *Druckeinfluß auf den Halbverkokungsprozeß von festen Brennstoffen.* 1. Mitt. Bei der therm. Zers. fester Brennstoffe ist zwischen prim. Zerfall u. sek. Rk. scharf zu unterscheiden. Der prim. Zerfall ist nur von der Temp., nicht aber vom Druck abhängig, während die sek. Rk. in der Gasphase hinsichtlich der Polymerisation u. Kondensation unmittelbar vom Druck abhängig ist. Bei gleicher Temp. hat der Druck lediglich auf den Verlauf der sek. Rk. Einfl., wobei bei gleicher Verweilzeit eine Änderung der Zus. der gasförmigen u. flüchtigen Prodd. eintritt. Durch Verlängerung der Verweilzeit wird die Ausbeute an Halbkoks u. Gas erhöht, die von Teer vermindert. Der Teer hat einen hohen Geh. an leichten Fraktionen u. Neutralölen u. einen geringeren an Phenolen. Die Gase enthalten weniger ungesätt. Verbb. u. mehr CH_4 u. seine Homologen. (Известия Академии Наук СССР, Отделение Технических Наук [Nachr. Akad. Wiss. UdSSR, Abt. techn. Wiss.] **1953.** Nr. 10. 1393—1400. Okt.) R. RICHTER. 8144

Arnaldo Piovesan, *Umstellung von Generatoren von Koks auf Methan in Steinkohlendestillationsöfen.* Vf. beschreibt einen von Koks auf Gas umgestellten Gasgenerator (Abb.); der CH_4-Verbrauch beträgt 11 m^3 auf 1 t Kohle. — Anschließend berichtet **Baslini** über ähnliche Umstellungen von festem Brennstoff auf CH_4 bei der Herst. von Na-Silicat u. beim Kalkbrennen. Diese Öfen sind schon seit 1949 in Betrieb. (Metano [Padova] **7.** Nr. 3. 30—31. März 1953.) R. K. MÜLLER. 8148

A. Ahrens, *Betriebserfahrungen mit Faulgas (Methan) als Beimischung zum Stadtgas.* Faulgas aus der Abwasserreinigungsanlage wird dem Rohgas vor der Kühlung in einem Mischungsverhältnis von durchschnittlich 1 zu 14 Gaswerksgas zugesetzt. Der CO_2-Geh. des Faulgases lag bei einwandfreier Gärung zwischen 30,4 u. 37,5%, der O_2-Geh. zwischen 0,0 u. 0,2% (analyt. Fehler?), die Gasdichte zwischen 0,70 u. 0,73, die Verbrennungswärme zwischen 6100 u. 6600 kcal/Nm^3. Das faulgashaltige Stadtgas hatte folgende Zus.: ca. 6% CO_2, 1,8% C_nH_m, 0,4% O_2, 16,0% CO, 50,0% H_2, 19,0% CH_4, 6,8% N_2; Verbrennungswärme 4211 kcal/Nm^3. (Neue Deliwa Z. **1953.** 431—34. 1/12. Göttingen.) F. SCHUSTER. 8156

M. M. Brabant, *Natürliche und verflüssigte Gase, neue Energiequellen.* Überblick auf Grund der neueren Literatur mit besonderer Berücksichtigung amerikan. Erfahrungen mit „Liquid-Gas". (Metano [Padova] **8.** Nr. 2. 23—28. Febr. 1954.) R. K. MÜLLER. 8162

David J. Stark, *Naturgas als Quelle für Äthan und Äthylen.* Beschreibung einer neuen Anlage in Tuscola, Illinois. (Petroleum Processing **1953.** 897—99. Juni. Tuscola, Ill., Nat. Petro Chem. Corp.) J. FISCHER. 8186

G. M. Dshawarly, K. A. Jeremin und **N. W. Klimowa,** *Untersuchung der elektrischen Methode zur Entwässerung von Erdölemulsionen durch pulsierende Ströme.* Die Entwässerung stabiler u. wasserreicher Erdölemulsionen beruht auf der Anwendung pulsierender Ströme. Die hierbei benutzte App. zeichnet sich durch kleine Abmessung u. elast. Regelung der Spannung aus. Bei der Durchführung der Entwässerung sind folgende Bedingungen zu beachten: maximale Temp. der Emulsion 70°, maximaler Druck 2,5 ata, maximale Verweilzeit 30 Sek., mittleres Potentialgefälle des elektr. Feldes 17 kW/cm u. mittlere Absetzzeit 3 Std. bei 50°. Sehr stabile Emulsionen werden in 2 Stufen behandelt. Die beschriebene Anlage hat eine Leistung von 1000 t/Tag. (Энергетический Бюллетень [Energet. Bull.] **1953.** Nr. 1. 10—16. Jan.) R. RICHTER. 8190

—, *Aufarbeitung des bei der Leichtölraffination anfallenden Säureharzes auf Säureöl und Lösungsmittel.* Das als lästiges Nebenprod. anfallende Säureharz kann durch sofortigen Zusatz von W. in Säureöl u. Säurewasser geschieden werden. Das Säureöl stellt nach der Entsäuerung mit 8%ig. NaOH ein zähflüssiges, an der Luft trocknendes Öl dar, das sich gegebenenfalls als rißfrei trocknender Lack für Metall u. Holz eignet. Aus dem Säurewasser werden die leichtflüchtigen Bestandteile, aus Aldehyden, Ketonen u. Alkoholen bestehende Lösungsmittel, destillativ oder mittels der beim Einleiten von gasförmiger NH_3 entstehenden Neutralisationswärme abgetrieben. Anschließend lassen sich aus dem neutralen Säurewasser Pyridine gewinnen. Aus der eingeengten Lsg. scheidet sich Ammonsulfat in leichtgefärbten, geruchlosen Kristallen aus. Wird die Bldg. von Säureöl angestrebt, muß mit 95%ig. H_2SO_4 (I) raffiniert werden; dabei fällt bei höherer Temp. ein dickeres Öl an als bei niedrigerer. Mit 78%ig. I erhält man dagegen mehr Lösungsmittel. Die Ausbeuten betragen bei Anwendung von 3 bzw. 4% I (vom Leichtöl) bis 4 Vol.-% Säureöl u. bis 1,6 Vol.-% Lösungsm., berechnet auf Leichtöl. (Seifen-Öle-Fette-Wachse **79.** 499—501. 16/9. 1953.) SEIFERT. 8194

N. J. Robertson und **H. C. Harrison,** *Ölvergasung nach dem O. N. I. A.-G. E. G. I.-Verfahren.* Inhaltlich ident. mit der C. **1954.** 2740 referierten Arbeit. (Gas Wld. **138.** 777—79. 26/9. 1953. Dublin, Alliance and Dublin Consumers' Gas Co.) H. PAETZOLD. 8196

Radovan Lipovšćak, *Die Isomerisierung des Butans.* Übersicht über moderne techn. Verff. zur katalyt. Isomerisierung des Butans. (Nafta [Zagreb] **4.** 115—19. April 1953. Zagreb, Inst. za naftu.) BECKMANN. 8200

Josef Schmitz, Deutschland, *Torfverarbeitung.* Moorfeuchter Torf wird durch Preßdruck möglichst von W. befreit, in einem Autoklaven auf < 100° bei Überdruck in Ggw. einer Säure, eines Alkalis oder einer neutralen Lsg. erhitzt u. unter Zugabe von Glycerin einer Oxydation unterworfen. Durch Dest. im SOXHLET wird die M. gereinigt, durch Pressen oder Schleudern von der Hauptmenge des W. befreit u. schließlich durch Erhitzen oder im Vakuum getrocknet. So erzeugte Platten oder Formkörper dienen als Holzersatz oder Bauelemente. (**F. P. 1 053 925** vom 10/8. 1951, ausg. 7/10. 1953. Schwz. Prior. 14/8. 1950. D. Priorr. 12/12. 1950 u. 8/6. 1951.) HOLM. 8123

Gas Technology, Chicago, Ill., übert. von: **Alamjit D. Singh,** Chicago, Ill., V. St. A., *Herstellung einer Kohle-in-Luft-Suspension.* Man füllt aus einem Fülltrichter die körnige Kohle in einen mit kon. Boden versehenen Tank, von dem sie mittels eines Schneckenförderers in eine horizontale Leitung geführt wird, in die Druckluft eingeleitet wird. Das gebildete Kohle–Luft-Gemisch tritt dann in eine VORTEX-Kammer ein, in der infolge der Zentrifugalkräfte eine weitere Zerkleinerung der Kohleteilchen bewirkt wird. Die der Kohle beizumischende Luft oder O_2-angereicherte Luft wird vorerhitzt. Man erhält eine heiße Suspension von Kohle in Luft. Diese Suspension kann der Verbrennung zugeführt werden oder für gasbildende Rkk. oder chem. Prozesse dienen. — Zeichnung. (**A. P. 2 636 688** vom 20/2. 1948, ausg. 28/4. 1953.) W. HAUSWALD. 8129

Badische Anilin- & Soda-Fabrik Akt.-Ges., Deutschland, *Carburierungsmittel für Briketts.* Leicht entflammbare KW-stoffe mit einem Kp. zwischen 5 u. 25°, wie Methylvinyl- u. Methyläthyläther, werden verwendet. (**F. P. 1 057 659** vom 4/6. 1952, ausg. 28/10. 1953. D. Prior. 12/6. 1951.) HOLM. 8137

Standard Oil Development Co., V. St. A., übert. von: **Charles N. Kimberlin jr.** und **C. F. Gray,** *Verkoken schwerer Kohlenwasserstoff-Rückstände, wie Pech und Asphalt.* Die Rückstände werden mit feinem Koks gemischt u. bei einem Druck von ca. 140 kg bei 427—455° durch eine erhitzte Rohrschlange gepreßt u. bei gleichen Verhältnissen in einem anschließenden Behälter während 5—60 Min. durchgewirbelt. In einem Fraktionierturm werden Koks u. bei abnehmendem Druck die flüchtigen fl. u. gasförmigen Bestandteile getrennt abgezogen. Ausbeute 18,5 (Vol.-%) Koks, 16,7 leichte u. schwere Öle, 25,9 Heizöl, 25,9 Gasöl u. 11,1 über 565° sd. Bestandteile. — Zeichnung. (**F. P. 1 060 880** vom 15/5. 1952, ausg. 25/11. 1953. A. Prior. 17/11. 1951.) HOLM. 8143

Heinrich Koppers G. m. b. H., Deutschland, *Brenngasherstellung.* Feinzerkleinerter, fester Brennstoff, getragen von einem Strom von O_2 u. endothermen Vergasungsmitteln, wie Wasserdampf u. CO_2, wird durch eine oder mehrere Reaktionskammern tangential in eine zylindr. Kammer eingeführt, in der die endotherme Rk. beendet wird. — Zeichnung. (**F. P. 1 058 696** vom 25/6. 1952, ausg. 4/11. 1953. D. Prior. 13/7. 1951.) HOLM. 8149

Julius Pintsch K. G. (Erfinder: **Friedrich Domann**), Berlin, *Kontinuierliche Erzeugung von Wassergas aus bituminösen Brennstoffen* mit Hilfe eines Schwelerzeugnisse enthaltenden Wälzgasstromes. Der an einer mittleren Stelle in den Gaserzeuger eingeführte erhitzte Wälzgasstrom durchströmt die Entgasungszone im Gegenstrom

u. die Wassergaszone im Gleichstrom zum Brennstoff. Dabei werden dem Wälzgasstrom nach seiner Erhitzung u. vor seinem Eintritt in den bituminösen Brennstoff entweder nur der Urteer oder die ganzen Schwelerzeugnisse zugesetzt. (**D. R. P. 764 068** Kl. 24e vom 1/1. 1938, ausg. 8/2. 1954.) v. HUHN. 8153

E. I. du Pont de Nemours & Co., Wilmington, Del., V. St. A., *Reinigung korrodierend wirkender Gase.* Flammengase oder Wassergas, die neben Luft, bzw. O_2, noch saure Gase, wie CO_2, SO_2 oder H_2S, enthalten, werden im Gegenstrom durch wss. Lsgg. von Aminen (Mono-, Di- oder Triäthanolamin, Butylamin, Triäthylendiamin, Piperidin, Dipiperidyldodekahydrocarbazol, Diäthylcarbazol, Laurylamin, Di-2-äthylhexylamin, Mono-, Di- oder Triamylamin) von diesen Stoffen gereinigt. Zwecks Wiederverwendung werden die beladenen Lsgg. bei Unterdruck entlüftet bei 20—70° bzw. 45—55° u. zweckmäßig mit Dampf behandelt. (**E. P. 675 737** vom 31/1. 1951, ausg. 16/7. 1952. A. Prior. 24/3. 1950.) GRÄGER. 8165

Dr. C. Otto & Co. G. m. b. H., Bochum (Erfinder: **Werner Wehrheim, Erich Heinz Becker**, Bochum, und **Hermann Kronacher**, Trostberg), *Getrennte Gewinnung von Ammoniak und Blausäure* aus Gasen u. Dämpfen, wobei das NH_3 bei niedriger Temp. von bes. 20—30° u. kurzer Berührungszeit zwischen Gas u. Fl. in Ggw. einer genügenden CO_2-Menge ausgewaschen wird, die ein Lösen der HCN in der Wasch-Fl. verhindert bzw. stark herabsetzt. Aus der ablaufenden Wasch-Fl., bes. unter Zusatz weiterer CO_2, werden die sauren Bestandteile u. anschließend das NH_3 getrennt abgetrieben. NH_3 wird nach Bindung der in den NH_3-Dämpfen noch enthaltenen CO_2 getrennt gewonnen, sowie die HCN aus den gewaschenen Gasen mittels eines geeigneten Absorptionsmittels abgetrennt. (**D. B. P. 912 690** Kl. 12k vom 13/4. 1952, ausg. 3/6. 1954. Anmeldung bekanntgemacht 8/10. 1953.) NEBELSIEK. 8169

Socony-Vacuum Oil Co., Inc., New York, N. Y., übert. von: **David M. Updegraff** und **Gloria B. Wren**, Dallas, Tex., V. St. A., *Erschöpfende Erdölförderung mit Bakterien* (Desulfovibrio hydrocarbonoclasticus u. halohydrocarbonoclasticus). Man leitet in ölträchtige Erdschichten durch eine Zufuhrleitung W., dem eine KW-stoff-oxydierende Bakterienkultur (vgl. oben) u. als Nähr-Fl. Melasse zugesetzt wurde. (**A. P. 2 660 550** vom 27/8. 1949, ausg. 24/11. 1953.) UNGER. 8189

Petrolite Corp. Ltd., Wilmington, Del., übert. von: **Melvin De Groote**, University City, **Arthur F. Wirtel** und **Owen H. Pettingill**, Kirkwood, Mo., V. St. A., *Polyoläther* von ungewöhnlicher Wrkg. als *Emulsionsbrecher* für W.-in-Öl-Emulsionen erhält man aus β-Terpineol, Glycid, Propylen- u. Äthylenoxyd in Ggw. eines alkal. Katalysators. **A. P. 2 572 885** vom 28/9. 1949, ausg. 30/10. 1951.) SIEVERS. 8191

—, Bitumen und Asphalt. Taschenbuch. Hrsg. im Auftr. d. Arbeitsgemeinschaft d. Bitumen-Industrie, Hamburg, von **Karl Ziegs.** Wiesbaden, Berlin: Bauverl. 1954. (VII + 440 S.) DM 7,50.

XXII. Leim. Klebstoffe usw.

S. Hopwood, *Klebstoffe aus synthetischen Harzen und deren Anwendung.* Nach einer Übersicht über die Physik des Klebens werden die Bindemittel auf Basis von Harnstoff–CH_2O, Melamin–CH_2O-, Phenol–CH_2O-, Resorcin–CH_2O-, thermoplast. u. Äthoxylinharzen sowie das REDUX-Verf. (Kombination von Phenol–CH_2O-Harz u. Polyvinylformal) besprochen u. die Bedeutung dieser Klebemittel in der Industrie für die verschied. Anwendungsmöglichkeiten erörtert. — Diskussionsbemerkungen. (Plast. Inst., Trans. **21**. Nr. 44. 77—89. April 1953. Aero Res. Ltd.) SCHÄFF. 8388

P. Musso, *Klebbänder aus Kunststoff.* Überblick über Herst., Eigg. u. Anwendungen. (Materie plast. **20**. 525—30. Juli 1954.) WINIKER. 8388

J. Dow, *Fabrikation von Klebbändern.* (Vortrag.) Vf. vermittelt einen Überblick über Entw., Herst. u. Eigg. u. Prüfung von (einseitigen) Klebbändern, bes. solchen auf Basis Kautschuk. — Diskussion. (Trans. Proc. Instn. Rubber Ind., Proc. **1**. P 105—15. Aug. 1954.) WINIKER. 8388

Soc. Armour & Co., übert. von: **Havard L. Keil, Louis A. Harriman** und **Arlan G. Roberts**, V. St. A., *Leimgewinnung aus gesalzenen Fellen.* Die Felle werden mit Mikroorganismen, wie Mycoderma u. Torulopsis, behandelt; nach ca. 21 Tagen nach Zusatz von Alkali bei einem p_H 1,5—3,5 (bes. 2—2,5) wird der Leim mit warmem W. extrahiert. Durch Impfen mit Kulturen anderer Felle wird die Wrkg. der Organismen verstärkt. (**F. P. 1 061 553** vom 20/8. 1952, ausg. 25/11. 1953. A. Prior. 23/8. 1951.) HOLM. 8385

Reinhard Stäger, Schweiz, *Klebstoff* aus einer Lsg. eines mindestens 50% Vinylchlorid u. außerdem Gruppen mit reaktionsfähigem H enthaltenden Mischpolymerisats

u. geringen Mengen (2—8% des Mischpolymeren) Alkyl- oder Aryldi- oder -polyisocyanaten. — Aus dem Vinylchlorid–Vinylacetat (85 : 15)-Mischpolymerisat mit teilweise verseiften Acetatgruppen stellt man 1000 cm³ einer 25%ig. Lsg. in Aceton her u. versetzt mit einer 25%ig. Triphenylisocyanatlsg. in Aceton, streicht die Lsg. auf eine Sohle aus Polyvinylchlorid u. auf die entsprechende Sohlenfläche des Schuhes, läßt teilweise trocknen u. preßt beide aufeinander; man kann auch ganz trocknen lassen u. dann heiß verpressen. Andere Mischpolymerisate, z. B. mit Acryl- oder Methacrylsäure, können verwendet werden. (**F. P. 1 046 368** vom 13/12. 1951, ausg. 7/12. 1953. Schwz. Prior. 19/12. 1950.) PANKOW. 8389

Imperial Chemical Industries Ltd., London (Erfinder: **Alan White** und **Richard Geoffrey Roberts**), England, *Verbesserte Harnstoffharze für Kleb- und Imprägnierzwecke.* Die Herst. erfolgt in einer W. u. A. im Verhältnis 5 : 1 bis 1 : 2 enthaltenden Lsg. aus einer Melaminmischung mit einem Geh. von 5—35% Harnstoff durch Rk. mit einer wss. CH_2O-Lsg. bei p_H 3—10. Dabei sollen 0,9—2 Mol CH_2O auf jede N enthaltende Gruppe entfallen. Man erhält eine sirupöse Lösung. (**E. P. 703 426** vom 19/3. 1951, ausg. 3/2. 1954.) MÖLLERING. 8389

Erich Krause, Heilbronn/Neckar, *Herstellung eines wärme- und druckhärtenden Harnstoff–CH_2O-Kondensationsproduktes*, dad. gek., daß eine gepufferte, schwach alkal. Mischung einer wss. CH_2O-Lsg. mit Trioxymethylen u. Harnstoff unter Erwärmen zur Rk. gebracht u. die Kondensation durch Zusatz einer Lsg. von Na-Acetat–Zucker, z. B. Lävulose, Dextrose, Saccharose, abgebrochen wird. — Mengenbeispiele. Für *Sperrholzverleimung*. (**D. B. P. 907 697** Kl. 39c vom 19/11. 1950, ausg. 29/3. 1954. Anmeldung bekanntgemacht 16/10. 1952.) SCHINDLER. 8389

Industrial Tape Corp, New Brunswick, N. J., V. St. A., *Klebstoff*, bestehend aus 25—60 (Teilen) Phenol–CH_2O-Kondensat, 40—75 Polyvinylpropional, -butyral, -pental oder -hexal u. $^1/_4$—8% Ricinolester, z. B. Äthyl- oder Butylacetylricinoleat. Anwendung des heißhärtbaren Prod. als Lsg. oder Film. (**E. P. 703 720** vom 13/7. 1951, ausg. 10/2. 1954. A. Prior. 14/7. 1950.) LÜTTGEN. 8389

I. G. Farbenindustrie Akt.-Ges., Frankfurt/M. (Erfinder: **Otto Hecht**, Ludwigshafen/Rh., und **Karl Craemer**, Mannheim), *Klebmittel.* Alkylphenolacetylenharze (Kondensationsprodd. aus C_2H_2 u. einkernigen einwertigen alkylierten Phenolen) verbessern die Klebeigg. von polymerisierten Vinylverbb., Styrol, Isobutylen, Acrylsäureverbb. u. Celluloseabkömmlingen. (**D. R. P. 767 885** Kl. 22i vom 22/8. 1940, ausg. 31/5. 1954. **Zusatz zu D. R. P. 734 493; C. 1943. II. 2331.**) LÜTTGEN. 8389

Crown Zellerbach Corp., übert. von: **John B. Martin**, Camas, Wash., und **Chester S. Funk**, Hayward, Calif., V. St. A., *Klebstreifen*, dessen nichtklebende Seite eine Schicht aus 5 (Teilen) Oxyäthylcellulose, 1—3 Chromstearato-(oder -oleato, -palmitato, -laurato)-chlorid u. einem sauren Puffer besteht. Die M. wird unter Zusatz von Glycerin in A. gelöst, auf Papier, Kunststoffolie, Gewebe u. dgl. aufgetragen u. getrocknet. Nach Aufbringen des üblichen Kautschukklebstoffes kann aufgerollt werden. (**A. P. 2 648 614** vom 27/10. 1950, ausg. 11/8. 1953.) K. HEINZE. 8389

Reinhard Stäger, Schweiz, *Klebverfahren.* Um weichmacherhaltige Kunststoffe aneinander oder an Leder, Kautschuk, Holz zu kleben, bedarf es einer für den Weichmacher undurchlässigen Zwischenschicht aus vernetzten Hochmolekularen, z. B. mit Alkyl- oder Aryldi- oder -polyisocyanaten vernetzte Vinylharze oder Polyester oder Acrylharze, vulkanisierten Kautschuk, Polyvinylacetale, Phenol-, Harnstoff-, Melamin- oder Alkydharze. — Man taucht die Lauffläche einer Sohle aus plastiziertem Polyvinylchlorid in eine 25%ig. Acetonlsg. des Vinylchlorid–Vinylacetat-(5:1)-Mischpolymerisats mit einigen verseiften Acetatgruppen u. ca. 12% Phenyldiisocyanat, trocknet die dünne Schicht u. bringt als Klebstoff eine 20%ig. Lsg. des gleichen unverseiften, geringe Mengen Acrylsäure enthaltenden Mischpolymerisats auf, trocknet u. preßt die Polyvinylchloridsohle gegen die Ledersohle des Schuhes. (**F. P. 1 046 369** vom 13/12. 1951, ausg. 7/12. 1953. Schwz. Prior. 19/12. 1950.) PANKOW. 8389

Herausgeber u. verantwortlich für den Inhalt: Prof. Dr. Maximilian Pflücke, Berlin NW 7, Schiffbauerdamm 19, Fernsprecher: 42 55 71. Redaktion: Chefredakteure Dr. Eugen Klever und Prof. Dr. Maximilian Pflücke. Verlag: Akademie-Verlag GmbH, Berlin W 8, Mohrenstraße 39 (Fernsprecher 20 03 86, Postscheckkonto Berlin 350 21), u. Verlag Chemie GmbH, Weinheim/Bergstraße (Postscheckkonto Frankfurt/M. 1453 14 u. Berlin [West] 7430, Fernsprecher: Weinheim 2017). Bestell- u. Verlags-Nr. dieses Heftes: 1007/125/46. Das Chemische Zentralblatt erscheint wöchentlich.
Satz u. Druck: VEB Leipziger Druckhaus, Leipzig, III/18/203. XI. 54.
Veröffentlicht unter der Lizenznummer 1212 des Amtes für Literatur und Verlagswesen der Deutschen Demokratischen Republik.
Printed in Germany DDR.

Kolibri 360 GmbH
Ferdinand-Jühlke-Straße 7
99095 Erfurt, Deutschland
produktsicherheit@kolibri360.de